Springer-Lehrbuch

Wolfgang Nentwig

Humanökologie

Fakten – Argumente – Ausblicke

2., völlig überarbeitete und aktualisierte Auflage

Mit 182 Abbildungen

 Springer

Prof. Dr. Wolfgang Nentwig
Zoologisches Institut
Universität Bern
Baltzerstr. 6
CH-3012 Bern
e-mail: wolfgang.nentwig@zos.unibe.ch

ISBN 3-540-21160-8
Springer Berlin Heidelberg New York

ISBN 3-540-58500-1   1. Auflage Springer-Verlag Berlin Heidelberg New York

Bibliografische Information Der Deutschen Bibliothek
Die Deutsche Bibliothek verzeichnet diese Publikation in der Deutschen Nationalbibliografie;
detaillierte bibliografische Daten sind im Internet über <http://dnb.ddb.de> abrufbar

Springer ist ein Unternehmen von Springer Science+Business Media

springer.de

© Springer-Verlag Berlin Heidelberg 1995, 2005
Printed in Germany

Planung: Iris Lasch-Petersmann, Heidelberg
Redaktion: Stefanie Wolf, Heidelberg
Herstellung: Pro Edit GmbH, Heidelberg
Umschlaggestaltung: deblik, Berlin
Umschlagfoto: Mathias Ernert, Heidelberg
Satz: SDS, Leimen

Gedruckt auf säurefreiem Papier   29/3150/Re   5 4 3 2 1 0

Vorwort zur 2. Auflage

Es sind schreckliche Nachrichten, die uns erreichen! Ein Viertel der Neugeborenen überlebt das erste Lebensjahr nicht, viele Mütter sterben bei der Geburt, Infektionskrankheiten wüten unter der Bevölkerung, sauberes Trinkwasser fehlt und die ärztliche Versorgung ist ungenügend. Drei Viertel der Bevölkerung leben auf dem Land, auch in ungeeigneten Lagen wird Landwirtschaft betrieben, über die Hälfte der Wälder sind abgeholzt, der Rest übernutzt, Regenfälle spülen den Oberboden fort. Hunger ist allgegenwärtig und treibt die Menschen aus übervölkerten Dörfern in die Städte, in denen immer grössere Elendsviertel entstehen. Viele Verzweifelte versuchen mit kleinen Schiffen ferne Kontinente zu erreichen, in der Hoffnung auf ein besseres Leben dort.

Das gute an diesen Nachrichten ist, dass sie das Mitteleuropa des 18. oder 19. Jahrhunderts betreffen. Sie muten uns heute wie ein Blick in eine der zahlreichen Elendsregion der Dritten Welt an, obwohl uns nur wenige Generationen von damals trennen. Wir können hieraus lernen, dass die Entwicklung der heutigen Dritten Welt genauso oder zumindest so ähnlich verlaufen kann wie unsere eigene Entwicklung. Diese Erkenntnis ist hilfreich oder zumindest tröstlich, soll uns aber vor allem motivieren, uns für eine nachhaltige Entwicklung der Welt einzusetzen.

Die vermutliche Richtung der Entwicklung unserer Welt ist jedoch keine Garantie dafür, dass alles schon gut kommen wird. Rückschläge werden vorgezeichnet sein. Daher werden nach wie vor große Anstrengungen aller Verantwortlichen erforderlich sein, um so schnell wie möglich menschenwürdige Lebensbedingungen für alle Menschen und eine nachhaltige Nutzung unseres Planeten zu erreichen. Letztlich bleibt es aber jedem selbst überlassen, ob er befindet, dass sein Glas schon halb leer oder noch halb voll sei.

Es ist mir eine Freude, hier die 2. Auflage der Humanökologie vorlegen zu können. Bei der Überarbeitung habe ich neben einer allgemeinen Straffung der Darstellung versucht, den Sachverhalt so aktuell wie möglich darzustellen. Kastentexte wurden neu eingefügt, um Zusatzinformationen an hervorgehobener Stelle bieten zu können.

Meiner Frau Lucia und meinen beiden Kindern Alice und Andreas bin ich für ihre Nachsicht und vielfältige Hilfen ausserordentlich dankbar. Des Weiteren möchte ich mich für die gute Unterstützung und die zahlreichen Diskussionsbeiträge bei Rita Schneider, Jean-Pierre Airoldi, Christine Boyle, Patrik Kehrli, Benno Wullschleger, Eric Wyss und Jürg Zettel ganz herzlich bedanken. Alle fehlerhaften Darstellungen sind jedoch meine Fehler und ich freue mich auf einen korrigierenden Hinweis.

Bern, im Januar 2005 **Wolfgang Nentwig**

Vorwort zur 1. Auflage

Eine wachsende Zahl von Menschen verbraucht immer mehr Energie und Rohstoffe, um immer mehr Abfälle zu produzieren. Dabei nimmt die Belastung und Veränderung unserer Umwelt zu, somit auch unsere eigene Belastung. Viel von dem, was wir weltweit verändern und bewirken, ist eigentlich nur Nebenwirkung, unbeabsichtigt und kaum erkannt, dennoch ist der Einfluß der Menschen auf diese Welt unvorstellbar groß. Wir sind mächtig, ja übermächtig und können viel mehr als wir uns zutrauen. Andererseits haben wir keine Sinnesorgane für Radioaktivität, Ozon oder Quecksilber und überschauen schon lange nicht mehr die Folgen unseres Handelns.

Es gehört schon zum guten Ton, bei der Auseinandersetzung mit der Umwelt, den zerstörerischen Einfluß des Menschen auf die Ökosysteme der Welt festzustellen und die wachsende Zahl bedrohter Arten zu beklagen. Ökologen kennen aber die Flexibilität von Ökosystemen und paläontologische Studien erfassen das natürliche Artensterben der Vergangenheit. Mit der richtigen historischen Brille schmelzen daher unsere derzeitigen globalen Probleme zu einer blitzlichtartigen Episode, die kaum längerfristige Spuren hinterläßt und für die keiner so recht verantwortlich war, wie es ja auch dem Denken unserer Politiker in kurzen Legislaturperioden entspricht. Unsere Umwelt wird sich daher von uns sehr bald erholen können, wir selbst aber nicht. Hieran werden auch die in Raumstationen oder hermetisch abgeschloßene Glaspaläste als Ersatzwelt investierten Milliarden nichts ändern. Bedroht ist nicht die Natur, wie oft leichthin gedacht wird, bedroht sind wir selbst. Wenige Generationen Hochkultur haben es geschafft, unsere Grundlagen zu zerstören, und unsere Prognosen sind schlecht.

Ob dies Pessimismus oder realitätsgeprägter Sarkasmus ist, mag Interpretationssache sein. Meadows stellt in einer persönlichen Bilanz fest, daß es keinen Sinn hat, mit einem Selbstmörder zu diskutieren, der bereits gesprungen ist und bezieht eine extreme Position. Die gegenteilige Meinung wurde von Robert Jungck formuliert, als er schrieb, daß wir uns den Luxus der Resignation nicht leisten dürfen. Jeder wird sich irgendwo zwischen diesen beiden Aussagen wiederfinden können.

Unsere Zeit zeichnet sich durch eine nie dagewesene Fülle von Möglichkeiten aus, die neben der Havarie unserer Kultur und Art auch unser Weiterleben im Einklang mit der Schöpfung ermöglicht. Von selbst wird uns jedoch nichts gegeben. Blankes Vertrauen auf den Erfindungsreichtum unserer Wissenschaftler oder Ingenieure ist fehlangebracht, denn Ökologie hatte nie eine Chance gegenüber Ökonomie. Der technische Umweltschutz hat mit seinen gängigen Lösungsstrategien der Problemkonzentration oder der Problemverdünnung versagt. Abwasser wird gereinigt, der dabei anfallende Klärschlamm wird verbrannt. Die Abgase werden neu gereinigt, die Verbrennungsrückstände auf einer Deponie gelagert, von wo sie ins Grundwasser einsickern können. Was wurde erreicht? Obwohl wir alle Möglichkeiten haben, kranken wir am Aberglauben der Machbarkeit. Er geht über Selbstgefälligkeit und schließlich in Vertröstung auf ein Danach. Und all dies mit langer Tradition.

In den letzten Jahren haben wir den Zusammenbruch des Sozialismus erlebt und viele haben dies als Sieg der freien Marktwirtschaft interpretiert. Hierbei wird leider übersehen, daß ein richtiger Kommunismus nie praktiziert wurde, sondern stets zum Staatskapitalismus entgleiste. Desgleichen befindet sich die freie Marktwirtschaft derzeit in einer tiefen Krise, da ihr die jährlichen Wachstumsraten, die sie dringend benötigt, fehlen. Kann es aber ein dauerndes Wirtschaftwachstum geben? Für hunderte, tausende, zehntausende Jahre? Und hat uns nicht das bisherige Wirtschaftwachstum die heutigen Probleme bereitet?

Ist nicht der Gedanke einer freien, quasi spielerischen Regelung des Zusammenspiels der globalen Marktkräfte angesichts der Bedeutung des Weltunternehmens Menschheit nicht von vorneherein eine falsche Annahme? Es dürfte doch von unterschiedlicher Tragweite sein, ob das Weltunternehmen Menschheit Konkurs anmeldet oder ein Heimwerkergeschäft in der Nachbarschaft. Die Erde ist kein Selbstbedienungsladen und ihre Möglichkeiten reichen nicht für alle Bewohner in gleichem Umfang aus. Brauchen wir daher nicht neue gesellschaftliche Regeln heute dringlicher als zuvor?

Orwells „Zwiedenken" ist auf bedrückende Weise wirklich geworden. Für uns ist AIDS eine Einschränkung der sexuellen Freiheit oder ein Versicherungsfall, in der Dritten Welt betrachten wir es wie die Bürgerkriege als Mechanismus, der das Bevölkerungswachstum stoppen könnte. Über die Flüchtlinge, die als Asylanten in unsere Gesellschaft eindringen, regen wir uns auf, die Gründe, die sie zur Flucht veranlaßten, verbannen wir hingegen in die Nachrichtensendung des Fernsehens. Und bedauern höchstens, daß viele paradiesische Urlaubsorte immer unsicherer werden.

Unsere Welt ist kompliziert, zu viele Räder greifen ineinander und bewegen auch scheinbar Fernliegendes. Man könnte nun die Kompetenz eines Biologen ökologischer Richtung anzweifeln, da wo Fachwissen von Medizinern, Geologen, Verfahrenstechnikern,

Chemikern, Elektronikern und Bauingenieuren gefragt ist. Aber aus der scheinbar abgehobenen Warte des Naturforschers sieht man andererseits eher die gemeinsamen Grundlagen und Zusammenhänge für die Spezies Mensch, die bei zu intensiver Spezialisierung unscharf werden. Es ist also vermutlich eher ein Gewinn, wenn ein Biologe sich sozusagen als Allround-Dilettant in eine große Zahl von Fachdisziplinen bewegt, um eine Gesamtschau aus ökologischer Sicht durchzuführen. Für die Fehler, die mir dann aus Unkenntnis unterlaufen sind, bitte ich um Nachsicht und nehme entsprechende Mitteilungen und Anregungen gerne entgegen.

In vielen Diskussionen, die meist offen endeten, habe ich zahlreiche Anregungen erhalten, die ich in diesem Buch verwerten konnte. Für die Hilfe bei der Beschaffung von Informationen und bei der Erstellung und Gestaltung des Manuskriptes bin ich ebenfalls zu Dank verpflichtet. Es ist mir daher eine Freude, diese Unterstützung anzuerkennen und mich zu bedanken bei J. Eichenberger, G. Frei, L. Freiburghaus, U. Frentzel, A. Heitzmann, K. Hofer, A. Jobin, U. Joger, E. Jutzi, S. Keller, A. Kirchhofer, C. Kuhlemeier, J.-A. Lys, R. Riechsteiner, R. Salveter, L. und O. Silber, M. Trenkle, Z. Vapenik, A. Zangger, U. und J. Zettel. Ein ganz besonderer Dank gebührt meiner Frau Lucy und meinen Kindern, die mir viel Zeit einräumten und daher viel zu entbehren hatten.

Wenn nicht genau zugeordnet, beziehen sich die erwähnten Fakten auf den Zeitraum 1990–1993. Bis 1989 ist Deutschland in der Regel als ehemalige BRD bzw. DDR spezifiziert, danach inklusive der neuen Bundesländer. Sinngemäßes gilt für die ehemalige Sowjetunion und ihre Nachfolgestaaten.

Bern, im November 1994   **Wolfgang Nentwig**

Inhalt

Einführung

1.1
Ökosysteme

Unsere heutige Welt ist stark vom Menschen geprägt und gestaltet worden. Daher sind für immer mehr Menschen naturnahe Lebensräume und deren Steuermechanismen unbekannt. Trotz dieser Naturentfremdung sind wir aber nach wie vor in die elementaren Abläufe der Ökosysteme eingebunden, auch wenn diese stark anthropogen beeinflusst sind.

Ökosysteme sind funktionelle Einheiten, die aus belebten und unbelebten Teilen bestehen und auf verschiedenen miteinander eng verflochtenen Ebenen organisiert sind. Die lebenden Elemente sind Arten von Pflanzen, Tieren und Mikroorganismen, deren vielfältige Wechselwirkungen stofflicher, energetischer oder informeller Art sein können. Solche Beziehungen können einseitig oder wechselseitig gerichtet sein und haben häufig Rückkopplungscharakter. Der Motor aller irdischen Ökosysteme aber liegt außerhalb der Erde und besteht aus der von der Sonne eingestrahlten Energie. Hierdurch wird auf der Erde ein Klima erzeugt, welches das heute auf der Erde existierende Leben erst ermöglicht hat.

Ökosysteme sind veränderlich und nicht exakt begrenzt. Sie können sich langsam zu einem anderen Ökosystem wandeln (Sukzession). Sie können auf Störungen empfindlich reagieren oder aber elastisch in den Ausgangszustand zurückkommen (d. h. belastbar sein). An den Grenzen eines Ökosystems gibt es in der Regel einen Austausch mit benachbarten Systemen, d. h. Ökosysteme sind offene Systeme.

Die erste Ebene der Ökosysteme ist die der **Primärproduzenten,** grüne Pflanzen und photoautotrophe Mikroorganismen. Sie wandeln Kohlendioxid aus der Luft und anorganische Substanzen aus dem Boden in organische Substanz um. Von einem Teil der Biomasse der grünen Pflanzen leben die Tiere. Sie bauen aus der pflanzlichen Substanz ihre eigene Biomasse auf, so dass sie **Sekundärproduzenten** (oder Konsumenten) genannt werden. Wenn Pflanzen oder Tiere sterben, bilden sie mit ihrer toten organischen Substanz den Bestandsabfall. Dieser wird durch Detritophage und Mikroorganismen (Pilze und Bakterien) wiederum zu anorganischer Substanz abgebaut. Dabei wird Kohlendioxid frei und der Kreislauf kann wieder von vorne beginnen (Abb. 1.1).

Diese verschiedenen Ebenen eines Ökosystems bezeichnen wir als **trophische Ebenen.** So wie die Umwandlung von einer Energieform in eine andere stets mit Umwandlungsverlusten verbunden ist, ist der Aufbau von Biomasse auf einer anderen trophischen Ebene auch mit Verlusten verbunden. Insgesamt geht die in

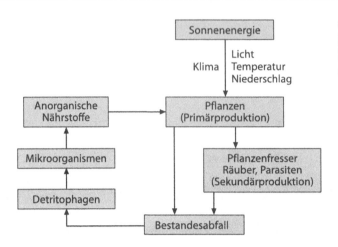

Abb. 1.1. Schematische Darstellung der wesentlichen Komponenten eines einfachen Ökosystems.

biologischen Systemen fließende Energie verloren, d.h. zum Erhalt des Lebens sind wir auf permanente Energiezufuhr von außen angewiesen. Dies kann direkt durch die Sonne erfolgen, etwa bei der Nutzung von Holz oder Windenergie, oder indirekt durch die Nutzung der Sonnenenergie vergangener Erdzeitalter, etwa bei der Nutzung von Kohle oder Erdöl. Die stofflichen Komponenten der Biomasse gehen jedoch nicht verloren. Sie werden durch die abbauenden Organismen den Primärproduzenten wieder zur Verfügung gestellt, so dass sich Nährstoffkreisläufe ergeben (Nentwig et al. 2004).

In jedem Individuum finden wir ebenfalls Energie- und Stoffflüsse mit Umwandlungsverlusten. In der Regel wird nur ein Teil der verfügbaren Nahrung genutzt, von der wiederum nur ein Teil verdaulich ist. Diese assimilierte Biomasse wird zuerst zur Energieversorgung des Organismus eingesetzt, gasförmige Stoffwechselendprodukte werden ausgeatmet. Die übrige Assimilation wird zur Produktion verwendet, d. h. körpereigene Biomasse wird aufgebaut (Wachstum). Ein Teil dieser Biomasse geht verloren bzw. wird in die Reproduktion gesteckt (Abb. 1.2).

> Wenn wir uns direkt von pflanzlicher Biomasse ernähren, sind wir Konsumenten 1. Ordnung. Essen wir in intensiver Tierzucht aufgezogenes Vieh (Konsumenten 1. Ordnung), das seinerseits mit pflanzlicher Biomasse gefüttert wurde, werden wir zu Konsumenten 2. Ordnung. Wir haben also eine trophische Stufe hinzugefügt und die **Umwandlungsverluste** erhöht. Um die gleiche Zahl Menschen zu ernähren, benötigt man also mehr Grundfläche, Zeit und Energie, wenn wir uns als Gemischtköstler ernähren statt als Vegetarier. Dies ist kein Plädoyer für eine vegetarische Ernährung, denn ein mäßiger Anteil tierischen Proteins entspricht am ehesten unserer evolutionsbiologisch normalen Ernährung. Dieser Vergleich soll vielmehr aufzeigen, wie weit reichend bestimmte ökologische Grundphänomene sind.

Wenn wir die Systemeigenschaften unserer menschlichen Kultur analysieren, fallen Instabilität, offene Stoffflüsse und fehlende Kontrollmechanismen auf. Die Recyclingfähigkeit der Abfälle nimmt mit zunehmender Entwicklungshöhe unserer Kultur ab, so dass es zur Akkumulation von Abfällen und Produktionsrück-

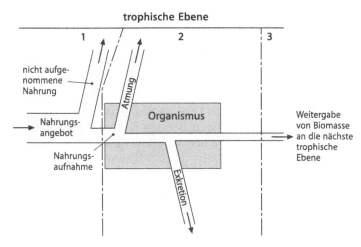

Abb. 1.2. Schema des Energieflussdiagramms für einen Organismus auf der zweiten trophischen Ebene, der über Nahrungsangebot und die Weitergabe von Biomasse mit der ersten bzw. dritten trophische Ebene vernetzt ist.

ständen kommt. Gleichzeitig werden begrenzte Vorräte von Energieträgern und Rohstoffen in kurzer Zeit verbraucht. Die Populationsentwicklung ist weltweit ungleich und zeichnet sich durch fehlende Begrenzungsfaktoren aus. Der Mensch wirkt sich aggressiv auf andere Arten und Ökosysteme aus, so dass deren Zahl ständig zurückgeht. Diese Entwicklungen sind vergleichsweise jung und noch nicht abgeschlossen, berechtigen aber wegen des insgesamt negativen Einflusses auf unsere Umwelt dazu, uns das Attribut fehlender **Nachhaltigkeit** zu geben.

1.2
Grundzüge der Entwicklung der menschlichen Bevölkerung

Die Entwicklung der menschlichen Bevölkerung lässt sich stark vereinfacht in fünf zeitlich ungleiche Phasen unterteilen. Sie umfassen die Phasen der Jäger und Sammler, von Ackerbau und Viehzucht, der Industrialisierung, des 1950er-Syndroms und der Umweltkrise.

Der Bereich um den ostafrikanischen Graben gilt als **Wiege der Menschheit**. Dort wurden die ältesten Fossilien der Gattung *Homo* gefunden, die für *Homo habilis* ein Alter von ungefähr 1,9 Mio. Jahren und für *H. erectus* von ca. 1,6 Mio. Jahren annehmen lassen. Seit mindestens 1 Mio. Jahren gibt es die heutige Menschenart *H. sapiens* (Johanson u. Shreeve 1989). Bereits *Homo erectus* war eine expansive Art und breitete sich über weite Teile der Erdoberfläche aus, wie durch Funde aus Java (700.000 Jahre alt), Heidelberg (630.000 Jahre) und Peking (350.000 Jahre) belegt ist. Vor 100.000 Jahren wurde *H. erectus* dann offensichtlich endgültig von *H. sapiens* verdrängt. Der Neandertaler (*Homo neanderthalensis*), ein früher Verwandter von *Homo sapiens*, breitete sich vor 230.000 Jahren in Afrika, Europa, dem Nahen Osten und Westasien aus. Als dann vor 100.000 Jahren der moderne Mensch *Homo sapiens* dort auftauchte, lebten beide zuerst an mehreren Stellen über einige 10.000 Jahre nebeneinander, bevor der Neandertaler vor 30.000 Jahren ausstarb (Stringer 1991).

Der **moderne Mensch** verbreitete sich schnell über große Teile der Erde (Abb. 1.3). Vor 50.000 – 70.000 Jahren begann die Besiedlung Australiens, vor 20.000 Jahren die Amerikas. Dies wurde möglich, als in einer weltweiten Klimaabkühlung der Meeresspiegel im Bereich der heutigen Beringstrasse um bis zu 90 m sank und Asien und Nordamerika durch eine breite Landbrücke verbunden waren. Vor 75.000 – 45.000 Jahren und vor 25.000 – 14.000 Jahren waren Perioden besonders langer Meerestiefstände, von denen die jüngere zur Überquerung durch den Menschen genutzt wurde. Die Besiedlung erfolgte sehr schnell von Norden nach Süden, durch Zentralamerika bis zur Spitze von Feuerland und hat möglicherweise in einer ersten Welle nur 1000 Jahre gedauert (Fagan 1990). Altersbestimmungen ergeben für den hohen Norden eine vermutete Besiedlung vor 15.000 Jahren, für den tiefen Süden eine vor 12 – 14.000 Jahren.

Vor ca. 10.000 Jahren war über ein Drittel der festen Erdoberfläche (50 von 150 Mio. km²) besiedelt, die Bevölkerung dürfte etwa 5 Mio. Menschen betragen haben, die Lebenserwartung betrug 25 – 30 Jahre. Das **Wachstum der Bevölkerung** war gering und eine Zunahme fand nur langsam statt. Da die **Kapazität des Lebensraumes** bei einer Lebensweise als Jäger und Sammler gering war, genügte bereits das langsame Wachstum der damaligen Bevölkerung, um an die Kapazitätsgrenze der Ökosysteme zu kommen. Ein ständiger Migrationsdruck in noch nicht besiedelte Gebiete war die Folge, so dass auch ungünstigere Bereiche einbezogen wurden und die Bevölkerungsdichte allgemein stieg.

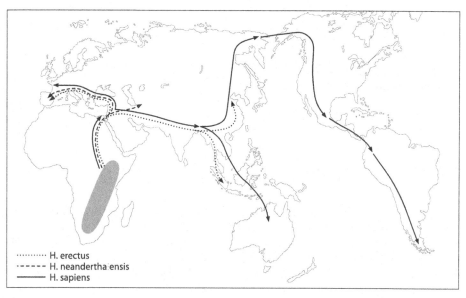

Abb. 1.3. Herkunftsgebiet in Afrika und vorgeschichtliche Wanderbewegungen von drei Menschenarten.

Eine Kapazitätserhöhung des Lebensraumes wurde vielleicht durch Frauen ermöglicht, die erkannten, dass von **Wildpflanzen** gesammelte Samen gezielt ausgesät und geerntet werden konnten. Hierdurch erhöhte sich die verfügbare Nahrungsmenge und die Versorgungssicherheit. Um solche ersten Felder aber pflegen und nutzen zu können bzw. zu einem Ackerbausystem auszubauen, war es nötig, sich längere Zeit an einem Ort aufzuhalten. Hierdurch war es auch möglich, einzelne **Tierarten** stärker an den Menschen zu binden, sie dauernd zu halten und später auch züchterisch zu verbessern. Dies führte zu einem regelmäßigen Fleischertrag ohne Jagd. Erste Stämme gaben die nomadische Lebensweise auf und wurden sesshaft.

Ackerbau und Viehzucht wurden mindestens zweimal auf der Erde entwickelt. Um 8000 v. Chr. existierten erste landwirtschaftlich orientierte Staatswesen im Nahen Osten („fruchtbarer Halbmond") und in Südostasien. Später kam es auch an anderen Stellen zu Hochkulturen, so dass bereits zu einem frühen Zeitpunkt der Neuzeit von vielen eigenständigen Zivilisationen gesprochen werden kann (Abb. 1.4). Mit zunehmendem Bevölkerungswachstum kam es in ihren Zentren zu Verdichtungen und erste Städte entstanden. Die mit dieser neuen Lebensweise verbundene Arbeitsteilung führte zu Arbeitserleichterung und besserer Nutzung der Ressourcen. Dies erhöhte die Kapazität des Lebensraumes und die Bevölkerungsdichte konnte lokal zunehmen.

Parallele Forschungsansätze mit linguistischem, genetischem und archäologischem Schwerpunkt zeigen für den Bereich des Nahen Ostens, wie sich im fruchtbaren Halbmond die Landwirtschaft in 3 Subzentren (Anatolien, um Jericho und im heutigen Irak) entwickelt hat, von denen aus sie sich dann im Nahen Osten, nach Nordafrika und nach Europa ausgebreitet hat. Gleichzeitig entwickelten sich getrennte **Sprachfamilien** und **Schriften** (Renfrew 1989, Gray u. Atkinson 2003). Die ältesten Schriftzeugnisse der Welt stammen aus der frühsumerischen Stadt Uruk und der frühelamischen Stadt Susa im Gebiet der heutigen Staaten Irak und Iran und sind fast 6000 Jahre alt.

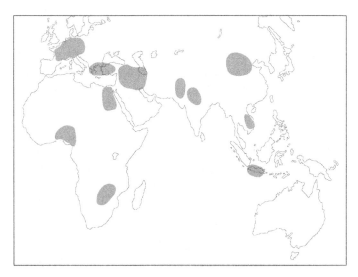

Abb. 1.4. Die ersten Hochkulturen des Menschen. Verändert nach Heberer (1968).

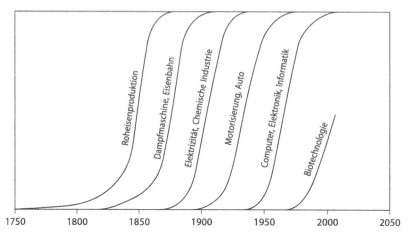

Abb. 1.5. Entwicklung und Marktdurchdringung wichtiger industrieller Technologien. Kombiniert nach verschiedenen Quellen.

In den folgenden Jahrtausenden erfolgte ein starker Bevölkerungsanstieg, der jedoch von vielerlei Rückschlägen gekennzeichnet war, da die Versorgung der Bevölkerung durch die landwirtschaftliche Produktion begrenzt war. Um 1650 begann von England ausgehend mit der **Industrialisierung** in Europa ein neues Zeitalter. Es ist durch zunehmende Verarbeitung von Rohstoffen gekennzeichnet. Unter Einsatz von Maschinen und Kapital erfolgte eine Veredlung zu Konsum- und Produktionsgütern. Die Entwicklung des Ingenieurwesens ermöglichte Erfindungen wie die der Dampfmaschine (1705 durch Newcomen, verbessert 1765 durch James Watt) oder der Elektrizität, die ursächlich für eine Intensivierung des Wachstumstempos waren und den Aufbau von Schlüsselindustrien der Wirtschaft ermöglichten (Abb. 1.5). Hierunter fällt die Metall verarbeitende Industrie, aber auch die Elektro-, Maschinen- und chemische Industrie, der Bergbau und natürlich die Energiewirtschaft. Die Industrialisierung ermöglichte über zwei Jahrhunderte ein Wirtschaftswachstum, dessen Schübe anfangs langsam erfolgten, später aber in immer kürzeren Zeitabständen. Die Industrialisierung erfasste ganz Europa, wurde nach Nordamerika exportiert und umfasste später auch die übrigen außereuropäischen Industriestaaten.

Diese Industrialisierung ist für die Bevölkerung eine echte Revolution gewesen, die tief greifende Veränderungen der sozialen Strukturen bewirkte. Auf sie gehen letztlich die großen Ideologien des Kapitalismus (freie Marktwirtschaft) und des (inzwischen weitgehend beendeten) Sozialismus bzw. Kommunismus zurück. Sie begründet aber auch den **Entwicklungsvorsprung** einiger Dutzend heute industrialisierter Staaten über den Rest der Welt, der über Jahrhunderte mit kolonialistischen und heute mit handels- und finanzpolitischen Mitteln aufrecht erhalten wird.

Die **Entwicklung der Weltwirtschaft** ist in der ersten Hälfte des 20. Jahrhunderts durch zwei Weltkriege und eine Weltwirtschaftskrise gehemmt worden. Nach 1945 begann eine bis heute andauernde Wachstumsphase. Dies wurde auch da-

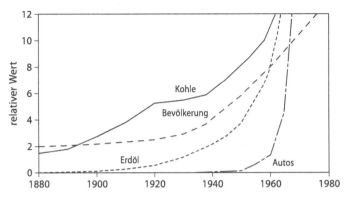

Abb. 1.6. Die weltweite Zunahme der Bevölkerung und einiger Produktionsindices im Verlauf von 100 Jahren mit einem auffälligen Knick zum exponentiellen Wachstum zwischen 1940 und 1960. Verändert nach Goudie (1982).

durch ermöglicht, dass Kohle als wichtigster Primärenergieträger durch Erdöl abgelöst wurde, das nach dem zweiten Weltkrieg im Nahen Osten als scheinbar unbegrenzte und billige Energie verfügbar wurde. Ein gewaltiger Wachstumsschub erfasste alle Bereiche der menschlichen Gesellschaft und führte dazu, dass viele bis dahin lineare Wachstumskurven nun exponentiell verliefen (Abb. 1.6).

Dieses so genannte **1950er-Syndrom** zeigt sich für die Zeit von 1945 – 1990 im Wachstum der Weltbevölkerung mit durchschnittlich fast 2 % jährlich (Abb. 2.29, Tabelle 2.12), bei den meisten Industrieparametern wie Produktionsziffern und dem Ausbau der Infrastrukturen, aber auch bei der Belastung der Umwelt. Der weltweite Energieverbrauch und das Bruttosozialprodukt stiegen jährlich um fast 5 %, die Geschwindigkeit von Passagierflugzeugen nahm um 3 % jährlich zu, die beförderte Luftfracht gar um 12 %. Die verfügbare Informationsspeicherkapazität bzw. Speicherdichte erhöhte sich zwischen 1960 und 1990 um 40 % jährlich. Die Zahl der Staaten nahm um 3 %, die des nuklearen Zerstörungspotentials gar um 21 % jährlich zu (Fritsch 1993).

Exponentielle Entwicklungen können nie über lange Zeit anhalten (Box 1.1) und spätestens ab den 1980er Jahren weisen viele exponentielle Wachstumskurven geringere Zunahmen auf. Ursächlich für diese **Umweltkrise** sind zwei Faktoren. Die fossile Energie erwies sich nach Ölkrisen und Kriege um Öl als doch nicht unbegrenzt verfügbar. Sie wurde teurer, und Alternativen wie etwa die der Kernenergie sind technisch problematisch oder politisch nicht durchsetzbar. Als zweites zeichnet sich eine Grenze der Belastbarkeit der menschlichen Umwelt ab. Die eng miteinander verknüpften Komplexe von saurem Regen und Treibhauseffekt zeigen, dass es nicht mehr unbeschränkt möglich ist, Energie vergleichsweise primitiv durch Verbrennen der fossilen Primärenergieträger zu gewinnen. Die Veränderung unserer Umgebung hat zudem gezeigt, dass der Bevölkerungsdruck, gekoppelt mit unbeschränktem Konsum, und die daraus resultierende Umweltbelastung zu groß geworden sind. Es ist daher dringend nötig, von der Ideologie eines unbegrenzten quantitativen Wachstums der Industriestaaten abzulassen und im Rahmen einer postindustriellen Gesellschaft ein rein qualitatives Wachstum, also **Nachhaltigkeit**, anzustreben.

▶ **Box 1.1**
Das exponentielle Schachbrett

Populationen wachsen exponentiell, wenn genügend Ressourcen vorhanden sind und keine anderen begrenzenden Faktoren einwirken. Das gilt auch für die menschliche Population, die weltweit exponentiell zunimmt (Abb. 2.29). Alle hiervon abhängigen Prozesse zeigen ebenfalls einen exponentiellen Anstieg, sei es die Ertragssteigerung bei Getreide (Abb. 3.6), der Einsatz von Mineraldünger (Abb. 3.10), der Verbrauch von Wasser (Abb. 3.26) oder Energie (Abb. 4.2) bzw. die anthropogene Anreicherung von CO_2 (Abb. 9.11) oder Methan (Abb. 9.13) in der Atmosphäre. Unsere menschliche Vorstellungskraft hat allerdings Mühe, sich exponentielle Prozesse vorzustellen, da wir nur lineare Veränderungen genügend gut erfassen und einschätzen können. Für die Beeinträchtigung unserer Umwelt bedeutet dies, dass wir manche Entwicklung erst recht spät erkennen. Zwei kleine Geschichten sollen dies verdeutlichen.

Ist es möglich, ein Blatt Papier 50-mal zu falten? Nehmen wir an, dieses Papier sei 0,1 mm dick und sehr groß. Wir können sehr wohl einen Bogen Zeitungspapier 7-mal falten und 50 Faltungsvorgänge können wir uns auch gut vorstellen. Die Kombination von beidem, also 50 Verdoppelungen, überfordert uns jedoch. 10 Faltungen ergeben eine Dicke von 102,4 mm, 20 Faltungen eine von 105 m, nach 30 Faltungen ist eine Dicke von 107 km erreicht, 40 Faltungen ergeben bereits 0,1 Mio. km und 50 Faltungen führen zu einem 113 Mio. km hohen Papierstapel. Dies entspricht fast der Entfernung Erde – Sonne.

Ist es möglich, auf das erste Feld eines Schachspiels ein Reiskorn zu legen, auf das nächste zwei, usw., die Reismenge also über die folgenden Felder bis zum letzten jeweils zu verdoppeln? Die Größe eines Schachfeldes ist uns wohl vertraut, 8 x 8 Felder können wir uns auch vorstellen, nicht aber die Konsequenz von 64 Verdoppelungen. Wenn 40 Körner ein Gramm wiegen, liegen auf dem 10. Feld erst 13 g, auf dem 20. Feld aber schon 13 kg und auf Feld 30 bereits 13 t. Das 64. Feld müsste $230 \cdot 10^9$ t aufnehmen, alle Felder zusammen $461 \cdot 10^9$ t. Da die Welternte 2003 nur $585 \cdot 10^6$ t betrug, müsste für das Schachbrett die Ernte von 788 Jahren akkumuliert werden.

Eine nachhaltig lebende Gesellschaft verbraucht nur so viel Ressourcen, wie gleichzeitig neu gebildet werden. Die Landnutzung zur Nahrungsgewinnung darf beispielsweise nicht zu einem Landverbrauch führen, der die zukünftige Produktion gefährdet. In ähnlicher Weise darf die Entnahme von Rohstoffen nicht dazu führen, dass die zukünftige Ressourcennutzung behindert oder reduziert wird. Wackernagel et al. (2002) haben mit diesem Ansatz die Fläche berechnet, die benötigt wird, um einen Menschen mit Nahrung, Energie, Rohstoffe usw. zu versorgen und die hierbei anfallenden Abfälle aufzunehmen. In übertragenem Sinn wurde dieser Ansatz auch als **ökologischer Fußabdruck** bezeichnet. Diese Berechnungen ergaben, dass die Ausnutzung der Erde durch die wachsende Bevölkerung stetig zunahm und 1960 bereits 70 % der verfügbaren Ressourcenfläche umfasste. Ende der 1970er betrug der Ausnutzungsgrad der

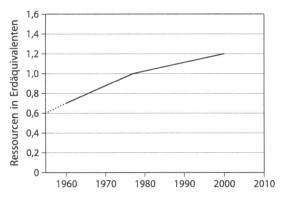

Abb. 1.7. Seit den späten 1970er Jahren werden Ressourcen im Umfang von mehr als einem Erdäquivalent genutzt, d. h. diese Nutzung ist nicht mehr nachhaltig. Nach Wackernagel et al. (2002).

Erde 100 %, 2000 über 120 % (Abb. 1.7). Wir entfernen uns also immer weiter von einer nachhaltigen Nutzung und übernutzen die Erde.

Die Kluft zwischen den industrialisierten und den (noch) nicht industrialisierten Staaten der Welt ist noch nie so groß gewesen wie heute, und es kann längst keine Rede mehr davon sein, dass die Entwicklung der Nicht-Industrieländer nur verzögert ist und bei entsprechender Entwicklungshilfe irgendwann westliches Niveau erreichen wird. So hat sich das allgemeine **Entwicklungsniveau** in Lateinamerika und Schwarzafrika in den 1980er Jahren nicht verbessert, sondern ist unter das der 1970er Jahre gesunken. Speziell für die Entwicklung Afrikas waren die 1990er Jahre verlorene Jahre. Die Schuldenkrise der Dritten Welt spitzt sich zu, und es zeigt sich, dass die westlichen Entwicklungs- und Demokratievorstellungen auf viele Staaten nicht übertragbar sind. Die grüne Revolution in der Landwirtschaft erfüllt in vielen Bereichen nicht die in sie gesetzten Hoffnungen (Kap. 3.1.2). Die Rohstoffpreise verfallen, Industrieprodukte werden immer teurer. Einzelne Entwicklungsländer versinken im Chaos.

Daneben zeigten in den 1980er Jahren die seit dem zweiten Weltkrieg bestehenden politischen Machtblöcke Auflösungstendenzen, und 1991 zerfiel der Ostblock. Im Westen entwickeln die bestehenden Wirtschaftsblöcke eine neue Dynamik, v. a. die Europäische Union. Die Macht einzelner Konzerne nimmt zu. Neben den Monopolen der Energiewirtschaft zeichnen sich neue im Bereich der chemisch-pharmazeutischen Industrie mit Ausdehnung in den Lebensmittelsektor und in den landwirtschaftlichen Bereich ab.

1.3
Die geteilte Welt

Unsere Welt ist geteilt. Wir haben uns bereits daran gewöhnt, von einer reichen und einer armen Welt zu reden, von der **Ersten und der Dritten Welt**, von der entwickelten (industrialisierten) und der unterentwickelten Welt oder von einem Nord-Süd-Gefälle. Dahinter steht die Alltagserfahrung, dass die Staaten der Welt unterschiedliche Entwicklungsniveaus aufweisen. Einzelne Länder haben sich zu wohlhabenden Staaten entwickelt, in denen es eine breite Mittelschicht gibt, soziale Absicherung für jeden gesetzlich verankert ist und Armut kaum vorkommt. Das andere Extrem wird durch Länder verkörpert, in denen fast nichts geht, wenige Familien sich in die Taschen wirtschaften, der Rest des Volkes völlig verarmt ist und täglich ums Überleben kämpft.

Die Bezeichnung Dritte Welt ist nicht diskriminierend gemeint. Sie geht auf die Zeit nach dem Zweiten Weltkrieg zurück, als die Neuordnung der Welt zu zwei Machtblöcken führte. Die damalige erste Welt war marktwirtschaftlich orientiert und umfasste die westlichen Industriestaaten. Die planwirtschaftliche orientierten Staaten bildeten den Ostblock als zweite Welt. Die nach dem Krieg einsetzende Entkolonialisierung (ab 1945 Nordvietnam und Indonesien, 1947 Indien, in den 1950er und 1960er Jahren fast alle ehemaligen Kolonien) führte zu unabhängigen Staaten, die sich keinem der beiden Machtblöcke anschließen wollten. Unter Nehru etablierte sich eine Gruppe von blockfreien Staaten, welche 1979 immerhin 101 Staaten umfasste. Es handelte sich um ehemalige Kolonien, die einen dritten Weg neben den bestehenden Machtblöcken suchten. Die folgerichtige Bezeichnung einer Dritten Welt geht auf Nehru 1949 zurück.

Alle Bereiche, die im Folgenden angesprochen werden, hängen mit diesem **Gradienten der Entwicklung** zusammen. Die reichen Länder weisen die größte Industrieproduktion und den höchsten Energieverbrauch auf, daher geht von ihnen auch die höchste Umweltbelastung aus. Sie verfügen über ein ausgezeichnetes Bildungssystem sowie eine sehr gute medizinische Infrastruktur. Entwicklungsländer haben den höchsten Anteil unterernährter Menschen und ein hohes gesundheitliches Risiko (Tabelle 1.1).

Ein zentraler Begriff, der gerne gebraucht wird, um den Grad der Entwicklung eines Landes zu charakterisieren, ist das Bruttosozialprodukt. Es ist die Summe aller Waren und Dienstleistungen, die in einer Volkswirtschaft erbracht werden. Obwohl das Bruttosozialprodukt das durchschnittliche Einkommen einer Bevölkerung bestimmt, ist es nur bedingt geeignet, über den Entwicklungsstand eines Staates Auskunft zu geben. Denn es ist ja auf Staatsebene durchaus möglich, große Beträge in Gesundheits- und Erziehungssysteme fließen zu lassen (fördert die Entwicklung) oder aber in Rüstung zu stecken (volkswirtschaftlich verlorene Mittel, welche die Entwicklung nicht fördern, aber der Wirtschaft dienen). In vergleichbarer Weise treiben Investitionen in umweltbelastende Industrieunternehmen kurzfristig das Bruttosozialprodukt in die Höhe, obwohl sie gleichzeitig die Lebensbedingungen einer Bevölkerung verschlechtern können. Im Rahmen des United Nations Development Programme wurde deshalb ein **Human Development Index** (HDI) errechnet, der neben dem Pro-Kopf-Einkommen auf zahlreichen Eckdaten des Gesundheits- und Bildungswesens basiert. Hierdurch ist es möglich, das Entwicklungsniveau der Staaten der Welt miteinander zu vergleichen (Tabelle 1.2).

Etwas willkürlich kann man die in Tabelle 1.2 aufgelisteten Staaten nun in hoch, mittel und wenig entwickelte Länder gruppieren. Das alte Gegensatzpaar von industrialisierten und unterentwickelten Staaten verblasst angesichts dieser Auflistung, denn einzelne „Entwicklungsländer" haben die letztplatzierten Industrienationen längst überholt (Schwellenländer). Desgleichen fällt bei dieser Tabelle auf, dass die am weitesten entwickelten Staaten mehr oder weniger gleich hoch entwickelt sind und die Differenzierung

Tabelle 1.1. Daten zur Wirtschafts- und Bevölkerungsstruktur ausgewählter Industrie- und Entwicklungsländer.* Nach United Nations Development Programme 2003.

	BSP ($/Kopf)	Energieverbrauch (kWh/Kopf)	CO$_2$ Produktion (pro Kopf)	Telefone/ 100 Einwohner	Analphabeten (%)	Ärzte/ 100.000 Einwohner	Unterernährung (%)	Müttersterblichkeit/ 100.000 Geburten
Deutschland	23.350	5.963	11,1	131,7	–	354	–	12
Österreich	26.730	6.457	7,6	128,5	–	302	–	11
Schweiz	28.100	7.294	5,7	146,0	–	336	–	8
Frankreich	23.990	6.539	6,1	117,9	–	303	–	20
Großbritannien	24.160	6.501	9,2	135,8	–	164	–	10
USA	34.320	12.331	19,7	111,8	–	276	–	12
Japan	25.130	7.628	8,7	117,4	–	197	–	12
Russland	7.100	4.181	9,8	29,6	–	423	5	75
China	4.020	827	2,3	24,8	14	167	9	60
Indien	2.840	355	1,1	4,4	42	48	24	440
Bangladesch	1.610	96	0,2	0,8	59	20	35	600
Pakistan	1.890	352	0,7	2,9	56	68	19	200
Indonesien	2.940	384	1,2	6,6	13	16	6	470
Mexiko	8.430	1.655	3,8	35,4	9	130	5	65
Brasilien	7.360	1.878	1,8	38,5	13	158	10	260
Ägypten	3.520	976	2,0	14,7	44	218	–	170
Äthiopien	810	22	0,1	0,5	60	3	44	1800
Nigeria	850	81	0,3	0,8	35	19	7	1100
Industrialisierte Staaten	27.169	8.688	10,8	120,2	–	–	–	12
Entwicklungsländer	3.850	810	1,9	16,3	25	–	18	463
Welt	7.376	2.156	3,8	32,2	–	–	–	411

* Es liegen keine Angabe vor.

Tabelle 1.2. Aufteilung der Staaten nach ihrem Entwicklungsgrad HDI (Human Development Index). Nach United Nations Development Programme 2003 (www.undp.org).

Land	HDI	Land	HDI	Land	HDI
Norwegen	0,944	Lettland	0,811	Nambia	0,624
Schweden	0,941	Kuba	0,806	Botswana	0,614
Australien	0,939	Weißrussland	0,804	Marokko	0,606
Holland	0,938	Mexiko	0,800	Indien	0,590
Belgien	0,937	Bulgarien	0,795	Ghana	0,567
USA	0,937	Malaysia	0,790	Kambodscha	0,556
Kanada	0,937	Panama	0,788	Burma	0,549
Japan	0,932	Libyen	0,783	Laos	0,525
Schweiz	0,932	Russland	0,779	Sudan	0,503
Dänemark	0,930	Kolumbien	0,779	Bangladesch	0,502
Irland	0,930	Brasilien	0,777	Kongo	0,502
Grossbritannien	0,930	Venezuela	0,775	Kamerun	0,499
Finnland	0,930	Rumänien	0,773	Nepal	0,499
Österreich	0,929	Saudi-Arabien	0,769	Pakistan	0,499
Frankreich	0,925	Thailand	0,768	Simbabwe	0,496
Deutschland	0,921	Ukraine	0,766	Kenia	0,489
Spanien	0,918	Kasachstan	0,765	Uganda	0,489
Neuseeland	0,917	Peru	0,752	Madagaskar	0,468
Italien	0,916	Paraguay	0,751	Haiti	0,467
Portugal	0,896	Philippinen	0,751	Gambia	0,463
Griechenland	0,892	Georgien	0,746	Nigeria	0,463
Singapur	0,884	Tunesien	0,740	Mauretanien	0,454
Slowenien	0,881	Albanien	0,735	Eritrea	0,446
Südkorea	0,879	Türkei	0,734	Senegal	0,430
Tschechien	0,861	Usbekistan	0,729	Benin	0,411
Argentinien	0,849	China	0,721	Tansania	0,400
Polen	0,841	Iran	0,719	Elfenbeinküste	0,396
Ungarn	0,837	Algerien	0,704	Sambia	0,386
Slowakei	0,836	Vietnam	0,688	Angola	0,377
Uruguay	0,834	Südafrika	0,648	Tschad	0,376
Estland	0,833	Indonesien	0,682	Zentralafrika	0,363
Costa Rica	0,832	Bolivien	0,672	Äthiopien	0,359
Chile	0,831	Honduras	0,667	Mosambik	0,356
Litauen	0,824	Mongolei	0,661	Mali	0,337
Kuwait	0,820	Gabun	0,653	Burkina Faso	0,330
Kroatien	0,818	Guatemala	0,652	Niger	0,293
V.A. Emirate	0,816	Ägypten	0,648	Sierra Leone	0,275

zwischen ihnen sehr gering ist. Im mittleren Teil ist die Differenzierung ausgeprägter und wird im letzten Drittel noch stärker. Konkret heißt dies, dass für ein Land auf einer der letzten 20 Positionen (mit einem durchschnittlichen HDI-Abstand von 0,01) die Verbesserung um eine Position mehr als fünfmal so schwer ist wie für ein Land der ersten 20 Positionen (mit einem durchschnittlichen HDI-Abstand von 0,002).

Stellt man trotz aller Heterogenität die Entwicklungsländer den Industriestaaten gegenüber, so können beide grob wie folgt charakterisiert werden. Die Lebenserwartung ist in den Industriestaaten deutlich höher. Die Geburtenrate ist gering, in den Entwicklungsländern z. T. extrem hoch. In der industrialisierten Welt ist die Säuglings- und Kindersterblichkeit dank gut ausgebauter Gesundheitssysteme gering. Über 50 % der Todesursachen stehen mit Zivilisationserkrankungen wie Herz-Kreislauf-Krankheiten und Krankheiten der Atemwege in Zusammenhang, die häufig mit ungesunder Ernährung, mangelnder Bewegung und hohem Tabak- und Alkoholkonsum zusammenhängen. Viele Entwicklungsländer können keine großen Mittel in Gesundheitssysteme investieren, so dass die Säuglings-, Kinder- und Müttersterblichkeit hoch ist. Rund ein Drittel ihrer Bevölkerung hat keine Wasserversorgung und keinen Zugang zum Gesundheitssystem. In den industrialisierten Staaten leben weniger als 25 % der Weltbevölkerung; diese verbrauchen jedoch 75 % der Weltressourcen inklusive Energie, kontrollieren 80 % des Welthandels und der Investitionen, verfügen über 85 % des Weltbruttosozialproduktes, 90 % der Industrie und fast 100 % der wissenschaftlichen und technologischen Forschung.

Weltweit ist genügend Nahrung vorhanden. Einzelne Staaten haben jedoch auf ihre Nutzfläche bezogen eine zu hohe Bevölkerungsdichte, sind also auf eine intensive Landwirtschaft bzw. Importe angewiesen. In den Industriestaaten herrscht Überversorgung, in der unterentwickelten Welt ist Mangel weit verbreitet. Ein Fünftel der Weltbevölkerung ist unterernährt. In den letzten Jahrzehnten ist das Pro-Kopf-Einkommen in den Entwicklungsländern langsam gewachsen. Dennoch wurde der größte Teil dieser Verbesserung vom Bevölkerungswachstum aufgebraucht; immer noch lebt ein Viertel ihrer Bevölkerung unter der Armutsgrenze. Während in den Industriestaaten jeder Zutritt zu Bildungssystemen hat und das Bildungsniveau generell hoch ist, besteht in den unterentwickelten Ländern fast die Hälfte der Bevölkerung aus Analphabeten und eine große Zahl von Kindern wächst ohne jegliche Schulbildung heran.

Bevölkerung

2.1
Der demographische Übergang

Die maßgeblichen bevölkerungswirksamen Parameter sind die Geburten-
und die Sterberate. Sie werden pro 1000 der Bevölkerung/Jahr (d.h. als Promille)
berechnet und hängen von vielen Komponenten eines weiten soziokulturellen
Umfeldes ab. Aus der Verrechnung beider Größen ergibt sich, ob eine Population
zunimmt oder abnimmt, wobei Migrationen, also Zuzug und Wegzug, vorerst
vernachlässigt werden (Kap. 2.2.6). Langjährige Statistiken zeigen, dass Geburten-
und Sterberaten keine konstanten Größen sind. Sie verändern sich während der
Entwicklung eines Landes, unterscheiden sich zwischen den Ländern und zeigen
Reaktionen auf Ereignisse wie Kriege, Hungersnöte, Epidemien usw. Betrachtet
man diese Entwicklung in den heute industrialisierten Staaten, zeigen sich vergleichbare Veränderungen von Geburten- und Sterberaten während des 19.
und 20. Jahrhunderts (Abb. 2.1). Eine leichte Verallgemeinerung führt zu einem
Schema, welches in Abb. 2.2 dargestellt ist.

Im Rahmen des demographischen Übergangs fällt die **Sterberate** von ursprünglich 30–40 ‰ auf etwa 10 ‰. Ursächlich dürften Veränderungen in der
Ernährungssituation und in den Lebensumständen (Hygiene, Gesundheitswesen
usw.) sein, eine genaue Analyse dieser Zusammenhänge erfolgt in Kap. 2.2.2.
Die **Geburtenrate** sinkt ebenfalls von hohen auf niedrige Werte, in der Regel
jedoch erst später. Ursächlich sind neben Verbesserungen bei den wirtschaftlichen Lebensbedingungen und der Familienplanung auch Veränderungen im psy-
chosozialen Bereich (Kap. 2.2.1 und 2.4). Das zeitverschobene Absinken beider
Raten auf ein niedriges Niveau führt zu einem Anstieg der Bevölkerungszahl, da
über längere Zeit mehr Menschen geboren werden als sterben. Die Bevölkerung
verändert sich also von einem Niveau hoher Geburten- und Sterberaten, niedrigen Bevölkerungswachstums und einer niedrigen Bevölkerungsgröße zu einem Niveau niedriger Geburten- und Sterberaten mit geringem oder fehlendem Zuwachs, aber einer hohen Bevölkerungsgröße. Diese Veränderung wird
demographischer Übergang genannt.

Ein Vergleich von Staaten, die diesen demographischen Übergang weitgehend abgeschlossen haben, zeigt, dass er unterschiedlich ablaufen kann. So kann der Übergang von
einem hohen auf ein niedriges Niveau der Geburten- oder Sterberate langsam oder schnell
erfolgen. Beide Kurven können annähernd parallel verlaufen, aber auch unterschiedlich
sein. Schließlich ist die Dauer des Übergangs variabel. In England/Wales oder Dänemark hat
er 160–200 Jahre gedauert, in Deutschland oder den Niederlanden 70–90 Jahre, in Japan
gar nur 40 Jahre (Abb. 2.1).

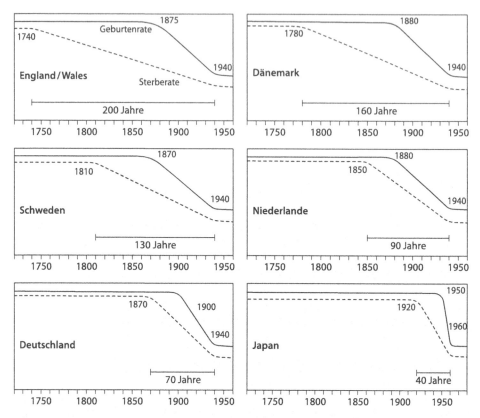

Abb. 2.1. Ausprägung und Dauer des demographischen Übergangs in verschiedenen Industriestaaten. Nach Bähr (1983).

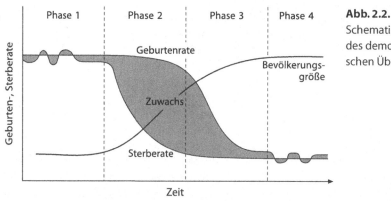

Abb. 2.2. Schematischer Ablauf des demographischen Übergangs.

Gegen Ende des demographischen Überganges ist idealerweise die Geburtenrate genauso groß wie die Sterberate. Man bezeichnet diesen Populationszuwachs, der gerade den Verlust ausgleicht, als **Ersatzfortpflanzung**. Die Populationsgröße wäre somit stabil. Erst seit kurzem haben einige Staaten diese Phase des demographischen Übergangs erreicht. Es zeigt sich aber bereits, dass die Geburtenrate unter die Sterberate fallen kann, d.h. die Ersatzfortpflanzung unterschritten wird und die Population schrumpft. In der Praxis wird dieser Effekt häufig durch andere Parameter verschleiert, beispielsweise durch Einwanderung von Bevölkerungsgruppen, die eine höhere Geburtenrate haben.

Betrachtet man den Stand des demographischen Überganges in den einzelnen Staaten oder Regionen der Welt, stellt man fest, dass sie unterschiedlich weit im demographischen Übergang vorangeschritten sind. In allen Großregionen der Erde ist die Sterberate bereits niedrig, kann jedoch in einzelnen Ländern dieser Regionen noch vergleichsweise hoch sein. Die Geburtenrate ist in Schwarzafrika noch extrem hoch, so dass es dort zu immensem Bevölkerungszuwachs kommt, in den meisten Bereichen Europas ist sie niedrig. Die übrigen Regionen liegen zwischen beiden Extremen. Wenn diese Momentaufnahme durch eine historische Analyse ergänzt wird, zeigt sich, dass diese Weltregionen sich im demographischen Übergang von einer frühen Phase über eine mittlere in eine späte Phase bewegen. Bis heute haben sie unterschiedlich weit entwickelte Stadien erreicht und die **Geschwindigkeit des Übergangs** ist verschieden. Für die meisten Industrieländer zeichnet sich ein Beginn des demographischen Übergangs seit Mitte des 19. Jahrhunderts ab, für die Entwicklungsländer erst seit dem 20. Jahrhundert (Abb. 2.3).

Das Wachsen der Weltbevölkerung hängt also davon ab, wie schnell die Regionen der Welt den demographischen Übergang vollenden. Gelingt es einem Staat, ihn relativ schnell zu durchqueren, ist sein Bevölkerungsanstieg vergleichsweise gering. Benötigt er längere Zeit, findet er sich gegen Ende des Übergangs mit einer viel höheren Bevölkerungszahl wieder. Wenn ein Staat eine geringe Sterberate aufweist, aber nicht in der Lage ist, Voraussetzungen für ein Absinken der Geburtenrate zu schaffen, verharrt der Staat in diesem Stadium des Übergangs. Dies bedeutet, dass seine Bevölkerung sozusagen ohne Bremsmechanismus wächst, und wir bezeichnen diesen Zustand als **demographische Falle**. Da alle Ressourcen auf zunehmend mehr Köpfe verteilt werden müssen, ist die Katastrophe vorprogrammiert. Einige Staaten der Welt bewegen sich heute in gefährlicher Weise in diese Richtung.

Ernsthafte Störungen im Ablauf des demographischen Übergangs können sich aus tief greifenden Veränderungen der Bevölkerungsstruktur, etwa plötzlichen Veränderungen der Sterberate und der Geburtenrate, ergeben. Ursächlich können katastrophenartige Umweltveränderungen oder auch Krankheiten sein, unter denen AIDS heute an erster Stelle zu nennen ist (Kap. 2.2.2).

In Abb. 2.4 ist der Stand des demographischen Übergangs der größeren Staaten für drei Zeitpunkte von 1960 bis 2000 wiedergegeben. Während sich in Nordamerika und Europa keine wesentlichen Veränderungen mehr ergaben, erreichten viele Staaten in diesem Zeitraum die nächste Phase des demographischen Übergangs. Gleichzeitig ergibt sich aus dieser Darstellung auch, dass in den letzten Jahren viele Staaten in die zweite Phase wechselten bzw. dort verharrten, so dass sich heute ein großer Teil der bevölkerungsreichen Regionen der Welt in der Phase befinden, in der das **Wachstum** am größten ist.

Es gibt erst seit wenigen Jahren Staaten, deren Bevölkerungszahl effektiv abnimmt. Heute sind dies Deutschland und Italien sowie 14 osteuropäische Staaten bei Wachstumsraten zwischen -0,1 % und -0,8 %. In Schweden, Österreich, Polen, Slowakei und Griechenland beträgt das Wachstum derzeit 0,0 %. Viele der übrigen Industrieländer werden dieses Stadium in den nächsten Jahren erreichen.

Der zur Zeit ablaufende demographische Übergang ist in dieser Form ein Novum in der Entwicklungsgeschichte des Menschen. Zum ersten Mal dreht sich ein Bevölkerungstrend, der über Jahrmillionen fest auf Wachstum programmiert war, in sein Gegenteil um (vgl. jedoch die Diskussion multipler demographischer Übergänge in Kap. 2.3.2). Diese **Trendumkehr** stellt sicherlich „die bedeutendste Entwicklung in der jüngeren Evolutionsgeschichte des Menschen" dar (Hauser 1991).

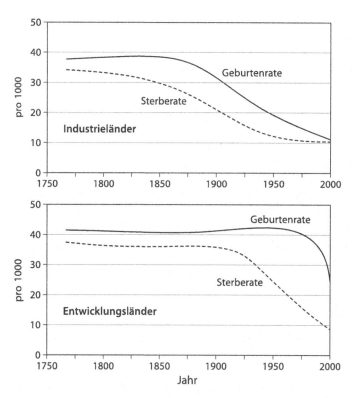

Abb. 2.3. Tatsächlicher Verlauf des demographischen Übergangs in den letzten 250 Jahren in den Industrieländern (oben) und in den Entwicklungsländern (unten).

Abb. 2.4. Stand des demographischen Übergangs 1960, 1980 und 2000. Verändert nach Hauser (1991) und Population Reference Bureau.

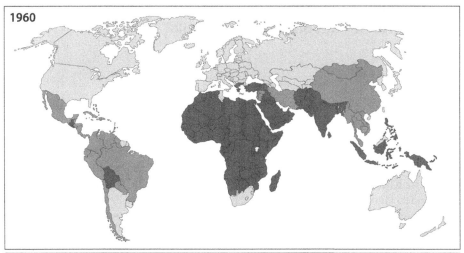

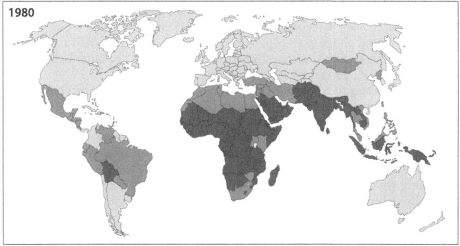

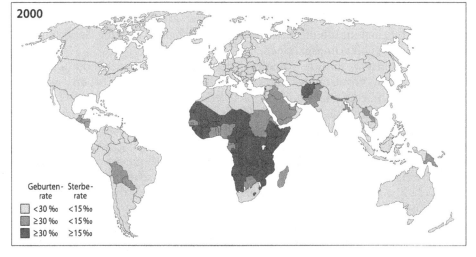

Geburten-rate	Sterbe-rate
< 30 ‰	< 15 ‰
≥ 30 ‰	< 15 ‰
≥ 30 ‰	≥ 15 ‰

2.2
Elemente der Bevölkerungsdynamik

2.2.1
Geburtenrate

Neben der Sterberate ist die Geburtenrate der wichtigste Faktor, der das Wachsen einer Population bestimmt. Die Geburtenrate wird angegeben als Zahl der jährlichen Lebendgeburten pro 1000 der Bevölkerung. Der höchstmögliche Wert liegt bei ca. 80/1000, wenn man alle gebärfähigen Frauen zwischen 15 und 49 Jahren einbezieht. Dies entspricht 11–12 Kindern pro Frau, wobei biologisch 20 und mehr Kinder möglich sind. Solch extreme Zahlen sind nicht realisiert, denn die meisten Geburtenraten liegen zwischen 10 und 60/1000. Die Geburtenrate ist heute in den industrialisierten Ländern mit 11/1000 relativ niedrig, in den Entwicklungsländern mit durchschnittlich 25/1000 bedeutend höher (Tabelle 2.1). Im Durchschnitt aller industrialisierten Länder bedeutet dies für die einzelne Frau 1,5 Kinder, in den Entwicklungsländern 3,3 Kinder. Die Geburtenrate betrug 2003 in Europa 10/1000. Tiefe Werte von 8-9/1000 weisen Deutschland, Österreich, Italien, Griechenland und einige osteuropäische Staaten auf, dies entspricht 1,2 Kindern pro Frau. In schwarzafrikanischen Staaten finden sich die höchsten Geburtenraten (Niger 55/1000, dies entspricht 7,6 Kindern/Frau).

Im Rahmen des demographischen Übergangs nimmt die Geburtenrate weltweit ab. Die Abnahmegeschwindigkeit ist dabei in den einzelnen Regionen der Welt unterschiedlich. In Europa war die Geburtenrate bis zum Ende des 19. Jahrhunderts mit 30–40/1000 bemerkenswert stabil, sank dann aber zu Beginn des 20. Jahrhunderts auf ca. 20/1000 ab (Abb. 2.1). Allgemein kann man sagen, dass die Staaten, in denen das Absinken der Geburtenrate besonders spät begann, das tiefere Niveau schnell erreichten (z.B. Japan). In den Entwicklungsländern liegen die Geburtenraten heute um 24/1000 und bei vielen Staaten, die spät mit der Reduktion der Geburtenrate begannen, kann nicht festgestellt werden, dass sie den demographischen Übergang besonders schnell durchlaufen. Die Gründe, die zu einer Reduktion der Geburtenrate führen, sind also von Region zu Region unterschiedlich und von industrialisierten Staaten nicht auf Entwicklungsländer übertragbar. Selbst innerhalb eines Staates unterscheiden sich die Geburtenraten der einzelnen Bevölkerungsgruppen.

Als Hauptgrund für die **Abnahme der Geburtenrate** wird die Zunahme des allgemeinen Wohlstandes und die Modernisierung des Lebens genannt. Dies umschreibt eine Fülle von parallel verlaufenden Aspekten, etwa die zunehmende Industrialisierung und Verstädterung oder die Abnahme der Säuglingssterblichkeit und des Geburten fördernden Einflusses der Kirchen. Durch den steigenden Lebensstandard (z.B. bessere Bildung und höheres Einkommen) und die Entkoppelung von Sexualität und Kinderwunsch veränderte sich die Einstellung zum Kind, und die Zahl der gewünschten Kinder wurde geringer (Abb. 2.5). Dies setzt eine Familienplanung voraus, die zwar mehr oder weniger bewusst und effektiv vermutlich in allen Kulturen existiert, nun aber durch eine rationale Betrachtung ersetzt wird. In den meisten Industriestaaten wurden Mitte der 1980er Jahre 2-3 Kinder pro Familie gewünscht, in den meis-

Tabelle 2.1. Geburtenrate (Lebendgeborene pro 1000 Einwohner) Die Angaben für 2010 beruhen auf einer Schätzung. Nach Population Reference Bureau (www.prb.org).

	1960	1970	1980	1990	2000	2010
Deutschland	17	13	11	11	9	9
Österreich		12	11	11	10	9
Schweiz	18	16	12	12	11	10
Frankreich	18	17	15	13	13	12
Großbritannien	18	17	12	14	12	10
USA	24	18	16	14	15	14
Japan	17	19	14	12	9	9
Russland	22	18	18	12	8	11
China	28	34	18	17	15	12
Indien	45	42	34	31	27	22
Bangladesch		50	46	41	27	28
Pakistan		50	44	42	39	35
Indonesien		47	35	27	24	19
Mexiko	46	45	37	27	24	27
Brasilien		38	36	26	21	18
Ägypten		42	38	31	26	24
Äthiopien		46	50	48	45	38
Nigeria		50	50	46	42	39
Industrialisierte Staaten		18	16	14	11	11
Entwicklungsländer		40	32	30	25	22
Welt		34	28	26	22	20

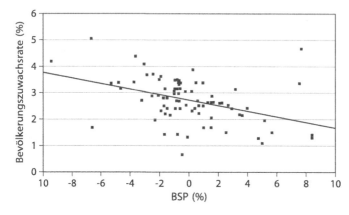

Abb. 2.5. Mit zunehmendem Anstieg des Bruttosozialproduktes (BSP) pro Kopf und Jahr verringert sich der jährliche Bevölkerungszuwachs (%) eines Staates. Jeder Punkt stellt ein Land dar. Daten aus UNFPA.

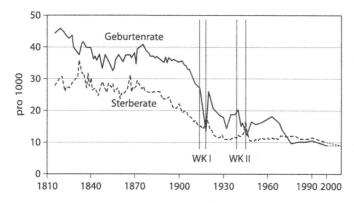

Abb. 2.6. Geburten- und Sterberate in Deutschland im Verlauf der letzten 200 Jahre. Ergänzt nach Bähr (1983).

ten Entwicklungsländern 3–5 Kinder. In industrialisierten Ländern gibt es immer mehr Paare, die nur ein Kind oder gar kein Kind wollen, d.h. ihre Fertilität liegt unter der Erhaltungsfortpflanzung (Abb. 2.6). Da eine bestimmte Mortalität vor dem Reproduktionsalter einkalkuliert werden muss und auch ein bestimmter Anteil der Kinder später keine Nachkommen haben wird, sind etwa 2,3 Nachkommen pro Paar erforderlich, damit die Erhaltung der Populationsgröße gesichert ist (Ersatzfortpflanzung).

> Für Europa wurden schon in den vergangenen Jahrhunderten durch eine **späte Heirat** (oft erst mit 25–30 Jahre) die besonders kinderreichen ersten Jahre in einer Ehe hinausgezögert. 10–20 % der Bevölkerung heirateten nie, da wirtschaftliche Zwänge (verfügbare Größe des Ackerlandes, abzuwartende Erbfälle) groß waren. Das durchschnittliche Heiratsalter der Frau liegt in den meistem Staaten um 20–22 Jahre, in Bangladesh und Indien bei 18 und 19 Jahren, in Äthiopien und Niger bei 17 Jahren. In solchen Staaten haben daher mehr als die Hälfte aller Frauen mit 20 bereits ein Kind, in China und vielen europäischen Staaten weniger als 10 %.

Die jahreszeitliche Verteilung der Geburten wird – wenn auch mit abnehmender Intensität in Mitteleuropa immer noch durch eine traditionelle Häufung von

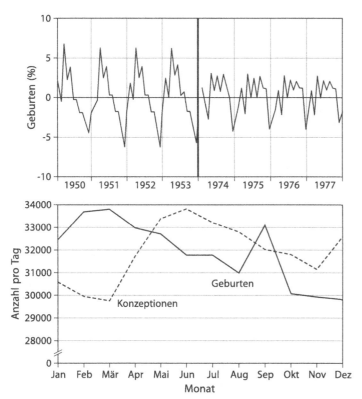

Abb. 2.7. Saisonkomponente von Geburten als prozentuale Abweichung vom Jahresdurchschnitt (oben) und jahreszeitliche Häufigkeit von Konzeptionshäufigkeit und Geburt (unten). Nach Hauser (1982) und Krost (2001).

Eheschließungen im Mai bestimmt. Die meisten Kinder werden im Sommer gezeugt, hierdurch treten vermehrt Geburten im 2. Jahresviertel auf (Abb. 2.7). Das erste eheliche Kind wurde Anfang der 1960er Jahre bei einem durchschnittlichen Alter der Mutter von 25 Jahren geboren, im Jahr 2000 waren die Mütter bei der Geburt des ersten Kindes rund 27 Jahre alt. Da die weiteren Kinder anschließend früher kamen, verringert sich der Abstand zwischen zwei aufeinander folgenden Kindern in 40 Jahren von 2,3 Jahren auf 1,8 Jahre.

Kinder werden heute als Altersvorsorge oder billige Arbeitskräfte weniger wichtig, da die individuelle Altersvorsorge immer mehr auf finanzielle Absicherungen verlagert wird und Mechanisierung oder Automatisation Kinderarbeit ablöst. Dieser Prozess ist in der entwickelten Welt abgeschlossen, in der unterentwickelten Welt hat er gerade erst begonnen.

Die Möglichkeit einer sicheren Empfängnisverhütung schafft die Bedingung für einen Geburtenrückgang, ist jedoch nicht seine Ursache. So verfügten vermutlich alle Naturvölker bereits über spezielle Methoden der **Empfängniskontrolle**, die aber kaum zuverlässig gewesen sein dürften. Heute wird Empfängnisverhütung oft mit der Pille gleichgesetzt, die seit ihrer Einführung zu Beginn der 1960er Jahre weltweit verbreitet ist. Daneben sei auf andere Methoden hingewiesen, die einmalig wirken (Kondome, spermizide Wirkstoffe), längerfristigen Schutz verschaffen (Spiralen, Pessare, Depotinjektionen) oder permanent und irreversibel sind (Sterilisation). Als Spätmaßnahme einer Geburtenkontrolle muss schließlich auch der Schwangerschaftsabbruch und die Kindstötung erwähnt werden. Alle Methoden sind heute weltweit verbreitet, wenngleich Einsatz und Akzeptanz unterschiedlich sind (Kap. 2.4).

Da sich in industrialisierten Staaten die **gesellschaftliche Position der Frau** in den letzten Jahrzehnten stark verändert hat, muss auch angenommen werden, dass hier wesentliche Gründe für einen Geburtenrückgang liegen. So hat die moderne Emanzipationsbewegung der Frau in den 1960/70er Jahren nicht unwesentlich zum Sinken der Geburtenraten beigetragen. Beruf, Karriere und Freizeit erhalten höheren Stellenwert als Kindererziehen und Haushaltsführung. Die Funktion als Mutter ist heute nur noch eine Funktion unter vielen und schließt andere nicht mehr aus. 1882 waren weniger als 10 % der Frauen nach ihrer Eheschließung noch berufstätig, 1930 bereits 30 % und 1980 rund 60 % (Bähr 1983). Daneben wird die Tatsache, dass Kinder wichtige Kostenfaktoren sind, heute kritischer gesehen als vor 2 Generationen und die Alternative Kinder oder Karriere wird sachlich analysiert. Dieser Prozess ist in der industrialisierten Welt weit vorangeschritten, in der unterentwickelten Welt aber noch mehr oder weniger auf die oberen Schichten beschränkt (Abb. 2.8).

In den letzten Jahrzehnten hat sich auch unsere Umwelt verändert. Moderne Großstädte sind nicht kinderfreundlich (kleine Wohnungen, wenig attraktive Spielplätze und Grünanlagen), und kinderreiche Familien werden in hoch entwickelten Gesellschaften häufig diskriminiert. Kultur- und Zukunftspessimismus ist weit verbreitet und viele Paare entscheiden sich bewusst gegen Kinder.

Neben einer gezielten Reduktion der Geburtenrate nimmt in vielen Industriestaaten die ungewollte **Sterilität** zu. Für die 1950er Jahre ging man davon aus, dass 8 % aller Paare steril waren, 1990 waren es schon 15 %. In nur 3–5 % der Fälle liegen organische Störungen vor, in 25 % werden psychische Probleme (in einem weiten Sinn) als Ursache vermutet. Bei über zwei Dritteln aller Fälle von Sterilität ist die Ursache unbekannt. Vor allem Spermien sind anfällig gegenüber verschiedenen Umweltgiften. Schwermetalle, Alkohol, Nikotin, Biozide, organische Chlorverbindungen, Ozon und weitere Substanzen reichern sich in der Spermaflüssigkeit und in den Eizellen an und führen vermehrt zu Missbildungen. Eine Reduktion der Spermienzahl und ihrer Beweglichkeit konnte in vielen Fällen nachgewiesen werden (Abb. 2.9). Eine Fertilitätsbeeinträchtigung ist auch von vielen Medikamenten (wie Neuroleptika, Amphetaminen, Tranquilizern) und einigen Nahrungsmittelzusätzen (z.B. Natriumnitrit und Natriumglutamat) berichtet worden (Amdur et al. 1991). Problematisch sind auch synthetische Östrogene, die mit der Antibabypille aufgenommen und mit dem Urin unverändert ausgeschieden werden. Sie werden in der Umwelt kaum abgebaut und können über das Grundwasser und das Trinkwasser wieder in den Körper gelangen.

Parallel mit der Zunahme ungewollter Sterilität wurden Methoden der **künstlichen Befruchtung** entwickelt. 1978 wurde das erste „Retortenbaby" in den USA geboren, d.h. die Befruchtung erfolgte *in vitro* und der sich entwickelnde Keim wurde in die Uterusschleimhaut der Mutter implantiert, wo er sich normal weiterentwickelte. 1998 führte in der Schweiz die *in-vitro*-Fertilisation zu 1 % aller

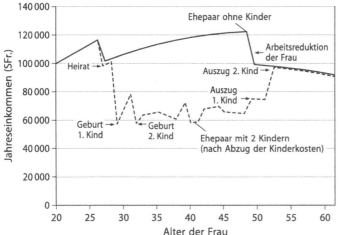

Abb. 2.8. Unterschiede im Familieneinkommen bei Familien mit oder ohne Kinder. Nach einer Studie des schweizerischen Bundesamtes für Sozialversicherung (1998).

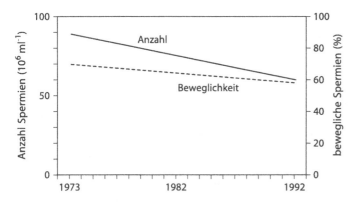

Abb. 2.9. Veränderung der Spermienzahl und -beweglichkeit bei Männern nach einer Studie von 1973 bis 1992 in Paris. Nach Auger et al. (1995).

Geburten. In der Regel handelt es sich um homologe Insemination, d.h. der soziale Vater des Kindes ist auch sein genetischer. Daneben ist auch die heterologe Insemination weit verbreitet, bei der das Sperma von einem anonymen Spender stammt.

Die *in-vitro*-Fertilisation ist vor allem wegen persönlicher Risiken und gesellschaftlicher Nebenwirkungen umstritten. Die Erfolgsquote lag 2000 bei etwa 20 % und kann durch wiederholte Behandlung auf 50–60 % gesteigert werden. Die Frauen gehen ein beträchtliches Risiko ein (Emboliegefahr, erhöhte Wahrscheinlichkeit von Mehrlingsschwangerschaften und Kaiserschnitt). Die Kinder selbst sind oft untergewichtig, und angeborene Gesundheitsschäden kommen doppelt so häufig vor. Im sozialen Umfeld sei die Problematik der Leihmütter erwähnt. Im wirtschaftlichen Umfeld ist neben den erhöhten Kosten für die Eltern eine wachsende Kommerzialisierung und Industrialisierung des Fortpflanzungsvorganges festzustellen. So gibt es bereits Samenbanken, die Spermien von Nobelpreisträgern und Olympiasiegern anbieten, Eizellen von Models werden im Internet meistbietend versteigert.

2.2.2
Sterberate

Die Sterberate wird angegeben in Sterbefälle pro 1000 Einwohner und Jahr. Die Gesamtsterblichkeit der Weltbevölkerung lag 2003 bei 9/1000 und unterschied sich nicht sehr zwischen industrialisierter und unterentwickelter Welt (Tabelle 2.2). Regional oder auf Länderebene traten jedoch beträchtliche Unterschiede auf. Die höchsten Sterberaten mit 22–28/1000 finden sich in einigen schwarzafrikanischen Staaten (Malawi, Lesotho, Mosambik, Botswana). Die niedrigsten Sterberaten weisen Kuwait und die Vereinigten Arabischen Emirate (2/1000), sowie Bahrain und Brunei (3/1000) auf.

Im Verlaufe eines Lebens ist die Sterberate nicht gleich. Neben einer erhöhten Säuglings- und Kindersterblichkeit und einer geringen Erwachsenensterblichkeit wird eine Alterssterblichkeit unterschieden, die wieder hoch ist. Hieraus ergibt sich die **Überlebenskurve** einer Population. Am Beispiel der Bevölkerung Österreichs zeigt sie an, dass die höchste Sterberate in der Altersgruppe 75–85 Jahre auftritt und bis zum 50. Lebensjahr erst 10 % der Population gestorben sind (Abb. 2.10). Im Fall eines Entwicklungslandes mit hoher Säuglings- und Kindersterblichkeit gibt es zudem ein Maximum in den ersten Lebensjahren.

Die jahreszeitliche Verteilung der Todesfälle weist, wie am Beispiel Deutschlands gezeigt werden kann, ein Maximum im Winterhalbjahr auf (Januar–März), das jahreszeitliche Minimum liegt in den Monaten August–September (Abb. 2.11). Die individuelle Widerstandskraft besonders von alten Menschen und chronisch Kranken ist im Winterhalbjahr am niedrigsten, so dass auch 2001 bei moderner medizinischer Versorgung diese Saisonalität mit 8–10 % Abweichung vom Mittelwert bestehen bleibt.

Im Rahmen des demographischen Übergangs sinkt die Sterberate auf niedrige Werte. Als Hauptursache hierfür kann bis 1850 vor allem in den Industriestaaten die Verbesserung der **Ernährung** angesehen werden, welche die Widerstandskraft gegenüber Krankheiten erhöht hat. Erst in zweiter Linie dürften Veränderungen der **Hygiene** wichtig sein. Bis zum 19. Jahrhundert hatte man noch keine klaren Vorstellungen vom Zusammenhang zwischen Krankheitserregern und Trink-

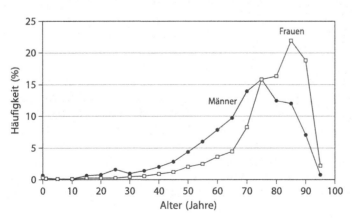

Abb. 2.10. Verteilung der alterspezifischen Mortalität pro 5-Jahres-Klasse auf alle Gestorbenen des Jahres 2001 in Österreich. Nach Statistik Austria.

Tabelle 2.2. Sterberate (Gestorbene pro 1000 Einwohner). Die Angaben für 2010 beruhen auf einer Schätzung. Nach Population Reference Bureau (www.prb.org).

	1960	1970	1980	1990	2000	2010
Deutschland	12	12	12	12	10	9
Österreich		13	12	12	10	9
Schweiz	10	9	9	10	9	8
Frankreich	11	11	10	10	9	9
Großbritannien	12	12	12	11	11	10
USA	10	9	9	9	9	9
Japan	8	7	6	8	8	8
Russland	8	9	19	10	15	16
China	25	15	6	7	6	6
Indien		17	15	10	9	8
Bangladesch		18	20	14	8	8
Pakistan		18	16	11	11	10
Indonesien		19	15	8	8	7
Mexiko	11	9	6	5	4	5
Brasilien		10	8	7	6	7
Ägypten		14	10	7	6	6
Äthiopien		25	25	18	21	13
Nigeria		25	18	14	13	12
Industrialisierte Staaten		10	9	10	10	10
Entwicklungsländer		17	12	9	9	8
Welt		14	11	9	9	9

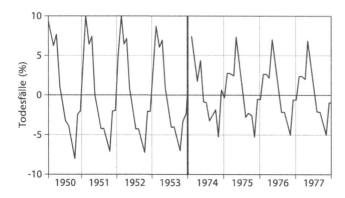

Abb. 2.11. Saisonkomponente von Todesfällen als prozentuale Abweichung vom Jahresdurchschnitt. Nach Hauser (1982).

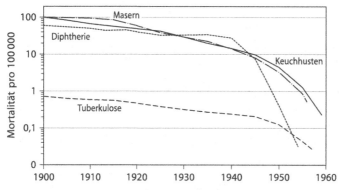

Abb. 2.12. Abnahme der Mortalität durch häufige Infektionskrankheiten in England und Wales. Nach Burnet u. White (1978).

und Abwasser, Fäkalien, Abfällen usw. Häufige Infektionskrankheiten wie Malaria, Typhus, Ruhr, Cholera und Pocken verliefen oft tödlich (Box 2.1). Noch im 17. Jahrhundert wurden in Mitteleuropa drei Viertel aller Todesfälle durch ansteckende Krankheiten, Hunger und Schwangerschaftskomplikationen verursacht, nur 6 % durch Krebs oder Herz-Kreislauferkrankungen. Erst Ende des 19. Jahrhunderts waren Mikroorganismen als Ursache von Infektionskrankheiten sowie ihre wesentlichen Übertragungswege erkannt. In England verringerte sich daraufhin die Mortalität durch häufige Infektionskrankheiten (Scharlach, Typhus, Keuchhusten, Pocken, Tuberkulose) innerhalb weniger Jahrzehnte auf einige Prozent des Ausgangswertes (Schmid 1976, Burnet u. White 1978) (Abb. 2.12). Die letzte große Epidemie war vermutlich die Grippewelle, die 1917/1919 von China über die USA Europa überzog und weltweit 25 Mio. Tote verursachte, mehr als der Erste Weltkrieg.

Nach Verbesserungen von Ernährungssituation und Hygienebedingungen wirkten sich medizinische Maßnahmen wie moderne **Medikamente** oder **Impfungen** sowie flächendeckende Arzt- und Gesundheitssysteme erst relativ spät aus. Sie haben die Sterberate aber eindeutig weiter absinken lassen. Vermutlich wird ihre Bedeutung überschätzt, denn selbst heute haben fast 30 % der Weltbevölkerung keinen oder kaum Zugang zu Medikamenten und

▶ *Box 2.1*
Die Pest

Die schlimmste aller ansteckenden Krankheiten war die Pest, eine Infektionskrankheit, bei welcher der Erreger *Yersinia pestis* durch Flöhe von Mäusen und Ratten auf den Menschen übertragen wird. In endemischen Gebieten (iranisches Hochland, Ostasien, Südafrika, westliches Nordamerika) kommen diese Erreger regelmäßig vor. Wenn die Nager eine Massenvermehrung mit nachfolgender Ausbreitungsphase durchlaufen, kommt es zur Infektion der Bevölkerung, die im Mittelalter 80 % der Erkrankten innerhalb von 5 Tagen tötete. Michaux et al. (1990) erwähnen 40 Pestzüge bereits in vorchristlicher Zeit. Während der Herrschaft des oströmischen Kaisers Justinian (im 6. Jahrhundert) war der Mittelmeerraum stark betroffen. Im 14. Jahrhundert breitete sich die Pest über die Seidenstraße von Zentralasien nach Europa aus und erreichte die Krim 1347. Von hier aus wurde sie mit Schiffen in alle größeren Städte am Mittelmeer verschleppt und verbreitete sich in 5 Jahren über fast ganz Europa. Insgesamt starben damals in Europa etwa 25 Mio. Menschen, dies entsprach einem Drittel der Bevölkerung. Hierdurch nahm die Bevölkerung in Deutschland von 22 auf 14 Einwohnern/km^2 bzw. von 12 auf 8 Mio. ab. Die Zahl der Siedlungen sank von 170.000 auf 130.000, d.h. ein Viertel aller Ortschaften verödete, die offene Ackerfläche nahm um 23 % ab, die Waldfläche nahm zu (Henning 1985). Im 16. und 17. Jahrhundert führten hygienische Verbesserungen zum Verschwinden der Pest aus Europa. Der vermehrte Bau von Gebäuden aus Stein und von geschützten Kornspeichern sowie Quarantänemaßnahmen in Häfen wirkten in gleicher Richtung. Daneben scheint es auch einen Virulenzverlust des Erregers gegeben zu haben. Die letzten großen Seuchenzüge wüteten in England 1660, in Südeuropa um 1720 und auf dem Balkan 1770. Der intensive Schiffsverkehr brachte die Pest im 19. und 20. Jahrhundert aber noch in alle Teile der Welt (1898 Madagaskar, 1899 Japan, 1900 San Francisco, 1908 Honolulu, 1914 Ceylon usw.). Erst 1894 wurde der Pesterreger von Yersin entdeckt, 4 Jahre später wurde die Übertragung durch Flöhe erkannt. In den 1970er Jahren gab es weltweit nur noch 1000 – 3000 Pesterkrankungen jährlich (überwiegend in Asien), an denen durchschnittlich jeweils 100 Menschen starben. Heute haben moderne Antibiotika der Pest den Schrecken genommen. Es wird aber kaum möglich sein, sie auszurotten, denn in vielen Regionen der Welt ist es nicht möglich, die Rattenplage zu kontrollieren. Auch haben sich die Pestflöhe in Nordamerika in einheimischen Nagetierpopulationen ausgebreitet (Erdhörnchen, Präriehunde), aus denen es über Hauskatzen immer wieder zu Kontakten mit Menschen kommt. Weltweit kommt es daher regelmäßig zu Neuansteckungen und einzelnen Todesfällen.

rund 80 % des Weltmedikamentenverbrauchs erfolgt durch die rund 19 % der Weltbevölkerung, die in den industrialisierten Staaten lebt.

In den unterentwickelten Staaten wurden diese westlichen Maßnahmen „billig importiert", d.h. die Sterberate konnte mit geringem Aufwand recht effektiv reduziert werden und der demographische Übergang wurde beschleunigt. Hierdurch wuchs aber gleichzeitig ihre Bevölkerung an, d.h. der Anteil junger Menschen mit einer altersspezifisch niedrigen Sterberate erhöhte sich, so dass sich eine weitere Senkung der Sterberate ergab. Wenn sich später das Durchschnittsalter der Bevölkerung wieder erhöht, steigt auch die Sterberate. Wir finden also hohe Sterberaten sowohl in Entwicklungsländern mit einem schlecht ausgebauten Gesundheitssystems als auch in industrialisierten Staaten mit einem hohen Anteil alter Menschen (Kap. 2.2.3). In dieser Zwischenphase kann die Sterberate für kurze Zeit auf niedrige Werte von 2–4/1000 sinken, d.h. eine Unterscheidung von Entwicklungs- und Industrieländer ist nicht möglich.

Durch Verbesserungen im hygienischen, medizinischen und sozialen Bereich ist die **Säuglings- und Kindersterblichkeit** in den späteren Industriestaaten seit dem 18. Jahrhundert gesunken (Abb. 2.13) und betrug 2003 im Durchschnitt 7/1000 Geburten (Tiefstwerte in Singapur, Island, Japan, Finnland, Spanien, Schweden und Norwegen mit weniger als 4/1000 Geburten). In den Entwicklungsländern sinkt die Kindersterblichkeit erst seit Beginn des 20. Jahrhunderts. Sie betrug 2003 61/1000 und ist fast neunmal höher als im entwickelten Teil der Welt (Tabelle 2.3). Regional sind die Unterschiede noch größer. Liberia, Angola, Afghanistan und Sierra Leone weisen extreme Werte über 140/1000 Geburten auf, in Mosambik beträgt die Sterblichkeit 201/1000 Geburten.

Ein wesentlicher Faktor, der die Säuglingssterblichkeit bestimmt, ist das zu geringe Geburtsgewicht. In Deutschland ist mehr als die Hälfte aller **Totgeburten** untergewichtig (d.h. unter 2500 g), aber nur 6 % aller Lebendgeborenen (Statistisches Bundesamt 1991). Rauchen während der Schwangerschaft dürfte in den Industriestaaten eine der wichtigsten Ursachen hierfür sein, in den Entwicklungsländern Unterernährung. Häufig hängt fehlende Bildung eng mit hoher Kindersterblichkeit zusammen, wie in Abb. 2.14 am Beispiel der Alphabetisierungsrate der Frauen gezeigt wird.

In europäischen Hauptstädten (Paris, Berlin, Wien) starben 1776 ca. 30 % aller Kinder im Laufe ihres ersten Lebensjahres. In besonders rückständigen Gebieten Bayerns starben noch 1900 34 % der Kleinkinder und in der Schweiz wurden aus Appenzell-Innerrhoden 1880 mit 30 % die höchsten schweizerischen Werte berichtet. Im 20. Jahrhundert haben sich solche Randgebiete aber dem nationalen Durchschnitt angenähert, Appenzell-Innerrhoden wies in den 1980er Jahren sogar die niedrigsten schweizerischen Werte auf.

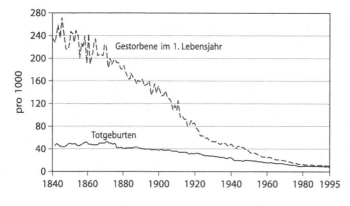

Abb. 2.13. Abnahme der Totgeburten und der im ersten Lebensjahr Gestorbenen in der Schweiz. Nach Daten des Bundesamts für Statistik der Schweiz.

Tabelle 2.3. Säuglingssterblichkeit (Todesfälle pro 1000 Geburten). Die Angaben für 2010 beruhen auf einer Schätzung. Nach Population Reference Bureau (www.prb.org).

	1960	1970	1980	1990	2000	2010
Deutschland	29	23	15	8	5	4
Österreich			15	9	5	5
Schweiz	21	13	10	7	5	5
Frankreich	26	16	11	7	5	4
Grossbritannien	22	17	14	8	6	5
USA	25	19	13	8	7	7
Japan	27	12	8	5	4	3
Russland	30	25	31	20	17	13
China		80	56	27	31	31
Indien		161	134	88	72	55
Bangladesch		124	153	108	82	50
Pakistan		124	142	98	79	85
Indonesien		125	91	65	46	43
Mexiko	70	61	70	36	32	20
Brasilien		170	109	57	38	29
Ägypten			90	57	52	40
Äthiopien			162	122	116	95
Nigeria			157	96	77	70
Industrialisierte Staaten		28	20	12	8	6
Entwicklungsländer		130	110	70	63	56
Welt		116	97	63	57	50

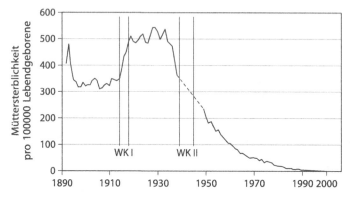

Abb. 2.14. Mit zunehmender Alphabetisierung einer Bevölkerung nimmt die Kindersterblichkeit ab. Jeder Punkt stellt ein Entwicklungsland dar. Daten aus UNFPA.

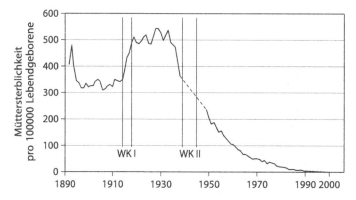

Abb. 2.15. Müttersterblichkeit (pro 100.000 Lebendgeborene) in Deutschland. Zum Teil fehlen Daten während der beiden Weltkriege (WK). Ergänzt nach Beck et al. (1978).

Die Kindersterblichkeit in Industriestaaten ist meist nur im ersten Lebensjahr deutlich erhöht. Im Unterschied hierzu findet man in vielen Entwicklungsländern eine noch recht hohe Kindersterblichkeit bei Zwei- bis Vierjährigen, die über 20 % der Sterberate des ersten Lebensjahres ausmachen kann. Dies ist häufig auf **unzureichende Ernährung** zurückzuführen. Denn während der oft ein Jahr und länger dauernden Stillperiode haben viele Kleinkinder durch die Muttermilch eine halbwegs ausreichende Versorgung, die entfällt, wenn die Kinder als Folge einer erneuten Schwangerschaft abgestillt werden (Kwashiorkor, Kap. 3.5.2). Häufig ist daher nach einer Folgegeburt eine erhöhte Sterblichkeit des älteren Geschwisters festzustellen. Auch AIDS kommt als Mortalitätsfaktor für Kleinkinder eine immer größere Bedeutung zu, da viele während Schwangerschaft oder Geburt von ihrer Mutter infiziert werden und infektionsverhütende Medikamente nicht verfügbar sind.

Eine Geburt ist nicht nur für das Kind ein kritischer Augenblick, sondern auch für die Mutter selbst. Bei der Geburt mehrerer Kinder durchläuft eine Mutter also immer wieder ein hohes Sterberisiko, das mit zunehmender Kinderzahl sogar noch steigt. Während in den Industriestaaten 1910–1940 noch 500/100.000 aller gebärenden Frauen an den Folgen der Geburt (Abb. 2.15) starben, sank die **Müttersterblichkeit** vor allem durch hygienische Verbesserungen zwischen 1970 und 1980 auf 10–20/100.000 Lebendgeborene. In Deutschland, Österreich und der Schweiz liegt sie heute bei <5/100.000 Geburten, in Entwicklungsländern

Tabelle 2.4. Todesursachen (in % aller Todesfälle) in Deutschland (2001), Österreich (2001) und der Schweiz (1999).

Ursache	Deutschland Frauen	Männer	Österreich	Schweiz Frauen	Männer
Krebserkrankung	22,3	28,2	24,7	21,5	28,4
Krankheiten des Herz-Kreislaufsystems	52,0	41,7	51,3	44,2	37,0
Krankheiten der Atemwege	5,2	6,6	5,2	6,9	83,0
Krankheiten der Verdauungsorgane	5,6	5,4	4,5	3,9	3,6
Unfälle und Gewalt	2,2	3,5	3,7	2,9	4,1
Suizid	0,7	2,1	2,0	1,1	3,1
Infektiöse und parasitäre Krankheiten	1,3	1,3	0,7	1,0	1,2
Sonstige	10,7	11,2	8,6	18,5	14,3

bei 400/100.000. Extrem hohe Quoten von 2000/100.000 finden sich in vielen schwarzafrikanischen Staaten, d.h. 2 % aller Gebärenden sterben an den Folgen der Geburt.

Wie in Tabelle 2.4 ausgeführt, werden bei der **Erwachsenensterblichkeit** derzeit nur 1 % der Todesfälle durch infektiöse und parasitäre Erkrankungen verursacht. Mit der Hälfte aller Todesfälle sind Krankheiten des Herz-Kreislaufsystems (Herzinfarkt, Hirnschlag) mit Abstand die häufigste Todesursache. Auf zweiter Position stehen mit einem Viertel aller Todesfälle bösartige Krebserkrankungen (Tabelle 2.4). Weitere wichtige Todesursachen sind Krankheiten der Atemwege (v.a. Bronchitis) und der Verdauungsorgane (v.a. Leberkrankheiten), sowie Unfälle und Suizide.

Die meisten dieser **Todesursachen** lassen sich dem Umfeld falscher Ernährung (fehlende Ballaststoffe, zu viel Fett, Alkohol, Nikotin), fehlender Bewegung (überwiegend sitzende Tätigkeit) und Übergewicht zuordnen. Unsere Ernährung ist zu fettreich, so dass es zu Fettablagerungen bei Frauen um Oberschenkel und Gesäß, bei Männern am Bauch kommt (Adipositas) (Box 2.2). Hierdurch werden hoher Blutdruck, Diabetes und koronare Herzkrankheiten gefördert. Häufig enthält unsere Nahrung zu wenig ungesättigte Fettsäuren (in pflanzlichen Produkten enthalten, nicht aber in tierischen Fetten) und zuviel Cholesterin (tierische Fette). Dies begünstigt ebenfalls koronare Herzkrankheiten und den Herzinfarkt.

▶ **Box 2.2**
Der Body-Mass-Index

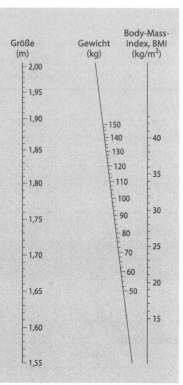

Der Body-Mass-Index (BMI) stellt einen Wert dar, mit dem Körpergewicht und Körpergröße integriert werden, um Unter- oder Übergewicht festzustellen. Hierzu wird das Körpergewicht durch das Quadrat der Körpergröße geteilt, der entsprechende Wert kann aber auch graphisch ermittelt werden, wie die nebenstehende Abbildung zeigt. Ein BMI von 20–25 entspricht für 20- bis 40jährige beiderlei Geschlechts dem Normalgewicht, ab 25 spricht man von leichtem Übergewicht, ab 30 von starkem Übergewicht, ab 40 von extremem Übergewicht. BMI-Werte unter 19 entsprechen Untergewicht. Der BMI der Playmates lag im Durchschnitt bei 18,1, also an der Grenze zur Magersucht. Bei sehr sportlichen bzw. muskulösen Personen und bei älteren Personen gelten bis 4 weitere BMI-Einheiten als normal. Für Jugendliche unter 17 Jahren ist der BMI nur bedingt geeignet. BMI-Werte > 30 deuten auf ein erhöhtes Risiko für Herzinfarkt und Schlaganfall hin.

▶ **Box 2.3**
Volkswirtschaftliche Kosten des Rauchens

Nach einer Studie des schweizerischen Bundesamtes für Gesundheit (1998) kostet das Rauchen jährlich 10 Mrd. Franken, fast 3 % des Bruttosozialprodukts. Bei einem Raucheranteil von 37 % werden jährlich 8300 Todesfälle und 16.100 Invaliditätsfälle auf das Rauchen zurückgeführt. 90 % aller Lungenkrebserkrankungen werden durch Rauchen verursacht, 80 % aller Magenkrebsfälle. Insgesamt ist Rauchen für 5 % aller Gesundheitskosten verantwortlich. Produktionsausfälle durch Krankheit (4 Mio. berufliche Arbeitstage) und Tod (50.000 produktive Lebensjahre) werden mit 4,4 Mrd. Franken veranschlagt, immaterielle Kosten durch physisches und psychisches Leid der Kranken und ihrer Familien mit 5 Mrd. Dem stehen deutlich geringere Einnahmen durch Steuern und gesparte Rentenzahlungen entgegen.

Vor allem dem **Tabak** kommt eine zentrale Bedeutung als Todesursache vor dem 65. Lebensjahr zu (Box 2.3). Nach einer Analyse der WHO (1991) ist ein Viertel der Todesfälle zwischen dem 15. und 65. Lebensjahr auf Tabak zurückzuführen, er ist für ein Fünftel aller Herzanfälle und ein Drittel aller Krebstoten verantwortlich. 36 % der männlichen und 22 % der weiblichen 15jährigen rauchen

(Deutschland 1997). Im europäischen Durchschnitt werden von den 15jährigen und Älteren 5–10 Zigaretten täglich geraucht, bei einem Raucheranteil von einem Drittel entspricht dies 15–30 Zigaretten pro Tag. Frauen rauchen inzwischen genauso viel wie Männer; mit zunehmendem Alter nimmt der Anteil der Raucher ab. Bauern, Techniker, Ärzte und Naturwissenschaftler rauchen besonders wenig, Bergleute, Metallarbeiter, Berufsautofahrer und Putzleute besonders viel.

Alkohol ist das am häufigsten konsumierte Genussmittel in Deutschland. Im Durchschnitt wurden im Jahr 2000 pro Kopf 125 L Bier, 23 L Wein und 6 L Spirituosen getrunken, das entspricht 11 L reinem Alkohol. 16 % der Männer und 10 % der Frauen nehmen regelmäßig Alkohol in Übermaß zu sich, 5 % gelten als alkoholabhängig. In 2 % aller Todesfälle und bei fast 20 % der tödlich verlaufenden Verkehrsunfälle ist Alkohol im Spiel.

Ein Großteil der Jugendlichen hat heute **Drogenerfahrung**. Hierbei handelt es sich meist um vergleichsweise harmlose Drogen wie Haschisch (91 % der Jugendlichen haben es probiert, jeder Zehnte nutzt es regelmäßig), und Marihuana (48 %), der Anteil harter Drogen wie LSD (6 % Erfahrung), Heroin (2 %) und Kokain (8 %) steigt jedoch ständig, hinzu kommen Designerdrogen. Knapp die Hälfte der Jugendlichen hat Erfahrung mit Schlaf- und Betäubungsmitteln, 20 % mit Lösungsmitteln wie Benzin, Klebstoff oder Feuerzeuggas. 2002 wurde die Zahl der Konsumenten harter Drogen in Deutschland auf 120.000 geschätzt. Die Zahl der Drogentoten lag in den 1990er Jahren bei rund 2000 jährlich.

Anders als in den Industriestaaten sind in den Entwicklungsländern **Infektions-** und **Parasitenkrankheiten** mit über 40 % die häufigsten Todesursachen (Tabelle 2.5). Weitere 10 % aller Todesfälle sind auf Komplikationen während Schwangerschaft und Geburt zurückzuführen. Vor allem bei schlechten hygienischen Verhältnissen und mangelnder medizinischer Versorgung zeigen sich oft verheerende Auswirkungen, zumal wenn durch eine bereits länger andauernde Mangelernährung und allgemein konstitutionelle Schwächung eine erhöhte Krankheitsanfälligkeit gegeben ist.

Die Weltgesundheitsorganisation WHO bemüht sich, mit ausgedehnten **Impfprogrammen** die wichtigsten Infektionskrankheiten weltweit zu bekämpfen. Ein erster Erfolg war bei den Pocken möglich, einer Krankheit, an der bei einer Sterblichkeit von 8–15 % zuvor Millionen Menschen starben. Noch 1967 registrierte die WHO weltweit 15 Mio. Fälle. Im Rahmen eines globalen Impfprogramms wurden 1967–1977 4,8 Mrd. Impfungen durchgeführt. Nach dem letzten Pockenfall in Somalia 1977 wurden 1980 die Pocken offiziell als weltweit ausgerottet erklärt (Abb. 2.16). Da die USA und Russland jedoch Laborstämme zur Produktion von Biowaffen behielten und diese möglicherweise in die Hände von Terroristen gelangen können, ist die Pockengefahr nicht gebannt.

In einem globalen **Schwerpunktprogramm** wurde gezielt gegen Masern, Diphtherie, Keuchhusten, Wundstarrkrampf, Kinderlähmung und Tuberkulose geimpft. 1974 waren zwar erst 5 % aller Kinder erreicht, 1988 jedoch schon fast 50 %. 1990 wurden 100 Mio. Kinder geimpft, was die Impfquote global auf 80 % erhöhte. Die für die 1990er Jahren angestrebte Durchimpfungsrate von 100 % wurde zwar nicht erreicht, globale Impfprogramme werden jedoch in immer größerem Ausmaß und auch gegen weitere Erreger durchgeführt. Es ist daher durch-

Tabelle 2.5. Die zehn häufigsten durch Infektionen verursachte Todesursachen. Nach Daten der WHO für 2001 (www.who.org).

	Anzahl Todesfälle	Bemerkung
Lungenentzündung und andere Erkrankungen der Atemwege	3.947.000	90 % Kinder
AIDS	2.866.000	
Durchfallerkrankungen (Cholera, Typhus, Ruhr)	2.001.000	vor allem Kinder
Tuberkulose	1.644.000	
Malaria	1.124.000	
Masern	745.000	vor allem Kinder
Keuchhusten	285.000	vor allem Kinder
Tetanus	282.000	viele Säuglinge
Meningitis	173.000	
Syphilis	167.000	

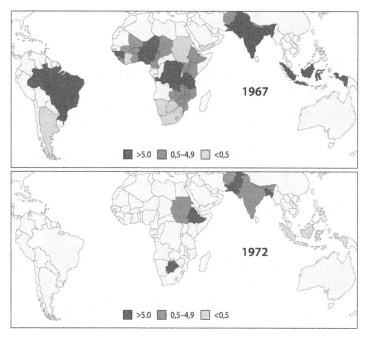

Abb. 2.16. Weltweiter Rückgang der Pockenfälle (pro 100.000 Einwohner) als Folge der systematischen Pockenbekämpfung durch die WHO. Verändert nach Bähr (1983).

▶ **Box 2.4**
Ausrottung der Kinderlähmung

1988 startete die WHO ein Programm zur Ausrottung der Kinderlähmung. Zuvor erkrankten in 125 Ländern eine halbe Million Kinder jährlich an dieser sehr ansteckenden
Krankheit. Durch rund 2 Mrd. Impfungen konnte Poliomyelitis in 15 Jahren sehr stark
zurückgedrängt werden. 2003 gab es nur noch 667 Ansteckungen in einigen westafri-
kanischen Ländern, Indien, Pakistan und 3 weiteren Ländern. Mit flächendeckenden
Impfungen um die letzten Infektionsherde müsste es nun gezielt möglich sein, die
Krankheit auszurotten. Leider haben sich muslimische Geistliche mit der Begründung,
durch diese Impfung würde AIDS verbreitet und Frauen würden unfruchtbar gemacht,
im Norden Nigerias der Impfung widersetzt. Hierdurch kam es zu einer Unterbrechung
des Impfprogramms. Von Nordnigeria, das nie von Polio befreit werden konnte, sprang
die Krankheit erst auf die poliofreien Nachbarstaaten Tschad, Kamerun und Benin, dann
auf weitere Staaten über. Derzeit wird rund die Hälfte aller Erkrankungen der Welt aus
Nordnigeria gemeldet und es ist zu befürchten, dass aus dieser nicht behandelten
Region weitere Bevölkerungsteile neu infiziert und somit langjährige Bemühungen
zunichte gemacht werden.

aus möglich, dass in den nächsten Jahrzehnten die eine oder andere Krankheit
ausgerottet werden kann (Box 2.4).

Eine Ausdehnung der Impfprogramme auf viele weitere Krankheiten ist zwar technisch
möglich, wird aber von der pharmazeutischen Industrie nicht unbedingt angestrebt, da
die **Entwicklung und Produktion dieser Impfstoffe** nicht wirtschaftlich zu sein verspricht
(Robbins u. Freeman 1989). Die Entwicklung eines Impfstoffes ist sehr teuer und lohnt sich
bei Tropenkrankheiten kaum, da die Entwicklungsländer keine zahlungskräftige Kundschaft
darstellen. Aus diesen finanziellen Überlegungen der einschlägigen Industrie wird es daher
gegen eine Reihe weiterer Infektionskrankheiten, an denen jährlich Milliarden Menschen
erkranken und viele Millionen sterben, bis auf weiteres keinen einsetzbaren Impfstoff geben.

Unter den parasitischen Krankheiten ist **Malaria** die für den Menschen häufigste Krankheit. Über 2 Mrd. Menschen (= 40 % der Weltbevölkerung) leben
in Malariagebieten und in den betroffenen Ländern ist Malaria ein fast unüber-
windbares Hindernis für die Entwicklung ganzer Regionen. Weltweit erkrankten 1999 etwa 500 Mio. an Malaria, über 100 Mio. wurden klinisch krank und 2,7
Mio. starben. Im tropischen Afrika sind 75 % der Malariatoten Kinder unter 5
Jahren und man nimmt an, dass 10 % der weltweiten Kindersterblichkeit bis 14
Jahre auf Malaria zurückzuführen ist. Die Malariabekämpfung ist nicht einfach,
zumal es heute in fast allen Malariagebieten eine mehr oder weniger ausgeprägte Resistenz gegenüber Chloroquin, dem klassischen Malariamedikament, gibt
und auch Resistenzen gegenüber anderen Präparaten zunehmen. Dies ist umso
bedenklicher, da es nur wenige geeignete Malariamedikamente gibt und die
Malariaforschung reduziert wurde.

In vielen Regionen der Welt haben *Anopheles*-Mücken, die Überträger von Malaria, bereits Resistenz gegen das **Insektizid DDT** entwickelt, so dass die Strategie der Bekämpfung des Überträgers mittels DDT-Sprühaktion 1972 von der WHO für gescheitert erklärt wurde. Nach heutiger Kenntnis sind langfristige und aufwendige Programme nötig, die neben lokalen Entwässerungsmaßnahmen vor allem die medizinische Versorgung und Ausbildung der Bevölkerung betreffen. Durch solch eine konsequente Politik konnte beispielsweise die Zahl der Erkrankten in Thailand von 1980 an innerhalb von 20 Jahren auf ein Fünftel gesenkt werden, die Zahl der Todesfälle sank auf ein Zehntel (Abb. 2.17). Viele Entwicklungsländer sind jedoch nicht in der Lage, solch eine langfristige Politik durchzuführen. Sie vertrauen einseitig auf Insektizide und führten auch, wie beispielsweise Südafrika im Jahr 2000, wieder DDT ein.

Wie sehr viele Einzelfaktoren zum Gesamtfaktor Sterberate verflochten sind, zeigt das Beispiel des DDT-Einsatzes gegen die Malaria in Sri Lanka. Durch großflächiges Ausbringen von DDT wurde dort ab 1946 für 10 Jahre die Malaria systematisch bekämpft. Gleichzeitig wurde ein Absinken der Sterberate beobachtet und man nahm einen einfachen, ursächlichen Zusammenhang an. Hierbei wurden drei wesentliche Dinge übersehen:

- Die Sterberate sank generell auf Sri Lanka seit 1905 auf Grund allgemein sich verbessernder Lebensbedingungen.
- Die Sterberate sank nach dem Beginn der Insektizid-Aktion auch in Gebieten, die nicht mit DDT besprüht wurden, im fast gleichen Ausmaß wie in den behandelten Gebieten.
- Nach Beendigung des DDT-Programms 1964 stieg die Zahl der Malariaerkrankungen schnell wieder auf über eine Millionen Fälle (1968), die Sterberate ging jedoch wegen Verbesserungen im Gesundheitswesen weiter kontinuierlich zurück.

Sorgfältige Analysen ergaben, dass 23 % der Reduktion der Mortalität (1945–1960) auf das Malariaprogramm (d.h. DDT) zurückzuführen sind. 77 % Reduktion

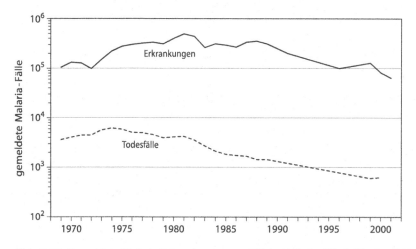

Abb. 2.17. Gemeldete Malaria-Erkrankungen und Malaria-Todesfälle in Thailand. Nach WHO.

wurden durch viele, interagierende Faktoren aus den Bereichen Gesundheitswesen, medizinische Therapie, Ernährung und Wirtschaft bewirkt (Gray 1974).

Auf **Unfälle** im Straßenverkehr, aber auch Berufsunfälle oder durch sonstige äußere Einflüsse sind in den Industriestaaten 3 bis 4 % aller Todesfälle zurückzuführen (Abb. 2.18). Bei diesen tödlichen Unfällen handelt es sich zu 40 % um Verkehrsunfälle, 28 % ereignen sich im Haushalt, rund 10 % sterben durch Mord oder Todschlag, weniger als 1 % am Arbeitsplatz. Etwa 1–3 % aller Todesfälle werden durch **Suizid** verursacht. Obwohl dies eine der weniger häufigen Todesursachen in den hoch entwickelten Staaten ist, ist es eine bedrückende Erkenntnis, dass in Deutschland, Österreich und der Schweiz 2-3 % aller Männer und etwa 1 % aller Frauen durch Freitod aus dem Leben scheiden. Vor allem Jugendliche begehen relativ häufig Suizid, so dass in der Altersklasse der 15–25jährigen ein Fünftel aller Todesfälle, bei den 25–35jährigen gar ein Viertel auf Suizid zurückzuführen sind. Besonders hohe Suizidquoten finden sich in Finnland und Ungarn, niedrige in Großbritannien, Israel, Italien, Spanien, Griechenland und Portugal.

Obwohl große Regionen und ganze Völker von **Kriegen** betroffen sein können und die Zahl der Toten viele Hunderttausend, ja Millionen betragen kann, ist der Anteil der globalen Sterberate, der auf kriegerische Ereignisse zurückzuführen ist, vergleichsweise gering. Die schlimmsten Folgen hatte möglicherweise der 30jährige Krieg im 17. Jahrhundert, in dessen Verlauf in Europa die Hälfte der Bevölkerung getötet worden sein soll. Im 20. Jahrhundert starben durch über 200 Bürgerkriege bzw. internationale Kriege pro Dekade ca. 0,1 % der Weltbevölkerung, lediglich in den Dekaden des ersten und zweiten Weltkrieges waren es 1,1 und 1,7 % der jeweiligen Weltbevölkerung (22 bzw. 41 Mio. Tote). Während vor 1949 vor allem die Industriestaaten an den Kriegen beteiligt waren, traten diese später nicht mehr direkt in Erscheinung (Ausnahme Ex-Jugoslawien 1992/94). Nach 1949 stammten daher über 99 % der Todesopfer aus Entwicklungsländern.

Eine 1990 veröffentlichte Versicherungsstudie berichtet, dass es von 1970–1989 weltweit 2361 **Naturkatastrophen** gab, die mehr als 20 Todesfälle forderten.

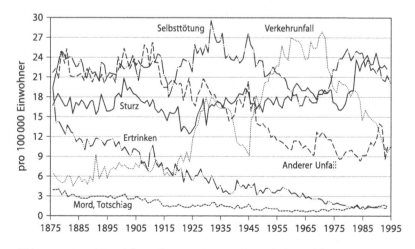

Abb. 2.18. Anzahl Unfälle, Selbsttötungen und Morde pro 100.000 Einwohner in der Schweiz.

Hierbei kamen 1,6 Mio. Menschen um. Dies sind pro Jahr durchschnittlich 80.000 Menschen oder ca. 0,2 % aller Todesfälle. Das vermutlich seit Jahrhunderten folgenschwerste Erdbeben ereignete sich 1976 in China und forderte über 240.000 (nach anderen Angaben 665.000) Todesopfer. Weitere schwere Erdbeben forderten 25.000 bis 50.000 Tote (1935 in Pakistan, 1970 in Peru, 1978, 1990 und 2003 im Iran, 1988 in Armenien, 1993 in Indien). Eine gewaltige Überschwemmung des Hwang Ho in China forderte 1887 900.000 Tote, in Pakistan ertranken 1983 200.000 Menschen, Sturmfluten in Bangladesch kostete 1970 300.000 und 1991 140.000 Leben. Keines dieser Ereignisse hat die Bevölkerungsentwicklung des betreffenden Landes wesentlich beeinflusst.

Hunger kann die Folge von politisch instabilen Verhältnissen sein (ungenügende Agrarpolitik der Regierung, Kriege, Willkür von Diktatoren). Maos „Großer Sprung nach vorne" verursachte in China 1959/61 Hungerkatastrophen, die mindestens 16,5 Mio., vermutlich aber 30 Mio. Menschenleben forderten (Smil 1986). Durch unsinnige Maßnahmen ihrer Führer verhungerten in Kambodscha in den 1970er Jahren und in Nordkorea in den 1990er Jahren Millionen Menschen. Auch Naturkatastrophen wie Klimaschwankungen können Hunger auslösen: Eine lang anhaltende Dürre im Sahelgebiet Afrikas hat 1984 2–3 Mio. Tote gefordert. Trotz dieser erschreckend hohen Zahlen ist die tatsächliche Bedeutung von chronischem Hunger, meist durch strukturelle Armut bedingt, viel größer. Da in der Regel eine lange Unter-, Fehl- oder Mangelernährung zu einem schlechten Allgemeinzustand führt, sterben viele Bewohner Afrikas und Asiens schließlich an einer Infektions- oder Parasitenkrankheit (die dann auch in den Statistiken erscheint), obwohl letztlich Hunger ursächlich war (Kap. 3.5.2).

1981 wurde in den USA zum ersten Mal **AIDS** (*acquired immuno-deficiency syndrom*) diagnostiziert, eine tödlich verlaufende Erkrankung des Immunsystems, die auf eine Infektion durch **HIV**, das *human immuno-deficiency virus*, zurückzuführen ist. 1983 konnte der Erreger durch Montagnier in Paris erstmals isoliert werden, ab 1984 standen Antikörpertests zur Verfügung, ab 1995 zunehmend Medikamente, welche die Vermehrung der Viren bremsen, aber AIDS nicht heilen und zudem bedeutende Nebenwirkungen haben. Rückwirkend konnte festgestellt werden, dass bereits 1971 über 1 % der Drogensüchtigen in den USA infiziert war. Als Ursprung der Seuche gilt Zentralafrika und der erste (rückwirkend belegte) sichere Nachweis stammt von 1959 aus Kinshasa / Zaire.

Es gilt heute als sicher, dass sich HIV aus ähnlichen Viren (SIV) entwickelt hat, die in afrikanischen Affen vorkommen. In bislang 7 Affen und aus mehreren afrikanischen Patienten konnten HIV-ähnliche Viren isoliert werden, die zwischen Menschen- und Affenvirus stehen. Die Sequenzierung hunderter ähnlicher HIV- und SIV-Varianten ergab einen Stammbaum von Viren, an dem die Affenviren neben anderen tierischen Lentiviren den jüngsten Seitenzweig darstellen. Der **Wirtswechsel** von Affen auf Menschen hat vermutlich im tropischen Afrika bereits im 17. Jahrhundert stattgefunden, wegen der Isolation des Gebietes breiteten sich die Erreger jedoch kaum aus.

HIV wird durch ungeschützten Geschlechtsverkehr, mehrfach benutzte Injektionskanülen, Blutkonserven, Organtransplantationen, künstliche Befruchtung und von einer infizierten Mutter auf ihr Kind übertragen. Risikogruppen waren zuerst Homosexuelle, Drogenabhängige, Bluter und Prostituierte. AIDS zeichnet sich durch eine lange Inkubationszeit von ca. 10 Jahren aus, in welcher der Träger bereits infektiös ist. Mindestens die Hälfte, vielleicht drei Viertel oder mehr der Virusträger erkranken. Die heute verfügbaren **Medikamente** bestehen aus einer Mischung verschiedener Präparate, die lebenslänglich eingenommen werden müssen. Bei einigen Betroffenen wirken die Medikamente nicht bzw. haben zu starke Nebenwirkungen, bei der Mehrzahl lindern sie den Verlauf der Krankheit, können sie aber nicht heilen. Die Sterblichkeit an AIDS ist hierdurch in den Industriestaaten jedoch in den letzten Jahren stark zurückgegangen. In den Entwicklungsländern können sich die meisten HIV-Infizierten die teuren Medikamente (in Europa kosten sie mindestens 1000 € monatlich) nicht leisten. Die Patienten sterben nach vergleichsweise kurzer Infektionszeit an den Folgen der HIV-Infektion, nicht am Virus selbst, in Afrika oft an Tuberkulose, die weltweit wieder im Vormarsch ist (Sekundärinfektion).

Schutz vor HIV ist eigentlich einfach. Nachdem erkannt war, dass es sich bei AIDS um eine überwiegend sexuell übertragene Viruskrankheit handelt, besteht der effektivste Schutz in einem veränderten Sexualverhalten (Kondome, Meiden von Risikogruppen). Beim Umgang mit Blut ist auf größtmögliche Hygiene zu achten, also einwandfreie Injektionskanülen, Blutkonserven usw. In vielen Entwicklungsländern wird allerdings jenseits jeder Logik der Infektionscharakter von AIDS geleugnet. AIDS wird als Krankheit der Weißen, Homosexuellen oder Schwächlinge dargestellt, so dass eine sinnvolle Prophylaxe unterlaufen wird. Das oft sehr niedrige Bildungsniveau trägt daher wesentlich zur Ausbreitung von AIDS in der Dritten Welt bei.

Anfang 1987 waren für die USA 40.000 Fälle gemeldet, 2004 über 1 Mio. Aus ganz Afrika waren 1990 hingegen nur 81.000 Fälle gemeldet. In den Industriestaaten wurde dank massiver Förderung die Forschung intensiviert, gleichzeitig erfolgte flächendeckende Aufklärung der Bevölkerung über Krankheit und Prophylaxe. Lange Zeit wurde hingegen die heute dramatische Situation in den Entwicklungsländern unterschätzt. Hierzu haben sicherlich die mangelhaften Statistiken und eine Kultur des Verschweigens vieler Staaten beigetragen. Aufgrund unzureichender Finanzen sind die meisten Entwicklungsländer allerdings auch nicht in der Lage, eine entsprechende Aufklärung zu betreiben. Heute zeigt sich, dass durch Aufklärung und Prophylaxe in den meisten westlichen Staaten die Zunahme von AIDS gebremst werden konnte. Die moderne Medikation verhindert zudem einen stärkeren Anstieg der Todesfälle (Tabelle 2.6).

In Deutschland, Österreich und der Schweiz stieg die Zahl der **Neuerkrankungen** in den 1980er Jahren stark an, sank jedoch seit Mitte der 1990er Jahre und stagniert auf mittlerem Niveau. Seit etwa 1995 sinkt auch die Zahl der Todesfälle und hat heute ein sehr niedriges Niveau erreicht (Abb. 2.19). In Deutschland hatten sich bis 2003 rund 60.000 Personen mit HIV infiziert, bei 25.500 war die Krankheit AIDS ausgebrochen und 20.500 waren an ihr gestorben. Die Infektion erfolgte zu rund 50 % durch homosexuellen Kontakt, zu 23 % durch Migranten aus stark betroffenen Gebieten, zu 18 % durch heterosexuellen Kontakt, zu 9 % aus dem Drogenmilieu und zu weniger als 1 % von der Mutter auf das Kind.

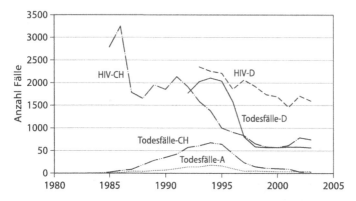

Abb. 2.19. Anzahl der HIV-Fälle und AIDS-Todesfälle in Deutschland, Österreich und der Schweiz. Nach Eurostat.

Tabelle 2.6. AIDS-Erkrankungen nach Regionen. Nach www.unaids.org.

	Personen mit HIV/AIDS	Neuinfektionen mit HIV (2003)	Infizierte (%) der adulten Bevölkerung	Todesfälle durch AIDS (2003)
Schwarzafrika	26.600.000	3.200.000	8,0	2.300.000
Nordafrika und Nahost	600.000	50.000	0,3	42.500
Süd- und Südostasien	5.400.000	1.350.000	0,6	460.000
Ostasien und Pazifikregion	1.000.000	210.000	0,1	45.000
Lateinamerika	1.600.000	150.000	0,6	60.000
Karibik	470.000	60.000	2,5	40.000
Osteuropa und Zentralasien	1.600.000	230.000	0,7	30.000
Westeuropa	600.000	35.000	0,3	3000
Nordamerika	1.000.000	45.000	0,6	15.000
Australien und Neuseeland	16.000	850	0,1	<100
Gesamt (ca.)	40.000.000	5.000.000	1,1	3.000.000

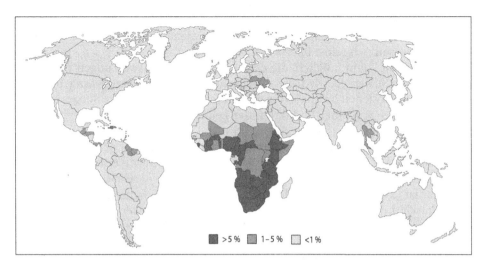

Abb. 2.20. Anteil der HIV-Infizierten in Prozent der Bevölkerung in 2001. Nach UNAIDS.

Berücksichtigt man nicht die absoluten Zahlen, sondern die relativen Bevölkerungsanteile, so zeigt sich, dass AIDS in der westlichen Welt zu einer eher seltenen Krankheit wurde, die in Deutschland und der Schweiz nur etwa ein Promille zur Gesamtmortalität beiträgt. Bedrohlich ist jedoch das Potential von AIDS in einer Bevölkerung, die ein sehr tiefes Bildungsniveau hat und nicht über die nötigen Schutzmaßnahmen verfügt. Dies ist in vielen Entwicklungsländern der Fall, in denen AIDS daher einen anderen Verlauf nimmt. Die Ausbreitungsgeschwindigkeit war dort in den 1980er Jahren nicht unbedingt schneller als in den westlichen Ländern, es zeichnet sich aber bis heute keine Abflachung der Zuwachsrate ab, da Schutzmaßnahmen weitgehend wirkungslos blieben. Somit kann in diesen Ländern AIDS zur vorherrschenden demographischen Kraft werden (Abb. 2.20).

Im Unterschied zu den USA und Europa erfolgen in Afrika die meisten Infektionen heterosexuell. Immer mehr Frauen im gebärfähigen Alter haben AIDS, so dass immer mehr Kinder infiziert werden. In Schwarzafrika waren 2003 rund 8 % der Bevölkerung HIV-infiziert, in Staaten wie Botswana, Namibia, Simbabwe und Südafrika sind jedoch 20-40 % der 15-24jährigen Frauen und 10-20 % der jungen Männer infiziert. In jedem Fall stellen die AIDS-Betroffenen meist auch den produktivsten Teil einer **Volkswirtschaft** dar. In Schwarzafrika muss daher mit einem drastischen Rückgang des Bruttosozialproduktes gerechnet werden. Schätzungen nehmen an, dass derzeit rund ein Viertel der Arbeitskräfte Schwarzafrikas aus dem Arbeitsleben ausscheiden wird. Die Staaten sind daher gezwungen, bei sinkender Wirtschaftskraft mehr Mittel zur AIDS-Eindämmung bzw. zur Pflege der Betroffenen in das Gesundheitswesen zu stecken. Diese Mittel werden gleichzeitig z.B. aus anderen Bereichen des Gesundheitswesens oder des Erziehungssektors abgezogen werden müssen. In zentralafrikanischen Städten sind bereits bis zu 80 % aller Krankenhauspatienten AIDS-Betroffene und die Aufwendungen betragen bis zum Neunfachen des Pro-Kopf-Bruttosozialproduktes, d.h. 9 Erwerbstätige müssen für einen solchen Fall arbeiten. In der Regel sind die Behandlungskosten daher für die Staaten unbezahlbar und AIDS-Patienten bleiben sich selbst überlassen.

Es ist derzeit kaum möglich, die **demographischen Auswirkungen** von AIDS abzuschätzen. Sicherlich wird die durchschnittliche Lebenserwartung in einer stark AIDS-betroffenen Bevölkerung abnehmen. Schätzungen für Botswana oder Zimbabwe gehen von einer Reduktion der Lebenserwartung von über 70 Jahren ohne AIDS auf 27 bzw. 35 Jahre mit AIDS aus. Da hierdurch die reproduktiven Jahre kaum betroffen sind, ist es wahrscheinlich, dass die Zahl der Geburten nur unwesentlich sinken wird. Eine stark AIDS-betroffene Bevölkerung wird daher nur geringfügig reduziert, wenn wie im Fall von Südafrika die Geburtenrate bereits niedriger ist (23/1000 in 2003) oder trotz AIDS wachsen, wenn die Geburtenrate hoch ist, wie im Fall von Uganda (47/1000 in 2003) und den meisten anderen schwarzafrikanischen Staaten (Abb. 2.21). Für diese Staaten wäre dann der kaum begonnene demographische Übergang gestoppt und diese Populationen zeigen starkes Wachstum bei hoher Mortalität.

Die Entwicklung in anderen Regionen der Welt ist von steigenden Ansteckungszahlen geprägt. Die Karibik weist derzeit nach Schwarzafrika den höchsten Infektionsgrad auf. Lateinamerika, Asien und Osteuropa werden vermutlich in den kommenden Jahren ebenfalls hohe Quoten erreichen. Vor allem aus den bevölkerungsreichen Staaten Indien und China werden derzeit noch sehr niedrige Zahlen gemeldet. Die Epidemie scheint also in Asien gerade erst zu beginnen.

AIDS verändert unsere **Gesellschaft**. Zum einen gibt die gesellschaftliche Ausgrenzung der Betroffenen Anlass zur Sorge. In Afrika zerbricht die Großfamilie und das bisher unbekannte Problem von Waisenkindern (bereits 10 Mio. Ende der 1990er Jahre) überrollt die Gesellschaft. Zum andern wird speziell in Europa eine Phase der sexuellen Liberalisierung abrupt beendet. Nachdem Geschlechtskrankheiten praktisch bedeutungslos wurden, taucht mit AIDS eine besonders gefährliche und wegen der langen Latenzzeit heimtückische neue

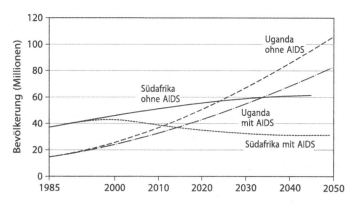

Abb. 2.21. Prognose des Bevölkerungswachstums von Südafrika und Uganda mit und ohne AIDS. Nach einer Berechnung des Population Reference Bureau.

Geschlechtskrankheit auf. Der Rückschlag auf die allgemeine Moral ist offensichtlich. Die bürgerliche Doppelmoral erhält Auftrieb, die katholische Kirche predigt Abstinenz, Sex soll nur in der Ehe stattfinden und auf die Fortpflanzung beschränkt sein. In den Entwicklungsländern bedeutet dies einen katastrophalen Rückschlag für Aufklärung, Sexualerziehung und Bevölkerungsplanung. Vor allem in Schwarzafrika tabuisieren die christlichen Kirchen und der Islam die Themen Sexualität und Bevölkerungsplanung, so dass die Betroffenen in noch tieferes Elend kommen, in Asien zeigen Islam, Buddhismus und Hinduismus eine tolerantere Haltung. Es ist daher wichtig festzustellen, dass AIDS eine verantwortliche Bevölkerungsplanung nicht ersetzt.

Im Vergleich zu den klassischen Infektionskrankheiten ist AIDS eine **new emerging disease**, die sich erst seit den 1960er Jahren ausbreitete. Es kommt durch die steigende Zahl der Menschen und die intensiveren Kontakte zu Tieren immer wieder vor, dass neue Krankheiten entstehen bzw. sich ausbreiten. Vermutlich neu entstanden ist das Hendra-Virus, das 1994 in Australien erstmals festgestellt wurde. Er wird durch Fledermäuse übertragen und verursacht beim Menschen Lungenentzündung. 1997 erkannte man in China das H5N1-Virus, das durch Wildvögel übertragen Influenza verursacht. Menangle-Virus, Nipah-Virus und Sars-Virus wurden 1998–2003 in Australien, Malaysia und China entdeckt, sie werden durch verschiedene Wildtiere übertragen und verursachen beim Menschen ebenfalls Lungenentzündung. Durch die Globalisierung werden Krankheitserregen in andere Kontinente verschleppt und können große Probleme verursachen: Seit 1999 breitete sich das West Nile Virus von New York in kurzer Zeit über die ganzen USA durch Wildvögel aus. 2003 wurden mit Riesenratten für die Heimtierhaltung Affenpocken von Ghana nach Texas verschleppt, 80 Menschen erkrankten.

2.2.3
Geschlechtsverhältnis

Das Geschlechtsverhältnis ist beim Menschen nicht ausgewogen, beträgt also nicht 100 Männer pro 100 Frauen, sondern es verändert sich mit dem Alter von einem Männerüberschuss zu einem Frauenüberschuss. Man unterscheidet ein primäres, sekundäres und tertiäres Geschlechtsverhältnis.

- Unter dem **primären Geschlechtsverhältnis** versteht man die Zahl der männlichen und weiblichen Zygoten unmittelbar nach der Befruchtung. Methodisch bedingt schwanken die Angaben, meist findet man bis 170 männliche Zygoten pro 100 weibliche Zygoten.
- Das **sekundäre Geschlechtsverhältnis** bezeichnet das Geschlechtsverhältnis zum Zeitpunkt der Geburt. Dieser Wert ist exakt bestimmbar und ergibt im Weltdurchschnitt ca. 105 Jungen auf 100 Mädchen. Während der Schwangerschaft kommt es also zu einem vermehrten Absterben männlicher Embryonen, da diese offenbar empfindlicher sind als weibliche. Dies wird auch durch die Beobachtung bestätigt, dass sich in stark belasteten osteuropäischen Industriegebieten das Neugeborenen-Geschlechtsverhältnis von 106:100 zu 96:100 verschoben hatte (Eichler 1991).

- Das **tertiäre Geschlechtsverhältnis** bezieht sich auf das gesamte Leben und ist altersklassenspezifisch, da Männer eine geringere Lebenserwartung haben als Frauen. Der bei der Geburt vorhandene Männerüberschuss wandelt sich also im Laufe des Lebens in einen Frauenüberschuss um. In industrialisierten Staaten mit einem hohen Anteil alter Menschen kann dieser Männermangel deutlich hervortreten. So fehlen z.B. im Europa der 1980er Jahren (bezogen auf eine Bevölkerung von 250 Mio.) ca. 10 Mio. Männer. Kriegerische Ereignisse bewirken Männermangel (manche europäische Staaten nach dem zweiten Weltkrieg), der sich auch zu Beginn des 21. Jahrhundert noch auswirkt. Ausgeprägtes Wanderverhalten im Rahmen der Arbeitermigration verursachen Männerüberschuss in Kuwait (121:100) oder Alaska (150:100) bzw. Männermangel in Portugal (89:100) (Bähr 1983).

Was beeinflusst das Geschlechtsverhältnis? **Spermien**, die ein Y-Chromosom haben (männlich determinierend), bewegen sich etwas schneller als Spermien, die ein X-Chromosom haben (weiblich determinierend), sind aber weniger langlebig. Männlich determinierende Spermien haben also eine höhere Chance, eine Eizelle zu befruchten, wenn der Weg zur Eizelle kurz ist, d.h. zum Zeitpunkt des Eisprungs. Geschlechtsverkehr am Tag des Eisprungs führt daher mit hoher Wahrscheinlichkeit zur Zeugung eines Jungen, zwei Tage vor dem Eisprung hingegen zu einem Mädchen, weil dann die männlich determinierenden Spermien bereits abgestorben sind. Theoretisch kann man so mit großer Wahrscheinlichkeit das Geschlecht eines zu zeugenden Kindes beeinflussen. In der Praxis ist es jedoch schwierig, einen Zeitpunkt „2 Tage vor dem Eisprung" exakt zu bestimmen. Einfacher geht es möglicherweise mit zwei 1989 entwickelten Methoden: Männliche und weibliche Spermien werden entweder in einer Zentrifuge auf Grund des höheren Gewichtes oder in einem photooptischen System auf Grund des dreifach höheren DNA-Gehaltes der weiblich determinierenden Spermien getrennt (*sperm sexing*). Die Erfolgsquote liegt zwischen 70 und 90 %, die Kosten sind erheblich.

Psychologische Aspekte spielen bei der Geschlechtsdetermination sicher eine Rolle. Wie kann man aber erklären, dass in Europa während der beiden Weltkriege mehr männliche Nachkommen geboren wurden als in Friedenszeiten, interessanterweise nicht nur in den Krieg führenden, sondern auch in neutralen Staaten (Parkes 1963)?

Häufig wird das Geschlechtsverhältnis bewusst manipuliert. Im China der Kaiserzeit war es eine Schande, keinen **männlichen Erstgeborenen** zu haben. Daher wurden neugeborene Mädchen umgebracht, bis es männlichen Nachwuchs gab. Im sozialistischen China wurde scharf gegen diese Unsitte angegangen, so dass sich das Geschlechtsverhältnis langsam normalisierte (Tabelle 2.7). Als in den 1980er Jahren verschärft für die 1-Kind-Ehe geworben wurde (Kap. 2.4.3), verschob sich das Geschlechtsverhältnis wieder zugunsten männlicher Nachkommen, d.h. es gab wieder vermehrt Säuglingstötungen.

Moderne medizinische Methoden der Geschlechtsbestimmung erleichtern die selektive Abtreibung eines unerwünschten Geschlechtes: Bei der **Chorionbiopsie** wird in der 8.–10. Schwangerschaftswoche Gewebe zur Geschlechtsbestimmung

Tabelle 2.7. Zahl der männlichen Neugeborenen pro 100 weibliche Neugeborene in China. Nach verschiedenen Quellen.

19. Jahrhundert	130–150	feudalistisches Kaiserreich
1910	121,6	
1932–39	112,2	Übergangszeit
1953	107,5	Sozialistischer Staat
1964	105,5	
1982	106,3	Verschärfte 1-Kind-Proklamation
1992	114	
2003	110	

aus dem kindlichen Anteil der Plazenta entnommen. Die Fruchtwasserpunktion (**Amniocentese**) wird meist erst in der 16.–20. Schwangerschaftswoche eingesetzt. Am einfachsten ist jedoch eine **Ultraschalluntersuchung**, die eine Geschlechtsbestimmung ab der 13. Schwangerschaftswoche ermöglicht. In Indien haben sich viele Ärzte darauf spezialisiert, mit einem tragbaren Ultraschallgerät über die Dörfer zu ziehen und dort Geschlechtsdiagnosen und bei Bedarf anschließend direkt eine Abtreibung vorzunehmen. Da meist weiblicher Nachwuchs unerwünscht ist, wird dieser selektiv abgetrieben (Box 2.5) und es zeichnet sich bereits ein deutlicher Frauenmangel ab. In Indien gibt es heute nur 94 Frauen pro 100 Männer, im Bundesstaat Haryana beträgt diese Rate sogar nur 86 : 100.

2.2.4
Lebenserwartung

Die biologische Lebensspanne des Menschen hat sich seit der Steinzeit kaum verändert, die Wahrscheinlichkeit, dass dieses Potential auch ausgeschöpft wird, jedoch sehr wohl. Schätzungen nach Grabfunden bzw. historischen Daten ergaben, dass die Menschen in der Bronzezeit und im klassischen Griechenland eine mittlere Lebenserwartung von ca. 18 Jahren hatten (Abb. 2.22) (Schmid 1976). Im Rom zur Zeit Cäsars lag die mittlere Lebenserwartung bei 22 Jahren, vom Mittelalter bis 1800 lag sie in Europa bei 25–35 Jahren, d.h. es gab über Jahrtausende hinweg eine nur geringe Veränderung der mittleren Lebenserwartung. Erst seit dem 19. Jahrhundert kam es zu einem kontinuierlichen Anstieg. In den Entwicklungsländern hat dieser Vorgang später eingesetzt, weist aber zeitverzögert einen ähnlichen Verlauf auf. Bemerkenswert ist der Anstieg innerhalb der

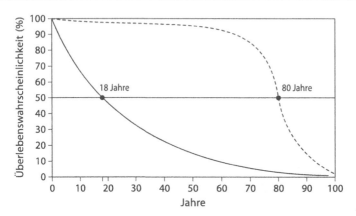

Abb. 2.22. Überlebenswahrscheinlichkeit (%) bei einer mittleren Lebenserwartung von 18 bzw. 80 Jahren.

▶ **Box 2.5**
Gesetz gegen Abtreibung weiblicher Föten

In Indien soll ein Gesetz die verbreitete Praxis verhindern, dass Tests zur vorgeburtlichen Geschlechtsbestimmung zur Abtreibung weiblicher Föten missbraucht werden. „Investieren Sie jetzt 500 Rupien, um später 500.000 Rupien zu sparen" lauten Anzeigen von Einrichtungen, in denen sich Ärzte durch Schnelltests mit anschließender Abtreibung ein beträchtliches Zubrot verdienen. Die 500.000 Rupien stehen für das Großziehen eines Mädchens. Das Gesetz wird rückwirkend zum 1. Januar 1995 in Kraft treten. Es sieht Gefängnisstrafen bis zu 5 Jahren und Geldstrafen bis zu 50.000 Rupien vor. (dpa-Meldung 1995)

letzten 100 Jahre, der zu einer Verdoppelung der Lebenserwartung geführt hat. Im Weltdurchschnitt beträgt die mittlere Lebenserwartung heute 68 Jahre, in den industrialisierten Ländern 76, in den Entwicklungsländern 66 Jahre (Tabelle 2.8). Über dem Durchschnitt liegen beispielsweise mit 81 Jahren die Schweiz und Japan. Die geringste Lebenserwartung findet sich in schwarzafrikanischen Staaten mit hoher AIDS-Quote (Mosambik 34 Jahre, Botswana und Lesotho 37 Jahre, Malawi 39 Jahre, Angola und Ruanda 40 Jahre). Die Gründe für eine Zunahme der Lebenserwartung liegen hauptsächlich in der Reduktion der Sterberate durch verbesserte Ernährungssituation, Bekämpfung von Infektionskrankheiten durch hygienische Maßnahmen und verbesserte medizinische Versorgung (Abb. 2.23).

Die durchschnittliche Lebenserwartung ist für Männer niedriger als für Frauen (Abb. 2.24). In Industriestaaten ist diese Differenz wegen der allgemein hohen Lebenserwartung besonders deutlich (Lebenserwartung der Frauen 110 % der der Männer), in Entwicklungsländern beträgt sie durchschnittlich 105 %. In Deutschland, Österreich und der Schweiz erreichen Frauen 108 % der Lebenserwartung der Männer. Bemerkenswerte Ausnahmen stellen einige isla-

Tabelle 2.8. Lebenserwartung in Jahren. Die Angaben für 2010 beruhen auf einer Schätzung. Nach Population Reference Bureau (www.prb.org).

	1970	1980	1990	2000	2010
Deutschland	71	72	76	77	79
Österreich		72	75	78	80
Schweiz	71	73	78	80	81
Frankreich	71	73	77	78	80
Großbritannien	71	72	76	77	79
USA	71	73	76	77	77
Japan	71	75	79	81	81
Russland	70	70	71	67	66
China	59	64	71	71	72
Indien	45	52	60	61	64
Bangladesch	45	46	53	59	60
Pakistan	45	52	59	58	61
Indonesien	42	50	63	71	70
Mexiko	61	65	70	72	77
Brasilien		64	66	68	70
Ägypten		55	62	65	70
Äthiopien		39	47	46	44
Nigeria		48	53	52	53
Industrialisierte Staaten	71	72	75	75	76
Entwicklungsländer	53	57	63	64	66
Welt	55	61	66	66	68

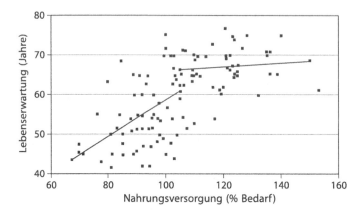

Abb. 2.23. Die Lebenserwartung (Jahre) und Nahrungsversorgung (in % des Bedarfs) in Entwicklungsländern zeigt, dass unterhalb von 100–110 % des Nahrungsbedarfs die Lebenserwartung maßgeblich durch eine Unterversorgung mit Nahrungsmitteln beeinflusst wird. Jeder Punkt stellt ein Entwicklungsland dar. Daten aus UNDP.

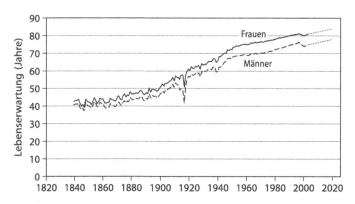

Abb. 2.24. Die Lebenserwartung von Frauen und Männern in Deutschland erhöht sich stetig. Nach Daten von www.destatis.de.

mische Staaten dar (Saudi-Arabien, Indien, Iran 103 %, Bangladesch und Pakistan 100 %, Afghanistan 96 %) in denen aus religiösen Gründen Frauen ein geringes **gesellschaftliches Ansehen** haben. In vielen schwarzafrikanischen Staaten hat sich die höhere Lebenserwartung der Frauen reduziert (AIDS?) und beträgt in Simbabwe und Sambia nur 93 und 98 %. Überdurchschnittlich hohe Lebenserwartungen der Frauen finden sich in Osteuropa (117 %, in Russland gar 122 %), was aber vermutlich eher mit einer reduzierten Lebenserwartung der Männer erklärt werden kann. (Russland weist bezüglich Raucherquote, Alkoholkonsum, Risiken aus der Arbeitswelt, Suizid- und Mordrate extreme Werte auf, Abb. 2.25).

In den Industriestaaten hat sich der Trend einer erhöhten Lebenserwartung von Frauen über 100 Jahre kontinuierlich verstärkt (Abb. 2.24) und führte inzwischen zu einer Differenz von rund 7 Jahren. Worauf ist dieser Unterschied zurückzuführen? Einerseits wird die größere Belastung der Männer im Beruf disku-

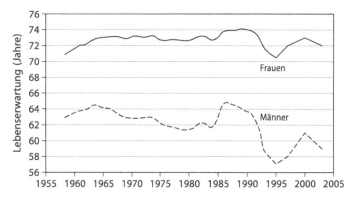

Abb. 2.25. Veränderung der Lebenserwartung (Jahre) in Russland. Ergänzt nach Clarke (2000).

tiert, andererseits ist die Belastung der Frauen durch Kindererziehung, Haushalt und Beruf mindestens so groß. Möglicherweise ist auch die Stressfähigkeit von Frauen größer als von Männern. Hierfür spräche z.B. die mehr als doppelt so hohe Suizidrate der Männer, allerdings ist die stressbedingte Magenkrebsrate bei beiden Geschlechtern ungefähr gleich. Bei vielen Infektionskrankheiten und Krebsarten haben Männer jedoch eine höhere Erkrankungsrate. Eine weitere Erklärung findet sich vielleicht im einzigen X-Chromosom des Mannes. Liegt hier eine Mutation vor, muss der Mann damit leben, während die Frau über ein zweites X verfügt und eine erbliche Anfälligkeit eher ausgleichen kann (Handicap-Hypothese). Auch sagt man dem weiblichen Sexualhormon Östrogen nach, dass es das Immunsystem eher stimuliere, während das männliche Testosteron dieses eher schwäche. Eine gut quantifizierbare Erklärung findet sich im risikoreicheren Leben der Männer: Sie haben mehr Unfälle, rauchen mehr Tabak und trinken mehr Alkohol, haben mehr Übergewicht, leben also offenbar ungesünder.

Wie entwickelt sich die Lebenserwartung weiter? Unklar ist beispielsweise die **biologische Altersgrenze** (120 Jahre?) oder auch die Auswirkungen auf die Gesellschaft. Die Dauer der Ausbildung und die aktive Berufszeit haben in Europa seit 1900 zwar zugenommen, gleichzeitig nahm die effektive Arbeitszeit pro Jahr ab. Nach Fritsch (1993) betrug die Arbeitszeit pro Lebenszeit 1900 23,5 %, 1990 nur noch 9,7 %; die abzüglich Arbeit, Schlaf und Essen verfügbare Zeit umfasst heute die Hälfte der Lebenszeit.

Altern ist ein komplexer Vorgang, der sich u.a. auf medizinische, soziale und volkswirtschaftliche Bereiche erstreckt. Wodurch wird er verursacht? Freie Radikale bewirken vielfältige Oxidationsprozesse im Stoffwechsel und verlangsamen ihn. Der Gehalt an Antioxidantien (Vitamin C und E, Karotine, Glutathion usw.), welche diese freien Radikale abfangen, kann also das maximale Alter bestimmen. Auch nimmt mit zunehmendem Alter die DNA-Reparaturfähigkeit ab, d.h. Schäden im genetischen Material können nicht mehr repariert werden. Die Leistungsfähigkeit des eigenen Immunsystems nimmt ab und immunologische Reaktionen gegen den eigenen Körper (Autoimmunität) nehmen zu. All dies führt zu einer altersbedingten Zunahme abnormer Proteine, die bei vielen Alterskrankheiten festgestellt wird. Evolutionsbiologisch gab es beim Menschen keinen besonderen Selektionsdruck auf verzögertes Altern, da die Fitness in jungen Jahren bestimmt wird.

Altersbedingt nehmen Körpergewicht und Körpergröße ab dem 50. Lebensjahr ab. Das Gewicht einzelner Organe verringert sich, v.a. von Leber, Milz und Gehirn, bestimmte Sinneswahrnehmungen lassen nach (z.b. Hörfähigkeit, Geruchswahrnehmung, Sehvermögen). Das Fettgewebe nimmt im Vergleich eines 25jährigen mit einem 70jährigen von 14 auf 30 % zu, der Wassergehalt nimmt von 61 auf 53 % ab. Der Gehalt an Knochenmineralien verringert sich, Haut und Bindegewebe werden weniger straff, der Muskeltonus lässt nach, die Nierenfunktion verschlechtert sich, Osteoporose, Arthritis und andere Alterskrankheiten nehmen zu (Arking 1991). Ein hohes Alter hängt von genetischen Faktoren ab, aber auch von Intelligenz, körperlicher einschließlich sexueller Aktivität, Lebensfreude und Gesundheit. Negativ wirken sich neben bestimmten Alterskrankheiten auch Übergewicht, Rauchen und Alkohol aus.

Die **Gesundheitskosten** nehmen mit dem Alter zu. Ein hoher Anteil alter Menschen hat also neben der individuellen, subjektiven Annehmlichkeit eines langen, gesicherten Lebens volkswirtschaftlich negative Aspekte. Da immer weniger junge, arbeitende Menschen immer mehr Alte versorgen müssen, geraten die Krankenkassen- und Rentensysteme an die Grenze ihrer Leistungsfähigkeit. Wenn das Alter zudem noch von Krankheiten und Gebrechen bestimmt wird, kommen auf Familie und Gesellschaft hohe Pflegeaufwendungen zu (Pflegestationen in Krankenhäusern, Altersheime, Sozialstationen, ambulante Pflege). Das manchmal lange Siechtum von Pflegefällen hat daher eine Diskussion über aktive Sterbehilfe bei gebrechlichen und unheilbar kranken Menschen ausgelöst.

2.2.5
Altersaufbau

Die Bevölkerung weist einen komplexen Aufbau aus Männern und Frauen, Säuglingen (bis zum ersten Milchzahn, ca. ½–¾ Jahr), Kleinkindern (bis zum ersten bleibenden Zahn, ca. 5 Jahre), Kindern (bis zur Geschlechtsreife), Heranwachsenden, Erwachsenen und alten Menschen auf. Die Altersgruppe von 15–64 Jahren wird als arbeitsfähige Bevölkerung bezeichnet. Die Geschlechtsreife tritt bei der Frau mit 11–13 Jahren ein, beim Mann mit 15–16 Jahren, kulturspezifisch gibt es Abweichungen. Die psychisch/soziale Reife erfolgt später, etwa im Alter zwischen 20 bis 25 Jahren, individuell auch später. Dieser langsamen Entwicklung wird vom Gesetzgeber Rechnung getragen durch die eingeführten Altersgrenzen bei der Strafmündigkeit oder dem aktiven und passiven Wahlrecht.

Die Struktur einer Bevölkerung wird in Form einer **Pyramide** dargestellt (Abb. 2.26), welche den Anteil von Frauen und Männern (rechts und links), den Altersklassenaufbau (in Scheiben), die Häufigkeit pro Altersklasse (Abszisse) und die Lebenserwartung (Ordinate) umfasst. Eine hohe Geburtenrate bewirkt eine breite Basis, eine hohe Sterberate eingefallene Flanken (Pagodenform). Mit der Reduktion der Sterberate nähert sich die Pagode einer Pyramide an, beide Formen sind typisch für Entwicklungsländer. Die Erhöhung der Lebenserwartung erhöht die Pyramide, eine Reduktion der Geburtenrate führt zur Glockenform und zur Urnenform. Diese ist typisch für die heutigen Industriestaaten. Im Verlauf einiger Generationen wird schließlich ein neues Gleichgewicht erreicht, das bei niedriger

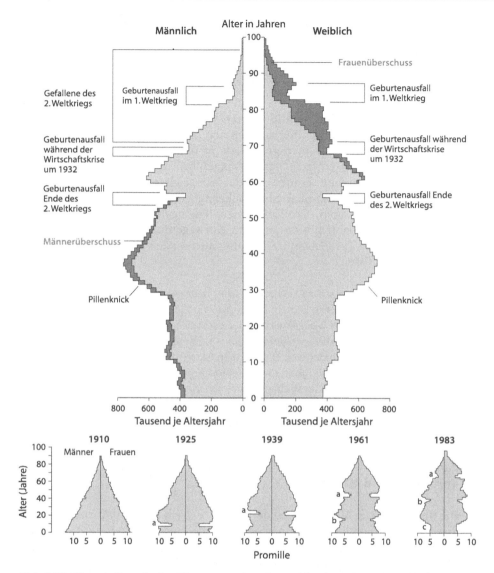

Abb. 2.26. *Oben:* Aufbau der Bevölkerungsstruktur Deutschlands am 31.12.2000. Nach Destatis. Unten: Aufbau der Bevölkerung Deutschlands 1910, 1925, 1939, 1961 und 1983. **a** erster Weltkrieg, **b** zweiter Weltkrieg, **c** Pillenknick. Kombiniert nach verschiedenen Quellen.

Geburten- und Sterberate und hoher Lebenserwartung zu weitgehend gleichgroßen Altersklassen führt.

Das konkrete Beispiel von Deutschland zeigt, wie sich Kriege, Wirtschaftskrisen, aber auch die Verfügbarkeit neuer Verhütungsmethoden (Pillenknick) auf die demographische Struktur auswirken. Diese Effekte sind noch nach Jahrzehnten sichtbar und da kleinere Altersklassen auch weniger Nachwuchs bekommen, erzeugen sie noch in der Folgegeneration ein Echo.

Die Veränderung der Altersstruktur führt zu einer Abnahme des Anteiles der unter 15jährigen. Langfristig ist daher mit einem Mangel an Arbeitskräften zu rechnen. Parallel hierzu nimmt die Zahl der Rentner zu. In den meisten europäischen Staaten sind heute 16–18 % der Bevölkerung älter als 64 Jahre. Dieser Anteil wird bis zum Jahr 2040 auf fast 30 % steigen, d.h. aus einer 3-Generationen-Gesellschaft wird eine 4-Generationen-Gesellschaft. Hieraus resultiert eine starke Belastung der Gesundheits- und Rentensysteme, da immer weniger junge Menschen für immer mehr Rentner aufkommen müssen.

Das **Pensionierungsalter** beträgt aktuell in den meisten Staaten Europas 60 bis 65 Jahre. Das in einigen Staaten eingeführte um 3–5 Jahren niedrigere Pensionierungsalter von Frauen wurde mit gewissen Übergangsfristen in den letzten Jahren fast überall wieder rückgängig gemacht (z.b. Deutschland, Österreich, Schweiz, Italien, Großbritannien, Portugal). In Irland beträgt die Pensionierungsgrenze ohnehin 66 Jahre, in Norwegen und Dänemark 67 Jahre. Vermutlich wird man das Pensionierungsalter auch in den übrigen europäischen Staaten anheben müssen.

Wenig beachtet wird, dass das Durchschnittsalter beim Rentenbezug beträchtlich unter der gesetzlichen Altersgrenze liegt. In Deutschland und Österreich wird derzeit nur ein Viertel der Erwerbstätigen beim Erreichen der gesetzlichen Altersgrenze pensioniert. In den übrigen Fällen lag **Frühpensionierung** aus betriebswirtschaftlichen, gesundheitlichen oder sonstigen Gründen vor. Häufige Berufskrankheiten sind Hauterkrankungen, Rückenleiden, Lärmschwerhörigkeit sowie Neurosen und Psychopathien; Erkrankungen durch Lösungsmittel und Asbestschäden nehmen zu. Um das Sozialsystem noch bezahlen zu können, ist es daher besonders wichtig, Berufskrankheiten und Gründe für Frühpensionierung zu vermeiden und frühzeitig andere Arbeitsbereiche zu erschließen.

2.2.6
Verteilung und Migration

Die **Verteilung** der Menschen auf der Erde ist extrem ungleich. Weite Bereiche der bewohnbaren Landfläche können nur eine geringe Bevölkerungsdichte tragen (z.B. Hochgebirge, Wüsten, Sumpfgebiete, Tropenwälder usw.). Hohe Bevölkerungsdichten finden sich in fruchtbaren Ebenen, Flusstälern und an Küsten. Die Bevölkerung erreicht in Industriestaaten eine mittlere Siedlungsdichte von 23 Menschen/km^2, in den Entwicklungsländern von 62 Menschen/km^2. In den meisten Gebieten Mitteleuropas leben durchschnittlich 100–300 Menschen/km^2. In fruchtbaren Gebieten, Wirtschafts- und Industriezentren kann die Dichte pro Fläche aber deutlich ansteigen und in urbanen Ballungszentren hohe Werte erreichen. So leben in den Stadtstaaten Hongkong oder Singapur über 5.000 Menschen/km^2, in New York ca. 10.000 und im Wolkenkratzerviertel Manhattan 30.000 Menschen/km^2. Nur die rasch wachsenden Großstädte der Dritten Welt weisen höhere Dichten auf: Kairo 30.000, Manila 50.000 und Kalkutta 90.000 Menschen/km^2. Es gibt in allen Kontinenten auch dünn besiedelte Länder mit weniger als 10 Einwohner/km^2 (Tabelle 2.9). Wenn man einen Staat ab 200 Einwohner/km^2 als überbevölkert bezeichnet, so trifft dies (ohne Klein- und Stadtstaaten) auf 9

Entwicklungsländer und 5 Industriestaaten zu. Namentlich Japan, Belgien und Holland weisen Extremwerte von über 300 Menschen/km² auf, die unter den Entwicklungsländern nur von 4 Staaten übertroffen werden. Wenn man in der Schweiz nur das besiedelte Mittelland und nicht die alpine Zone einbezieht, weist sie auch eine Dichte von über 300 Einwohner/km² auf und muss als stark überbevölkert eingestuft werden.

Historisch waren weiträumige **Völkerwanderungen** von großer Bedeutung und zu ihrer Zeit gewaltige Katastrophen für alle Betroffenen. Im Rahmen der pontischen Wanderung des vorgeschichtlichen Europas führten Siedlerströme von Mitteleuropa bis nach Südostasien. Der Vorstoß der Hunnen von Zentralasien nach Mitteleuropa im 4. Jahrhundert löste die bekannte Völkerwanderung aus, bei der viele Volksgruppen über ganze Kontinente verschoben wurden. Innerhalb von weniger als 200 Jahren wanderten die Westgoten aus dem heutigen Bulgarien nach Spanien, die Ostgoten von Südrussland nach Italien, die Vandalen von Schlesien nach Andalusien, Nordafrika und Italien, die Angelsachsen von

Tabelle 2.9. Besiedlungsdichte 2003 (Einwohner/km²). Nach Population Reference Bureau (www.prb.org).

Industriestaaten	23
Entwicklungsländer	62

Länder mit weniger als 10 Einwohnern/km²

Mongolei	2	Island	3
Botswana	3	Gabun	5
Mauretanien	3	Zentralafrika	6
Australien	3	Tschad	7
Libyen	3	Bolivien	8
Kanada	3	Russland	9

Länder (Flächenstaaten) mit mehr als 200 Einwohner/km²

Entwicklungsländer		Industriestaaten	
Burundi	218	Deutschland	230
Vietnam	243	Großbritannien	241
Haiti	270	Japan	336
Philippinen	271	Belgien	339
Sri Lanka	293	Niederlande	396
Ruanda	314		
Indien	324		
Südkorea	481		
Bangladesch	1015		

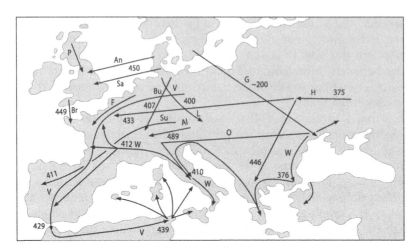

Abb. 2.27. Die germanische Völkerwanderung im vierten und fünften Jahrhundert n. Chr. An Angelsachsen, Al Alemannen, Bu Burgunder, Br Bretonen, F Franken, G Goten, H Hunnen, L Lombarden, O Ostgoten, P Pikten, Sa Sachsen, Su Sueben, V Vandalen, W Westgoten. Verändert nach Michaux et al. (1989).

Norddeutschland nach Südengland (Abb. 2.27). Staatswesen wie das Römische Reich gingen in den hierdurch ausgelösten Wirren unter.

Die Roma (alttürkisch = Mensch) zogen um 750 n. Chr. aus Nordostindien aus und erreichten um 1000 Persien. Sie breiteten sich über Nordafrika nach Spanien und über Osteuropa nach Westeuropa aus, das sie im 14. Jahrhundert erreichten. Trotz verschiedener Programme, sie sesshaft zu machen, und den Ausrottungsversuchen der Nationalsozialisten sind sie ein nomadisches Volk geblieben, das nirgends integriert ist. Knapp 6 Mio. Roma leben auf dem Balkan (v.a. in Rumänien und in der Türkei), 600.000 in Spanien, eine weitere Millionen in den übrigen europäischen Staaten (v.a. Frankreich und Russland).

Aus europäischer Sicht begann die **Eroberung der Welt** mit der ersten Überseekolonie Island, die 870 durch die Wikinger/Norweger besiedelt wurde. Ende des 10. Jahrhunderts erfolgte von dort die Besiedlung Grönlands durch Erik den Roten, das 500 Jahre später in der kleinen Eiszeit wieder aufgegeben werden musste (Kap. 9.6). Um 1000 versuchte dessen Sohn Leif Erikson Nordamerika zwischen Labrador und Boston zu besiedeln, scheiterte jedoch in Kämpfen mit Inuits (Eskimos) und Indianern. Das Zeitalter der **Kreuzzüge** (1096 bis zum Ende des 13. Jahrhunderts) vermochte den europäischen Einfluss nicht nach Osten auszudehnen, mit der Eroberung Konstantinopels, des heutigen Istanbul, 1453 breitete sich aber der Islam nach Westen aus.

Erfolgreicher waren die Spanier und Portugiesen im 14. und 15. Jahrhundert: Zwischen 1420 und 1470 drangen die Portugiesen über Madeira und die Kapverden bis in den Golf von Guinea vor. 1496 hatten die Spanier die Kanaren erobert und die Urbevölkerung der Guanchen ausgerottet oder versklavt. 1492 erfolgte durch Kolumbus die zweite Entdeckung Amerikas („westindische Inseln"), 1497 segelte Vasco da Gama nach Ostafrika und gelangte zum richtigen Indien. Fernando Magellan gelang schließlich 1519–1522 die erste Weltumseglung. In den folgenden Jahrhunderten wurden alle Kontinente durch die europäischen Kolonialmächte erfasst und meist als **Kolonien** beansprucht und ausgebeutet. Lediglich die Tropen wurden von den Europäern nicht intensiv besiedelt, denn das Klima war feindlich und die Sterberate durch Infektionen und Parasiten sehr hoch (Crosby 1991). Außerdem war das Prinzip der europäischen Landwirtschaft nicht einfach auf die Tropen übertragbar (Kap. 3.4.2).

Besondere Beachtung bei der Europäisierung der Welt verdient die Bedeutung von Krankheitserregern. Als Viehzüchter hielten die Europäer Geflügel und Schweine, welche u.a. als Wirte von Grippeviren dienen, hatten aber während der langen Domestikationsphase eine gewisse Immunität gegenüber Grippeviren erworben. Auch andere Krankheiten sprangen bei dem engen Zusammenleben mit **Haustieren** auf den Menschen über. Heute nimmt man an, dass Menschenpocken differenzierte Kuhpocken sind, Masern weisen Beziehungen zur Hundepest auf, ähnliches gilt für Typhus und weitere Krankheiten. Der enge Kontakt mit Haustieren trug also zur Durchseuchung der Bevölkerung bei. Naturvölker hatten wegen fehlender Haustiere weniger Kontakt zu solchen Krankheitserregern und waren daher nicht durchseucht. Als die Europäer nun die erwähnten Krankheiten, ferner Scharlach sowie diverse Geschlechtskrankheiten in die neue Welt brachten, wurde die dort einheimische Bevölkerung besonders stark dezimiert.

1518/19 gelangten die **Pocken**, vermutlich durch einen maurischen Sklaven, den Cortez auf seinem Eroberungszug mit in die Neue Welt brachte, nach Haiti, wo die Hälfte der Indios starb, von dort nach Puerto Rico, Kuba und Mexiko in das Aztekenreich, wo die Hälfte des Volkes starb, und schließlich in das Inkareich, das letztlich am Pockenvirus zugrunde ging. Cortez und Pizarro folgten also eigentlich nur dem Pockenvirus (Crosby 1991) und hatten relativ leichtes Spiel beim Besiegen der feindlichen Heere. 1540 war Amerika von den nordamerikanischen Seen bis Argentinien infiziert. Noch 1738 starb die Hälfte der Cherokee, 1805 zwei Drittel der Omaha, 1837/38 fast alle Sioux des Mandan-Stammes. Viele Völker der argentinischen Pampa (z.B. die Chechehets) wurden ausgerottet, ein Drittel der australischen Aborigines starb 1790 an den Pocken.

Krankheiten und direkte Vernichtung führten u.a. zum **Aussterben** der Feuerländer und Tasmanier sowie vieler Indio- bzw. Indianerstämme Latein- und Nordamerikas. Andere Völker wurden in unwirtliche Randgebiete abgedrängt (die Ainu Japans leben nur noch auf einigen vorgelagerten Inseln, die Buschmänner Südafrikas in ariden Gegenden der Kalahari und die Pygmäen Zentralafrikas in unzugänglichen Regenwaldgebieten), in Reservate verwiesen oder „assimiliert" (viele Indianerstämme Nordamerikas und die Aborigines Australiens). Die Bevölkerung Mexikos soll nach Schätzungen von 1520 bis 1570 von 30 auf 3 Mio. Menschen zurückgegangen sein. Die Zahl der Indios in Brasilien nahm von ca. 2,4 Mio. um 1500 durch die Kolonisation des Landes auf 0,5 Mio. (1900) und auf 185.000 (1990) ab (offizielle brasilianische Statistik). Weltweit starben 87 Völker in der ersten Hälfte dieses Jahrhunderts aus. Nach anderen Schätzungen kostete die Eroberung des amerikanischen Kontinentes 70 Mio. Menschen das Leben. Die Eroberung Sibiriens durch die Russen erfolgte nach ähnlichem Muster. Über

10 Mio. Russen zogen 1724–1913 nach Sibirien und dezimierten vor allem durch Krankheiten die aus vielen sibirischen Völkern bestehende Urbevölkerung auf knapp 10 % ihrer ursprünglichen Zahl.

Die **kulturellen Folgen** der Kolonisierung der Entwicklungsländer sind kaum absehbar. Alle Kulturen der Welt sind heute durch die europäischen Sprachen der ehemaligen Kolonialmächte (v.a. englisch, französisch, spanisch und portugiesisch) und deren Kultur geprägt. Obwohl die Kolonialzeit nach dem zweiten Weltkrieg mit einer Welle der Neugründung von Nationalstaaten zu Ende ging, sind viele Eingeborenenvölker durch die westliche Lebensweise heute stärker bedroht als je zuvor. Zusätzliche Gefahren ergeben sich aus großräumiger Landschaftsvernichtung bei Rodungen, der Nutzung von Bodenschätzen, der Anlage von Deponien usw. Heute gelten nur noch 200–300 Mio. Menschen als **Eingeborene**, weniger als 5 % der Weltbevölkerung. Sie gehören 6000 Völkern an, die Hälfte gilt als in ihrer Tradition bedroht und wird vermutlich in den kommenden 100 Jahren aussterben (IUCN 1991).

Während 400 Jahren verliefen bis zur Mitte des 20. Jahrhunderts alle wesentlichen Bevölkerungsbewegungen von Europa weg in die Kolonien. Zwischen 1450–1800 hatten diese **Auswanderungen nach Übersee** von ca. 1 Mio. Auswanderern keinen großen Einfluss auf das demographische Verhalten in Europa, sie waren jedoch von großer Bedeutung in den Kolonien selbst. Die neu eingewanderte weiße Bevölkerung konnte ihren Bevölkerungsanteil drastisch erhöhen, da ihre Sterblichkeit geringer als die der einheimischen Bevölkerung war. Neben einer relativen Immunität gegenüber vielen Krankheiten wies sie meist auch eine bessere Konstitution auf.

Zum wirtschaftlichen Aufbau der Kolonien, der nach europäischen Vorstellungen betrieben wurde, konnte wegen der Dezimierung der einheimischen Bevölkerung nicht mehr auf vorhandene, billige Arbeitskräfte zurückgegriffen werden und es wurden Arbeiter aus anderen Kontinenten mit Versprechungen herbeigeholt oder gewaltsam verschleppt. Das bekannteste Beispiel ist der weltumfassende **Sklavenhandel**, der die Aufgabe hatte, vor allem für die harte Plantagenarbeit in den subtropischen und tropischen Gebieten an das Klima angepasste, billige Arbeitskräfte zu besorgen. Hierzu wurden von 1450 bis 1800 ca. 11–12 Mio. Schwarzafrikaner nach Amerika deportiert, zahlenmäßig zehnmal mehr Menschen, als gleichzeitig von Europa in die Kolonien gingen. Unbeabsichtigt wurden so auch Malaria und Gelbfieber in die neue Welt gebracht. Da auf einen Sklaven, der lebend in Übersee ankam, mindestens 5 bis 6 kamen, die bei der Sklavenjagd oder beim Transport ums Leben kamen, betrug der Menschenverlust für Afrika vermutlich 60 bis 75 Mio. (Müller 1990). Die Sklavenjagd führte daher in Afrika zur Entvölkerung ganzer Landstriche und zu Fluchtbewegungen vieler Völker (Meillassoux 1989).

Im 19. und 20. Jahrhundert wurde **Auswandern nach Übersee** zu einer Massenbewegung, die mehr als 60 Mio. Europäer umfasste, allein zwischen 1880–1920 fast 1 Mio. jährlich. Diese Massen machten zeitweilig mehr als 40 % des Bevölkerungszuwachses von Europa aus und entlasteten so die bevölkerungsreichen Gebiete, welche die Umstellung von einer agrarischen zu einer industriellen Gesellschaft noch nicht abgeschlossen hatten. In den USA stellten die einwandernden Europäer über Jahrzehnte bis zu 30 % des Bevölkerungszuwachses, in

Australien, Neuseeland und Kanada sogar bis zu 60 %. Die weiße Bevölkerung der USA nahm so von 5000 (1630) auf 2 Mio. (1767) zu; um 1800 waren es 5 Mio., 1850 schon 12 Mio. und 1980 über 200 Mio.. Die meisten Auswanderer kamen aus England und Irland. In Irland verursachte vor allem die Hungersnot 1845/1848 eine gewaltige Auswanderungsbewegung in die USA. Aus Italien emigrierten 1870–1970 rund 25 Mio. Menschen, fast die Hälfte der Bevölkerung Italiens von heute. Aus Deutschland wanderten 1840–1954 über 6 Mio. aus.

In den letzten Jahrzehnten haben sich die Wanderströme umgedreht und führen als **neue Wanderbewegungen** aus den Entwicklungsländern in die industrialisierten Länder (Box 2.6). Zusätzlich kehren viele Menschen aus den ehemaligen Kolonien in die Mutterländer zurück, da sie meist über deren Staatsbürgerschaft verfügen. In den 1990er Jahren waren es weltweit fast 100 Mio. Menschen. Rund 60 Mio. dürften sesshaft gewordene Auswanderer sein, 20 Mio. temporäre Vertragsarbeiter, einige Millionen halten sich illegal in anderen Ländern auf und mindestens 21 Mio. leben als Flüchtlinge vorübergehend im Ausland (Tabelle 2.10). Der Zusammenbruch des Ostblocks nach 1989 führte allein innerhalb der ehemaligen Sowjetunion zur Verschiebung von 10 Mio. Menschen. Wegen der zunehmenden Verschlechterung der wirtschaftlichen Verhältnisse in der Dritten Welt ist in den kommenden Jahrzehnten nicht mit einem Nachlassen der Migrationen zu rechnen.

Die erzwungenen Wanderbewegungen betreffen vor allem rassische, kulturelle, religiöse, politische oder sprachliche Minderheiten. So wurde den Kurden nach Auflösung des Osmanischen Reiches ein eigener Nationalstaat verwehrt, so dass Konflikte unausweichlich waren. In den 1930er und 1940er Jahren führte die Umsiedlungspolitik von Stalin gegenüber vielen kleineren, nichtrussischen Völkern und die Ausrottungspolitik Hitlers gegenüber den Juden zu großräumigen Wanderungen. Letzteres war auch einer der Gründe für die bis heute anhaltenden Wanderbewegungen von Juden aus aller Welt nach Israel. Die Grenzveränderungen nach dem zweiten Weltkrieg führten zu ausgedehnten **Bevölkerungsverschiebungen** in Europa. Für die osteuropäischen Staaten war es Hauptziel, die Deutschen aus den Ostgebieten zu vertreiben, daher verliefen die meisten Bewegungen von Ost nach West und betrafen in der Sowjetunion, Polen und Deutschland über 10 Mio. Menschen.

Tabelle 2.10. Weltweit als Flüchtlinge registrierte Personen nach Kontinent. Daten für 2003, nach United Nations High Commissioner for Refugees (www.unhcr.org).

Asien	9.378.900
Afrika	4.593.200
Europa	4.403.900
Nordamerika	1.061.200
Lateinamerika	1.050.300
Ozeanien	69.200
Gesamt	20.556.700

▶ *Box 2.6*
Wichtige Wanderbewegungen heute

Europa ist heute ein Gebiet bevorzugter Einwanderung. Noch 1984 – 1988 kam über 1 Mio. deutschstämmige Aussiedler aus Osteuropa nach Deutschland (1989 720.000, 1990 400.000). Daneben wanderten vor allem Südeuropäer nach Deutschland ein. Bei der Hochkonjunktur der frühen 1970er Jahren betrug die Nettoeinwanderung 209.000 jährlich, so dass bereits 1974 1 Mio. Türken in Deutschland lebten. Mit verschlechterter Wirtschaftslage (frühe 1980er Jahre) wanderten netto 75.000 Menschen aus Deutschland aus. Unter dem Einfluss starker Zuwanderung aus dem Osten und aus der Dritten Welt änderten sich die Wanderbewegungen erneut und 1992 kamen 674.000 Menschen nach Deutschland. Die ausländische Bevölkerung in Deutschland betrug 1992 6,4 Mio. (= 8 % der Bevölkerung). Nach dem Zusammenbruch des Ostblocks haben die Wanderbewegungen aus dem Osten zugenommen. 1990 kamen 250.000 Rumänen nach Polen, gleichzeitig drängten viele Polen nach Deutschland..

Die meisten Einwanderer in die USA und Kanada kommen heute nicht mehr aus Europa (bis in die 1960er Jahre über 50 %, 1990 nur 8 %). In den 1970er Jahren kamen viele Flüchtlinge aus Indonesien, später aus Vietnam, so dass Asien in den 1980er Jahren fast die Hälfte aller Einwanderer stellte. Der größte Einwandererstrom mit mehr als 1 Mio. Menschen jährlich kommt derzeit aber überwiegend illegal aus dem lateinamerikanischen Raum. Die Grenze zu Mexiko wird daher seit 1990 mit Stahlwänden und Elektrozäunen geschützt. Obwohl in den USA ca. 10 Mio. Illegale leben, betrachten sie sich nach wie vor als Einwanderungsland, versuchen die Einwanderung jedoch zu kontrollieren. Daher wurde in den 1990er Jahre die legale Einwanderungsquote von 500.000 auf 700.000 pro Jahr angehoben. Man versuchte, die Einwanderungen von reichen Investoren zu fördern. So erhält man sofort ein Visum, wenn man 1 Mio. $ investiert und 10 Arbeitsplätze schafft (Kanada und Australien bieten ähnliches an). Auch werden Lotterien veranstaltet, in denen man jährlich eine von 140.000 unbefristeten Arbeits- und Aufenthaltsgenehmigungen (Green Card) gewinnen kann.

Die vielen Kriege in Indochina vertrieben vor allem in den 1970er und 1980er Jahren Millionen Menschen in Nachbarländer (z.B. Indonesien) oder nach Übersee (*boat people* Vietnams). Nach dem russischen Angriff auf Afghanistan flohen in den 1980er Jahren Millionen Afghanen in das Nachbarland Pakistan. Erst 1992 kam es zu ersten Rückwanderungen. Generell scheinen in Asien wirtschaftlich motivierte Wanderungen in neuester Zeit selten zu sein. Diese Situation könnte sich mit politischen Veränderungen in Nordkorea und China dramatisch ändern. Der fast menschenleere australische Kontinent vor den Toren Asiens, der bereits heute nur durch die rigorose Einwanderungspolitik Australiens abgeschirmt werden kann, könnte Ziel neuer Wanderbewegungen werden.

Nach der Unabhängigkeit von Indien und Pakistan kam es zu einem nicht immer friedlichen Bevölkerungsaustausch von 15 Mio. Menschen, die auf Grund von religiöser oder rassischer Zugehörigkeit im „falschen" Staat lebten. Ähnliches passierte nach der Unabhängigkeit von Ruanda und Burundi, wo in den 1960er Jahren Spannungen zwischen den Tutsi und den Hutu dazu führten, dass über 100.000 Hutu getötet und große Teile der Bevölkerung in den jeweils anderen Staat vertrieben wurden. 1990/94 eskalierte die Situation erneut in einem Bürgerkrieg mit 1 Mio. Toten und noch mehr Flüchtlingen. In Ostafrika ereignete sich eine Serie von Bürgerkriegen vom Sudan über Uganda und Äthiopien bis nach Mosambik, deren Auswirkungen z.t. noch anhalten. Ursächlich sind ethnische, rassistische (schwarz gegen weiß), religiöse (christlich gegen islamisch), ideologische (sozialistisch gegen westlich orientiert) und territoriale Gründe (willkürliche Grenzziehung durch die Kolonialmächte) stark vermischt. Da gleichzeitig in diesem Teil Afrikas ein gewaltiges Bevölkerungswachstum bei chronischer Unterversorgung der Bevölkerung stattfindet, wurden hierdurch die bisher größten **Flüchtlingsströme** der Welt verursacht.

Somalia hatte 1988/89 bei einer Bevölkerung von 5 Mio. Menschen 800.000 Flüchtlinge zu versorgen. Der sowjetische Afghanistan-Krieg 1978/1989 brachte Pakistan 3,3 Mio. Flüchtlinge, die 14 Jahre im Land blieben und die ohnehin großen Umweltprobleme (Brennholzmangel, Abholzungen, Bodenerosion, Wassermangel) verschärften. Der Iran-Irak-Krieg brachte dem Iran 2,9 Mio. Flüchtlinge. Der 1991 ausgebrochene Krieg in Jugoslawien und Unruhen in der ehemaligen Sowjetunion sind ebenfalls auf den Versuch zurückzuführen, Vielvölkerstaaten in ethnisch abgegrenzte Staaten aufzuteilen. In diesem Zusammenhang ist viel von **ethnischen Säuberungen** gesprochen worden, ein Begriff, der aus dem Umfeld von Rassenideologie und Biozidtechnologie stammt. In Jugoslawien wurden über 3 Mio. Menschen zu Flüchtlingen.

In vielen Entwicklungsländern sind beachtliche Migrationsbewegungen innerhalb des Landes festzustellen (**Binnenwanderung**). Wegen ungenügender Nahrungsversorgung in den ländlichen Bereichen bildet sich eine Schicht von landlosen Arbeitern, die in die großen Städte der Entwicklungsländer abwandern. Diese werden zu Ballungszentren, in denen die Mehrzahl der Bevölkerung in Elendsvierteln (Slums) lebt (Kap. 2.5.1). Von hier aus entsteht ein Druck, in wohlhabendere Bereiche der Welt, vorzugsweise Schwellenländer oder Industriestaaten auszuwandern. Moderne Transportsysteme (Flugzeuge), wie sie seit den 1970er Jahren weltweit zur Verfügung stehen, machen eine solche kontinentübergreifende Migration erst möglich. Daneben gibt es noch Migrationen im Rahmen offizieller Programme, die Bevölkerungsteile aus dicht besiedelten Gebieten in dünner besiedelte Regionen umverteilen soll (Besiedlung Amazoniens, Kap. 3.4.2, und Transmigrasi in Indonesien).

Ein anderer Typ von Flüchtlingen wird gelegentlich als **Umweltflüchtlinge** bezeichnet. Hierbei handelt es sich um die Bevölkerung arider Gebiete, die keine intensive Nutzung vertragen, weltweit immerhin 1,2 Mrd. Menschen. Beispiele sind das ostafrikanische Hochland und das Horn von Afrika, die Sahelzone und der Trockengürtel von Namibia bis Mosambik, gebirgige Bereiche zwischen der Türkei und Afghanistan und in Indochina, der trockene Nordosten Brasiliens, Jemen und die Deccan-Hochebene in Indien. Bei politischer Instabilität brechen die Infrastrukturen zusammen, die landwirtschaftliche Produktion erbringt nicht genügend Nahrung und es kommt zur Massenauswanderung. Bei anhal-

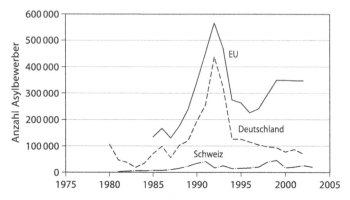

Abb. 2.28. Anzahl der Asylbewerber in der EU, in Deutschland und in der Schweiz. Nach Daten von Destatis.

tendem Bevölkerungswachstum in diesen Gebieten sind weitere Wanderbewegungen vorprogrammiert.

Vor allem die sozialen Spannungen, die durch große **Ausländeranteile** verursacht werden (etwa die Diskussion um „Scheinasylanten") (Abb. 2.28) lassen viele Staaten aus innenpolitischer Rücksicht eine „Das-Boot-ist-voll-Politik" verfolgen. So konnte z.b. die Schweiz durch ihre Ausländerpolitik während einer Rezession den ausländischen Bevölkerungsanteil in wenigen Jahren von 16,8 % um 100.000 auf 15,0 % (1987) senken, nahm dabei aber wirtschaftliche Nachteile (Mangel an ungelernten Arbeitskräften und Facharbeitern) in Kauf. In einer anschließenden Phase des wirtschaftlichen Aufschwungs stieg dann der Ausländeranteil wieder auf 19 % (Tabelle 2.11). Die Hälfte des Bevölkerungswachstums der Schweiz ist durch Einwanderung erfolgt. In Deutschland war ein Ausländeranteil von 8 % und eine starke Zunahme von Asylsuchenden Anlass, 1993 das **Asylrecht** einzuschränken. Frankreich erklärte 1993, kein Einwanderungsland mehr zu sein. De facto sind aber all diese europäischen Staaten Einwanderungsländer und sie verändern sich, wenn auch unterschiedlich schnell, zu einer multiethnischen Gesellschaft.

Obwohl vielen **Asylsuchenden** als Wirtschaftsflüchtlingen kein Asyl gewährt wird, zeigt sich, dass die nationale Zusammensetzung der Flüchtlinge sehr wohl innenpolitische Zustände in den jeweiligen Staaten widerspiegelt. In Deutschland stammte 1980 die Hälfte der Asylsuchenden aus der Türkei, nach 1982 nur noch 10–20 %. Polen suchten von 1981 bis 1989 besonders um Asyl nach, Srilanker zwischen 1982 und 1985. Aus dem Iran kamen bis zu 23 % der Asylanten zwischen 1985 und 1987, aus Jugoslawien seit 1988 (1992 28 % aller Flüchtlinge), seit 1990 nahm der Flüchtlingsstrom aus Rumänien stark zu, 2002 und 2003 sind es Serben und Iraker.

Im Rahmen eines gesamteuropäischen Konzeptes versucht man, innerhalb der EU eine Schließung der Grenzen nach außen (**Schengen-Staaten**). Asylanten werden wieder in Transitländer zurückgewiesen und eine europäische Asylantendatenbank soll weitgehende Kontrollen erlauben. Viele Staaten sehen sich in dieser Politik bestätigt, da nur eine Minderheit der Asylanten wegen politischer Verfolgung fliehen und 90 % der Asylsuchenden abgelehnt werden.

Tabelle 2.11. Zusammensetzung (%) der ausländischen Wohnbevölkerung in Deutschland (2000), Österreich (1991) und in der Schweiz (2001).

	Deutschland	Österreich	Schweiz
EU-Ausländer	24,5	11,6	49,0
Ex-Jugoslawien	16,3	38,2	24,1
Übriges Europa	11,3	12,3	9,0
Türkei	28,0	23,0	5,5
Asien	11,2		5,6
Afrika	4,1	4,9	2,8
Amerika	2,8		3,7
Australien, Ozeanien	0,1		0,2

Die Gründe für das Stellen eines Asylantrages sind also tatsächlich überwiegend wirtschaftlicher Natur. Die UN empfiehlt daher als Lösung des Problems von Wirtschaftsflüchtlingen, die Situation in den jeweiligen Heimatländern zu verbessern und dort neue Arbeitsplätze zu schaffen. Weltweit ist jedoch ein Drittel der arbeitsfähigen Weltbevölkerung arbeitslos, d.h. es fehlen vor allem in den Entwicklungsländern derzeit rund 1 Mrd. Arbeitsplätze, jährlich müssten zusätzlich ca. 35 Mio. Arbeitsplätze geschaffen werden. Angesichts der Größenordnung dieses Problems ist jedoch kaum mit einem Erfolg zu rechnen.

2.3
Bevölkerungsentwicklung

2.3.1
Derzeitiges Bevölkerungswachstum

Um 1804 lebte 1 Mrd. Menschen auf der Welt. Nach 123 Jahren erfolgte eine Verdoppelung (1927 auf 2 Mrd.) und nach nur 47 Jahren bereits die nächste (1974 auf 4 Mrd.). 1987 wurde die 5-Mrd.-Grenze erreicht und 1998 lebten 6 Mrd. Menschen auf der Erde. 2013 werden nach den aktuellen Prognosen 7 Mrd. Menschen auf der Erde leben, 2028 werden es 8 Mrd. und 2054 werden es 9 Mrd. sein.

Die langsame Abnahme der Geburtenrate und das gleichzeitige starke Absinken der Sterberate führt also weltweit zu einem schnellen Anstieg der Bevölkerung.

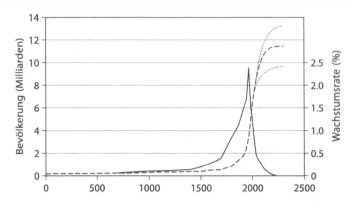

Abb. 2.29. Wachstum der Weltbevölkerung: Jährliche Zuwachsrate (%), Bevölkerungsgröße (Mrd.) und Projektion der Weltbevölkerung mit niedriger, mittlerer und hoher Variante. Kombiniert nach verschiedenen Quellen.

Da beide Vorgänge aber nicht zeitgleich ablaufen (demographischer Übergang, Kap. 2.1), wurde die Diskrepanz zwischen schnell sinkender Sterberate und langsam sinkender Geburtenrate immer größer, so dass sich das Wachstum während der letzten 200 Jahre immer mehr beschleunigte. Die jährliche **Wachstumsrate** hat in den 1960er Jahren mit 2 % ihren höchsten Wert erreicht und fällt seitdem langsam ab (Abb. 2.29).

Im Weltdurchschnitt betrug die jährliche Wachstumsrate 2003 1,3 %, in den Industrieländern 0,1 % und in den Entwicklungsländern 1,6 %. Da die Wachstumsrate in den Industriestaaten sich derzeit der **Nullwachstumsmarke** nähert, wird das zukünftige Wachstum der Weltbevölkerung ausschließlich in den Entwicklungsländern stattfinden. In den einzelnen Regionen und Ländern ist die Zunahme jedoch sehr unterschiedlich (Tabelle 2.12). Die höchsten Zunahmen finden sich mit 2,4 % in Afrika, einige schwarzafrikanische (Kongo, Liberia, Tschad, Niger) sowie arabische Staaten (Jemen und Palästina) weisen gar Zuwachsraten über 3 % auf. Bemerkenswert ist die Entwicklung in Europa: Fast alle osteuropäischen Staaten weisen ein **negatives Wachstum** auf (Russland und die Ukraine bis -0,7 und -0,8 %), die übrigen europäischen Regionen wachsen mit 0,1 % nur noch marginal.

Trotz einer Abnahme der Wachstumsrate nimmt die Weltbevölkerung wegen ihrer absoluten Größe bis auf weiteres noch zu. In den 1960er Jahren entsprach eine Wachstumsrate von 2 % einer jährlichen Zunahme der Weltbevölkerung von 64 Mio. Menschen. Eine niedrigere Wachstumsrate von 1,5 % im Jahr 2000 führte aber wegen der gestiegenen Bevölkerungszahl zu einem jährlichen Zuwachs von 80 Mio. Menschen, eine Rate von 1,0 % wird demnächst immer noch mehr Zuwachs bringen als die doppelt so hohe Wachstumsrate in den 1960er Jahren.

Tabelle 2.12. Jährlicher Bevölkerungszuwachs (%). Die Angaben für 2010 beruhen auf einer Schätzung. Nach Population Reference Bureau (www.prb.org).

	1970	1980	1990	2000	2010
Deutschland	−0,1	−0,2	−0,1	−0,1	−0,1
Österreich		−0,1	0,0	0,0	0,0
Schweiz	0,6	0,2	0,2	0,2	0,2
Frankreich	0,6	0,3	0,4	0,3	0,3
Großbritannien	0,3	0,1	0,2	0,1	0,0
USA	0,6	0,7	0,7	0,6	0,5
Japan	1,3	0,9	0,4	0,2	0,1
Russland	0,9	0,8	0,7	−0,6	−0,7
China	1,8	1,2	1,4	0,9	0,6
Indien	2,3	1,9	2,1	1,8	1,5
Bangladesch	2,4	2,6	2,7	1,8	2,0
Pakistan	2,4	2,8	2,9	2,8	2,6
Indonesien	2,9	2,0	1,8	1,6	1,4
Mexiko	3,6	3,1	2,0	2,0	2,3
Brasilien	2,8	2,8	2,0	1,5	1,1
Ägypten		2,7	2,4	2,0	1,9
Äthiopien	2,1	2,5	3,0	2,4	2,6
Nigeria	2,6	3,2	3,2	2,8	2,7
Industrialisierte Staaten		0,6	0,5	0,1	0,0
Entwicklungsländer		2,0	2,1	1,7	1,4
Welt	2,0	1,7	1,7	1,4	1,1

2.3.2
Prognose

Bei der **Prognose** der zukünftigen Entwicklung des Wachstums der Weltbevölkerung sind wir auf Hochrechnungen angewiesen. Vor allem wegen teilweise unzulänglichen Datenmaterials aus einigen Entwicklungsländern liegen Fehlerquellen vor, die sich beträchtlich summieren können, je weiter in die Zukunft die Voraussagen gerichtet sind. So ist es nicht erstaunlich, dass ältere Prognosen für die **maximale Größe der Weltbevölkerung** ziemlich ungenau waren. Andererseits sind die Voraussagen in den letzten Jahrzehnten durch methodische Verbesserungen immer zuverlässiger geworden. Offizielle Schätzungen durch die UNO gingen 1951 von einer Weltbevölkerung von 4 Mrd. Menschen für das Jahr 2000 aus. 1963 wurden 6,25 Mrd. geschätzt, 1980 6,5 Milliarden, 1990 6,4 Mrd. und Ende 2000 waren es 6,2 Mrd.. Dieser Unsicherheit von Prognosen wird oft durch die Berechnung von unterschiedlichen Szenarien Rechnung getragen. In ihnen können besonders ungünstige bzw. günstige Faktoren berücksichtigt werden. Ein mittleres Szenario gibt meist die wahrscheinlichste Entwicklung an, d.h. auf diese Weise werden die bestimmten Annahmen, die einer Berechnung zugrunde liegen, deutlich gemacht.

Im Rahmen der Prognosen zum Bevölkerungswachstum ist es eine wichtige Frage, auf welche Maximalwerte die Weltbevölkerung ansteigen wird und wann dies sein wird. Ende der 1980er Jahre ging man davon aus, dass gegen Ende des 21. Jahrhunderts ein Wachstumsstillstand bei 10 Milliarden erreicht sein wird. Zurzeit ist aber absehbar, dass die Zuwachsraten weniger schnell sinken als angenommen, d.h. die 10-Mrd.-Grenze wird früher erreicht sein und nicht zwingend das Ende des Bevölkerungswachstums bedeuten. Die **exponentielle Phase** des derzeitigen Bevölkerungswachstums wird langsam in eine **stationäre Phase** übergehen und zu einer Weltbevölkerung von 11–12 Mrd. führen (Abb. 2.29). Dies entspricht der vierfachen Bevölkerung von 1960, die dreifachen von 1975 und noch der doppelten von 1996. Die Wachstumskurve würde dann im unteren und im oberen Teil ähnlich asymptotische Bereiche und einen mittleren steilen Teil von 100 Jahren aufweisen. In einem solchen Modell findet das Hauptwachstum im steilen, mittleren Teil der Kurve 1975–2025 mit einem Zuwachs von jeweils 2,1–2,3 Mrd. vor und nach dem Wendepunkt statt, im asymptotischen Teil davor und danach gibt es ein Nebenwachstum 1950–1975 und 2025–2050 von je ca. 1,5 Mrd. In den flacher ansteigenden Kurvenbereichen der 25 Jahre zuvor bzw. danach beträgt die Zunahme je 600–700 Mio.. Vor 1925 und nach 2075 schließlich baut sich das Wachstum sehr langsam auf und klingt ebenfalls langsam ab. Eine solche Wachstumskurve der menschlichen Bevölkerung ähnelt den üblichen Wachstumskurven der Populationen vieler Tiere und Mikroorganismen, die sich in einem konkurrenzfreien und ressourcenreichen Raum zuerst unbegrenzt vermehren, dann aber wegen Ressourcenknappheit ihr Wachstum einstellen.

Mindestens für die nächsten 200 Jahre wird die Welt mehr als doppelt so dicht bevölkert sein wie derzeit. Eine schnelle Rückkehr auf die Bevölkerungsdichte der 1970er Jahre ist innerhalb dieses Zeitraumes sehr unwahrscheinlich. Sie hat den gleichen Wahrscheinlichkeitsgrad wie die hohe Prognose, derzufolge es in den nächsten 200 Jahren nur langsam zu einer Abbremsung des Wachstums käme.

Der Zeitpunkt des Rückgangs der Weltbevölkerung ist also nur annähernd einzuschätzen, dürfte aber unter Bezug auf die mittlere Prognose nicht vor 2200 beginnen.

Beim zukünftigen Wachstum der Weltbevölkerung wird das größte absolute Wachstum auf Asien zukommen (Abb. 2.30). Vor allem in Pakistan, Indien und Bangladesch wird die Bevölkerung besonders zunehmen. In China, dem zur Zeit bevölkerungsreichsten Land der Erde, wächst die Bevölkerung bereits zur Zeit langsamer und es ist in den nächsten Jahrzehnten mit einem Wachstumsstopp bei 1,5–1,8 Mrd. Menschen zu rechnen (Kap. 2.4.3). Indien wird vermutlich bevölkerungsreicher als China werden und beide Staaten zusammen werden ca. 60 % der asiatischen Bevölkerung umfassen.

In Afrika wird das größte relative Wachstum stattfinden. Noch nie gab es, wie vor 10 Jahren für ganz Afrika, Wachstumsraten um 3 % für einen ganzen Kontinent. Dies führt zu Verdoppelungszeiten von 35 Jahren, und wenn dieser Trend anhält, wird Afrika um 2025 so viele Menschen haben wie dann China oder Indien. Nigeria wird mehr Einwohner haben als heute ganz Westeuropa. Wegen dieses gewaltigen Wachstums wird sich der relative Anteil Afrikas an der Weltbevölkerung deutlich erhöhen, die **Entwicklung von AIDS** lässt jedoch eine Prognoseunsicherheit aufkommen (Kap. 2.2.2). Das Wachstum Lateinamerikas wird dem Asiens entsprechen, jedoch bei einer geringeren Gesamtbevölkerung. Da in den Industriestaaten das Wachstum inzwischen fast Null erreicht hat, wird wegen des relativen Wachstums der anderen Kontinente der Anteil von Nordamerika, Europa und Russland an der Weltbevölkerung von ehemals 21 % (1990) auf etwa 9 % (2025) abnehmen (Abb. 2.30).

Das Modell des **demographischen Überganges**, wie es in Kap. 2.1 vorgestellt wurde, suggeriert, dass es während der gesamten Entwicklungsgeschichte des Menschen ein gleichförmiges Wachstum gab. Erst in neuerer Zeit hat es dann nach diesem Modell eine explosionsartige Bevölkerungszunahme gegeben, wie sie in Abb. 2.29 dargestellt ist. In Kap. 1.2. ist jedoch schon darauf hingewiesen worden, dass es während der Entwicklung der menschlichen Kultur unterschiedliche Lebensformen gab und dass der Wechsel vom Jäger und Sammler zum sesshaften Bauern und Viehzüchter einen akuten Engpass in der Ressourcennutzung beseitigte. Wir können folgerichtig daher den derzeitigen demographischen Übergang

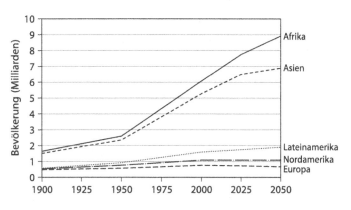

Abb. 2.30. Voraussichtliche Entwicklung des Bevölkerungswachstums in einzelnen Regionen der Welt. Kombiniert nach verschiedenen Quellen.

als Wechsel von einer präindustriellen zu einer postindustriellen Gesellschaft verstehen.

Das Bevölkerungswachstum erfolgte demnach in der Vergangenheit nicht gleichmäßig, sondern wies **lineare und exponentielle Phasen** auf. Solche linearen Phasen waren die Perioden des Jagens und Sammelns, von Ackerbau und Viehzucht sowie die noch vor uns liegende der postindustriellen Gesellschaft. Die exponentiellen Phasen haben die Perioden miteinander verbunden und sind gekennzeichnet durch die Erfindung von Ackerbau und Viehzucht sowie durch den zurzeit ablaufenden Vorgang der Industrialisierung. Diese Zeiträume wären somit als demographische Übergänge zu verstehen (Abb. 2.31). Ähnlich wie heute ist der frühere demographische Übergang weltweit nicht synchron verlaufen, sondern es gab entwickelte Gebiete, Nachzügler und auch Rückschläge.

Für Frankreich wurde die Bevölkerung zur Zeit der Jäger und Sammler auf 10.000–50.000 geschätzt. Mit der Sesshaftigkeit sank die Sterberate bei gleich bleibend hoher Geburtenrate, so dass die französische Bevölkerung für 3000 v. Chr. bereits auf ca. 5 Mio. geschätzt wird. Erst die neuere Entwicklung führt mit einem weiteren demographischen Übergang zu ca. 65 Mio. Menschen beim Stillstand des Bevölkerungswachstums zwischen 2025 und 2050. Bemerkenswert ist, dass der letzte demographische Übergang etwas mehr als eine Verzehnfachung der Bevölkerung erbrachte, der Übergang zuvor jedoch eine Verhundertfachung. Er war also mit Sicherheit mit größeren Veränderungen für die Bevölkerung verbunden.

Die Vorstellung von mehreren demographischen Übergängen unterschätzt jedoch die Dynamik, die in einem Populationswachstum liegen kann, vor allem ignoriert sie die Möglichkeit einer längerfristigen Bevölkerungsabnahme. Die Bevölkerungsentwicklung von Ägypten in den letzten 2500 Jahren, die in China über 1500 Jahre und die in Irland über 300 Jahre zeigen Beispiele hierfür auf. Ägypten erlebte 3 Phasen großer Bevölkerungsdichte, wobei die Maxima um 500 v. Chr. und 500 n. Chr. beinahe in der Größenordnung der heutigen hohen Bevölkerungsdichte lagen. In China war das kontinuierliche Anwachsen der Bevölkerung immer wieder von Zusammenbrüchen gekennzeichnet. Irland hatte um 1820 eine Bevölkerungsdichte, die sogar über der heutigen lag (Abb. 2.32). Diesen Beispielen

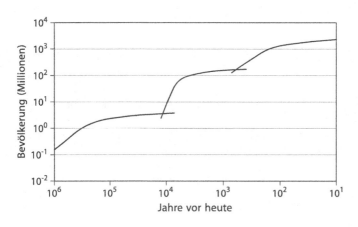

Abb. 2.31. Die vermutliche Bevölkerungsentwicklung in den letzten Millionen Jahren zeigt in Abhängigkeit von der Lebensweise zwei demographische Übergänge. Nach Deevey (1960).

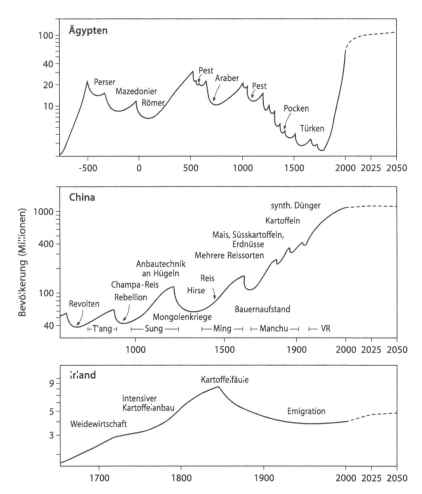

Abb. 2.32. Die Bevölkerungsentwicklung in Ägypten, China und Irland und ihre Beeinflussung durch Kriege, soziale Wirren, Krankheiten, landwirtschaftliche Innovationen und Hungersnöte. Bei China sind wichtige Dynastien und die Phase des sozialistischen Staates (VR) angegeben. Nach Richerson u. McEvoy (1976), ergänzt durch Prognosen des Population Reference Bureau.

ist gemeinsam, dass die Bevölkerungsdichte auch über längere Zeiträume nicht kontinuierlich ansteigen muss, ja sogar über viele hundert Jahre kontinuierlich rückläufig sein kann. Bevölkerungseinbrüche in einer Größenordnung von 50 % muss man sogar als normal bezeichnen, der Bevölkerungsrückgang in Ägypten von 500 bis 1800 betrug immerhin 90 %.

Eine **Extrapolation des Bevölkerungswachstums** über das Ende des derzeitigen demographischen Übergangs hinaus ist schwierig. Meist wird angenommen, dass mit einer Stabilisierung des Bevölkerungswachstums irgendwann nach der Jahrtausendwende auch eine Reduktion möglich ist (Kap. 2.1). Hierbei mag auch der Wunsch nach Ende der Bevölkerungsexplosion und nach Abnahme der daraus resultierenden Umweltprobleme Grund für diese Annahme sein. Staaten wie China haben eine Bevölkerungsreduktion ausdrücklich in ihr Programm der Bevölkerungsplanung aufgenommen (Kap. 2.4.3) und in weit entwickelten Industriestaaten findet ein Bevölkerungsrückgang schon statt. Dennoch deutet nichts in einem Modell mehrerer demographischer Übergänge darauf hin, dass nach Abschluss des derzeitigen Übergangs ein Ende dieser Entwicklung kommen muss. Wir können uns lediglich zurzeit nicht vorstellen, wie angesichts einer überbesiedelten Welt weiteres Wachstum stattfinden soll. Grundlegend neue und global eingesetzte Techniken, die Engpässe im Nahrungs-, Energie-, Rohstoff- und Abfallsektor beseitigen, könnten weiteres Wachstum ermöglichen, das auch außerhalb der Erde stattfinden könnte. Solche „weit entfernten Möglichkeiten" (Kahn u. Wiener 1971) sind allerdings zurzeit nicht realistisch und werden auch durch die Diskussion der NASA, analog zur Mondlandung in den nächsten Jahrzehnten ein Projekt durchzuführen, das die **Besiedlung des Mars** ermöglicht, nicht konkreter.

2.3.3
Ein Modell

Demographische Parameter sind auf komplexe Weise gesellschaftlich verknüpft, das komplette Interagieren der wesentlichen Faktoren ist aber meist schwer abzuschätzen. Es liegen jedoch Modelle und Annahmen vor, wie sich der demographische Übergang und die veränderte Bevölkerungsdichte in Industriestaaten und Entwicklungsländern kausal ausgewirkt haben bzw. möglicherweise noch auswirken werden. Stellvertretend werden hier die Grundzüge eines einfachen Modells vorgestellt, das in Anlehnung an Frederiksen (1969) modifiziert wurde.

In den industrialisierten Ländern führt die Erhöhung der **Pro-Kopf-Produktivität** von einem ursprünglichen Zustand niedriger Produktion und geringem Verbrauch bei hohen Geburten- und Sterberaten zu einem langsamen Anstieg des Lebensstandards. Die stete Entwicklung bzw. Einbeziehung neuer Technologien ermöglicht zuerst **Kapitalbildung** und Kapitalzuwachs, dann höhere Produktivität. Hiervon profitiert auch die Allgemeinheit, da durch verbesserte Hygieneumstände und Gesundheitsvorsorge die Lebensbedingungen besser werden. Zuerst sinkt die Sterberate, später auch die Geburtenrate: Die Bevölkerung nimmt zu. Dieser Prozess verteilt sich in Mitteleuropa aber auf 100–200 Jahre, so dass Kapitalzuwachs und Produktion steigen und einen wachsenden **Lebensstandard** sichern. Die langsame Senkung der Geburtenrate reduziert zudem die Kosten der Allgemeinheit für Erziehung, Wohnung, Gesundheit und Infrastruktur, so dass mehr Investitionen im wirtschaftlichen Sektor getätigt werden können. Da die Erwerbsbevölkerung langsam zunimmt, erhöht sich die produktive Verwendung der Investitionen, die Produktivität pro Arbeiter ist hoch und Vollbeschäftigung ist weitgehend möglich. Nach dem demographischen Übergang sichern hohe Produktion und Kapitalzuwachs einen mittelhohen Verbrauch für eine Bevölkerung mit ausgeglichenen, niedrigen Geburten- und Sterberaten.

In den **Entwicklungsländern** ist die Ausgangssituation ähnlich: Geburten- und Sterberaten sind hoch, Produktion und Verbrauch niedrig. Im Unterschied zu den industrialisierten Ländern werden jedoch keine wesentlichen Techniken selbst entwickelt, sondern importiert. Da gleichzeitig keine Kapitalbildung erfolgt, sondern auch die Finanzmittel importiert (d.h. ausgeliehen) werden und Gewinne exportiert werden, können die entsprechenden Vorgänge schneller als in den Industriestaaten ablaufen. Die Verwendung fremder Technologie führt zu einer von außen gesteuerten Erhöhung der Produktivität und allgemein zu einer Abhängigkeit. Beträchtliche Mittel werden in die Gesundheits- und Bildungssysteme investiert, so dass der Lebensstandard schneller ansteigen kann. Wegen des schnellen Abfalls der Sterberate bei zunächst gleich bleibend hoher Geburtenrate wird der wachsende Lebensstandard aber von einem schnellen Bevölkerungswachstum begleitet. Wenn es nun gelingt, die Geburtenrate zu senken, kann dieses Entwicklungsland den demographischen Übergang zu einem stabilen Zustand ähnlich wie ein Industrieland beenden.

In manchen Entwicklungsländern ist es jedoch nicht einfach, den Wechsel zum westlichen Lebensstil mit den alten **Traditionen** und gesellschaftlichen Überlieferungen zu harmonisieren. Die bedeutend langsamere und verzögert einsetzende Abnahme der Geburtenrate lässt die Bevölkerungszahl noch lange ansteigen, so dass Pro-Kopf-Produktivität und schließlich auch Lebensstandard sinken. Da weiterhin in die Gesundheitssysteme (z.T. auch mit Hilfe von außen) investiert wird, bleibt die Sterberate niedrig und es findet noch Bevölkerungszuwachs statt. Mit weiterem Sinken der Pro-Kopf-Produktivität sinkt schließlich aber die Qualität der Gesundheitssysteme und des Lebensstandards, so dass die Sterberate wieder steigt. Wie im Fall von AIDS kann diese Entwicklung durch eine neue Krankheit beschleunigt werden. Trotz hoher Sterberate bleibt wegen der noch höheren Geburtenrate das Bevölkerungswachstum hoch. Bei schlechten Lebensumständen, niedriger Produktion und niedrigem Verbrauch ist dann fast wieder der Ausgangspunkt der Entwicklung bei einer allerdings erhöhten Bevölkerungsdichte erreicht. Die Situation für die Menschen im Entwicklungsland hat sich durch den Import westlicher Techniken verschlechtert und die Bevölkerung ist von einem stabilen Niveau des demographischen Übergangs weiter entfernt denn je zuvor.

Dieses Modell ist in einigen Zügen stark vereinfacht, in anderen aber zutreffend, denn es ist durchaus ein Bevölkerungswachstum denkbar, das nicht auf das stabile Niveau von niedriger Geburten- und Sterberate des klassischen demographischen Übergangs führt, sondern nach einem kreisförmigen Bewegungsmuster bei ungünstigerer Ausgangslage wieder von vorne beginnt, also in einer Spiralform abläuft. Da jedoch der demographische Übergang auf das Niveau einer Ersatzfortpflanzung in vielen Teilen der Welt tatsächlich stattfindet, kann aus einem solchen Modell nur geschlossen werden, dass sich unsere Welt **demographisch aufspaltet** in einen Teil mit stagnierendem Wachstum (später auch abnehmender Bevölkerungsgröße bis auf ein niedrigeres Gleichgewicht) und einen Teil mit nach wie vor starkem Bevölkerungswachstum. Der zögerliche Fortschritt, den manche Staaten im demographischen Übergang machen, könnte in diese Richtung deuten.

2.4
Bevölkerungsplanung und Geburtenkontrolle

2.4.1
Allgemeines

Es gibt aus der Vergangenheit viele Belege für eine gezielte Geburtenkontrolle, die auf Empfängnisverhütung, auf Abtreibung oder auf eine „nachgeburtliche Regelung", d.h. **Kindstötung**, hinausliefen. Nach Grabfunden wird geschätzt, dass in der Frühzeit ca. 15–50 % der Neugeborenen getötet wurden, und bei Naturvölkern war es vor kurzem vermutlich noch ähnlich. Im antiken Griechenland und Rom war nach zeitgenössischen Berichten Kindstötung verbreitet und die meisten Familien waren daher klein. In Griechenland war weiblicher Nachwuchs so selten, dass homosexuelle Praktiken gesellschaftlich toleriert waren (deMause 1974).

Einige gesellschaftliche Strukturen der Vergangenheit hatten eindeutig eine bevölkerungsregulierende Nebenwirkung, etwa Mönchsorden und Klöster, da hierdurch Teile der Bevölkerung gezielt von der Reproduktion ausgeschlossen wurden. In Mitteleuropa war es während vieler Jahrhunderte üblich, dass Knechte und Mägde nie heirateten, bzw. dass eine Heiratserlaubnis an eine eigenständige berufliche Existenz oder Grundbesitz gebunden war.

Mit beginnender Christianisierung wurde die Kindstötung offiziell als Mord deklariert, gleichzeitig erfolgte eine Differenzierung zwischen Töten und Aussetzen des Kindes, wenngleich das Ergebnis für das Kind dasselbe war. Kinder aussetzen wurde zunehmend legalisiert und führte wegen der großen Zahl ausgesetzter Kinder in den Städten zu einer Gründungswelle von Findelheimen. Napoleon ordnete 1811 an, dass in jedem Departementhospital ein Drehschalter zur **anonymen Babyabgabe** einzurichten sei. Daraufhin wurden allein 1830 164.000 Babys abgegeben, so dass angesichts der Kosten diese Institution in den nächsten Jahrzehnten wieder abgeschafft wurde. In England war die Situation ähnlich, so dass 1803 ein Gesetz erlassen wurde, das die Kindstötung de facto legalisierte. Erst 1872 wurde diese Praxis durch Gesetzesänderung beendet (Langer 1974). Nachdem die anonyme Babyabgabe offenbar im 20. Jahrhundert verpönt war und diese Schalter verschwanden, wurden sie zwischen 1999 und 2001 in einigen Orten Deutschlands, Österreichs, der Schweiz und weiterer Staaten wieder eingeführt.

Nach Knolle (1992) waren bis zum Ende des 15. Jahrhunderts Kindstötungen in Deutschland verbreitet und wurden erst später konsequent verfolgt. Aus dem Mittelalter sind zahlreiche Funde von Skeletten Neugeborener bekannt, die als gezielte Kindstötung interpretiert werden. Eine Bulle von Papst Innozenz VIII (der deutsche Kommentar hierzu wurde unter dem Namen Hexenhammer berüchtigt), bezeichnete Ende des 15. Jahrhunderts Empfängnisverhütung als Teufelswerk und verurteilte Kindstötung. Offensichtlich sollte der propagierte Kindersegen nach den Seuchen und Kriegen, die Europa entvölkert hatten, die christliche Besiedlung der gerade entdeckten neuen Welt ermöglichen. Ähnlich kann auch die Empfehlung von Thomas More in Utopia (1516) verstanden werden, jede Frau solle 10–16 Kinder gebären.

Abtreibung als letztes Mittel der Vermeidung einer Geburt wird überall da eingesetzt, wo empfängnisverhütende Methoden nicht erfolgreich angewendet bzw. ungenügend verfügbar sind. Sie spielte in der Vergangenheit immer eine große Rolle und ist heute in allen Staaten der Welt nach wie vor verbreitet. In Deutschland entsprechen die rund 130.000 Abtreibungen jährlich 17 % der Geburten (Tabelle 2.13), in Frankreich (160.000 Abtreibungen = 20 % der Geburten) und Indonesien (1,3 Mio. Abtreibungen = 27 % der Geburten) ist die Situation ähnlich, jedoch ist für eine Mutter in einem Entwicklungsland das Risiko, bei der Abtreibung zu sterben, sehr groß. Weltweit kommt es derzeit zu mehr als 30 Mio. Abtreibungen jährlich, das entspricht 22 % der Geburten. Hierbei sterben jährlich mehrere hunderttausend Frauen. Da es mit modernen Diagnosegeräten möglich ist, das Geschlecht eines Fötus zu bestimmen, kommt es vor allem in Indien und China zu gezielter Abtreibung von weiblichen Föten (Kap. 2.2.3).

Obwohl der Erfolg vieler **traditioneller kontrazeptiver Mittel** oft zweifelhaft ist, gab es bei den heutigen Naturvölkern hierzu ein umfassendes Wissen. Nach Himes (1936) handelte es sich meist um magische Rituale ohne sicher reproduzierbare Wirkung, um Pflanzen ohne wirksame Inhaltsstoffe oder um giftige

Tabelle 2.13. Schwangerschaftsabbrüche in Deutschland. Daten für 2001, nach Statistisches Bundesamt Deutschland (www.destatis.de).

Gesamtzahl der Abbrüche	130.387	%
Verteilung auf Altersgruppen	< 15 Jahre	0,6
	15–18	5,1
	18–20	7,1
	20–25	22,9
	25–30	20,4
	30–35	20,8
	35–40	16,4
	40–45	6,2
	45–55	0,5
Indikation	Medizinisch	2,5
	Kriminologisch	0,03
	Beratung (Familienplanung)	97,5
Vorherige Lebendgeburten	Keine	39,8
	1	25,4
	2	24,0
	3	7,7
	4	2,1
	5 und mehr	1,0

▶ **Box 2.7**
Verhütung einst und jetzt

Im Rahmen ihrer Ausbildung haben Studenten je rund 80 ihrer Altersklasse (junge Generation, Jahrgang 1975-1985), Paare der Altersklasse ihrer Eltern (mittlere Generation, 1950-1960) sowie Paare aus der Altersklasse ihrer Großeltern (alte Generation, 1920-1940) nach ihren Verhütungsmethoden befragt. Nur die Hälfte aller älteren Paare hatten ihre Familienplanung miteinander diskutiert, bei den mittleren und jungen Paaren jedoch fast alle. Die alte Generation wendete die meisten Methoden an (v.a. Pille, Kondom, Sterilisation und Temperaturmessung, daneben viele „natürliche" Methoden, die als unsicher einzustufen sind, sowie Enthaltsamkeit). Für die mittlere Generation waren Pille, Kondom und Spirale vorherrschende Methoden, später dann auch Sterilisation. Die junge Generation verhütet fast nur noch mit Pille und Kondom. Mit ihrer Planung bzw. Verhütung war etwa die Hälfte der älteren Generation zufrieden, 80 % der mittleren und alle der jungen Generation. Diese hatten alle (wie erwünscht) noch keine Kinder bekommen und die Reproduktion stand ihnen noch bevor. Die ältere Generation gab an, bei ihren Entscheidungen ein wenig von Gesellschaft und Religion beeinflusst gewesen zu sein. Die mittlere und die jüngere Generation ließen sich von Ausbildungs- und Karriereplänen leiten und berücksichtigten auch die finanziellen Folgen von Kindern.

Pflanzen, bei denen eine empfängnisverhütende oder abtreibende Wirkung als Nebenwirkung zu Fieber oder Krämpfen auftritt. Überdies hatten in vielen Ethnien nicht Frauen Kenntnis hiervon, sondern Männer, meist sogar nur ein Mann, der als Schamane oder Medizinmann diese Kenntnis zur Aufrechterhaltung bestimmter Machtstrukturen nutzte. Als wichtige Ergänzung zur Empfängnisverhütung war bei den meisten Naturvölkern Abtreibung und Kindstötung zu finden.

Heutige Techniken der **Empfängnisverhütung** umfassen diverse chemische (spermizide Substanzen, hormonelle Präparate) und mechanische (Kondome, Pessare, Spiralen) Mittel sowie Methoden ohne Anwendung von Mittel (Coitus interruptus, Knaus-Ogino, Temperaturmethode) (Box 2.7). Während die letzten Methoden meist recht unzuverlässig sind, haben die hormonellen Methoden einen hohen Grad an Zuverlässigkeit (Tabelle 2.14). Das Kondom ist seit dem 16. Jahrhundert bekannt, diente ursprünglich dem Schutz vor Syphilis und wurde seit dem 18. Jahrhundert auch zur Empfängnisverhütung benutzt. Seitdem es in der Mitte des 19. Jahrhunderts erstmals aus Kautschuk hergestellt werden konnte, entwickelte es sich innerhalb weniger Jahre zum wichtigsten Mittel der Empfängnisverhütung.

Seit der weltweiten Einführung kontrazeptiver **Mittel auf Hormonbasis** (die „Pille") ab den 1960er Jahren ist Empfängnisverhütung noch nie so einfach gewesen und ihre Akzeptanz ist heute weltweit groß (Box 2.8). Gesundheitliche Nebenwirkungen wie eine erhöhte Krebsrate bei langfristiger Einnahme werden durch eine umfassende, weltweite Studie der WHO eindeutig ausgeschlossen (UNFPA 1991), und psychische Nebenwirkungen sind bei modernen Präparaten selten.

▶ *Box 2.8*
Wirkungsweise der Antibabypille

Die Antibabypille wirkt dreifach: Sie verhindert den Eisprung, die Gebärmutterschleimhaut wird nicht genügend aufgebaut und der Schleim im Gebärmutterhalskanal wird für Spermien undurchlässig. Die Pille enthält die Hormone Östrogen und Gestagen, die im Hirn die Ausschüttung des Follikel stimulierenden Hormons FSH bremsen. Hierdurch reifen die Eibläschen nicht richtig aus und der Eisprung wird unterdrückt. Der Eierstock produziert weniger Östrogen und Progesteron, so dass ein regelmäßiger Zyklus unterbleibt. Bei der Ein-Phasen-Pille (Kombinationspille) wird stets eine konstante Mischung beider Hormone eingenommen. Bei Zwei- oder Drei-Stufenpräparaten wird die Konzentration der Hormone über die Einnahmedauer variiert. Die Minipille enthält nur Gestagen, d.h. es findet ein normaler Eisprung statt. Da Gestagen über eine Veränderung des Schleimpfropfes im Gebärmutterhalskanal ein Durchkommen der Spermien unmöglich macht, kann keine Befruchtung stattfinden. Die „Pille danach" ist die Pille für den Notfall, d.h. bei einer Anwendung bis 72 h nach ungeschütztem Verkehr wird ein Eisprung oder das Einnisten des Eis verhindert.

Wenn ein Paar die gewünschte Kinderzahl erreicht hat, ist eine dauerhafte Unfruchtbarmachung sinnvoll. Bei der **Vasektomie** des Mannes werden dabei die Samenleiter durchtrennt, bei der **Tubenligatur** der Frau die Eileiter. Die Hormonproduktion und das psychische Wohlbefinden werden hierdurch nicht beeinflusst, häufig ist sogar eine Steigerung des subjektiven Wohlbefindens feststellbar, da Probleme durch ungewollte Schwangerschaften entfallen. Diese Techniken sind wegen ihrer hohen Zuverlässigkeit bevölkerungspolitisch sehr positiv zu bewerten. Zudem handelt es sich hierbei um einfache Operationen, die beim Mann ambulant durchgeführt werden. Sie stellen auch in Entwicklungsländern kein organisatorisches oder technisches Problem dar und sind zu einem wichtigen Bestandteil der Geburtenkontrolle geworden (Tabelle 2.15).

Obwohl wenig über neue Verhütungsmittel geforscht wird, zeichnen sich im Bereich der **Hormondepots** wichtige Verbesserungen ab. Hierbei wird ein Kunststoffstäbchen in den Oberarm der Frau injiziert. Es gibt etwa 3 Jahre Hormonmengen ab, die sicher kontrazeptiv wirken. Methoden für den Mann sind jedoch nach wie vor rar und müssten intensiver gesucht werden.

Das explosionsartige Bevölkerungswachstum kann nur durch eine weltumfassende und bewusst durchgeführte **Geburtenplanung** vermindert werden. Immerhin sind 90 % des aktuellen Geburtenrückganges auf eine aktive Geburtenplanung zurückzuführen. Von 130 erfassten Staaten unterstützten 1990 115 eine Planung des Bevölkerungswachstums (UNFPA 1991) mit dem erklärten Ziel, den Bevölkerungszuwachs zu stoppen (Box 2.9). Ausnahmen waren lediglich einige Staaten wie Malaysia und Singapur, die offiziell für mehr Bevölkerungswachstum plädieren (bzw. vor kurzem noch plädierten). So sollen aus den 15 Mio. Malaysiern 70 Mio. werden, um die Wirtschaft anzukurbeln.

▶ **Box 2.9**
Fallstudie Indien

Indien propagierte als erstes Entwicklungsland seit 1952 Bevölkerungsplanung. Zuerst setzte man hauptsächlich auf die Vasektomie der Männer und gab zentral Quoten vor. Während des Notstandregimes unter Indira Gandhi 1976/77 wurde wegen der Ineffizienz des Programms Druck zur Planerfüllung ausgeübt. In kurzer Zeit wurden 7,6 Mio. Männer sterilisiert, viele wurden mit falschen Versprechungen überredet, oft wurde Zwang angewendet. Als Indira Gandhi die folgende Wahl verlor, wurde diese Politik aufgegeben, sie hat aber Familienplanung in Misskredit gebracht. In den folgenden Jahren setzte man auf Massensterilisationen bei Frauen. Geldprämien für das ärztliche Personal schufen Anreize, viele Operationen durchzuführen, und 1982–1986 erfolgten jährlich 30 Mio. Eingriffe, überwiegend an alten Frauen, so dass die relevanten Bevölkerungsschichten unerreicht blieben. Im 7. Fünf-Jahresplan 1986-1991 wurde die Zwei-Kinder-Ehe propagiert. Hierzu setzte man auf eine Kombination von Operationen, Pessare sowie konventionellen Verhütungsmitteln. Bei bereits bestehenden Schwangerschaften wurde für Abtreibung geworben. Der 8. Fünfjahresplan 1991-1996 sah vor, schwerpunktmäßig die soziale Stellung der Frau zu verbessern. Von einer höheren Alphabetisierungsrate, verbesserter Schulbildung und günstigeren Berufsaussichten versprach man sich eine stärkere Position der Frau, die das indische Familienplanungsprogramm vermehrt alleine tragen sollte, angesichts der patriarchalischen Organisation der indischen Familie ein schwieriges Vorhaben. Im Fünfjahresplan 2001-2006 wird Familienplanung auf eine noch breitere Basis gestellt: man versucht, die hohe Kindersterblichkeit zu reduzieren, eine möglichst späte Verheiratung zu propagieren, sowie die gesellschaftliche Situation der Frau zu verbessern oder die Bevorzugung von männlichem Nachwuchs zu beenden. Das indische Programm war sicherlich wirkungsvoll, in Anbetracht der heute nur halb so hohen Geburtenrate in China ist seine Effizienz aber als nicht sehr hoch einzustufen.

Singapur verkündete 1989 eine neue Bevölkerungspolitik, um den chinesischen Bevölkerungsteil (76 %) gezielt anzuheben.

2003 benutzten weltweit 59 % aller Frauen zwischen 15 und 49 regelmäßig Verhütungsmittel. Global gesehen ist die Sterilisation der Frau mit 30 % das häufigste Mittel, 20 % benutzen Pessare, 15 % die Antibabypille, 10 % Kondome. In Südostasien (mit China) kommen hauptsächlich langfristige Methoden zum Einsatz (ca. ein Drittel Spiralen, ein Viertel Tubenligatur, viele Vasektomien). In Lateinamerika werden kaum Männer operiert, je ein Fünftel entfallen auf Tubenligatur und auf die Pille. Daneben werden allein in Brasilien jährlich ca. 4 Mio. Abtreibungen durchgeführt. In Europa verhütet fast die Hälfte aller Paare mit der Pille (Tabelle 2.15). Operative Eingriffe können in bestimmten Bevölkerungsgruppen hohe Werte erreichen. So hatten sich in den 1990er Jahren rund die Hälfte aller Paare zwischen 35 und 50 Jahre in der Schweiz, England und Holland einer Tubenligatur bzw. Vasektomie unterzogen.

Tabelle 2.14. Zuverlässigkeit der gebräuchlichsten Kontrazeptiva gemessen nach dem Pearl-Index (ungewollte Schwangerschaft auf 100 Anwendungsjahre). Je kleiner der Wert, desto sicherer ist die Methode. Werte < 2 gelten als sehr sicher, Methoden mit Werten > 5 sind nicht zu empfehlen. Zum Vergleich: Ungeschützter Geschlechtsverkehr ergibt ein Pearl-Index von etwa 80.

Hormonelle Methoden	Ein-Phasen-Pille	0,2–0,5
	Zwei-Stufenpräparat	0,2–0,7
	Drei-Stufenpräparat	0,2–0,5
	Minipille	3
	Depotspritze	0,4–2
	Implantat	0
Chemische Methoden	Spermizide	5–20
Barriere-Methoden	Kondom	3–14
	Intrauterinsystem (Hormonspirale)	0,1
	Intrauterinpessar (Kupferspirale)	0,5–4,6
	Diaphragma	12–20
„Natürliche" Methoden	Coitus interruptus	35
	Temperaturmethode	1–10
	Methode Knaus-Ogino	15–38
	Scheidenspülung	31
	Stillperiode	hoch
Chirurgische Methode	Tubenligatur	0,1–0,3
	Vasektomie	0,1–0,3

Im Rahmen der AIDS-Aufklärung ist unabhängig von einer Verhütungsidee das Kondom als genereller Schutz vor Ansteckung propagiert worden. In vielen Fällen ergibt sich somit ein doppelter Schutz (etwa durch Kondom plus Pille), so dass neben die AIDS-Prophylaxe die Verhinderung der Reproduktion tritt.

Eine Gegenüberstellung der gewünschten Kinderzahl und der tatsächlichen Geburtenrate ergibt Hinweise darauf, in welchem Umfang **Familienplanung** bereits umgesetzt ist. In vielen hoch entwickelten Staaten haben Paare gerade so viele Kinder, wie sie sich wünschen. Die Diskrepanz zwischen Wunsch und Realität ist aber vor allem in Entwicklungsländern groß, d.h. es gibt noch ein gewaltiges Potential für Familienplanung. In Nepal beispielsweise hatten Frauen 1989 5,9 Kinder, sie wünschten sich jedoch nur 3,5. Der World Fertility Survey stellte damals fest, dass in 80 von 95 Entwicklungsländern Möglichkeiten der Familienplanung fehlen oder unzulänglich sind. Hätten alle Frauen, die keine Kinder mehr bekommen wollten, auch die Möglichkeit hierzu, würde sich die Kinderzahl in der dritten Welt um 20 bis 30 % verringern und das zukünftige Wachstum der Weltbevölkerung deutlich gebremst werden. (Abb. 2.33). In den 1990er Jahren hat

Tabelle 2.15. Unterschiedlicher Einsatz von Verhütungsmitteln weltweit (%). Angaben aus 2003, nach Population Reference Bureau (www.prb.org).

Methode	Welt	Industrie-staaten	Entwicklungs-länder	Schwarz-afrika
Pille	7	14	6	4
Spirale	15	9	15	1
Injektionen	2		4	
Kondom	5	15	3	1
Tubenligatur	21	11	22	2
Vasektomie	4	6	4	
Traditionelle Methoden	6	10	5	10
Andere moderne Methoden	2	4	1	1
Keine	38	32	40	82

sich die Situation tendenziell eher verschärft. Zwar nahm die Zahl der Geburten pro Frau ab, nach wie vor waren in vielen Staaten Verhütungsmittel nur unzureichend verfügbar, so dass der Anteil ungewünschter Geburten in Ghana, Kenia, Ägypten oder Mexiko immer noch 20-35 % betrug. In Afrika benutzten 2003 nur 26 % aller verheirateten Frauen zwischen 15 und 49 Jahren kontrazeptive Mittel, in Äthiopien oder im Kongo nur 8 % (Abb. 2.34).

Die vielen Familien in Entwicklungsländern, die noch 5 oder mehr Kinder wünschen, zeigen, dass die größten **Probleme der Bevölkerungskontrolle** nicht technischer Art sind. Auf den komplexen Zusammenhang zwischen Nachkommenzahl, Statussymbol, billiger Kinderarbeit und gesicherter Altersversorgung ist bereits

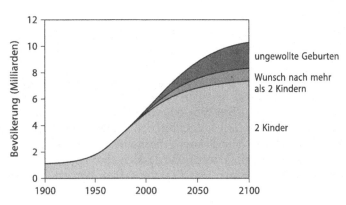

Abb. 2.33. Ein großer Teil des Bevölkerungswachstums geht auf ungewollte Schwangerschaften und den Wunsch nach mehr als 2 Kindern zurück. Nach Bongaarts (1994).

hingewiesen worden. Auch hat sich die wirtschaftliche Situation in vielen Staaten Afrikas und Lateinamerikas gegenüber den 1970er Jahren verschlechtert. Es genügt also offensichtlich nicht, empfängnisverhütende Mittel zu verteilen und ihren Gebrauch zu erklären, vielmehr muss sich die soziale Infrastruktur verändern (Tabelle 2.16). Genauso wie mit zunehmendem Bildungsgrad der Mutter weniger Kinder geboren werden (Abb. 2.14), steigt der Anteil der verhütenden Paare mit sinkender Kindersterblichkeit, d.h. in dem Ausmaß, in dem das Gesundheitssystem das Überleben der geborenen Kinder garantiert (Abb. 2.35).

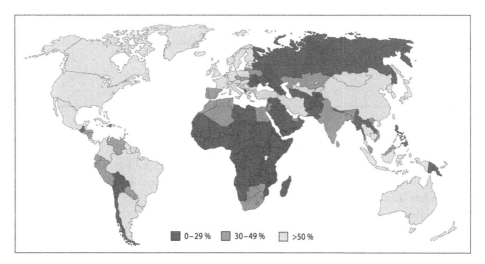

Abb. 2.34. Anwendung von Verhütungsmitteln bei verheirateten Frauen. Nach Angaben der Deutschen Stiftung Weltbevölkerung für 2000 (www dsw-online.de).

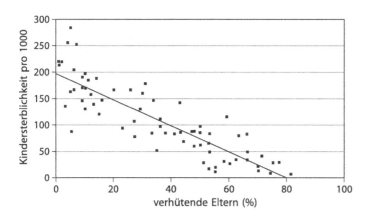

Abb. 2.35. Wenn die allgemeinen Lebensumstände in den Entwicklungsländern so gut sind, dass die Mortalität der Kinder (hier pro 1000 Kinder unter 5 Jahren) gering ist, erfolgt eine bewusste Geburtenplanung durch verschiedene Methoden der Empfängnisverhütung (hier % verhütende Eltern). Jeder Punkt stellt ein Entwicklungsland dar. Nach Daten des World Ressource Institute (1992).

Tabelle 2.16. Komplexer Zusammenhang zwischen der Anwendung von Familienplanung, Anzahl der Kinder pro Frau und der Säuglingssterblichkeit. Angaben für 2003, nach Population Reference Bureau (www.prb.org).

	Familienplanung (%)	Kinderzahl pro Frau	Säuglingssterblichkeit pro 1000 Lebendgeburten
Industriestaaten	68	1,6	7
Lateinamerika	70	2,7	30
Asien	64	2,6	53
Afrika	26	5,2	86

Mit steigendem **Lebensstandard** verlieren Kinder ihre Bedeutung als billige Arbeitskräfte oder Alterssicherung und werden zunehmend ins Gewicht fallende Kostenfaktoren. Der Preis für die Ausbildung eines Kindes lässt sich als Geldwert ausdrücken und ist vergleichbar mit großen Investitionen einer Familie wie jährlichen Urlaubsreisen, dem regelmäßigen Kauf eines neuen Autos oder dem Erwerb eines Eigenheimes. Mit der Verfügbarkeit empfängnisverhütender Möglichkeiten nimmt daher bei steigendem Lebensstandard die Zahl der gewünschten bzw. geborenen Kinder ab (Abb. 2.5).

Besonders ungünstig wirkt sich die negative Einstellung der katholischen Kirche zu jeglicher Art von Geburtenbeschränkung und Bevölkerungskontrolle aus. Das in die heutige Zeit falsch übertragene Bibelzitat „Macht euch die Erde untertan" und die nur aus ihrer Zeit heraus verständliche Parole „Seid fruchtbar und mehret euch" sind in den überbevölkerten und von Umweltkrisen getroffenen Ländern der Dritten Welt fehl am Platz. Es wäre recht einfach, zu behaupten, die päpstliche Aufforderung zur ungebremsten Vermehrung wäre weltfremd und würde ohnehin ungehört verhallen. Gerade in Afrika und Lateinamerika ist der Einfluss Roms aber stark und hier finden wir auch die extremen Beispiele von Überbevölkerung und unzulänglicher Bevölkerungsplanung. Ein Eintreten der Amtskirche für eine Geburtenkontrolle könnte hingegen die Bemühung um eine Bevölkerungsplanung vor Ort unterstützen und aufwerten. Leider werden durch die fundamentalistische Haltung des Papstes Gläubige vor allem in der Dritten Welt in einem permanenten Gewissenskonflikt gehalten. Der zentrale Ansatz für eine langfristige Verbesserung ihrer Situation wird ihnen also durch die unmoralische und menschenverachtende Haltung der Amtskirche verwehrt.

2.4.2
Fallstudie China

China war bekannt als klassisches Land von Hungersnöten, in dem sich in den letzten 2000 Jahren jährlich eine **Hungersnot** von mindestens regionalem Ausmaß ereignete (Abb. 2.32). Von 1950 bis 1980 hat sich die Bevölkerung Chinas von 500 Mio. auf 1 Mrd. Menschen verdoppelt, 2020 wird mit 1,5 Mrd. Menschen gerechnet. Gleichzeitig wurde die medizinische Versorgung erstmals flächendeckend auf ein Niveau von annähernd mittlerem Standard gebracht, so dass die Sterberate sank und die Lebenserwartung von 47 Jahren (1950) auf 71 Jahre (2003) zunahm.

Dies erhöhte die Besiedlungsdichte und verringerte die pro Kopf nutzbare Ackerfläche von 0,18 ha (1952) auf weniger als die Hälfte (2000). Trotz großer Anstrengungen gelang es in den letzten 40 Jahren nicht, die Reisproduktion deutlich zu steigern (Abb. 2.36). In den 1990er Jahren gab es immer wieder Meldungen, dass viele chinesische Kinder Anzeichen von **Unterernährung** aufweisen. Um die Versorgung zu gewährleisten, sind gewaltige Ertragssteigerungen nötig. Dies kann aber in einem Land, in dem nur 10 % der Fläche landwirtschaftlich nutzbar sind, nicht durch Einbezug neuer Ackerflächen erfolgen. Denn bereits 1980 waren viele Grenzertragsstandorte wie Steppen landwirtschaftlich genutzt, und es kam vermehrt zu großflächiger Erosion mit nachfolgender Wüstenbildung, Abtransport fruchtbarer Ackererde durch die Flüsse, Verstopfung der Bewässerungssysteme und Überflutungen.

China gilt als Musterland für die erfolgreiche Einführung einer **Geburtenkontrolle**, wenngleich der Weg dahin nicht demokratisch verlief. Mit der Gründung der Volksrepublik 1949 sank die Geburtenrate von 35 bis 40/1000 nach Enteignung der Grundbesitzer auf 25/1000. In den politischen Wirren der 1960er Jahre trat die Familienpolitik aber in den Hintergrund und die Geburten erreichten einen Rekordwert von 46/1000. In den 1970er Jahren wurde dann systematisch begonnen, Maßnahmen zu einer Reduktion des Zuwachses einzusetzen, diese Entwicklung

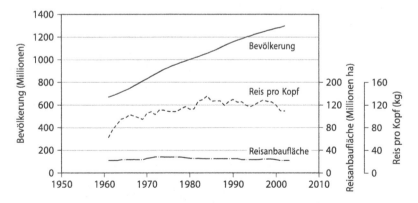

Abb. 2.36. Entwicklung der chinesischen Bevölkerung (in Mio.), der chinesischen Reisanbaufläche (in Mio. ha) und des Reisertrages der chinesischen Landwirtschaft pro Kopf der Bevölkerung. Nach Daten des Population Reference Bureau und der FAO

hält bis heute an. 1972 wurde mit der 3. Geburtenplanungskampagne „später, seltener, weniger" proklamiert, also die späte Heirat, größere Geburtsabstände und weniger Kinder, d.h. eine Kleinfamilie. Seit 1978 ist Familienplanung in der Verfassung verankert („der Staat befürwortet und fördert Familienplanung"). 1980 wurde ein neues Ehegesetz erlassen, das die Eheleute zur Familienplanung verpflichtet, und der Staat proklamierte die **Ein-Kind-Familie**.

Das erklärte Ziel der staatlichen Familienplanung ist, das Bevölkerungswachstum zu stoppen. Schätzungen, wie viel Menschen das Land ernähren kann, schwanken nach Angaben der Behörden zwischen 700 und 1400 Mio. Da das Bevölkerungswachstum erst zwischen 1500 und 1800 Mio. Menschen zum Stillstand kommen wird (die Streubreite der Prognosen ist beachtlich), muss diese zu hohe Zahl dann wieder auf ca. 700 Mio. gesenkt werden. 1983 wurde das chinesische Programm der Ein-Kind-Familie mit dem „Preis für Geburtenkontrolle" der UNO ausgezeichnet.

Um die bevölkerungspolitischen Ziele zu erreichen, wurde ein Repertoire von **Belohnung und Bestrafung** sowie systematische Veränderungen des sozialen Umfeldes eingesetzt, das in einer westlichen Demokratie undenkbar wäre. Grundlage ist eine intensive Aufklärung über die biologischen Grundlagen der Sexualität und über Möglichkeiten der Verhütung, Sterilisation und Abtreibung, die in China jedem kostenlos zur Verfügung stehen. In der Praxis werden jedoch kaum chemische Methoden (wie die Pille) angewendet, sondern Langzeitmethoden. 50 % der Frauen tragen eine Spirale (Intrauterinpessar) und die Sterilisation ist weit verbreitet. In den 1970er Jahren wurden je 1–3 Mio. Frauen und Männer jährlich sterilisiert. Hinzu kamen mindestens 5 Mio. Schwangerschaftsabbrüche. Es wird eine späte Hochzeit und eine späte Geburt des einzigen Kindes propagiert. Das Mindestalter zur Heirat beträgt 20 Jahre für die Frau und 22 Jahre für den Mann, in der Praxis von 2003 heiraten Frauen durchschnittlich mit 22,1 Jahren, Männer mit 23,8 Jahren. Wenn der Generationenabstand von 20 auf 25 Jahre verschoben wird, kann in 100 Jahren mit 4 statt 5 Generationen eine Generation eingespart werden.

Wer sich schriftlich verpflichtet, nur ein Kind zu bekommen und den **Ein-Kind-Schein** erhält, hat Anrecht auf Vergünstigungen. Die Familie bzw. ihr einziges Kind werden bevorzugt bei der Vergabe von Schulplätzen, beim Arzt und bei der Wohnungszuteilung. Daneben gibt es finanzielle Verbesserungen wie Kindergeld und eine höhere Rente sowie eine bessere Versorgung mit Lebensmitteln. Wer trotzdem weitere Kinder bekommt, verliert seine Vergünstigungen, muss bereits erhaltene zurückzahlen und wird schlechter behandelt. Da diese Kinder die Gemeinschaft zusätzlich belasten, erfolgt eine Gehaltskürzung, Schulgebühren werden verlangt, größere Wohnungen bleiben diesen Familien verwehrt usw.

Zusätzlich sieht man sich einem starken **sozialen Druck** ausgesetzt, das zusätzliche Kind abtreiben zu lassen, und es gibt Belohnungen wie 6 statt 2 Monate bezahlten Entbindungsurlaub und Vergünstigungen im Betrieb, wenn man sich zur Abtreibung oder Sterilisation entschließt. Es werden jährlich 10 Mio. Abtreibungen vorgenommen, davon 80 % in den städtischen Gebieten. Da die Gemeinschaft für den Erfolg der Kampagnen verantwortlich ist und sie ebenfalls belohnt oder getadelt wird, eifern lokale Parteikader um gute Ergebnisse, was die individuelle Zwangssituation verschärft, aber auch zu beachtlichen Erfolgen führt.

Ausnahmen von der Ein-Kind-Familie erfolgen selten, z.B., wenn das erste Kind missgebildet ist. Gegenüber nationalen Minderheiten (6–7 % sind Nicht-Han-Chinesen, gehören also Minderheiten an) hatte Peking eine gewisse Toleranz gezeigt, ab den 1990er Jahren begann man aber beispielsweise in Tibet die Zwei-Kind-Familie durchzusetzen. Es gibt jedoch noch eine Fülle von Ausnahmen. So sind Hochseefischer, Bergwerksarbeiter und rückkehrende Übersee-Chinesen von diesen Maßnahmen ausgenommen. Die gesellschaftlich bedeutende Gruppe der Bauern wurde ebenfalls differenziert behandelt, da bei dem geringen Mechanisierungsgrad der chinesischen Landwirtschaft Kinder als Arbeitskräfte nötigt sind. Seit 1987 sind daher den Bauern wieder zwei Kinder erlaubt, d.h. das Ein-Kind-Programm stand in Widerspruch zur Erhöhung der landwirtschaftlichen Produktion. Mit einsetzender Mechanisierung der Landwirtschaft sinkt aber der Arbeitskräftebedarf, so dass kleinere Familien auch bei Bauern möglich werden.

Gemäß der in China vorherrschenden konfuzianischen Vorstellung galt es früh zu heiraten, viele Söhne zu haben und die Ahnen zu ehren. Die Unterbrechung der Ahnenreihe, also keine Kinder zu haben, war ein Verbrechen. Söhne erhöhten das Ansehen des Vaters („Glück ist ein Haus voller Söhne"). In diesem Umfeld für Geburtenbeschränkung zu werben, kam also einem Bruch mit der **Tradition** gleich. Durch diese Bevölkerungspolitik verändert sich die demographische Struktur Chinas in den nächsten Jahrzehnten. Die Befürchtung, dass solche Änderungen zu groß sein könnten, führte in den letzten Jahren auch zu Lockerungen der ursprünglich recht rigiden Ein-Kind-Kampagne. So ist absehbar, dass die Zahl der Pensionierten pro Erwerbstätigem zunehmen wird. Wenn man keine wirtschaftliche Verschlechterung für die alten Menschen will, muss man die **Pensionierungsgrenze** heraufsetzen. Ein Modell sieht vor, dass es von 60 Jahren (1990) auf 62 Jahre (2000), dann auf 67 (2020) und sogar auf 73 Jahre (2040) erhöht werden müsste, um dann wieder gesenkt werden zu können.

Die Ein-Kind-Familie schafft die für China neue Struktur der **Kleinfamilie**, in der Kinder weniger Bezugspersonen haben. Diese kleinen Familien bieten auch den Ehepartnern weniger Rückhalt, weil soziale Zwänge geringer sind, so dass die Scheidungsrate steigt. Frauen haben, obwohl viele Repressalien der Kampagnen zur Bevölkerungskontrolle auf sie abzielen, von den Veränderungen der chinesischen Gesellschaft besonders profitiert. Vor Gründung des heutigen China waren Frauen nur ein Anhängsel des Mannes ohne gesellschaftlichen Status. Scheidung war ihnen verwehrt, so dass in ausweglosen Situationen nur Suizid blieb. Heute ist die Frau formell dem Mann gleichgestellt und Mädchen unterliegen der generellen Schulpflicht, die 1987 immerhin 96 % aller Kinder erfasste. 1990 war aber immer noch ein Viertel aller Frauen Analphabeten und trotz eines Zusatzprogramms für 16–40jährige betrug die Analphabetenrate der Frauen über 15 Jahre 2003 immer noch 22 %.

Eine wirksame Bevölkerungspolitik ist nur sinnvoll, wenn sie von einem Ausbau des **Gesundheits- und Erziehungssystems** begleitet wird. Schließlich muss garantiert sein, dass das einzige Kind überlebt. Eine gute Schulbildung erhöht die Ansprechbarkeit der Frauen und macht sie für die Argumentation der Kampagnen empfänglicher. Dieser Zusammenhang wird durch folgende Zahlen aus den frühen 1980er Jahren unterstrichen: Unter den 50jährigen Frauen haben Analphabeten durchschnittlich 5,9 Kinder, Frauen mit Grundschulbildung

4,8, mit Mittelschulbildung 3,7 (untere Stufe) bzw. 2,9 (obere Stufe) und mit Hochschulbildung 2,1 Kinder. Bäuerinnen bekamen durchschnittlich 6,0 Kinder, Arbeiterinnen 4,3 und Angestellte 3,1 Kinder. Da 40 % der Frauen Analphabeten waren, über 80 % der chinesischen Bevölkerung auf dem Land lebte und über 90 % der Frauen Bäuerinnen und Arbeiterinnen waren, ist die Dimension des sozialen Wandels, der China noch bevorsteht, gewaltig.

Die Durchsetzung der Geburtenbeschränkung verlief in China nicht nur auf freiwilliger Basis, sondern war oft auch mit großer **Härte für die Betroffenen** verbunden, etwa wenn eine Mutter im 6. Monat durch sozialen Druck am Arbeitsplatz zur Abtreibung eines zweiten Kindes gezwungen wurde. Das Aussetzen von unerwünschten Kindern hat in großem Umfang zugenommen. Solche Maßnahmen haben auch im Ausland Bevölkerungsplanung und Geburtenkontrolle in Verruf gebracht. Andererseits wurde stets die „Freiwilligkeit" der Maßnahmen betont, angesichts der von den UN benötigten Unterstützung ist dies zumindest teilweise glaubwürdig und es kam sogar vereinzelt zur Bestrafung von gesetzeswidrigen Aktionen.

Die **Repressionen des Staates** halten viele Bauern nicht davon ab, mehr als die erlaubten zwei Kinder zu bekommen. Sie erstellen eine Rechnung, demzufolge der Mehrgewinn durch diese zusätzlichen Arbeitskräfte in einer Zeit sich langsam wieder öffnender Privatmärkte größer ist als die Strafen. Daneben gibt es aber auch breite Bevölkerungsschichten, die wegen dieser Strafen ihre Kinder vor der staatlichen Erfassung verstecken. Besonders seit Beginn der 1980er Jahre, als die Reformpolitik Deng Xiaopings begann, kam es zu einer wachsenden Zahl von nicht behördlich registrierten Menschen. Diese „fließende Bevölkerung", so die entsprechende chinesische Bezeichnung, wird heute auf mindestens 80 Mio. geschätzt.

In den 1980er Jahren heirateten 20 % aller Paare vor dem gesetzlichen Mindestalter und 50 % aller geborenen Kinder waren keine Erstgeborene. Dennoch hat China **beachtliche Erfolge** vorzuweisen. Bis 1989 wurden durch die Geburtenkontrolle 200 Mio. Menschen weniger geboren, die durchschnittliche Familiengröße wurde halbiert. Dies verschob den Tag des 1,1-milliardsten Chinesen um 5 Jahre und den des 5-milliardsten Erdenbürgers um 2 Jahre. Im Jahr 2005 wird die chinesische Bevölkerung ca. 1,3 Mrd. Menschen umfassen, ohne Geburtenkontrolle hätten es 2 Mrd. sein können. Hätte jede chinesische Frau in den 1980er Jahren 2 Kinder bekommen, ergäbe sich erst bei 1,8 Mrd. Menschen ein Wachstumsstop. Bei einem Kind pro Familie könnte 1,5 Mrd. ein realistischer Wert für die maximale Populationsgröße Chinas sein. Je höher der Anteil von Ein-Kind-Familien ist, desto eher kann im späten 21. Jahrhundert die Milliardengrenze wieder unterschritten werden.

Das chinesische Modell gilt als das erfolgreichste in einem großen Entwicklungsland. Dies ist u.a. auf eine Planung zurückzuführen, die bevölkerungspolitischen Zielen **Priorität** einräumte, so dass auch der Lebensstandard verbessert wird. Eine lückenlose Infrastruktur ermöglichte die Erziehung und Kontrolle aller Einwohner. Rund 80 % aller Paare nehmen regelmäßig Kontrazeptiva. Der Ausbau des Erziehungssystems, eine allgemeine Schulpflicht und die Alphabetisierung der Frauen führten zu einer Verbesserung ihrer gesellschaftlichen Stellung, so dass sie besonders motiviert werden konnten. Auch als Kompensation für den fehlenden Nachwuchs und die sich auflösende Großfamilie übernahm der chinesische Staat 5 Garantien für alle Bürger: gesicherte Ernährung, Wohnung und Bekleidung, medizinische Versorgung, Altersversorgung und ein ehrbares Begräbnis. Es bleibt abzuwarten, wie sich das Bevölkerungsprogramm mit der Öffnung Chinas nach Westen entwickeln wird.

2.5 Auswirkungen einer hohen Bevölkerungsdichte

Mit zunehmender Bevölkerungsdichte nehmen alle pro Kopf der Bevölkerung verfügbaren Ressourcen ab. Diese **Konzentrationseffekte** sind in Städten besonders ausgeprägt. Neben den materiellen Problemen sind hier auch die psychischen und sozialen Auswirkungen sowie die Umweltprobleme deutlich. Da Städte auf ein großes Einzugsgebiet zu ihrer Versorgung angewiesen sind, erstrecken sich die Auswirkungen der Verstädterung über weite Gebiete (Autobahnen zwischen Ballungsräumen, Städte als Ursache der Verschmutzung von Flüssen, Abholzungen weiter Landstriche zur Versorgung der Städte mit Brennholz, Grundwasserabsenkungen für die Trinkwasserversorgung usw.).

Der durchschnittliche Tagesverbrauch in einer großen Stadt liegt bei mindestens 300 L Wasser pro Einwohner (amerikanische Großstädte doppelt so viel), anschließend muss es als Abwasser entsorgt werden. Pro Bewohner muss mit 1,5 kg Nahrung und 2,5 kg fossilen Brennstoffen gerechnet werden, gleichzeitig fallen 1 kg fester Müll und 6 kg Luftschadstoffe an (Fritsch 1993). Für eine Stadt wie Mexiko-City bedeutet dies, dass auf einer Fläche von 1200 km^2 jährlich 44 Mio. t Luftschadstoffe und über 7 Mio. t Abfall entstehen.

2.5.1 Verstädterung

Die Verstädterung (**Urbanisierung**) ist ein alter demographischer Trend, denn mit zunehmender Bevölkerungsdichte entstanden größere Ansiedlungen. Jericho, die erste Stadt der Erde, hatte um 7000 v. Chr. 3000 Einwohner. Babylon hatte während des 6. Jahrhunderts v. Chr. 350.000 Einwohner, Konstantinopel unter Justinian ca. 700.000, Rom unter Augustus rund 1 Mio., schrumpfte jedoch nach der Völkerwanderung 800 n. Chr. auf 40.000 Einwohner. Große Städte waren im 10. Jahrhundert Bagdad und Cordoba im islamischen Raum, zwischen 900 und 1100 Angkor in Kambodscha und zwischen 800 und 1300 Sian, Hangzhou und Peking in China.

Die aus unserer Sicht wichtigen Städte des europäischen Raumes hatten nur einige zehntausend Einwohner (im 14. Jahrhundert Köln 35.000, Lübeck, Augsburg, Nürnberg, Ulm, Wien, Prag und Straßburg 15.000–25.000). Mit fortschreitender **Industrialisierung** und Bevölkerungszunahme stieg der Grad der Verstädterung jedoch stetig. Um 1800 lebten in England 20 % der Bevölkerung in Städten von über 100.000 Einwohner, 1810 war London die erste (neuzeitliche) europäische Millionenstadt, 1976 lebten bereits 80 % der englischen Bevölkerung in Großstädten. Diese Entwicklung verläuft in allen Staaten ungefähr gleich, setzte jedoch in den USA 70–80 Jahre später ein als in England, in Entwicklungsländern wie Indien ist sie um ca. 100 Jahre verzögert (Abb. 2.37). In den Industriestaaten nahm die Stadtbevölkerung 1950–1960 um 25 % zu, in den Entwicklungsländern um 55 %, d.h. die Verstädterung läuft dort schneller.

Global hat sich der urbane Bevölkerungsanteil stetig erhöht und von 1960 (34 %) bis 2000 (60 %) fast verdoppelt (Abb. 2.38). Heute gibt es weltweit statt der 17 **Millionenstädte** von 1900 oder der 100 von 1950 über 1000 Millionenstädte. Städte, die über 10 Mio. Einwohner haben, gibt es erst seit den 1930er Jahren (New York), 2000 waren es aber schon 21, 17 davon in der Dritten Welt. Die Einwohnerzahlen der 10 größten Städte der Erde sind für verschiedene Zeiten in Tabelle 2.17 aufgeführt. Es fällt auf, dass sie zu Beginn dieses Jahrhunderts ausschließlich in den Industrienationen, 100 Jahre später aber fast ausschließlich in Entwicklungsländern lagen. Im 21. Jahrhundert liegen 6 der 10 bevölkerungsreichsten Städte in Indien, Bangladesch und China, keine mehr in Europa

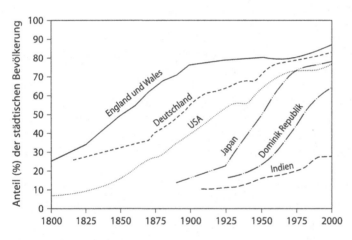

Abb. 2.37. Anteil (%) der Bevölkerung verschiedener Staaten, der im urbanen Bereich wohnt. Ergänzt nach Richerson u. McEvoy (1976).

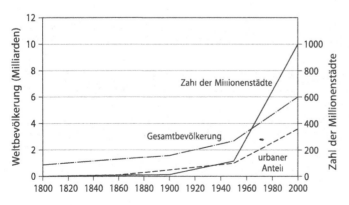

Abb. 2.38. Entwicklung der Weltbevölkerung und des Teiles, der im urbanen Bereich lebt (Milliarden) sowie Zahl der Millionenstädte. Nach Richerson u. McEvoy (1976).

Tabelle 2.17. Einwohnerzahlen (Millionen) der jeweils 10 größten Städte der Welt mit einer Schätzung für 2015. Nach verschiedenen Quellen.

	1900	1950	1975	2000	2015
London	6,5	8,4			
New York	5,5	12,3	15,9	16,7	17,9
Tokio	5,2	6,9	19,8	26,4	27,2
Paris	4,0	7,1			
Berlin	2,4				
Chicago	1,9				
Moskau	1,7	5,6			
Wien	1,7				
Philadelphia	1,4				
St. Petersburg	1,4				
Shanghai		5,3	11,4	12,9	
Buenos Aires		5,0	9,1		
Kalkutta		4,4		13,1	16,7
Osaka		4,1	9,8		
Peking		3,9	8,5	10,8	
Mexiko City			10,7	18,1	20,4
Sao Paulo			10,3	18,0	21,2
Los Angeles			8,9		
Rio de Janeiro			8,0	10,7	
Bombay				16,1	22,6
Jakarta				11,0	17,3
Dhaka					22,8
Delhi					20,9
Karachi					16,2

oder Nordamerika. Der Bevölkerungszuwachs bringt den größten Städten der Erde zwischen 1950 und 2000 eine Verdreifachung und Vervierfachung der Einwohnerzahl. Das Wachstum ist offensichtlich ungebremst und hat zwei wesentliche Ursachen: die hohe Geburtenrate und Landflucht in die Städte.

Wenn für den **Bevölkerungsüberschuss** des ländlichen Gebietes Arbeitsplätze fehlen, ziehen die Menschen in die Städte. Der zunehmende Mangel an landwirtschaftlich nutzbaren Flächen und die Mechanisierung und Automatisierung der Landwirtschaft verstärken diesen Effekt (vom Land weg) genauso wie die Industrialisierung der städtischen Regionen (zur Stadt hin). Für die wachsende Bevölkerung einer Agglomeration sind gewaltige Investitionen in öffentlichen Nahverkehr, Post und Fernmeldesysteme, Schulen, Wasserversorgung, Kanalisation, Krankenhäuser usw. nötig, um ein Chaos zu vermeiden, d.h. es wird zuerst im Zentrum investiert, dann in der Peripherie. Die so erhöhte Attraktivität der Metropole löst aber die Probleme nicht, sondern verschärft sie.

Ein Beispiel für **zentrumslastige Politik** ist Neu Delhi, wo 1988 zwei Drittel des jährlichen Zuwachses der Stadt auf Landflucht und ein Drittel auf Geburtenüberschuss der Stadt beruhten. Umgekehrt kann durch Verbesserung der Infrastruktur auf dem Lande die Verstädterung wirkungsvoll gebremst werden. Dies kann am Beispiel Havannas illustriert werden, einer Stadt von 2,6 Mio. Einwohnern (1987), die nicht über Elendsviertel verfügt. Seit 1959 ist in Kuba gezielt die Provinz gefördert worden, so dass sich 1987 in der Hauptstadt nur noch 35 % der Industrie des Landes (vor 1959 65 %) befanden.

Große Städte erreichen in der Dritten Welt schnell die Grenze der Regierbarkeit. Die Infrastruktur kann nicht in dem Ausmaß gesteigert werden, wie die Städte wachsen, so dass mit unkontrollierbarem Wachstum die Bildung von **Elendsvierteln** (Slums) voranschreitet. In vielen Millionenstädten leben heute große Bevölkerungsteile (30–50 %) in solchen Slums, in Bogota, Recife oder Santo Domingo sogar 60–80 %, und wegen des noch zu erwartenden Städtewachstums ist mit 80–90 % zu rechnen. Diese Gebiete sind für Verwaltung und Polizei unüberschaubar und entziehen sich Planung und Kontrolle. In vielen Slums gibt es keinen geregelten Zugang zu Trinkwasser, Sanitäreinrichtungen und Elektrizität. Slums weisen eine Konzentration von Elend, Kriminalität, Umweltbelastung usw. auf (Kap. 2.5.2) und es ist aus westlicher Sicht kaum vorstellbar, dass sie Anreiz für Landflucht sein sollen. Weltweit leben 1 Mrd. Menschen in Slums, dies entspricht einem Sechstel der Weltbevölkerung oder einem Drittel aller Städter. Mit dem allgemeinen Bevölkerungsanstieg werden bis 2050 zwei- bis dreimal so viele Menschen in Slums leben.

Bei einigen Städten der Dritten Welt fällt das Wachstum geringer aus als erwartet. Lima und Santiago de Chile wachsen seit den 1970er Jahren langsamer, da die Wirtschaft in Peru und Chile seitdem stagniert. Kairo wuchs von 1947 (3,6 Mio. Einwohner) bis 1981 (10 Mio. Einwohner) sehr stark, nun sinkt aber die Wachstumsrate. Kairo ist eine der am dichtesten besiedelten Städte, es weist eine hohe Verkehrsdichte und beachtliche Massierung von **Umweltproblemen** auf. Dies bremst weitere Industrieansiedlungen, so dass jeder andere Standort lukrativer ist. In sozialistischen Staaten war die Mobilität der Bürger eingeschränkt und der Zuzug in große Städte meist verboten. Daher blieb die relative Einwohnerzahl

Havannas in den letzten 45 Jahren gleich; Peking oder Schanghai zeigten in den 1970er Jahren kaum Wachstum. Die Bevölkerung von Saigon wurde gar von 4,5 Mio. (bei Kriegsende 1975) auf 3,1 Mio. (1982) gesenkt.

In Industrieländern wird mit fortschreitender Urbanisierung eine Umkehr des Verstädterungstrends vom **Zentrum zur Peripherie** festgestellt. Denn mit zunehmender Größe einer Stadt wird ihr Zentrum durch die Verkehrsdichte und das Vorherrschen von Hochhäusern unwohnlicher. Nach 1945 ist dieser Effekt zum ersten Mal in den USA beobachtet worden. Inzwischen gibt es auch in Europa Ballungszentren, in denen sich Zu- und Wegzug die Waage halten oder sogar der Wegzug überwiegt. Da die Wegziehenden sich außerhalb der Stadt, aber dennoch in ihrem Einzugsgebiet, niederlassen, ergibt sich eine Ausweitung der urbanen Fläche.

Im Zentrum einer typischen Großstadt herrschen Bürohochhäuser vor, begrenzt durch einen Ring wenig privilegierter Wohngebiete, z.T. auch Elendsvierteln. Dieser Kernbereich der ehemaligen Stadt sieht sich einem ständigen Wegzug aus seinem Zentrum, steigenden sozialen Problemen und sinkendem Steueraufkommen gegenübergestellt. In der Altstadt von London wohnten 1800 11 % der Bevölkerung von Groß-London, 150 Jahre später nur 0,1 %. In der Altstadt von Kiel wohnten 1871 28 % der Bevölkerung, 100 Jahre später nur 0,3 % (Stewig 1983). Außerhalb der Stadtgrenzen entstehen wohlhabende Vorstädte, deren Bewohner lediglich im alten Zentrum arbeiten, sowie Industriegebiete, welche die Grenzen zur nächsten Stadt unscharf werden lassen. Praktisch alle großen europäischen Städte weisen daher zugunsten des Umlandes sinkende Einwohnerzahlen auf, Paris seit 1910, Amsterdam und Rotterdam seit 1960, Frankfurt seit 1964 (Köck 1992). Das Stadtzentrum verödet außerhalb der Hauptarbeitszeit, die Peripherie wird zur Schlafstadt. Pendlerströme aus den Vorstädten in das Zentrum und aus der Peripherie in entfernte Industriegebiete zeigen die Arbeitsteilung zwischen diesen Zonen. Typische Beispiele solcher Ballungszentren sind das Gebiet von Tokio - Nagoya - Osaka (70 Mio. Einwohner), der Bereich um Boston, New York und Washington (Bosnywash genannt, 40 Mio. Einwohner) oder das Ruhrgebiet in Deutschland (6 Mio. Einwohner).

Ein interessanter Gegentrend ist seit einigen Jahren zu beobachten: Städte modernisieren zentrale, verkommene Gebiete, etwa ehemalige Hafen- oder Industrieareale, zu modernen Wohnvierteln für gehobene Ansprüche. Auf diese Weise wird das Zentrum deutlich attraktiver. Beispiele finden sich in vielen US-Großstädten und in den ehemaligen Londoner Docks.

Der Wegzug aus Ballungsräumen in ländliche Bezirke kann heute auch mit den **Strukturelementen moderner Industrialisierung** erklärt werden. Heutige Transportsysteme und ein ausgebautes Verkehrsnetz binden periphere Standorte gut an Zentren an. Elektronische Kommunikationssysteme machen Distanzen sogar bedeutungslos. Da moderne Fertigungsverfahren wenig Personal benötigen, kann dies auch in dünn besiedeltem Gebiet gefunden werden. Schließlich entfallen an peripheren Standorten viele negative Faktoren der Zentren: begrenzte Grundstücksflächen, hohe Bodenpreise, hohe Löhne, starker Gewerkschaftseinfluss, hohes Verkehrsaufkommen, hohe Versicherungsbeiträge, Umweltverschmutzung und soziale Spannungen. Dementsprechend werden sich auf Kosten der bestehenden Ballungsräume in den nächsten Jahrzehnten Randlagen besonders entwickeln.

Städte sind in der Regel **Zentren** der wirtschaftlichen, sozialen und kulturellen Entwicklung. Die Verstädterung fördert also diese Entwicklung. Der demographische Übergang verläuft in Städten im Vergleich zum umgebenden Land beschleunigt, allerdings nicht in den Slums. Weltweit ist die Geburtenrate in Städten 10–20 % niedriger als im umliegenden ländlichen Raum, in Slums deutlich höher. Minderheiten können sich in der Anonymität der Städte meist leichter halten als in dörflich strukturiertem Gebiet, andererseits fördert die städtische Lebensweise aber auch ein Verschmelzen mehrerer Kulturen, so dass eine Einheitskultur entstehen kann (*American way of life*), aus der heraus als Protestbewegung markante Sub- oder Gegenkulturen entstehen können.

Menschen in Städten sind meist besser organisiert, Kommunikation und Information sind gut, so dass sich ein regelrechter **informeller Sektor** entwickelt. Viele innovative Anstöße kommen aus dem kleinindustriellen Sektor der Städte, so dass neue Arbeitsplätze entstehen. Die Entwicklung des tertiären Sektors einer Volkswirtschaft, der Dienstleistungen, hängt zu einem großen Teil von den Städten ab. Die wirtschaftliche Entwicklung eines Landes wird also im Wesentlichen durch Impulse aus dem urbanen Bereich gefördert.

2.5.2
Soziale Probleme

Viele Menschen empfinden eine hohe **Bevölkerungsdichte** als positiv. Emotionen verlaufen intensiver, Reaktionen impulsiver. So beschreibt das sprichwörtliche „Bad in der Menge" einen allgemeinen Zustand des Wohlbefindens. Andererseits sind Menschen bei höherer Dichte leichter reizbar, reagieren weniger rational und die Intoleranz nimmt zu. Wachsender sozialer Stress äußert sich in Verhaltensstörungen, gelegentlich als „Innenstadtsyndrom" bezeichnet.

Die **Kriminalitätsquote** steigt in Innenstädten an und wird durch die anonyme Struktur der Hochhausbereiche auch in den städtischen Randzonen gefördert. Eine Studie wies für New York (1969) eine mit der Größe des Wohnhauses steigende Quote von Schwerkriminalität auf: in 3-Etagen-Häusern 5,3 Fälle, in sechsstöckigen Häusern 16,5 Fälle und in 13- bis 30-stöckigen Häusern 37,3 Fälle pro 1000 Familien und Jahr (Simmons 1974). Generell nimmt auch mit der Stadtgröße die Verbrechensrate zu. Alkoholmissbrauch und Drogenszene sind typisch für Großstädte. Es gibt Hinweise, dass die Scheidungsrate, die Zahl von psychischen Erkrankungen und die Häufigkeit von Suiziden im Zentrum von Ballungsgebieten erhöht sind (Welz 1979).

Vergleicht man die Häufigkeiten verschiedener Verbrechen, die sich weitgehend auf urbane Bereiche konzentrieren, so schneiden vor allem Städte in den USA besonders ungünstig ab. Auf der Basis von Daten aus den 1980er Jahren ereigneten sich dort durchschnittlich 9 Morde/100.000 Einwohner (Durchschnittswert der meisten Industrieländer 1–2), 144 Raubüberfälle/100.000 Frauen zwischen 15 und 59 Jahren (in den meisten Industriestaaten unter 40) und über 200 Drogendelikte/100.000 Einwohner (in den meisten Industriestaaten Werte unter

100). Dementsprechend gibt es in den USA über 400 Strafgefangene pro 100.000 Einwohner, in den meisten Industriestaaten unter 200, in der Schweiz knapp 80 und in Holland nur 40.

Grosse Städte in Entwicklungsländern fangen den **Bevölkerungsüberschuss** des Landes auf, wodurch sich Armut, Hunger, Krankheiten und Kriminalität konzentrieren. Vor allem Kinder leiden unter diesen Lebensumständen und sind oft gezwungen, als Straßenkinder für sich zu sorgen. Es wird geschätzt, dass weltweit 100 Mio. **Straßenkinder** in den Großstädten der Dritten Welt leben, fast die Hälfte davon in Lateinamerika. Auf Grund der traditionell starken Familienbande war diese Entwicklung in Afrika lange unbekannt, nimmt aber seit den 1980er Jahren durch die vielen Kriege, die Flüchtlingsproblematik sowie AIDS zu.

Die Straßenkinder leben von Betteln, Diebstahl und Prostitution, die vor allem durch den **Sextourismus** massiv gefördert wird. Man schätzt, dass in Bangkok über 30.000 weibliche Prostituierte unter 16 Jahren (sowie eine große Zahl von Zuhältern, Hotelbesitzern und Syndikatchefs) vom Sextourismus leben. In Thailand sollen 800.000 Kinder zwischen 6 und 13 Jahren durch Händlerringe oder auch durch ihre Eltern gezwungen sein, sich an Sextouristen zu verkaufen.

Eng mit dem sozialen Elend in den Slums sind **Drogenprobleme** verbunden, welche die meisten Kinder früh kennen lernen. Gegen Hunger und Angst und zur Betäubung werden oft organische Lösungsmittel inhaliert (Aceton, Klebstoffe, Benzin) und Kokain oder Heroin konsumiert. Die organischen Lösungsmittel zerstören die Gehirnzellen und Atemwege und führen in Verbindung mit den allgemein widrigen Lebensumständen zum Tod. Die durchschnittliche Lebenserwartung der Straßenmädchen von Lateinamerika wird auf 21 Jahre geschätzt.

Auch in den Industriestaaten gab es früher vergleichbare Entwicklungen, wie z.B. die Romane von Charles Dickens aus der Zeit der industriellen Revolution berichten. Im Turin des 19. Jahrhunderts veranlasste das Elend der Arbeiterkinder Don Bosco Wohnheime und den Salesianerorden zu gründen. In der Sowjetunion führte der Bürgerkrieg nach 1917 und eine schwere Hungersnot dazu, dass 7 Mio. Kinder in Banden raubend durch das Land zogen. In europäischen und nordamerikanischen Großstädten gibt es heute auch wieder Straßenkinder. Viele dieser Obdachlosen, Ausreißer, Punks, Skinheads, Junkies und Prostituierten leben aber wenigstens zeitweise von dem bei uns gut funktionierenden Sozialsystem und fallen weniger auf.

Ein Teil der sozialen Probleme städtischer Verdichtungsräume resultiert aus der Bauweise von Straßen und Stadtvierteln, die häufig mehr von ökonomischen als von zwischenmenschlichen Aspekten geprägt ist. Als eines der markantesten Beispiele **modernen Städtebaus** kann das Märkische Viertel in Berlin betrachtet werden. Es finden sich jedoch in fast allen Städten Parallelen hierzu. Schließlich zeigen der sogenannte sozialistische Wohnungsbau mit seinen Plattenbauten und viele Neubauviertel in der Dritten Welt, dass Gigantomanien beim Städtebau nicht auf westliche Industriestaaten beschränkt sein müssen.

Das **Märkische Viertel**, 1975 in Berlin fertig gestellt, umfasst auf knapp 400 ha eine Wohnanlage von 17.000 Wohnungen für 47.000 Bewohner und war das größte Wohnungsbauprojekt Deutschlands. Bis zu 60 m hoch erheben sich die 20geschossigen Hochhäuser. Bezogen auf die von Wohngebäuden bedeckte Fläche (Nettowohnbaufläche) erreichte das Märkische Viertel Einwohnerdichten von 44.000/km², dies ist mehr als in den dichtest besiedelten Teilen von Manhattan oder Manila. Bezieht man die Geschäfte, Straßen, Spielplätze, Sportanlagen und Grünanlagen mit ein (Bruttowohnbaufläche), ergibt sich mit einer Dichte von 14.000 Einwohnern/km² immer noch eine Dichte, die über der der meisten Innenstädte liegt. Zu den negativen Auswirkungen solch verdichtet gebauter Stadtteile gehören neben unerwarteten bauphysikalischen Auswirkungen (Verkehrslärm, der von den Häuserschluchten reflektiert wird und Windturbulenzen, welche die Benutzung der oberen Balkone verhindern) vor allem soziale Auswirkungen (anonyme Lebensweise, fehlende Identifikation mit dem Wohnumfeld, Vandalismus, erhöhte Kriminalitätsrate). Die langfristig anfallenden sozialen Folgekosten sind daher höher als die einmalige Bodenpreisersparnis durch verdichtete Bauweise. In den letzten Jahren wurden daher in vielen Städten solche Großgebäude wieder abgerissen.

Nahrung

Die Nahrungsmittelproduktion hat für die Versorgung der Weltbevölkerung eine Schlüsselrolle im ökologischen Umfeld des Menschen. Da zur Herstellung der Nahrung immer mehr Fläche benötigt wird und bei Produktion und Verarbeitung Abfälle entstehen, zu deren Entsorgung wieder Flächen benötigt werden, ergeben sich viele Bezüge zur Umwelt des Menschen. Wir unterscheiden pflanzliche und tierische Nahrungsmittel. Während pflanzliche Nahrungsmittel angebaut werden, dient der Produktion tierischer Nahrungsmittel die intensive Stallhaltung oder eine extensive Haltung von Haustieren (Weidewirtschaft) bzw. der Fang wildlebender Tiere (z.B. Fischereiwirtschaft).

Die **weltweite Nahrungsmittelproduktion** ist in Tabelle 3.1 wiedergegeben. Von den 5,7 Mrd. t Nahrungsmittel, die hergestellt wurden (d.h. etwa 900 kg pro Mensch), waren 19 % tierisches und 81 % pflanzliches Erzeugnis. Rund 44 % der Pflanzenproduktion entfiel auf Getreide, 19 % waren Hackfrüchte, je 10 % waren

Tabelle 3.1. Weltproduktion an Nahrungsmitteln 2002 (Mio. t). Nach FAO (www.fao.org).

	Mio. t
Getreide	2029
Hackfrüchte	865
Milch, Milchprodukte	618
Obst	476
Gemüse	464
Melonen	323
Öl, Ölfrüchte	277
Fleisch	237
Hülsenfrüchte	232
Fisch	153
Zucker	140
Eier	57
Kakao, Kaffee, Tee	13
Gesamt	5884

Obst und Gemüse. Diese Weltproduktion stand jedoch den Menschen nicht direkt zur Verfügung, denn ein Teil der Pflanzenproduktion wurde als Tierfutter angebaut („veredelt"). Weitere Verluste ergeben sich beim Transport, der Lagerung und der Speisenzubereitung, so dass nur die Hälfte der erwähnten Menge als Nahrung zur Verfügung steht, d.h. pro Kopf der Weltbevölkerung etwa 1 kg täglich (Kap. 3.4).

Die Ernährung der Menschen ist keine konstante Größe, vielmehr gibt es **kulturelle Unterschiede** und Veränderungen im Verlaufe von Jahrhunderten, Modebewegungen, Luxuserscheinungen, aber auch Einschränkungen z.B. in Kriegszeiten oder nach Missernten. Im Mittelalter war in Deutschland Getreide (zuerst Hirse, später Weizen) wichtigstes Nahrungsmittel. Von 1750–1850 haben Kohl und Rüben vorgeherrscht, später wurde die Kartoffel Volksnahrung. Hiervon wurden 1948 200 kg/Person gegessen, 1975 weniger als 80 kg. Gleichzeitig nahm der Anteil von Obst und Gemüse zu. Der Anteil von Fleisch an der Nahrung schwankte stark (20 bis 100 kg/Person und Jahr) und hing meist von der wirtschaftlichen Lage ab (Tabelle 3.2). In den letzten 50–60 Jahren ist der Verbrauch an Zucker um 40 % gestiegen, der von Eiern um 140 % und der von Käse um 300 %. Es wird mehr Geflügel, Fisch und Milch konsumiert (Box 3.1). Neue oder ausländische Produkte werden häufig gerne angenommen, dafür verschwinden

▶ *Box 3.1*
Auswirkungen veränderter Ernährungsgewohnheiten

Wie ernährten sich die frühen Menschen als Jäger und Sammler? Ein großer Teil ihrer Nahrung dürfte aus Sammelgut bestanden haben: Früchte und Beeren, Wildgemüse, Knollen. Daneben wurden Tiere samt Innereien verzehrt. Der Gehalt an Fasern und Proteinen war höher als bei heutiger Ernährung, ebenso der an Vitaminen und Mineralstoffen. Mit dem Übergang zur Agrargesellschaft hat der Gehalt an Kohlenhydraten in der Nahrung zugenommen, vor allem der an Zucker. Die moderne Industriegesellschaft schließlich führte zu einer sehr fettlastigen Ernährung mit hohem Zuckeranteil, wenig sonstigen Kohlenhydraten und Fasern, wenig Mineralien und Vitaminen.

Diese Veränderungen der Ernährung wirken sich vielfältig aus: Eine erhöhte Energiezufuhr und der gestiegene Zuckeranteil führten in Europa zu einer Zunahme der Körpergröße von durchschnittlich 20 cm in den letzten 150 Jahren. Ernährungsbedingte Erkrankungen von Herz und Kreislauf wurden Hauptmortalitätsfaktoren im 20. Jahrhundert (Kap. 2.2.2). Eine Reihe weiterer Krankheiten, denen gemeinsam ist, dass sie immer häufiger auftreten, kann möglicherweise auch auf Defizite in der Ernährung zurückgeführt werden: Alzheimer, Parkinson, Hyperaktivität. Der hohe Fettanteil in der Nahrung, gleichzeitig Mangel an langkettigen Fettsäuren, zuviel Glutamat und zu wenig Vitamine sollen den Stoffwechsel des Gehirns nachteilig verändern. Auch diverse Lebensmittelzusatzstoffe kommen immer wieder in Verdacht. Solche Aussagen beruhen jedoch meist nur auf Ernährungsvergleichen von Menschen, die an einer dieser Krankheiten leiden, mit Kontrollpersonen.

Tabelle 3.2. Deutsche Verzehrgewohnheiten (Jahresverbrauch in kg/Kopf). Nach verschiedenen Quellen.

	1900	1950	1990
Brot	150	130	71
Kartoffeln	200	165	74
Fleisch	30	40	95
Fett	16	20	28
Gemüse	36	50	83
Früchte	36	50	116

andere langsam von unserem Speiseplan (Kap. 3.1.1). Unsere Essensgewohnheiten sind also relativ flexibel.

3.1
Pflanzliche Nahrungsmittel

3.1.1
Die heutigen Kulturpflanzen

Die Menschheit hat in 10.000 Jahren einer gezielten Landwirtschaft ca. 200–300 Pflanzenarten zu **Nutzpflanzen** kultiviert, also bedeutend mehr Pflanzen- als Tierarten (Kap. 3.2.1). Dieser Prozess verteilte sich über viele Gebiete und erstreckte sich über Jahrtausende. Es gibt daher sowohl alte als auch vergleichsweise junge Nutzpflanzen. Der Roggen wird seit 10.000 Jahren kultiviert, Einkorn, Emmer, Erbse und Linse seit 9000 Jahren, Weizen und Mais seit 7000 Jahren. Vergleichsweise jung sind Gerste, Hafer und Kartoffeln (seit 3000 bis 3500 Jahren) sowie die Zuckerrübe (seit 200 Jahren) (Goudie 1982, Freye 1985). Die Ursprungszentren der Kulturpflanzen sind auch die Kulturzentren der Menschheit (Tabelle 3.3 und Abb. 3.1).

Über lange Zeiträume bemühten sich die Menschen, neue Nutzpflanzen zu finden bzw. aus anderen Ländern einzuführen. Alle Nutzpflanzen aus der Familie der Nachtschattengewächse (Solanaceae) wie Kartoffeln, Paprika und Tomate (und auch der Tabak) wurden erst nach der Entdeckung der Neuen Welt durch Kolumbus in Europa bekannt. Mais ist ebenfalls eine neuweltliche Pflanze, die seit einigen hundert Jahren außerhalb Amerikas angebaut wird. Man kann davon

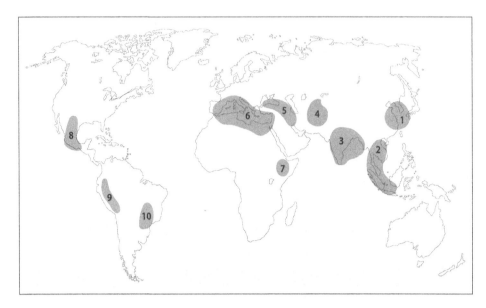

Abb. 3.1. Die wichtigsten Ursprungsgebiete (Genzentren nach Wawilov) der heutigen Kulturpflanzen. 1 China, 2 Malaiisches Gebiet, 3 Indien, 4 Mittelasien, 5 Westasien, 6 Mittelmeergebiet, 7 Äthiopien, 8 Zentralamerika, 9 Anden, 10 Paraguay. Ergänzt nach Freye (1985).

ausgehen, dass die wichtigsten Nutzpflanzen heute überall angebaut werden, wo es klimatisch möglich ist.

Am Beispiel der **Einfuhr der Kartoffel** kann leicht gezeigt werden, wie schwer es manchmal war, eine neue Nutzpflanze einzuführen. Die ersten Kartoffeln gelangten um 1550 aus Peru nach Spanien, blieben aber über 100 Jahre auf botanische Gärten beschränkt. Um 1640 wurde sie in Niedersachsen und Westfalen zum Anbau empfohlen, um 1710 führten die Waldenser sie in Württemberg ein. Der Durchbruch als Nahrungsmittel erfolgte nach Zwangsmaßnahmen 1770 in Preußen. Als Hemmnisse erwiesen sich biologische Eigentümlichkeiten der damaligen Kartoffeln, denn die tropische Kurztagpflanze war noch nicht an den europäischen Langtag adaptiert und bildete zwar vegetative Teile, aber kaum Knollen. Außerdem war ihr Geschmack schlecht, ihr Alkaloidgehalt war hoch und erzeugte ein Kratzen und Brennen im Hals. Daneben erschwerten auch Strukturen der Landwirtschaft die Eingliederung der Kartoffel. Die Dreifelderwirtschaft hatte keinen Platz für Hackfrüchte und erst in der Mitte des 18. Jahrhunderts verbreitete sich ihre modifizierte Form (s. u.). Bekannt sind ferner Vorurteile der Bevölkerung sowie steuerliche Eigentümlichkeiten der Landeigner. Da nicht geklärt war, wie der Kartoffelanbau besteuert werden sollte, wurde er in Süddeutschland lange unterdrückt (Gundlach 1986, Körber-Grohne 1988).

Trotz einer **potentiell großen Zahl** nutzbarer Arten dominieren heute nur wenige Pflanzenarten. Zu über 40 % geschieht die Produktion pflanzlicher Nahrungsmittel, die auf knapp der Hälfte der landwirtschaftlich nutzbaren Fläche der Welt erfolgt, mit nur 3 Arten, Reis, Weizen und Mais, die überdies zur

Tabelle 3.3. Ursprungsgebiete der heutigen Kulturpflanzen. Die Ziffern beziehen sich auf Abb. 3.1. Nach verschiedenen Quellen.

Nr.	Ursprungszentrum	Kulturpflanzenarten
1	Chinesisches Zentrum	Hafer, Gerste, Hirse, Soja, Bohnenarten, Bambus, Zuckerrohr, verschiedene Kohlarten, Orangen, Zitronen, Pfirsiche, Aprikosen, Birnen, Pflaumen, Kirschen, Tee, Mohn
2	Malaiisches Zentrum	Bananen, Brotfrucht, Kokosnuss, Ingwer, Grapefruit
3	Indisches Zentrum	Reis, Hirse, verschiedene Bohnenarten, Eierfrucht, Gurke, Hanf, Jute, Mango, Taro, Yam, Zuckerrohr, diploide Baumwolle, Pfeffer, Limone
4	Mittelasiatisches Zentrum	Weichweizen, mehrere Bohnenarten, Melonen, Zwiebeln, Spinat, Aprikosen, Walnüsse, Äpfel, Birnen, Mandeln, Weintrauben, Senf
5	Westasiatisches Zentrum/ Kleinasien	Hart- und Weichweizen, Roggen, Hafer, Linsen, Erbsen, Lein, Mohn, Melonen, Kürbisse, Möhren, verschiedene Sorten von Birnen, Kirschen, Datteln, Granatapfel, Mandeln, Weintrauben, Feigen
6	Mittelmeerländer	Einkorn, Erbsen, Runkelrübe, Lein, Kohlformen, Spargel, Oliven, Chicoree, Hopfen, Salat, Pastinak, Rhabarber
7	Äthiopisches Zentrum	Hartweizen, Gerste, Hirse, Lein, Kaffee, Okra, Sesam
8	Zentralamerikanisches Zentrum	Mais, verschiedene Bohnenarten, Guave, Hochlandbaumwolle, Pfeffer, Papaya, Sisal, Süßkartoffel, Cashew-Nuss
9	Andines Zentrum	Mais, Baumwolle, Kartoffel, Kakao, Tomate, Tabak, Kürbis, Quinoa, Chinarinde, Gummibaum
10	Brasilien/Paraguay	Cassava/Maniok, Mate, Gummibaum, Erdnuss, Ananas

gleichen Pflanzenfamilie (Gräser, Poaceae) gehören. Es besteht also eine starke Abhängigkeit von wenigen Pflanzenarten.

Da in den letzten 100 Jahren die **erfolgreichen Nutzpflanzen** intensiver genutzt wurden, reduzierte sich die Nutzung anderer Arten. Entweder wurden sie durch leistungsfähigere Arten verdrängt (Getreide), durch wirtschaftliche Importe ersetzt (Mohn, Kichererbsen usw.) oder wie bei den Färbepflanzen durch synthetische Produkte überflüssig gemacht. Beispielsweise gab es noch vor 100 Jahren einen umfangreichen Anbau von Buchweizen (Abb. 3.2). In Deutschland und der Schweiz wurden die über Jahrhunderte vorherrschenden Getreidearten Dinkel und Hafer durch Weizen und Gerste abgelöst (Abb. 3.3). Hirse hatte eine große Bedeutung als Nahrungsmittel (vgl. das Märchen vom Hirsebrei der Brüder Grimm). Bis in das 18. Jahrhundert herrschten in der europäischen Kü-

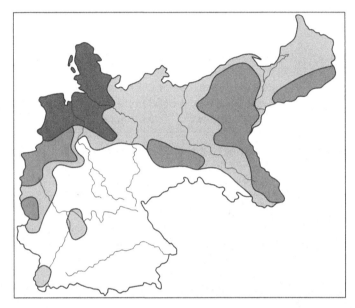

Abb. 3.2.
Anbaugebiete von Buchweizen in Deutschland um 1878. Angegeben sind Gebiete mit geringer *(hellgrau)*, mittlerer *(mittelgrau)* und hoher *(schwarz)* Anbaudichte. Verändert nach Körber-Grohne (1988).

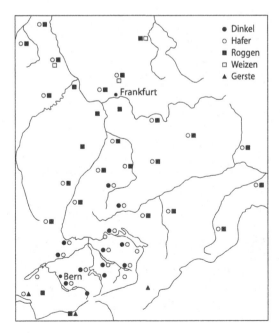

● Dinkel
○ Hafer
■ Roggen
□ Weizen
▲ Gerste

Abb. 3.3. Getreideanbau im Mittelalter in Deutschland und in der Schweiz. Dargestellt sind die Anteile der produzierten Getreidemengen, wenn sie mehr als ein Drittel des gesamten regionalen Getreideanbaus ausmachten. Jeder Punkt stellt einen Mittelwert aus mehreren Orten dar. Verändert nach Körber-Grohne (1988).

che dicke Suppen und Breikost vor, zu denen die „zweitrangigen" Getreidesorten und Mais, Buchweizen, Esskastanien usw. verarbeitet wurden. Die Kartoffel ist aus der europäischen Küche nicht mehr wegzudenken, wurde aber noch vor 300 Jahren kaum angebaut. Ohne den großflächigen Anbau von Zuckerrüben schließlich war das Zuckern von Speisen nur mit Honig möglich und daher teuer. Der Zuckerrübenanbau nahm der Imkerei in den letzten 150 Jahren also ihre ehemalige Bedeutung.

3.1.2
Entwicklung der heutigen Landwirtschaft

Die Entwicklung landwirtschaftlicher Systeme erfolgte vor über 10.000 Jahren mehrfach unabhängig voneinander. Da weite Ebenen neben großen Flüssen für die landwirtschaftliche Nutzung besonders geeignet waren, entstanden die ersten Staatssysteme an Niger, Nil, Euphrat, Tigris, Indus, Ganges, Jangtsekiang und Hwang Ho. In den landwirtschaftlich genutzten Gebieten des Nahen Ostens wurde vor mindestens 7000 Jahren der **Pflug** erfunden und ermöglichte eine großflächige, effektive Bodenbearbeitung. Im Verlauf von 3000 Jahren drang der Pflug dann in die wichtigsten Zentren Europas und Asiens vor (Abb. 3.4). Auffällig ist hierbei ein schnelles Vordringen in Europa, eine verzögerte Verbreitung in Ostasien sowie das Fehlen des Pfluges in Afrika.

Bis zum frühen Mittelalter (d.h. vor dem 6. oder 7. Jahrhundert) wurde in den meisten Teilen Mitteleuropas kein Ackerbau heutiger Weise betrieben. In einer **Gras-Feld-Wechselwirtschaft** wurden einzelne fruchtbare Stellen mit Scharpflug oder Hacke bearbeitet, eingesät und mit einem Zaun vor Beweidung geschützt. Nach einmaliger Nutzung wurde das Feld erst nach langer Brache erneut bearbeitet. Man schätzt, dass nur wenige Prozent der landwirtschaftlichen Nutzfläche so genutzt wurden. Die Erträge lagen bei 600–700 kg/ha, das entspricht knapp dem Vierfachen der Saatmenge.

Für das 8. Jahrhundert ist in Mitteleuropa aus dem Raum St. Gallen als Weiterentwicklung dieser Anbauweise die **Dreifelderwirtschaft** (Dreizelgenwirtschaft) belegt, die auch wichtige soziologische Änderungen mit sich brachte. Feldfluren wurden kontinuierlich genutzt und klar abgegrenzt, Siedlungen mussten daher ortsfest sein und erforderten ein großes Maß an Koordination der Bewirtschaftung. Der Ortsbereich sowie Feld- und Wiesenflur wurden abgegrenzt und gingen in den Besitz der Dorfbewohner über. Die extensiv nutzbaren Ödflächen, Heiden, Wälder und Weiden standen als Allmende nach genauen Regeln allen zur Verfügung.

Die Feldflur wurde in 3 Bereiche aufgeteilt, die im **Rotationsverfahren** durch Wintergetreide (Dinkel, Spelz, Weizen, Roggen), Sommergetreide (Hafer, Gerste, oft gemischt mit Erbsen und Ackerbohnen, die als ehemalige Ackerunkräuter in die Nahrung einbezogen wurden) und als Brache genutzt wurden. Das Brachland, die abgeernteten Felder und die Allmende wurden durch Beweidung genutzt. Bei der Bewirtschaftung waren dem Einzelnen also enge Grenzen gesetzt (Flurzwang). Die Vorteile der Dreifelderwirtschaft bestanden in der straffen agrarsoziologischen Struktur und einer intensiveren Flächennutzung. Nachteilig war der geringe

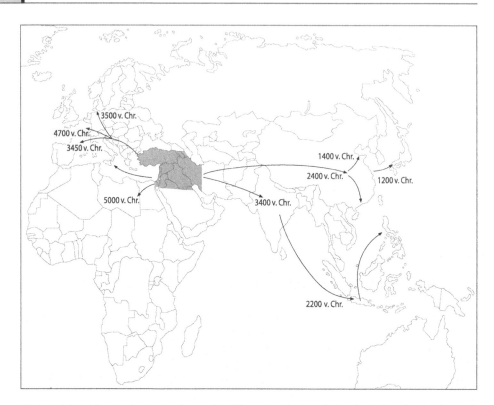

Abb. 3.4. Die historische Ausbreitung des Pfluges in der Landwirtschaft der alten Welt. Nach Goudie (1982).

Ertrag von 700–1000 kg/ha (es stand aber eine große Fläche zur Verfügung), da Stickstoff und andere Nährstoffe nach wie vor Mangelfaktoren waren. Während fast 1000 Jahren blieb dieses System weitgehend unverändert.

Dieses mittelalterliche Agrarsystem umfasste auch den **Wald**, der im 13. Jahrhundert stark zurückgedrängt war. Obwohl er sich in Notzeiten wie dem 30jährigen Krieg erholen konnte, stand er unter großem Nutzungsdruck. Er wurde als Viehweide und zur Holz-, Streu- und Rindengewinnung genutzt, so dass er immer lichter wurde, die Böden degradierten und an Nährstoffen verarmten. In vielen Gegenden Deutschlands entstand eine park- oder savannenartige Landschaft, in Norddeutschland und den Mittelgebirgen auch ausgedehnte Heidegebiete, an anderen Standorten Trockenrasen. Durch die Waldreduktion konnte weniger Wasser verdunsten, und viele Stauanlagen und Fischteiche verlangsamten den Wasserabfluss. Diese Eingriffe förderten also Vermoorung und Vernässung, da Eingriffe in die Fließgewässer vorerst noch unterblieben (Kap. 10.1).

Anfang des 18. Jahrhunderts entstand die **verbesserte Dreifelderwirtschaft**. Zu diesem Zeitpunkt waren die Wälder durch Beweidung und Düngerentnahme weitgehend degradiert. Die Viehbestände waren kaum noch zu halten, die Versorgung der wachsenden Bevölkerung gefährdet. Da es außerhalb der Ackerflächen keine Flächen mehr gab, die intensiver genutzt werden konnten, wandte man sich den Äckern zu. Die **Brache** wurde mit Stickstoff anreichernden Pflanzen (Luzerne seit 1720, Rotklee seit 1750, Lupinen ab 1780) als Gründüngung oder Futterpflanzen für das Vieh oder mit Hackfrüchten (Topinambur, Runkelrüben, Kartoffeln) für die menschliche Ernährung genutzt. Aus der Getreidewirtschaft wurde die Fruchtfolge Getreide-Blattfrucht. Die Aufnahme neuer Kulturpflanzen, Verbesserungen in der Bodenbearbeitung und planmäßige Düngeranwendung (Mergel, Kalk, Mist) ermöglichten diese Veränderungen. Die Einschränkungen bei den Weideflächen führte zur Stallhaltung (die erst nennenswerte Mengen an Stallmist als Dünger erbrachte), war jedoch auf Flächen zum Futteranbau angewiesen. Gleichzeitig intensivierten sich die Tierzucht besonders bei Schwein und Rind. Erst jetzt gab es getrennte Acker- und Weideflächen. Durch die Stallhaltung sank der Nutzungsdruck auf den Wald, Land- und Forstwirtschaft wurden funktionell getrennt, vielerorts begann eine systematische Holzwirtschaft (Kap. 10.1.2).

Die heutige **Pflanzendüngung** basiert auf der Erkenntnis von Justus von Liebig („Die Lehre vom Dünger" 1839), dass die im Minimum vorhandenen Pflanzennährstoffe Wachstum und Ertrag begrenzen. Durch gezielte Zugabe kann der Ertrag also gesteigert werden. 1851 wurde daraufhin die erste landwirtschaftliche Versuchsstation bei Leipzig gegründet, um systematisch Düngeversuche durchzuführen. 1861 entstand das erste Kaliwerk, 1890 stand Ammonsulfat als erster synthetischer Stickstoffdünger aus dem Ammoniak der Kokereien zur Verfügung, 1894 gelang die Synthese von Kalkstickstoff mit atmosphärischem Stickstoff. Seit dem Beginn des 20. Jahrhunderts konnte großtechnisch mit der Haber-Bosch-Synthese aus Luftstickstoff mineralischer Dünger hergestellt werden (Abb. 3.5). Eine stetige Zunahme der Flächenerträge über viele Jahrzehnte war die Folge (Tabelle 3.4, Abb. 3.6).

Ab den 1930er Jahren und besonders in den 1960er Jahren wurden in der Landwirtschaft Mitteleuropas Bewirtschaftungsweisen eingeführt, die bisher nur aus großindustrieller Produktion bekannt waren. Diese **Industrialisierung der Landwirtschaft** führte zu einer mechanischen Bearbeitung der Felder. Der Grad der Mechanisierung wurde stetig erhöht, so dass immer mehr Landarbeiter

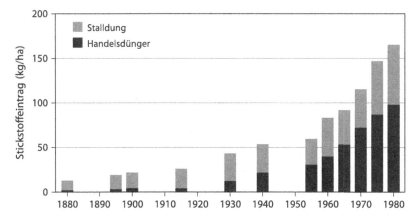

Abb. 3.5. Jährlicher Stickstoffeintrag durch Stalldung und mineralischen Dünger (Handelsdünger) pro ha landwirtschaftlicher Nutzfläche in Deutschland. Nach Ellenberg (1985).

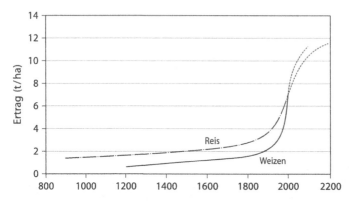

Abb. 3.6. Ertragssteigerungen im Rahmen der Industrialisierung der Landwirtschaft beim Weizenanbau in Mitteleuropa und beim Reisanbau in Japan mit Prognosen der möglichen zukünftigen Entwicklung. Reisdaten nach Swaminathan (1984), Weizendaten nach verschiedenen Quellen, aktualisiert nach FAO.

Tabelle 3.4. Entwicklung der Flächenerträge bei Weizen in Mitteleuropa.

Zeit	Ertrag (t/ha)	Bewirtschaftungsweise
vor 700	0,6–0,7	Gras-Feld-Wechselwirtschaft
800–1700	0,7–1,0	Dreifelderwirtschaft
1900	1,6	Beginn der mineralischen Düngung
1938	2,4	Beginn der industrialisierten Landwirtschaft
1980	5–8	Moderne Landwirtschaft mit intensiver Agrochemie

entbehrlich wurden. Während in Deutschland um 1800 90 % der Bevölkerung in der Landwirtschaft arbeiteten, waren es 2004 noch 2,4 %. In dem Ausmaß, in dem Maschinen großflächiger eingesetzt wurden, musste ihnen auch die Landschaft angepasst werden. In mehreren Wellen von Flurbereinigungen wurden die historisch bedingten kleinen Parzellen zu größeren Flächen zusammengelegt, die nicht durch Hecken und Wege zerschnitten waren. Die Agrarlandschaft veränderte ihr Aussehen in wenigen Jahrzehnten (Abb. 10.1). Gleichzeitig stieg der energetische Aufwand der Landwirtschaft so sehr, dass heute oft mehr Energie zur Produktion eingesetzt werden muss als dem Energiegehalt der Ernte entspricht (Box 3.2).

Die **Düngegaben** wurden kontinuierlich erhöht (Abb. 3.5). Da beim Getreide aber nicht nur der Korn bildende Ährenbereich gedüngt wird, sondern die ganze Pflanze und ihre Umgebung, ergaben sich Nebenwirkungen, die chemische Folgemaßnahmen verlangten. Getreidehalme werden bei hohen Stickstoffgaben lang und dünn, so dass sie bei Windbelastung brechen (Lagerschäden). Dem kann

> **Box 3.2**
> **Energetische Aspekte moderner Landwirtschaft**
>
> Am Beispiel des nordamerikanischen Maisanbaus wurde in einer Fallstudie die energetische Seite der Landwirtschaft aufgezeigt. Im Vergleich des Maisanbaus von 1700 (keine Agrochemikalien, Dünger, Maschinen) mit dem von 1983 ergibt sich eine Reduktion des Arbeitsbedarfes von 1200 auf 10 h/ha. Gleichzeitig erhöht sich der Ertrag von 1,9 t auf 6,5 t/ha. Um dies zu erreichen, müssen jedoch Maschinen mit fossilem Brennstoff, Dünger und Biozide eingesetzt werden, z.T. wird künstlich bewässert, und für alle Produkte fallen Transportwege an. Energetisch steht 1700 dem Aufwand von 3 GJ/ha (menschliche Arbeit) ein Gewinn von 32 GJ/ha gegenüber, d.h. das Verhältnis von Aufwand zu Ertrag beträgt 10,7. Der moderne Maisanbau benötigt 15-mal mehr Energie (44 GJ/ha in Form fossiler Energie, u.a. 38 % für Dünger, 21 % für Bewässerung, 12 % für Treibstoff, 10 % für Maschinen, 6 % für Biozide), um das 3,5fache zu erwirtschaften, d.h. das Verhältnis von Aufwand zu Ertrag beträgt 2,5. Im Durchschnitt der US-amerikanischen Landwirtschaft wird seit 1975 mehr Energie verbraucht als erzeugt (Costanza 1991).
>
> Noch drastischere Differenzen ergeben sich, wenn man den traditionellen Reisanbau auf den Philippinen mit dem hoch technisierten in den USA vergleicht. Hierbei stehen 1,3 t Reis/ha auf den Philippinen (0,2 GJ Aufwand und 19 GJ Ertrag ergeben eine Relation von 108) der fünffachen Erntemenge von 5,8 t/ha in den USA gegenüber. Der Aufwand von 65 GJ und der Ertrag von 87 GJ/ha ergeben jedoch nur noch eine Relation von 1,34. Energetisch betrachtet wurde mit 22 GJ in den USA nur unwesentlich mehr produziert als auf den Philippinen mit 18,8 GJ, gleichzeitig wurde jedoch das Dreifache des Ertrages an Energie verbraucht (Bossel 1990).
>
> Im Gewächshaus werden seit den 1980er Jahren die Kulturpflanzen auf einem inerten Substrat wie Steinwolle angebaut, das von einer Nährstofflösung computergesteuert durchspült wird (Hors-Sol-Kultur). Am Beispiel von Tomaten zeigen Gysi u. Reist (1990), dass die Ertragssteigerung von 6 kg/m^2 (Freiland) auf 35 kg/m^2 (Gewächshaus, Hors-Sol-Kultur) mit einem Heizölverbrauch von einem Liter pro kg Tomaten gekoppelt ist. Für den Gemüsebezug aus Übersee, d.h. mit dem Flugzeug, gilt, dass 1 kg Obst oder Gemüse etwa 3–5 L Treibstoff benötigen.

mit wachstumshemmenden Mitteln begegnet werden, die das Längenwachstum der Halme stauchen (Halmverkürzer wie Chlorcholinchlorid = CCC). Gegen die Düngung der Ackerbegleitflora, d.h. die unerwünschte Wachstumsförderung der Unkräuter, wurden Herbizide eingeführt, um einer Ertragsminderung vorzubeugen. Ein hoher Stickstoffgehalt lässt Nutzpflanzen auch attraktiver für Insekten und Pilze werden. Gegen die Pilze werden Fungizide eingesetzt. Da die Ackerbegleitflora durch Herbizide weitgehend vernichtet ist, haben viele Nützlinge als natürliche Gegenspieler der schädlichen Insekten keine Lebensgrundlage mehr und sind selten geworden. Die wenigen verbliebenen Nützlinge können die Schädlinge nicht regulieren und der Einsatz von Insektiziden ist oft unvermeidbar.

Die Zahl der in Folge angebauten Nutzpflanzenarten (**Fruchtfolge**) wurde seit 1950 immer mehr eingeschränkt. Während viele Kulturpflanzen bei kleiner Parzellengröße eine vielgestaltige und ökologisch stabile Landschaft ergeben, fördert die Einengung der Fruchtfolge Krankheitsanfälligkeit und Biozidaufwand. In den meisten Ackerflächen herrschen Getreideanteile von 50 bis 75 % vor, oftmals liegen sie sogar über 75 %. Zwei Drittel der Getreideflächen umfassen Winterweizen und Wintergerste. Mais hat in vielen Gebieten Klee und Luzerne als Futterpflanze verdrängt, Wicken, Süßlupinen oder Serradella werden kaum noch angebaut, so dass eine Bodenregeneration unterbleibt. Intensive Rindermast fördert zudem Bodenerosion, die Ausbreitung resistenter Unkräuter und die Gewässerverschmutzung. Ähnlich ist die Entwicklung bei den Öl- und Faserpflanzen: Auf 95 % der Flächen steht Winterraps, während Hanf, Flachs, Sommerraps und Rübsen, die 1955 noch 60 % ausmachten, fast völlig verschwunden sind. Kartoffeln, Futterrüben und Kohlrüben werden zunehmend durch Zuckerrüben ersetzt (BELF 1988).

Durch den Einsatz von **Agrochemikalien** hat sich die industrialisierte Landwirtschaft von ihrer naturnahen Basis entfernt. Sie hat zwar ein Niveau erreicht, auf dem Höchsterträge erzielt werden können und Hungersnöte verschwanden (Tabelle 3.4), die Nebenwirkungen dieser industriellen Landwirtschaft wie der chemische Eintrag in die Umwelt, Rückstandsbildung der Wirkstoffe, Schädlingsresistenz, Eutrophierung von Gewässern, Bodenerosion, Artenschwund, Monotonie der Landschaft usw. (Kap. 8.2, 8.3 und 10.1) zeigen aber, dass dieses System weit von einer nachhaltigen Nutzung entfernt ist.

Parallel zur Industrialisierung der Landwirtschaft haben sich im Rahmen des **biologischen Landbaus** alternative Bewirtschaftungsformen entwickelt, die mit einem weitgehenden Verzicht auf Biozide artenreiche Lebensräume mit natürlichem Schädlingsregulationspotential erhalten möchten. Der Ersatz von mineralischem durch organischen Dünger reduziert die Auswaschung von Nitrat ins Grundwasser und die Eutrophierung der Gewässer. Schonende Bodenbearbeitung fördert das Bodenleben und die Bodenfruchtbarkeit nimmt zu. Diese Landwirtschaft verwendet geeignete und resistente Sorten, strebt keine Maximalerträge an und gestaltet die Agrarlandschaft nach ökologischen Kriterien. Solch ökologisch wirtschaftenden Betriebe verwenden weite (d.h. artenreiche) Fruchtfolgen und erwirtschaften trotz geringerer Flächenerträge höhere Deckungsbeiträge, d.h. der Nettogewinn ist häufig größer, da der Mittelaufwand (Energie, Mineraldünger, Biozide usw.) geringer ist (Mäder et al. 2002), was natürlich betriebs- und volkswirtschaftlich sinnvoll ist.

Die **Zahl der Bio-Betriebe** hat sich in Deutschland, Österreich und der Schweiz in den letzten Jahrzehnten kontinuierlich erhöht; heute werden 4–10 % der landwirtschaftlichen Nutzfläche dieser Länder biologisch bewirtschaftet (Abb. 3.7). Wenn auch in absehbarer Zeit die Mehrzahl aller landwirtschaftlichen Betriebe kaum so umweltverträglich wirtschaften wird, ist doch anzunehmen, dass die Minimalanforderungen an die konventionelle Landwirtschaft durch den biologischen Landbau zur umweltverträglicheren Seite verschoben werden.

Vergleichbar der Industrialisierung der Landwirtschaft in den Industriestaaten lief in der Dritten Welt ein ähnlicher Vorgang ab, der als **Grüne Revolution** bezeichnet wird. Die Grüne Revolution ging von den Industrieländern aus, sie war

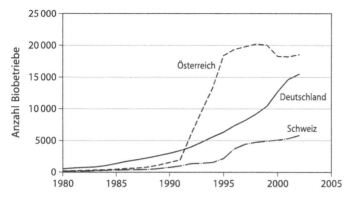

Abb. 3.7. Zunahme der biologisch wirtschaftenden Betriebe in Deutschland, Österreich und in der Schweiz.

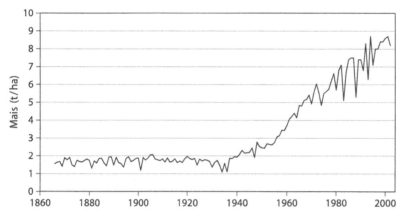

Abb. 3.8. Steigerung der Flächenerträge von Mais in den USA nach Einführung von Hybridmais in den 1930er Jahren. Nach Krebs (1972), Carroll et al. (1990) und FAO.

als Antwort auf die Ernährungskrise in der Dritten Welt gedacht und umfasste in erster Linie ein Programm zur Anhebung der landwirtschaftlichen Flächenerträge in den Entwicklungsländern. Heute verstehen wir die Grüne Revolution als kombinierten Einsatz von besserer Anbautechnik, erhöhtem Dünger- und Biozideinsatz sowie der Verwendung neuer Pflanzensorten (Hochleistungssorten) (Abb. 3.8).

Die Grüne Revolution nahm ihren Anfang in den 1940er Jahren in Mexiko, als die **Rockefeller Stiftung** ein Programm startete, um züchterisch und anbautechnisch den Ertrag der lokalen Weizen- und Maissorten zu steigern. Revolutionär war an diesem Vorgehen die Verwendung einheimischer Pflanzensorten, d. h. von regional adaptiertem Material. Bisher hatte man mit dem Selbstverständnis der Industriestaaten deren beste Getreidesorten in der Dritten Welt angebaut, oft mit enttäuschendem Ergebnis. Bereits 1947 wurden die ersten neuen Maissorten angebaut, deren Flächenerträge zwei- bis dreimal höher als zuvor. In kurzer Zeit wandelte sich Mexiko von einem Maisimporteur zu einem Exporteur. Neue Weizensorten verfünffachten die Erträge des Landes innerhalb von 50 Jahren

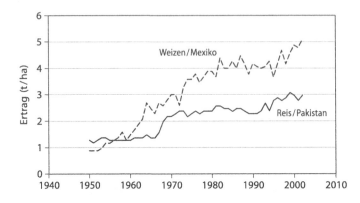

Abb. 3.9. Steigerung der Flächenerträge von Weizen in Mexiko und Reis in Pakistan nach Einführung neuer Sorten in den 1950er Jahren in Mexiko und 1965 in Pakistan. Nach Krebs (1972) und FAO.

(Abb. 3.9). Ab 1961 wurden Zwergweizensorten angebaut, die eine weitere Ertragssteigerung ermöglichten. Diese neuen Sorten wurden dann entgegen der ursprünglichen Idee für einen weiten Bereich von Standorten gezüchtet, so dass sie unter verschiedenen Bedingungen Höchsterträge lieferten („kosmopolitischer Weizen").

Eine **„kosmopolitische Reissorte"** stand 1965 mit der berühmten Sorte IR-8 zur Verfügung. Sie wurde auf den Philippinen gezüchtet und nutzte hohe Düngergaben bis zu 100 % stärker aus als die Lokalsorten, sie reifte in 120 statt 150–180 Tagen und war besonders geeignet für trockene Gebiete. Die Erträge lagen zwei- bis dreimal über denen konventioneller Sorten (Abb. 3.8). Da vielerorts nun 3 statt 2 Ernten möglich waren, ließen sich die Jahreserträge sogar vervierfachen.

Bereits wenige Jahre nach den ersten Erfolgen der Grünen Revolution in Mexiko starteten weitere Programme in vielen Ländern der Erde, um den Anbau von **Hochleistungssorten** zu fördern. Hierdurch gelang es beispielsweise, die Getreideproduktion zwischen 1950 und 1990 um jährlich 3 % zu steigern. Die Grüne Revolution hat also die Nahrungsversorgung der Weltbevölkerung deutlich verbessert. Später erfolgte auch die lange vernachlässigte züchterische Bearbeitung anderer Nutzpflanzen. So gelang es die Cassava (auch Maniok oder Yucca genannt), eine ertragreiche Hackfrucht, die für 200 Mio. Afrikaner den Stellenwert unserer Kartoffel hat, zu verbessern. Neben einer Ertragssteigerung und proteinreicheren Sorten wurde eine stärkere Anpassung an die geschmackliche Präferenz der afrikanischen Bevölkerung erreicht, so dass die Akzeptanz spürbar stieg.

Zu den **Nachteilen der Hochleistungssorten** gehört, dass sie auf Hilfsmittel angewiesen sind. Ohne hohe Düngergaben sind die Erträge nicht höher als bei den alten Landrassen. Häufig sind die neuen Sorten auch empfindlicher gegenüber Schwankungen der Wasserversorgung, stellen also höhere Ansprüche an das Bewässerungssystem. Bei erhöhter Anfälligkeit gegenüber Pilzkrankheiten und Insektenbefall sind Behandlungen mit Fungiziden und Insektiziden nötig. Die Einführung von Hochleistungssorten hat also eine direkte Nachfrage nach Düngemitteln, Bioziden, Maschinen, Bewässerungsanlagen usw. zur Folge. Die Grüne Revolution ersetzte also nicht einfach Landsorten durch Hochleistungssorten, sondern veränderte die gesamte Anbauweise von einer traditionel-

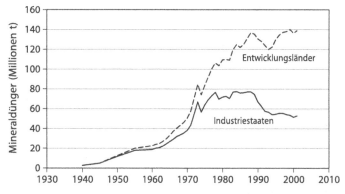

Abb. 3.10. Mineraldüngerverbrauch in den Entwicklungsländern und Industriestaaten. Nach www.fertilizer.org.

len zu einer modernen Landwirtschaft, gemäß dem Vorbild der industrialisierten Landwirtschaft in Nordamerika und Europa.

Heute weisen die Entwicklungsländer eine starke Zunahme des **Dünger-verbrauchs** auf und verbrauchen, um 20 Jahre zeitversetzt, so viel wie die Industriestaaten zu Beginn der 1980er Jahre (Abb. 3.10). In den Entwicklungsländern gibt es also einen großen Nachholbedarf an Düngemitteln, d.h. mit Zunahme des Düngeraufwandes können die Flächenerträge weiter gesteigert werden. In der Dritten Welt wird sorgloser mit **Bioziden** umgegangen als in den Industrieländern. Dies beruht z.T. auf fehlendem Wissen, z.T. wird die Leichtgläubigkeit der Bevölkerung durch die agrochemische Industrie ausgenutzt. Die Entwicklungsländer werden noch allzu oft als willkommener Absatzmarkt für Billigprodukte betrachtet, die in den Industriestaaten aus Sicherheitsgründen nicht mehr zugelassen sind. So wurde DDT, dessen Einsatz in Europa seit 1971 verboten ist, noch 1990 aus der Schweiz nach Afrika verkauft, 1994 verseuchten nach einem Schiffsunglück in Deutschland nicht zugelassene Biozide Nordseestrände. Vereinzelt hat sich aber auch die Erkenntnis durchgesetzt, dass die Notwendigkeit eines Biozideinsatzes ein gestörtes System anzeigt und dass der Einsatz die Ursachen nicht beseitig. Durch anbautechnische und andere Methoden könnten viele Biozide eingespart werden (Kap. 8.3), dies erfordert aber einen hohen Forschungs- und Beratungsaufwand.

Die kleinräumige Verbreitung der alten Lokalrassen sicherte genetische Heterogenität und deren Anpassung an eine sich ändernde Umwelt. Der weltweite Verdrängungsprozess durch die neuen Sorten führt also zwangsläufig zu einer **genetischen Verarmung** im Nutzpflanzenspektrum („genetische Erosion"). Die heutigen Agrarkulturen beruhen auf wenigen Sorten. Zukünftige Pflanzenzüchtung wird erschwert, wenn es nicht gelingt, Belege der alten Landrassen auf ausgesuchten Flächen und an vielen Standorten zu erhalten. Ziel vieler Institutionen für Pflanzenzüchtung ist es daher, unterschiedliches Saatgut zu sammeln (Kap. 3.1.3). Dadurch kann der derzeitige Bestand gehalten werden, wenn auch die permanente genetische Anpassung an sich ändernde Umweltbedingungen nicht gewährleistet ist.

Heute machen in der Regel nur einige wenige Getreidesorten 90 % des Anbaus in einem Land aus. Die Zusammensetzung dieser Sorten variiert in aufeinander folgenden Jahren, umfasst aber immer nur einen sehr geringen Anteil der vielen hundert Sorten, die jeweils im Handel sind. **Schädlinge und Krankheiten** können sich in Monokulturen schneller ausbreiten als in einer genetisch heterogenen Kultur. Im 19. Jahrhundert wurden die Kaffeeplantagen auf Ceylon durch einen Rostpilz vernichtet, so dass Tee angebaut werden musste. Der flächendeckende Kartoffelanbau auf Irland kam 1845 durch den aus Nordamerika eingeschleppten Erreger der Kraut- und Knollenfäule zum Erliegen, so dass Millionen Iren, um einer Hungersnot zu entgehen, nach Nordamerika auswanderten (Kap. 2.2.6). In Florida wurden 1984 18 Mio. Citrusbäume durch eine Bakterienkrankheit befallen.

Die Grüne Revolution wurde initiiert, um den Hunger in der Dritten Welt zu bekämpfen. Dieses Ziel ist nie erreicht worden, da begleitende **bevölkerungspolitische Maßnahmen** fehlten. Sobald mit Hochleistungssorten die Erträge drei- oder fünfmal so hoch sind, ist keine weitere Steigerung möglich, d.h. die Annahme einer permanenten Steigerungsmöglichkeit landwirtschaftlicher Erträge ist naiv. Im Wettrennen um ausreichende Nahrung kann die Grüne Revolution lediglich einen Vorsprung bringen, der ungenutzt verstreicht, wenn nicht gleichzeitig Maßnahmen ergriffen werden, die das Bevölkerungswachstum reduzieren. Landwirtschaftliche Maßnahmen müssen also bevölkerungspolitisch ergänzt werden, um sinnvoll zu sein. Wenn trotz Steigerungen der Produktion die Pro-Kopf-Produktion nicht zunimmt, hat nicht die Grüne Revolution versagt, sondern die Politik (Kap. 2.4).

Der Einsatz von Düngemitteln, Maschinen etc. erzeugt Nachfrage nach diesen Produkten. Wird die Nachfrage durch die Landesproduktion nicht erfüllt, kommt es zu ungenügender Leistung der Hochleistungssorten und man wird Agrochemikalien und Maschinen importieren. Diese **wirtschaftspolitischen Implikationen** können im Entwicklungsland zu finanziellen Problemen führen, andererseits profitiert die exportorientierte Wirtschaft der Industrienationen. Langfristig werden in den Entwicklungsländern eigene Industrien für Dünger, Biozide und landwirtschaftliche Maschinen aufgebaut. Aus dem Landwirtschaftssektor eines Entwicklungslandes kann also eine große Nachfrage kommen, die als Motor weite Teile der Wirtschaft umfassen und die Entwicklung des Landes fördern kann. Dies steht im Gegensatz zur offiziellen Strategie vieler Entwicklungsländer, eine Industrialisierung z.B. mit Stahlwerken und petrochemischen Anlagen bei gleichzeitiger Vernachlässigung des Agrarsektors voranzutreiben. In dieser Stärkung des Agrarsektors ist daher das eigentlich Revolutionäre der Grünen Revolution zu sehen.

Gesellschafts- und wirtschaftspolitische Maßnahmen bestimmen den Erfolg der Grünen Revolution maßgeblich mit. Die eigenverantwortliche Produktion von Höchsterträgen kann nur bei **Landeigentum** erfolgen, veraltete Landbesitz- und Pachtsysteme oder die Rechte von Großgrundbesitzern müssen reformiert werden. Bewässerungsanlagen müssen ausgebaut werden können, d.h. auch ein traditionelles Wasserrecht muss reformiert werden. Transportwege und Lagerhaltung verlangen Ausbau und Unterhalt, der Aufbau von Düngemittelfabriken benötigt Energie, also sind Kraftwerke und Verteilersysteme nötig, generell steigt die Nachfrage nach Krediten (mehr Investitionen, Ausbau des Bankensystems), und es werden mehr Berater verlangt, d.h. letztlich muss das Schulsystem ausgebaut werden. Bei einem solch großen gesellschaftlichen Einzugsbereich ist es verständlich, dass es zu Fehlentwicklungen kommen kann, ohne dass dies einer Hochleistungssorte zuzuschreiben wäre. Vielmehr sind Politiker und Entscheidungsträger oft mit den Erfordernissen, die sich aus der Grünen Revolution heraus ergeben, überfordert.

Nachdem die Landwirtschaft der Industriestaaten in den letzten 50 Jahren die Entwicklung zu einer industrialisierten Form vollzogen hat, zeichnet sich eine **Stagnation** dieser Entwicklung ab. Höchsterträge sind nicht mehr Ziel der Landwirtschaftspolitik, sondern umweltverträgliche Anbauverfahren und die Vermeidung kostenintensiver Überschussproduktion. Die Landwirtschaft in den Entwicklungsländern befindet sich noch in der Entwicklung, die Richtung entspricht aber der in den Industriestaaten. Wegen mangelnder Nachhaltigkeit ist absehbar, dass die moderne Landwirtschaft langfristig so nicht weitergeführt werden kann. In Zukunft werden daher Formen einer umweltverträglichen Landwirtschaft mehr als bisher von Bedeutung sein.

3.1.3
Moderne Pflanzenzüchtung

Vermutlich schon vor 10.000 Jahren war ersten Bauern aufgefallen, dass Individuen einer Pflanzenart nicht einheitlich waren und dass man durch Ansaat der kräftigsten Individuen die Erträge steigern konnte. Da diese Vorgehensweise jedoch nicht zielgerichtet erfolgte, war der züchterische Fortschritt gering, d.h. die Erträge stiegen nur langsam. Seit 100 Jahren gelingt es der modernen Pflanzenzucht durch eine Kombination von **Kreuzungs- und Auswahlzüchtung** bereits in wenigen Jahrzehnten neue Sorten zu züchten. Mit gentechnischen Methoden hat sich die Geschwindigkeit seit den 1980er Jahren noch einmal verstärkt und Artgrenzen können überschritten werden.

Das ursprüngliche Züchtungsziel war, Pflanzen mit höheren Erträgen zu züchten, d.h. Sorten, die das vorhandene Wasserangebot, Nährstoffe oder Licht besser nutzen (**quantitative Züchtung**). Hiermit ist die **qualitative Züchtung** eng verknüpft, d.h. die Realisierung von Merkmalen mit bestimmten Eigenschaften. Die in den letzten Jahrzehnten verbesserten Flächenerträge bei Getreide, Zuckerrüben oder Futterpflanzen waren nur zu ca. 40 % auf diesen züchterischen Fortschritt zurückzuführen, zu 60 % auf Dünger, Biozide, Bodenbearbeitung etc. Berechnungen bei Reis ergaben, dass die derzeitigen Spitzenerträge von 6 t/ha auf 12–13 t/ha gesteigert werden könnten (Swaminathan 1984). Angesichts der heute schon hohen Reiserträge erscheint dies gewaltig, findet aber eine Parallele bei der züchterischen Verbesserung des Weizens in Mitteleuropa (Abb. 3.6).

Solche Supersorten haben allerdings einen sehr hohen Düngemittelverbrauch mit entsprechend schädlichen Umweltauswirkungen. Auch hat die Langlebigkeit von neuen Sorten bisher wenig Beachtung gefunden. 10 Jahre nach Markteinführung fiel IR-8 einem pathogenen Virus zum Opfer, gegen das er nicht genügend resistent war. Heutige Spitzenprodukte sind daher nicht mehr wie IR-8 das Produkt nur einer Kreuzung, sondern sie gehen auf über 100 „Eltern" zurück (**Vielliniensorten**). Ein Anbau in enger Fruchtfolge ohne Erholungsphasen für den Boden, wie es 3 Reisgenerationen pro Jahr verlangen, laugt

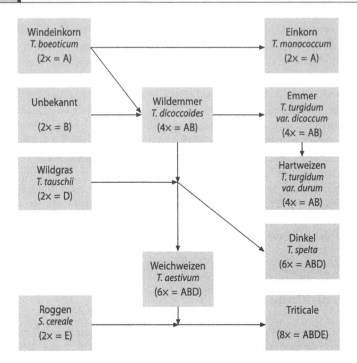

Abb. 3.11.
Stammbaum des heutigen Weizens. S *Secale*, T *Triticum*. Ergänzt nach Hahlbrock (1991).

jeden Boden aus. Es kommt daher fast regelmäßig nach Jahren von Höchsternten zu einem langsamen Ertragsverlust.

Das Beispiel Weizen zeigt, dass selbst eine scheinbar reine Ertragszüchtung in Wirklichkeit mehr umfasst. Unser Weizen ist das Kreuzungsprodukt mehrerer Wildgräser und ursprünglicher Getreidearten (Abb. 3.11). Die Züchtungsgeschichte lässt sich nicht mehr komplett rekonstruieren und ist auch noch nicht abgeschlossen, wie die Kreuzung von Weizen mit Roggen zu Triticale zeigt. Alte Züchtungsziele waren neben mehr Ertrag die Beseitigung der Spindelbrüchigkeit, um ganze Ähren zu ernten, sowie Selektion auf Frühreife. Winterfestigkeit (bei Wintergetreide), Halmfestigkeit und aufrechter Wuchs sind für uns heute selbstverständliche Eigenschaften, die jedoch die meisten Urformen nicht besaßen.

Qualitative Züchtungsziele umfassten auch die Erhöhung des **Eiweißgehalts** von Reis in proteinreichen Sorten von 7 auf 15 % und in Weizen von 12 auf 17 %. Da die Aminosäurezusammensetzung für die menschliche Ernährung ungünstig war, wurden besonders lysinreiche Mutanten gesucht. Die Verwendung von Getreide zum Backen, Brauen oder als Futtermittel erfordert unterschiedliche Qualitäten, die eigenständige Zuchtziele waren und zu verschiedenen Sorten führten. Ein vergleichbares Zuchtziel bei Soja ist, bei hohem Ölgehalt auch einen hohen Proteingehalt zu erzielen.

Bei Rüben setzte vor 200 Jahren eine Selektion auf hohen **Zuckergehalt** ein, der inzwischen zu einem Vielfachen des ursprünglichen Gehaltes geführt hat

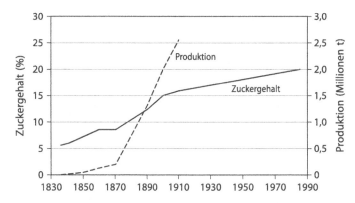

Abb. 3.12. Erhöhung des Zuckergehaltes (%) während der züchterischen Bearbeitung der Zuckerrübe und Ausweitung der Rohzuckerproduktion (Mio. t) in Deutschland. In Europa wurde 2002 auf 4 Mio. ha eine Zuckerproduktion von 175 Mio. t erwirtschaftet. Ergänzt nach Hennig (1978).

(Abb. 3.12). Aus anderen Pflanzen wurden bestimmte Inhaltsstoffe weggezüchtet, etwa das Solanin aus Kartoffeln oder Bitterstoffe aus Futterlupinen, was sie allerdings auch anfälliger für Schädlinge machte. Andere Zuchtziele umfassten eine Erhöhung des Zucker- oder Stärkegehaltes bei Topinambur, Zuckererbse und Zichorie, um den vergärbaren Anteil für die Alkoholgewinnung zu erhöhen. Bei Soja und anderen Fettpflanzen wird eine Erhöhung des Ölgehaltes angestrebt. Bei Futterpflanzen ist hauptsächlich der mengenmäßige Faseranteil von Bedeutung.

Schließlich können auch **Geschmack, Struktur, Form und Farbe** züchterisch bearbeitet werden. In Deutschland vermarktete Speisekartoffeln müssen gelbes Fleisch haben, während in England weißes bevorzugt wird. Für die Produktion von Pommes frites müssen Kartoffeln lang sein, für Chips einheitlich rund und für Dosenkartoffeln klein. Brombeeren sind auf Stachelfreiheit gezüchtet worden, damit sie leichter geerntet werden können. Es gibt Erdbeeren, deren Geschmack und Farbe durch Einfrieren und Auftauen nicht verändert wird. Eine Verkürzung der Reifezeit (d.h. eine Intensivierung des Wachstums in bestimmten Phasen) kann eine Verdoppelung der Ernte bedeuten, was vor allem in den Tropen von Bedeutung ist (Beispiel Reis, Kap. 3.1.2).

Ein spannendes Anliegen der Pflanzenzüchtung ist die Entwicklung **neuer Pflanzenformen**, wie z.B. die große Zahl der Kohl- oder Salatarten verdeutlicht (Abb. 3.13). Besonders ausgeprägt ist dieses Anliegen auf dem Zierpflanzensektor, der jährlich von neuen Sorten überschwemmt wird. Da es hierbei ausgeprägte Moderichtungen gibt, bleiben die meisten Sorten nur wenige Jahre im Angebot.

Eine wichtige Aufgabe der Pflanzenzüchtung besteht in der **Resistenz- und Toleranzzüchtung.** Resistenz gegenüber Pilzkrankheiten konnte bei vielen Getreidesorten verwirklicht werden und spart Fungizide. Resistenzzüchtung gegenüber Insektenschädlingen konnte bisher nicht im erforderlichen Umfang realisiert werden, ihr Potential ist aber noch lange nicht ausgeschöpft. Beim Reis wurde die Sorte IR-36 bekannt, weil sie resistent gegenüber 9 wichtige Krankheiten bzw.

Abb. 3.13. Beispiel für die züchterische Bearbeitung einer Wildpflanze: Aus dem Wildkohl *Brassica oleracea* wurden Rosenkohl, Kohlrabi und Weißkraut gezüchtet. Ergänzt nach Körber-Grohne (1988).

Schadinsekten und tolerant gegen 7 ungünstige Böden und Trockenheit ist (Box 3.3).

Die Toleranz- und Resistenzzüchtung umfasst auch Toleranz gegen **Kälte** (bei Winterweizen oder Citrusplantagen kommt es bei empfindlichen Sorten immer wieder zu Ausfällen). Ein in der Zukunft möglicherweise wichtiger Aspekt ist die Züchtung von Nutzpflanzen für **saure Böden**. Viele Bodentypen in den Entwicklungsländern neigen wegen der klimatisch bedingten, schnell ablaufenden Abbauprozesse der oberen Bodenschichten zum sauren pH-Bereich. Wegen der hohen Niederschläge führt dies zu reduziertem Humus- und Kalkgehalt im Oberboden, Nährstoffe werden knapp und Schwermetalle verfügbar. Seit 1985 wird daher an der Entwicklung säuretoleranter Maissorten gearbeitet. Erste Ergebnisse zeigten 1992, dass die neuen Sorten im Vergleich zu bisherigen Sorten einen 30 % höheren Ertrag bringen, weitere Steigerungen scheinen möglich. Da die Toleranz gegenüber der Aluminiumtoxizität verbessert wurde, hofft man, große Teile der ursprünglich mit Tropenwald bestandenen Rodungsflächen langfristig wieder nutzen zu können. Die Problematik der Nutzung von Tropenböden bleibt von dieser punktuellen Verbesserung jedoch unberührt (Kap. 3.4.2).

Neben den qualitativen Merkmalen (Vorhandensein einer Eigenschaft oder nicht), die in der Regel über ein Gen gesteuert werden und die nicht durch Umweltfaktoren beeinflusst sind, überwiegen unter den züchterisch interessanten Merkmalen die quantitativen Merkmale. Sie werden z.T. durch Dutzende Gene gesteuert und durch die Umwelt beeinflusst. Hier wird gezielte Pflanzenzüchtung zunehmend schwieriger. Methodisch blieb es ursprünglich bei einer Selektion von Pflanzenindividuen, die eine gewünschte Eigenschaft besaßen, bzw. bei Kreuzungen zwischen Arten oder Sorten, um Eigenschaften aus 2 Individuen in einer Pflanze zu vereinen. Moderne Hochleistungspflanzen sind das Endprodukt langer Kreuzungsreihen oder stellen Hybriden aus verschiedenen Arten (bei Zuckerrohr aus 3–4 Arten, beim Weizen *Triticum aestivum* aus 4 Arten) dar.

Das Arbeiten mit Pflanzensorten und das Einkreuzen von neuen Eigenschaften setzt das Vorhandensein einer großen Zahl von Zuchtsorten voraus (Tabelle 3.5). Es ist wichtig, alle Zuchtsorten aufzubewahren, aber auch die alten Landsorten, die Primitivsorten und die Wildsorten zu erhalten. In großem Umfang werden in

▶ *Box 3.3*
Internationales Institut für Reisforschung IRRI

Das 1960 gegründete Internationale Institut für Reisforschung IRRI in Los Baños
bei Manila auf den Philippinen wurde in den 1960er Jahren berühmt durch erste
Reishochertragssorten der Grünen Revolution. In der Folge widmete man sich aber
auch qualitativen Züchtungszielen wie Insekten- und Krankheitsresistenz, bestimmten
Inhaltsstoffen der Reiskörner und Toleranz gegenüber Klimafaktoren wie Hitze, Dürre
oder Überschwemmung.

Für seine Züchtungen kann das IRRI auf einen riesigen Genpool von über 130.000
Reissorten zurückgreifen, die in allen Reisanbaugebieten der Welt gesammelt wurden und den größten Teil des Welt-Reis-Genoms umfassen dürften. Hieraus wurden
bisher über 300 neue Sorten zur Marktreife entwickelt. Die meisten Züchtungsziele
werden mit konventionellen Methoden erzielt, jedoch setzt man auch gentechnische
Methoden ein. Da Vitamin A bisher in keiner Reissorte nachgewiesen wurde, können
Sorten, die dieses wichtige Vitamin enthalten sollen („Goldener Reis"), nur gentechnisch erzeugt werden. Eisen- und zinkhaltige Sorten wurden jedoch durch Einkreuzen
von lokalen chinesischen und indischen Sorten erzielt. Sorten mit erhöhtem Calcium,
Lecithin- und Jodgehalt sowie solche mit höherem Proteingehalt sind aktuelle
Forschungsziele.

Diese Einzelaspekte sind idealerweise in einer Pflanze vereint, die darüber hinaus
über den idealen Pflanzentypus verfügt. Dieser hat lediglich 6–10 Sprosse, die alle
lange Rispen mit je 200–250 Reiskörnern bilden. Die Stängel sind dick und stämmig,
so dass die Pflanzen die größeren Rispen tragen können, das Wurzelsystem ist kräftig,
die Blätter sind dick, dunkelgrün und stehen aufrecht. Alle mit diesem Typus zu züch-
tenden Sorten sind widerstandsfähig gegenüber vielen Krankheiten und Insekten, sie
reifen in ca. 100 Tagen und ihre Körner sind bezüglich vieler Parameter qualitativ wertvoll. Die neuen Sorten nutzen Dünger maximal aus und werden in einem integrierten
Anbausystem kultiviert, so dass sie mit einem Minimum an Bioziden auskommen.

Das IRRI wird von internationalen Geldgebern und vielen Staaten unterstützt. Es ar-
beitet eng mit den reisanbauenden Entwicklungsländern zusammen und stellt jedem Interessenten Proben der gelagerten Sorten zur Verfügung. Das IRRI fördert
den Aufbau nationaler Genbanken und lokaler Forschungsinstitute. Als während des
Khmer-Regimes in Kambodscha der Reisanbau stark vernachlässigt wurde, konnten
aus dem IRRI nach dem Sturz des Regimes den Bauern über 500 lokale Sorten zurückgegeben werden. Das IRRI lehnt die Patentierung von Reissorten ab.

den verschiedenen Regionen der Welt seit einigen Jahrzehnten Sorten als Beleg
für das genetische Material von Pflanzenarten gesammelt und in **Genbanken** aufbewahrt. Eine wichtige Funktion kommt auch Gärten und botanischen Gärten
zu. Die größte Bedeutung für die Aufrechterhaltung einer hohen genetischen Diversität haben aber ungestörte Landschaften und Ökosysteme.

Tabelle 3.5. Anzahl der in der Schweiz registrierten Arten und Sorten von Nutzpflanzen. Nach: Schweizerische Kommission für die Erhaltung von Nutzpflanzen (www.cpc-skek.ch).

	Arten	Sorten und Linien
Obst und Beeren	14	1.307
Weinreben	1	1.282
Gemüse	80	1.306
Getreide	15	9.245
Mais	1	421
Kartoffeln	1	147
Futterpflanzen	6	119
Industriepflanzen	9	872
Summe	127	14.699

Wie groß die **natürliche genetische Diversität** von Pflanzenarten sein kann, geht aus der gewaltigen Zahl von Unterarten, Rassen und Sorten hervor, die von den häufigen Nutzpflanzen erzeugt wurden. Am erwähnten Reisforschungsinstitut IRRI in Los Baños geht man von 120.000 Kulturstämmen und Sorten von Reis aus. Die Liste der in Deutschland zugelassenen Sorten umfasst fast 300 Mais- und Getreidesorten, 200 Rüben- und Kartoffelsorten, 200 Futtergrassorten und über 130 Sorten von Öl- und Faserpflanzen. 36 Gemüsearten sind in über 500 Sorten zugelassen, 18 Obstarten in 2500 Sorten (fast 600 Apfelsorten, je über 300 Süßkirschen-, Pflaumen und Erdbeersorten und fast 200 Birnensorten). Die Zahl der Rosensorten beträgt über 1100, die der Weinreben weltweit ca. 30.000 (Bommer u. Beese 1990).

3.2
Tierische Nahrungsmittel

3.2.1
Haustiere

Schon früh hat der Mensch einzelne Wildtierarten in seine Obhut genommen. Durch Selektion veränderten sich diese Tiere, so dass sie sich als Haustiere bald deutlich von ihren Wildformen unterschieden. Dieser Prozess wird **Domestikation** genannt. Ursprünglich wurden viele Nutztiere auf Kleinheit selektiert, damit

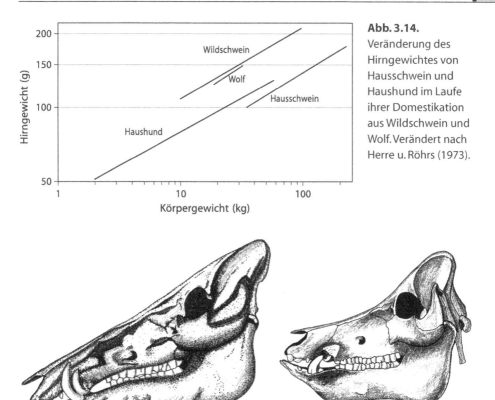

Abb. 3.14.
Veränderung des
Hirngewichtes von
Hausschwein und
Haushund im Laufe
ihrer Domestikation
aus Wildschwein und
Wolf. Verändert nach
Herre u. Röhrs (1973).

Abb. 3.15. Durch die Domestikation verursachte Veränderung der Schädelform von Wildschwein (*links*) und Hausschwein (*rechts*).

sie besser beherrschbar waren und bei begrenzter Futterverfügbarkeit überlebten, nach dem Mittelalter kam sekundär wieder Zucht auf Körpergröße hinzu. Im Verlauf der Domestikation reduzierte sich bei den meisten Haustieren im Vergleich zu ihren wilden Stammarten das Hirngewicht um 20–30 % (Abb. 3.14). In erster Linie sind die Hirnareale betroffen, die mit der Verarbeitung von Sinneseindrücken in Zusammenhang stehen, auch wurden Balz, Brutpflege, Verteidigung oder Fluchtverhalten weggezüchtet (Herre 1965). Mit alldem geht eine Reduktion des Gesichtsschädels einher (Abb. 3.15). Züchterisch erwünschte Eigenschaften waren friedliches Verhalten, Herdentrieb, unkomplizierte Fortpflanzung, unproblematische Ernährung und schnelles Wachstum. Neben einer Sicherung der Fleischversorgung hatten die meisten Haustiere vielfältige Funktionen. Hunde wurden als Jagd-, Wach- und Hütehunde eingesetzt, Pferde als Reit-, Zug- und Tragtiere. Zuchtziele umfassen Farbvarianten (Albinos, Schecken), Haare oder Gefieder (Angora, Wollformen), Milchleistung (Kühe), Eierzahl (Geflügel) und vieles mehr.

Der Vorgang der Domestikation kann wechselseitig verstanden werden, denn viele Haustiere verlangen zu ihrer gesicherten Futterversorgung die Sesshaftigkeit

Tabelle 3.6. Ursprung einiger Haustierarten. Nach verschiedenen Quellen.

Haustier	Wildform	Domestikationsgebiet	Zeitpunkt (v. Chr.)
Hund	Wolf	Nördliche Hemisphäre	14.000
Schaf	Wildschaf	Südeuropa, Vorder-, Mittelasien	9.000
Indisches Rind	Wildrind	Indien	9.000
Ziege	Bezoarziege	Europa, Mittelasien	8.000
Schwein	Wildschwein	Balkan, Vorderasien	7.000
Europäisches Rind	Auerochse	Balkan, Kleinasien	6.500
Pferd	Wildpferd	Eurasien	4.000
Esel	Wildesel	Ägypten	4.000
Dromedar	Wilddromedar	Naher Osten	4.000
Kamel	Wildkamel	Zentralasien	4.000
Wasserbüffel	Wilder Wasserbüffel	Indien	3.000
Huhn	Bankivahuhn	Indien	3.000
Lama, Alpaka	Guanako	Andines Südamerika	2.000
Yak	Wildyak	Tibet	1.000

des Menschen oder gezieltes Wandern wie bei heutigen Hirten oder Nomaden. Parallel mit der Haustierwerdung vieler Arten wurden also auch die Menschen sesshaft. Hierdurch erklärt sich auch, dass die menschliche Haustierhaltung länger belegt ist als die Kulturpflanzenzüchtung. Im Unterschied zu den Nutzpflanzen, deren Ursprungsgebiete sich mehr oder weniger über die ganze Welt verteilen, ist bemerkenswert, dass die meisten Nutztiere aus dem eurasischen Raum stammen und die Neue Welt bzw. die südlichen Kontinente keinen wesentlichen Beitrag leisten (Tabelle 3.6).

Neben diesen klassischen Haustieren gibt es eine beginnende **haustierähnliche Nutzung** bei Elch, Elenantilope, Moschusochse, Damwild und anderen großen Weidegängern. Nerz, Nutria und Chinchilla, Waschbär, Rotfuchs (Zuchtform Silberfuchs) und Eisfuchs (Zuchtform Blaufuchs) werden seit kurzem als Pelztiere

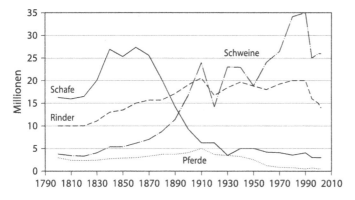

Abb. 3.16.
Veränderung des
Viehbestandes in
Deutschland. Nach
Henning (1978),
ergänzt durch FAO.

gehalten. Goldhamster, Wanderratte (Zuchtform weiße Ratte) und Hausmaus (Zuchtform weiße Maus) werden vor allem als medizinische Versuchstiere gehalten.

Für einige Siedlungen sind aus archäologischen Grabungen die damaligen Haustiere gut bekannt. Nahe der Wesermündung war im germanischen Dorf **Feddersen Wierde** vom 1. Jahrhundert v. Chr. bis zum 4. Jahrhundert n. Chr. das Hausrind wichtigstes Nutztier. Es trug mit 50 % der Individuen und fast 70 % des Fleischertrages am meisten zur Fleisch- und Milchversorgung bei. Schafe waren zahlreich (30 %), machten aber nur 7 % des Fleischertrages aus, während die 11 % Pferde 22 % zur Fleischversorgung beitrugen. 10 % der Haustiere waren Schweine (5 % des Fleischertrages), Ziegen kamen nur vereinzelt vor, Enten, Gänse und Hühner fehlten (Reichstein 1991). Das weitgehende Fehlen von Ziegen und die geringe Zahl der Schweine liegt an der waldfreien Umgebung von Feddersen Wierde, denn an anderen Orte wurden auch Schweine und Ziegen in größerer Anzahl gehalten. Die Haltung von Hausgeflügel kam jedoch aus dem römischen Teil Germaniens und setzte sich nur langsam nach Norden durch.

Im mittelalterlichen Europa waren Rind und Schwein wichtige **Fleischlieferanten**, Schafe wurden zwar in großer Zahl gehalten, dienten aber primär der Wollerzeugung und nur sekundär zur Fleischversorgung. Ab 1860 ging mit steigenden Wollimporten aus Australien die Schafhaltung in Europa kontinuierlich zurück, gleichzeitig stieg die Zahl der Schweine. Schweinefleisch verdrängte bald Rindfleisch. Pferde spielen in Europa keine Rolle mehr, seitdem sie durch landwirtschaftliche Maschinen und die Automobilisierung verdrängt wurden. Damit sank auch ihre Bedeutung als Fleischlieferanten (Abb. 3.16).

Weltweit sind Hühner und Rinder die **häufigsten Haustiere**. In den letzten Jahrzehnten hat vor allem die Zahl des Geflügels, aber auch die der Schweine und Ziegen stark zugenommen. Kamen 1962 auf jeden Menschen 1 Säugetier und 1,5 Vögel, so waren es 2002, bei doppelt so hoher Bevölkerung, nur noch 0,7 Säuger, aber 2,8 Vögel. Insgesamt wurde also die Geflügelzucht deutlich ausgedehnt und die relative Bedeutung der Säuger sank. Pro Kopf der Weltbevölkerung steht heute weniger Fleisch zur Verfügung als vor 40 Jahren (Tabelle 3.7).

Tabelle 3.7. Weltweiter Haustierbestand 2002 (Millionen) und Veränderung (%) gegenüber 1962. Nach FAO (www.fao.org).

	Anzahl (Mio.)	Veränderung (%)
Pferde	56	–7
Maultiere	13	18
Esel	40	11
Rinder	1.367	43
Büffel	167	88
Kamele	18	38
Schweine	941	122
Schafe	1.034	4
Ziegen	743	104
Hühner	15.854	292
Enten	1.067	431
Gänse	246	547
Truthahn/Pute	251	122
alle Säugetiere	4.500	53
alle Vögel	17.418	297

Der **Pro-Kopf-Verbrauch an Fleisch** hängt neben der individuellen Wirtschaftslage auch von der Situation der Volkswirtschaft ab und war in Kriegszeiten stets niedrig. Der Energiegehalt von Getreide oder Kartoffeln und Fleisch ist ähnlich, zur Fleischproduktion muss jedoch ein Mehrfaches an Futtermitteln aufgewendet werden, so dass sich mengenmäßig ein Nahrungsverlust ergibt. Hoher Konsum von Fleisch deutet also auf eine günstige wirtschaftliche Situation, sinkender oder niedriger Verbrauch auf ökologische oder ökonomische Krisen hin (Tabellen 3.2 und 3.8).

Zur Produktion von Fleisch müssen die Haustiere mit **Futtermitteln** aufgezogen werden, die meist hierfür großflächig angebaut werden. In den USA ist dies

Tabelle 3.8. Ungefährer Anteil einzelner Haustiere an der Fleischversorgung Deutschlands (%). Nach verschiedenen Quellen.

	12. Jahrhundert	1800	1900	2000
Rind	60	53	38	35
Schwein	18	33	55	53
Schaf / Ziege	12	13	4	1
Wildbret	10	1	1	1
Geflügel	1	1	2	10

vor allem Mais, in Europa sind es Gerste, andere Getreidearten und Kartoffeln, neuerdings vermehrt Mais. Daneben werden immer mehr Futtermittel (z.B. Soja) aus der Dritten Welt importiert, wo ihr Anbau und Export zwar Devisen bringt, diese Landfläche aber der eigenen Nahrungsmittelproduktion fehlt, so dass u. U. Nahrungsimporte nötig werden (Kap. 3.5).

Die Umwandlung von pflanzlicher in tierische Substanz (**Veredelung**) ist ein Vorgang, der mit Biomasse- und Energieverlusten verbunden ist, da statt der pflanzlichen Primärproduktion die Sekundärproduktion des Pflanzenfressers genutzt wird. Ein Rind benötigt ca. 6 kg Futtergetreide, um 1 kg Fleisch anzusetzen, ein Schwein 2–3 kg, ein Huhn 2 kg. Ein hoher Verbrauch von Fleisch ist daher ein Luxus, den sich nur Industrieländer leisten können. Dementsprechend ist in den meisten Industriestaaten die Hälfte des Proteinanteils der Nahrung tierischer Herkunft, in den Entwicklungsländern oft nur 10–20 %. Der durchschnittliche Fleischverbrauch pro Einwohner lag 2001 in den USA bei 122 kg, in den meisten europäischen Staaten zwischen 70–100 kg, in China bei 51 kg, in Afrika bei 15 und in Indien bei lediglich 5 kg.

Gleichzeitig ist hier auch ein großer züchterischer Anreiz gegeben, durch Verbesserung der **Nutzungseffizienz** der Tiere diese Veredlungsverluste zu minimieren. Ein Ziel der Tierzüchtung ist es daher, die Effizienz zu steigern, mit der Haustiere ihre Nahrung aufnehmen und in eigene Produkte (Fleisch, Fett, Milch, Eier) umsetzen. Diese Assimilierungseffizienz ist unterschiedlich und hängt von Rasse, Futterqualität, Haltungsbedingungen usw. ab. So benötigten Schweine der Deutschen Landrasse B durchschnittlich 2,5 Futtereinheiten, um ein Äquivalent Körpermasse zu produzieren (Futterverwertung 1 : 2,5), d.h. sie wiesen einen Ausnutzungsgrad von 40 % auf. Im Vergleich zu 1975 (Werte um 1 : 3) ist dies eine beachtliche Effizienzsteigerung. Geflügel hat einen Assimilationskoeffizienten von 1 : 2 erreicht (1960 1 : 3). Freilebende Wildtiere weisen oft nur Ausnutzungsgrade von 2 % auf, d.h. eine gezielte Zucht, die massive Bewegungseinschränkung der Haustiere und ein hochwertiges Futter haben bemerkenswerte Effektivitätssteigerungen ermöglicht. Haustiere haben daher einen längeren Darm als ihre Wildform, Leber, Herz und Niere sind hingegen kleiner.

Hochwertiges Tierfutter besteht in optimierter Zusammensetzung aus Nährstoffen (Protein, Kohlenhydrat, Fett) sowie Zusätzen wie Vitaminen und Spurenelementen. Daneben enthält Futter diverse Hilfsstoffe: Antioxidantien verhindern Zersetzungsprozesse z.B. bei Fisch- oder Tiermehl und werden meist als Ascorbinsäure (Vitamin C), Tocopherole (Vitamin E), Ethoxiquin, Buthyl-hydroxy-toluol, Butyl-hydro-anisol oder Gallate beigegeben, Aromastoffe machen das Futter z.B. für Jungvieh attraktiv, Emulgatoren bewirken Wasserlöslichkeit des Futters bei hohem Fettanteil, Farbstoffe wie Karotinoide im Hühnerfutter färben den Eidotter gelb, Fließhilfsmittel verhindern ein Verklumpen (meist Siliziumverbindungen oder Stearate), Presshilfsstoffe ermöglichen ein Pressen zu Futterpellets (meist Aluminiumsilikate, Zellulosederivate oder Ligninsulfonate) und Konservierungsstoffe ermöglichen eine längere Haltbarkeit.

Antibiotika dürfen in der EU seit einigen Jahren dem Futter nicht mehr beigemischt werden. Noch in den 1980er Jahren wurde rund die Hälfte der Antibiotikaproduktion Deutschlands oder der Schweiz verfüttert. Medikamentenrückstände im Schlachtfleisch kamen regelmäßig vor und die Entstehung von Antibiotikaresistenzen wurden gefördert. Nach wie vor enthalten aber viele Futtermittel Antiparasitica, da z.B. bei intensiver Geflügelhaltung bestimmte Parasiten kaum vermeidbar sind. Desgleichen dürften solche Futterzusätze außerhalb Europas weit verbreitet sein. Seit 1988 ist es in der EU verboten, Nutztiere mit Hormonen zu behandeln, da diese für den Menschen karzinogen sind. Desgleichen ist es verboten, Schlachttiere vor dem Transport zum Schlachthof mit Psychopharmaka ruhig zu stellen.

Die moderne **Tierzüchtung** hat viele Haustiere stärker verändert als die ungerichtete Selektion der letzten Jahrtausende und ihre Leistungen wurden in den letzten Jahrzehnten deutlich gesteigert (Tabelle 3.9). Oft ist die Tierzucht aber einseitig auf einen Faktor ausgelegt worden, ohne das Tier als ganzes zu betrachten. So galt in der Schweinezucht lange das Zuchtziel, fettarmes Fleisch zu züchten, bis der Fettgehalt unter einem Prozent und das Fleisch zu trocken war. Seit den 1980er Jahren wird wieder auf einen ausgewogenen Fettgehalt hin gezüchtet. Beim Rind wurde einseitig auf Milchleistung gezüchtet. Der Erfolg war bemerkenswert, die Nutzungsdauer der Kühe sank aber von 6 Jahren auf 3½ Jahre (Abb. 3.17).

Intensive Tierproduktion findet heute unter industriellen Bedingungen mit großen Auswirkungen auf die Umwelt (Kap. 8.2) statt. Die **Haltungsbedingungen** für die Tiere sind meist nicht mehr artgerecht, so dass es zu Verhaltensstörungen kommt (z.B. Federrupfen bei Hühnern, Kannibalismus bei Schweinen). So erfolgten in Deutschland über 90 % der Haltung von Legehennen in kleinen Käfigen, 1995 wurde die Mindestfläche auf 450 cm² vergrößert (etwas mehr als eine Seite dieses Buches), aber noch 2003 lehnte Deutschland ein Haltungsverbot in Legebatterien ab. In der Schweiz gibt es hingegen seit 1992 keine Käfighaltung mehr.

Geflügel wird häufig so dicht gehalten, dass es zu gegenseitigen Verletzungen kommt. Hühnern, Enten und Truthühnern werden daher oft Schnäbel und Krallen gekürzt. Kälber erhielten früher eine bewusst eisenarme Flüssignahrung, um das bekannte weiße Fleisch zu produzieren. Inzwischen ist dies in Deutschland, Österreich und der Schweiz verboten. Rindern wird die Schwanzspitze entfernt, um ein gegenseitiges Anbeißen bei zu dichter Haltung zu verhindern (in

Tabelle 3.9. Leistungssteigerung bei Haustieren, Bezugsraum Mitteleuropa. Nach verschiedenen Quellen.

Rind	Schlachtgewicht (kg)	12. Jahrhundert	100–150
		20. Jahrhundert	250–300
	Milchleistung (kg/Jahr)	12. Jahrhundert	250–600
		1910	2200
		1950	2600
		1970	3800
		1980	5000
		2000	6500–7500
	Fettgehalt Milch (%)	1930	3,4
		2000	4,0–4,2
Schwein	Schlachtgewicht (kg)	12. Jahrhundert	<40
		20. Jahrhundert	100
	Wurfabstand (d)	1950	190
		1980	170
		2000	155–160
	geborene Ferkel/Sau und Jahr	1950	17,3
		1988	22,5
		2000	21–25
Huhn	Legeleistung (Eier/Jahr)	1930–1940	ca.100
		1950	120
		1970	216
		1980	243
		2000	260–300

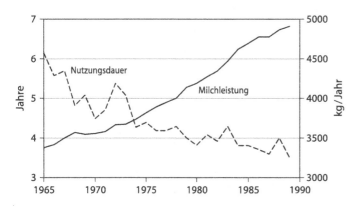

Abb. 3.17.
Nutzungsdauer (Jahre) und Milchleistung (kg/Jahr) bei schweizerischen Milchkühen. Nach Gantner et al. (1991).

> **Box 3.4**
> **Extremzucht**

Durch gezielte Auswahl hat der Mensch schon seit Jahrtausenden Nutz- und Heimtiere für seine Zwecke verändert. Die Grenze zur inakzeptablen Extremzucht gilt dann als überschritten, wenn Organe oder Körperteile in ihrer biologischen Grundfunktion beeinträchtigt sind und mit Schmerzen, Leiden oder Schäden zu rechnen ist.

Zuchtformen bei Hunden, Katzen und Kaninchen mit rundem Kopf, kurzer Schnauze und großen, hervortretenden Augen sind sehr beliebt, da sie aufgrund des Kindchenschemas als niedlich empfunden werden. Solche Tiere neigen jedoch häufig zu Schwergeburten, da die Jungtiere nicht ungehindert durch den Geburtskanal gelangen. Die Folge sind Kaiserschnitt-Entbindungen und eine gesteigerte Totgeburtenrate. Die Schnauzen- und Nasenverkürzung führt zu Atem- und Schluckbeschwerden und zu einer Verengung des Tränennasenkanals.

Hochleistungskühe wie die Belgium Blue, die auf hohen Fleischansatz gezüchtet wurden, leiden unter Gebärschwierigkeiten, so dass mit häufigen Kaiserschnitten gerechnet werden muss. Puten sind auf große Brustmuskeln gezüchtet und das Beinskelett kann den Körper nicht mehr tragen. Die Tiere können nicht mehr kopulieren und müssen künstlich besamt werden. Beim schnellen Wachstum der Brathähnchen bleibt das Skelettwachstum zurück, der Knorpel wird missgebildet und viele Tiere können sich nicht mehr oder nur noch unter Schmerzen bewegen. Der hohe Kalkbedarf der Legehennen führt zu Kalkentzug aus den Knochen, so dass gummiartige Knochen oder Knochenbrüche mit entsprechenden Schmerzen „normal" werden.

Viele Mutationen sind für die Tiere negativ, wurden aber gezielt weitergezüchtet. Ein bestimmtes weißes Fellmuster kann beim Hund mit Taubheit gekoppelt sein (Merle-Faktor). Einige Sorten von Rassegeflügel und Ziervögeln werden auf ausgedehnte Federhaubenbildung gezüchtet, was neben einer Sichtbeeinträchtigung auch zu Schädel- und Hirnveränderungen und somit zu Verhaltensstörungen wie Bodenpurzeln oder Zitterhalsigkeit führen kann.

Deutschland und Österreich unter Auflagen erlaubt, in der Schweiz verboten). Rindern entfernt man auch die Hörner, um gegenseitige Verletzungen zu vermeiden. Schweine werden in den ersten 2–4 Wochen legal ohne Betäubung kastriert. Wenn Tierrassen gezüchtet werden, bei denen hinderliche Eigenschaften vorherrschen, sprechen wir von Extremzucht (Box 3.4).

Während bei der Rinderhaltung noch keine starke Konzentration erreicht wurde, hat die Bestandesgröße bei **Mastschweinen** in der EU in den letzten Jahrzehnten kontinuierlich zugenommen. In manchen Gegenden sind so genannte Tierfabriken so häufig, dass es zu bedenklichen Nebenwirkungen kommt. Berühmt sind einige Landkreise in Niedersachsen, etwa Vechta, Cloppenburg und Oldenburg, in denen die höchste Schweinedichte Europas herrscht (2001 mit 2 Mio. Schweinen und 23 Mio. Stück Geflügel). Die Entsorgungsprobleme (Gülle,

Tierkadaver) sind kaum zu bewältigen (Kap. 8.2) und die Abgasbelastung (u.a. Ammoniak, Methan) hat globale Auswirkungen auf das Klima (Kap. 9.5).

In **nutztierartiger Haltung** werden in Deutschland einige Wildtierarten gehalten, unter ihnen v.a. Strauße, Wildschweine und Damwild. Von letzterem gab es 2003 in Deutschland über 100.000 Tiere in 6000 Gehegen. Auch hier sind die Besatzdichten oft so hoch, dass es zu Beschädigungen der Tiere kommt. Um dies zu verhindern, werden ihnen die Geweihe amputiert, obwohl das Verhaltensstörungen und Erkrankungen verursacht.

Die meisten Tierhalter versuchen also nicht, ihr **Haltungssystem** dem Tier anzupassen, sondern die Tiere dem nicht artgerechten Haltungssystem. Proteste aus Verbraucher- und Tierschutzkreisen haben in den letzten Jahrzehnten die Konsumenten jedoch immer mehr für artgerechte Haltung sensibilisiert (z.B. Gruppenhaltung, genügend große Ställe bzw. entsprechend niedrige Dichten, Auslauf, Bodenstreu usw.). Für den Halter besteht daher etwa durch Labelproduktion ein finanzieller Anreiz, Tiere artgerecht zu halten.

Wie bei der Pflanzenzucht kommt es auch durch die Hochleistungstierrassen zu einer bedenklichen **Abnahme der genetischen Diversität** (Tabelle 3.10). In Deutschland gehören heute 97 % aller Rinder zu 4 Rassen (Schwarzbuntes, Fleckvieh, Braunvieh, Rotbuntes), in der Schweiz machen sogar nur 3 Rassen 97 % aus (Simmentaler Fleckvieh, Braunvieh, Schwarzfleckvieh). 20 weitere Rinderrassen werden kaum noch gehalten und gelten als im Bestand stark gefährdet (Sambraus 1989). Um 1900 gab es noch 60 Rinderrassen. Da die meisten Großtiere künstlich besamt werden, genügen einige männliche Tiere von wenigen Rassen, um eine große Population von Nutztieren zu erhalten. So reichen 5000 Besamungsbullen für über 5 Mio. Kühe, in Einzelfällen kann ein Bulle 100.000 Kälber produzieren. Da die Tierzucht zentral in wenigen Firmen erfolgt, fördert auch dies das Aussterben der Landrassen.

Wenn ein Zuchtbulle eine **Erbkrankheit** an eine große Nachkommenzahl weitergibt, zeigt sich, wie gefährlich diese schmale genetische Basis sein kann. Durch einen aus den USA nach Europa importierten Zuchtstier verbreitete sich das Gen für eine meist tödlich verlaufende Herzkrankheit, welches 1989 bei 44 % aller Besamungsstiere in der Schweiz vorhanden war. Ebenfalls mit einem Zuchtstier aus den USA wurde seit 1984 das Arachnomelie-Syndrom (auch Weaver Disease genannt) in Europa weit verbreitet, eine progressive degenerative Myeloenzephalopathie, das meist zu Totgeburten führt.

In vielen Gebieten der Welt ist kein Ackerbau, aber eine **Beweidung** der natürlichen Vegetation möglich. Viele Steppen- und Halbwüstengebiete können extensiv beweidet werden, Gebirgsweiden zu bestimmten Jahreszeiten sogar intensiv. Viele unserer Haustiere sind in den tropischen Gebieten der Welt nicht so leistungsfähig wie in den temperierten, in denen sie meist gezüchtet wurden. Europäische Rinder erbringen in warmen Gebieten der Welt selbst bei Hochleistungsfutter geringere Erträge. Sie sind daher in wärmeren Gebieten durch die inzwischen weit verbreiteten indischen Zebus und Wasserbüffel ersetzt, die zwar an das Klima gut adaptiert sind, aber keine bedeutenden Leistungen erbringen. Sie sind noch nicht genügend durchgezüchtet worden, vielleicht sind Höchstleistungen unter tropischen Bedingungen auch nicht möglich.

Tabelle 3.10. Beispiele für extrem gefährdete Nutztierrassen in Deutschland, Österreich und der Schweiz. Nach Gesellschaft zur Erhaltung alter und gefährdeter Haustierrassen (www.g-e-h.de), Verein zur Erhaltung gefährdeter Haustierrassen, (www.vegh.at), Pro Specie rara (www.psrara.org).

Nutztierart	Deutschland	Österreich	Schweiz
Rind	Limpurger, Vogtländisches Rotvieh, Murnau-Werdenfelser, Glanvieh, Ansbach-Triesdorfer	Ennstaler Bergschecken, Jochberger Hummeln, Original Braunvieh	Rätisches Grauvieh, Evolèner Rind, Hinterwälder Rind
Schaf	Steinschaf, Waldschaf, Brillenschaf, Leineschaf	Original Steinschaf	Bündner Oberländer Schaf, Engadiner Schaf, Walliser Landschaf
Ziege	Thüringer Waldziege	Pinzgauer Ziege, Tauernscheckenziege,	Appenzeller Ziege, Bündner Strahlenziege, Stiefelgeiß
Schwein	Deutsches Sattelschwein, Bentheimer Schwein	Turopolje Schwein	Schwalbenbändiges Wollschwein
Pferd	Rottaler, Alt-Württemberger, Leutstettener Pferd, Senner, Dülmener	Altösterreichisches Warmblut	
Hund	Großspitz, Altdeutscher Hütehund		Appenzeller Sennenhund, Entlebucher Sennenhund
Kaninchen	Meissner Widder		
Hühner	Augsburger, Bergischer Schlotterkamm, Ramelsloher	Weißes Altsteirerhuhn	Appenzeller Barthuhn, Appenzeller Spitzhaubenhuhn
Enten	Aylesburyente	Haubenente	Pommernente
Gänse	Lippegans, Leinegans, Deutsche Legegans, Emdener Gans		Diepholzer Gans

Häufig ist es daher wirtschaftlicher, die vorhandenen Wildtiere zu fördern und zu nutzen (*game farming*). Dies können Antilopen sein, aber auch Büffel, Strauße, Kängurus oder Elefanten. Interessanterweise sind die Probleme bei *game farming* häufig Vermarktungsprobleme. Viele Afrikaner und Europäer bevorzugen Rindfleisch und akzeptieren kein Wildfleisch. Daher wurde z.B. Antilopenfleisch für den Export als Rindfleisch deklariert oder Kängurufleisch zu Hundefutter verarbeitet.

Das Potential von *game farming* wird am Beispiel der **Serengeti** deutlich. Dort leben 600.000 Gazellen, 350.000 Zebras, 330.000 Gnus und 110.000 weitere Großsäuger, dies entspricht einem Bestand von 1,4 Mio. Tieren auf 30.000 km² oder 250 kg/ha. Jährlich könnten hier 100 kg/ha entnommen werden. Im Unterschied zu Kühen, die Versteppung und Wüstenbildung fördern, übernutzen einheimische Tiere ihre natürlichen Lebensräume nicht. Diese Nutzung ist also nachhaltig und erbringt Flächenerträge die höher als die einer Haustierhaltung sind.

3.2.2
Das Meer als Nahrungsquelle

Über 97 % der menschlichen Nahrung wird auf dem Land erzeugt, zwei Drittel der Erdoberfläche sind aber von Wasser bedeckt. Entgegen der weit verbreiteten Meinung von der Unerschöpflichkeit der Meere ist gerade die Nutzbarkeit dieses größten Teiles der Erde begrenzt. Weite Bereiche der Ozeane sind unfruchtbar und können in ihrer Produktivität mit Wüsten verglichen werden, denn eine **Primärproduktion** erfolgt nur in den obersten Wasserschichten, in die Sonnenlicht eindringt und Photosynthese möglich macht. Algen benötigen zum Wachstum neben Licht aber auch Nährstoffe. Normalerweise sinken diese ab, d.h. die oberen Schichten sind nur dann produktiv, wenn aufsteigende Strömungen Nährstoffe nach oben bringen oder diese durch Flüsse eingeschwemmt werden. Solche fruchtbaren Meeresbereiche sind insbesondere Schelfmeere wie die Nordsee, selten offene Ozeane. In diesen finden sich fruchtbare Bereiche wegen der vorherrschenden Westwinde meist an den Westküsten der Kontinente, um Neufundland, Island, Japan und im Bereich der Beringstrasse (Abb. 3.18).

Nach dem zweiten Weltkrieg wurde die **Meeresfischerei** wieder aufgenommen. Bis Ende der 1980er Jahre wies sie starke Zuwachsraten auf, seitdem stagnieren die in den Weltmeeren gefangenen Mengen (Abb. 3.19). In den letzten Jahrzehnten wurde der Fanganteil der Industriestaaten geringer und der Anteil der Entwicklungsländer, vor allem von China, wurde kontinuierlich ausgebaut. Seit mindestens zwei Jahrzehnten gelten die Weltmeere als übernutzt und es kommt regional regelmäßig zu rückläufigen Fangquoten. Durch immer neuen Einbezug bisher nicht intensiv befischter Gebiete konnten jedoch lokale Fangeinbussen kompensiert werden. Auch wurden statt guter Speisefische vermehrt kleine und direkt für die menschliche Ernährung nicht nutzbare Fischarten gefangen und zu Fischmehl für die Tierernährung verarbeitet ("**Industriefisch**"). Dieser Industriefisch-Anteil betrug in den letzten Jahren 20–30 %. Die qualitative und quantitative Versorgung der Bevölkerung mit Meeresfisch hat sich daher

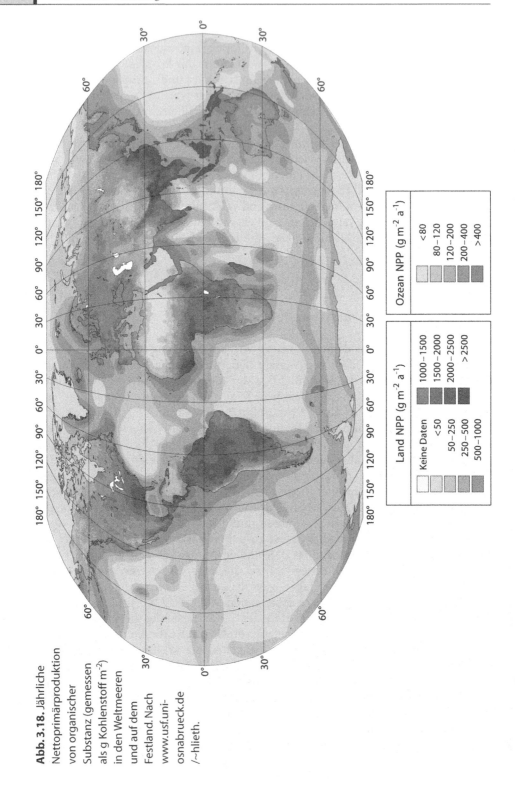

Abb. 3.18. Jährliche Nettoprimärproduktion von organischer Substanz (gemessen als g Kohlenstoff m^{-2}) in den Weltmeeren und auf dem Festland. Nach www.usf.uni-osnabrueck.de/~hlieth.

Land NPP (g m^{-2} a^{-1})

Keine Daten
<50
50–250
250–500
500–1000
1000–1500
1500–2000
2000–2500
>2500

Ozean NPP (g m^{-2} a^{-1})

<80
80–120
120–200
200–400
>400

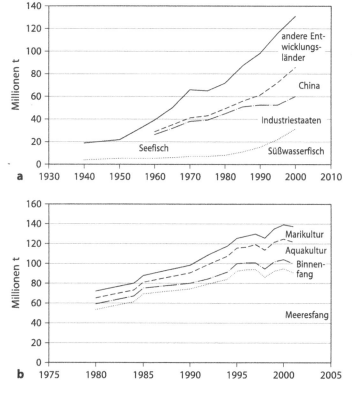

Abb. 3.19. a: Anteil des Fanges von Seefisch und Süßwasserfisch am Weltfischfang sowie Aufteilung des Fangs von Seefisch auf die Industriestaaten, China und die übrigen Entwicklungsländer. **b** Aufteilung der Weltproduktion auf den Fang im Meer und in Binnengewässern sowie auf die Produktion im Meer (Marikultur) und im Süßwasser (Aquakultur). Nach FAO.

kontinuierlich verschlechtert. Da gleichzeitig wegen des Bevölkerungswachstums die Nachfrage nach Fisch stärker wächst als die Erträge, steigen die Preise. Gerade in Entwicklungsländern wird Fisch als traditionell billiges Nahrungsmittel also deutlich teurer.

Analysiert man in einem Meeresgebiet den **Fang einzelner Fischarten**, so sieht man, wie die Erträge schwanken und lokal zusammenbrechen. In der Nordsee waren bereits 1890–1910 Scholle und Schellfisch stark überfischt. 1920 betraf es den Seehecht im Nordatlantik, ab 1930 den Dorsch, ab 1950 den Hering und einige andere Fischarten in immer mehr Regionen. Der Kabeljau wies ausgesprochen niedrige Erträge von 1950–1965 auf, beim Hering verursachte die Überfischung einen erneuten Populationszusammenbruch von 1975–1985, Aal und Flunder waren von 1984–1987 betroffen (Abb. 3.20). Kabeljau und Schellfisch wurden in den 1990er Jahren massiv überfischt, die Bestände von Sprotte und Makrele waren vor dem Zusammenbruch. Die Verlagerung des Fangschwerpunktes auf jeweilige andere Fischarten ermöglicht zwar über Jahrzehnte, die Fischereierträge hoch zu halten, änderte prinzipiell aber nichts am Raubbau. Einige Fischarten wie Lachs, Meerforelle, Schnäpel und Stör haben sich von der Überfischung nicht erholt und galten in den 1980er Jahren in der Nordsee als ausgestorben (Lozan et al. 1990).

Die **Nordsee** ist eines der produktivsten Meeresgebiete der Erde. Die 2,5 Mio. t, die dort gefangen wurden, bedeuten einen durchschnittlichen Fang von 3,4 t/km², dies ent-

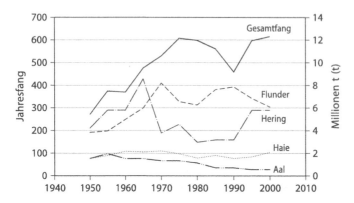

Abb. 3.20. Gesamtfang an Fischen im Nordostatlantik (Mio. t) und von Flundern (mit Heilbutt und Scholle) (in 1000 t), Heringen (mit Sardinen und Anchovis) (in 100.000 t), Haien (und Rochen) (in 1000 t) sowie Aalen (in 100 t). Nach FAO.

spricht dem 20fachen des Durchschnitts der Weltmeere. Binnenseen wie die schweizerischen Mittellandseen oder der Bodensee erbringen ebenfalls Erträge von 2–4 t/km². Zum Vergleich: terrestrische Ökosysteme ermöglichen ungefähr eine 10-mal höhere Fleischproduktion und eine 100-mal höhere Pflanzenproduktion. Dieser Vergleich ist aber nur bedingt richtig, denn bei Getreide wird die Primärproduktion genutzt, bei Rindern die Sekundärproduktion und bei Forellen, die sich überwiegend von Kleinfischen ernähren, sogar die Tertiärproduktion (Kap. 1.1).

Die angespannte Situation auf den Weltmeeren wird auch durch die von einigen Staaten vorgenommene Ausdehnung der **Hoheitsgewässer** von 12 Seemeilen auf eine Wirtschaftszone von 200 Seemeilen (= 370 km) verdeutlicht. Nach der UN-Seerechtskonvention von 1982 gehören nur 12 Seemeilen zum Hoheitsgebiet eines Staates, in der 200-Seemeilen-Grenze haben Staaten aber ein ausschließliches Verfügungsrecht über die Ressourcen. Hierdurch wurden die fruchtbarsten Meeresgebiete zu nationalen Gewässern deklariert und Konkurrenz von ihrer Nutzung ausgeschlossen. Manchenorts eskalierte der Kampf um die Fischereirechte zu einem Fischereikrieg, etwa als Kriegsschiffe von Peru, Ecuador oder Island bis in die 1980er Jahre immer wieder ausländische Fangschiffe, die diese Grenzausweitung nicht akzeptierten, beschlagnahmten. 1982 wurden durch eine Seerechtskonvention alle nationalen Wirtschaftszonen auf 200 Seemeilen ausgeweitet und den Staaten ein Besitzrecht an ihren Fischbeständen eingeräumt. Zumindest in dieser Zone gilt nationales Recht und Schutzmaßnahmen können verwirklicht werden. Zuvor war die Hochseefischerei ein weitgehend rechtsfreier Raum, bei dem nach dem Grundsatz gehandelt wurde, „wer zuerst kommt, fängt zuerst". Jetzt war es z.B. möglich, in amerikanischen Gewässern die japanische Thunfischerei mit 30 km langen Treibnetzen (Kap. 10.2.2), in denen „unbeabsichtigt" Delphine in großer Zahl ertranken, zu verbieten.

Die Nutzung der Ozeane basiert immer noch auf einer **Jäger- und Sammlermentalität**, die einen geringen Ertrag erwirtschaftet und bei einer Steigerung des Aufwandes Gefahr läuft, einzelne Arten auszurotten. Daneben haben die Ozeane eine wichtige Funktion als globaler Sauerstoffaustauscher und zur Fixierung von CO_2. Sie werden als Transportmedium und Müllkippe (auch für Sondermüll, Atommüll und andere problematische Stoffe) verwendet, sollen eine mögliche zukünftige Rohstoffquelle sein und werden zur Erholung genutzt. Seit langem sind jedoch die negativen Auswirkungen dieser sich widersprechenden Verwendungen offensichtlich und es ist klar, dass die verschiedenen Nutzungsszenarien nicht parallel betrieben werden können.

Neben Fischen produziert das Meer auch andere mögliche Nahrungsmittel, vor allem **Wirbellose**. Weltweit wurden 2001 neben 70 Mio. t Seefisch noch 27 Mio. t Cephalopoden (Tintenfische), Mollusken (Muscheln und Schnecken) und Crustaceen (Krebstiere) gefangen. Die weltweit nutzbare marine Produktion wird auf 350 Mio. t jährlich geschätzt. Die derzeit hiervon gefangenen 100 Mio. t sind also nur knapp 30 % der Jahresproduktion und bestehen überdies zu fast einem Drittel aus Fischmehl, das als Futtermittel verwendet wird. Wendet man sich von den Fischen als Endglieder der marinen Nahrungskette weg zu Organismen auf niedrigerem trophischen Niveau, so ist die mögliche Ernte bedeutend höher. Dies gefährdet jedoch einen gleichzeitig hohen Fischfang, denn durch den vermehrten Wegfang von Fischfuttertieren wird den Fischen die Nahrungsbasis entzogen, so dass ihr Fanganteil sinkt. Da ferner die gefangenen Kleintiere vom Menschen nicht direkt genutzt werden können, sondern als Viehfutter veredelt werden, reduziert sich über diese Veredelungsverluste die Wirtschaftlichkeit erneut. Insgesamt ist es also nicht sinnvoll, vermehrt Kleintiere zu fangen.

Ein gutes Beispiel für diese Überlegungen bietet der **antarktische Krill** (Euphausiidae), Krebse von 4–6 cm Körperlänge, die in den 1970er Jahre als Alternative zum Fisch diskutiert wurden. Schätzungen vermuteten Jahreserträge von über 60 Mio. t, diese sind aber deutlich zu hoch angesetzt (Jauch 1978). Probleme gibt es bei der Verarbeitung des Krills, da das Fleisch mit dem Panzer verwachsen ist. Krill muss daher zu Futtermittel zermahlen werden. Mit einem Proteingehalt von 20 % (viele essentielle Aminosäuren), einem Fettgehalt von 3 % sowie hohem Vitamingehalt wäre Krill ein wertvolles Nahrungsmittel. Die Nutzbarkeit von Krill war jedoch in einer ersten Euphorie überschätzt worden. Denn in den kalten antarktischen Gewässern ist das Wachstum der Krebse langsam. Krill ist zudem Nahrung für Fische, Wale, Robben, Pinguine und andere Vögel (Abb. 3.21). Sie fressen 50–80 % des Krills und sind in hohem Maß auf ihn angewiesen. Der Fang von Krill führt also zu Populationseinbußen bei diesen Tiergruppen und zur Reduktion der Fangerträge bei Fischen.

Seit langem zeigt der **Walfang** (Box 3.5), wie sich die übermäßige Bejagung einzelner Glieder der Krill-Nahrungskette auswirken kann. Der Wegfang der großen Bartenwale (besonders Finnwal, Buckelwal und Blauwal), die sich weitgehend von Krill ernährten, machte große Bestände der Krebse für andere Tiere verfügbar. Dies waren Pinguine und andere Seevögel, deren Populationen in den letzten Jahrzehnten deutlich angewachsen sind. Der Mensch hat also eine Verschiebung zu seinen Ungunsten erreicht, denn Pinguine sind schlechter nutzbar als Wale.

Mit der Überfischung der Meere hat sich die Fischereiwirtschaft fast zwangsläufig zu immer kleineren Fischen und Arten, die vom Menschen nicht direkt genutzt wurden, sowie anderen Tiergruppen (wie Krill, Seesterne usw.) zugewandt.

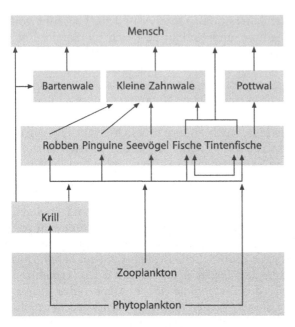

Abb. 3.21. Schematische Darstellung der Nahrungsbeziehungen im antarktischen Ozean und Position des Menschen. Die Pfeile zeigen die Richtung des Energieflusses an.

Diese und die Abfälle der Speisefischindustrie werden als Industriefisch bezeichnet und einer Verwendung als **Vieh- oder Fischfutter** zugeführt. Dabei wird das Rohmaterial zerkleinert, gekocht und sterilisiert. Aus diesem Material presst man nun Wasser und Öl ab, dann wird es getrocknet und zermahlen. Fischmehl ist ein eiweißreiches Kraftfutter für die Vieh- und Fischwirtschaft. Fischöl wird in großen Mengen von der Margarine-Industrie benötigt, wird aber auch zur Produktion von Seifen, Klebstoffen, Schuhcremes, Ölfarben, Kerzen, Linoleum usw. verwendet. Da für die Industriefisch-Produktion keine Rücksicht auf einzelne Fischarten oder ihre Größe genommen werden muss, ist die Verlockung zum Raubbau groß, und die Industriefischproduktion stieg lange Zeit in dem Ausmaß, in dem die Speisefisch-Bestände ruiniert wurden.

Eine Alternative zum konventionellen Fischfang im Meer oder in Binnengewässern ist daher die Zucht von Fischen, Krebstieren und Weichtieren in intensiven Bewirtschaftungsanlagen. Bei Süßwasseranlagen sprechen wir von **Aquakultur**, bei Meeresorganismen von **Marikultur**. Aquakultur erfolgt meist in Teichanlagen, Marikultur unter halbnatürlichen Verhältnissen in abgetrennten Meeresteilen oder in schwimmenden Drahtkäfigen. Da der Kontakt mit dem freien Wasserkörper des Meeres neben Vorteilen (Entsorgung der Abfälle, Frischwasserzufuhr) auch Nachteile bietet (Infektionsrisiko, Belastung der Umwelt mit den Abfällen) werden zunehmend geschlossenen Tanksysteme gebaut. Bei entsprechendem technischen Aufwand ist sogar ein geschlossener Wasserkreislauf möglich, so dass die Umweltbelastung deutlich minimiert werden kann. Aqua- und Marikultur stellen eine sinnvolle Alternative zum Fischfang dar, zumal wenn dieser wegen Übernutzung rückläufig ist. Diese Kulturmethoden haben daher das Potential, die Versorgung mit Fisch zu sichern und senken den

▶ **Box 3.5**
Walfang

Der Walfang ist ein besonders trauriges Kapitel für die Übernutzung einer Tierart. Nachdem ab den 1930er Jahren große Fabrikschiffe zur Verfügung standen, wurden immer mehr Wale gefangen und die Walfangflotten großzügig ausgebaut. Als dann die Bestände der Blauwale zusammenbrachen, wurden als Ersatz Finnwale gefangen, als dieser Ertrag abnahm, die kleineren Seiwale und schließlich Pottwale. Seit Beginn der 1970er Jahre war der Gesamtfang trotz Einsatzes modernster Schiffe mit immer stärkeren Maschinen, besseren Ortungssystemen und Jagdwaffen rückläufig. Der Walfang wurde daraufhin streng reglementiert und auf eine Obergrenze von 15.000 Blauwaleinheiten jährlich festgelegt (1 Blauwaleinheit entspricht 2 Finnwalen, 2,5 Buckelwalen oder 6 Seiwalen). Diese Fangquote konnte jedoch in den 1980er Jahren nicht erreicht werden und war auch für eine langfristige Nutzung zu hoch. Ab 1985 wurde daher der kommerzielle Walfang verboten und nur ein geringer Fang (immerhin noch über 2000 Wale jährlich) zu wissenschaftlichem Zweck erlaubt. Einzelne Bestände erholten sich wieder etwas, so dass 1993 einige Staaten wie Norwegen und Japan den Walfang in begrenztem Umfang wieder aufnahmen.

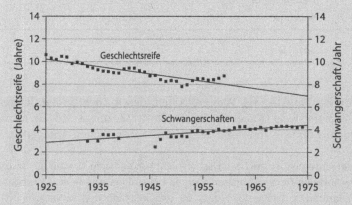

Bei einem streng geregelten und kontrollierten Walfang ist es möglich, dass Wale vernünftig bewirtschaftet werden könnten (Beddington u. May 1983). Wale können unter Bejagungsdruck ihre Geschlechtsreife vorverlegen (beim Zwergwal von den 1930er Jahren bis in die 1960er Jahren von 16 auf 7 Jahre, beim Finnwal von 11 auf 9 Jahre) und die Zahl der Jungen erhöhen (z.B. Reproduktion fast jedes zweite statt jedes vierte Jahr wie beim Finn- und Blauwal; s. Abb.). Die Walproduktion der Meere kann also bei moderatem Walfang gesteigert und langfristig hoch gehalten werden.

Nutzungsdruck, der auf den Gewässern lastet. Eine genaue Analyse der Fangquoten zeigt, dass seit 1995 eine Produktionssteigerung nur durch Aqua- und Marikultur erreicht wurde, während die Fänge aus dem Meer rückläufig waren (Abb. 3.19).

Inzwischen sind für zunehmend mehr marine Arten die Bedingungen bekannt, unter denen sie wirtschaftlich gehalten werden können. In Europa werden über 30 Meeresfischarten gehalten, wenn auch nur wenige dominieren (v.a. Lachs

Tabelle 3.11. In Europa in Marikultur produzierte Meerestiere (Stand 2000, in 1000 t). Nach www.marikultur.info.

		Jahresproduktion (1000 t)
Fische	Lachs	460
	Regenbogenforelle	140
	Brasse	57
	Seebarsch	43
	Steinbutt	5
	Thunfisch	4
	Meeräsche	3
	sonstige	4
Weichtiere	Miesmuscheln	550
	Austern	149
	Teppichmuschel	63
	Herzmuschel	5
	sonstige	2
Krebstiere	Garnelen	1

und Regenbogenforelle, Tabelle 3.11). Weitere Arten, deren Zucht in den letzten Jahren anlief, sind beispielsweise Kabeljau, Aal, Heilbutt, Seezunge und Stör. Etwa 10 % der Marikulturproduktion stammen derzeit aus europäischen Anlagen.

Moderne Zuchtverfahren haben auch vor Fischen nicht halt gemacht. Um nur die besonders wüchsigen weiblichen Tiere zu erhalten, werden bei einigen Arten junge Weibchen mit männlichen Hormonen gefüttert, so dass sie sich in Männchen verwandeln, deren Sperma jedoch nur weibliche Tiere produziert. Für diese reinen Weibchenbestände wird das Gewicht der Tiere erhöht, indem man befruchtete „Nur-Weibchen-Eier" einem Temperaturschock aussetzt, so dass ein triploider Chromosomensatz entsteht. Die Tiere sind dann zwar steril, wachsen jedoch zu kräftigen Fischen heran, die keine Energie in die Produktion von Geschlechtsorganen „verschwenden". Wenn man dann noch das Fleisch von Regenbogenforellen durch karotinoidhaltiges Futter färbt, kann man sie als „Lachs"forellen vermarkten.

Aquakultur (Teichwirtschaft) ist in Ländern wie Japan, Indonesien und China weit verbreitet und basiert hauptsächlich auf verschiedenen Karpfenarten. Bei intensiver Haltung werden Erträge bis 6 t/ha erwirtschaftet. Die Teichwirtschaft in Mitteleuropa bringt wegen der niedrigeren Wassertemperatur und der oft extensiven Haltung nur 1–4 t/ha. Dennoch produziert die Fischzucht in Deutschland derzeit mit 16.000 t Karpfen und 22.000 t Forellen ein Vielfaches der rückläufigen Fluss- und Seenfischerei.

Während warmblütige Säugetiere und Vögel im Rahmen ihres Betriebsstoffwechsels einen Großteil ihrer aufgenommenen Energie zur Aufrechterhaltung einer hohen Körpertemperatur benötigen, verbrauchen Fische fast die Hälfte ihrer Energie für die Atmung. Beide Tiergruppen nutzen ca. ein Drittel der Futterenergie für ihren Zuwachs. Fische sind im Unterschied zu Säugern und Vögeln auf einen hohen Proteinanteil in ihrer Nahrung mit vielen essentiellen Aminosäuren angewiesen. Hohe Fischerträge sind daher nur mit einem großen Anteil von Fischmehl im **Fischfutter** möglich, benötigen also einen hohen Anteil an Industriefischfang (Nellen 1983), oder sie erfordern eine spezialisierte Futterproduktion auf biotechnologischer Basis.

Der **Energieeinsatz** (also der Erdölverbrauch) zur Herstellung von Süßwasserfisch oder Schweinefleisch ist gleich und beträgt ca. 15 L pro kg erzeugten Eiweiß, d.h. 3 L pro kg Fisch. Das Verhältnis zwischen eingesetzter und erhaltener Energie ist jedoch beim Fischfang genauso ungünstig wie bei der Fischzucht und es müssen 35 Energieeinheiten Erdöl eingesetzt werden, um eine Energieeinheit Fisch zu erzielen (Kinne 1982, Costanza 1991). Energetisch weist die Fischereiwirtschaft also wie die Tierzucht eine Negativbilanz auf, während der Pflanzenbau meist über eine positive Energiebilanz verfügt (Kap. 3.1.2).

Der Weltfischfang wird mit zwei Typen von **Fangflotten** betrieben, den großen, hochseegängigen Fangschiffen und den kleinen Fischerbooten, die überwiegend küstennah operieren. Dabei stehen eine 0,5 Mio. Fischer der Großfischerei 12 Mio. Kleinfischern gegenüber, beide Gruppen erwirtschaften je 25–30 Mio. t Fisch, die Großfischerei außerdem die gleiche Menge an Industriefisch. Der Kapitalbedarf pro Arbeitsplatz ist bei den Großschiffen über 100-mal so hoch wie bei den kleinen Schiffen, der Energieaufwand 10-mal so hoch, die energetische Bilanz der Kleinen letztlich mindestens 5-mal besser. Pro Million $ Kapitalinvestition werden bei der Großfischerei 5–30 Arbeitsplätze gesichert, bei der Kleinfischerei 500–4000 (IUCN et al. 1991).

3.3
Neue Möglichkeiten der Nahrungsgewinnung

3.3.1
Neue Nutzpflanzen

Es gibt eine große Zahl **potentieller Nutzpflanzen**, deren Nutzbarkeit noch nicht in die Praxis umgesetzt wurde (Myers 1983). Vor allem die tropischen Regenwälder bergen weitgehend unbekannte Schätze. Brücher (1977, 1979) erwähnt allein aus wenigen Pflanzenfamilien Südamerikas hunderte nutzbare Pflanzen, die sich für eine pflanzenzüchterische Verbesserung eignen würden. Die Pejibay-Palme (*Bactris gasipaes*) liefert pro Hektar mehr Stärke, Eiweiß und Öl als Mais unter gleichen Bedingungen. Arten der Gattung *Acrocomia* oder *Orbignya* liefern hochwertige Fette und Öle. Bei den Mimosaceae und Fabaceae finden sich viele Arten mit nutzbaren Früchten. Erwähnt seien nur die vielen Arten in den Gattungen *Lupinus* (Lupinen) oder *Phaseolus* (Bohnen), von denen bisher nur wenige Arten genutzt sind. In allen Fällen sind züchterische Arbeiten nötig (Zucht auf dünneres Endosperm, Samenlosigkeit, niedrigen Wuchs, Freiheit von Bitter- und Giftstoffen o.ä.). Allerdings sind die Bemühungen um eine züchterische Verbesserung potentieller Nutzpflanzen leider gering.

Spezielle **Süßkartoffelsorten**, die in den 1980er Jahren züchterisch bearbeitet wurden, können Luftstickstoff binden. Diese Erkenntnis ist sensationell, da außerhalb der Hülsenfrüchte vergleichbare Verhältnisse bisher bei Nutzpflanzen unbekannt waren. Die neuen Sorten zeichnen sich durch Erträge von 40 t/ha aus, die auf ungedüngten Böden in weniger als 4 Monaten erbracht werden. Der Kartoffelanbau in Europa erbringt ähnliche Erträge, setzt jedoch eine intensive Bewirtschaftung voraus. Für die nächsten Jahre ist ein verstärkter Anbau dieser Süßkartoffeln in Afrika und Lateinamerika geplant.

3.3.2
Biotechnologische Verfahren und synthetische Nahrung

Viele Mikroorganismen benötigen zur Gewichtsverdopplung weniger als eine halbe Stunde. Eine Kuh von 500 kg produziert pro Tag 500 g Protein. 500 g Hefe produzieren im gleichen Zeitraum jedoch 50 t Protein. Diese Beispiele zeigen, dass Mikroorganismen und Einzeller höheren Organismen bezüglich mengenmäßiger Produktion überlegen sind. Mit **biotechnologischen Verfahren** können solche Organismen daher auch zur Produktion von Nahrungs- bzw. Futtermitteln eingesetzt werden.

Biotechnologische Verfahren nutzen Stoffwechselwege von **Mikroorganismen**, die viele Substrate aufarbeiten und umsetzen können. Zum Teil handelt es sich hierbei um klassische Verfahren, mit deren Hilfe Wein, Bier, Essig, Milchprodukte, Sauerteig, Sauerkraut usw. hergestellt werden, zum Teil. werden in modernen Verfahren eine Vielzahl organischer Stoffe hergestellt: Aminosäuren und Proteine, organische Säuren, Alkohole, Enzyme, Vitamine usw. Mikroorganismen werden auch eingesetzt, um Produktionsrückstände der Kohle-, Erdöl- und chemischen Industrie zu nutzen und über den Umweg als Viehfutter für die menschliche Ernährung zu verwenden.

> Ausschlaggebend für den Erfolg biotechnologischer Verfahren ist neben technischen Aspekten die Verwendung von Mikroorganismen, die für den jeweiligen Zweck optimiert wurden. Daher wird bei Wildstämmen geeigneter Arten durch Bestrahlung oder mit chemischen Substanzen die Mutationsrate erhöht. Dann werden diejenigen Stämme selektiert, die ein Substrat am besten abbauen oder ein Produkt am schnellsten herstellen können. Solche **Hochleistungsstämme** sind den Hochleistungssorten bei Tieren und Pflanzen vergleichbar. Daneben werden heute immer mehr gezielt anwendbare gentechnische Methoden eingesetzt (s. unten).

Anfangs des 20. Jahrhunderts wurden *Candida*-Hefen eingesetzt, um die Rückstände der Zuckerindustrie in **Biomasse** mit hohem Proteingehalt umzuwandeln. In den 1930er Jahren wurden Verfahren entwickelt, um Restzucker im Abwasser der Zellstoffindustrie mit *Candida*-Hefen zu nutzen. Der Proteingehalt der

Hefebiomasse ist mit 40 % hoch, und ihre Aminosäurezusammensetzung entspricht weitgehend der von Fleisch und Milchprodukten. Daneben weisen Hefen einen hohen Vitamingehalt auf, so dass sie hochwertige **Futtermittel** ergeben. Heute werden mit Zuchtstämmen von *C. utilis* und *C. tropicalis* v.a. kohlenhydrathaltige Abfälle aus der Lebensmittelproduktion, aber auch aus der Holz- und Zellstoffindustrie genutzt. Auch wird daran gearbeitet, zellulosehaltige Substanzen wie Stroh oder Altpapier mit Pilzen aufzuarbeiten, die Zellulose spaltende Enzyme haben. Andere *Candida*-Hefen verwenden flüssige Kohlenwasserstoffe zum Biomasseaufbau, d.h. sie können Erdölderivate abbauen.

> Neben Pilzen können auch Bakterien zur **Eiweißproduktion** eingesetzt werden. Interessant sind vor allem methylotrophe Bakterien, die Methan oder Methanol nutzen. Als autotrophe Organismen vermögen sie mit Sonnenlicht Kohlenstoff aus dem CO_2 der Luft zu gewinnen. In Massenkulturen werden vor allem Mikroalgen (*Chlorella, Scenedesmus*) und fädige Blaualgen (*Oscillatoria, Spirulina*) verwendet, die in großen Rundbecken gehalten werden. Um den hohen CO_2-Bedarf einer wachsenden Kultur zu decken, können Industrieabgase eingesetzt werden, desgleichen kann die Wassertemperatur durch Einleitung von Abwärme in einen optimalen Bereich angehoben werden. Diesen Verfahren kommt jedoch noch keine großtechnische Bedeutung zu.

Algen weisen einen hohen Protein- (35 % und mehr im Trockengewicht) und Fettanteil (3–15 %) auf. Daher könnte mit Algenkulturen auch das Problem begrenzter Flächenerträge weitgehend gelöst werden. So ist auf einem Weizenfeld in Mitteleuropa in den Körnern eine Produktion von 0.4 t Rohprotein/ha bei einem Kornertrag von 8 t möglich. Die eiweißreichere Sojapflanze produziert rund 1 t Rohprotein/ha. Algen hingegen produzieren in Mitteleuropa 16–18, in den Tropen bis 25 t Rohprotein/ha.

Die **Aminosäurezusammensetzung** von so produzierten Proteinen entspricht weitgehend der menschlichen Nahrung, oft fehlen jedoch essentielle Aminosäuren. Vor allem Lysin und Glutamin werden daher in großem Maßstab mikrobiell hergestellt, um den Nährwert von Tierfutter und menschlicher Nahrung zu erhöhen. *Corynebacterium glutamicum* produziert in 2 verschiedenen Stämmen Lysin oder Glutamin im Überschuss. Wichtig ist hierbei, dass in biotechnischen Verfahren nur das biologisch verwendbare L-Isomer produziert wird, während bei chemischen Synthesen D- und L-Isomere zu je 50 % hergestellt werden.

Viele Mikroorganismen produzieren beachtlichen Mengen von **Enzymen**. Bakterien und Pilze können aus Stärke und Zellulose Amylasen, Pektinasen und Zellulasen herstellen, die bei der Stärke- und Zuckerverarbeitung z.B. in Brennereien und Brauereien, bei der Glukose- und Sirupherstellung, der Frucht- und Fruchtsaftverarbeitung sowie der Zubereitung von Pflanzenextrakten und Gemüsehydrolysaten wichtig sind. Lipasen aus Hefen sowie das Labferment, das mit verschiedenen Pilzen aus Milch gewonnen wird, sind bei der Käseherstellung von Bedeutung. Schließlich gibt es eine Reihe von Bakterien und Pilzen, die auf einem proteinreichen Substrat Proteinasen ausscheiden, welche u.a. in der Fleischverarbeitung, bei der Käsereifung, zur Trübstoffentfernung aus Wein und Bier und zur Saucenherstellung eingesetzt werden.

Schleimbildende Bakterien wie das Milchsäurebakterium *Leuconostoc mesenteriodes* produzieren in einer saccharosehaltigen Kulturflüssigkeit ein Enzym, das Rohrzucker in Fructose und Glukose spaltet und letztere zu Dextran polymerisiert. Dextran wird in der Lebensmittelindustrie, aber auch als Blutplasma-Ersatz in der Medizin, in der Kosmetik und in der chemischen Industrie eingesetzt. **Polysaccharide** aus Algen (Alginate) werden von der Nahrungsmittelindustrie als Zusatz- und Bindemittel (z.B. in Puddings, Eis, Milchprodukten, Suppen, Saucen usw.) verwendet. Agar-Agar ist zudem ein beliebter Nährboden für Kulturen von Mikroorganismen.

Einige **Vitamine** werden heute chemisch synthetisiert, andere werden überwiegend mit Mikroorganismen gewonnen. So produzieren die Pilze *Ashbya gossypii* und *Eremothecium ashbyii* Vitamin B_2 (Riboflavin), das bis zu 30 % ihrer Trockensubstanz ausmachen kann. Vitamin B_{12} (Cobalamin) wird von den Propionsäurebakterien *Propionibacterium shermanii* und *P. freudenreichii* in hoher Konzentration hergestellt. Vor allem vitaminarme Nahrungsmittel können so vitaminisiert werden, d.h. Vitaminmangelkrankheiten werden vermieden.

Unter **synthetischen Nahrungsmitteln** versteht man häufig Nahrung, die auf mikrobieller Biomasse basiert. Durch technische Verfahren kann ihr eine bestimmte Struktur gegeben werden, der Fett- und Fasergehalt kann je nach Wunsch variiert werden und Zusätze sorgen für den erforderlichen Geschmack. Oft geht man jedoch von pflanzlicher Biomasse aus, die aufbereitet wird. Gegen Ende der 1960er Jahre kam in Europa Sojaprotein auf, das gereinigt und zu Fasern gepresst, in verschiedenen Formen als Fleischersatz dienen sollte. Durch bestimmte Bindemittel, Flescharomen und Farbstoffe können mit dem geschmacklosen Sojaeiweiß verschiedene Fleischarten imitiert werden. Die Akzeptanz dieses Sojafleischs war jedoch gering, als Viehfutter hat sich Sojaprotein hingegen bewährt. Weltweit wurde vor allem in Entwicklungsländern immer wieder versucht, aus minderwertigen Substanzen Ersatz-Nahrungsmittel (Surrogate, Imitate) herzustellen, ihre Akzeptanz war jedoch sehr gering.

Daneben gibt es **kalorienreduzierte Lebensmittel**, in denen Fette durch langkettige Moleküle substituiert werden, die vom Körper nicht verdaut werden können. Zucker werden durch Süßstoffe ersetzt, die ebenfalls nicht verwertet werden können. Solche Light-Produkte erfreuen sich zunehmender Akzeptanz, sind aber nicht als unbedenklich einzustufen. Da bestimmte Rezeptoren nicht blockiert werden, tritt nach kurzer Zeit wieder Hunger auf. Light-Produkte führen also zu erhöhter Nahrungsaufnahme und Energiezufuhr. In den USA sind solche Nahrungsmittel seit 40 Jahren auf dem Markt und der durchschnittliche Amerikaner wurde in dieser Zeit immer übergewichtiger. Speziell bei Süßstoffen besteht Grund zur Annahme, dass sie appetitfördernd sind. Daneben gibt es möglicherweise auch gesundheitliche Bedenken, denn mit diesem *novel food* werden gewaltige Mengen von Quellmitteln, Emulgatoren, Aromastoffen, Farbstoffen usw. aufgenommen, die einzeln alle unbedenklich sind, über deren Zusammenwirken und Langzeitwirkung in großen Mengen jedoch nichts bekannt ist.

Da Farbe und Geschmack bei Nahrungsmitteln eine wichtige Rolle spielen, werden bei synthetischen und natürlichen Nahrungsmitteln viele **Lebensmittelzusätze** verwendet. Der natürliche Geschmack von Nahrungs- und Genussmitteln beruht zwar auf einer hohen Zahl von **Aromastoffen**. Im Kaffee wurden bisher fast

500 Aromastoffe identifiziert, im Kakao und in Citrusfrüchten über 300, im Apfel, in der Erdbeere und in Bananen über 200. Das Beispiel der Kartoffeln zeigt jedoch, dass für das Hauptaroma nur einige dieser Stoffe wesentlich sind. Unter den 127 bisher identifizierten Aromastoffen der Kartoffeln sind nur wenige wichtig, um in Kartoffelchips dieses Hauptaroma annähernd zu treffen (Natho 1986).

Künstlicher Vanillezucker enthält nur Vanillin als den Hauptgeschmacksstoff der Vanilleschote, 50 andere Aromastoffe der Vanille werden nicht berücksichtigt. Vanillegeschmack ist für uns daher weitgehend identisch mit Vanillin, den echten Vanillegeschmack kann kaum jemand beurteilen. Die Lebensmittelindustrie schafft im Grunde genommen eigene Geschmacksrichtungen, an denen wir uns orientieren sollen. Auch durch die landwirtschaftliche Massenproduktion, die fast immer mit einer Geschmackseinbuße der Produkte einhergeht, entsteht Nachfrage nach natürlichen oder naturidentischen (d.h. synthetischen) Aromastoffen. 1985 wurden in Deutschland bereits 26.000 t Aromastoffe hergestellt.

> Viele Lebensmittel enthalten **Geschmacksverstärker**, meist Glutamat. Hierdurch kommen die zugefügten Aromastoffe intensiver zur Wirkung, so dass sich immer mehr Produkte durch ein ausgeprägtes Aroma auszeichnen und das Empfinden für feine Geschmacksnuancen abnimmt. Unser Geschmackssinn ist in den letzten 50 Jahren durch die moderne Lebensmitteltechnologie also unempfindlicher geworden.

Neben Aromastoffen enthalten unsere Lebensmittel eine große Zahl weiterer **Zutaten**. Es handelt sich hierbei um Farbstoffe, Konservierungsstoffe, Antioxidantien, Emulgatoren, Säureregulatoren, Säuerungsmittel, Verdickungsmittel, Feuchthaltemittel, Geliermittel, Trennmittel, Geschmacksverstärker usw., die aus der Lebensmittelkennzeichnung als E-Nummern bekannt sind (umfassende Angaben hierzu unter www.zusatzstoffe-online.de). Trotz strenger Zulassungsvorschriften kommt es vor, dass sensible Personen auf einzelne Zusatzstoffe allergisch reagieren. Vor allem bestimmte Farbstoffe (etwa E 102 Tartrazin, E 127 Erythrosin), die Konservierungsmittel Benzoesäure (E 210) bzw. ihre Benzoate (E 211–219) und Schwefelverbindungen (E 220–228) stehen in Verdacht, Nebenwirkungen auszulösen (Thiel 1993). Im Allgemeinen kann zwar angenommen werden, dass zugelassene Lebensmittelzusätze gesundheitlich unbedenklich sind. Da aber pro Person jährlich 3 kg dieser Stoffe konsumiert werden, kann etwas mehr Zurückhaltung sinnvoll sein.

3.3.3
Gentechnische Verfahren

Nachdem es 1973 zum ersten Mal gelang, **fremde Gene** in ein Bakterium einzuschleusen, bedienten sich auch Pflanzen- und Tierzüchter gentechnischer Verfahren, welche im Grunde genommen eine konsequente Weiterentwicklung bisheriger Arbeitsweisen waren. Gene können aus prinzipiell allen Organismen isoliert, bei Bedarf modifiziert und in einen Zielorganismus eingeführt werden. Dieser wird somit um die Eigenschaft bereichert, die das neue Gen kodiert. Im Unterschied zu traditionellen züchterischen Verfahren, die auf nah verwandte

Arten beschränkt sind, können gentechnisch auch Gene nicht näher verwandter Arten rekombiniert werden und sogar die Grenzen zwischen Bakterien, Pflanzen und Tieren überschritten werden.

Trotzdem stehen bei vielen gentechnischen Verfahren methodische Aspekte immer noch im Vordergrund. Der **Gentransfer** kann bei Pflanzen mit Agrobakterien erfolgen, es können extrachromosomale DNA-Ringe (Plasmide) in Bakterien verwendet werden, häufig wird aber auch mit isolierten, zellwandlosen Pflanzenzellen (Protoplasten) gearbeitet, Viren können als Vehikel dienen und schließlich kann die DNA auch nackt gespritzt werden. Obwohl es eine große Zahl von Möglichkeiten gibt, das erwünschte Gen in den Zielorganismus zu schleusen, sind nicht alle Organismen für gentechnische Arbeiten gleichermaßen geeignet. Die meisten Gräser (also Getreide und Reis) und Leguminosen sind schwierig zu bearbeiten. Solanaceen (Nachtschattengewächse) sind hingegen leichter zugänglich. Die frühen gentechnischen Arbeiten bezogen sich daher bevorzugt auf Tabak und Tomate, obwohl diese als Nahrungspflanzen wenig bedeutend sind. Die Entwicklung der letzten Jahre zeigt aber, dass Pflanzen für gentechnisches Arbeiten immer besser erschlossen werden. Gentransfer bei Tieren ist hingegen schwieriger, denn die heute übliche Methode der Mikroinjektion von DNA in die Eizellen weist niedrige Erfolgsraten auf. Insgesamt zeigt sich aber, dass auch immer mehr tierische Organismen gentechnisch bearbeitet werden können.

Gentechnik in der Pflanzenzucht hat hauptsächlich zum Ziel, Resistenz gegen bestimmte Schädlinge oder Krankheiten, Herbizidtoleranz (Box 3.6) und Verträglichkeit von Trockenheit, Kälte, Schwermetallen oder Salz zu erreichen. Weitere Ziele sind qualitativer Art und betreffen Inhaltsstoffe, Farben, Formen oder Eigenschaften von Produkten. Das rein quantitative Ziel einer Ertragssteigerung wird eher selten verfolgt. Hiervon abgesehen, ähneln also die Ziele gentechnischer Arbeiten denen der klassischen Pflanzenzüchtung. Bei Tieren wird häufig mit gentechnisch induzierten Hormonen gearbeitet, welche die Produktion an Milch oder Fleisch erhöhen. Kritisch gesehen und häufig abgelehnt werden gentechnische Arbeiten an höheren Tieren, wenn hierbei Artschranken überschritten werden oder menschliche Gene einbezogen werden.

Das bisherige Haupteinsatzgebiet gentechnischer Verfahren liegt aber im **lebensmitteltechnischen** (Produktion von Lab für die Käseherstellung oder von Hefen für die Bier- und Brotproduktion) und im **humanmedizinischen** Bereich. Antitumormittel bzw. Virostatika (Interferon, Interleukin), Herz-Kreislaufmittel, Enzyminhibitoren, Vakzine (Herpes, Hepatitis B), Humaninsulin, humanes Wachstumshormon und viele weitere Substanzen stellen heute schon einen umsatzkräftigen Markt dar. Die hierbei eingesetzten Verfahren ähneln bisherigen biotechnologischen Verfahren und sind nicht umstritten. Gene zur Herstellung bestimmter Medikamente können auch in den Milchdrüsen von Schafen, Schweinen oder Kühen exprimiert werden, so dass diese Medikamente mit der Milch in hoher Konzentration ausgeschieden werden (*gene pharming*). Wegen der niedrigen Erfolgsquote bei Arbeiten mit dem Säugetiergenom und der hohen Isolationskosten sind solche Verfahren derzeit noch nicht wirtschaftlich.

Seit Mitte der 1990er Jahre hat sich die mit **transgenen Nutzpflanzen** angebaute Fläche kontinuierlich vergrößert (Abb. 3.22). Vier Arten transgener Nutzpflanzen werden kommerziell angebaut: Soja, Mais, Baumwolle und Raps.

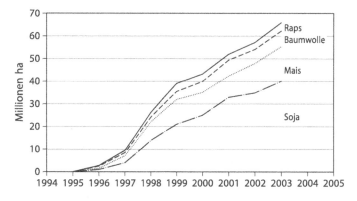

Abb. 3.22. Zunahme der weltweiten Anbaufläche der vier wichtigsten transgenen Kulturpflanzen. Nach www.transgen.de.

▶ *Box 3.6*
Herbizidresistente Nutzpflanzen

Diese Pflanzen enthalten ein implantiertes Gen, das den Abbau eines Herbizids ermöglicht, so dass die Nutzpflanze bei Herbizideinsatz nicht geschädigt wird. Es handelt sich vor allem um Glyphosat und Glufosinat, zwei klassische Totalherbizide. Diese herbizidresistenten Pflanzen können daher trotz Einsatz des entsprechenden Herbizids angebaut werden, die Verunkrautung unterbleibt und eine Schädigung der Nutzpflanze durch eine Überdosierung des Herbizides findet nicht statt. Dies wird als großer Vorteil herbizidresistenter Nutzpflanzen bezeichnet.

Nachteilig ist, dass durch die Verfügbarkeit herbizidresistenter Sorten eine weniger umweltfreundliche oder nachhaltige Bewirtschaftungsweise ermöglicht wird. Durch den Herbizideinsatz wird die Umwelt wieder wie in der Frühphase agrochemischer Aufwendungen belastet. Fehlende Restverunkrautung erhöht die Erosionsgefahr, die Bodenfruchtbarkeit und die Biodiversität sinken. Natürliche Gegenspieler haben keine Lebensgrundlage bzw. kein Refugium mehr. Hierdurch steigt die Wahrscheinlichkeit des Auftretens von Insektenschädlingen und daher auch die des Einsatzes von Insektiziden. Der regelmäßige und intensive Herbizideinsatz fördert die Entstehung von Resistenzbildung und führt zur Bildung von Rückständen.

Mehr als drei Viertel des Anbaus von transgenen Pflanzen umfassen heute herbizidresistente Sorten. Hierbei handelt es sich vor allem um Baumwolle, Raps, Mais und Soja. Der Anbau erfolgt in den USA und Kanada, ein Viertel der Fläche liegt in Argentinien und Brasilien, etwas weniger in China. Vor allem in China und Osteuropa werden die Flächenteile in den nächsten Jahren zunehmen.

Fast die Hälfte der Fläche liegt in den USA, weitere wichtige Anbauländer sind Argentinien, Kanada, China und Brasilien. Ein Drittel des weltweiten Anbaus findet in Entwicklungsländern statt, neu auch in Südafrika, Indien, Philippinen, Indonesien, Mexiko und einigen weiteren Staaten. Auf über drei Vierteln der Fläche wurden herbizidresistente Pflanzen (Box 3.6) angebaut, auf rund einem

Viertel Bt-Pflanzen. Diese sind nach dem Bodenbakterium *Bacillus thuringiensis* benannt, das verschiedene Endotoxine bildet, die gegen unterschiedliche Insektenordnungen wirken (Käfer, Schmetterlinge, Dipteren). In den 1980er Jahren gelang es, in Baumwolle und Mais Gene einzubringen, die Toxine gegen Schadschmetterlinge codieren. Baumwollkapselwürmer und Maiszünsler starben, sobald sie an diesen transgenen Pflanzen fraßen. In den folgenden Jahren wurden Bt-Varianten weiterer Kulturpflanzen entwickelt, die jedoch weitgehend bedeutungslos bleiben (z.B. Bt-Kartoffeln gegen den Kartoffelkäfer).

Bt-Pflanzen belasten die Umwelt weniger mit Insektiziden als eine traditionelle Insektizidbehandlung, da die in der Pflanze gebildeten Toxine nur mit den Herbivoren in Kontakt kommen, die an der betreffenden Pflanze fressen. Zu den Nachteilen gehört, dass auch ohne Schädling diese Toxine in allen Organen der Pflanzen gebildet werden. Da die Toxine recht langlebig sind, kommen sie in Kontakt mit einer Vielzahl wirtschaftlich unbedeutender Herbivoren und anderer Nichtzielorganismen. Gentransfer verbreitet die neuen Gene in andere Pflanzenarten und es erfolgt Resistenzbildung bei den Schädlingen. Die ökosystemaren Auswirkungen von Bt-Pflanzen sind derzeit noch nicht abzuschätzen. Der Einsatz von Bt-Pflanzen wird daher nach wie vor sehr kontrovers diskutiert und ein wissenschaftlicher Konsens ist noch nicht absehbar.

Bei anderen Nutzpflanzen wurde gentechnisch der Gehalt an bestimmten Inhaltsstoffen, von Farbe oder Form bzw. von anderen wichtigen Eigenschaften verändert. Eine der ersten **marktreifen transgenen Sorten** waren Tomaten, in denen durch einen spezifischen Enzyminhibitor der Reifungsprozess verzögert wurde, so dass die Tomaten nicht matschig werden und mehrere Wochen lagerfähig sind. Diese Tomaten ließen sich leichter ernten und verlustfrei transportieren („Anti-Matsch-Tomaten"). Geworben wurde aber mit einem besseren Geschmack („FlavrSavr"). Geringere Erträge und schlechtere Resistenzeigenschaften ließen diese Sorte schnell vom Markt verschwinden. Besser einsetzbar sind vermutlich Raps- und Sojasorten mit veränderter Fettsäurezusammensetzung, Kartoffeln mit anderer Stärkezusammensetzung oder Reis mit höherem Gehalt an β-Carotin. Dies soll den Vitamin-A-Mangel in weiten Teilen der Dritten Welt beheben (Box 3.3).

> Intensiv wird daran gearbeitet, Kulturpflanzen **schwermetallhaltigen Böden** anzupassen. Allerdings liegt hier auch eine gewisse Gefahr, denn die Verfügbarkeit solcher Sorten würde die Notwendigkeit reduzieren, etwas gegen die anthropogene Umweltbelastung durch diese Schadstoffe oder die Fehlnutzung der Böden zu unternehmen. China erhöhte beispielsweise die Toleranz von Reis gegenüber Schwermetallen, um belastete Industrieabwässer noch zur Bewässerung einsetzen zu können.

Bei Nutztieren zielen die gentechnischen Arbeiten überwiegend auf eine Produktionssteigerung durch **Wachstumshormone** ab. Gentechnisch erzeugte Hormonpräparate wie das Rinderwachstumshormon BST (bovines Somatotropin) und das Schweinewachstumshormon PST erhöhen die Fleisch- und Milchproduktion um 20–40 %, verkürzen aber gleichzeitig die Lebensdauer der Tiere, die überdies spezielles Kraftfutter und zusätzlich vermehrt Tierarzneimittel benötigen. In Europa wurden daher keine Zulassungen bewilligt. Rinderwachstumshormone sind seit 1994 in den USA zugelassen, PST wird bei der Schweinemast in Australien verwendet.

Schweinen wurde das Gen für das menschliche Wachstumshormon eingesetzt. Es zeigte jedoch Nebenwirkungen auf den Knochenbau und sie waren überdies besonders krankheitsanfällig. Versuche an Stressgenen bei Schweinen, die wegen ihrer unnatürlichen Haltungs- und Transportbedingungen oft an Herzinfarkt sterben, zielen ebenfalls in die falsche Richtung. Denn hierbei wird versucht, das Tier einem unnatürlichen Haltungssystem anzupassen, anstatt das System den Bedürfnissen der Tiere anzupassen. 1996 gelang es zum ersten Mal, ein Säugetier zu **klonen**. Das Schaf Dolly litt jedoch früh an typischen Alterserkrankungen und starb mit 6 Jahren (übliche Lebenserwartung mindestens 10 Jahre). Den meisten dieser Versuche ist gemeinsam, dass die transgenen Tiere deutlich anfälliger für Krankheiten sind sowie Missbildungen und eine reduzierte Lebenserwartung aufweisen (pleiotrope Effekte).

> Mindestens 35 **Fischarten** wurden gentechnisch bearbeitet. Vor allem bei Lachs, Forellen und Karpfen stand ein erhöhtes Wachstum sowie Resistenz gegen Kälte und bestimmte Krankheiten im Zentrum des Interesses. Derzeit ist jedoch noch keine dieser wirtschaftlich interessanten Fischarten zur kommerziellen Nutzung zugelassen. 2002 wurde hingegen in Taiwan ein Zebrafisch, der über das Fluoreszenzgen einer Quallenart verfügt und ursprünglich als Modellfisch bearbeitet wurde, als Aquarienfisch zugelassen und seit 2003 weltweit gehandelt.

Die Problematik der **Patentierung** von Lebewesen ist nicht neu, hat aber mit der Gentechnik und den gewaltigen Geldmengen, die in bestimmte Projekte gesteckt wurden, eine neue Dimension erreicht. Von Anfang an versuchten die Hersteller die von ihnen erzeugten transgenen Organismen patentieren zu lassen, obwohl schwer einzusehen ist, wieso ein Unternehmen Eigentumsrechte an gentechnisch erzielten Züchtungen erwerben kann, da diese auf Genen basieren, die zuvor bereits verfügbar waren. Der Sortenschutz gewährte bisher dem traditionellen Pflanzenzüchter auch einen gewissen Schutz, dieser erstreckt sich aber nur auf Vermehrungssaatgut. Am Erntegut aus sortenrechtlich geschütztem Saatgut hat der Züchter keine Rechte. Lokale Sorten sind auf Grund eines Jahrhunderte langen Selektionsprozesses durch die Landwirte entstanden, ohne dass sie Rechte an ihren Pflanzen erworben hätten. Warum sollte die wenige Jahre dauernde gentechnische Arbeit eines Unternehmens anders bewertet werden? Sammlungen patentierter Lebewesen in Genbanken könnten überdies zum Monopol weniger Wirtschaftsunternehmen führen. In diesem Zusammenhang wird auch gerne von Biopiraterie gesprochen (Box 3.7).

1970 wurde in den USA die erste niedere Pflanze patentiert, 1979/80 folgten erste Gene und Mikroorganismen (ölabbauende Bakterien). 1985 wurde die erste höhere Pflanze patentiert, 1986 die erste gentechnisch veränderte Pflanze, eine tryptophanreiche Getreidemutante. 1987 folgte das erste Tier (eine sterile Auster, die deswegen das ganze Jahr über essbar ist) und 1988 das erste Säugetier. Dies war die „Onkomaus", eine Maus, die innerhalb von 10 Monaten zu 50 % Wahrscheinlichkeit an Brustkrebs erkrankt und ausschließlich für Tierversuche im Rahmen der Krebsforschung geschaffen wurde. Inzwischen wurden mehrere tau-

▶ **Box 3.7**
Biopiraterie

Wenn Unternehmen Gene aus traditionellen Nutzpflanzen der Entwicklungsländer isolieren und als eigene Erfindung zum Patent anmelden, bezeichnen wir dies als Biopiraterie.

Beispiel 1: Mit einem Patent des US-Patentamtes versuchte eine US-Firma, die mehrere Gene aus dem indischen Basmati-Reis isoliert hatte, die weltweit exklusiven Vermarktungsrechte hierfür zu erhalten. Unter dem Druck der indischen Regierung musste die Firma die Anträge zurückziehen.

Beispiel 2: Eine andere Firma hatte bereits vom Europäischen Patentamt ein Patent über den insektiziden Inhaltsstoff des indischen Neem-Baums erhalten. Erst durch den Einspruch indischer Aktivisten und den Hinweis auf die Jahrhunderte alte Nutzung des Baumes durch indische Bauern wurde das Patent hinfällig.

Beispiel 3: *Hoodia gordonii* ist eine sukkulente Pflanzen aus der Familie der Asclepiadaceen, die in der Kalahari wächst. Sie enthält eine Substanz, die im Hypothalamus ein Appetitzentrum blockiert und somit Hungergefühle verhindert. Das einheimische Volk der San nutzte diese Pflanzen seit langem, um auf ihren Wanderungen den Hunger zu unterdrücken. 1995 ließ ein südafrikanisches Forschungszentrum den Wirkstoff patentieren und verkaufte die Lizenz an eine britische Pharmafirma. Diese vermarktet die Substanz als Diätpille. 2001 erfuhren die San zufällig davon, schalteten einen Anwalt ein und erreichten 2003 einen Vertrag, der ihnen eine Gewinnbeteiligung zusichert. Die Zukunft wird zeigen, wie sich dies für das San-Volk auswirkt.

send Laborstämme transgener Mäuse hergestellt, die als Krankheitsmodelltiere ausschließlich für die wissenschaftliche Forschung hergestellt wurden.

Auch **menschliche Gene** sind von Patentanträgen nicht ausgeschlossen. 1991 wurden mehrere tausend, noch nicht entschlüsselte menschliche Gehirn-Gene in den USA von einem Mitarbeiter des Human Genome Project (HUGO) zum Patent angemeldet. 1992 meldete eine US-Firma Stammzellen des menschlichen Immunsystems zum Patent an. Das Human Genome Diversity Project will das Genom bedrohter Völker in Form von Blut- und Gewebeproben sammeln. 2001 hatte das Europäische Patentamt rund 1000 menschliche Gene patentiert.

Im Mai 1992 hat das Europäische Patentamt nach langem Zögern die amerikanische Praxis weitgehend übernommen und die Onkomaus als erstes Tier für alle europäischen Staaten patentiert, zuvor jedoch bereits 1989 die erste Pflanze (mit erhöhtem Proteingehalt) und 1990 das erste menschliche Gen (für das Hormon Renin). Anschließend wurden dort weitere Anträge vorgelegt, die zu zahlreichen Einsprüchen und einem mehrjährigen Moratorium führten. 1999 entschied das Europäische Patentamt jedoch, sich im Wesentlichen der amerikanischen Auffassung anzuschließen.

Ziel der meisten gentechnischen Arbeiten an Tieren und Pflanzen ist es, Organismen zu erhalten, die freigesetzt, also angebaut oder in Zuchtanlagen gehalten werden können. Es ist unerwünscht und potentiell gefährlich, wenn neue Gene durch **Auskreuzen** in Wildpopulationen einfließen oder wenn sich transgene Organismen unkontrolliert ausbreiten. Daher muss unbedingt darauf geachtet werden, dass transgene Pflanzen nur in Regionen angebaut werden, in denen es keine nächst verwandten Wildformen gibt. Das Entkommen von transgenen Individuen muss so weit wie möglich unterbunden werden.

In Europa kommen beispielsweise bei Hafer und Rüben die Wildformen der Kulturformen vor, so dass Gene regelmäßig auf Wildpopulationen überspringen (**vertikaler Gentransfer**). In Mexiko trifft dies auch für Mais zu. Es wäre daher sinnvoll, in solchen Regionen bestimmte transgene Sorten nicht anzubauen. Leider zeigt die Realität, dass solche Vorschriften nicht eingehalten werden. Trotz eines mexikanischen Anbauverbots für transgenen Mais gibt es in Mexiko mehrere Millionen ha Maisfelder, die mit geschmuggeltem Saatgut angesät werden. Die Ausbreitung von Genen aus diesen transgenen Sorten wird daher seit einigen Jahren heftig diskutiert.

Prinzipiell können sich transgene Arten in einem Ökosystem genauso verhalten wie fremde Arten, denn durch die Rekombination verfügen sie über neue Eigenschaften. Durch die Geschichte neu eingeführter (nicht transgener) Arten verfügen wir aus den letzten Jahrhunderten über einen sehr eindrücklichen Erfahrungsschatz. Menschen haben immer wieder und in großem Umfang weltweit Arten verschleppt. Entweder konnten sich diese im Zielgebiet nicht etablieren, oder sie haben sich angesiedelt und blieben unauffällig, manche wurden aber auch dominant und verdrängten einheimische Arten. In zahlreichen Fällen haben solch **invasive Arten** die Eigenschaften des Ökosystems völlig verändert (Kap. 10.3.1). Prinzipiell ist daher bei Freisetzungen von transgenen Arten größte Zurückhaltung und Vorsicht geboten.

Wenn eine Art einmal frei gesetzt ist, dürfte es in der Regel nicht möglich sein, dies rückgängig zu machen. Als nach einem Orkan Zuchtanlagen transgener Lachse zerstört wurden, bombardierte die norwegische Luftwaffe die ausgerissenen Zuchtlachse, um ihre Vermischung mit frei lebenden Wildstämmen zu verhindern (dpa-Mitteilung vom 10.10.92). Es ist nicht bekannt, ob dies gelang. Um eine ähnliche Gefahr in Zukunft auszuschließen, sollten transgene Tiere also steril sein.

3.4
Vergrößerung der landwirtschaftlichen Nutzfläche

Die einfachste Art, die landwirtschaftliche Produktion zu erhöhen, besteht in einer Ausweitung der Anbaufläche. Da hierfür jedoch andere Flächen verloren gehen, sind Vor- und Nachteile abzuwägen. Konkret geht es vor allem um die Frage, inwieweit der tropische Regenwald landwirtschaftlich nutzbar ist und welche Flächen durch Bewässerung hinzugewonnen werden können. Diesen

Flächengewinn steht ein Verlust durch Versteppung, Versalzung, Erosion, Übernutzung, Misswirtschaft und Verbauung entgegen.

3.4.1
Potential und Flächenbedarf

Die Landoberfläche der Erde umfasst 13,6 Mrd. ha. Unter Berücksichtigung der unbewohnbaren Gebiete (20 % Gebirge, 20 % Steppen und Wüsten, 20 % Gletscher, Permafrostgebiet und Tundren, sowie 10 % sonstig unbrauchbares Land) reduziert sich diese Fläche auf 30 % = 3,2 Mrd. ha, die von der FAO im Weltlandwirtschaftsbericht 2000 als **landwirtschaftlich nutzbar** angesehen werden. Hiervon liegen 1,7 Mrd. ha (53 %) in den Tropen, 0,6 Mrd. (19 %) in den Subtropen und 0,9 Mrd. (28 %) in den gemäßigten Zonen. Von dieser potentiell nutzbaren landwirtschaftlichen Fläche wird heute rund die Hälfte genutzt. Anders aufgeschlüsselt sind 77 % der Flächen in den Industriestaaten (1990) bereits genutzt, in den Entwicklungsländern hingegen erst 36 %. Die größten Reserven an potentiell nutzbarem Ackerland gibt es mit 700 Mio. ha in Lateinamerika, 600 Mio. ha in Schwarzafrika und mit 60 Mio. ha in Asien. Diese Flächen sind überwiegend mit tropischem Regenwald bedeckt und aus unterschiedlichen Gründen (Verlust an Biodiversität, Bedeutung für den globalen Wasserhaushalt, unfruchtbare Böden) nur eingeschränkt nutzbar.

Von den 1,5 Mrd. ha **Ackerland** (inkl. Dauerkulturen), die weltweit 2001 genutzt wurden, entfielen 638 Mio. ha auf die Industriestaaten, 895 Mio. ha auf die Entwicklungsländer. Dies entspricht 0,53 ha pro Kopf in den Industriestaaten und 0,18 ha pro Kopf in der Dritten Welt. In Deutschland betrug die landwirtschaftliche Nutzfläche Ende des 19. Jahrhunderts 0,78 ha/Einwohner, 1950 nur noch 0,29 ha und 2001 gar 0,15 ha/Einwohner.

Die landwirtschaftlich genutzte Fläche hat zwischen 1960 und 2000 global um 175 Mio. ha zugenommen, dies entspricht einer jährlichen Zunahme von etwa 0,3 % (Tabelle 3.12). Die Zunahme erfolgte in Afrika vor allem in den 1970er Jahren, in Südamerika hält sie seit 30 Jahren mit über 1,2 % jährlich an. Dies ist besonders auf die großflächigen Regenwaldabholzungen in Brasilien zurückzuführen. In Asien kam es trotz **Flächenausweitungen** in Indonesien und Pakistan durch Rodungen und Bewässerungen in den 1980er Jahren zu einem Rückgang der Landwirtschaftsflächen, der vor allem durch den Flächenbedarf, der aus der Bevölkerungszunahme entsteht, verursacht wurde. China hat erst in großem Umfang landwirtschaftlich ungeeignete Böden vor allem in Steppenbereichen in Nutzung genommen und sie nun wieder durch Erosion verloren.

In Europa ist seit den 1970 Jahren eine Verminderung der Ackerflächen festzustellen. Dies ist auf den strukturellen Wandel in der Landwirtschaft, auf **Flächenstilllegungsprogramme** der EU, Ausbreitung der Siedlungsflächen sowie einen erhöhten Bedarf für Verkehrsflächen zurückzuführen. Daneben gibt es in fast allen Industriestaaten Aufforstungsprogramme, so dass die Waldflächen seit den 1970er Jahren in fast allen Industriestaaten zunehmen (Kap. 10.1.2).

Die weltweit **geringe Zunahme der Nutzfläche** steht im Gegensatz zur früheren optimistischen Annahme der FAO, dass die heute bewirtschaftete Fläche

Tabelle 3.12. Veränderung (%) der landwirtschaftlich nutzbaren Fläche in den Regionen der Welt für 10-Jahres-Perioden. Nach FAO (www.fao.org).

Veränderung (%)	1960/1970	1970/1980	1980/1990	1990/2000
Afrika	0,7	1,1	2,0	0,8
Asien	4,2	4,8	13,4	5,7
Australien und Ozeanien	4,4	0,6	−3,8	−1,9
Europa	−2,5	−3,4	−2,2	−1,8
Mittelamerika und Karibik	1,6	4,0	5,4	3,6
Nordamerika	−1,8	0,2	0,0	-2,8
Südamerika	10,5	7,1	4,3	4,4
Industriestaaten	0,2	0,0	-1,0	−1,0
Entwicklungsländer	4,3	4,1	7,2	3,7
Welt	2,6	2,4	4,0	1,9

verdoppelt werden könne. Diese Annahme der FAO ist wiederholt kritisiert worden, denn qualitativ unterschiedliche Flächen werden gleichgesetzt, und die tropischen Flächen, die zusätzlich genutzt werden sollen, haben Böden minderer Fruchtbarkeit. Auch wird übersehen, dass Nutzungen an einem Ort Nutzungsrückgänge an einem anderen Ort bedingen können, etwa wenn Erosion hemmende Wälder oder Hanglagen unter den Pflug genommen werden. In Westafrika wurden die Brachejahre von Mais-, Bohnen- und Sorghumfeldern aufgegeben, d.h. die Fruchtfolge wurde enger. Dies vergrößerte zwar die effektive Nutzfläche, gleichzeitig traten aber vermehrt Fruchtfolgeprobleme auf.

Bevölkerungswachstum an sich wirkt sich negativ auf die Größe und Qualität der landwirtschaftlichen Nutzfläche aus. Ortschaften liegen fast immer im Zentrum des bewirtschafteten Gebietes und ihre Ausdehnung reduziert die verfügbare Nutzfläche. Neue Siedlungsgebiete liegen daher überwiegend auf besten Ackerböden und neu gewonnene landwirtschaftliche Flächen sind eher von schlechter Qualität. Die derzeit genutzten 1,5 Mrd. ha Ackerland werden daher nicht wesentlich vermehrt werden können. Gewinne kompensieren die Verluste, so dass sogar neue Flächen erforderlich sind, um die aktuelle Flächennutzung halten zu können.

Im Mittelalter ernährte in Deutschland 1 ha Ackerland einen Menschen ein Jahr lang (Henning 1985). Durch Steigerung der Flächenerträge verringerte sich der **Flächenbedarf** bis 1970 im Weltdurchschnitt auf 0,4 ha. Heute stehen global 0,24 ha pro Kopf der Weltbevölkerung zur Verfügung, regional jedoch viel weniger. So mag für die eher schlechte Ernährung vieler Asiaten bei guten Böden und mehreren Ernten im Jahr 0,1 ha genügen, für die anspruchsvolle bzw. verschwenderische Ernährung in den USA (hoher Fleischanteil) werden 0,9 ha benötigt. Für 10 Mrd. Menschen werden etwa 2080 nur noch 0,15 ha pro Kopf verfügbar sein, beim möglichen Stillstand des Bevölkerungswachstums bei 12 Mrd. nur noch 0,13 ha. Da jeder zusätzliche Mensch Infrastrukturflächen benötigt, wird die landwirtschaftlich nutzbare Fläche noch kleiner sein. Zur Aufrechterhaltung der heute gerade ausreichenden Nahrungsproduktion müsste demnach die Nutzfläche in den nächsten 100 Jahren verdoppelt werden. Da wir heute schon die vermutlich maximal nutzbare Fläche bewirtschaften, werden solche Flächenausweitungen nicht möglich sein.

Eine Alternative zur Verdreifachung der Flächen besteht in einer Verdreifachung der **Flächenerträge**. Vor allem in den Entwicklungsländern sind noch Steigerungen möglich, eine Verdreifachung jedoch kaum. Da sich zudem immer mehr Menschen Veredelungsprodukte leisten können, d.h. Pflanzenerzeugnisse als Viehfutter eingesetzt werden, wird die Nahrungslücke noch größer. Trotz Flächenausweitungen und Ertragssteigerungen wird Nahrung in den Entwicklungsländern knapp werden. Diese Prognose kann anders aussehen, wenn man sich von der klassischen Landwirtschaft mit ihrem Flächenbedarf als Ernährungsgrundlage löst und eine industrielle Produktion auf biotechnologischer Basis anstrebt. Praxisreife Techniken sind entwickelt und könnten sich relativ schnell durchsetzen. In welchem Ausmaß jedoch eine für die Ernährung der Weltbevölkerung ausreichende Entlastung geschaffen werden kann, ist kaum abschätzbar. Desgleichen bleibt der meist hohe Energiebedarf dieser Intensivtechniken ein ungelöstes Problem.

3.4.2
Nutzung des tropischen Regenwaldes

Die weltweit in den Tropen vorhandenen Regenwaldgebiete (Abb. 3.23) stellen das größte Landreservoir dar, welches man landwirtschaftlich noch nutzen kann. Potentiell bedeckt der tropische Regenwald 16 Mio. km², Mitte der 1970er Jahre waren hiervon noch ca. 9 Mio. vorhanden und zum Ende des 20. Jahrhunderts nur noch 5 Mio. km² (zum Vergleich: die heutige landwirtschaftliche Nutzfläche umfasst 15 Mio. km²). Die sprichwörtliche Fülle an tropischer Vegetation suggeriert uns eine üppige Fruchtbarkeit, die es nur zu nutzen gilt. Obwohl große Teile der Regenwälder für die Landwirtschaft gerodet wurden, waren die Erträge bei weitem nicht so, wie man gehofft hat. Die potentielle Nutzung wird daher inzwischen viel niedriger eingeschätzt als zuvor (Fearnside 1990). Hierfür gibt es mehrere überwiegend geophysikalische Gründe.

Der tropische Regenwald liegt im Bereich der Passatwinde, einem Gebiet zwischen 10° nördlich und südlich des Äquators, das gleich bleibend warm und feucht ist und ganzjährig eine reiche Vegetation ermöglicht. Die Evapotranspiration die-

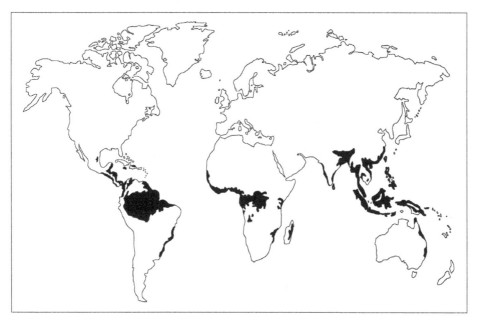

Abb. 3.23. Potentielle Gebiete mit tropischem Regenwald auf der Erde.

ser Vegetation führt zusammen mit den Passatwinden zu hohen **Niederschlägen**, die jährlich mit durchschnittlich 3000 mm (maximal über 12.000) mindestens das Drei- bis Fünffache europäischer Niederschlagsmittel erreichen. Die tropischen Niederschläge sind also eine direkte Folge des Regenwaldes, den sie gleichzeitig ermöglichen.

Für eine landwirtschaftliche Nutzung sind solch hohe Niederschläge ungünstig. Ein noch schwerer wiegendes Problem ergibt sich aus der **Verteilung der Niederschläge**. Zwar gibt es gewisse Regelmäßigkeiten im Jahresgang (Regen- und Trockenzeit) und im Tagesgang (die meisten Niederschläge fallen nachmittags), die Höhe der Tagesniederschläge variiert jedoch sehr stark. Niederschläge von 50–100 mm entsprechen einer mitteleuropäischen Monatssumme, fallen in den Tropen aber innerhalb weniger Stunden (Abb. 3.24). Solche Regen wirken sich katastrophal auf frisch bearbeitete Ackerflächen aus, denn sie spülen den Oberboden samt Dünger in den nächsten Flusslauf. Die Folgen tropischer Regenfälle sind daher Erosion und Nährstoffverlust, Verschlammung und Eutrophierung der Gewässer.

Im permanent feucht-warmen Klima der Tropen ist die **Verwitterung** des mineralischen Ausanggesteins intensiv und erfolgt bis in Bodentiefen von 10–20 m zu den Endprodukten der chemischen Verwitterungsreihe. Aus dem Ausgangsgestein entstehen zuerst mehrschichtige Mineralien wie Montmorillonite und Vermiculite, die Wasser und Nährsalze gut binden können, später aber Zweischicht-Mineralien wie Kaolinit oder der Abbaurest Gibbsit (reines Aluminiumhydroxid), die fast kein Bindevermögen mehr haben. Die Mehrzahl

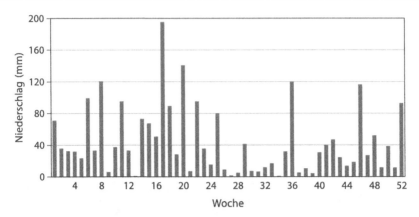

Abb. 3.24. Die für viele Tropengebiete typische, unregelmäßige Abfolge wöchentlicher Niederschläge in Yurimaguas (Amazonien, Brasilien) in 1984. Verändert nach Weischet (1990).

der tropischen Böden besteht aus Kaoliniten und Gibbsiten, kann also Pflanzennährstoffe nicht binden. Solche lateritischen Böden erscheinen aufgrund des hohen Eisenanteils rot oder gelb, werden in der amerikanischen Nomenklatur auch als Oxisole und Ultisole bezeichnet und umfassen in Amazonien 75 % aller Böden. Ausgesprochen fruchtbare Böden gibt es unter tropischen Bedingungen nur auf basischem (vulkanischem) Gestein und im regelmäßigen Überschwemmungsbereich der großen Flüsse (10 % der Fläche in Amazonien). Weltweit sind daher 80–85 % der tropischen Böden im Dauerfeldbau, d.h. nach mitteleuropäischem Vorbild, nicht nutzbar (Weischet 1990).

Die natürliche Tropenvegetation ist an solch schwierige Umstände gut angepasst. Tote Pflanzensubstanz wird durch Tiere, Pilze und Bakterien schnell abgebaut, so dass die Pflanzennährstoffe durch eine **schnelle Remineralisation** erneut verfügbar sind. Das feine Wurzelsystem der Tropenpflanzen und eine enge Symbiose vieler Arten mit Pilzen (Mykorrhiza) sorgt in einem Wettlauf um freie Nährstoffe dafür, dass sie schnell wieder von den Pflanzen eingefangen und in lebende organische Substanz eingebaut werden. Es gibt also in einem tropischen Boden weder eine dicke Schicht unzersetzter Blätter noch eine humus- und nährstoffreiche Oberbodenschicht wie in Ökosystemen der gemäßigten Zone. Da auch das Regenwasser durch den stockwerkartigen Aufbau des Waldes mehrfach auf Mineralien gefiltert wird, enthält das Oberflächen- und Bachwasser kaum noch pflanzenverfügbare Nährstoffe. Vor allem die wichtigen Elemente Stickstoff und Phosphor werden so effektiv herausgefiltert, dass Flusswasser weniger Mineralien als Regenwasser enthält und ähnlich mineralarm ist wie destilliertes Wasser (Abb. 3.25).

Der eigentliche Nährstoffspeicher ist also nicht der Boden, sondern die Vegetation. Brennt man den Wald ab, befindet sich zwar ein Teil der Nährstoffe noch in der Ascheschicht, die Regenfälle spülen sie jedoch schnell fort, so dass unfruchtbare Böden übrig bleiben. Im ersten Jahr ist häufig noch eine akzeptable Ernte möglich, ab dem zweiten Jahr sind jedoch Ertragsrückgänge von 30 % normal (Hartmann 1992). Nach 3 bis 5 Jahren ist auf solchen Böden Ackerbau nicht

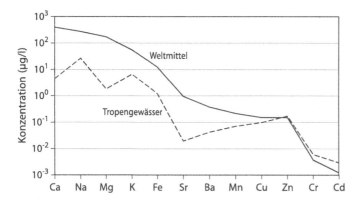

Abb. 3.25. Gehalt an ausgewählten chemischen Elementen in Bächen im Einzugsgebiet verarmter tropischer Böden bei Manaus (Terra firme, Amazonien, Brasilien) im Vergleich zu einem globalen Mittelwert aus allen Strömen. Nach Weischet (1990).

mehr rentabel. Die Bauern roden neue Waldgebiete, die alten Flächen bleiben brach und es dauert einige Jahrhunderte, bis sich aus einem weitgehend wertlosen Sekundärwald wieder der Primärwald entwickelt. Dieser **Wanderfeldbau mit Brandrodung** und kurzer Nutzung ist also eine nicht nachhaltige Nutzungsform.

Die **Düngung** tropischer Böden ist schwierig, denn die Regenfälle waschen einen Teil der Nährstoffe aus, bevor diese von den Pflanzen aufgenommen werden. Die Konzentration wichtiger Bodennährstoffe muss daher regelmäßig überprüft werden, so dass gezielt nachgedüngt werden kann. Die benötigten Mengen an mineralischem Dünger betragen nach Weischet (1990) für jede Ernte bei einem Ertrag von 2–3 t/ha in einer Soja-Erdnuss-Reis-Rotation 230–300 kg/ha (80–100 kg Stickstoff, 25 kg Phosphor, 100–160 kg Kalium, 25 kg Magnesium und je 1 kg Kupfer, Zink und Bor). Da jährlich zwei bis drei Ernten möglich sind, ergeben sich Düngemengen, die den Düngeaufwand in der industrialisierten mitteleuropäischen Landwirtschaft übersteigen und wirtschaftlich kaum rentabel sind. Zusätzlich benötigen tropische Böden jährlich 1 t Calcium/ha, um die Aluminiumtoxizität zu beheben und um den niedrigen pH in Bereiche anzuheben, bei denen die potentiell maximale Kationenaustauschkapazität genutzt werden kann. In der detaillierten Analyse eines mehrjährigen brasilianischen Düngeversuches kommt Weischet (1988) daher zu dem Ergebnis, dass ein Dauerfeldbau auf den meisten tropischen Böden nicht möglich ist.

Obwohl bereits 1958 das Instituto Agronomico do Norte in Belem darauf hinwies, dass über 90 % der Böden im Amazonasbereich für eine Landwirtschaft ungeeignet seien, beschloss 1970 die Regierung Brasiliens in einem „Programm der nationalen Integration" die **Besiedlung Amazoniens**, um den von Trockenheit, Missernte und Bevölkerungsdruck betroffenen Nordosten Brasiliens zu entlasten. Ursprünglich war geplant, 1 Mio. Familien in Amazonien anzusiedeln, alsbald erfolgte eine Redimensionierung auf 100.000 Familien. Jeder Familien sollten 100 ha Wald zugeteilt werden, von denen sie 50 ha nicht roden durfte. Versorgung mit Saatgut, landwirtschaftliche Beratung und Infrastrukturmaßnahmen (Schule, Genossenschaftssysteme, Gesundheitssystem etc.) sollten eingerichtet werden.

Hierzu wurden große Straßenbauprojekte in Angriff genommen, die dieses riesige Gebiet erschließen sollten.

Das Projekt war von Anfang an von Fehlschlägen begleitet. Ende 1971 hatten sich gerade 1000 Familien angesiedelt, Ende 1974, als das Programm offiziell eingestellt wurde, knapp 5500 Familien. Mit dem Straßenbau war jedoch das Gebiet für die Besiedlung geöffnet worden und in den Folgejahren kamen immer mehr Familien. 1984 bestanden von den 27 ersten Agrardörfern nur noch 14. Häufig brachten frisch gerodete Waldbereiche nur ein bis drei Jahre brauchbare Ernten ein, dann wurden die Felder aufgegeben und über 80 % der Siedler versuchten ihr Glück an einer anderen Stelle (Hagemann 1985). In vielen Fällen wurde das Land an Großgrundbesitzer verkauft.

Die Angaben über die **Größe der gerodeten Flächen** variieren stark. In Amazonien wurden bis 1975 knapp 30.000 km^2 brandgerodet, zwischen 1977 und 1988 durchschnittlich ca. 21.000 km^2 jährlich, zwischen 1990 und 1998 ca. 16.000 km^2 jährlich. Insgesamt sind bis 2000 ca. 550.000 km^2 brandgerodet worden, der methodische Fehler dieser Angaben ist jedoch hoch. Gegen Ende der 1990er Jahre zeichnete sich eher eine Abnahme der landwirtschaftlichen Nutzung ab und die Zuwanderung Landloser stoppte. Rund die Hälfte der Entwaldung erfolgte für Ackerbau, die Hälfte für Viehzucht. Deutlicher als zuvor zeichnet sich als neuer Trend jedoch eine Nutzung für die Holzproduktion ab (Kap. 10.1.2).

Das Projekt **Transamazonica** ermöglichte gleichzeitig auch die Schaffung von riesigem Grundbesitz, der meist mit Rinderherden zur Fleischgewinnung genutzt wurde. Im Verlaufe von wenigen Jahren entstanden Rinderfarmen von Tausenden km^2. Ein Rind benötigt in den ersten Jahren nach Brandrodung 1 ha Weideland, die 176 Mio. Rinder Brasiliens (2002) haben daher einen beachtlichen Teil der Waldzerstörung verursacht. Da Rinderfarmen nicht arbeitsintensiv sind, liefern sie keine Lebensgrundlage für das Heer von Land- und Arbeitslosen, das immer tiefer in die noch intakten Urwälder zieht.

> Die Nutzung der meisten Flächen als **Rinderweide** ist in Amazonien nicht nachhaltig. Angesäte Futtergräser werden aufgrund des einsetzenden Nährstoffmangels durch minderwertige Gräser wie *Imperata cylindrica* verdrängt, die von Rindern nicht gefressen werden. Ferner breiten sich Weideunkräuter und Sträucher aus, die wegen ihrer Dornen oder giftiger Inhaltsstoffe (*Lantana camara*) ebenfalls nicht gefressen werden. Durch Versumpfung oder Erosion kommt es zu Degradation der Weideflächen. Nach 5 Jahren Weidewirtschaft benötigt ein Rind durchschnittlich 2 ha, nach 12 Jahren über 3 ha, dies ist dann auch die ökonomische Grenze einer Weidewirtschaft (Andrae 1990).

Die Tragik der Regenwaldnutzung in Brasilien liegt vor allem darin, dass sie den landlosen Menschen nicht zugute kommt. Dies ist z.T. in der **Feudalstruktur** der brasilianischen Gesellschaft begründet, die zulässt, dass die Hälfte des Bundesstaates Mato Grosso einem Besitzer gehört, 1 % der größten Grundeigentümer 50 % der landwirtschaftlichen Nutzfläche haben und die 50 % der kleinsten Grundeigentümer nur 2 % des Bodens besitzen. Es ist vermutlich unnötig, Amazonien landwirtschaftlich nutzen zu wollen, denn Brasilien ist ein riesiger Flächenstaat, der über genügend gute, ertragreiche Böden verfügt, um seine vergleichsweise kleine Bevölkerung von 175 Mio. zu versorgen.

▶ *Box 3.8*
Ölpalmen

Die Ölpalme *Elaeis guineensis* stammt ursprünglich aus Westafrika und wird heute in allen Tropengebieten der Welt angebaut. Keine andere Pflanze produziert mit 4-5 t/ha pro Fläche so viel Öl. Der begehrte Rohstoff findet sich in einer großen Zahl von Produkten des täglichen Lebens: Margarine, Suppen, Saucen, Backwaren, Kosmetika, Waschpulver, Schmiermittel, Farben usw. Palmöl ist daher nach Soja und vor Raps das wichtigste Pflanzenöl. Früher wurden große Flächen des Regenwaldes gerodet, um Ölpalmen in riesigen Plantagen anzubauen. Bereits 3 Jahre nach der Pflanzung kann geerntet werden und die Bäume tragen 25 Jahre lang. Dies führt jedoch zu einer völligen Vernichtung des ursprünglichen Lebensraumes. Da Palmöl ein begehrtes Exportprodukt ist (s. Abb.), haben auch die großen internationalen Organisationen immer wieder auf vermehrten Anbau gedrängt, so dass sich in den letzten 16 Jahren eine Verdoppelung der Anbaufläche auf 10 Mio. ha (2002) ergab. Hierfür wurden weltweit immer neue Flächen brandgerodet.

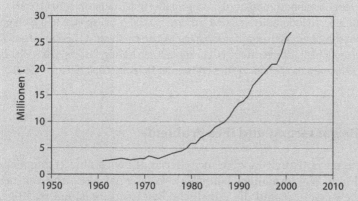

Diese Ölplantagen sind umstritten, da ihnen bei konventionellem Anbau der Tropenwald zum Opfer fiel und die Umweltbelastung groß war. Eine sinnvolle Alternative besteht aber in einer nachhaltigen Produktion von Palmöl, für die keine neuen Wälder mehr gerodet werden, sondern die bestehenden Plantagen ökologisch verträglich umgebaut werden. Dies ist wichtig, denn die Anbaufläche hat inzwischen global so große Ausmaße erreicht, dass die Preise zu zerfallen drohen. Nachhaltigkeit kann erreicht werden durch einen Verzicht auf Monokulturen, Herbizide und Dünger, also durch den Einbezug von Waldinseln und Unterwuchs. So kann Erosion vermieden und ein möglichst großer Teil der ursprünglichen Biodiversität erhalten werden.

Obwohl die landwirtschaftliche Nutzung des tropischen Regenwaldes nur begrenzt möglich ist, gibt es Alternativen hierzu (Box 3.8). Die **Agrarforstwirtschaft** nutzt den mehrstufigen Aufbau eines Waldes, wendet sich also vom monokulturartigen Ansatz einer klassischen Landwirtschaft der gemäßigten Zone ab. Unter dem Schutz von Bäumen und Sträuchern werden verschiedene Nutzpflanzen in Mischkultur angebaut. Die Bäume sorgen für Beschattung und ermöglichen

Einnahmen durch den Holzverkauf, zusammen mit den Sträuchern wird Wind- und Wassererosion verhindert. Unter den Nutzpflanzen befinden sich sowohl Stickstoff liefernde Leguminosen als auch Stickstoff zehrende Nutzpflanzen, so dass eine langfristige Optimierung der Bodenfruchtbarkeit ohne Handelsdünger möglich ist. Ertragsschätzungen gehen bei solch komplexen Anbausystemen von Erträgen bis 10t/ha an Getreide, Wurzel- und Baumfrüchten sowie sonstigen Produkten aus. Dies ist ein Mehrfaches der üblichen landwirtschaftlichen Erträge und ein Vielfaches der Erträge der Rinderzucht, die jährlich meist gerade 10–50 kg Rindfleisch/ha liefert.

Das **gezielte Sammeln** von bestimmten Medizinalpflanzen, Früchten, Samen, Fasern, Farb- und Gerbstoffen, Harzen, Wachsen, Ölen und Gummi, wie es die brasilianischen Gummisammler machen, ist ebenfalls eine Nutzungsform, die den Regenwald nicht beeinträchtigt (Gradwohl u. Greenberg 1988). Der Welthandel mit Gummi arabicum, einem Pflanzengummi von wild wachsenden Bäumen (*Acacia senegal*), beträgt jährlich über 50 Mio. $, davon stammt die Hälfte aus dem Sudan, für den es 10 % aller Exporterlöse darstellt. Gummi arabicum wird vielseitig in der Nahrungsmittel-, Textil- und Pharmaindustrie eingesetzt. Forstliche Nebennutzungsprodukte (d.h. Waren außer Holz) tragen mit über 100 Mio. $ zu den Exporterlösen von Indonesien bei und sichern 150.000 Arbeitsplätze, in Indien gar 1 Mio. Arbeitsplätze. In Amazonien ergibt sich bei der Nutzung von nur 117 Bäumen aus 12 Arten, die pro ha regelmäßig abgeerntet werden können, ein Nettoerlös von 420 $. Dies ist bei mehrjähriger Nutzung das Zehnfache des Erlöses der Holzwirtschaft (Steinlin 1990).

3.4.3
Künstliche Bewässerung und ihre Probleme

In vielen Gebieten potentiell nutzbaren Ackerlandes wird eine ertragreiche Landwirtschaft durch **Wassermangel** behindert. Wasser ist also eine zentrale landwirtschaftliche Ressource und die künstliche Bewässerung ist ein wichtiges Mittel, um Erträge zu steigern (Tabelle 3.13). Nach Erhebungen der Weltbank waren ca. 50–60 % des Zuwachses der Agrarproduktion zwischen 1960 und 1980 auf Bewässerung zurückzuführen. Hierfür werden in Afrika 70 %, in Indien 90 % des verfügbaren Wassers in der Landwirtschaft eingesetzt, in Europa, USA oder Japan ca. 30 %.

Die **klassische Bewässerungsmethode** wird schon seit vorchristlichen Zeiten eingesetzt. Wasser wird von entfernten Vorkommen in Kanälen herbeigeführt und in einem fein verzweigten Grabensystem kleinräumig so verteilt, dass die Wurzelzone der Pflanzen ausreichend befeuchtet wird. Moderne Vermessungstechnik und lasergesteuerte Niveauregulierung helfen, die eingesetzten Wassermengen optimal, d.h. möglichst sparsam einzusetzen. Eine technisch aufwendigere Methode ist die Tröpfchen- oder Einzelpflanzenbewässerung. Dabei wird Wasser durch Kunststoffrohre ober- oder unterirdisch direkt an die Pflanze gebracht und nur dort über eine Düse gezielt freigesetzt. Diese Methode benötigt pro Fläche weniger Wasser und beugt einer Versalzung vor.

Der „größte künstliche Fluss der Welt" fließt in Libyen. Aus gewaltigen **Grundwasservorkommen** im Südosten der libyschen Wüste transportiert eine

Tabelle 3.13. Veränderung (%) der künstlich bewässerten Landwirtschaftsfläche in den Regionen der Welt für 10-Jahres-Perioden. Nach FAO (www.fao.org).

Veränderung (%)	1960/1970	1970/1980	1980/1990	1990/2000
Afrika	28,6	11,1	10,0	18,2
Asien	22,2	20,0	17,4	14,8
Australien und Ozeanien	45,5	6,2	23,5	28,6
Europa	37,5	27,3	21,4	47,1
Mittelamerika und Karibik	25,0	20,0	16,7	14,3
Nordamerika	13,9	28,7	2,4	6,9
Südamerika	20,0	16,7	28,6	11,1
Industriestaaten	18,9	34,1	11,9	3,0
Entwicklungsländer	21,6	21,8	18,5	14,5
Welt	20,9	25,0	16,7	11,0

2000 km lange Pipeline von 4 m Durchmesser täglich 5 Mio. m^3 in Küstennähe. Nebst einer Versorgung der Bevölkerung in den großen Städten kommt dieses Wasser der libyschen Landwirtschaft zugute, die über die Selbstversorgung hinaus exportorientiert ausgebaut werden soll. Die angezapften unterirdischen Wasservorkommen füllen sich derzeit nicht mehr auf, werden voraussichtlich aber einige hundert Jahre reichen. Welche ökologischen Auswirkungen diese Wasserentnahme hat, ist unbekannt.

Weltweit nimmt die **künstlich bewässerte Fläche** ständig zu. 1900 wurden weniger als 50 Mio. ha bewässert, 1950 waren es bereits knapp 100 Mio. ha und 2000 270 Mio. ha. Dies entspricht fast 18 % der weltweit kultivierten Fläche. Der bewässerte Anteil der landwirtschaftlichen Nutzfläche beträgt 50 % in China, 60 % in Japan und 75 % in Pakistan. Große Bewässerungsflächen finden sich auch in den USA und der ehemaligen Sowjetunion (Box 3.9).

Die Menge an verfügbarem Süßwasser ist begrenzt (Kap. 5.4.1). Die Bewässerungswirtschaft nutzte in den 1980er Jahren zwar nur durchschnittlich 5 % der verfügbaren Niederschläge, für einzelne Gebiete benötigte sie jedoch sehr viel mehr. So wurde in China in den 1980er Jahren bereits 80 % des Wasserverbrauchs zur künstlichen Bewässerung verwendet. Der weitere Ausbau der Bewässerung bis zum Jahr 2000 erforderte bereits ein Viertel des landesweit verfügbaren Fließwassers und der Hwang Ho erreicht derzeit an über 100 Tagen das Meer nicht

▶ **Box 3.9**
Bewässerung zerstört den Aralsee

Schon zu Zeiten der Sowjetunion wurden die Zuflüsse des zentralasiatischen Aralsees, der im heutigen Kasachstan und Usbekistan liegt, intensiv für künstliche Bewässerung eingesetzt, da die umliegenden Böden sehr fruchtbar sind. Mit der Ausweitung des exportorientierten Bewässerungsanbaus von Baumwolle und Reis wurde immer mehr Wasser dem See und seinen Zuflüssen entzogen. Seit 1960 übertreffen Wasserentnahme und Verdunstung den Zufluss, die Seefläche geht immer mehr zurück, und die bewässerte Fläche weitete sich auf 8 Mio. ha aus. Ehemals mit 70.000 km^2 der viertgrößte See der Welt, nahm seine Fläche bis heute auf 40 % der ursprünglichen Fläche ab, das Volumen sank auf 16 %.

Im See konzentrieren sich Salze, Dünger, Biozide sowie alle Abwässer der Region. Der Salzgehalt hat inzwischen den von Meerwasser überschritten, so dass die ursprünglich reiche Fischfauna ausgestorben ist, die ehemals blühende Fischindustrie (Erträge von 44.000 t jährlich) starb ebenfalls. Starke Winde verfrachten heute Salz und Sand aus dem trocken gefallenen See in angrenzendes Kulturland. Diese großräumigen Versalzungen und Verwehungen reduzieren die nutzbaren Flächen, die Flächenerträge nehmen ab. Bei der Bevölkerung nehmen Krankheiten wie Typhus und Cholera und allgemein die Kindersterblichkeit zu.

Noch zu Sowjetzeiten sah der Dawydow-Plan vor, sibirische Flüsse mit einem 2500 km langen Kanal nach Süden umzuleiten, um die Wasserknappheit in den zentralasiatischen Steppen zu beheben. Dies hätte sich wahrscheinlich auf das Klima weiter Bereiche Nordsibiriens und des Nordmeeres ausgewirkt. Aus technischen, finanziellen und vielleicht auch ökologischen Gründen wurde dieses Projekt nie durchgeführt. Hilfe für den Aralsee ist schwierig. Ein Großteil der bemerkenswerten Fauna und Flora des Deltabereichs ist verschwunden, der See ist tot. Eine Sanierung des völlig maroden Bewässerungssystems könnte verhindern, dass wie derzeit 80 % des Wassers ungenutzt versickern. Auf jeden Fall müsste aber die landwirtschaftliche Nutzung deutlich reduziert und der Einsatz von Agrochemikalien verringert werden. Nach www.dfd.dlr. de/app/land/aralsee/.

mehr. Der **Wasserhaushalt der Erde** wird also zu einem begrenzenden Faktor bei der Bewässerung (Abb. 3.26).

In den meisten Industriestaaten hat der **Wasserverbrauch** in den letzten 20 Jahren um durchschnittlich 20 % zugenommen und erreichte Ende der 1980er Jahre 10 % der Menge des insgesamt dort verfügbaren Wassers. Innerhalb der einzelnen Staaten ist die Nutzungsrate jedoch unterschiedlich: In Kanada, Skandinavien und in der Schweiz werden nur wenige Prozent genutzt, in den USA, Japan, Frankreich, Deutschland, Italien und Holland 20–30 %, in Spanien immerhin schon 40 % der verfügbaren Menge. Hauptverbraucher ist

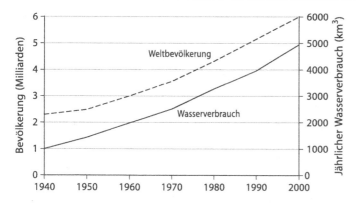

Abb. 3.26. Bevölkerungswachstum und jährlicher Wasserverbrauch weltweit.

in den meisten Ländern die Landwirtschaft, daneben steigt aber auch der Verbrauch in der Energiewirtschaft, während er im Industriesektor sinkt (OECD 1991).

Wenn nur eine begrenzte Wassermenge für die Bewässerung zur Verfügung steht, wird häufig zu sparsam bewässert, so dass das Wasser auf der Erdoberfläche verdunstet und durch die zurückbleibende Salzkruste langfristig eine **Versalzung** des Bodens droht. Zuflüsse von Bewässerungsanlagen enthalten oft bis zu 3,5 g Salz pro Liter Wasser. Viele Kulturpflanzen benötigen jährlich 6000 bis 10.000 m³ Wasser/ha, so dass dies eine Zufuhr von 35 t Salz/ha bedeuten kann, dies entspricht 3,5 kg/m² Ackerfläche. Bereits nach wenigen Jahre kann der Salzgehalt im Boden so hoch werden, dass Pflanzenbau nicht mehr möglich ist. Bei korrekter Bewässerung muss es immer einen Abfluss geben, der das Salz wieder fortleitet. Bei bereits versalzenen Böden muss das Salz mit zusätzlichem Wasser aus dem Boden gespült werden, es akkumuliert dann aber in Flüssen oder Seen.

Weltweit sind die größten vermeidbaren **Verluste von Ackerland** auf Versalzen durch falsche Bewässerung zurückzuführen. In Pakistan gingen 1970 über 50.000 ha Ackerland durch Versalzung verloren. Für Indien wurde angegeben, dass um 1980 10 % der Verluste von landwirtschaftlich nutzbarer Fläche auf Versalzen zurückzuführen sind. Rund 1 % der Weltgetreideproduktion geht jährlich durch Bodenversalzung verloren.

Kalifornien umfasst vor allem Wüsten und Halbwüsten, ist aber dank eines gigantischen Bewässerungssystems seit Beginn des 20. Jahrhunderts zum großen Teil bewässert. Wasser wird aus den Rocky Mountains und von jenseits der Wasserscheide durch ein System von über 300 großen Dämmen und Stauseen sowie 174 Pumpstationen über 350 km Wassertunnel durch das Gebirge herbeigeschafft und mit 24.000 km Kanälen, 25.000 km Drainage-Kanalisation und 55.000 km Nebenkanälen verteilt. 85 % des Wasserverbrauchs erfolgen durch die Landwirtschaft, wobei wegen subventionierter Wasserpreise der Anbau von bewässerungsintensiven Kulturen gefördert wird. Heute ist Kalifornien ein wichtiger Produzent von Reis, daneben wird ein Fünftel des Wassers für Luzerne (Futter für die Rindermast) und ein Zehntel für Baumwolle verwendet. Da das Wasser meist oberirdisch versprüht wird, sind die Verdunstungsverluste hoch und der Salzgehalt im Boden steigt ständig. An der Küste fehlt Süßwasser im Grundwasserbereich, das Meerwasser dringt vor und schädigt Süßwasserkulturen.

In vergangenen Jahrzehnten setzte man große Hoffnungen auf Staudämme, die Flüsse zu großen Seen aufstauten, von denen dann ein Netz von Kanälen das umliegende Land bewässern sollte. Eines der größten Projekte ist der **Assuanstaudamm**, die Aufstauung des Nils in Ägypten gewesen, die 1971 abgeschlossen wurde und durch einen 111 m hohen und 3,6 km langen Damm bei Assuan den Nassersee schuf. Dieser See von 550 km Länge ist volumenbezogen die drittgrößte Talsperre der Welt. Erst heute sind Vor- und Nachteile eines solchen Großprojektes abschätzbar.

Durch den Assuanstaudamm verfügt der Nil über eine konstantere Wasserführung. Schwankte der Abfluss früher zwischen 720 und 13.000 m^3/ s, so liegen diese Werte heute zwischen 930 und 2.600 m^3/s. Es sind weniger Unterhaltsarbeiten an Flussufern und Kanälen nötig und die Flussschifffahrt war nun ganzjährig möglich. 486.000 ha Neuland konnten bewässert werden, und bei 400.000 ha in Oberägypten wurde die ehemals nur periodisch mögliche Bewässerung ganzjährig gesichert. Im See etablierte sich eine Fischereiwirtschaft mit 5000 Arbeitsplätzen, die 1987 34.000 t Fisch fing (17 % der ägyptischen Produktion). Elektrizitätswerke an der Staumauer gewinnen jährlich ca. 10 Mrd. kW Strom, etwa ein Drittel des ägyptischen Verbrauches. Hierdurch konnte die Elektrifizierung des Landes und die Industrialisierung der Umgebung beschleunigt werden.

Allerdings wurden diese Vorteile mit einer Reihe von Nachteilen erkauft. Die neu bewässerte Fläche entspricht ungefähr der Fläche, die für das Aufstauen des Sees verloren ging. Der Schlamm, der über die Felder Unterägyptens verteilt wurde (jährlich 85 Millionen t Sediment), wird nun im Stausee zurückgehalten. Bis dessen „Totvolumen" von 31 km^3 gefüllt ist, werden 100–400 Jahre vergehen. 10 % der Schlammfracht des Nils verblieben früher als Düngung auf den Feldern. Diese Felder benötigen nun regelmäßig Dünger, um ihre sinkende Fruchtbarkeit zu kompensieren. Die übrigen 90 % Schlamm wurden in das östliche Mittelmeer gespült, wo das Ausbleiben des Schlammes im ohnehin nährstoffarmen Mittelmeer einen Nährstoffmangel verursachte, so dass die Fischereierträge sanken. Da es keine Schlammablagerungen mehr gibt, erodiert der Nil im Unterlauf sein Flussbett. In den 40.000 km Bewässerungskanälen sowie im See selbst breiten sich Wasserpflanzen und Wasserschnecken aus, die als Zwischenwirt der Bilharziose dienen. Diese Krankheit war in Ägypten zwar immer verbreitet, durch das Assuan-Projekt stieg die Infektionsrate aber von 5 % auf über 35 % bei der Landbevölkerung. Schließlich mussten wegen des ansteigenden Seespiegels große Bevölkerungsteile umgesiedelt werden, Dutzende von Ortschaften verschwanden. Auch Kulturdenkmäler wurden geflutet, einige an höhere Stellen umgesetzt (Shalaby 1988).

Wenn mehrere Staaten auf die Wasserversorgung durch einen Fluss angewiesen sind, wirkt sich eine Wasserentnahme im Oberlauf negativ auf die weitere Wasserentnahmemöglichkeit stromab aus. Bei verfeindeten Staaten liegt es nahe, das **Wasser als Waffe** einzusetzen. Ein Beispiel ist das Südanatolienprojekt, das in diesem trockenen Teil der Türkei vorsieht, bis 2012 1,6 Mio. ha Land zu bewässern. Als erste Etappe wurde 1991 der Atatürk-Staudamm fertig gestellt. Er ist mit 169 m Höhe und 860 m Länge der neuntgrößte Staudamm der Welt und sperrt den Euphrat ab. Syrien hatte bisher fast seine ganze Wasserversorgung aus dem

Euphrat gespeist, im Irak hängen große Gebiete mit Bewässerungsfeldbau davon ab. Beide Staaten sind also durch das türkische Projekt negativ betroffen. Irak ist zusätzlich durch Syrien betroffen, das vermehrt Wasser aus dem Euphrat nutzt.

In ähnlicher Weise gibt es Differenzen zwischen Israel und dem Libanon über die Nutzung der Flüsse Litani und Zahrani und zwischen Israel, Syrien und Jordanien über Nutzung von Jarmuk und Jordan. Auf Druck Argentiniens baute Brasilien die Staumauer des Itaipu-Staudamms am Parana etwas niedriger, da bei dessen Zerstörung sonst riesige Teile Argentiniens betroffen wären. Vergleichbar ist ferner die Situation zwischen Bangladesch und Indien, das in der Trockenzeit so viel Wasser aus Brahmaputra und Ganges abzapft, dass die großen Flüsse Bangladeschs trockenfallen, die Versorgung der Bevölkerung sowie die Bewässerung nicht mehr gewährleistet ist, die Schifffahrt unmöglich wird und vom Meer her Salzwasser vordringt. 2003 hat Indien verkündet, mit Kanälen von zusammen 10.000 km Länge in 15 Jahren die wichtigen Flüsse des Landes verbinden zu wollen, um für Bewässerungszwecke mehr Wasser aus dem Nordosten in die ariden Gebiete des Subkontinentes zu leiten.

3.4.4
Bodenerosion

Erosion ist der Abtrag von Boden- und Gesteinsmaterial durch Wind oder Wasser. Es ist ein im wesentlichen natürlicher Vorgang, der jedoch durch **unsachgemäße Bodenbewirtschaftung** beschleunigt werden kann. Hierzu gehören Überweidung, Pflügen und ähnliche Anbaumethoden, sowie Herbizideinsätze, weil hierdurch die Vegetation zerstört und der Oberboden exponiert wird. In Hanglagen wird der ungeschützte Oberboden leicht abgeschwemmt oder weggeweht. In der Folge kommt es zur Abnahme der Bodenfruchtbarkeit, in ariden Regionen zur Versteppung und Wüstenbildung. Lebensräume mit einer natürlicherweise nicht geschlossenen Vegetationsdecke (Steppen, Savannen, Halbwüsten), Hanglagen und tropische Bereiche mit ihren hohen Niederschlägen sind besonders erosionsgefährdet. Aus Dauerversuchen wissen wir, dass es im Grünland kaum Erosionsverluste gibt. Bei einer sechsjährigen Fruchtfolge beträgt der Oberbodenverlust in 74 Jahren 12,4 cm (= 1,7 mm oder 21 t/ha jährlich), bei permanentem Maisanbau 22 cm in 60 Jahren (= 3,7 mm oder 46 t/ha und Jahr) (Gantzer et al. 1991).

Erosion kann auf vielfältige Weise verhindert oder zumindest reduziert werden. Im Ackerbau müssen vegetationsfreie Perioden möglichst vermieden werden. Dies kann durch Unter- und Zwischensaat oder Mulchen erfolgen. Eine geeignete Fruchtfolge und Bodenbearbeitung kann ebenfalls die Erosion reduzieren. Auf empfindlichen Böden müssen schwere Maschinen vermieden werden. Landschaftsgestaltend können Hecken und Gehölze als Windbremse angelegt werden. Die Bearbeitungsrichtung von Feldern soll in jedem Fall entlang der Höhenlinien erfolgen (Konturenpflügen) und die Felder sollten in Streifenform mit dazwischen liegenden naturbelassenen Brachestreifen angelegt sein. In Wäldern ist ein Wechsel von der großflächigen Kahlschlagwirtschaft zur

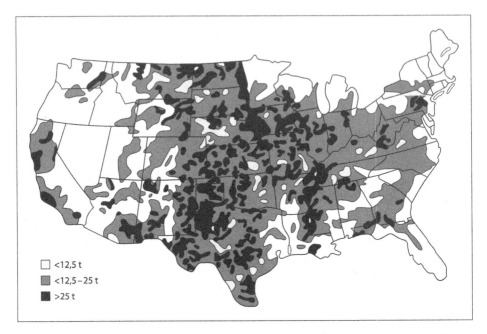

Abb. 3.27. Jährlicher Bodenverlust durch Erosion in den USA (t Humus / ha landwirtschaftlicher Nutzfläche). Nach Schichl u. Schuster (1982).

Femelwirtschaft sinnvoll, d.h. die Bäume werden jeweils nur gruppenweise bzw. kleinflächig entnommen, so dass ein kleinräumig strukturierter Wald entsteht.

In den USA wurden seit dem 19. Jahrhundert große Bereiche der **Prärie** umgepflügt und für Getreideanbau genutzt (*corn belt*). Die meisten Farmer waren europäische Auswanderer, die über keine besonderen landwirtschaftlichen Kenntnisse verfügten oder Lohnarbeiter und Pächter, die nicht sorgfältig mit dem Boden umgingen. In den 1930er Jahren wurden ihre Probleme bekannt, als Stürme aus dem Mittleren Westen Erde bis in die amerikanischen Millionenstädte verfrachteten und 350.000 Farmer ihre Existenz verloren. In einer nationalen Aktion wurden Maßnahmen ergriffen, um die Erosion einzudämmen, vor allem gesetzliche Auflagen, wasserbauliche Maßnahmen wie Rückhaltebecken und Uferbefestigungen, eine Änderung der landwirtschaftlichen Bewirtschaftung (z.B. Konturenpflügen) und Fachberatung vor Ort. In den USA gelten heute 75 % des Weidelandes, 67 % der forstwirtschaftlich genutzten Fläche und 58 % des Ackerlandes als erosionsgefährdet (Abb. 3.27). Pro Tag wird immer noch über 1 Mio. t fruchtbaren Ackerbodens über den Mississippi in den Golf von Mexiko gespült. Seit dem Umpflügen der Prärien ist an den meisten Orten bereits ein Drittel des Oberbodens abgetragen worden, dies führt zu einer Ertragsminderung bei Getreide von 10–20 %.

In China wurde versucht, auch **steppenartige Lebensräume** in die landwirtschaftliche Nutzung einzubeziehen. Meist mussten diese Versuche erfolglos eingestellt werden, die betroffenen Lebensräume waren aber bereits so geschädigt, dass sie zu Wüsten oder Halbwüsten wurden. In 30 Jahren hat China auf diese Weise fast 10 % seiner landwirtschaftlichen Nutzfläche verloren. In den 1980er Jahren wurde berechnet, dass der Hwang Ho (der „Gelbe Fluss", schon der Name deutet auf die hohen Lehmfrachten hin!) jährlich 1,2 Mrd. t fruchtbaren Humus in den Ozean abtransportiert. In den Tropen ist der Oberboden nach dem Abbrennen ungeschützt den schweren Regenfällen ausgesetzt, so dass bis 1200 t/ha jährlich abgespült werden können. In einem nach der Brandrodung angesäten Maisfeld beträgt der Abtrag bis zu 900 t/ha jährlich. Demgegenüber ist der Verlust in ungestörtem Wald mit 4 t/ha geradezu vernachlässigbar. (1000 t/ha entsprechen 100 kg/m^2 und bewirken einen Höhenverlust von 8 cm!).

Erosionsschäden stellen sich langsam ein und Erosionsschutzmaßnahmen wirken daher nur langfristig. Unter den heutigen **wirtschaftlichen Rahmenbedingungen** sind sie für viele Landwirte nicht lohnend. Der Produktivitäts- und Kostendruck zwingt zu Raubbau am Land, denn ökologische Werte sind in den niedrigen Weltmarktpreisen nicht enthalten. Bauern stehen daher häufig vor der Alternative, vorzeitig aus ökonomischen Gründen (wenn ökologisch verantwortlich gewirtschaftet wird) oder später aus ökologischen Gründen aufzugeben.

3.5
Verteilungsprobleme und Prognose

Die globale Nahrungsmittelproduktion ist zwischen Industriestaaten und Entwicklungsländern ungleich verteilt. Der rasche Bevölkerungszuwachs in der Dritten Welt und der unbefriedigende Entwicklungsstand ihrer Landwirtschaft führt zu einem **Versorgungsmangel** bei gleichzeitiger **Überproduktion** in den Industriestaaten. Global gesehen ist hingegen genügend Nahrung vorhanden. Da lokale Überschüsse jedoch nicht ohne weiteres in Entwicklungsländer verschoben werden können, gibt es auf der Welt sowohl die Notwendigkeit von Flächenstilllegungen bzw. Produktionsbegrenzung (bis hin zur Extremsituation der Überschussvernichtung) als auch von Flächenausweitung bzw. Produktionssteigerung (zur Vermeidung der Extremsituation einer akuten Hungersnot).

3.5.1
Überproduktion der Industrieländer

Seit Beginn der 1980er Jahre ist in fast allen Staaten der europäischen Gemeinschaft für die wichtigsten Nahrungsmittel ein **Eigenversorgungsgrad** von 100 % erreicht oder überschritten worden, das heißt, es wird mehr produziert als verbraucht und niemand hungert mehr (Box 3.10). Der Überschuss lässt sich wegen der hohen Erzeugerpreise nur schwer auf dem Weltmarkt absetzen. Überschüsse wurden daher gelagert (Milchsee, Butterberg), als Viehfutter verwendet, zu Schleuderpreisen verkauft (Ostblockexporte) oder vernichtet. Die überflüssige landwirtschaftliche Nutzfläche umfasst 5 Mio. ha, das ist mehr als die landwirt-

▶ *Box 3.10*
Modernes Hungern: Magersucht und Bulimie

Magersucht ist eine durch seelische Probleme ausgelöste Störung des Essverhaltens. 95 Prozent aller Betroffenen sind Frauen und meist beginnt die Erkrankung in der Pubertät. Essstörungen haben einen unübersehbar gesellschaftlichen Charakter und kommen praktisch nur in reichen Ländern vor. Das Krankheitsrisiko ist bei Mädchen in erfolgsorientierten Familien besonders groß und wird durch die Erhebung von magersüchtigen Models zum Schlankheits- und Schönheitsideal gefördert. Eine zwanghaft ablehnende Haltung gegenüber der Nahrungsaufnahme führt mit einer Gewichtsabnahme bis zu 50 % des Sollgewichtes zu einem Stadium völliger Auszehrung. Die Betroffenen nehmen oft tagelang nur 1000 KJ zu sich und laufen Gefahr zu verhungern. Magersüchtige verleugnen ihren Hunger und haben ein völlig gestörtes Körperbild. Die Stoffwechselstörungen und die schlechte Versorgung mit Sauerstoff führen zu einer charakteristisch blau-roten Verfärbung von Händen und Füßen sowie von Nase und Kinn. Es kommt zu Haut- und Haarerkrankungen. Bei magersüchtigen Mädchen bleibt häufig die Regelblutung aus, sie leiden unter schweren Depressionen, sozialer Isolation und erhöhter Suizidgefahr. Die Sterblichkeit beträgt 8 bis 12 %. Psychotherapie ist die wichtigste Behandlungsform, führt jedoch wie bei jeder Suchtform nur zum Erfolg, wenn eine Krankheitseinsicht vermittelt werden kann.

Bulimie, auch als Ess-Brech-Sucht bezeichnet, ist eine Essstörung, die ähnliche Ursachen hat. Meistens beginnt Bulimie zwischen dem 15. und 30. Lebensjahr. 85 % der Betroffenen sind Frauen, 2–4 % der Bevölkerung der Industriestaaten sind betroffen, Tendenz steigend. Ess-Brech-Süchtige leiden unter regelrechten Fressanfällen, bei denen sie ein Mehrfaches der normalen Nahrungsmenge aufnehmen. Während des Essens leiden die Betroffenen unter einer krankhaften Angst, dick zu werden, daher führen sie nach dem Essen sofort Erbrechen herbei. Zu den psychischen Folgen gehören Depressionen, Schuldgefühle, geringes Selbstwertgefühl und Suizidgedanken. Körperliche Folgen können Zahnschmelzschädigungen durch zu viel Magensäure im Mundraum sein, Risse in der Speiseröhre und in der Magenwand, Störungen im Magen-Darm-Trakt, Haarausfall, brüchige Nägel, trockene Haut, Ödeme, Menstruationsstörungen, Herz-Rhytmus-Störungen.

schaftliche Nutzfläche der Schweiz. Wegen der hohen Kosten der Überproduktion wurde eine grundsätzliche Neuorientierung der Agrarpolitik nötig. Dies kann in Europa nur durch **Flächenstilllegungen**, Extensivierung der Landwirtschaft und Reduktion des Subventionssystems erreicht werden. Damit verbunden ist eine Reduktion landwirtschaftlicher Betriebe, strukturellen Veränderungen im ländlichen Raum und eine Veränderung des Landschaftsbildes.

Ein besonderer Aspekt der Ernährung in den Industrieländern besteht darin, dass wir in großem Umfang Pflanzenprodukte zu Tierfutter verarbeiten, somit zu Fleisch veredeln und essen. Es wird also mit dem Vieh eine trophische Stufe zwischengeschaltet, so dass sich energetische Verluste ergeben (**Veredelungsverluste**). Mit dem für eine Milchkuh benötigten Kraftfutter könnten ca. 10

Menschen ernährt werden. Für den jährlich Weltbedarf von 1 Mrd. t Kraftfutter werden 50 % der Weltgetreideproduktion und 33 % der Körnerleguminosen (Soja usw.) zu Viehfutter verarbeitet. Diese Menge würde rechnerisch für 3–4 Mrd. Menschen reichen. In den Entwicklungsländern werden nur 15 % des dort verfügbaren Getreides zur Fleischproduktion verfüttert. Abgesehen davon, dass unsere fleischlastige Ernährungsweise ungesund ist, würde es den Hungernden in der Dritten Welt wenig helfen, wenn wir morgen alle zu Vegetariern würden. Drei Viertel des Kraftfutters werden innerhalb der Industriestaaten erzeugt und verbraucht, also da, wo eine Nachfrage nach Fleisch, Milch und Eiern ist. Die Ursache des Hungers in der Dritten Welt ist also weniger unsere Verschwendung als die dortige Armut und fehlende Kaufkraft.

3.5.2
Hunger in den Entwicklungsländern

Der **Mindestenergiebedarf** eines Menschen beträgt (je nach Körpergewicht) täglich ca. 5000 kJ, hierbei handelt es sich jedoch um den physischen Mindestbedarf (Grundumsatz), bei dem keinerlei geistige oder körperliche Arbeit möglich ist. Da für ein längerfristiges Überleben mindestens das 1,2 bis 1,4fache (d.h. 6300–7100 kJ) dieses Mindestbedarfes benötigt wird, wird der physische Mindestbedarf als Grenze zur Unterernährung angesehen. Der Energieumsatz eines nicht körperlich arbeitenden Menschen (Schreibtischtätigkeit) liegt bei 9600 kJ, der eines körperlich Arbeitenden steigt mit der Intensität der Arbeit bis auf 20.000 kJ für Schwerstarbeiter an.

Der **Nahrungsmittelverbrauch** liegt im Weltdurchschnitt bei 11.000 kJ. Für die einkommensschwachen Entwicklungsländer bzw. die schwarzafrikanischen Staaten ergibt sich eine durchschnittliche Versorgung mit ca. 9000 kJ. Da es sich hierbei um Mittelwerte handelt, liegt nahe, dass Teile der Bevölkerung täglich weniger als den Mindestbedarf zur Verfügung haben. In den Industrieländern liegt die durchschnittliche Versorgung bei 14.000 kJ, wobei Nordamerika mit 15.000 kJ einen verschwenderischen Konsum aufweist, während Westeuropa näher am Durchschnitt liegt.

Nach Schätzungen der FAO waren in den 1970er Jahren 800 bis 900 Mio. Menschen unterernährt, dies entsprach bis zu einem Drittel der Menschheit. Auch zwischen 1992 und 2001 waren rund 800 Mio. Menschen auf der Welt unterernährt, d.h. die Gesamtzahl hat sich in 10 Jahren wenig verändert. Da die Bevölkerung aber in diesem Zeitraum deutlich wuchs, hat sich der prozentuale **Anteil der Hungernden** auf 13 % gesenkt. In Südostasien, China und Südamerika ergaben sich Verbesserungen, in allen anderen Regionen eher Verschlechterungen. Am deutlichsten waren diese in Afrika ausgeprägt (Tabelle 3.14). Für die Entwicklungsländer bedeutet dies, dass durchschnittlich etwa ein Fünftel ihrer Bevölkerung unterernährt ist. Zu den Ländern mit der schlechtesten Nahrungsversorgung und dem höchsten Anteil Hungernder gehören vor allem afrikanische Staaten (Tabelle 3.15). Es ist schwer abzuschätzen, wie viele Menschen ursächlich an ihrer Unterernährung sterben. Eine realistische Schätzung geht von bis zu 36 Mio. aus, die Hälfte von ihnen sind Kinder. Bezogen auf alle Todesfälle,

Tabelle 3.14. Zahl der Hungernden in den Regionen der Welt (Millionen). Nach FAO (www.fao. org).

	1992	1997	2001
Mittelamerika und Karibik	18	21	21
Südamerika	42	34	33
Nordafrika	6	6	6
Afrika südlich der Sahara	166	193	199
Osteuropa	0	25	34
Südasien	291	277	293
Ostasien	198	153	145
Südostasien	76	65	66
Gesamt	797	774	797
Anteil (%)	14,7	13,3	13,0

die es weltweit gibt, ist Verhungern demnach heute in 60 % aller Fälle die direkte oder indirekte Todesursache.

Eine länger andauernde **Unterernährung** ist in der Regel mit Eiweißmangel verbunden, der dazu führt, dass Eiweiße aus allen Organen abgebaut werden. Der Abbau der Muskelmasse führt dann zu einer nachhaltigen Beeinträchtigung der Leistungsfähigkeit. Der Abbau von Albumin aus dem Blut verändert darüber hinaus dessen osmotische Eigenschaft, so dass vermehrt Flüssigkeit aus dem Blut in das Körpergewebe austritt und sich Hungerödeme bilden. Bei Kindern kommt es zu Wachstumsstörungen, die oft nicht mehr behoben werden können. Mit fortschreitender Unterernährung lässt die Infektionsabwehr des Immunsystems nach, so dass Infektionskrankheiten oder Parasitenbefall schließlich zum Tod führen. Proteinmangel in den ersten drei Lebensjahren ist zudem mit einer bleibenden Schädigung des Gehirnes verbunden.

Die medizinischen Bezeichnungen für **Hunger** sind verschieden. Der allgemeine Schwäche- und Erschöpfungszustand bei ungenügender Ernährung wird als Marasmus bezeichnet, während Kwashiorkor hauptsächlich Kleinkinder betrifft, die abgestillt werden. Sie werden von einer eher ausgewogenen, proteinreichen Ernährung (Muttermilch) auf eine kohlenhydratreiche Nahrung umgestellt, die oft eiweißarm und in der Menge unzureichend ist. Bei einseitiger Ernährung treten **Mangelerscheinungen** auf, etwa durch ein fehlendes Vitamin verursacht.

Tabelle 3.15. Staaten mit der ungenügendsten Ernährung ihrer Bevölkerung. Anteil (%) der Bevölkerung, der zu mehr als 35 % unterernährt ist. Daten nach FAO (www.fao.org).

	1990–1992	1998–2000
Angola	61	50
Haiti	65	50
Sambia	45	50
Mosambik	70	55
Eritrea	–	69
Burundi	49	70
Afghanistan	63	71
Somalia	67	72
Kongo	32	74

Beriberi ist eine Thiaminmangelkrankheit, die bei unausgewogener Ernährung mit poliertem Reis auftritt. Rachitis entsteht durch Calcium-Mangel bzw. Vitamin-D-Mangel, Eisenmangel verursacht Anämie, Vitamin-C-Mangel Skorbut, β-Carotin-Mangel (Vitamin-A-Mangel) Seh- und Wachstumsstörungen.

Beim Hunger wird eine akute und eine chronische Form unterschieden. Bei der **akuten Form** handelt es sich um eine Folge von Missernten, Kriegen oder ähnlich katastrophenartigen Ereignissen, die ganze Landstriche heimsuchen und zur Flucht großer Bevölkerungsteile führen. In der Regel wird über solche Ereignisse medienwirksam berichtet, es erfolgen internationale Hilfsaktionen und die Hungersnot wird mit Nahrungsspenden überbrückt. Diese akute Form des Hungers wird durch massive Gewalteinwirkung oder ein falsches Konzept zur Lebensraumgestaltung und -nutzung verursacht (die meisten „Natur"katastrophen sind vom Menschen verursacht), ist also weitgehend vermeidbar.

In den meisten Fällen von Hunger handelt es sich jedoch um eine **chronische Form**, bei der mit Nahrungshilfe nicht nachhaltig geholfen werden kann. Wegen großer Armut hat in den betroffenen Gebieten ein Teil der Bevölkerung keine Möglichkeit, Nahrungsmittel zu produzieren oder zu kaufen. Chronischer Hunger ist ein tief liegendes, strukturelles Problem, das nicht medienwirksam ist und weniger zur Kenntnis genommen wird. Die (billigen) Nahrungsimporte lösen das Problem nicht, denn hierdurch werden die einheimischen (meist teureren) Produzenten in ihrer Entwicklung gehemmt. Dem Mangel an **Kaufkraft** kann nur durch Förderung der Beschäftigung und Ausbau der Infrastruktur begegnet werden, so dass es über eine langsame Bildung von Kaufkraft jedem möglich wird, die im Prinzip vorhandenen Nahrungsmittel zu kaufen. Diese Kaufkraftentwicklung ermöglicht dann auch Investitionen in den Agrarsektor und eine lokale Steigerung der Agrarproduktion.

Die chronische Form des Hungers deutet immer auf elementare **Fehlfunktionen der Wirtschaft** eines Landes hin. Die Unfähigkeit der verantwortlichen Entscheidungsträger, fehlende Landwirtschaftspolitik und mangelnde innenpolitische Stabilität können als ursächlich angesehen werden. In beiden Fällen von Hunger ist die Katastrophe durch langfristig angelegte und nachhaltige Strukturverbesserung vermeidbar und im 21. Jahrhundert darf es eigentlich keine Entschuldigung mehr für Hungersnöte geben.

3.5.3
Prognose

Der **Produktionszuwachs** im Pflanzenbau wird in den Entwicklungsländern in den nächsten Jahren überwiegend auf Ertragszuwachs der Pflanzen selbst (d.h. vermehrten Anbau von Hochleistungssorten) zurückzuführen sein, sowie auf intensiveren Anbau (z.B. intensive Düngung bei kürzeren Brachezeiten). Flächenausweitungen werden nur noch begrenzt und in abnehmendem Umfang möglich sein. Dies betrifft v.a. Afrika und Lateinamerika, während in Asien die Anbauintensität überproportional steigen wird. (Tabelle 3.12).

Der **Wald** spielt in den Tropen eine größere Rolle zur Nahrungsversorgung als angenommen. Wenn es gelingt, den tropischen Regenwald in Zukunft schonender als bisher zu behandeln, stellt er eine nachhaltige Versorgungsmöglichkeit dar. Bei der **Viehhaltung** werden zur Zeit große Anstrengungen zur Eindämmung wirtschaftlich bedeutender Viehseuchen gemacht, so dass diesem Wirtschaftssektor v.a. in Schwarzafrika eine zunehmende Bedeutung zukommen könnte. Eine Ausweitung der **Meeresnutzung** stößt hingegen schon heute an Grenzen, so dass die Versorgung mit Fisch und anderen Meeresprodukten kaum zunehmen wird. Bewässerung wird vor allem in Asien immer wichtiger und hat in vielen Ländern noch ein großes Potential (Tabelle 3.13).

Aufgrund der inzwischen erfolgten Angleichung beim **Düngereinsatz** (Abb. 3.10) sind die Flächenerträge in Entwicklungsländern bei Getreide inzwischen so hoch wie die in Industrieländern (2,7 t/ha). Allerdings liegen die Spitzenerträge vieler europäischer Staaten mit 6 bis 8 t/ha deutlich höher, gleichzeitig sind die Erträge vieler großer Produzenten deutlich unter dem Weltdurchschnitt (Russland und USA 2,4 t/ha). Global sind also noch beträchtliche Steigerungen möglich. Neben einer verbesserten Ausbildung und Beratung führt vermehrter Einsatz von Düngemitteln schnell zu Ertragssteigerungen. Durch den vermehrten Einsatz von **Bioziden** wurden in der Vergangenheit ebenfalls höhere Erträge erzielt. Für eine langfristige Ertragssicherung müssen aber auch umweltverträglichere Methoden einbezogen werden. Hierzu gehören bessere Bodenbearbeitungsverfahren, sinnvolle Fruchtfolgen, standortgerechter Anbau und resistente Sorten.

Ein wichtiges Mittel ist die **Agrarforschung**, für die jährlich weltweit ca. 4–5 Mrd. $ zur Verfügung stehen. Da die Bruttoagrarproduktion der Welt einen Wert von über 1000 Mrd. $ umfasst, und da die Forschung maßgeblich an dieser Wertschöpfung beteiligt ist, ergibt sich ein extrem günstiges Kosten-Nutzen-Verhältnis. Mehr Forschung würde sich also günstig auf höhere und vor allem stabilere Erträge auswirken, so dass es vernünftig wäre, die Mittel für Agrarforschung zu erhöhen.

Am Beispiel der Weltgetreideernte lässt sich gut zeigen, wie sich Flächenausweitungen und Ertragssteigerungen bei wachsender Bevölkerung auf das **Pro-Kopf-Verhältnis** auswirken (Abb. 3.28). Die globale Weltgetreideanbaufläche stagniert bei etwa 700 Mio. ha. Obwohl immer neue Flächen in Nutzung genommen werden, kommt es durch Überbauung, Erosion usw. zu Verlusten. Langfristig wird diese Fläche daher abnehmen. Die Flächenerträge konnten in den letzten Jahrzehnten markant gesteigert werden, der Zuwachs ist jedoch immer langsamer geworden und möglicherweise ist eine globale Steigerung über 4 t/ha nicht möglich. Hieraus ergibt sich, dass die Weltgetreideernte nicht beliebig gesteigert werden kann. Seit rund 10 Jahren beläuft sie sich auf etwa 2000 Mio. t Getreide.

Da die Weltbevölkerung wächst, sinkt die pro Kopf verfügbare **Anbaufläche** und nähert sich derzeit 0,1 ha pro Kopf. In stagnierenden Bevölkerungen, die über eine gute Agrarstruktur verfügen, wie Abb. 3.28 dies für Westeuropa zeigt, machen sich vor allem die Steigerung der Flächenerträge bemerkbar, denn pro Kopf der Bevölkerung nimmt die Produktion von hohem Niveau aus immer noch zu. In Afrika ist der gegenteilige Effekt spürbar: Da die Bevölkerung stark wächst, werden hierdurch die Gewinne bei Flächenerträgen und Flächenausweitungen aufgezehrt, denn pro Kopf sind seit über 50 Jahren immer die gleich wenig 150 kg Getreide verfügbar. Für die gesamte Welt ergibt sich, dass nach einer Phase der Steigerung der Pro-Kopf-Verfügbarkeit bis in die 1970er Jahre, diese seit den 1980er Jahren um 350 kg Getreide stagniert (Abb. 3.28).

Diese Ergebnisse können auf andere Aspekte der Nahrungsmittelproduktion übertragen werden und bedeuten letztlich, dass es sehr schwer sein wird, die pro Kopf der Bevölkerung verfügbare Nahrungsmenge deutlich zu steigern (Abb. 3.28). Da derzeit schon große Teile der Weltbevölkerung unterernährt sind, besteht kaum Aussicht, dass sich diese Situation in den nächsten Jahrzehnten grundlegend ändern wird.

Häufig werden **strukturelle Aspekte** kritisiert, vor allem dass in Entwicklungsländern landwirtschaftliche Produkte wie Baumwolle, Erdnüsse, Soja, Kaffee, Tee, Kautschuk, Jute oder Zucker für den Export angebaut werden, anstatt auf diesen Flächen Weizen, Reis oder Mais als Nahrungsmittel zur Versorgung der eigenen Bevölkerung zu produzieren. Dieser Einwand ist nicht berechtigt.

Pro Flächeneinheit wird mit **Exportprodukten** meist mehr erwirtschaftet als mit einer reinen Nahrungsmittelproduktion. So ist es nach Basler u. Kersten (1988) in allen afrikanischen und südamerikanischen Ländern sinnvoller, Exportprodukte anzubauen statt Mais als Nahrungsmittel, weil mit dem Exporterlös mehr Mais gekauft werden kann, als auf dieser Fläche wachsen würde. Die stärkere Handelsankurbelung führt zudem zu einer stärkeren Markteinbindung der betreffenden Volkswirtschaft. Da neben der exportorientierten Produktion auch Nahrungsmittelproduktion für den Eigenbedarf nötig ist, empfiehlt sich die

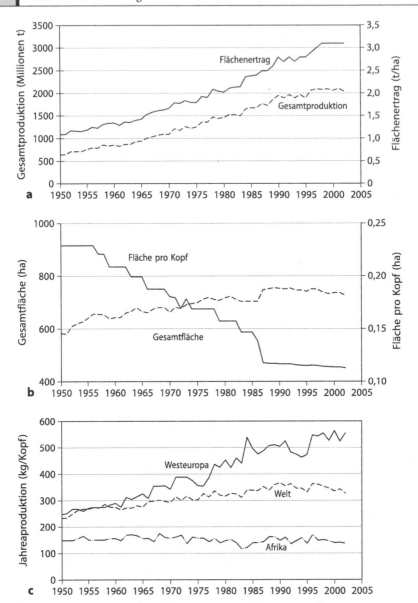

Abb. 3.28. Entwicklung der Weltgetreideernte. **a** Gesamtproduktion weltweit und Flächenertrag (t pro ha landwirtschaftlicher Nutzfläche). **b** Gesamtfläche des Getreideanbaus (Mio. ha) und verfügbare Fläche (ha) pro Kopf der Weltbevölkerung. **c** Jahresproduktion (kg) pro Kopf der Bevölkerung in Westeuropa, im Weltdurchschnitt und in Afrika. Nach FAO.

Einbindung von Exportprodukten in eine angepasste Fruchtfolgen. Getreide - Baumwolle - Bohnen - Brache oder Getreide - Erdnüsse - Baumwolle - Brache sind intensive Fruchtfolgen, die ökologisch positiv zu beurteilen sind und sowohl Exportorientierung als auch lokale Nahrungsmittelversorgung berücksichtigen.

Positiv ist auch, dass die Verarbeitung von Exportprodukten und ihrer Nebenprodukte Ausgangspunkt für eine **eigene Industrie** sein kann. So fallen bei der Verarbeitung von Ölsaaten wie Sesam oder Erdnuss Pressrückstände an, die ein wertvolles Viehfutter darstellen. Im Senegal, in Nigeria und in Indonesien war dies Anlass zur Überlegung, auf dieser Grundlage eine eigene Futtermittelindustrie aufzubauen, die Grundlage für eine verbesserte Viehwirtschaft ist. Hierdurch kann die Fleischproduktion erhöht und die Nahrungsversorgung der Bevölkerung qualitativ verbessert werden. Für Baumwolle gilt ähnliches. Pro 1000 kg Baumwolle ergeben sich 400 kg Fasern und 100 kg Speiseöl, die exportiert werden. Zusätzlich entstehen 200 kg Ölkuchen, die bei 46 % Proteingehalt ein wertvolles Futtermittel darstellen, und 300 kg Abfälle, die als Dünger nutzbar sind. Somit können Industrieunternehmen aufgebaut und eine kleinbäuerliche Produktion intensiviert werden.

Für die Entwicklung eines Landes sind aber auch andere Aspekte als die Art des angebauten Produktes wesentlich. Vielfältige Probleme ergeben sich durch ein schwer überschaubares **staatliches Verordnungsnetz**. Überall existiert ein ausgeprägtes Klientelsystem aus Händlern, Bodenbesitzern, Geldverleihern und Aufkauf- oder Verarbeitungsorganisationen, die in irgendeiner Weise Zwang auf die Bauern ausüben. Der Handel an internationalen Warenbörsen lässt zudem die Preisgestaltung undurchsichtig werden.

Die Verbesserungen der landwirtschaftlichen Produktion muss also auch das **soziokulturelle Umfeld** berücksichtigen. Einkommenskorrekturen zugunsten der Armen sind nötig, etwa durch Bodenreformen, die zu einer Stärkung der Kleinbauern führen, welche in der Regel eigenverantwortlicher und nachhaltiger als die Großbauern wirtschaften. In vielen Ländern der Dritten Welt fehlt Rechtssicherheit und Rechtsgleichheit, die Korruption wirkt sich produktionshemmend aus, und das Ausbildungsniveau ganzer Bevölkerungsteile ist ungenügend. Wirtschaftspolitisch gesehen muss die Landwirtschaft Priorität vor einer Industrialisierung des Landes haben. Arbeitsintensive statt kapitalintensive Aktivitäten sind gefragt, denn nur so kann es zu einer Stärkung der Nachfrageseite breiter Volksschichten kommen, d.h. zu einer Stärkung der Kaufkraft.

Neben produktionsfördernden Maßnahmen gibt es auch entgegen gesetzt wirkende Einflüsse. Vor allem neue **Tierseuchen** und **globale Klimaeffekte** drohen die landwirtschaftliche Produktion einzuschränken.

1986 wurde in England eine tödliche, epidemieartige Erkrankung bei Rindern nachgewiesen, die durch virusartige Partikel (Prionen) verursacht wurde (Abb. 3.29). Diese Prionen sind Proteine, die eine Sterilisation bei 250°C überleben und nach einer Inkubationszeit von mehreren Jahren beim Rind zur bovinen spongiformen Enzephalopathie (**BSE, Rinderwahnsinn**) führen. Als Ursache wird verseuchtes Kraftfutter angesehen, das Tiermehl mit Prionen enthält. Dieses Tiermehl wurde u.a. aus den Schlachtabfällen von Rindern hergestellt, so dass sich die Krankheit, als aus finanziellen Erwägungen die Produktionsweise des Tiermehls vereinfacht wurde, immer weiter verbreitete. Von Schafen und Ziegen ist eine ähnliche Krankheit (Scrapie oder Traberkrankheit) seit 200 Jahren bekannt, der Erreger tritt jedoch nach bisherigem Wissensstand nicht auf den Menschen

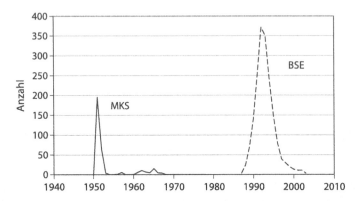

Abb. 3.29. Verluste durch Viehseuchen in Europa. Durch Maul- und Klauenseuche (MKS) betroffene Gehöfte in Deutschland (in tausend) und an boviner spongiformer Enzephalitis (BSE) erkrankte Rinder in Großbritannien (in hundert). Nach www.oie.int.

über. Ursache des Ausbruchs von BSE waren Lockerungen der Vorschriften zur Sterilisierung von Tierkadavern bei der Tiermehlherstellung.

Bisher wurden rund 200.000 Rinder als erkrankt erkannt und vernichtet, vor allem in England (Tabelle 3.16). Die Zahl der unerkannt in die menschliche Nahrungskette gelangten BSE-Rinder wird auf ein Mehrfaches dieser Zahl geschätzt. Zusätzlich wurden einige Millionen Rinder getötet, um eine Ausbreitung der Krankheit zu verhindern bzw. um den in Europa zusammengebrochenen Rindfleischmarkt zu entlasten. Auch besteht die Befürchtung, dass durch BSE-verseuchtes Fleisch bei Menschen eine neue Variante des **Creutzfeldt-Jakob-Syndroms** ausgelöst wird. Dies ist eine sehr seltene Krankheiten, die Prionen zugeschrieben wird, und normalerweise in hohem Alter auftritt. Als neue BSE-ausgelöste Variante findet man sie jedoch bereits bei 30jährigen. Aus England sind bis Ende 2003 106 Fälle gemeldet.

Ähnlich dem Creutzfeldt-Jakob-Syndrom sind das Gerstmann-Sträussler-Scheinker-Syndrom und die Kuru-Krankheit eines Eingeborenenstammes auf Neu-Guinea. Bei der Kuru-Krankheit werden durch das Verspeisen des Gehirnes von Verstorbenen die Erreger weitergegeben. Diese verursachen nach 10–20 Jahren eine tödliche Krankheit, deren Symptome BSE ähneln. Mit Beendigung der kannibalischen Rituale ist auch die Kuru-Krankheit inzwischen verschwunden. Im Tierreich sind mehrere übertragbare spongiforme Enzephalopathien bekannt, u.a. bei Hirschen in Nordamerika und bei Nerzen.

Die **Maul- und Klauenseuche MKS** ist eine weltweit verbreitete Viruserkrankung von Rindern, Schweinen, Ziegen, Schafen und anderen Tieren. Sie ist sehr infektiös, nicht behandelbar und wie BSE eine sehr gefährliche Krankheit bei Klauentieren. Von 1950 bis 1988 gab es in Deutschland immer wieder Ausbrüche der Maul- und Klauenseuche, erst ab 1989 gilt Deutschland als MKS-frei (Abb. 3.29). Mit Notschlachtungen und später auch mit jährlichen flächendeckenden Impfungen bekam man die Seuche in ganz Europa in den Griff, bis 1991 die EU für MKS-frei

Tabelle 3.16. Häufigkeit von BSE-Fällen bis Ende 2003. Nach www.oie.int.

England	183.616
Irland	1.353
Frankreich	890
Portugal	858
Schweiz	453
Spanien	393
Deutschland	295
Belgien	122
Italien	117
Niederlande	71
sonstige Staaten	66

erklärt wurde und das Impfprogramm stoppte. Seit 1992 ist es in der EU verboten, gegen MKS zu impfen.

Anfang 2001 brach in Großbritannien die Seuche erneut aus und breitete sich rasch über das ganze Land aus. 4 Mio. Tiere wurden innerhalb weniger Wochen getötet und auf riesigen Scheiterhaufen verbrannt. Die Seuche breitete sich weiter nach Irland, Frankreich und Holland aus, konnte dann aber gestoppt werden. Der **wirtschaftliche Schaden** betrug allein in Großbritannien über 15 Mrd. Euro.

Aus Asien kommend breitete sich Ende 2003 die **Geflügelpest** (Vogelgrippe) aus, ein Influenza-Virus, das hoch ansteckend große Geflügelbestände befallen und töten kann. Dieser Erreger kommt in einer ungefährlichen Form in Wasservögeln vor, die das Reservoir darstellen und offensichtlich selbst nicht erkranken. Durch Mutationen oder Kreuzung mit anderen Viren entstand ein neuer und äußerst gefährlicher Stamm, der Geflügel befiel. Gefördert wird die Entstehung immer neuer Stämme durch die Kombination von nicht artgerechter Massentierhaltung und weltumspannenden Transportwegen. Thailand ist beispielsweise mit einer Jahresproduktion von über 1 Mrd. Hühner einer der größten Geflügelproduzenten der Welt. Zur Krankheitseindämmung wurden in ganz Asien viele Mio. Hühner getötet.

Auch die **globale Klimaveränderung** wirkt sich auf die pflanzliche Primärproduktion aus. Klimagase wie CO_2 bewirken regional differenziert, dass sich die Qualität der Landwirtschaftsgebiete positiv oder negativ verändert. Insgesamt ergibt sich hieraus aber eine Reduktion der guten Flächen und eine Verringerung der globalen Pflanzenproduktion (Kap. 9.6).

Ebenfalls negativ wirken sich der **saure Regen** und die **zunehmende Ozonkonzentration** bodennaher Luftschichten aus. Pflanzen reagieren empfindlich auf Ozon und Photooxidantien und erleiden Ertragseinbußen von 5–15 % (Kap. 9.2). Unabhängig von der bodennahen Luftverschmutzung wirkt sich auch die Abnahme des stratosphärischen Ozons negativ aus. Vermehrte UV-Einstrahlung beeinträchtigt die Vegetation, so dass die Ernteerträge zurückgehen werden. Auch in den oberflächennahen Wasserschichten der Weltmeere werden Algen und andere Kleinorganismen geschädigt, so dass mit einer Reduktion der Produktivität der Weltmeere und damit der Fischereierträge gerechnet werden muss.

Energie

4.1
Allgemeine Aspekte

4.1.1
Energieformen und Umwandlungsverluste

Die Energie, die wir auf der Erde nutzen, stammt von der Sonne, in der sie durch die Fusion von Wasserstoffatomen entsteht, also in einem nuklearen Prozess. Sie wird als Wärmeenergie auf die Erde gestrahlt und gelangt in Form von Reflexion, Abstrahlung, Verdunstung oder Konvexion wieder in den Weltraum. Eingestrahlte und abgestrahlte Energie sind ungefähr gleich, so dass die auf der Erde vorhandene Energie konstant ist. Von der eingestrahlten **Sonnenenergie** werden 33 % an der Lufthülle der Erde reflektiert, 67 % gelangen in die Erdatmosphäre. Diese absorbiert 22 %, so dass nur 45 % die Erdoberfläche erreichen. Von diesen 45 % wird ein Drittel als Wärmestrahlung in die Atmosphäre zurückgestrahlt, zwei Drittel treiben den Luft- und Wasserkreislauf an. Von der Atmosphäre werden dann später die 45 + 22 % als Wärmeabstrahlung der Erde in den Weltraum zurückgeschickt.

Die Abstrahlung der Sonne beträgt außerhalb der Erdatmosphäre 1360 W/m^2 (Solarkonstante), die **Nettoeinstrahlung** auf der Erdoberfläche beläuft sich auf 100 W/m^2, schwankt aber großräumig stark (Abb. 4.1). Dies entspricht global $3,6 \cdot 10^{24}$ J jährlich, Sonnenenergie ist also in großem Umfang verfügbar. Hiervon werden pro Jahr ca. $3 \cdot 10^{21}$ J durch die Photosynthese genutzt, also ein Tausendstel. Der Mensch benötigt weniger als ein Hundertstel dieser Energie zu seiner Ernährung, ungefähr 10^{19} J. Die durch den Menschen umgesetzte Energie ist jedoch größer und beläuft sich auf 10^{20} J. Dies entspricht einem Zehntel der globalen Photosyntheseleistung und einem Zehntausendstel der eingestrahlten Sonnenenergie. Regional werden in Industrieländern aber schon Energiedichten von einigen Prozent der eingestrahlten Energie erreicht.

Die eingestrahlte Sonnenenergie wird von den Pflanzen zum Aufbau organischer Substanz (**Biomasse**) genutzt, die später abgebaut wird, wobei die als Biomasse gespeicherte Energie verloren geht. Hierbei liegt im Prinzip ein Kreislauf für die Materie vor und eine Einbahnstraße für die Energie (Abb. 1.1). Wenn der Abbauprozess jedoch langsamer abläuft als der Produktionsprozess, kommt es zur Akkumulation von Biomasse. In der Vergangenheit gab es immer wieder län-

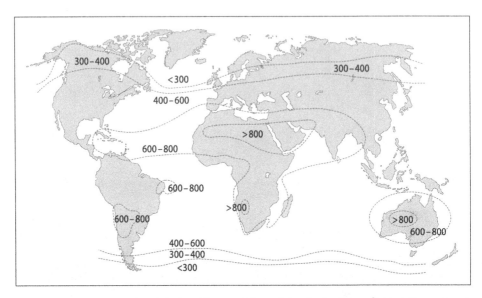

Abb. 4.1. Jahressumme der Globalstrahlung auf der Erdoberfläche (KJ cm^{-2}). Nach Frey u. Lösch (1998).

gere Perioden, in denen der Produktionsprozess überwog, so dass großräumig tote organische Substanz akkumulierte.

Vor 350 Mio. Jahren begann das Karbon, in dem die heutigen Steinkohle- und Anthrazitlager entstanden. Damals wurde die in den Feuchtgebieten aufgebaute pflanzliche Biomasse unter Wasser, d.h. unter Luftabschluss, kaum abgebaut. Mikrobielle und chemische Vorgänge führten zu einer langsamen Vertorfung. Wenn die Dicke der Deckschicht zunahm, kam es in größeren Tiefen zu einem Druck- und Temperaturanstieg, der eine Verkohlung zu Braun- und Steinkohle bewirkte. Bei diesem Prozess nahm der Gehalt an Wasser, flüchtigen Bestandteilen, Wasserstoff und Sauerstoff ab und der von Kohlenstoff zu, so dass ein komplexes Gemisch aus hochmolekularen Kohlenstoffverbindungen mit mineralischen Bestandteilen entstand. **Steinkohle** ist ca. 80–320 Mio. Jahre alt, Braunkohle entstand im Tertiär vor 20–60 Mio. Jahren (Osteroth 1989). **Erdöl** ist auf Ablagerungen von Mikroorganismen in Randmeeren oder Binnenseen des Präkambriums zurückzuführen. In der sauerstofffreien Tiefe bewirkt der anaerobe mikrobielle Abbau eine Umwandlung der organischen Substanz. In langen Sedimentationszeiträumen kam es in der Tiefe zu einer Verdichtung mit Druck- und Temperaturerhöhung, die ein Auspressen von Öl bewirkte. Dieses sammelte sich als komplexe Mischung von Kohlenwasserstoffen und verwandten Verbindungen in porösem Gestein an. Die Entstehung von Erdgas ist meist an Erdöllagerstätten gebunden. **Fossile Energieträger** stellen also das gespeicherte Sonnenlicht vergangener Erdzeitalter dar. Dieser Prozess ist abgeschlossen bzw. dauert so lange, dass fossile Energieträger aus heutiger Sicht eine nicht erneuerbare Ressource darstellen.

Im Laufe der Entstehung unseres Sonnensystems nahm die Größe der Atome durch Fusion zu. Die schweren Atome speichern eine hohe Energie, sind jedoch so instabil, dass sie zerfallen. Da dieser Zerfallsprozess Zeit benötigt, gibt es diese instabilen Elemente heute noch und die in ihnen gespeicherte Energie kann durch Spaltung der Atome freigesetzt und genutzt werden. Der Vorrat an **radioaktiver Substanz** ist begrenzt, daher handelt es sich ebenfalls um eine nicht regenerierbare Energieform. Die Fusion leichter Atomkerne zu schweren Atomkernen ist ein zur Zeit zwar intensiv erforschter, aber noch nicht beherrschter Prozess, welcher der Energiegewinnung in der Sonne entspricht.

Bei der Nutzung des heute auf die Erde eintreffenden Sonnenlichtes sprechen wir von **regenerierbaren Energiequellen**, da ihre Verfügbarkeit gleich bleibt. Die Sonne verursacht durch die Aufheizung der Erdoberfläche atmosphärische Turbulenzen, die als Windenergie nutzbar sind. Desgleichen hält die Sonne über Verdunstung den globalen Wasserkreislauf aufrecht. Die in ihm gespeicherte Energie ist über Wasserkraftwerke nutzbar. In Biomasse gespeicherte Energie ist vielfältig nutzbar: Holz und Pflanzenöle können verbrannt, organische Substanz kann mikrobiell abgebaut werden, so dass brennbare Gase entstehen. Schließlich ist es auch möglich, die Sonnenenergie direkt zur Wärme- oder Stromgewinnung zu nutzen (Solartechnik, Photovoltaik).

Energie ist schlecht speicherbar. Klassische **Energiespeicher** sind chemische Speicher wie Biomasse, Kohle, Erdöl, Benzin, Uran oder die derzeit in Entwicklung befindliche solare Wasserstofftechnik. Batterien zur Speicherung von Strom sind extrem aufwendig und kaum wirtschaftlich einsetzbar. Kurzfristig kann Energie als Wärme gespeichert werden, ist dann aber auch nur noch als Wärme wirtschaftlich nutzbar.

Bei der Nutzung von Energieträgern wird ihre chemische oder mechanische Energie in eine besser nutzbare Energieform umgewandelt, in der Regel in Wärme oder Elektrizität (Tabelle 4.1). Hierbei gibt es beträchtliche **Umwandlungsverluste**. Dieser Umgang mit Energie wird durch thermodynamische Gesetze beschrieben. Die in einem System vorhandene Energie ist konstant, d.h. es kann bei einer Energieumwandlung nichts hinzu gewonnen werden, die Verluste sind aber zu minderwertigen Energieformen hin gerichtet, die schlecht nutzbar sind (z.B. Abwärme).

Bei der Gewinnung von Energie aus den Primärenergieträgern (wie Kohle, Erdöl, Uran) betragen die Umwandlungsverluste meist 60–70 % und nur 30–40 % steht als Sekundärenergie (Nutzenergie) zur Verfügung. Der Wirkungsgrad einer Glühbirne ist extrem gering (5 % Licht, 95 % Abwärme), der von Leuchtstoffröhren beträgt etwa 25 %. Benzinmotoren haben einen Wirkungsgrad von 20 %, Dieselmotoren von 35 %. Hohe Wirkungsgrade finden wir bei der Elektrolyse (80 %) und bei der Wärmeerzeugung durch Verbrennung (95 %) (Bossel 1990).

Wenn aus fossilen Energieträgern Strom gewonnen wird (65 % **Wirkungsgrad**), diese Sekundärenergie mit einem Verlust von 2–4 % transportiert wird und beim Verbraucher als Endenergie ankommt, der sie als Nutzenergie einsetzt, um eine Energiedienstleistung (Wirkungsgrad 50 %) zu erbringen, akkumulieren die Verluste beträchtlich. In diesem Beispiel werden gerade 15 % der im Primärenergieträger enthaltenen Energie umgesetzt, der Rest geht verloren. Die Energiebilanz Deutschlands weist bis zur Stufe Nutzenergie Verluste von fast

Tabelle 4.1. Energieeinheiten und Energiegehalt von ausgewählten Energieträgern.

Elektrische Leistung	1 W = 1 J/s
Elektrische Energie bzw. Arbeit	1 Wh = 3,6 KJ
Wärmeleistung	1 J/s = 1 W
Wärmeenergie	1 J = 1 W s = 0,24 cal (1 cal = 4,2 J)
	1 KWh = 3,6 MJ

	Energiegehalt / t in GJ
Steinkohle (trocken)	29,3
Braunkohle	8–11
Erdöl	42,6
Rohbenzin	43,5
Ethanol	26,8
Holz (trocken)	18,5
Stroh	16
Hausmüll	11–16
Klärschlamm	8,5
Erdgas (m^3)	32
Biogas (m^3)	25
Wasserstoff (m^3)	118,8
Natururan	$85 \cdot 10^6$

KJ	Kilojoule	10^3
MJ	Megajoule	10^6
GJ	Gigajoule	10^9
TJ	Terajoule	10^{12}
PJ	Petajoule	10^{15}
EJ	Exajoule	10^{18}

1 Terawattjahr	31,6 EJ
1 barrel Erdöl	159 L = 0,14 t
1 Steinkohleneinheit (SKE)	1 t Steinkohle = $2,93 \cdot 10^{10}$ J
1 kg Öläquivalent (OE)	$4,19 \cdot 10^7$ J
1 British Thermal Unit (BTU)	0,29 KWh = $1,01 \cdot 10^3$ J
1 t Ethanol	1267 L

zwei Dritteln aus. Vor allem die Stromerzeugung (durchschnittlicher Wirkungsgrad unter 40 %) und der Verkehrssektor (Wirkungsgrad 17 %) sind wahre Energievernichter. Kraftwerke benötigen ca. 6 % des von ihnen erzeugten Stromes selbst.

Durch das Verbrennen der fossilen Energieträger, die derzeit global ca. 80 % aller Primärenergieträger ausmachen, wird pro Jahr eine Energiemenge verbrannt, die zuvor in geologischen Zeiträumen entstanden ist. Die in über 300 Mio. Jahren entstandenen fossilen Energieträger werden voraussichtlich in nur 300 bis

400 Jahren verbrannt (Abb. 4.24). Die Menschheit zehrt also von Vorräten, die nicht erneuerbar sind und handelt sich hierdurch gewaltige Nebenwirkungen ein (Treibhauseffekt, Kap. 9.5).

4.1.2
Bedeutung der Energiewirtschaft

Energieanlagen sind volkswirtschaftlich gesehen aufwendige Investitionen, die einige hundert Millionen. bis zu einigen Milliarden Euro umfassen können. Ein 800-MW-Braunkohlekraftwerk wurde 1993 mit (umgerechnet) 1,3 Mrd. Euro veranschlagt. Für die Wiederaufbereitungsanlage in Wackersdorf waren Baukosten von (umgerechnet) 5 Mrd. Euro vorgesehen, die bereits nach einem Jahr Bauzeit auf 8–10 Mrd. korrigiert wurden, so dass es ökonomischer schien, 1988 auf den Bau zu verzichten. Wegen der engen Verflechtungen zwischen Energieindustrie, Kapitalmarkt und der übrigen Industrie ergeben sich Konfliktsituationen bei politischen und wirtschaftlichen Entscheidungen. Energiekosten sind ein wichtiger Faktor in der Preiskalkulation und sie stellen in vielen Volkswirtschaften einen der größten Finanzposten dar. Energie wird weltweit gehandelt. Das Versorgungsnetz durch Tanker und Pipelines ist weltumspannend, und Pipelines oder Elektrizitätsverbünde überqueren Grenzen.

Die Energieindustrie ist eine **Schlüsselindustrie** jeder nationalen Wirtschaft. In Deutschland war der Kohlenbergbau lange Zeit ein innovativer Motor und hat den wirtschaftlichen Aufschwung im Saar- und Ruhrgebiet bewirkt. Mit dem Rückgang der Kohleförderung seit den 1970er Jahren verursachte der Kohlebergbau eine ernsthafte Strukturkrise in diesen Regionen. In den 1960er und 1970er Jahren war die Atomindustrie von ähnlich zentraler Bedeutung für die wirtschaftliche Entwicklung. Seit den 1970er Jahren weist die Gewinnung von Erdöl und Erdgas aus den Schelfmeeren immer neue Rekorde auf, so dass dieser Wirtschaftszweig zum Motor eines späteren Meeresbergbaus anderer Rohstoffe werden kann. 1973 wurde in der Nordsee im 135 m tiefen Ekofisk-Gebiet Erdgas gefördert. 1979 wurden im Statfjord-Gebiet 270 m Meerestiefe und 1995 im Troll-Gebiet aus 470 m Meerestiefe bewältigt. Zum Vergleich: Der Kölner Dom ist 157 m hoch.

Eine zentrale Position nimmt die **Energiewirtschaft** auch bei der Belastung unserer Umwelt ein. Bei der Rohstoffgewinnung werden durch Tagebau, Grundwasserabsenkung und Deponien massive Umweltschäden bewirkt, für Wasserkraftwerke werden Flusstäler geopfert. Die Energieerzeugung durch Verbrennen fossiler Energieträger ist der mit Abstand größte Verursacher von Luftschadstoffen, deren Folgen saure Niederschläge, unerwünschte Eutrophierung nährstoffarmer Lebensräume, Zerstörung kulturhistorischer Denkmäler, die Beeinträchtigung der menschlichen Gesundheit und vieles mehr umfassen. Schließlich muss auch erwähnt werden, dass die Nutzung der Kernenergie ein gewaltiges Konfliktpotential besitzt.

Die Energiewirtschaft ist **international** verflochten. Eine Energieautarkie ist weder möglich noch sinnvoll. Fossile Energieträger (vor allem Erdöl) stammen häufig aus Entwicklungsländern und oft aus politisch unsicheren Ländern

Nordafrikas und des Nahen Ostens, so dass es eine Abhängigkeit von diesen Staaten gibt. Diese Entwicklungsländer sind aber gleichzeitig auf Exporterlöse aus der Erdölförderung angewiesen. Da die Industriestaaten selbst über Erdölvorräte verfügen und auch beträchtliche Kohlevorkommen besitzen und da sowohl die Erdölerzeuger als auch die Erdölverbraucher eine heterogene Gruppe darstellen, hat es bis heute noch nie an Energierohstoffen gemangelt. Selbst während der so genannten Ölkrisen verringerte sich das Angebot nur unwesentlich.

Es ist wiederholt versucht worden, **Erdöl als Waffe** einzusetzen. Im Falklandkrieg 1982 spielte es keine unerhebliche Rolle, dass im Bereich der Falklandinseln große Erdölvorkommen liegen. Eine Nutzung der Antarktis wird v.a. mit dem Hinweis auf die dortigen Rohstoffe begründet. Der Angriff des Iraks auf Kuwait 1991, der mit der Besiegung Iraks durch eine alliierte Kriegsmacht endete, und die völkerrechtswidrige Eroberung des Irak 2003 durch die USA können als Kampf um die beiden größten bekannten Erdölvorkommen der Erde gesehen werden.

4.2
Energieverbrauch

4.2.1
Gesamtverbrauch der Welt

Der Verbrauch an **Primärenergieträgern** hat bisher stets zugenommen und liegt heute bei etwa 390 EJ (Exajoule, = 10^{18} J) jährlich. Noch vor 100 Jahren war es weniger als ein Zehntel, d.h. der Verbrauch stieg zwischen 1900 und 2000 jährlich um 2,6 % (Abb. 4.2). Hierbei muss jedoch berücksichtigt werden, dass der Energieverbrauch bis 1940 linear zunahm, nach dem zweiten Weltkrieg aber exponentiell. Zwischen 1955 und 1972 stieg der Energieverbrauch sogar um 4,5 % jährlich, bis die sogenannte erste Ölkrise eine kurzfristige Stagnation des Verbrauchs auf hohem Niveau bewirkte. Von 1972–1980 betrug der Mehrverbrauch 2,3 % jährlich, bis die sogenannte zweite Ölkrise zu einem Stillstand des Mehrverbrauchs führte. Zwischen 1985–1987 fand kein Mehrverbrauch statt, erst 1988 kam es wieder zu einer Steigerung, so dass sich für die Zeit von 1980 bis 2000 eine Zunahme um 1,2 % jährlich ergab.

Global gesehen werden heute als Primärenergiequelle vor allem fossile Brennstoffe eingesetzt (80 %). Etwa 10 % werden durch Verbrennen von Biomasse und Müll sowie durch die Nutzung alternativer Energien gewonnen. Die Kernenergie nimmt einen Anteil von ca. 6 % ein, die Nutzung der Wasserkraft 4 %. In den letzten 100–200 Jahren hat sich die Verfügbarkeit und Eignung der einzelnen Primärenergieträger ständig geändert (Abb. 4.3). **Holz** und andere traditionelle Energieträger standen schon immer zur Verfügung und waren in historischen Zeiten die erste und wichtigste Energiequelle. Als mit der beginnenden Industrialisierung der Energiebedarf wuchs, gewann die **Wasserkraft** an Bedeutung. Mitte des 19. Jahrhunderts deckte sie rund ein Drittel des Weltenergiebedarfs.

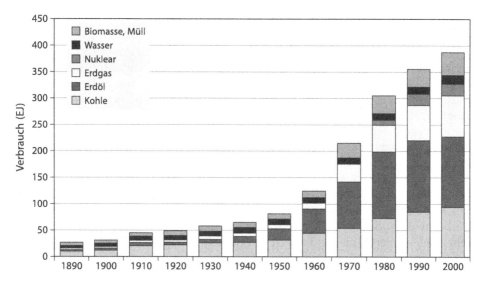

Abb. 4.2. Weltenergieverbrauch nach Energieträgern (EJ/Jahr). Nach verschiedenen Angaben, ergänzt nach www.iea.org.

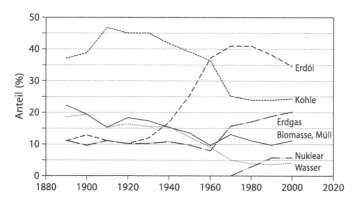

Abb. 4.3. Anteil (%) der einzelnen Energieträger am Weltenergieverbrauch. Nach verschiedenen Angaben, ergänzt nach www.iea.org.

Da die Wasserkraftnutzung im 19. Jahrhundert nicht so gesteigert werden konnte, wie es dem Energiebedarf entsprach, intensivierte man die **Kohleförderung**. Von 1860 bis 1913 und von 1945 bis 1970 nahm die weltweite Kohleförderung exponentiell mit 4,4 % bzw. 3,6 %zu (Verdoppelung des Verbrauchs in 16 und 19 Jahren). Obwohl die mengenmäßige Nutzung der Kohle bis heute zunimmt, nimmt ihre relative Bedeutung schon seit den 1920er Jahren ab, da andere Energieträger hinzukamen. Damals lieferte die Kohle fast 50 % der Weltenergie, heute sind es unter 25 %.

Schon zu Beginn des 19. Jahrhunderts wurde Erdöl gefördert und 1872 wurde als erste Erdölgesellschaft der Welt die Standard Oil Company von John D. Rockefeller gegründet. Obwohl die Förderung stets zunahm, stagnierte der Verbrauch lange bei 10 % der Primärenergieträger. Die Kohle wurde als Hauptenergieträger durch **Erdöl** erst abgelöst, als nach dem zweiten Weltkrieg die Vorkommen im Nahen und Mittleren Osten verfügbar wurden und die Fördermengen gesteigert werden konnten. Bis 1970 stieg der Verbrauch jährlich um fast 10 %, danach verlangsamte er sich und ist seit den 1980er Jahren rückläufig. Erdöl liefert heute 35 % der weltweit verbrauchten Energie. Der relative Anteil von **Erdgas** hat in den letzten Jahrzehnten stetig zugenommen (Abb. 4.3). Seit den 1950er Jahren ist es möglich, Kernenergie zu nutzen und seit den 1970er Jahren trägt sie immer mehr zum Energiebedarf bei. Von Wasser- und Holznutzung abgesehen, ist der Anteil anderer regenerierbare Energiequellen seit den 1980er Jahren stetig gestiegen, macht global aber noch sehr wenig aus.

Die Ursache des gewaltigen Anstieges unseres Energieverbrauches ist in der gestiegenen Bevölkerung und der verstärkten **Industrialisierung** zu sehen. Pro Kopf der Weltbevölkerung zeigt sich jedoch seit 1980 eine Stagnation des Verbrauchs (Abb. 4.4). Dies weist darauf hin, dass der Energieeinsatz auf der Welt sehr ungleich verteilt ist und nur in den Industriestaaten zunahm.

Die USA sind weltweit mit Abstand der größte **Energieverbraucher**. Für weniger als 5 % der Weltbevölkerung setzen sie 23 % der weltweit verbrauchten Energie um. Auf der anderen Seite verbrauchen die beiden bevölkerungsreichsten Staaten China und Indien mit 38 % der Weltbevölkerung zusammen nur 17 % der Weltenergie. Deutschland (1,3 % der Weltbevölkerung, 3,5 % des Weltenergieverbrauchs), Österreich und die Schweiz (je etwa 0,1 % der Weltbevölkerung, 0,3 % des Weltenergieverbrauchs) verbrauchen zusammen fast so viel Energie wie Indien mit einer 73-mal so großen Bevölkerung (Tabelle 4.2). Der Pro-Kopf-Verbrauch an Energie in Europa und Japan ist jedoch verglichen mit USA und Kanada bei etwa gleichem Lebensstandard nur halb so hoch, in Nordamerika wird also doppelt so verschwenderisch mit Energie umgegangen. Insgesamt verbrauchen die höchstentwickelten Industrieländer (OECD-Länder) bei 18 % der Weltbevölkerung 53 % der Energie.

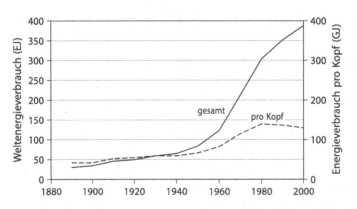

Abb. 4.4.
Weltenergieverbrauch (EJ) und Pro-Kopf-Verbrauch (GJ) in den letzten 110 Jahren.

Tabelle 4.2. Verbrauch von Energie (GJ) und Elektrizität (MWh) pro Kopf der Bevölkerung. Nach Daten der Internationalen Energieagentur 2003 (www.iea.org).

	Energieverbrauch pro Kopf (GJ)	Elektrizitätsverbrauch pro Kopf (MWh)
Deutschland	181	6,8
Österreich	159	7,5
Schweiz	163	8,0
Frankreich	183	7,4
Großbritannien	168	6,2
USA	335	12,9
Japan	172	7,9
Russland	180	5,3
China	38	1,1
Indien	21	0,4
Bangladesch	6	0,1
Pakistan	19	0,4
Indonesien	31	0,4
Mexiko	65	1,8
Brasilien	45	1,8
Ägypten	31	1,1
Äthiopien	12	0,03
Nigeria	31	0,1
Industrialisierte Staaten (OECD)	197	7,9
Entwicklungsländer (Afrika, Asien)	26	0,5
Welt	69	2,3

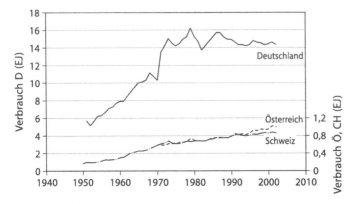

Abb. 4.5.
Energieverbrauch in Deutschland, Österreich und der Schweiz. Nach verschiedenen Angaben, ergänzt nach www.iea.org.

4.2.2
Deutschland, Österreich, Schweiz

Der Energieverbrauch hat sich in Deutschland von 1955 bis 1970 verdoppelt (Abb. 4.5). Die beiden **Ölkrisen** 1973 und 1979 führten zu einem Rückgang des Verbrauchs, da die OPEC-Staaten damals die Förderung drosselten, um die Preise anzuheben. Obwohl letztlich nur unwesentlich weniger Öl auf dem Markt war, wurde der industrialisierten Welt ihre Abhängigkeit vom Öl vor Augen geführt. Die Folge war neben dem kurzfristigen Preisanstieg (Abb. 4.19) langfristig die Bemühungen, den Verbrauch an fossilen Energieträgern zu drosseln und eine allzu große Abhängigkeit von einem Energieträger zu vermeiden. Über 20 Jahre ist der Energieverbrauch fast kontinuierlich gesunken. Dies wurde allerdings auch durch die Wiedervereinigung mit der DDR ermöglicht, in deren Folge deren energetisch völlig ineffiziente Industrie stillgelegt und durch moderne Anlagen ersetzt wurde.

Der Energieverbrauch von Österreich und der Schweiz zeigt zwar auch ähnliche Auswirkungen der Ölkrisen, seit dem letzten Tief von 1982 nahm jedoch der jährliche Energieverbrauch wieder zu (Abb. 4.5). In beiden Ländern ist keine Trendwende zu stagnierendem oder zurückgehendem Energieverbrauch festzustellen. Als wichtigster Primärenergieträger wird in allen drei Ländern Erdöl eingesetzt. Die ursprünglich große Bedeutung der Kohle nahm in den letzten Jahrzehnten ab, vermehrt werden Erdgas (Deutschland, Österreich) und Kernenergie (Schweiz) werden eingesetzt. Die Wasserkraft wird vor allem in Österreich und der Schweiz genutzt (Tabelle 4.3).

Zur **Stromerzeugung** wurden in den letzten Jahrzehnten immer weniger fossile Energieträger genutzt, vor allem der Einsatz von Erdöl ging ganz zurück. Deutschland weist den höchsten Anteil fossiler Energieträger auf; dies ist vor allem auf die großen Braunkohlevorkommen zurückzuführen, die fast ausschließlich verstromt werden. Die Nutzung der Kernenergie trägt in Deutschland und der Schweiz zu je einem Drittel zur Erzeugung von Elektrizität bei, in Österreich erfolgt dies zu fast zwei Dritteln mit Wasserkraft (Tabelle 4.3).

Tabelle 4.3. Herkunft (%) der in Deutschland, Österreich und der Schweiz 2002 als Primärenergieträger verwendeten (*oben*) und speziell zur Stromgewinnung (*unten*) eingesetzten Energieträger. Als sonstige Energieträger sind vor allem Müll, Holz und Industrieabfälle zusammengefasst, aber auch Wind- und Solarenergie. Nach verschiedenen Quellen.

		Deutschland	Österreich	Schweiz
Primärenergieträger	Erdöl	39	42	46
	Steinkohle	13	12	1
	Braunkohle	10	–	–
	Erdgas	21	23	9
	Wasserkraft	1	12	14
	Kernenergie	13	–	24
	sonstiges	1	11	7
Stromgewinnung	Erdöl	–	–	–
	Steinkohle	26	33	2
	Braunkohle	25	–	–
	Erdgas	9	–	–
	Wasserkraft	4	67	61
	Kernenergie	31	–	37
	sonstiges	5	1	1

4.3
Nutzung fossiler Energieträger

4.3.1 Abbau und Transport

Braun- und Steinkohle sowie Erdöl und Erdgas (Tabellen 4.1, 4.4) weisen eine relativ hohe **Energiedichte** auf, sie sind leicht gewinnbar und handhabbar und es gibt kaum Transport- oder Lagerprobleme. Die Technologien sind einfach und können zentral sowie dezentral eingesetzt werden. Viele Ausgangssubstanzen sind leicht umwandelbar, Kohle z.B. in Flüssigkeiten oder Gase, und stellen hochwertige Ausgangsstoffe für chemische Synthesen dar, so dass die Petrochemie mit fossilen Energieträgern als Rohstoffbasis weltweit einen Anteil von über 90 % an der Erzeugung organischer Chemikalien hat.

Steinkohle wird in unterirdischen Bergwerken (z.B. Europa) oder im Übertagebau (z.B. USA) gewonnen. Aus Bergwerken fallen große Mengen Abraum an, die nur zum Teil wieder unterirdisch abgelagert werden. Es kommt daher einerseits zu weitläufigen oberirdischen Deponien, andererseits wegen der verbleibenden Hohlräume auch zu großflächigen Senkungen, etwa im Ruhrgebiet. Diese führen zu Grundwasserabsenkungen, d.h. zur Versteppung der Landschaft, und wirkt sich in Siedlungen nachteilig auf die Statik von Gebäuden aus. Einige Fließgewässer können nur noch mit zusätzlichen Pumpwerken in ihre ursprüng-

Tabelle 4.4. Fördervolumen und Hauptförderländer (bezogen auf Weltgesamtförderung) fossiler Energieträger 2002. Nach verschiedenen Quellen.

	Fördervolumen	Hauptförderländer
Braunkohle	0,9 Mrd. t	19 % Deutschland 9 % USA 8 % Russland
Steinkohle	3,8 Mrd. t	35 % China 24 % USA 9 % Indien
Erdöl	3,55 Mrd. t	11 % Russland 11 % Saudi Arabien 10 % USA 9 % Europa
Erdgas	2500 Mrd. m^3	23 % Russland 22 % USA 13 % Europa

liche Richtung fließen. Kohlebergwerke sind zudem eine gefährliche Basis der Energiegewinnung: Zwischen 1945 und 1990 gab es über 16.000 Todesfälle im deutschen Bergbau, im Durchschnitt der letzten Jahre immerhin noch über 50. Auf Grund der besonderen Situation in China gelten die über 200.000 Bergwerke des Landes als besonders unsicher. Fast 80 % werden illegal betrieben und fast 40 % der staatlichen Bergwerke galten de facto als bankrott. Viele weisen schwerwiegende Sicherheitsmängel auf, in den letzten Jahren starben daher jährlich 5.000 bis 10.000 Bergleute bei Unglücken.

Der **Braunkohleabbau** erfolgt meist oberirdisch. Eines der größten Fördergebiete der Welt ist das rheinische Braunkohlerevier westlich Köln, wo auf einer Fläche von 2500 km^2 55 Mrd. t Braunkohle liegen, zwei Drittel davon sind wirtschaftlich nutzbar. Die bis zu 250 m mächtige Deckschicht wird abgegraben und an anderer Stelle wieder aufgeschüttet. Hierdurch ergibt sich bei durchschnittlich 5–10 m^3 Abraum pro t Kohle eine Landschaftsumwandlung, die wegen der erforderlichen Umsiedlungen bis zum Ende der 1980er Jahre bereits einige tausend Menschen betraf. Für die nächsten Jahrzehnte sollen weitere 19 Ortschaften verschwinden und 12.000 Menschen umgesiedelt werden (Abb. 4.6). An den tiefsten Stellen werden sich dann bis 450 m tiefe Tagebaue ergeben. Die Tagebaugebiete werden anschließend rekultiviert und es entsteht ein Mosaik aus Aufforstungsflächen, Gewässern und Grünland.

Beim **Erdöl** kommt es durch Förderung und Transport immer wieder zur katastrophenartigen Verseuchung großer Flächen (Kap. 8.4.1). Die Erdölförderung im tropischen Regenwald von Ecuador hat sowohl bei der wenig sorgfältigen Routine als auch bei diversen Pipelinebrüchen zu großflächigen Ölüberschwemmungen in

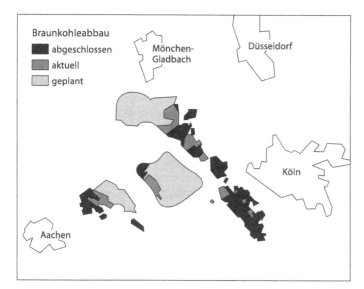

Abb. 4.6.
Ausdehnung des abgeschlossenen, aktuellen und geplanten Tagebaus im rheinischen Braunkohlerevier im Vergleich zu den umliegenden Großstädten. Nach www.braunkohle.de.

diesem empfindlichen Ökosystem geführt. Der offenbar unvermeidbare Eintrag von Erdöl aus Bohrlöchern im Meer fällt bei einzelnen Bohrlöchern während der Förderung nicht auf, da das Meer noch eine beachtliche Verdünnungskapazität besitzt. In Meeresbereichen mit intensiver Förderung sind jedoch die allgegenwärtigen Ölklumpen kaum zu übersehen (z.B. Golf von Mexiko, Persischer Golf, Südchinesisches Meer, Java-See). Obwohl moderne Bohrplattformen recht sicher sind, können Katastrophen nicht ausgeschlossen werden, wie 1979 die Explosion der Bohrplattform Ixtoc I im mexikanischen Golf zeigte, bei der 450.000 t Öl ausliefen. 1991 führte ein Brand auf einer Nordseebohrinsel ebenfalls zu einer beachtlichen Ölverschmutzung.

Jährlich werden fast 2 Mrd. t Rohöl über die Weltmeere transportiert und moderne Supertanker fassen mehrere 100.000 t Ladung. Ein Unfall setzt gewaltige Ölmengen frei, Gegenmaßnahmen sind kaum möglich, ganze Meeresteile werden verschmutzt und geschädigt. Eine der ersten dieser **Ölkatastrophen** wurde 1967 durch die Torrey Canyon verursacht, als sie auf ein Riff an der Westspitze Englands fuhr und 120.000 t verlor. Weite Teile der englischen und bretonischen Küste wurden verschmutzt. In der Folge kam es immer wieder zu Tankerunfällen, unter denen bei der Kollision zweier Supertanker (Atlantic Express und Aegean Captain) 1970 mit 276.000 t vor Tobago die bisher größte Menge an Rohöl ins Meer floss. Für Europa schwerwiegende Unfälle ereigneten sich 1978 vor der Bretagne (Amoco Cadiz, 227.000 t), 1980 vor Griechenland (Irenes Serenade, 102.000 t), 1992 vor Spanien (Aegean Sea, 60.000 t), 1993 vor den Shetland Inseln (Braer, 84.000 t) und 2002 vor Spanien (Prestige, 77.000 t). Die Ursache solcher Tankerunfälle ist meist klar: Viele Tanker sind in Drittweltstaaten zugelassen, Sicherheitskontrollen finden nicht statt, die Schiffe sind veraltet, doppelte Schiffswände sind noch nicht Standard, und die Besatzungen sind häufig nicht genügend qualifiziert. Während die Lotsenpflicht für vielbefahrene Bereiche immer noch diskutiert wird, wurde inzwischen beschlossen, dass nur noch Tanker mit doppelter Schiffswand gebaut werden dürfen. Ab 2015 sollen die alten Tanker von den Weltmeeren verschwunden sein.

1988 verseuchte die Exxon Valdez die Strände von Alaska, da der Kapitän betrunken war und ein Riff übersah. 35.000 t Öl wurden frei. Dieser Unfall war ein vergleichsweise kleiner Unfall, hat aber im arktischen Ökosystem Alaskas weit reichende Folgen gehabt und durch die konsequent durchgezogenen Schadensersatzansprüche auch gezeigt, welche ökonomischen Folgen solches Fehlverhalten haben kann (Kap. 7.3.2). 1991 wurde gegen Ende der Invasion Kuwaits durch den Irak das kuwaitische Öl als Waffe eingesetzt und durch Sprengung hunderter Fördertürme fast 1000 km der arabischen, kuwaitischen und iranischen Küste verseucht. Die Ölquellen konnten erst nach Monaten internationaler Anstrengungen gelöscht werden und mindestens 1–2 Mio. t Öl liefen aus.

Über die produktionsbedingte Belastung der Atmosphäre durch die **Erdgasförderung** ist wenig bekannt. Für den Transport gibt es ein Verbundsystem von Pipelines, das die großen Vorkommen Russlands, Nordafrikas und der Nordsee in Europa nutzbar macht (Abb. 4.7). Besonders im Bereich Russlands

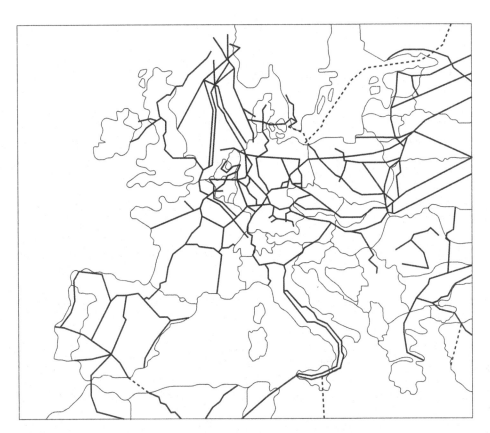

Abb. 4.7. Ganz Europa ist von einem dichten Pipelinenetz durchzogen, das auch über die Meere hinweg alle Erdgasfelder mit den Abnehmern verbindet.

gelten viele Pipelines als leck, so dass viel Erdgas ungenutzt entweichen kann und zur Belastung der Atmosphäre beiträgt. Ein Fünftel der Methanemission soll aus der Förderung fossiler Brennstoffe stammen, möglicherweise auch aus der Kohle- und Erdölförderung. Somit sind diese Bereiche klimarelevant (Kap. 9.5),

4.3.2
Emissionen

Pro verbrannter Tonne Kohle werden ca. 3,2 t CO_2 frei, pro Tonne Erdöl ca. 2,8 t CO_2. Pro GJ gewonnener Energie werden bei einem Wirkungsgrad von 35 % 29 kg Kohlenstoff bei Braunkohleverbrennung, 24 kg bei Steinkohle-, 20 kg bei Erdöl- und nur 14 kg bei Erdgasnutzung frei. Das CO_2 wird an die Atmosphäre abgegeben und bewirkt dort eine Erhöhung des CO_2-Gehaltes um jährlich etwa 1 ppm, so dass dieser von 1950 bis 2000 von 310 auf 370 ppm stieg. Diese Erhöhung reicht aus, um in Verbindung mit anderen Gasen das Klima der Erde zu verändern, weil der erhöhte CO_2-Anteil in der Atmosphäre die Abstrahlung von Wärmestrahlen in den Weltraum verhindert und es zur langsamen Aufheizung der Atmosphäre kommt (Treibhauseffekt, Kap. 9.5).

Es gibt **verschiedene Möglichkeiten**, um bei der Nutzung fossiler Energieträger den Ausstoß von CO_2 zu minimieren: Verbesserung des Wirkungsgrades der Kraftwerke durch moderne Technik (Box 4.1), allgemeine Energiesparmaßnahmen und Ersatz fossiler durch regenerative Energieträger (Kap. 4.6). Daneben bietet es sich an, schmutzige fossile Energieträger (Kohle) durch saubere (Erdgas) zu ersetzen. Dies führt bei verschiedenen Typen von Kraftwerken in der Regel zu einer Halbierung des CO_2-Ausstoßes. Allerdings ist Erdgas teurer als Kohle und seine Weltvorräte sind deutlich begrenzter.

Durch das Verbrennen einer t Kohle oder Erdöl werden 14–16 kg **Schwefeldioxid** und 7–8 kg **Stickoxide** frei. Weltweit erfolgen ca. 85 % des Schwefel- und der Hauptteil des NO_x-Eintrages in die Atmosphäre durch Verbrennen fossiler Energieträger. Der Schwefelgehalt kann sehr unterschiedlich sein und stellt bei Braunkohle (bis 0,8 kg Schwefel/GJ Energiegehalt) oder schlechter Steinkohle (bis 1,1 kg Schwefel/GJ) das Immissionsproblem Nr. 1 dar. Beim Erdöl stammen die schwefelärmsten Qualitäten aus Libyen (ca. 0,2 % Schwefelgehalt), die schwefelreichsten aus Arabien (bis 3 % Schwefelgehalt). Da zunehmend schwefelreiche Erdöle auf den Markt kommen (Mengen- und Preisproblem), nimmt die Schwefelbelastung durch Erdölverbrennung zu. Im Unterschied zu Erdöl enthält Erdgas weniger als 0,04 kg Schwefel/GJ und ist unter den fossilen Primärenergieträgern die sauberste Energieform.

In Deutschland stammen heute rund 60 % des freigesetzten NO_x aus dem Verkehrssektor (Motorabgase), je 10 % stammen aus Kraftwerken, aus der Industrie und aus der Landwirtschaft. SO_2 wird zur Hälfte von Kraftwerken und zu einem Drittel von Industrieanlagen abgegeben. Die restlichen Emissionen entfallen auf Kleinverbraucher und Haushalte.

► *Box 4.1*
Den Wirkungsgrad von Kraftwerken erhöhen

Eine der besten Methode, Rohstoffe und Emissionen von Schadstoffen einzusparen, besteht in der Erhöhung des Wirkungsgrades der Kraftwerke. Dieser beträgt bei vielen altmodischen Kohlekraftwerken, die in der ehemaligen Sowjetunion oder in China Energie produzieren, nur 20 – 30 %. Ältere europäische Kraftwerke, wie sie noch in den 1980er Jahren gebaut wurden, weisen einen Wirkungsgrad von 35 – 38 % auf. Modernste Steinkohlekraftwerke weisen derzeit einen Wirkungsgrad von 45 % auf, Braunkohlekraftwerke von 43 %. Wird die Braunkohle in einem zusätzlichen Prozess vorher getrocknet, erhöht sich der Wirkungsgrad auf 50 %. In den modernsten Erdgaskraftwerken, die seit Anfang der 1990er Jahre gebaut werden, sind 3 Stufen hintereinander geschaltet:

Stufe 1: Gasturbine. Da der Wirkungsgrad einer Turbine von der Temperatur abhängt, wurde die Arbeitstemperatur moderner Anlagen inzwischen auf 1400 °C erhöht. Spezifische Metalllegierungen und schützende Keramiküberzüge sowie ausgeklügelte Kühlsysteme ließen so den Wirkungsgrad bei Gasturbinen auf 45 % ansteigen.

Stufe 2: Dampfturbine. Die 550 °C heißen Abgase treiben anschließend eine Dampfturbine an. Diese Kombination von Gas- und Dampfturbine wird als GuD bezeichnet (Tabelle 4.10). Hierdurch erhöht sich der Gesamtwirkungsgrad auf etwa 60 %.

Stufe 3: Fernwärme. Im Dampfturbinenprozess entsteht auch heißes Wasser, das als Fernwärme zum Heizen oder als Prozessdampf für die Industrie genutzt werden kann. Hierdurch erhöht sich der Gesamtwirkungsgrad auf fast 90 %.

SO_2 und Stickoxide bilden in der Atmosphäre in Verbindung mit Wasser starke Säuren (Schwefelsäure, Salpetersäure usw.), die über die Niederschläge unsere Umwelt schädigen. In Seen führt die Absenkung des pH-Wertes bis zum Erlöschen des biologischen Lebens. In Waldböden führt die **Versauerung** zu komplexen Störungen der Bodenchemie, der Mykorrhiza-Pilze und der höheren Pflanzen (Waldsterben, Kap. 9.3). Beim Menschen führt das Einatmen von SO_2 und NO_x zu Erkrankungen der Atemwege. Vor allem bei Inversionswetterlagen kann es zu bedrohlichen Situationen kommen, so dass in Ballungs- und Industriegebieten sehr junge und ältere Menschen sterben können. Mehrjähriger Aufenthalt in Smoggebieten kann über eine chronische Erkrankung der Atemwege zu einer geschwächten Konstitution und zu einem anfälligen Immunsystem führen (Kap. 8.4.1 und 9.2). Die Zunahme von Allergien wird daher auch auf die Zunahme von Luftschadstoffen zurückgeführt (Amdur et al. 1991, Schlumpf u. Lichtensteiger 1992).

Viele **Baudenkmäler** aus Kalkgestein (Marmor) und Sandstein verwittern in der aggressiven Luft unserer Großstädte bis zur Unkenntlichkeit, so dass kostspielige Restaurationsarbeiten erforderlich sind. Metallkonstruktionen (z.B. in Stahlbeton) werden zerfressen und erfordern aufwendige Reparaturarbeiten, da Eisen resistent gegen Feuchte, nicht aber gegen Säure ist. In den USA fallen jährlich Kosten zwischen 10 und 100 Mrd. $ an, um Korrosionsschäden zu beheben (Graedel u. Crutzen 1989). Solche Sanierungskosten sind in der Preiskalkulation von Energiekosten nie enthalten.

SO_2 und partikuläre Stoffe können mit modernen **Rauchgasfilteranlagen**, NO_x mit katalytischen Verfahren weitgehend weggefiltert werden (Tabelle 4.5). Hierbei wird SO_2 chemisch als Gips gebunden. Dies ergab 2000 in Deutschland über 6 Mio. t Gips aus Kohlekraftwerken, der etwa zur Hälfte in der Bauindustrie verwertet werden konnte, der Rest wird deponiert. Filterstäube sind häufig stark mit Schadstoffen belastet und müssen auf Sondermülldeponien gelagert werden. Die ehemals große Belastung der Atmosphäre durch SO_2 ist durch diese technischen Maßnahmen in Europa stark reduziert worden (Kap. 9.3).

Ein Großteil der in der Atmosphäre befindlichen **Staubpartikel** sind natürlichen Ursprungs (Bodenverwitterung, Vulkanausbrüche, Brände, Stürme), etwa 25 bis 50 % anthropogenen Ursprungs. Insgesamt gelangen etwa 1 bis 2 Mrd. t Staub von einer Partikelgröße unter 40 μm Durchmesser in die Atmosphäre. Staub reflektiert und streut das auf die Erde eintreffende Licht, erhöht also die Rückstrahleigenschaft (Albedo) der Erde und wirkt daher einer Erwärmung entgegen. Gleichzeitig finden an der Oberfläche vieler Staubpartikel chemische Reaktionen statt, die oft durch die katalytischen Eigenschaften der Stäube beschleunigt werden (Kap. 9).

75 % des anthropogenen Staubeintrages in die Atmosphäre sind auf die Verbrennung fossiler Energieträger zurückzuführen. So entstehen bei der Verbrennung von Kohle ca. 2 kg Staub/t Kohle, die moderne Filteranlagen jedoch auffangen können (Tabelle 4.5). Kohle enthält pro t etwa 45 g Nickel, 35 g Kupfer, 30 g Chrom, 15 g Arsen, 2 g Cadmium und 0,5 g Quecksilber. Da Kohle auch Radium-226, Blei-210, Uran-238 und andere Nuklide in kleinen Mengen ent-

Tabelle 4.5. Reduktion der Schadstoffabgabe einer Müllverbrennungsanlage (KVA Bern) in Abhängigkeit vom jeweiligen Stand der Technik.

	1984	1987	1995
Abgasfilter	Elektrofilter	zusätzliche Rauchgasreinigung	zusätzliche Entstickungsanlage
zusätzliche Kosten (Mio. SFr.)		17	59
Staub (kg/t)	0,4	0,13	0,04
Salzsäure (kg/t)	6,4	0,04	0,02
Schwefeldioxid (kg/t)	1,2	0,16	0,09
Stickoxid (kg/t)	2,8	1,9	0,42
Quecksilber (g/t)	4,9	0,57	0,3

hält, werden diese Stoffe durch den Verbrennungsvorgang angereichert und freigesetzt. Wegen des hohen Stoffumsatzes von Kohlekraftwerken ist die hierdurch freigesetzte **Radioaktivität** möglicherweise größer als die durch Atomkraftwerke im Normalbetrieb freigesetzte Menge. In beiden Fällen liegt die Strahlendosis jedoch im Bereich von wenigen Prozenten der natürlichen Strahlung und kann vernachlässigt werden (Kap. 8.5). Mit effizient betriebenen Staubfiltern werden auch die meisten der an Partikel gebundenen Nuklide weggefiltert.

4.4
Nutzung von Kernenergie

4.4.1
Prinzip

In einem Kernreaktor geben schwere, instabile Atomkerne ihre kinetische Energie an ein Reaktormaterial ab, wodurch die Temperatur dieses Materials erhöht wird. Die Gewinnung der Kernenergie entspricht also der Energiegewinnung aus einer Wärmequelle. Anstelle der Feuerung in einem Wärmekraftwerk hat der **Kernreaktor** jedoch Brennelemente aus Uran. Durch Neutronen werden kontinuierlich Kerne des Uranisotops U-235 gespalten, hierbei entstehen wieder Neutronen, die eine hohe kinetische Energie aufweisen. Da die Konzentration dieses Isotops in Natururan jedoch zu gering ist (natürliches Uran enthält 0,7 % U-235 und 99.3 % U-238), muss U-235 zur Energiegewinnung auf 3 % angereichert werden. Wenn solche Brennstäbe dann von einer die Neutronen bremsenden Substanz umgeben werden, kann eine Kettenreaktion aufrecht erhalten werden, d.h. solch ein Reaktor gibt kontinuierlich Energie in Form von Wärme ab. Sind die Brennstäbe nach einiger Zeit verbraucht, werden in einer Wiederaufarbeitungsanlage die inzwischen entstandenen Isotope getrennt und neue Brennstäbe mit spaltbarem Material hergestellt. Als Neutronen bremsende Substanz im Reaktor, Moderator genannt, wird Wasserstoff in Form von Wasser (leichtes Wasser), schwerer Wasserstoff (Deuterium) in Form von schwerem Wasser oder Kohlenstoff in Form von Graphit verwendet. Hiervon leiten sich die Typen des Leichtwasser-, Schwerwasser- und Graphitreaktors ab.

Die im Reaktor freigesetzte Energie wird über einen Wärmeträger nach außen abgeführt. Dies erfolgt beim Leicht- und Schwerwasserreaktor durch einen **Primärwasserkreislauf** und beim Graphitreaktor durch CO_2-Gas oder Helium. Da bei der Verwendung von Helium Temperaturen bis 1000 °C erreicht werden können, wird dieser Typ auch als Hochtemperaturreaktor bezeichnet. Über einen **Sekundärkreislauf** wird die Wärme dann durch Turbinen in Strom umgewandelt (Druckwasserreaktor) oder aber der Dampf entsteht direkt im Reaktor, so dass Wärmeträger- und Turbinenkreislauf identisch sind (Siedewasserreaktor).

Wegen des geringen Anteils von Uran-235 im Natururan ist dessen Energieausnutzung gering. Da zudem die Uranvorräte begrenzt sind, liegt der Gedanke nahe, auch die ungenutzten 99.3 % nicht spaltbaren U-238 zu nutzen. Bei der Kernspaltung wandelt sich Uran-238 durch die Absorption eines Neutrons und die Emission zweier Elektronen in das spaltbare Plutonium-239 um. Dieses hat eine Halbwertzeit von 24.000 Jahren und kommt in der Natur nicht vor. Durch eine besondere Bauweise, u.a. eine engere Packung des Kernbrennstoffes, kann der Anteil des so erbrüteten Plutoniums gesteigert werden (**Schneller Brüter**). Der Ausnutzungsgrad von Uran beträgt trotz Anreicherung und Wiederaufarbeitung nur ca. 1 %. Mit der Brütertechnologie ergeben sich Ausnutzungsgrade von 40–70 %, so dass eine deutlich bessere Energieausbeute möglich wird (Winkler u. Hintermann 1983). In Verbindung mit einer Wiederaufarbeitungsanlage und sicheren Deponien für nicht verwertbare, radioaktive Abfälle wäre so ein fast geschlossener Brennstoffkreislauf möglich (Abb. 4.8).

Da im schnellen Brüter der Brennstoff eng gepackt ist, muss aus kleinem Raum viel Wärme abgeführt werden. Hierzu ist flüssiges Metall, v.a. Natrium, als Kühlflüssigkeit besonders gut geeignet. Dieses darf jedoch nicht mit Wasser oder Luft in Berührung kommen, so dass aus Sicherheitsgründen ein zweiter Natriumkreislauf zwischengeschaltet wird. Die Natriumkühlung ist technisch anspruchsvoll und Plutonium ist eine der giftigsten und gefährlichsten Substanzen überhaupt. Da zudem mit der Brütertechnik gleichzeitig ein Zugriff auf die **Plutoniumtechnik** möglich ist und sich aus der friedlichen Nutzung der Kernenergie eine Verbindung zur militärischen Anwendung (wenige kg Plutonium reichen zur Herstellung einer Plutoniumbombe) ergibt, ist der praktische Einsatz von schnellen Brütern umstritten.

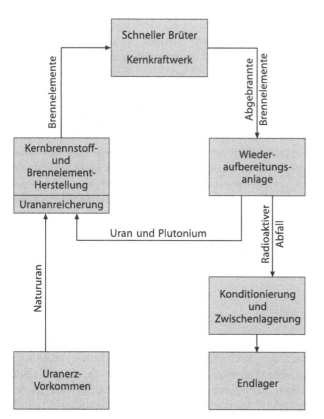

Abb. 4.8. Idealbild eines kompletten nuklearen Brennstoffkreislaufs.

Bei der **Kernfusion** sollen wie beim nuklearen Vorgang im Innern der Sonne leichte Atomkerne verschmolzen werden. In der Sonne werden leichte Wasserstoffkerne zu Helium verschmolzen, dies ist jedoch wegen anderer Schwerkraftverhältnisse auf der Erde nicht möglich. Hingegen könnte man schwere Wasserstoffkerne (Deuterium) mit überschweren Wasserstoffkernen (radioaktives Tritium) verschmelzen. Für die Reaktion von Deuterium und Tritium zu Helium sind über 100 Mio. °C erforderlich und dabei werden, wenn dieser Zustand genügend lange anhält, große Energiemengen frei. Bei dieser Temperatur liegt alle Materie in einem besonderen Aggregatzustand vor, der Plasma genannt wird. Dies ist ein gasähnlicher Zustand, bei dem auch die Elektronen vom Kern gelöst sind. Das Plasma wird in einer Vakuumkammer durch geeignet geformte und sehr starke Magnetfelder zusammengehalten.

Das Plasma muss eine Sekunde stabil bleiben, um den Fusionsprozess zu starten, der anschließend genügend lange anhalten muss, um mehr Energie zu erbringen, als für Aufheizen und Zusammenhalt des Plasmas nötig war. Die **Fusionsforschung** setzte 1955 ein und konzentriert sich heute auf 2 Arten, das Magnetfeld herzustellen. Beim Stellarator wird das kontinuierliche Magnetfeld unmittelbar durch die komplexe Geometrie der Spulen erzeugt. Im Tokamak-Reaktor entsteht ein gepulstes Magnetfeld durch Überlagerung von Magnetfeldern. In den 1970er Jahren entstanden erste Anlagen, 1983 schließlich in Culham (England) die größte der Welt als ein europäisches Gemeinschaftsprojekt. Dort gelang es auch Ende 1991 erstmals, kontrolliert genügend lange Fusionsbedingungen aufrecht zu halten, so dass einige MW Energie produziert wurden, denen jedoch noch einige 100 MW an Startenergie gegenüberstanden. 1997 wurden bereits während einer Fusionsdauer von einer Sekunde Dauer 16 MW erreicht, die nur noch unwesentlich mehr Startenergie benötigten.

Die Kernfusion könnte die **ideale Energieerzeugung** sein, wenn sie je funktioniert. Sie wird sicher sein, da keine einer Kernreaktion vergleichbaren unbeherrschbaren Prozesse ablaufen. Der radioaktive Abfall, der durch die Kontamination des Betastrahlers Tritium entsteht, hat lediglich eine Halbwertzeit von 12 Jahren. Eine nennenswerte CO_2-Produktion findet nicht statt. Es wird jedoch noch lange dauern, bis in Serie gebaute Reaktoren Energie produzieren, Schätzungen sprechen von mindestens 40 Jahren. Als nächstes wird nun ein Prototyp ITER gebaut, der etwa 2015 fertig sein könnte. Er soll zeigen, dass die Fusion längere Zeit beherrscht werden und Energie gewonnen werden kann. Anschließend wird DEMO gebaut, eine Anlage, aus der die erzeugte Energie auch abgeleitet werden kann. Dann könnte die Serienproduktion beginnen.

4.4.2
Verbreitung

Atomkraftwerke sind weltweit verbreitet (Tabelle 4.6). Die meisten Anlagen befinden sich in den USA, stark auf Kernenergie haben außerdem Frankreich, Japan, Russland und Großbritannien gesetzt. Anfang 2004 gab es 424 Anlagen (Reaktoren), die oft zu größeren Komplexen zusammengeschaltet sind (Abb. 4.9). In fast allen Atomkraftwerken wird elektrische Energie produziert und

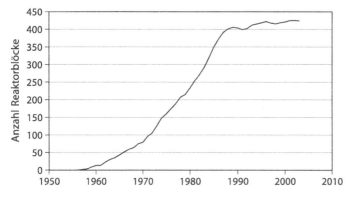

Abb. 4.9. Zahl der weltweit in Betrieb befindlichen Atomkraftwerke. Nach www.iaea.org.

Tabelle 4.6. Verbreitung von Atomkraftwerken. Anzahl Reaktorblöcke in Betrieb (im Bau) Anfang 2004. Nach International Atomic Energy Agency (www.iaea.org).

	Anzahl Reaktorblöcke (im Bau)
USA	99
Frankreich	58
Japan	50 (+ 3)
Russland	30 (+ 3)
Großbritannien	27
Deutschland	20
Südkorea	18 (+ 2)
Kanada	16
Indien	14 (+ 8)
Ukraine	12 (+ 4)
Schweden	11
Spanien	9
China	8 (+ 2)
Belgien	7
19 weitere Staaten	45 (+ 6)
gesamt	424 (+ 28)

Tabelle 4.7. Technische Daten des Kernkraftwerks Mühleberg bei Bern als Beispiel eines 1000 MW Reaktors. Nach Angaben der Betreibergesellschaft BKW.

Thermische Leistung des Reaktors (MW)	997
Elektrische Nutzleistung des Kraftwerks (MW)	320
Zahl der Reaktoren	1
Gesamtwirkungsgrad netto bei Volllast (%)	32,2
Gewicht der Brennstoffladung Uran (t)	50
Kühlwasserbedarf maximal ($m^3 s^{-1}$)	11,6
Kühlwassererwärmung im Kondensator (°C)	14,0
Erwärmung der Aare bei mittlerer Wasserführung (°C)	1,3
Energieproduktion (Mia. kWh a^{-1})	2,3

die Abwärme wird selten als Fernwärme genutzt. Somit ergibt sich für die meisten dieser Anlagen ein Wirkungsgrad von 32–35 % (Tabelle 4.7). Dies sicherte 2002 Frankreich einen nuklearen Anteil an der Elektrizitätserzeugung von 78 %, Belgien von 57 %, der Schweiz von 37 % und Deutschland von 31 %. In den USA, in denen fast ein Viertel aller Atomkraftwerke stehen, tragen diese 20 % zur Stromerzeugung bei. Global trägt die Nuklearenergie zum gesamten Energieaufkommen knapp 7 % bei (Abb. 4.2), dies entspricht ca. 17 % des Weltelektrizitätsbedarfs.

1951 wurde in den USA zum ersten Mal in einem Reaktor durch Kernenergie elektrischer Strom erzeugt. 1956 nahm Calder Hall in England als erstes **kommerzielles Kernkraftwerk** der Welt mit einer Leistung von 50 MW seine Produktion auf. Es war vorgesehen, die Nutzung der Atomkraft als wesentlichen Beitrag zum Weltenergiebedarf zügig auszubauen; der tatsächliche Ausbau erfolgte jedoch bedeutend langsamer. Nachdem zwischen 1960 und 1985 durchschnittlich 15 Atomkraftwerke pro Jahr ans Netz gingen, stagniert der weitere Ausbau seit Mitte der 1980er Jahre bis heute. 12 Reaktoren sind (vor allem im Einzugsbereich der ehemaligen Sowjetunion) seit über 20 Jahren im Bau und werden vermutlich nie fertig gestellt, 16 Reaktoren (Indien, Japan, China, Süd- und Nordkorea) sind seit kurzem im Bau und werden höchstwahrscheinlich in den nächsten Jahren ans Netz gehen. Da die bestehenden Atomkraftwerke im Durchschnitt 25 Jahre alt sind, wird ihre Zahl in den nächsten 20 Jahren vermutlich auf die Hälfte absinken.

Für das Stagnieren des Ausbaus der Kernenergie gibt es technische, ökonomische und ökologische Gründe. Der möglicherweise schwerwiegendste Grund ist die mangelnde Akzeptanz in weiten Kreisen der Bevölkerung. Sogar fertig gestellte

Anlagen konnten wegen des Widerstandes der Bevölkerung nicht ans Netz gehen und wurden stillgelegt bzw. abgerissen. Berühmt wurden so die Atomkraftwerke Zwentendorf bei Wien und Shoreham auf Long Island bei New York. In den USA und in Europa werden seit Jahrzehnten keine neuen Bauaufträge mehr erteilt, d.h. es besteht faktisch ein **Moratorium**. Länder wie Finnland, Spanien, England und Deutschland wollen aus der Kernenergiewirtschaft aussteigen. Italien hat bis 1990 seine 4 Reaktoren stillgelegt. 1992 beschloss Kuba, seine Atomkraftwerke nicht fertig zu stellen. Schweden legte ein erstes Kraftwerk 1999 still, es ist aber fraglich, ob der 1980 beschlossene Ausstieg bis 2010 beendet ist. Deutschland will bis 2021 alle Atomkraftwerke stilllegen.

Mit dem Bau des Enrico-Fermi-Reaktors in Michigan wurde 1955 der erste natriumgekühlte **schnelle Brüter** der Welt verwirklicht. Heute sind weltweit einige schnelle Brüter im Einsatz, dieser Einstieg in die Plutoniumtechnik ist jedoch überall mit so vielen Problemen verbunden, dass die Brütertechnologie zur Zeit keine einsetzbare Technik ist. In Deutschland wurde 1974 mit dem Bau eines natriumgekühlten schnellen Brüters bei Kalkar begonnen. Er war 1978 betriebsbereit, wurde aber nie in Dauerbetrieb genommen und 1991 stillgelegt. In Frankreich wurde 1976 der schnelle Brüter „Super Phénix" in Creys-Malville, 70 km neben Genf, gebaut. Nach nur kurzen Betriebszeiten, die immer wieder von Pannen unterbrochen waren, wurde er 1998 stillgelegt. International gilt die Plutoniumtechnik als zu riskant und unrentabel. Japan scheint der einzige Staat zu sein, der auf die Brütertechnologie setzt und Dezember 1992 mit einem spektakulären Plutoniumtransport von Frankreich nach Japan begann, die hierzu benötigten Plutoniumvorräte anzulegen. Der 280 MW-Reaktor Monju (benannt nach dem japanischen Gott der Weisheit) nahm zwar 1994 seinen Probebetrieb auf, ging aber nach einem schweren Unfall bis heute nicht ans Netz.

Atomkraftwerke stellen einen Teil eines **nuklearen Kreislaufes** dar, der nur in kompletter Form wirtschaftlich sein soll. Hierzu gehören in der Vorstellung der Betreiber neben Leichtwasserreaktoren auch schnelle Brüter, eine Wiederaufarbeitungsanlage für abgebrannte Brennstäbe und verschiedene Zwischen- und Endlager für radioaktive Abfälle (Abb. 4.8). Zur Zeit gibt es ca. 10 Wiederaufarbeitungsanlagen in der Welt: Sellafield (ehemals Windscale) in Großbritannien, La Hague in Frankreich, Tarapur in Indien, Tokai in Japan, Anlagen in Russland und in China sowie 4 weitere, meist kleine Anlagen). Praktisch alle der in europäischen Kraftwerken verbrauchten Uranbrennstäbe werden in Frankreich (La Hague) und Großbritannien (Sellafield) aufgearbeitet. Die bereits begonnene deutsche Wiederaufarbeitungsanlage bei Wackersdorf im Bayrischen Wald wurde wegen der nicht abschätzbaren hohen Kosten nicht gebaut.

4.4.3
Vorteile und Nachteile

Während Erdöl in einigen Jahrzehnten knapp werden wird, reicht der **Uranvorrat** der Erde für längere Zeiträume aus. Ein Leichtwasserreaktor benötigt bei Wiederaufbereitung der Brennstäbe ca. 5000 t Natururan in 30 Jahren. Nach

Hochrechnungen könnte der bekannte Weltvorrat an Uran die Energieversorgung der Erde zu ca. 50 % für 100 Jahre sichern. Bei Einsatz der Brütertechnologie würde sich dieser Wert ungefähr um den Faktor 60 verbessern, d.h. die Energieversorgung wäre für viele tausend Jahre gesichert. Kritisch an dieser Rechnung ist allerdings, dass vermutlich nicht die Verfügbarkeit von Uran der Engpass ist, sondern die Belastbarkeit der Umwelt und des Menschen mit Radioaktivität.

Atomstrom galt in den 1970er Jahren als billigste Energie, da der Anteil, den das Uran als Primärenergieträger am **Strompreis** hat, mit ca. 10 % viel niedriger ist als etwa bei Erdöl (ca. 65 %). Diese Rechnung ignoriert allerdings die Kosten von Forschung, Infrastruktur, Endlagerung und Risiken. In den letzten Jahrzehnten fielen daher Preiskalkulationen immer ungünstiger für Atomenergie aus. Versucht man neben den direkten Konstruktionskosten und den dafür benötigten Finanzierungskosten auch die Kosten für Betrieb und Wartung, Brennstoff und Abfallbeseitigung auf die Lebenszeit eines Kraftwerkes umzurechnen, so ergibt sich folgende Rechnung: Um 1971 waren Atomkraftwerke und vergleichbare Kohlekraftwerke in der Anschaffung ungefähr gleich teuer, bis zur Mitte der 1980er Jahre stiegen die Kosten für Atomkraftwerke auf das Fünffache, die für Kohlekraftwerke nur auf das Doppelte. In den 1980er Jahren verteuerten sich die Anlagen so sehr, dass ein neues Atomkraftwerk 1987 dreimal so teuren Strom produzierte wie ein 1982 neu erstelltes Atomkraftwerk. Hieraus ergibt sich, dass Atomkraftwerke 1990 ca. dreimal teurer waren als Kohlekraftwerke, wobei letztere heute umweltfreundlich ausgerüstet sind und erstere immer noch nicht alle wirklich anfallenden Kosten beinhalten (Flavin 1987).

Nukleare Forschung ist vom Staat stets großzügiger finanziert worden als Forschung an traditionellen oder alternativen Energieträgern. In Deutschland wurden in den 1970er und 1980er Jahren über 90 % der Gelder, die in die Energieforschung flossen, für nukleare Energieforschung ausgegeben. Von 1994 bis 2002 gab das deutsche Ministerium für Bildung und Forschung 15 % seiner Forschungsförderung im Energiesektor für erneuerbare Energieträger aus, 15 % für Kernspaltungsforschung, 33 % für Kernfusionsforschung und 37 % für die Beseitigung kerntechnischer Anlagen. Fehlspekulationen wie die Wiederaufarbeitungsanlage Wackersdorf oder der schnelle Brüter Kalkar wurden über den Staatshaushalt abgewickelt und belasten die Betreibergesellschaften nur unwesentlich. Die noch ungelösten Probleme der Atomindustrie wie die Endlagerung oder der Abriss von Kernkraftwerken werden sich ebenfalls verteuernd auf die Stromgestehungskosten auswirken. Schließlich müsste eine seriöse **Preiskalkulation** auch eventuelle Risiken einbeziehen. Die Größe und Unberechenbarkeit des Risikos beim Betrieb einer Atomanlage entzieht sich den üblichen Kalkulationen, so dass die finanziellen Folgen eines größten anzunehmenden Unfalls nur auf die Allgemeinheit umgelegt werden können, die dies offensichtlich akzeptiert.

In einem Kernkraftwerk entstehen bei der Energiegewinnung keine Abgase, die Smog und sauren Regen auslösen oder den Treibhauseffekt verstärken. Beim Uranabbau, bei der Anreicherung und bei der Aufarbeitung von Brennstoff werden aber mehr fossile Energieträger benötigt, als bei der Kohleförderung. Arley u. Skov (1988) weisen darauf hin, dass die chemische Atomindustrie der USA für ihren Elektrizitätsbedarf 6 % der amerikanischen Kohleproduktion benötigt.

Eine **Gesamtbilanz** ist kaum möglich, da sich viele Anlagen wegen ihrer Größe und Unübersichtlichkeit einer Bilanzierung entziehen, die CO_2-Emission pro Energieeinheit Atomstrom ist aber sicherlich keine vernachlässigbare Größe. Die radioaktive Belastung im Normalbetrieb eines atomaren Kraftwerkes ist gering und beträgt im Allgemeinen nur ein Bruchteil der natürlichen Radioaktivität. Hingegen sind andere Nuklearanlagen von der Urangewinnung bis hin zur Wiederaufarbeitung bzw. zum Endlager eine stete Quelle radioaktiver Belastung und Verschmutzung der Umwelt (Kap. 8.5).

In den letzten Jahren erfolgte ein Drittel der weltweiten **Uranproduktion** in Kanada, 20 % in Australien, 18 % in Afrika (Niger, Namibia, Südafrika), 15 % in Russland (mit Kasachstan und Usbekistan), etwa 5 % in den USA. Uran wird in Australien, Kanada und den USA überwiegend im Tagebau gefördert. Da der Urangehalt im abgebauten Gestein typischerweise nur 0,2 % beträgt, müssen große Mengen an Gestein bewegt und verarbeitet werden, so dass gewaltige Abfallhalden, Schlackeberge und Absetzbecken entstehen. Die so radioaktiv verstrahlten Gebiete haben riesige Ausmaße. Betroffen sind wegen der Abgelegenheit der Region zumeist Eingeborene (Aborigines, Eskimos und Navajos), die umgesiedelt werden bzw. der Strahlenbelastung ausgesetzt sind.

Nach der deutschen Wiedervereinigung wurde bekannt, dass die **ostdeutschen Uranbergwerke** in Sachsen (zwischen Gera und Königstein) nach Einstellung des Bergbaus 1990 ein Gebiet von 10.400 km^2 (viermal die Fläche des Saarlandes bzw. ein Viertel der Fläche der Schweiz) radioaktiv verseucht haben. Die Sanierungskosten werden über 8 Mrd. Euro betragen, wenn eine Sanierung überhaupt möglich ist. Dem stehen 220.000 t Urankonzentrat (*yellow cake*) gegenüber, die in 45 Jahren u.a. für die sowjetischen Atombomben und für Brennstäbe in Kernkraftwerken gefördert wurden.

Die Ineffektivität der Atomreaktoren führt zu einer großen Wärmebelastung, die als **Abwärme** an die Umwelt abgegeben werden muss. Zwar haben Kohlekraftwerke vergleichbare Probleme, dort kann man die Abwärme aber als Fernwärme sinnvoll nutzen. Da Kohlekraftwerke in der Nähe des Verbrauchers gebaut werden können, ist ein wirtschaftlicher Anreiz gegeben, ein Fernwärmenetz aufzuziehen. Viele Atomkraftwerke stehen demgegenüber aus Sicherheitsgründen nicht in unmittelbarer Stadtnähe. Da mit der Entfernung von Ballungszentren aber auch die Leitungsverluste der transportierten Elektrizität steigen, wurde häufig ein Kompromiss-Standort gewählt. Die meisten Kernkraftwerke sind daher so weit von Großstädten entfernt, dass Fernwärmesysteme nicht mehr wirtschaftlich sind, jedoch gleichzeitig noch so nah, dass der elektrische Leitungsverlust klein bleibt.

Kernkraftwerke wurden ursprünglich an Flüssen gebaut, um die erforderlichen Mengen an **Kühlwasser** zur Verfügung zu haben. Solche Wassermengen können in Deutschland nur von großen Flüssen wie dem Rhein, der Unterelbe, der Unterweser und dem unteren Inn zur Verfügung gestellt werden. Um die Erwärmung des Flusses zu begrenzen, verwendet man bei größeren Kraftwerken oder an Mehrfachstandorten Kühltürme, welche die Abwärme an die Luft abgeben. In einem Nasskühlturm wird die Abwärme als Verdunstungswärme (bei 1300 MW Leistung verdunstet 1 m^3 Wasser pro Sekunde) abgegeben, bei einem

Trockenkühlturm geht die Wärme direkt in die Luft. In einem Kühlturm muss also zusätzlich Energie aufgewendet werden, um die Abwärme loszuwerden.

Bei regulärem Betrieb eines Atomkraftwerkes erfolgt im Normalfall keine nennenswerten Belastung der Umwelt mit **Radioaktivität**. Im Unterschied hierzu sind Wiederaufarbeitungsanlagen offenbar auch im Normalbetrieb eine häufige oder gar regelmäßige Quelle nuklearer Belastung ihrer Umgebung. Die riesige britische Anlage Sellafield (1989 mit 14.000 Beschäftigten und 400 Gebäuden) und die französische Anlage La Hague pumpen täglich einige tausend m³ radioaktiv verseuchtes Abwasser in das Meer. Die Irische See wurde durch Sellafield in den letzten Jahrzehnten zum radioaktiv höchst belasteten Meer der Welt.

Entsorgungsprobleme gibt es bei Atomkraftwerken auf drei Ebenen: bei der Beseitigung des regelmäßig anfallenden radioaktiven Mülls im Normalbetrieb, bei der Wiederaufarbeitung abgebrannter Brennstäbe und beim Abriss eines Atomkraftwerkes nach 30–50 Jahren Betriebsdauer (Box 4.2). Alle drei Problembereiche sind zur Zeit nirgends befriedigend gelöst, daher ist die gesicherte Entsorgung langfristig das größte Problem von Nuklearanlagen.

Durch die ständige Strahlenbelastung im Reaktorkern wird das Material mit der Zeit spröde und brüchig. Daher resultiert für diese Anlagen eine begrenzte Lebensdauer von 30–50 Jahren. Danach bleiben die Anlagen ca. 10–15 Jahre sich selbst überlassen, bis ein Teil der Strahlung abgeklungen ist. Da viele Nuklearanlagen gleichzeitig als Zwischenlager dienen, gibt es noch nicht viel Erfahrung mit dem **Abriss** solcher Anlagen. Die deutschen Kraftwerke Würgassen und Stade sind derzeit in der Abrissphase. Mit den Erfahrungen, die man zuvor mit kleineren Anlagen gemacht hat, schätzt man, dass der Abriss eines mittleren Reaktorblocks 300.000 bis 400.000 t Beton, Stahl und anderes Material ergibt, das überwiegend strahlungsfrei ist. Der Beton wird zu Baumaterial geschreddert und nur rund 3–5000 t müssen einem Endlager zugeführt werden. Die Kosten belaufen sich vermutlich auf bis 1 Mrd. Euro. Zur Deckung der Abriss- und Entsorgungskosten ist die Stromindustrie in Deutschland und der Schweiz verpflichtet, einen bestimmten Anteil des Strompreises bzw. ihrer Gewinne in einen Stilllegungsfonds einzuzahlen. Da die Höhe der Kosten, die überwiegend erst in vielen Jahren entstehen, kaum abschätzbar sind, wird befürchtet, dass diese Mittel viel zu knapp kalkuliert sind.

4.4.4
Risiko

In **westlichen Ländern** sind nach den bisherigen Erfahrungen Atomreaktoren relativ sichere Anlagen, die nach dem jeweils technisch besten Stand betrieben werden. Zudem gibt es ein umfangreiches Überwachungs- und Kontrollsystem. In den Staaten **Osteuropas** und der **Dritten Welt** arbeiten Kernreaktoren aber unter prinzipiell anderen Bedingungen. Vor allem osteuropäische Kernkraftwerke stehen immer noch auf einem vergleichsweise niedrigen technischen Stand, vielen fehlt ein Sicherheitsmantel (Containment). Eine Nachrüstung erfolgte in der Regel aus finanziellen Gründen nicht. In der Dritten Welt sind die von den

▶ *Box 4.2*
Entsorgung von radioaktivem Abfall

Pro MWh Elektrizität, die in einem Atomkraftwerk gewonnen werden, müssen ca. 5 g Uran eingesetzt werden. Gleichzeitig entstehen (inklusive Verpackung) ca. 100 g schwach- und mittelradioaktive und 1,7 g stark radioaktive Abfälle. Dies entspricht jährlichen Abfallmengen von 735 t schwach- und mittelradioaktivem sowie 12 t stark radioaktivem Abfall bei einem großem Kraftwerk (Angaben des Betreibers BKW von 1989). Für die Radioaktivität des stark strahlenden Abfalls sind vor allem Strontium-90 (Halbwertzeit 29 Jahre) und Cäsium-137 (Halbwertzeit 30 Jahre) verantwortlich, die erst nach 700 Jahren weitgehend zerfallen sind. Nach 1000 Jahren entsprechen die Strahlungswerte von durchschnittlichem hoch radioaktivem Müll wieder einer natürlichen Uranlagerstätte (Odzuck 1982). Diese Abfälle müssen also für 1000 Jahre ungestört gelagert werden, und sie dürfen nicht mit der menschlichen Kultur in Kontakt treten, etwa über das Grundwasser. Zum Vergleich: Vor 1000 Jahren herrschten in Mitteleuropa die Ottonen als letzte Sachsenkaiser und die Wikinger besiedelten Nordamerika. Bei Plutoniumabfällen beträgt die Lagerdauer ein Mehrfaches der Halbwertzeit von 24.000 Jahren.

Radioaktive Abfälle sollen in Glasschmelzen und Stahlfässern einer geologisch stabilen Umgebung (ein Salzstock oder ein Granitmassiv) eingelagert werden. Derzeit gibt es jedoch nur wenige Endlagerstätten, daher werden Abfälle in Kernkraftwerken und Zwischenlagern aufbewahrt. Radioaktive Abfälle sind also eine schwere Hypothek, die wir unseren Nachkommen vermachen. Im Salzbergwerk Morsleben der ehemaligen DDR werden seit Ende der 1970er Jahre mittelradioaktive Abfälle in 500 m Tiefe gelagert, diese Praxis wurde bis 1999 fortgesetzt. 1988 eröffnete Schweden bei Forsmark das erste Endlager (50 m unter der Ostsee), 1992 folgte Finnland mit einem Endlager bei Olkiluoto (100 m unter der Erde). Ein amerikanisches Endlager in den Yucca Mountains (New Mexico) soll 2010 verfügbar sein. Ein deutsches Endlager ist bei Gorleben geplant. Wegen des in Europa weit verbreiteten Widerstandes der Bevölkerung ist immer wieder versucht worden, in entlegenen Gebieten von Entwicklungsländern eine Atommülldeponie einzurichten. 1987 mussten Verhandlungen zwischen Deutschland und China zur Endlagerung in der Wüste Gobi auf Druck der Öffentlichkeit gestoppt werden. Aktuelle Pläne betreffen eine amerikanisch-russische Deponie auf einem Pazifikatoll und ein russisches Angebot in einer ehemaligen Atomanlage ein Deponie für den Westen einzurichten.

westlichen Industriestaaten gelieferten Atomreaktoren zum Zeitpunkt der Lieferung zuverlässig, später unterbleiben aber meist technische Anpassungen. In beiden Regionen ist Betreuung und Wartung weniger gut als in den westlichen Industriestaaten, das Personal häufig schlecht ausgebildet. Unfälle werden daher in Atomkraftwerken der Entwicklungsländer und des ehemaligen Ostblocks häufiger und folgenschwerer sein als in anderen Regionen.

Indien gehört zu den Entwicklungsländern, die auf einen weiteren Ausbau ihrer Atomanlagen setzen. Anfang 2004 produzierten 14 Reaktoren, 8 weitere waren im Bau. Diese produzierenden Anlagen wiesen bis Ende 2002 zusammen 204 Betriebsjahre auf, in denen sie durchschnittlich 58 % der Zeit Energie lieferten, 42 % jedoch nicht verfügbar waren (Daten nach www.iaea.org). Auch wenn die jüngeren Anlagen höhere Verfügbarkeitswerte als die älteren aufweisen, zeigen diese Daten, dass ein geregelter Betrieb von Atomanlagen in Indien nicht möglich ist. Zudem gelten sie als die am stärksten radioaktiv verseuchten Anlagen der Welt.

Bisher gab es nur wenige schwere **Atomunfälle**, von denen lediglich zwei eine große Zahl von Menschenleben forderten. Vergleichsweise glimpflich ging 1957 der Reaktorunfall in der britischen Wiederaufarbeitungsanlage Windscale (heute Sellafield) aus, bei dem es zur Freisetzung einer größeren Menge von Radioaktivität kam. 1969 ereignete sich im unterirdischen Forschungsreaktor Lucens in der Schweiz eine teilweise Kernschmelze, worauf die Anlage zubetoniert wurde. Am 29.3.1979 kam es in Three Miles Island (bei Harrisburg, Pennsylvania, USA) zu einer Beinahe-Katastrophe, als ein Viertel der Brennelemente schmolz. Der Reaktor musste für immer abgeschaltet werden. Auf der Skala von 7 Schweregraden wurde der Unfall mit 5 eingestuft, 7 ist das Maximum. 1999 kam es in der japanischen Anlage Tokai Mura zu einem Unfall mit 2 Toten und vielen Verstrahlten, als eine überkritische Menge Uran zusammen geschüttet wurde (Schweregrad 4,5). Wenig bekannt sind Unfälle in der ehemaligen Sowjetunion. 1957 kam es in der Plutoniumfabrik Majak bei Tscheljabinsk im Ural zu einem Unfall mit vermutlich mehreren hundert Toten und großflächiger Verstrahlung.

Gut bekannt und dokumentiert ist der bisher folgenschwerste Unfall (Schweregrad 7) bei der friedlichen Nutzung der Kernenergie 1986 in **Tschernobyl** in der Nähe von Kiew (damalige Sowjetunion, heute Ukraine). Am 26.4.1986 kam es auf Grund einer Serie von Bedienungsfehlern und Reaktormängeln zu einer Explosion in einem Block des Atomkraftwerkes. Das Gebäude wurde stark beschädigt, Kernbrennstoff und Graphit verbrannten offen. Etwa 7 t Uran und einige Tonnen weiteres radioaktives Material wurden freigesetzt, u.a. $7 \cdot 10^{16}$ Bq Cs-137 sowie Jod-131 (Tabelle 4.8). Dies entspricht einem Mehrfachen der Atombomben von Hiroshima und Nagasaki zusammen. Nach 10 Tagen gelang es, durch über 10.000 t Blei und Beton, die von Hubschraubern in den brennenden Reaktor geworfen wurden, die weitere Freisetzung von Radioaktivität zu stoppen. Acht Monate später war der Reaktor in einem „Sarkophag" einbetoniert, der in den folgenden Jahren kontinuierlich verstärkt wurde. An den Folgen des Unfalls starb eine große Zahl von Menschen und riesige Flächen (Abb. 4.10) wurden wegen ihrer hohen radioaktiven Belastung evakuiert (Box 4.3).

4.5
Regenerierbare Energiequellen

Unter regenerierbaren Energiequellen verstehen wir Energiequellen, die sich trotz Nutzung nicht verbrauchen, uns also permanent zur Verfügung stehen. Es handelt sich hierbei um **Sonnenenergie**, denn alle auf unserer Welt verfügbare Energie stammt von der Sonne und wir können sie direkt oder indirekt nut-

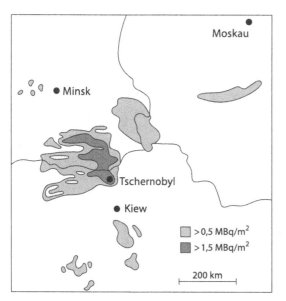

Abb. 4.10. Radioaktiv verstrahlte Gebiete in Weißrussland, Russland und der Ukraine nach der Explosion eines Atomreaktors in Tschernobyl. Nach Chernousenko (1992).

Tabelle 4.8. Messeinheiten der Radioaktivität.

Physikalische Größe	SI-Einheit	alte Einheit	Beziehung
Aktivität	Becquerel (Bq) 1 Bq = 1/s	Curie (Ci)	1 Ci = $3{,}7 \cdot 10^{10}$ Bq 1 Bq = $2{,}7 \cdot 10^{-11}$ Ci 1 Bq = 27 pCi
Energiedosis	Gray (Gy) 1 Gy = 1 J/kg	Rad (rd)	1 rd = 0,01 Gy 1 Gy = 100 rd
Äquivalentdosis	Sievert (Sv) 1 Sv = 1 J/kg	Rem (rem)	1 rem = 0,01 Sv 1 Sv = 100 rem
Ionendosis	Coulomb/kg (C/kg)	Röntgen (R)	1 R = $2{,}58 \cdot 10^{-4}$ C/kg 1 R = 0,258 mC/kg 1 C/kg = 3876 R

zen. Solarzellen sind ein Beispiel für eine direkte Nutzung der Sonnenenergie, Nutzungen der Wasserkraft und des Windes sind Beispiele für die indirekte Nutzung der Sonnenenergie. Die eingestrahlte Energie ermöglicht pflanzliches Wachstum, so dass auch die Biomassenutzung eine indirekte Nutzung der Sonnenenergie ist. Fossile Brennstoffe sind zwar in erdgeschichtlichen Zeiträumen ebenfalls solar entstanden, in den uns zur Verfügung stehenden Zeiträumen aber nicht regenerierbar.

> ▶ *Box 4.3*
> **Die Folgen von Tschernobyl**

Die unmittelbaren Folgen der Reaktorexplosion von Tschernobyl am 26.4.1986 in der heutigen Ukraine waren 26 Tote und 160.000 km^2 stark belastetes Gebiet, in dem 9 Mio. Menschen lebten. Fast 400.000 Menschen wurden aus der 30 km-Kontrollzone und anderen belasteten Bereichen umgesiedelt. Die sich in den Wochen nach dem Unglück entwickelnde Situation war europaweit gekennzeichnet einerseits durch Schlamperei, Geheimhaltung und Abwiegeln bei Behörden, andererseits durch Angst, Misstrauen und Verzweiflung bei der Bevölkerung. Die Zahl der Toten hatte sich 1989 auf 250 erhöht und betrug 1992 nach offiziellen Angaben 8000. Zwischen 1998 und 2000 erkannte das ukrainische Gesundheitsministerium jährlich 2000 – 3000 Todesfälle als Tschernobyl-Folge an, 2000 umfasste die offizielle Liste 15.000 Namen.

Nach dem Unfall konnte bei Kindern unter 15 Jahren eine Zunahme der Erkrankungen an Schilddrüsenkrebs festgestellt werden. Die natürliche Rate von 0,3 – 1,0/100.000 erhöhte sich ab 1990 auf 4 – 14/100.000, so dass sich in 10 Jahren nach dem Unfall 1000 zusätzlichen Krebserkrankungen ergaben, Hochrechnungen gehen von bis zu 10.000 Fällen aus. Eine Zunahme anderer Krebserkrankungen konnte jedoch, obwohl inzwischen detaillierte Krebsregister geführt werden, nicht nachgewiesen werden. Studien in vielen europäischen Ländern, die auf einer ungleich besseren Datengrundlage beruhten, ergaben nach dem Unfall zwar eine Häufung von Abtreibungen und für eine kurze Zeit Zurückhaltung bei der Konzeption, aber keine signifikante Häufung von Fehlbildungen bei Neugeborenen (Bayer et al. 1996).

Da die Evakuierungen jedoch nicht für alle belasteten Gebiete durchgeführt wurden und einige Bevölkerungsgruppen wieder in ihre ehemaligen Gebiete zurückkehrten, geht man davon aus, dass rund 300.000 Menschen in Gebieten mit einer Cäsiumbelastung von > 0,5 MBq/m^2 leben, so dass ihre zusätzliche Jahresdosis etwa 5 mSv beträgt (Tabelle 4.8). Die Belastung der 800.000 Liquidatoren, die für die Aufräumarbeiten am Reaktor eingesetzt wurden, betrug offiziell maximal 250 mSv. Mehrere hunderttausend Menschen haben vermutlich bis zu ihrer Umsiedlung eine Belastung in der Größenordnung von 100 mSv erfahren. Cs-137 hat eine Halbwertzeit von 30 Jahren, so dass die am stärksten betroffenen Gebiet für einige Jahrzehnte unbenutzbar sind.

Die Kosten des Unfalls wurden 1986 auf 4 Mrd. Euro geschätzt. Später sollten alleine die Umsiedlungen 15 Mrd. Euro kosten. 1989 wurden die bereits erbrachten Leistungen mit 60 Mrd. Euro beziffert. Dann sollten allein die medizinischen Untersuchungen 25 Mrd. Euro kosten, die Dekontamination des verseuchten Ackerlandes wurde auf 300 Mrd. Euro und der landwirtschaftliche Nutzungsausfall bis zum Jahr 2000 auf 400 Mrd. Euro beziffert (umgerechnet nach Medwedew 1991). Diese Zahlen sind nicht exakt, verdeutlichen aber die Größenordnung. Wegen des gleichzeitigen Wertverlustes des Rubels sind solche Angaben nach ihrer Umrechnung durch verschiedene Währungen kaum noch nachvollziehbar. Außerdem sind alle Schäden außerhalb der Sowjetunion darin nicht erfasst. In der Schweiz wurden bis 1990 13 Mio. SFr. Entschädigung für landwirtschaftliche Verluste bezahlt, die Entsorgung von 240 Güterwaggons Milchpulver in Deutschland kostete über 35 Mio. Euro. 1995 wendete Weißrussland 20 % seines Etats für die Bezahlung der Folgen auf, die Ukraine 4 %, Russland 1 %, benötigt werden jedoch höhere Summen.

Traditionell kommt der Nutzung von **Biomasse** und **Wasserkraft** die größte Bedeutung zu, neuerdings in einigen Staaten auch der Windenergie (Tabelle 4.9). Diese 3 Methoden entsprechen modernen Kraftwerken mit fossilen Energieträgern am ehesten bezüglich ihrer Wirtschaftlichkeit (Tabelle 4.10).

4.5.1
Wasserkraft

Etwa 20 % der eingestrahlten Sonnenenergie geht als Verdunstungsarbeit in den Wasserkreislauf der Erde. Früher wurden mit einfachen Wasserrädern Mühlen und Sägen, Eisenhämmer, Glasschleifereien usw. betrieben, heute wird die Wasserkraft meist mittels Turbinen und Generatoren direkt in Elektrizität umgewandelt. Der Wirkungsgrad ist hoch und beträgt für ein Schaufelrad bis 65 %, für Spezialturbinen über 90 % (Ruske u. Teufel 1980). Die häufigsten Wasserkraftwerke sind **Laufwasser-Kraftwerke**, die hintereinander geschaltet werden können und bei nur geringem Anstau eines Flusses dessen Fließenergie nutzen. Flüsse wie Mosel, Saar oder Main werden auf der ganzen Länge durch solche Kraftwerke genutzt. In flachem Gelände erfolgt meist ein stärkerer Anstau des Flusses, um wirtschaftliche Fallhöhen zu erreichen. Dabei entstehen landschaftsprägende Stauseen, d.h. das Fließgewässer wird in ein stehendes Gewässer verwandelt. Es ist auch möglich, in Pumpspeicherwerken (etwa alpinen Speicherseen) Energie

Tabelle 4.9. Bedeutung regenerativer Energiequellen. Daten für Deutschland, 2001.

		Produzierte Energie (GWh)	Installierte Leistung (MW)
Elektrizität	Wasserkraft	23.830	4.600
	Wind	11.500	8.800
	Biomasse	2.000	
	Photovoltaik	140	176
Wärme	Biomasse	52.000	
	Solarthermie	1.900	
	Geothermie	1.000	
Brennstoff	Biodiesel	5.200	

Tabelle 4.10. Vergleich der Wirtschaftlichkeit regenerierbarer Energiequellen mit einem modernen GuD-Kraftwerk (Gas- und Dampfturbine). Der Erntefaktor gibt das Verhältnis an zwischen der in 30 Jahren erzeugten Energie und dem Energieaufwand in dieser Zeit für Bau, Unterhalt und Entsorgung. Ergänzt nach Heinloth (2003).

	Zeitliche Verfüg-barkeit (%)	Ernte-faktor	In 30 Jahren pro kW installierte Leistung erzeugte Energie (MWh)	Investitions-kosten (€/kW)	Strom-kosten (€/kWh)	CO_2-Emission (g CO_2/kWh)
Wind	25–35	5 – 7	65	1000	0,07	11
Photovoltaik	15	2 – 3	40	6000	0,50	90
Wasserkraft	60	15 – 20	130	4000	0,08	16
Biomasse	80	12 – 15	210	1000	0,05	3
Biogas	80	12 – 15	210	1500	0,08	5
Geothermie	60	20 – 30	160	3000	0,10	2
GuD-Kraftwerk	80	17 – 22	210	800	0,03	480

zu speichern. Dabei wird bei Energieüberschuss (nachts oder im Sommer) ein hoch gelegener Speichersee unter Ausnutzung billiger Pumpenergie gefüllt. In Zeiten von Energiemangel (Spitzennachfrage tagsüber oder im Winter) wird der Speichersee abgelassen und produziert teuren Spitzenstrom.

Weltweit werden in den Industrieländern 17 % der **Elektrizität** durch Wasserkraft gewonnen, in den Entwicklungsländern sogar 31 %, die Situation ist je nach geographischen Gegebenheiten aber unterschiedlich. Norwegen produziert 99 % seiner Elektrizität in Wasserkraftwerken, Österreich und die Schweiz über 60 %, Deutschland 4 %. Hierzu stehen in Deutschland 600 Laufwasser-Kraftwerke mit fast 3000 MW Leistung der größeren Stromversorger und 5500 kleinere, überwiegend private Wasserkraftwerke zur Verfügung, die eine Leistung von ca. 350 MW erbringen.

In Mitteleuropa ist der Ausbau der Wasserkraftnutzung weitgehend erschöpft (Abb. 4.11). In den Alpen, Skandinavien und Osteuropa sind jedoch noch Kapazitäten frei, so dass Bossel (1990) für Europa immer noch von einer Reserve von 60 % ausgeht. In den anderen Regionen ist der genutzte Anteil noch geringer, d.h. es gibt Reserven bis 90 % des vorhandenen Potentials. Bossel schätzt, dass das weltweit vorhandene Potential der Wasserkraft 20 % des globalen Primärener-

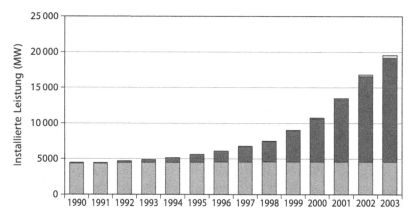

Abb. 4.11. In Deutschland installierte Leistung von Wasserkraftwerken (*unten*), Windkraftwerken (*Mitte*) und photovoltaischen Anlagen (*oben*). Nach verschiedenen Quellen.

giebedarfes decken könnte. Leider ist dieses Potential nicht ohne Einschränkungen nutzbar, denn die Eingriffe in Landschaft und Wasserhaushalt sind schwer (Box 4.4). Das charakteristische Ökosystem eines Fließgewässers wird zerstört. Grosse Landflächen gehen für Stauseen verloren, dies sind oft fruchtbare Ackerböden. Da durch die **Staudämme** der natürliche Sediment- und Geschiebetransport eines Flusses unterbrochen wird, füllen sich die Stauseen langsam auf (d.h. ihre Effektivität sinkt), gleichzeitig fehlt unterhalb des Dammes dieses Sediment, so dass Erosionsschäden auftreten. Die Kosten für die Reparatur dieser Schäden sind hoch und werden bei der Berechnung der Energiekosten meist vernachlässigt. Zudem müssen oft große Bevölkerungsteile umgesiedelt werden und in tropischen Bereichen gehen von den Stauseen beachtliche Gesundheitsrisiken durch Parasiten aus.

Bei kleinen Fließgewässern wird für eine intensive Nutzung der Wasserkraft oft Wasser durch einen Kanal in das Kraftwerk abgeleitet. Vor allem bei geringem Gefälle haben solche Kanäle oft beachtliche Längen bzw. die Restwassermenge im ursprünglichen Gewässer nimmt so sehr ab, dass der Charakter eines Fließgewässers verloren geht. Desgleichen werden bei zu geringen Wassermengen ganze Bach- und Flussläufe in Druckrohre umgeleitet. Zu geringe **Restwassermengen** beeinträchtigen den Wasserhaushalt einer ganzen Landschaft und Lebensräume und Lebensgemeinschaften gehen verloren. Daneben wird aber auch die Selbstreinigungskraft eines so reduzierten Gewässers geschwächt, fehlende Sedimentbewegung führt zur Sohlenverfestigung, zu vermehrtem Algenwachstum, zur Überdüngung des Restwasserkörpers und letztlich zu negativen Auswirkungen auf Grundwasser und Trinkwasser. Langfristig ist also mit erhöhten Kosten zu rechnen, so dass einem intensiven Ausbau der Wasserkraft auch volkswirtschaftliche Grenzen gesetzt sind.

Bei neuen **Stausee-Großprojekten** muss oft eine große Zahl betroffener Menschen umgesiedelt werden. Da mit der Bevölkerungsdichte der Energiebedarf steigt, geeignete Gebiete für Stauseen aber begrenzt sind, sind bei den meisten neuen Projekten viele zehntausend

> **Box 4.4**
> **Ausbau des Grimsel-Stausees?**
>
> Kontrovers diskutiert wurde in den 1990er Jahren der Ausbau des bestehenden Grimsel-Stausees in den Schweizer Hochalpen zu einem gewaltigen Speicherstausee. Eine zusätzliche, 200 m hohe und 800 m lange Staumauer sollte statt bisherigen 100 künftig 450 Mio. m³ Wasser speichern, das im Laufe des Sommers aus einem großen Einzugsgebiet durch ein unterirdisches Stollensystem von über 100 km Länge in den See geleitet oder gepumpt wird. Hierdurch könnte 1. Mrd. kWh Strom, die ansonsten im Sommer produziert würde, im Winter produziert werden. Wegen der Schneeschmelze im Sommer wurde bisher eher zuviel Strom hergestellt, der dann billig exportiert werden musste, während im Winter Mangel bestand, so dass Strom teuer importiert werden musste. Solch ein Speichersee bewirkt also keine Mehrproduktion von Elektrizität, d.h. er ist in einem europäischen Verbundsystem volkswirtschaftlich nicht sinnvoll, sondern hat ausschließlich regionale und betriebswirtschaftliche Vorteile. Hierbei hätten ökologische Nachteile in Kauf genommen werden müssen, etwa die Überflutung und Zerstörung einer einzigartigen Hochgebirgslandschaft sowie die jahreszeitliche Umkehr des Abflussverhaltens eines ganzen Flusssystems, das im Sommer einen geringeren und im Winter einen größeren Abfluss hätte. Ende der 1990er Jahre zeichnete sich ab, dass durch die Strompreisliberalisierung der zusätzlich produzierte Strom viel zu teuer würde, so dass die Betreiber aus ökonomischen Gründen auf das Megaprojekt verzichteten. Eine abgespeckte Variante, die eine Erhöhung der bestehenden Staumauer um 23 m vorsieht, wurde 2004 vorgestellt. Das Speichervolumen würde sich auf 175 Mio. m³ Wasser erhöhen und der Anteil des Winterstroms würde von 35 % auf 55 % erhöht. Es bleibt abzuwarten, ob dieser Ausbau bewilligt wird.

Menschen betroffen. So mussten für den Kariba-Stausee in Zimbabwe 57.000 Menschen umgesiedelt werden, für den Akosombo-Stausee in Ghana 78.000 Menschen, für den Assuan-Stausee gar 120.000 Menschen. Beim geplanten Sardar-Sarovar-Stausee in Indien werden 70.000 betroffen sein, beim chinesischen „Drei-Schluchten-Stausee" des Yang-tse, 1993 begonnen und nach dessen Fertigstellung 2010 das zweitgrößte Wasserkraftwerk der Welt, über 1 Mio. Menschen.

Die Nutzung der in den **Gezeiten** steckenden Energie stellt einen Spezialfall der Wasserkraftnutzung dar. Die periodischen Wasserstandsschwankungen der Weltmeere (Tidenhub) betragen auf offener See ca. 1 m, können in Küstennähe durch Resonanzerscheinungen und Trichterwirkungen aber bis 20 m ansteigen. Das theoretische Energiepotential des Tidenhubs ist groß, eine wirtschaftliche Nutzung ist aber nur in Küstennähe bei einem Tidenhub ab 3–5 m sinnvoll (Kleemann u. Meliss 1988). Obwohl diese Bedingungen an vielen Küsten erfüllt sind, sind bis heute nur wenige Anlagen in Betrieb. Das erste Gezeitenkraftwerk der Welt war in Husum an der deutschen Nordseeküste zu Beginn des 20. Jahrhunderts für einige Jahre in Betrieb. Es hatte eine geringe Leistung und versorgte lediglich einige Häuser mit Elektrizität. Das erste größere Gezeitenkraftwerk der Welt wurde 1966 bei St. Malo an der Rance-Mündung in Frankreich eröffnet. Bei einem Tidenhub von 10–13 m hat es eine Leistung von 240 MW und produziert ca. 550 Mio. kWh jährlich. In den letzten Jahrzehnten wurden wegen technischer Probleme und der erforderlichen großräumigen Beeinträchtigung der Meeresgebiete fast keine neuen Gezeitenkraftwerke realisiert, so dass kein nennenswerter Beitrag der Gezeitenenergie zur Energieproduktion zu erwarten ist.

4.5.2
Solarenergie

Die Sonneneinstrahlung auf die Erde entspricht in weniger als einer Stunde dem gesamten aktuellen Energiebedarf der Welt für ein Jahr. Solarenergie ist daher als Energieressource prädestiniert, aber aus technischen Gründen in direkter Weise äußerst schwierig zu gewinnen. Daher herrschen indirekte Nutzungen über die Photosynthese (Holz und Energiepflanzen bzw. Abfallbiomasse zum Verbrennen oder Vergären) immer noch vor. Bei direkter Nutzung wird photovoltaisch elektrischer Strom erzeugt, der auch verwendet werden kann, um hydrolytisch Wasserstoff zu gewinnen, so dass die Speicherprobleme der Solartechnik gelöst werden können. In Sonnenkollektoren kann die Sonnenenergie auch zur Erwärmung von Wasser im Niedrigtemperaturbereich genutzt werden, in großen Anlagen kann die Wärme über Dampfturbinen in Elektrizität umgewandelt werden.

Es ist technisch wenig aufwendig und fast überall möglich, mit **Sonnenkollektoren** (Flachkollektoren, Vakuumkollektoren) Wasser im Niedrigtemperaturbereich aufzuheizen und über Wärmetauscher Brauchwasseranlagen oder große Heizsysteme wie Gebäude- oder Schwimmbadheizungen zu realisieren. Da der große Wasserkörper eines Schwimmbades bzw. einer Heizung als Wärmespeicher funktioniert, stört es nicht, wenn nachts keine Energie aufgenommen wird. Die Wärmeabstrahlung wird durch die Isolation des Gebäudes reduziert. Im Winter sind diese Heizsysteme mit einem großen Wasserspeicher, der den Sommer über aufgeheizt wird, oder mit einer Zusatzheizung nutzbar. Pro m² Flachkollektorfläche können jährlich 300–400 kWh Wärmeenergie erzeugt werden. In Kleinanlagen unter 10 m² Kollektorfläche betragen die Energiekosten immer noch das Mehrfache der konventionellen Kosten, bei Großanlagen sinken die Kosten aber deutlich.

In Gebieten mit ganzjährig hoher Sonneneinstrahlung ist es wirtschaftlich, **Solartower** aufzustellen, in denen computergesteuert dem Sonnenstand nachgeführte Parabolspiegel die einfallende Sonnenenergie so stark bündeln, dass ein Thermoöl in einem Absorber erhitzt werden kann (Kleemann u. Meliss 1988). Da hierbei die Absorberflüssigkeit auf fast 400°C aufgeheizt wird, kann über einen Wärmetauscher Wasser aufgeheizt und in Dampf verwandelt werden. Die Stromerzeugung erfolgt wie in einem herkömmlichen Kraftwerk über Dampfturbinen und Generator. Neun solcher solarthermischer Kraftwerke mit einer Kapazität von 350 MW stehen in der kalifornischen Mojavewüste, europäische Anlagen befinden sich in Spanien (Almeria) und Sizilien.

Solarzellen nutzen das photoelektrische Prinzip, nach dem das Auftreffen eines Photons der Sonnenstrahlung in einem Halbleiter Elektronen freisetzt, d.h. es fließt Strom. Meist bestehen Solarzellen aus Silicium-Kristallen höchster Reinheit. Hierzu werden die aus einer Siliciumschmelze gewonnenen Kristalle in Scheiben von 1 mm Dicke zersägt und in einem aufwendigen Verfahren dotiert, d.h. mit Substanzen behandelt, die kontrolliert in die Siliciumscheibe hinein diffundieren und dort Plätze im Kristallgitter besetzen. Anschließend werden Metallkontakte angebracht, die den erzeugten Strom abführen, dann wird die Zelle verkapselt. Solche Scheiben haben meist einen Durchmesser von 10 cm und werden in Modulbauweise zu großen Elementen zusammengesetzt. Der Wirkungsgrad liegt bei den käuflichen Anlagen üblicherweise bei 10–15 %.

Das **photovoltaische Prinzip** ist bereits 1839 durch den französischen Physiker Becquerel entdeckt worden, die eigentliche Solarzellenentwicklung begann jedoch erst 1954 durch Pearson, Fuller und Chapin mit Blick auf eine Energieversorgung für die Raumfahrt. Bereits 1958 wurden Solarzellen in der amerikanischen und sowjetischen Raumfahrt eingesetzt, bis 1975 blieb ihre Anwendung jedoch auf diesen Bereich beschränkt. Anschließend ist ihre weitere Entwicklung recht stürmisch verlaufen, da es gelang, den Wirkungsgrad zu verbessern und die Herstellung zu vereinfachen, so dass die Kosten pro kWh erzeugter Elektrizität sanken. Nach wie vor produzieren photovoltaische Anlagen aber einen recht teuren Strom, so dass nur deutlich verbilligte Herstellungsverfahren zu geringeren Kosten und einer breiteren Marktakzeptanz führen werden.

Heute sind Solarzellen nicht mehr auf hochreines Halbleiter-Silicium angewiesen, sondern werden aus metallurgisch reinem **Silicium** hergestellt. Zudem wird neben dem teuren monokristallinen Silicium (erscheint schwarz) auch polykristallines (blauschimmernd) oder sogar amorphes Silicium (weinrot) eingesetzt. Beim Einsatz von amorphem Silicium können große Flächen ökonomisch genutzt werden. Polykristallin sind kleine Siliciumkügelchen von weniger als einem mm Durchmesser, die beim schnellen Abkühlen einer Schmelze entstehen und direkt auf dünne Trägerfolien aufgebracht werden. Neben der billigeren Herstellung besticht die leichte Formbarkeit solcher Solarzellen, die (ebenso wie amorphes Silicium) auch auf unebene Flächen aufgebracht werden können. Gewölbte Dachziegel könnten also gleichzeitig Solarzellen sein. Eine weitere Entwicklungsrichtung besteht darin, Dünnschichten aus Kupfer, Indium und Selen (CIS-Zellen) auf Fensterglas aufzudampfen, so dass diese gleichzeitig Solarzellen sein können.

Angaben zum **Wirkungsgrad** von Solarzellen müssen differenziert betrachtet werden. Die Nennleistung (Spitzenleistung) gibt an, wie viel Energie unter optimalen Lichtverhältnissen produziert wird. Diese Bedingungen sind aber nur zeitweilig erfüllt, so dass Solarzellen im Jahresdurchschnitt manchmal nur ein Zehntel bis ein Fünftel der Nennleistung produzieren (Tabelle 4.10, Abb. 4.12). Ein Vergleich mit Kraftwerken, die im Prinzip immer bei Volllast laufen können, hinkt also. Für Serienprodukte geht man von einem Wirkungsgrad von 12–14 % bei amorphem, 12–14 % bei polykristallinem und 15–17 % bei monokristallinem Silicium aus. Im Labormaßstab konnte der Wirkungsgrad in den letzten Jahren jedoch beträchtlich gesteigert werden. Der theoretisch maximale Wirkungsgrad von Siliciumzellen liegt bei 22–28 %. Durch die Kombination mit

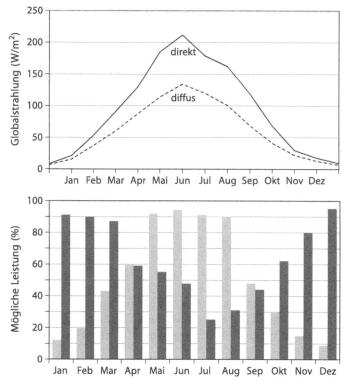

Abb. 4.12. Jahresgang der Globalstrahlung und ihre Anteile an direkter Sonnenstrahlung und diffuser Himmelsstrahlung sowie (*unten*) die mögliche Leistung (%) von Windenergiekraftwerken (*schwarz*) und Photovoltaik (*grau*). Ergänzt nach Kleemann u. Meliss (1988).

anderen Halbleitermaterialien wie Germanium, durch Sandwichbauweise oder die Bündelung des Sonnenlichtes durch vorgeschaltete Linsen sind heute bereits Wirkungsgrade von 35 % möglich.

Seit den 1980er Jahren werden von den großen Stromherstellern photovoltaische Solaranlagen als **Demonstrationsanlagen** gebaut. Beispiele hierfür sind die Anlagen in Neunburg vorm Wald (Bayrischer Wald, 430 kW) und im schweizerischen Jura (Mont Soleil, 500 kW). Die größte europäische Anlage in Serre bei Salerno (Italien) wurde 1995 auf 3,3 MW erweitert und liefert rund 5 Mio. kWh pro Jahr.

Wegen der geringen Energiedichte von Photovoltaikanlagen wird oft ihr großer **Flächenbedarf** kritisiert. Hierzu kann folgende Rechnung aufgemacht werden: Bei einer durchschnittliche Sonneneinstrahlung von etwa 100 W/m² (Abb. 4.12) und einem Wirkungsgrad von 15 % sind für Staaten wie Deutschland, Österreich und die Schweiz etwa 1–2 % der Staatsfläche nötig, um ihren Elektrizitätsbedarf zu decken. Die für die Verkehrsinfrastruktur und mit Gebäuden überbaute Fläche dieser Staaten umfasst rund 10 %. Es würde demnach genügen, ein Fünftel dieser überbauten Flächen mit den heute käuflichen Solarzellen zu bedecken. Als Dach- und Fassadenfläche oder an Straßenrändern (Lärmschutzwände, Stützmauern usw.) steht diese Fläche problemlos zur Verfügung, so dass eine völlige Deckung des Strombedarfs mit Solarzellen ohne zusätzlichen Flächenbedarf möglich ist. Im Unterschied zu Wasser-, Atom- oder Kohlekraftwerken eignen sich Solarzellen hervorragend für einen dezentralen Einsatz. Dies minimiert Leitungsverluste und macht solche Systeme auch besonders attraktiv für ländliche Bereiche und Entwicklungsländer.

Der größte **Nachteil** der Photovoltaik liegt darin, dass im Winter, morgens und abends kaum Strom produziert wird, dann aber der höchste Energieverbrauch ist (Abb. 4.12). Bei einem Ausweichen in sonnenbegünstigte Gebiete wie Nordafrika ergeben sich zudem Leitungsverluste beim Stromtransport nach Mitteleuropa. Abhilfe könnte durch eine Speicherung der photovoltaisch gewonnenen Energie geschaffen werden. Als **solare Wasserstofftechnik** wird dabei ein Verfahren bezeichnet, bei dem der photovoltaisch gewonnene Strom zur Hydrolyse von Wasser (Wirkungsgrad 80–90 %) verwendet wird. Der dabei entstehende Wasserstoff ist leicht speicherbar und transportierbar, so dass Produktions- und Verbrauchsort getrennt werden könnten. Dieser Transport kann in Pipelines erfolgen, in denen das Gas ähnlich wie Erdgas befördert wird. Bei der anschließenden Nutzung zur Energiegewinnung verbrennt der Wasserstoff mit Sauerstoff rückstandsfrei, d.h. ohne Umweltbelastung, wieder zu Wasser. Hierbei werden bei einem Wirkungsgrad von über 90 % 33 kWh/kg Wasserstoff gewonnen, also dreimal soviel wie bei der Verbrennung von Benzin. Diese Technik steht prinzipiell seit einiger Zeit zur Verfügung, hat bis auf weiteres aber keine Aussicht, in größerem Umfang eingesetzt zu werden, da die Kosten der Elektrizitätsgewinnung zur Elektrolyse, für den Wasserstofftransport und die gesamte Infrastruktur noch zu hoch sind (Tabelle 4.10).

Vorerst noch auf Forschungslaboratorien begrenzt sind Methoden, Wasserstoff durch **biologische Systeme** zu gewinnen. Dies können photosynthetisch aktive Purpurbakterien wie *Rhodospirillum rubrum* sein, die auf einem Nährboden aus organischen Produktionsrückständen leben und dabei Wasserstoff produzieren.

4.5.3
Windenergie

Rund 2 % der Sonneneinstrahlung auf die Erde werden in Windenergie, d.h. kinetische Strömungsenergie von Luftmassen, umgewandelt. Wind gleicht Luftdruckunterschiede aus, die durch wetterbedingte Temperaturunterschiede hervorgerufen werden. Die Windgeschwindigkeit nimmt mit der Höhe zu, gleichzeitig nimmt in Abhängigkeit von der Umgebungsstruktur die Böigkeit ab. Anlagen zur Nutzung der Windenergie sind daher idealerweise in einer Höhe von 50–100 m Höhe angebracht. Der Wirkungsgrad ist hoch und beträgt bis 48 %. Die in Windparks installierten Anlagen liegen in einem Leistungsbereich von 1–5 MW.

Ein wirtschaftlicher Einsatz ist in Gebieten mit einer mittleren Windgeschwindigkeit von mindestens 5 m/s möglich. Dies sind für Mitteleuropa die küstennahen Gebiete und die Kuppen der Mittelgebirge sowie der Alpenraum. Besonders geeignet sind die küstennahen Standorte im Meer, da hier mit rund doppelt so hohen Windausbeute wie auf dem Land zu rechnen ist. Die Windkarte der Welt weist **windbegünstigte Gebiete** vor allem in der Dritten Welt aus, aber auch in Nordamerika (Ost- und Westküste) und Europa (Skandinavien). Schätzungen gehen davon aus, dass 3 % der Windenergie wirtschaftlich genutzt werden könnten (Ruske u. Teufel 1980). Dies bedeutet für viele Staaten, dass sie theoretisch ihren gesamten Energiebedarf aus der Windenergie decken könnten (Frankreich, Spanien, Dänemark) oder doch zumindest wesentliche Teile (für Deutschland werden 75 % geschätzt).

Die Nutzung der Windenergie stellt eine **ideale Ergänzung** zur Nutzung der Sonnenenergie dar. Die Sonnenenergie ist im Sommerhalbjahr am intensivsten, die Windenergie im Winterhalbjahr; abends und nachts ist häufig das Windangebot noch ausreichend, tagsüber hingegen die Sonneneinstrahlung (Abb. 4.12). Die günstigsten Regionen zur Windnutzung liegen im Norden, die zur Sonnennutzung im Süden. Die pro Fläche nutzbare Jahresenergie ist beim Wind zwei- bis dreimal höher als bei der Sonne, Windanlagen haben jedoch höhere Standortansprüche.

Die ältesten Windräder sind als **Windmühlen** bereits vor über 4000 Jahren zum Mahlen, aber auch zum Be- und Entwässern verwendet worden. In Norddeutschland und Holland ist die Windmühlentechnik weit entwickelt worden und um 1900 standen von Holland bis Dänemark noch ca. 100.000 Windmühlen, davon ein Viertel in Deutschland. Im nordamerikanischen Binnenland hat ein besonderer Windradtyp, die amerikanische Windturbine, bis in die 1950er Jahre in den ländlich geprägten Gebieten weite Verbreitung gefunden. Unter dem wirtschaftlichen Druck billiger fossiler Energie sind diese Anlagen bis heute weitgehend verschwunden.

In den 1980er Jahren erlebten Anlagen zur Windenergienutzung eine Renaissance und es wurden 1700 MW an Leistung installiert. Hierbei handelte es sich jedoch nicht um eine geographisch breit gestreute Aktivität, vielmehr wurden 85 % aller Anlagen in Kalifornien installiert, überwiegend in einem großen **Windpark am Altamont-Pass**, der seine Existenz einer kurzzeitig wirksamen Steuervergünstigung des kalifornischen Staates verdankte. Die Windräder liefern elektrischen Strom, der in das Netz eines regionalen Versorgungsunternehmens eingespeist wird, und haben sich als wirtschaftlich erwiesen. Diese Anlagen sind in dem windexponierten Gebiet 50 % der Zeit mit voller Leistung in Betrieb, und sie benötigen lediglich 5 % der im übrigen als Weideland genutzten Fläche (Weinberg u. Williams 1990).

In **Europa** war Dänemark einer der Vorreiter der modernen Nutzung der Windkraft. Heute stehen 51 % der Windkraftwerke Europas in Deutschland (Abb. 4.11), 20 % in Spanien, 13 % in Dänemark. In Deutschland gab es 2003 in 15.000 Anlagen 15 GW installierte Leistung, die 5 % zur Stromerzeugung beitrugen, in Dänemark werden fast 15 % der Elektrizität durch Wind erzeugt, im EU-Durchschnitt immerhin noch 2,4 %. Windenergie hat sich somit bereits heute als ökonomisch und ökologisch attraktive Energie erwiesen (Tabelle 4.10).

Am **schnellen Erfolg** der Windkraftanlagen hat sich eine Debatte über ihre negativen Auswirkungen entzündet. Als ökologisch bedenklich werden die Auswirkungen des Rotors auf die Vogelwelt bezeichnet, Windparks sollen gar gigantische Vogelfallen sein. Die bisherigen Untersuchungen haben allerdings keine hohen Verluste ermitteln können, und es besteht Grund zur Annahme, dass die konventionellen Hochspannungsmasten und -leitungen mehr Vogelopfer fordern als Windräder. Auch ästhetische Argumente, die gegen Windräder vorgebracht werden, wirken vordergründig. Einerseits bestand die Alternative hierzu bisher aus Atom- und Kohlekraftwerken, andererseits hat die große Zahl der bestehenden Starkstrommasten das Landschaftsbild ebenfalls verändert. Bei Windkraftanlagen wird man sich genauso an die neue Erscheinungsform der Landschaft gewöhnen.

In vielen **Entwicklungsländern** wurde in den letzten Jahren die Bedeutung der Windenergie als leicht nutzbare, regenerierbare Energie erkannt und ausgebaut. In der Mongolei gibt es über 100.000 kleine Windanlagen. China plant jährlich 300 Anlagen von je 300 kW aufzustellen. Indonesien will in großem Umfang Kleinanlagen zur Stromversorgung einzelner Haushalte einrichten.

4.5.4
Geothermische Energie

Die in der Erde natürlicherweise vorhandenen, **langlebigen Isotope** produzieren beim Zerfall Wärme, die von der Erdoberfläche abgestrahlt wird, aber in tieferen Schichten auch als Niedrig- bzw. Hochtemperatur genutzt werden kann. Die potentielle radiogene Wärme der noch vorhandenen radioaktiven Isotope wird für die gesamte Erde auf $12 \cdot 10^{30}$ J geschätzt, dies entspricht einem Energieinhalt von $4 \cdot 10^{11}$ Terawattjahren (die Unsicherheit dieser Zahlen beträgt nach Rummel et al. (1992) ca. 50 %). Für die Menschheit bedeutet dies bei dem derzeitigen jährlichen Verbrauch von $4 \cdot 10^{20}$ J auf fast unbegrenzte Zeit ein beinahe unbegrenztes Energievorkommen, wenngleich geothermische Energie im eigentlichen Sinn keine erneuerbare Energie ist. Die Erdwärme nimmt mit der Tiefe zu, die Zunahme beträgt oft aber nur 10-20 °C pro 1000 m Tiefe, d.h. für wirtschaftlich nutzbare Temperaturen müssen teure Tiefbohrungen niedergebracht werden. Daher versucht man, die oberflächennahe Niederwärme zu nutzen bzw. man sucht nach geothermischen Anomalien, in deren Bereich hohe Temperaturen oberflächennah vorkommen. Dies ist, wenn **Grundwasserströme** zirkulieren, in porösem oder zerklüftetem Gestein der Fall, aber auch in vulkanischen Zonen.

Erdwärme ist regional eine bereits stark genutzte Energiequelle (Abb. 4.13). Weltweit sind heute in 55 Ländern 17.000 MW Leistung installiert. Das Potential ist um ein Vielfaches größer, so dass extreme Annahmen sogar davon ausgehen, den gesamten Energiebedarf der Welt geothermisch abdecken zu können. Beispiele für die Nutzung von Erdwärme fanden sich bereits bei den Römern, die es in allen Teilen ihres Reiches verstanden, heiße Quellen als Thermalbäder oder zur Wohnungsheizung zu nutzen. Seit über 100 Jahren werden in Island Gewächshäuser geothermisch geheizt, die Hauptstadt Reykjavik wird seit 1928 durch ein Fernwärmenetz beheizt, und inzwischen werden 85 % des Heizbedarfs der Insel aus dem vulkanischen Untergrund gedeckt. Heiße Fumarolen in der Toskana werden seit über 150 Jahren genutzt, seit 1912 auch zur Elektrizitätsgewinnung. Heute haben die Kraftwerke in Larderello eine Leistung von 400 MW. In 5 Staaten der Welt

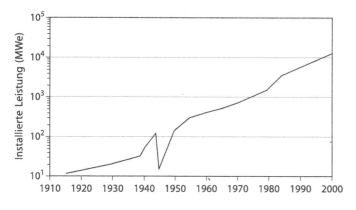

Abb. 4.13.
Entwicklung der geothermischen Elektrizitätskapazität seit Installation eines ersten Generators 1912 in Italien. Ergänzt nach Rummel et al. (1992).

(Philippinen, El Salvador, Island, Nicaragua, Costa Rica) erfolgen 10–22 % der Elektrizitätserzeugung geothermisch.

Vor allem in tiefen Sedimentbecken finden sich oft ausgedehnte **Grundwasservorkommen** von 60 bis 90 °C, die wirtschaftlich zu Heizzwecken genutzt werden können. So wurden v.a. in den 1980er Jahren im Pariser Becken Anlagen errichtet, die über 200.000 Wohneinheiten beheizen. Da dieses Grundwasser stark kalkhaltig ist, wird es nach dem Wärmeentzug wieder in den Untergrund gepumpt. Dieser geschlossene Wasserkreislauf verhindert Schäden durch Grundwasserentzug in der Tiefe und durch den Grundwassereintrag in Oberflächengewässer. In Ostdeutschland gibt es ähnlich günstige Verhältnisse im Raum Neubrandenburg. Sie sind bereits durch mehrere Heizzentralen erschlossen. In Norddeutschland, im Oberrheingraben und im süddeutschen Molassebecken gibt es ebenfalls nutzbare Grundwasservorkommen, die jedoch bisher nur durch einige Kurorte zur Wärmegewinnung genutzt werden.

Auch geringere Temperaturdifferenzen können mit Erdsonden und **Wärmepumpen** genutzt werden. Diese vermögen Wärme aus Reservoiren von nur 10–16 °C auf höhere Temperaturen zu bringen, so dass sie zur Raumheizung genutzt werden können. Hierbei gewinnt man je nach System zwei- bis fünfmal mehr Heizenergie, als man an elektrischer Energie zum Antrieb der Pumpe benötigt. Da elektrischer Strom häufig aus fossilen Energieträgern mit einem Wirkungsgrad von ca. 30 % erzeugt wird (Kap. 4.3), relativiert sich der Energiegewinn, wenn die Wärmepumpe elektrisch betrieben wird. Bei hydroelektrischer Stromgewinnung entfallen diese Bedenken, da die Verluste der fossilen Primärenergieträger entfallen. Auch diesel- oder erdgasbetriebene Wärmepumpen haben einen erhöhten Wirkungsgrad, die erwähnten Bedenken bleiben jedoch im Prinzip bestehen. Bei Wärmepumpen sind also genaue Abklärungen erforderlich, um abschätzen zu können, wie sinnvoll sie bei einer gesamtenergetischen Betrachtung sind.

Der größte Teil der Erdkruste ist in Tiefen von 6000 m annähernd 200 °C heiß, freies Wasser kommt jedoch kaum vor, das Gestein ist also trocken. Im *Hot Dry Rock*-Konzept ist vorgesehen, die gespeicherte Wärme zu nutzen, indem zwischen 2 Tiefbohrungen durch Überdruck (hydraulisches Spalten) eine großflächige Verbindung geschaffen wird und durch Wasserzirkulation die Wärme an die Oberfläche transportiert wird. Diese Technologie wurde in den USA im Los

Alamos-Projekt in New Mexico zum ersten Mal erprobt. Seit Ende der 1970er Jahre gibt es Versuchsbohrungen in England, Frankreich, Japan und Deutschland, die meist in 1000 bis 2000 m Tiefe vorgetrieben wurden und bei denen vor allem die Technik der Risserzeugung untersucht wurde. Die europäischen Arbeitsgruppen arbeiten seit Ende der 1980er Jahre an einem Demonstrationsprojekt in Soultz, Frankreich, und sind bis auf 5000 m Tiefe (200 °C) vorgedrungen. Versuchsweise ist es bereits gelungen, heißes Tiefenwasser zu fördern (www.soultz.net).

Das Meer ist der weltweit größte Sonnenenergiespeicher, die **Meereswärme** wurde jedoch bislang noch nicht genutzt. Warmes Oberflächenwasser könnte aber genutzt werden, um eine Arbeitsflüssigkeit mit niedrigem Siedepunkt zu verdampfen. Der Dampf treibt eine Turbine an, die Strom erzeugt, und 20 °C kälteres Tiefenwasser kondensiert anschließend wieder die Arbeitsflüssigkeit, so dass der Kreislauf erneut beginnt. Die technischen Probleme sind jedoch groß und konnten bis heute nicht gelöst werden. Durch Rohrleitungssysteme muss immerhin Tiefenwasser aus 600–1000 m Tiefe gefördert werden, was im Dauerbetrieb offensichtlich noch nicht gelang. Mit einer baldigen Nutzung der Meereswärme ist daher nicht zu rechnen.

4.5.5
Biomasse

Obwohl nur ca. ein Promille der auf die Erde auftreffenden Sonneneinstrahlung in pflanzliche Biomasse umgesetzt wird, entspricht die hierin gespeicherte Energie jährlich mit $3 \cdot 10^{21}$ J etwa dem Zehnfachen des menschlichen Energieverbrauchs. Zum Vorteil der energetischen Nutzung pflanzlicher Biomasse gehört der **geschlossene CO_2-Kreislauf**, denn bei der Verbrennung wird nur soviel CO_2 frei, wie zuvor photosynthetisch gebunden wurde. Biomasse enthält weniger als 0,1 % Schwefel (Braun- und Steinkohle bis 3 %) und hinterlässt nur 3–5 % Asche (Steinkohle 10–15 %), reduziert also im Vergleich zu fossilen Brennstoffen den sauren Regen und den Deponiebedarf für Verbrennungsrückstände. Zum Nachteil der Biomassenutzung gehört der große Flächenbedarf, so dass energetische Biomassenutzung leicht mit Pflanzenbau zu Nahrungszwecken in Konflikt geraten kann.

Biomassenutzung weist im allgemeinen hohe Wirkungsgrade auf. So geben Kleemann u. Meliss (1988) für die Verbrennung oder Vergasung von **Holz** zur Wärmeproduktion bzw. Gasgewinnung einen Wirkungsgrad von 70 % an, bei der alkoholischen Gärung (Ethanolgewinnung aus Weizen) beträgt er 57 % und bei der Biogasproduktion aus landwirtschaftlichen Abfällen 47 %. Die Nutzung von Biomasse durch Verbrennen oder Vergasen ist heute bereits weit verbreitet und weist von allen Nutzungsformen regenerativer Energien die besten ökonomischen und ökologischen Eckdaten auf (Tabelle 4.10).

Weltweit bedecken **waldartige Ökosysteme** eine Fläche von 4,3 Mrd. ha (42 % in Industriestaaten, 58 % in Entwicklungsländern, 47 % aller Wälder sind Tropenwälder). Sie werden intensiv genutzt, u.a. auch zur Gewinnung von energetisch nutzbarem Holz, v.a. als Brennholz (rund 2 Mrd. m³). In den Tropen ist die Abholzungsrate 10-mal größer als die Aufforstungsrate. Da in der gemäßigten Zone aber jährlich Gebiete, die 0,8 % der vorhandenen Waldfläche entsprechen, aufgeforstet werden, ergibt sich eine allmähliche Verlagerung der Waldgebiete in die Industriestaaten.

> **Brennholz** ist ein günstiger Energieträger, es kann je nach Notwendigkeit leicht geerntet und problemlos gelagert werden. In einzelnen Staaten basiert die Energieversorgung fast ganz auf Holz (z.B. Nepal und Tansania), in Afrika deckt es ca. 50 % der Energieversorgung, in den meisten anderen Entwicklungsländern etwa ein Fünftel. Global hängt fast ein Drittel der Weltbevölkerung von Brennholz als Energiequelle ab. In den Industriestaaten wurde Brennholz in der Vergangenheit immer mehr durch fossile Brennstoffe ersetzt, ein Trend, der sich in den letzten beiden Jahrzehnten aber verlangsamte und z.T. sogar umkehrte.

In vielen Entwicklungsländern ist Holz eine unentbehrliche Energiequelle. Auf dem Land erfolgt die Selbstversorgung durch Abholzen der nächstliegenden Wälder oder Gebüsche, eine Arbeit, die gewöhnlich von Frauen durchgeführt wird. Diese Arbeit kann in ariden Gebieten wie dem Niger, Burkina Faso oder Teilen Indiens 4–5 h täglich erfordern. Städte sind auf Zulieferung aus einem größeren Einzugsgebiet angewiesen, das häufig 50–100 km umfasst. Brennholz wird v.a. zum Kochen benötigt und bei **Brennholzmangel** muss die Zahl der warmen Mahlzeiten eingeschränkt werden. Oft schränkt dies auch die Möglichkeiten der Nahrungszubereitung ein, so dass Brennholzmangel direkt zu Unterernährung und Hunger beiträgt. Große Teile der Bevölkerung vieler afrikanischer Staaten leben bereits in Brennholzmangelgebieten, akute Knappheit herrscht ferner auf dem indischen Subkontinent, in Teilen Mittelamerikas und im andinen Südamerika. Mit weiterer Bevölkerungszunahme wird bei ungenügender Aufforstung der Nutzungsdruck auf die Waldreserven größer, so dass es zu mehr Abholzungen und mehr Brennholzmangel kommt. In holzarmen Regionen wird der Holzmangel durch Verbrennen von Kuhmist und Ernterückständen (Halme, Wurzeln) ausgeglichen, die dann aber als Dünger auf den Feldern fehlen, so dass über den Mangel an Stickstoff und Phosphor auch noch die Bodenfruchtbarkeit der Felder vermindert wird. Wegen Übernutzung der Wälder bzw. fehlender Aufforstungen in den Entwicklungsländern fehlen derzeit weltweit etwa 20 % des benötigten Brennholzes. Um den Bedarf zu decken und um die ökologischen Folgen des Raubbaus an den Wäldern zu kompensieren, müssten die Aufforstungen vervielfacht werden (Box 4.5).

In den Industriestaaten ist die Problematik völlig anders. Überall stehen **große Waldgebiete** zur Verfügung, ihre Nutzung kann jedoch wegen der hohen Bewirtschaftungskosten nicht in dem Umfang erfolgen, wie es möglich wäre. Der Anteil des Jungwaldes nimmt ab und das Durchschnittsalter der Bäume nimmt zu. Hierdurch verschiebt sich der Altersaufbau des Waldes. Man bemüht sich daher überall, die Waldnutzung zu intensivieren. Dies betrifft die Nutzung als Bauholz, als Industrieholz (z.B. für die Papierherstellung, Kap. 5.4) und als Brennholz (Abb. 4.14).

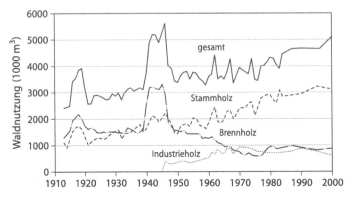

Abb. 4.14.
Holznutzung aus den schweizerischen Wäldern als Stammholz, Brennholz und Industrieholz. Daten aus dem Jahrbuch der schweizerischen Wald- und Holzwirtschaft.

▶ *Box 4.5*
Die chinesische grüne Mauer

China blickt auf eine lange Geschichte der Übernutzung seiner Lebensräume zurück. Durch Entwaldung, unsachgemäße landwirtschaftliche Nutzung und Überweidung wurden die Versteppung und Ausbreitung der Wüsten gefördert. Ein Rückgang des Waldanteils (1950 nur noch 9 %), immer weniger agrarisch nutzbare Flächen, die Bedrohung von 400 Mio. Menschen und Staubstürme aus der wachsenden Wüste Gobi bis in die Hauptstadt waren die Folge. Seit 1978 wird mit dem größten Aufforstungsprojekt der Welt versucht, dem entgegen zu wirken. Es soll 2050 abgeschlossen sein.

Im Nordwesten, Nordosten und Norden von China werden riesige Flächen aufgeforstet. Ursprünglich wählte man einheitlich schnellwüchsige Pappeln, erkannte dann aber schnell, dass Mischkulturen und standortgerechte Arten besser gedeihen. Bis 2003 hat man ein schon sehr respektables Ergebnis erzielt: 35 Mrd. Bäume wurden auf rund 50 Mio. ha gepflanzt. In unzugänglichem Gebiet wurde von Flugzeugen aus gesät, stark erodierte Böden wurden mit Sprengstoff aufgebrochen, ein großer Teil der Neupflanzungen wurde unter Schutz gestellt. Dieser Schutzwaldgürtel, von der Staatspropaganda als „Superlative der Weltökologie" gefeiert, verdoppelte immerhin die Waldfläche Chinas auf heute 18 %.

Es ist jedoch noch zu früh für eine abschließende Beurteilung dieser grünen Mauer, denn die Aufforstungsflächen sind noch zu jung. Auch vermisst man trotz der Vordringlichkeit dieser Aufforstungen ein einheitliches Konzept. Denn parallel zu diesen Maßnahmen geht die landwirtschaftliche Übernutzung an anderer Stelle weiter, so dass sich die Wüsten Chinas nach wie vor ausbreiten.

In der **Schweiz** betrug die jährliche Nutzungsmenge an Holz in den letzten Jahren knapp 5 Mio. m^3, es könnten jedoch ohne Beeinträchtigung der Funktion des Waldes 7–10 Mio. m^3 entnommen werden. Daher wurde untersucht, wie sich ein vermehrter Holzeinsatz zu energetischen Zwecken auswirkt (BUWAL 1990). Konkret wurde angenommen, 1 Mio. m^3 Holz (überwiegend als Holzschnitzel) statt des energetischen Gegenwertes von 195.000 t Heizöl zu verwenden. Dies führt als wichtigstes Ergebnis zu einer Reduktion der CO_2-Produktion um 1,4 %. Wegen des größeren Bearbeitungsaufwandes sind die benötigten Holzmengen 50 % teurer als Heizöl, zusätzlich entstehen doppelt so hohe Kosten bei der Brennstoffnutzung. Gleichzeitig werden jedoch doppelt so viele Arbeitsplätze im Holzsektor geschaffen, wie im Ölsektor verdrängt werden, so dass sich eine erwünschte Verlagerung von Arbeitsplätzen in die waldreichen, strukturschwachen Regionen ergibt. Den 640.000 t eingesparten CO_2 stehen somit 90 Mio. SFr. an Kosten gegenüber, d.h. die Reduktion kostet pro t CO_2 70 SFr. Mit Blick auf die Reduktion des Treibhauseffektes wird dies als preisgünstig bewertet.

Ein Forschungszweig konzentriert sich auf die **Züchtung schnellwüchsiger Bäume**, die in kurzen Intervallen genutzt werden können. Oft werden auch nur die kräftigsten Zweige entfernt, so dass der Baum aus einem kurzen Stamm vermehrt Äste bildet, die dann in Jahresintervallen geerntet werden können. Dieses System ähnelt dem der alten europäischen Bauernwälder ("Hauberg"). die vorrangig zur Versorgung mit Ästen und Zweigen als Baumaterial (Zäune, Flechtwerke) und als Heizmaterial dienten. Besonders schnellwüchsige Baumarten sind Eukalyptus-Arten und Pappel-Hybriden, bei denen allerdings eine Nutzung zur Papierherstellung im Vordergrund steht.

Kohlenhydratspeichernde Pflanzen können zu Alkohol (Ethanol) vergoren werden, der dann als Treibstoff genutzt wird. Im Prinzip können verschiedene Pflanzenarten eingesetzt werden, höchste Erträge sind jedoch nur mit Zuckerrohr oder Zuckerrüben möglich (Tabelle 4.11). In Europa ist mit **Bioalkohol** bisher nur in kleinem Rahmen experimentiert worden. Umfassende Wirtschaftlichkeitsanalysen (BMFT 1986, Studer 1990) zeigen jedoch, dass Alkohol aus Kartoffeln, Weizen oder Maiskolbenschrot fast soviel Energie zur Herstellung benö-

Tabelle 4.11. Jahresproduktivität von Kulturpflanzen zur Agraralkoholherstellung (mit Ausnahme von Zuckerrohr auf mitteleuropäische Verhältnisse bezogen). Nach verschiedenen Quellen.

	Ertrag (t/ha)	Kohlen-hydratgehalt (%)	Kohlen-hydratproduktion (t/ha)	Ethanol-produktion (L/ha)
Zuckerrohr	56–70	12,5	7–9	3900–6100
Zuckerrüben	50	16	8	5400
Kartoffeln	20–30	15	3–4,5	1900–2900
Mais	6	70	4,2	2600
Weizen	6-8	70	4,2–5,6	2600–3500

tigt, wie gewonnen wird. Lediglich Zuckerrüben erreichen (inklusive Blattnutzung und Biogasverwertung der Rückstände) mit einer Relation von 1 : 1,63 einen positiven Energiegewinn. Weltweit werden heute ca. 35 Mrd. L Ethanol produziert, hiervon werden rund zwei Drittel als Kraftstoff verwendet: in Brasilien rund 50 %, USA, in Asien und Europa je etwa 15 %.

Ethanol war bereits zu Anfangs des 20. Jahrhunderts als **Benzinzusatz** verwendet worden. Während des ersten Weltkrieges, vermehrt in den 1920er Jahren und generell ab 1930 wurde in Deutschland dem Motorentreibstoff zuerst 2,5 %, später bis zu 10 % Alkohol aus Kartoffeln beigemischt. Das grün gefärbte Produkt aus Benzin, Benzol und Bioalkohol wurde Monopolin genannt. Heute hat in Europa Frankreich eine Vorreiterrolle im Ethanoleinsatz. Als Teil seiner Agrarpolitik wird Ethanol aus Zuckerrüben und Getreide zu Ethyl-Tertiär-Butylether ETBE umgesetzt, dieses wird dem Benzin beigemischt. Generell hat Bioethanol ein großes Potential als Benzinadditiv. Die EU hat daher die Zielvorstellung entwickelt, dem Treibstoff bis 5 % Ethanol zuzumischen. Die könnte die europäische Produktion deutlich ansteigen lassen.

Bekannt wurde die Bioethanolnutzung durch das 1975 gestartete **Proalcool**-Programm Brasiliens, mit dem das Land als Reaktion auf die erste Erdölkrise durch Zuckerrohr-Alkohol seine Abhängigkeit von Erdölimporten mindern wollte. Innerhalb von 10 Jahren wurde eine Industrie aufgebaut, die jährlich über 10 Mrd. L Ethanol produziert. Zuerst wurde Ethanol als Zusatz zum Benzin verwendet, ab 1979 wurden Motoren auch mit reinem Alkohol betrieben. Diese Autos produzieren 30 % weniger CO und 15 % weniger NO_x. 1984 verfügten bereits 85 % aller Neuwagen über einen Bioalkohol-Motor und 2 Mio. Autos (17 % des Bestandes) fuhren ausschließlich mit Agraralkohol. Mitte der 1980er Jahre begann man, Lastwagen und Traktoren mit Alkoholmotoren auszustatten. Hierfür werden die Dieselmotoren in einem Zwei-Kraftstoffverfahren betrieben, bei dem der Motor gleichzeitig mit Alkohol und 10–20 % Diesel betrieben wird. Ende der 1980er Jahre nutzte Brasilien seine Zuckerrohranbaufläche zu 75 % für die Ethanolproduktion (Abb. 4.15). Brasilien gelang es durch dieses Programm, 30 % der Erdölimporte zu sparen und eine eigenständige Industrie mit über 2 Mio. Arbeitsplätzen zu schaffen.

In Brasilien wurden auch die **negativen Auswirkungen** eines solchen Programms sichtbar. Der Flächenbedarf für die Monokulturen ist immens und hat den Nutzungsdruck auf andere Gebiete wie Amazonien verstärkt. Bei der Ethanolproduktion entstehen pro L Alkohol 13 L Schlempe, d.h. pro ha bis 80.000 L. Diese wird ungeklärt in Flüsse eingeleitet und bewirkt eine starke Eutrophierung. Ein Ausbringen auf Felder führt häufig wegen der großen Mengen ebenfalls zu massiver Überdüngung und Gewässerbelastung. Schlempe könnte hingegen durch Eindicken konzentriert und gezielter als Dünger eingesetzt werden, auch könnte Schlempe zur Gewinnung von Biogas verwendet werden.

Da der brasilianische Bioalkohol zwei- bis dreimal zu teuer ist, hatte der Staat ihn von Anfang an großzügig subventioniert. So erhielt jeder **Subventionen**, der Zuckerrohr anbaute, verarbeitete, Autos auf Ethanolbetrieb umstellte, diese kaufte bzw. Autosteuer für sie zahlte. Der Ethanol-Treibstoffpreis war staatlich gestützt und auf 65 % des jeweiligen Benzinpreises festgelegt. Gleichzeitig war Brasilien

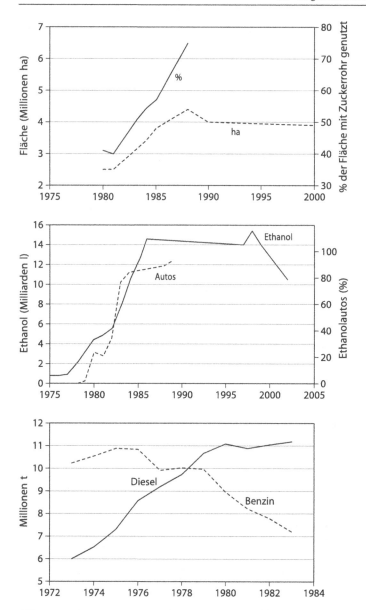

Abb. 4.15. Ersatz von Benzin als Motorentreibstoff durch Ethanol aus Zuckerrohr in Brasilien. *Oben*: Zunahme der mit Zuckerrohr angebauten Fläche (Mio. ha) und Anteil (%) der hiervon für die Ethanolproduktion genutzt wird. *Mitte*: Ethanolproduktion (Mrd. L) und Anteil (%) der neu zugelassenen Autos, die für Ethanol ausgerüstete sind. *Unten*: Durch den vermehrten Einsatz von Zuckerrohr-Ethanol kam es zu einem starken Rückgang des Benzinverbrauchs, parallel aber zu einem vermehrten Verbrauch von Dieseltreibstoff. Vergleiche Text. Kombiniert nach verschiedenen Quellen.

einer der wenigen Staaten, in denen es keine Steuer auf Mineralölprodukte gab. Obwohl fast die Hälfte des benötigten Benzins durch Ethanol ersetzt wurde, waren die Erdöleinsparungen geringer als erwartet. Nach wie vor wurde viel Diesel benötigt (Abb. 4.15), bei dessen Herstellung in einem festen Verhältnis Benzin anfällt, das exportiert werden muss. Da inzwischen aber 60 % des Erdölbedarfs aus brasilianischer Produktion stammten, die vor der eigenen Küste besonders teuer ist, konnten Exporte nur mit Verlust erfolgen. Ungünstig wirkte sich auch die brasilianische Preisgestaltung für Energie aus, da man durch subventionierte Energiepreise die Industrialisierung vorantreiben wollte. Hierdurch wurde in Wirklichkeit die Verschwendung gefördert, energiesparende Investitionen unterblieben und es entstand eine altmodische, nicht konkurrenzfähige und umweltbelastende Industrie. 1997 musste daher das bestehende Programm durch Proalcool II abgelöst werden, das einen teilweise **deregulierten Ethanolmarkt** vorsah. In der Folge sanken die produzierten Mengen und der Anteil von Neuwagen, die ausschließlich mit Ethanol fuhren, sank fast auf null. Nach wie vor werden aber dem Benzin hohe Anteile Ethanol beigemischt.

Ähnliche Alkoholprogramme wurden in Argentinien, Paraguay, Costa Rica und auf den Philippinen begonnen, jedoch weitgehend wieder eingestellt. In den USA wird Ethanol mit Mais produziert und zu 10 % dem Benzin beigemischt („Gasohol"). 1985 wurden bei steigender Tendenz 6 Mio. t Mais zu 2 Mrd. L Ethanol verarbeitet, zusätzlich wurden Ethanol-Überschüsse aus Brasilien importiert. Bei den niedertourigen amerikanischen Fahrzeugmotoren bewirkt Ethanol eine Oktanzahlverbesserung, so dass Bleizusätze entfallen können.

Eine Reihe von **Energiepflanzen** speichern Öle, Wachse und Fette. In Europa wird Rapsöl als Treibstoff verwendet (Box 4.6). Eine Reihe weiterer Ölpflanzen findet sich beispielsweise in ariden Lebensräumen. Der Jojoba-Strauch in den Wüsten Nordamerikas produziert ein Öl, dessen Ernte sich auf jährlich 4–8 t/ha belaufen könnte. *Euphorbia*-Arten könnten 3–4 t Öl/ha erzeugen, durch gezielte Züchtung wäre der Ertrag noch zu steigern. Auch in den Tropen stehen Ölpalmen und andere Öl speichernde Pflanzen zur Verfügung (Box 3.8). Energiepflanzen bergen aber auch eine große Gefahr. Wegen der geringen Energiedichte werden beträchtliche Flächen benötigt, so dass ein starker Nutzungsdruck auf extensive Flächen, Randstandorte und Naturlebensräume entsteht, so dass die biologische Verarmung unserer Kulturlandschaft gefördert wird (Kap. 3.1.2). Da die Energiepflanzenprodukte nicht für die menschliche Ernährung gedacht sind, besteht die Gefahr, dass Biozide ohne Rücksicht auf Rückstandsprobleme eingesetzt werden. Bisher nicht benutzte Lebensräume könnten sich also zu intensiv genutzten und chemisch belasteten Industriepflanzungen verändern.

In einem anaeroben Gärungsprozess bauen Methanbakterien organische Biomasse zu niedermolekularen Verbindungen ab. Hierbei entsteht **Biogas**, das zu 50–70 % aus Methan besteht (außerdem 27–45 % CO_2, 1–10 % H_2, ca. 1 % andere Gase, u.a. Spuren von H_2S), fast dem Energiegehalt von Erdgas entspricht und in Erdgasgeräten verbrannt werden kann. Die technischen Anforderungen sind einfach: Die Ausgangssubstanz wird zerkleinert, mit Wasser auf einen Trockengehalt von ca. 20 % gebracht und bei 30–35 °C (mesophile Methanobakterien) bzw. 50–55 °C (thermophile Methanobakterien) unter Luftabschluss gerührt. Während

▶ *Box 4.6*
RME und Biodiesel – Europas Antwort auf Bioalkohol?

Unter den Pflanzenölen ist Rapsöl in Europa am intensivsten auf seine Eignung als Alternative zu fossilen Treibstoffen untersucht worden. Rapsöl wird in einem einfachen Prozess zu Rapsmethylester (RME) verarbeitet, der direkt statt Dieseltreibstoff oder mit diesem vermischt (Biodiesel) ohne Motorenumstellung verwendet werden kann. Da Raps als Kulturpflanze in Europa Tradition hat, sind alle benötigten Techniken (mit Ausnahme der Umesterungsanlagen) vorhanden und RME könnte bereits kurzfristig eingesetzt werden. Pro ha ist mit durchschnittlichen Erträgen von 1300 L Rapsöl zu rechnen, dies entspricht 1400 L RME (Studer 1990). Die Herstellung dieses Treibstoffes ist nur wirtschaftlich, wenn er steuerbefreit ist; dies ist in Deutschland seit 1990 der Fall, in der EU seit 2004, nicht aber in der Schweiz. Zudem verbessert sich die Wirtschaftlichkeit mit steigendem Erdölpreis.

Die ökologischen Aspekte eines intensiven Rapsanbaus wurden ursprünglich negativ beurteilt. Vor allem die Bodenbelastung durch den intensiven Anbau mit Dünger und Bioziden sowie der Flächenverlust für den Arten- und Biotopschutz wurden als nachteilig für die Umwelt beurteilt, zumal die erzielte CO_2-Ersparnis gering ist und sich sonst keine relevanten Emissionsvorteile ergeben. Das Umweltbundesamt (1993a) hatte daher ursprünglich die Förderung von RME abgelehnt. Der Markt griff RME jedoch auf und Biodiesel wurde in Deutschland in den letzten Jahren zunehmend populärer. 2004 konnte es an 1700 Tankstellen getankt werden und hatte bereits 2,5 % Marktanteil. Mit drei derzeit im Bau befindlichen Werken soll die Kapazität von Biodiesel und Bioethanol die von Frankreich übertreffen, welches zurzeit die größte Kapazität in Europa aufweist. Die EU hat Richtlinien herausgegeben, nach denen der Biotreibstoffanteil bis 2009 auf 5 % ansteigen soll.

10–30 Tagen werden pro t organischer Substanz 50 m³ Biogas erzeugt. Neues Material kann regelmäßig nachgefüllt werden, die abgebaute organische Substanz sinkt auf den Grund des Behälters und wird kontinuierlich abgepumpt. Dieser „Biodung" ist geruchlos, ohne keimfähige Unkrautsamen oder Krankheitserreger und kann nach kurzer Zwischenlagerung wie normaler Dung ausgebracht werden. Während bei Stallmist viel Stickstoff durch flüchtiges Ammoniak und weitere Nährstoffe mit dem Sickerwasser verloren gehen, enthält Biodung bis zu 3,6-mal mehr Stickstoff, 2,2-mal mehr Phosphor und 1,2-mal mehr Kalium. Biogasanlagen waren auch ohne Berücksichtigung des Düngegewinnes bereits vor vielen Jahren wirtschaftlich (Ruske u. Teufel 1980).

In **Mitteleuropa** sind Biogasanlagen wenig verbreitet. Klassisch ist die Anlage im Klostergut Benediktbeuren, eine Anlage von 1955, mit der täglich 300 m³ Gas zum Kochen, Heizen und zum Betrieb eines 52 kW-Generators erzeugt werden. In den 1990er Jahren wurden jedoch deutlich mehr Biogasanlagen installiert, so dass sich ihre Zahl in 5 Jahren auf über 500 verdoppelte. Die durchschnittliche Leistung beträgt derzeit 70–80 kW. In der Dritten Welt gibt es deutlich mehr Biogasanlagen. In China sind mehr als 7 Mio. ländlicher Anlagen in Betrieb, deren Gas überwiegend zum Kochen und zur Beleuchtung verwendet wird. Hierzu wurden über 100.000 Biogastechniker ausgebildet. Daneben ist die Biogas-Technologie v.a. in Indien und Korea stark verbreitet.

In Biogasanlagen können fast alle organischen Abfallprodukte der Lebensmittel- und Getränkeindustrie, aus Schlachthöfen, aus der Fischindustrie, von Brauereien, sowie Abwässer und Ernterückstände verarbeitet werden. Auch Klärschlamm aus der kommunalen Abwasserreinigung kann zur Biogasgewinnung genutzt würde. Lediglich Stroh und holzartige Abfälle sind schwer abbaubar. Insgesamt könnte so ein beachtlicher Teil des Erdgasverbrauches ersetzt werden.

4.5.6
Müll

Müll ist kein regenerierbarer Energieträger, da er jedoch permanent anfällt und seine energetische Nutzung eine sinnvolle Ergänzung einer modernen Abfallwirtschaft darstellt (Kap. 6.2.2), wird Müll hier als „quasi-regenerierbarer" Energieträger behandelt. Müll kann energetisch in **Müllkraftwerken** (Wärme bzw. Strom) bzw. als Deponiegas genutzt werden. Beiden Verfahren kommt eine erhebliche wirtschaftliche Bedeutung zu.

In Deutschland wird rund ein Viertel des **Hausmülls** verbrannt, in der Schweiz über 80 %. In speziellen Müllverbrennungsanlagen wird meist in Kraft-Wärme-Kopplung Strom und Fernwärme erzeugt. Eine mittelgroße Anlage kann 450.000 t Müll jährlich verbrennen und hat eine Leistung von 25 MW, so dass 100 Mio. kWh elektrischer Energie und 600 TJ Wärmeenergie gewonnen werden. Die Fernwärme heizt große Gebäudekomplexe, beispielsweise im Berner Fernheiznetz 220 öffentliche Gebäude.

Bei modernen **Müllverbrennungsanlagen** ist die Freisetzung von festen, flüssigen und gasförmigen Schadstoffen geringer als in Deponien. Die moderne Hamburger Müllverbrennungsanlage produziert aus 320.000 t Müll 113.000 t Gips, Eisenschrott, Salzsäure und Schlacke, die allesamt weiter verwendet werden, sowie 10.000 t Flugasche und Schlämme, die deponiert werden. Bei der heutigen Verbrennungstechnik ist zudem die Dioxinbildung vernachlässigbar. Bei Mülldeponierung werden durch die Zersetzung der organischen Substanzen ähnlich wie in Biogasanlagen Deponiegase frei, u.a. Methan. Im Verlaufe einer längeren Zeit kann 1 t Müll 180 m^3 Gas produzieren, das über Jahre eine Begrünung verhindert. In geordneten Deponien wird daher meist ein Drainagesystem verlegt, über das Gas abgesaugt und in Gasturbinen zur Elektrizitätsgewinnung genutzt wird.

4.6
Energiesparen als Energiequelle

Häufig wird ein hoher Energieverbrauch mit einem hohen Industrialisierungs-grad, **Bruttosozialprodukt** oder Wohlstand gleichgesetzt. Möglicherweise ist dies in der Frühzeit der Industrialisierung so gewesen und die Höhe des Energieverbrauchs gab einen guten Anhaltspunkt für den Entwicklungsgrad eines Landes. Selbst heute verbrauchen die Staaten mit einem niedrigen Bruttosozialprodukt wenig Energie pro Kopf der Bevölkerung, und mit zuneh-mendem Wohlstand erhöht sich der Energieverbrauch (Abb. 4.16). Ist ein be-stimmtes Niveau der Industrialisierung erreicht, gilt diese Beziehung aber nicht mehr. Moderne Industriestaaten können seit vielen Jahrzehnten bei sinkendem Energieverbrauch industrielles Wachstum und ein steigendes Bruttosozialprodukt erwirtschaften (Abb. 4.17, 4.18).

Die deutlichen Veränderungen des Energiepreises mit den Ölkrisen ließ Energie zum wichtigsten Kostenfaktor werden (Abb. 4.19) und Energie spa-ren lohnte sich. Mitte der 1970er Jahre machten direkte **Energiekosten** in der Nahrungsmittelindustrie nur 10 % der Produktionskosten aus, in der chemischen Industrie 15 % und in der Eisen- und Stahlindustrie ungefähr 25 %. Die indirek-

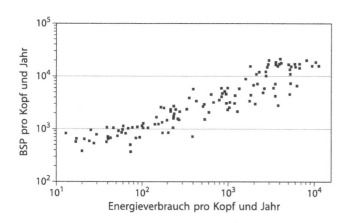

Abb. 4.16. Mit zu-nehmender Höhe des Bruttosozialprodukts (BSP, $ pro Kopf und Jahr) steigt der Energieverbrauch (gemessen als kg Öläquivalent pro Kopf und Jahr). Jeder Punkt stellt ein Land dar. Nach Daten von UNDP.

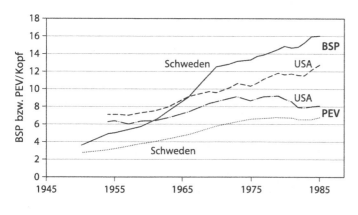

Abb. 4.17. Bruttosozialprodukt (BSP in 1000 $ von 1984) und Primär-energieverbrauch (PEV, kW pro Kopf) in Schweden und den USA. Kombiniert nach Goldemberg et al. (1988).

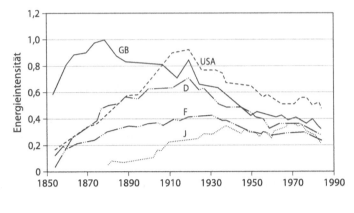

Abb. 4.18. Entwicklung der Energieintensität Energieverbrauch pro Einheit erwirtschaftetes Bruttosozialprodukt) in ausgewählten Industriestaaten. Nach IUCN (1991).

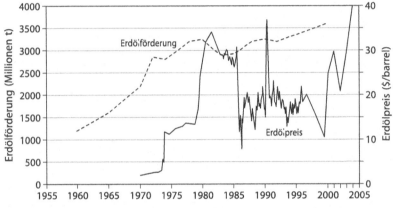

Abb. 4.19. Weltweite Erdölförderung (Mio. t) und Erdölpreis ($/barrel, Brent Spotpreis). Nach www.iea.org und RWE-DEA.

ten Energiekosten sind meist bedeutend höher. Die massive Energieverteuerung konnte nur in geringem Umfang durch Preiserhöhungen abgefangen werden. Da auch teurere Anlagen sich schnell amortisierten, wenn sie genügend Energieersparnis brachten, setzte ein regelrechter Wettlauf des Energiesparens ein.

Wie in Kap. 4.1.1 ausgeführt, gibt es bei allen Umwandlungs-, Transport- und Nutzungsformen der Energie gewaltige Verluste. Sie sind aus physikalischen Gründen nicht generell vermeidbar, können aber deutlich werden, denn insgesamt geht mehr Energie verloren als genutzt wird. **Energiesparen** ist daher die Energiequelle der Zukunft und ihre Größenordnung übertrifft alle anderen Energieträger. Allein die konsequente Nutzung des heute technisch möglichen Sparpotentials würde den Energiebedarf Deutschlands um rund 60 % reduzieren.

Eine Vielzahl von Optimierungsprozessen führten dazu, dass bei der **Energieumwandlung** pro eingesetzter Menge Primärenergieträger im Laufe der letzten Jahrzehnte immer mehr Energie gewonnen wird. Beispielsweise ist der Wirkungsgrad der Stromerzeugung durch Dampfturbinen in den USA in 60

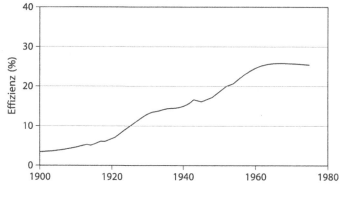

Abb. 4.20.
Durchschnittliche
Effizienz der Energie-
umwandlung (%) bei
der Stromproduktion
mit Dampfturbinen
in den USA. Verändert
nach Goldemberg et al.
(1988).

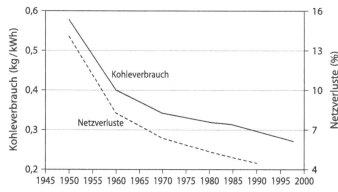

Abb. 4.21. Zur Erzeu-
gung von 1 kWh benö-
tigte Menge an
Steinkohle (kg) und
Netzverluste (%) im
elektrischen Leitungs-
netz Deutschlands.
Nach verschiedenen
Angaben.

Jahren verfünffacht worden (Abb. 4.20). Die Menge an Steinkohle, die zur Erzeugung von 1 kWh in Deutschland benötigt wird, wurde innerhalb von 50 Jahren halbiert und eine weitere Verbesserung ist noch möglich. Gleichzeitig konnten die
Netzverluste deutlich gesenkt werden (Abb. 4.21). Alle drei Kurven zeigen aber
auch, dass sie offensichtlich Grenzwerte ansteuern, die beim derzeitigen Stand
der Technik nicht unterschritten werden können.

Gewaltige Einsparpotentiale ergeben sich für alle thermischen Kraftwerke,
wenn durch eine **Kraft-Wärme-Kopplung** die Abwärme als Heizenergie genutzt
wird. Dies erhöht den Wirkungsgrad eines Kraftwerkes von 30–40 % auf 85 %,
so dass zur Bereitstellung von 1000 MW Elektrizität und 1800 MW Raumwärme
statt 5550 MW (Kraftwerk und Einzelheizung) nur 3300 MW (Kraft-Wärme-
Kopplung) erforderlich sind. Häufig sind die hierfür benötigten Großabnehmer
für Fernwärme sogar in der Nähe der Kraftwerke vorhanden, das zugehöri-
ge Versorgungsnetz fehlt jedoch. Blockheizkraftwerke, die mit Kraft-Wärme-
Kopplung einen Straßenzug oder ein Wohnquartier mit Fernwärme und
Elektrizität versorgen, haben sich als dezentrale Versorgung besser bewährt als
Einzelheizungen bzw. Großkraftwerke. Da die Energieversorgungsunternehmen
jedoch zentralistisch strukturiert sind, fehlt ein Anreiz zur Strukturveränderung,
der überdies mit weniger Energieproduktion verbunden wäre.

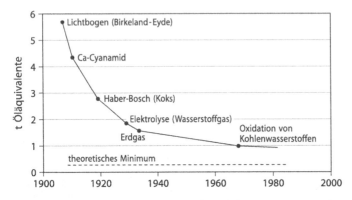

Abb. 4.22. Energiebedarf der Ammoniakproduktion, einem zentralen Schritt bei der Herstellung von mineralischem Dünger, (in t Öläquivalent pro t Ammoniak) bei unterschiedlichen Verfahren. Verändert nach Goldemberg et al. (1988).

Von 1970 bis 2000 sank die in **Industrieprozessen** verbrauchte Endenergie von fast 40 % auf unter 30 % der gesamten in Deutschland verbrauchten Energie. Da gleichzeitig eine gewaltige Wirtschaftsentwicklung stattfand, zeigen diese Zahlen das große Energiesparpotential von großtechnischen Industrieprozessen auf. Abb. 4.22 verdeutlicht, dass die verschiedenen Herstellungsverfahren, die im 20. Jahrhundert entwickelt wurden, um Ammoniak für die mineralische Düngung zu erzeugen, den Energiebedarf auf weniger als ein Fünftel senken konnten. Der Energiebedarf, um eine spezifische Menge Soda herzustellen, sank innerhalb von 100 Jahren um 77 %, und bei der Polyethylenherstellung ergab sich von 1956–1975 eine Energiereduktion um 82 % (Angaben für die USA nach Goldemberg et al. 1988).

Je nach wirtschaftlicher Entwicklung und **umweltpolitischen Auflagen** können sich in verschiedenen Staaten gleiche Industriezweige unterschiedlich energiebewusst entwickeln. So verbrauchte die Zementindustrie der USA durchschnittlich 8 GJ zur Herstellung von einer t Zement. Dies ist ein vergleichsweise hoher Verbrauch, der in modernen Anlagen, die durch eine umweltbewusste Gesetzgebung verlangt werden, reduziert werden kann. Der mittlere Verbrauch der Zementwerke in Deutschland, Schweden oder Japan liegt bei nur 5 GJ (Goldemberg et al. 1988).

Eine einfache Energieeinsparung erfolgt durch **Recycling** von Werkstoffen. So benötigen eine aus Altglas hergestellte Flasche bzw. eine aus Weißblech gewonnene Dose nur 65–75 % der Energie. Bei Kunststoff wird gar nur 38 %, bei Aluminium nur 10–25 % der Energie benötigt. Wenn Altpapier zu Neupapier verarbeitet wird, können je nach Papiersorte 50–80 % der Energie gespart werden (Kap. 6.3).

Zu den großen Energieverschwendern gehört der motorisierte **Verkehr**. Über 500 Mio. Autos verbrauchen die Hälfte des weltweit geförderten Erdöls und ihre Zuwachsraten waren in den letzten 40 Jahren mit 5 % jährlich dreimal so hoch wie die der Menschen. Diese „amerikanisch-europäische Autokultur" hat weltweite Verbreitung gefunden. In Deutschland stieg der Anteil des Verkehrssektors am Endenergieverbrauch zwischen 1970 und 1990 von 17 auf 28 %. Dies ist vor allem auf die gestiegene Zahl von Autos zurückzuführen, von denen viele über 15 L Treibstoff pro 100 km verbrauchen. Der durchschnittliche Verbrauch eines PKW liegt weltweit immer noch bei 10–12 L und in Europa bei 7–9 L. Sparsame Modell benötigen derzeit 6–7 L und die marktbesten Modelle 3–4 L. Hierbei handelt es sich meist um leichte Dieselfahrzeuge mit Automatikgetriebe. Würden nur noch solche Fahrzeuge gefahren, könnte man mehr als die Hälfte des Treibstoffes sparen und somit ein Viertel des geförderten Erdöls sparen.

Elektrofahrzeuge sind kein sinnvoller Ansatz zum Energiesparen im Verkehrsbereich. Wenn der größte Teil des Stromes durch Verbrennen fossiler Energieträger erzeugt wird, führt der stärkere Stromverbrauch zu vermehrtem Einsatz fossiler Energieträger. Da Elektrizität aber nur mit geringem Wirkungsgrad erzeugt wird, mit Verlust transportiert und in den Batterien der Elektrofahrzeuge gespeichert wird, ergibt sich für diese Fahrzeuge ein geringerer Wirkungsgrad als für Benzinmotoren. Dies wurde beispielsweise in einem großen Flottenversuch 1992–1996 auf Rügen belegt.

80 % der im Haushaltsbereich verbrauchten Energie wird zur Raumheizung der **Gebäude** verwendet, dies entspricht 35 % der verbrauchten Endenergie. Hierbei treten große Verluste auf, die auf ungenügende Isolation (Außenwände, Fenster, Dach, Keller) und schlechte Heizsysteme zurückzuführen sind (Box 4.7). So verbraucht eine Elektrospeicherheizung 3-mal soviel Primärenergie wie eine normale Ölheizung, diese verbraucht ihrerseits 20-mal soviel, wie bei guter Wärmedämmung und passiver Solararchitektur nötig wäre. Dieser Missstand ist zu einem großen Teil auf Nichtwissen zurückzuführen, denn seltsamerweise müssen Elektrogeräte und Autos Kenndaten zum Energieverbrauch aufweisen, Wohnungen und Häuser jedoch nicht, obwohl diese für ihre Bewohner wichtiger wären.

Das Hauptsparpotential bei Gebäuden liegt bei Verbesserungen des Heizsystems (richtige Dimensionierung, hoher Wirkungsgrad, Abwärmenutzung) und der Wärmedämmung von Wänden, Keller, Dach und Fenstern (dreifache Wärmeschutzverglasung). Als Faustregel kann man davon ausgehen, dass ein **Niedrigenergiehaus** Mehrkosten von 10 % aufweist, aber Energieeinsparungen von mindestens 50 % ermöglicht. Der Jahresheizwärmebedarf liegt dann nur noch bei 24–38 kWh/m². Die Wärmeschutzverordnung von 1995 reduziert den zulässigen Energiebedarf von 130–180 kWh/m² auf 54–100 kWh/m² (Wohnblocks bzw. Einfamilienhäuser).

Einsparungen bei der Beleuchtung sind durch **Energiesparlampen** möglich. Dies sind kompakte Leuchtstofflampen, die bei gleicher Helligkeitsabgabe nur ein Viertel bis ein Fünftel des Stromes einer Glühbirne benötigen. Gerade die Entwicklung der Glühbirne zeigt, wie sehr technische Veränderungen den Wirkungsgrad steigern konnten. Die ersten Glühbirnen strahlten vor über 120 Jahren lediglich 2–3 Lumen/Watt ab, moderne Leuchtkörper über 100 (Abb. 4.23). Die Wirkung von Energiesparlampen kann sinnvoll unterstützt werden durch bauliche Maßnahmen wie einer besseren Ausnutzung des Tageslichtes, aber auch durch Einbezug moderner elektronischer Regeltechnik, etwa Helligkeitssensoren, wel-

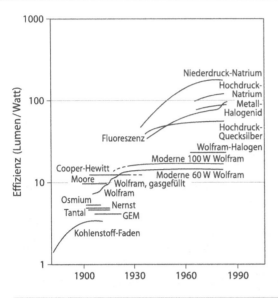

Abb. 4.23. Effizienz der Lichtausbeute verschiedener Leuchtkörper. Verändert nach Goldemberg et al. (1988).

Box 4.7
Eine amerikanische Stadt spart Strom

1974 stand die Verwaltung der 3600 Einwohner zählenden amerikanischen Gemeinde Osage, Iowa, vor der Entscheidung, entweder die Kraftwerkkapazität des Ortes auszubauen oder den Energieverbrauch deutlich zu senken. In Anbetracht der steigenden Energiekosten entschied man sich für Letzteres. Vom Flugzeug aus wurden Infrarotaufnahmen der Gebäude und später von Hausfassaden gemacht, um die Besitzer auf die Bereiche des größten Energieverlustes aufmerksam zu machen. Auf freiwilliger Basis wurden die Gebäude nachträglich isoliert, so dass die Heizkosten deutlich sanken. In einer zweiten Phase wurde der Ersatz von Klimaanlagen und Heizgeräten durch neue Modelle subventioniert, wenn diese einen geringeren Energieverbrauch bzw. eine moderne Regelungstechnik hatten. Wasserboiler wurden isoliert, Energiesparlam- pen gratis abgegeben. Die Straßenbeleuchtung wurde komplett ersetzt. Neupflanzungen von hunderten Laubbäumen verbesserten das Klima in den Straßen und reduzierten die Kosten von Klimaanlagen auf die Hälfte. Komplette Energieanalysen von Gebäuden und Kleinunternehmen wurden durchgeführt, im Schulunterricht ein Bewusstsein für Energiesparen gefördert. Insgesamt sanken die Energiekosten jährlich um 1,2 Mio. $, jeder Einwohner sparte 300 $, der Erdgasverbrauch sank auf die Hälfte und der Strompreis um 20 %. Dies veranlasste zwei Firmen, sich am Ort niederzulassen, so dass neue Arbeitsplätze geschaffen werden konnten. Viele Gemeindeverwaltungen wurden von diesem Vorbild inspiriert und versuchen, es in ihrem Bereich nachzuvollziehen.

Zusatzbemerkung aus europäischer Sicht: Viele der in Osage erfolgreichen Maßnahmen erscheinen uns selbstverständlich, müssen aber vor dem Hintergrund eines weitgehenden Fehlens von Energiesparbewusstsein und staatlichen Auflagen verstanden werden.

che die Beleuchtung nach einfallendem Tageslicht regeln oder Sensoren, die beim Verlassen des Zimmers das Licht ausschalten. Eine Hochrechnung für die USA zeigte, dass ihr Stromverbrauch durch die Umstellung auf Energiesparlampen um ein Sechstel reduziert werden könnte. Hierdurch wären ungefähr 100 GW Kraftwerkskapazität überflüssig, dies entspricht 100 großen Kraftwerksblöcken (Fickett et al. 1990). Energiesparen ist somit äußerst wirtschaftlich.

Viele Haushaltsgeräte verbrauchen im **Leerlauf** (Standby) Energie. Dies betrifft beispielsweise Fernseh- und Viedeogeräte oder Elektroherde mit Uhr, Radioanlagen und elektrische Warmwasserhaltung. In den Büros sind es Geräte der Telekommunikation wie Telefonanlagen, Faxgeräte, Anrufbeantworter sowie Geräte der Informationstechnik wie Kopierer, PCs und Drucker. In einem durchschnittlichen Haushalt können die Leerlaufkosten bis 10 % der Stromrechnung betragen, für einen Staat oder die gesamte EU macht es rund 1 % des CO_2-Ausstoßes aus. Die Vermeidung dieser Energieverschwendung kann nur durch eine vollständige Trennung des Gerätes vom Netz erzielt werden.

Energiesparen bei **Kochen** und **Backen** ist ebenfalls effektiv. Ein Deckel auf dem Topf erspart zwei Drittel der benötigten Energie, um Wasser zu kochen. Optimale Töpfe und Herdplatten (Glaskeramikplatten sparen 5–10 % gegenüber Gusskochplatten), gegebenenfalls die Verwendung von Dampfkochtopf oder Mikrowellengeräten (v.a. bei kleinen Mengen) sowie der Verzicht auf das Vorheizen des Backofens (bis 20 % Ersparnis bei einem Umluftherd) bringen einfache Sparmöglichkeiten.

Mit **Brennholz** zur Nahrungszubereitung werden in einer offenen Feuerstelle 0,3–0,6 kW pro Kopf benötigt, hierbei bleibt ein Großteil der Energie ungenutzt. In vielen Entwicklungsländern hat es sich daher als revolutionär erwiesen, einfache Metallöfen zu produzieren, die eine wirtschaftlichere Nutzung der begrenzten Brennholzvorräte zulassen. Gute Erfahrungen wurden mit einfachen Metallherden gemacht, die eine Brennstoffersparnis von 50 % ermöglichten. Dieser Verbrauch von 0,15–0,3 kW/Kopf ist jedoch immer noch höher als die mit Gas oder Kerosin in modernen Herden benötigten 0,05 kW (Goldemberg et al. 1988).

4.7
Prognose

Prognosen des zukünftigen Energieverbrauchs und der Sicherheit der Energieversorgung sind schwer, da viele Unbekannte in solch eine Prognose eingehen. Bei der Nukleartechnik wird das Ausstiegsszenario diskutiert, bei fossilen Ressourcen die begrenzten Vorräte, bei regenerierbaren Ressourcen die Durchsetzbarkeit am Markt, für alle gemeinsam Umweltverträglichkeit und Wirtschaftlichkeit. Das Sparpotential beim heutigen Energieverbrauch ist groß, ungewiss bleibt jedoch, wie schnell es realisiert werden kann. Desgleichen ist strittig, wie viel Energie die Entwicklungsländer mehr verbrauchen werden. Unbestritten ist hingegen, dass in den Entwicklungsländern eine kräftige Verbrauchszunahme erfolgen wird.

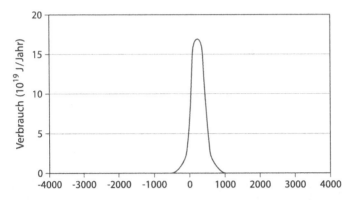

Abb. 4.24. Das Zeitalter der Ausbeutung fossiler Energieträger in historischer Perspektive von jeweils 4000 Jahren vor und nach der Gegenwart, die mit 0 bezeichnet ist. Verändert nach Cloud (1973).

In Kap. 5.1 wird die begrenzte **Verfügbarkeit** der fossilen Energieträger behandelt. Das Verbrennen fossiler Brennstoffe ist in der Geschichte der Menschheit nur eine kurze, fast episodenartige Epoche, wie es Abb. 4.24 darstellt. Sicher ist zudem, dass Erdöl als Erstes zur Neige gehen wird, dann Erdgas. Wenn ein Rohstoff wie Erdöl knapp wird, wird es jedoch nicht so sein, dass plötzlich kein Erdöl mehr verfügbar ist, vielmehr werden die Produktionskosten steigen, so dass bestimmte Vorkommen aus wirtschaftlichen Gründen nicht mehr genutzt werden. Gut bekannt sind in diesem Zusammenhang die kanadischen Ölschiefer und Ölsande, die zwar gewaltige Erdölvorkommen enthalten, wegen deren geringen Konzentration jedoch nur in kleinem Umfang wirtschaftlich gewinnbar sind. Für die größten Uranvorkommen Westeuropas in Schweden ist berechnet worden, dass ihr geringer Urangehalt einen Abbau von 5 t Erz erfordert, um 1 kg Uran zu erhalten. Da dies dem Energiegehalt von 10 t Kohle entspricht, die billiger gefördert werden können, ist der Abbau nicht rentabel.

Die **Verbrauchsprognosen** machten seit den 1970er Jahren interessante Veränderungen durch. Auf dem Höhepunkt der Energieverschwendung wurden bei völlig unrealistischen Zuwachsraten Verbrauchsszenarien errechnet, die zu einer Vervielfachung des Energieumsatzes in wenigen Jahrzehnten führen sollten. Dies war auch die Zeit, in der geplant wurde, den größten Teil der weltweit benötigten Elektrizität nuklear zu erzeugen. Für die USA ist z. B. 1975 prognostiziert worden, dass der Energiebedarf im Jahr 2000 172 EJ betragen würde, immerhin fast die Hälfte des Weltverbrauches und das Doppelte des tatsächlichen Verbrauches von 96 EJ in 2000. Unter den veränderten Rahmenbedingungen wurden die Prognosen dann aber merklich realistischer (Abb. 4.25). Seit einigen Jahren geht man für viele Staaten vor allem wegen der Diskussion um eine globale Klimaveränderung (Kap. 9) von Szenarien ohne Mehrverbrauch oder sogar mit reduziertem Energieaufwand aus. Dies zeigt dann auch, dass heutige Energieprognosen recht realitätsnah geworden sind.

Für die zukünftige Energieversorgung stellen sich zwei zentrale Fragen. Wenn schon die gewaltigen fossilen Energievorkommen den globalen Verbrauch nicht

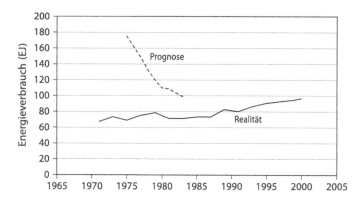

Abb. 4.25. Prognosen für den Energieverbrauch der USA in 2000, aufgetragen nach dem Jahr der Prognose, und tatsächlicher Verbrauch. Ergänzt nach Goldemberg et al. (1988) und www. iea.org.

mehr lange decken können, welche Energieformen sollen dann in Zukunft genutzt werden? Und: Wenn die zu erwartende Verdoppelung der Menschheit zu einem nicht abdeckbaren Energieverbrauch führt, wie verteilt sich der zukünftige Energieverbrauch auf die Welt, also wie viel Energie darf pro Kopf in einem Entwicklungsland und in einem Industriestaat verbraucht werden?

Der durchschnittliche **Energieverbrauch** pro Kopf der Weltbevölkerung liegt heute bei 70 GJ jährlich. In einzelnen Industriestaaten wird jedoch fast fünfmal soviel verbraucht (z.B. USA), der Durchschnitt aller Entwicklungsländer verbraucht nur ein Drittel des Weltdurchschnitts, somit ein Sechzehntel des USA-Verbrauchs (Tabelle 4.2). Das entwicklungspolitische Ziel, allen Menschen den hohen Verbrauch der USA zu ermöglichen, ergäbe einen fünfmal höheren Weltverbrauch als heute und die Vorräte wären in einem Fünftel der Zeit verbraucht. Selbst eine Anhebung des Verbrauches auf das Niveau Deutschlands scheint nicht für alle Menschen möglich. Der zu hohe und verschwenderische Energieverbrauch der Industriestaaten behindert also die zukünftige Entwicklung der Entwicklungsländer. Als Konsequenz hieraus muss der Verbrauch in den Industriestaaten sinken, damit er in den Entwicklungsländern steigen kann.

Wie in Kap. 4.6 ausgeführt, sind beim heutigen Stand der Technik in Mitteleuropa **Energieeinsparungen** von 50 % problemlos erreichbar. Der hohe Verbrauch in Europa, Japan, Australien, dem mittleren Osten und Russland, der heute mit etwa 200 EJ knapp 50 % des Weltverbrauchs umfasst, muss auf rund 100 EJ sinken. Nordamerika geht doppelt so verschwenderisch mit Energie um und benötigt mit rund 100 EJ ein Viertel des Weltverbrauchs. Es können daher bei einer Absenkung auf das europäische Niveau mit 75 % deutlich mehr sparen, so dass es nur noch 25 EJ benötigt. Für die Entwicklungsländer führt eine Verfünffachung des Energieverbrauchs auf das zukünftige niedrige Niveau der Industriestaaten, so dass ihr Anteil von 100 EJ auf 500 EJ steigt. Am zukünftigen Weltenergieverbrauch von 625 EJ wären sie dann mit 80 % beteiligt, die Industriestaaten mit 20 %. Wenn man dann noch berücksichtigt, dass die Bevölkerung der Industriestaaten nicht mehr zunehmen wird, die der

Entwicklungsländer aber noch einen deutlichen Wachstumsschub erleben wird, sind sogar Szenarien mit einem Weltenergieverbrauch von um 1000 EJ denkbar. Global sind all diese Szenarien deutlich über dem heutigen Verbrauch, als langfristiger Richtwert also zu hoch.

Weitere **Einsparpotentiale** ergeben sich, wenn ein sparsamer Umgang mit Energie in den Industriestaaten schneller erreicht werden könnte als die Entwicklungsländer ihren Verbrauch erhöhen. Mit den neuen Technologien, die dann auch den Entwicklungsländern zur Verfügung stehen, wäre ein weiteres Sparpotential gegeben. Als Ziel der globalen Energiesparanstrengung sollte daher angestrebt werden, den derzeitigen Verbrauch von 400 EJ nicht zu übersteigen.

Woher soll die Energie kommen? Die einzige Alternative zu fossilen Energieträgern liegt in der Nutzung **regenerierbarer Energieformen**. Derzeit werden global 4 % der Energie mit Wasserkraft und 11 % durch Biomasse und andere regenerative Energien abgedeckt. Dieser Anteil von derzeit 15 % müsste in den nächsten Jahrzehnten einen Anteil von ca. 50 % des Weltenergiebedarfs erreichen, damit die fossilen Vorräte deutlich länger reichen. Einzelne Projekte zeigen bereits heute, dass mit Phantasie und gutem Willen schon mit dem Einsatz der bestehenden Technik umfassende Lösungen auf der Basis regenerativer Energien

▶ *Box 4.8*
Die Energieversorgung des Reichstags in Berlin

Zwei mit verestertem Pflanzenöl (Biodiesel) betriebene Blockheizkraftwerke liefern Strom und Wärme für das Reichstagsgebäude und benachbarte Parlamentsgebäude mit fast 4000 Räumen. Ein Teil der Motorenabwärme wird im Sommer durch Absorptionskältemaschinen genutzt und zur Kühlung der Gebäude eingesetzt. Der übrige Teil wird im Solewasser gespeichert. Dazu wird das salzhaltige Wasser aus einem Erdreservoir in etwa 300 m Tiefe unter dem Gebäude hoch gepumpt, in den Blockheizkraftwerken aufgewärmt und über einen zweiten Brunnen wieder in die Erde geleitet. Dort lagert das 70 °C heiße Wasser bis zum Winter und dient dann der Beheizung der Gebäude. Ein zweites Wasservorkommen in 60 m Tiefe dient als Kältespeicher. Hier wird die Kühle des Winters aufgefangen und für den Sommer gespeichert, um dann die Gebäude zu kühlen.

Wegen der ausschließlichen Nutzung von Pflanzenöl für die beiden Blockheizkraftwerke ist die CO_2-Bilanz der Gebäude hervorragend. Die Blockheizkraftwerke und die über 300 m^2 große Solarstromanlage auf dem Dach des Reichstagsgebäudes decken 82 % des Strombedarfs im Reichstag und der benachbarten Parlamentsbauten. Die Abwärme der Blockheizkraftwerke deckt durch Kraft-Wärme-Kopplung zugleich 90 % des Wärme- und Kältebedarfs. Der Anteil regenerativer Energiequellen für die Strom-, Wärme- und Kälteerzeugung liegt bei über 80 %. Werte, die im Wesentlichen auch für das Bundeskanzleramt mit seinem Biodiesel-Kraftwerk und seiner Anbindung an die Langzeitwärme-Speicher gelten.

möglich sind (Box 4.8). Viele Prognosen sehen daher auch eine Übergangsphase von fossilen zu regenerativen Energieträgern vor. Fossile Energieträger sind zudem für andere Zwecke (z.B. Chemierohstoffe) unentbehrlicher als zur Energiegewinnung, so dass ihr Einsatz im Rahmen der Energiegewinnung drastisch reduziert werden muss. Auf längere Sicht werden die fossilen Energieträger dann immer mehr verdrängt werden. Ob sie jedoch auch durch regenerative Quellen, durch die Kernfusion oder durch ganz andere Techniken ersetzt werden, kann derzeit kaum abgeschätzt werden.

Bei diesen Vorhaben sind die **gesetzlichen Rahmenbedingungen** für den Einsatz von Energie sowie die Energiepreisgestaltung, die leider nicht nach Marktgesetzen erfolgt, wichtig. Wie sehr steigende Preise den Verbrauch senken können, hat sich anlässlich der beiden Ölkrisen gezeigt, deren verbrauchssenkender Effekt leider nicht lange anhielt (Abb. 4.19). Auch die inzwischen erfolgte Strommarktliberalisierung wirkt sich höchst ungünstig aus, da Energie zu billig wird. Welchen Sinn macht es, durch Billigstpreise den Energieverbrauch zu fördern und Energiesparmaßnahmen zu verhindern? Der **Energiemarkt** ist einer der ganz wenigen Märkte, in dem eine Liberalisierung unsinnig ist, wenn nicht gleichzeitig restriktive gesetzliche Rahmen gesetzt werden, um ökologischen Entgleisungen vorzubeugen. Mit besseren Mindestnormen für Gebäude könnten Heizungsverluste reduziert werden. Elektrische Heizungen sollten weitgehend verboten werden und in Kraftwerken müsste eine Kraft-Wärme-Kopplung vorgeschrieben sein. Der Energieverbrauch von Kraftfahrzeugen könnte stärker reglementiert werden, etwa durch eine verbrauchsabhängige Besteuerung. Im Sinne des Verursacherprinzips wäre auch eine CO_2-Steuer attraktiv, um mehr Druck hin zu regenerierbaren Energieformen auszuüben. Denn fast alle heute realisierbaren regenerativen Energieformen werden dann wirtschaftlich, wenn der Erdölpreis 2–3 mal höher liegt und sich das Sparen fossiler Energieträger lohnt. Für solche Entscheidungen bedarf es aber kompetenter, zukunftsorientierter und umweltbewusster Regierungen.

Rohstoffe

5.1
Vorrat und Verfügbarkeit

5.1.1
Allgemeines

Es gehört zu den menschlichen Eigenschaften, dass etwas, was da ist, als gegeben akzeptiert wird und auch für die Zukunft als vorhanden betrachtet wird. Es bedarf schon eines guten Maßes an Voraussicht und Planung, um zu erkennen, dass alles auf der Erde in sich begrenzt ist. Besonders im Fall der nicht erneuerbaren Rohstoffe ist es oft schwer einzusehen, dass sie, obwohl scheinbar im Überfluss vorhanden, Teil einer begrenzten Ressource sind.

Zwei entgegengesetzte Grundhaltungen verdeutlichen das: Mit der kritischen, umweltbewussten und fast pessimistischen Extremeinstellung werden aus bekannten Vorräten eines Rohstoffes, dem Verbrauch und der Wachstumsrate des Verbrauches der letzten Jahre Zeitspannen ausgerechnet, für welche die Vorräte ausreichen. Das andere Extrem wird durch fortschritts- und technologiegläubige Optimisten verkörpert, welche die Vergangenheit, in der Rohstoffe ja auch nicht knapp waren, auf die Zukunft extrapolieren. Beide Haltungen sind naiv und falsch, wenngleich sie im Kern zwei wichtige Aspekte wiedergeben, nämlich die Begrenztheit von Vorräten und die Schwierigkeit, ihre Verfügbarkeit abzuschätzen.

Um Aussagen über den Umfang eines Vorrates machen zu können, ist es nicht nötig, die genaue Größe der Vorräte zu kennen. Vielmehr bewirkt die Abbaudynamik, die sich aus Bedarf und vorhandener Reserve ergibt, dass der Abbau zuerst exponentiell steigt. Zu diesem Punkt sind Entdeckungsrate neuer Vorkommen und Reserve im Verhältnis zur Abbaurate relativ groß. Mit der Zeit werden jedoch immer weniger neue Reserven entdeckt, die für den Abbau verfügbaren Vorräte nehmen mit der Abbaurate ab (**Hubbert-Kurve**). Aus dem ersten Wendepunkt der Abbaukurve kann auf den Vorrat und seine Verfügbarkeit geschlossen werden, ohne alle Vorräte zu diesem Zeitpunkt zu kennen (Abb. 5.1).

Die Senkung der **Zuwachsrate des Verbrauchs** ist das einfachste Mittel, begrenzte Vorräte zu strecken. Dies lässt sich mit folgendem Rechenbeispiel illustrieren: Wenn bei einem bestimmten aktuellen Verbrauch die Vorräte eines Rohstoffs 36 Jahre reichen, verringert sich dies bei einer Verbrauchszunahme um 3,5 % jährlich auf 19 Jahre. Nimmt man viermal

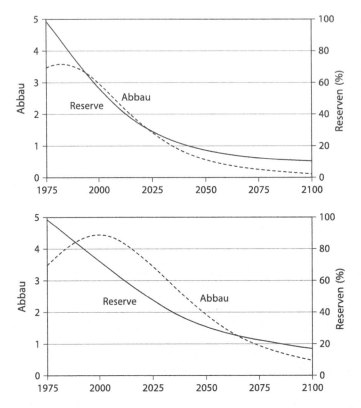

Abb. 5.1. Modell der Abbaudynamik eines Rohstoffes unter der Annahme einfacher (*oben*) und doppelter (*unten*) Reserve (Hubbert-Kurve). Nach Bossel (1990).

größere Vorräte an, streckt sich die Nutzungsdauer bei 3,5 % jährlichem Mehrverbrauch lediglich auf 59 Jahre. Einen bedeutend nachhaltigeren Effekt erzielt man jedoch, wenn die Verbrauchsrate geringfügig reduziert wird. Bei jährlich 1 % weniger Verbrauch reicht der Rohstoff statt 36 nun 45 Jahre, bei doppelten Reserven 72 Jahre und bei viermal größeren Vorräten (sofern eine solch kontinuierliche Verbrauchsabnahme machbar ist) viele hundert Jahre.

In vielen Angaben zur **Verfügbarkeit** von Metallen wird nicht einkalkuliert, dass sich ihr Bedarf grundlegend ändern kann. So wird wegen der Verfügbarkeit von Glasfaserleitern weniger Kupfer benötigt. Desgleichen führte die Entwicklung der Mikroelektronik zu einer Reduktion des Verbrauchs von Gold und Silber, beides begrenzt vorkommende Metalle, erhöhte jedoch den Druck auf andere, z. T. noch knappere Stoffe wie z. B. Gallium für Solarzellen. Quecksilber, ebenfalls sehr knapp, wird in ehemals wichtigen Einsatzbereichen (Fungizide, Batterien usw.) wegen seiner hohen Toxizität kaum noch eingesetzt (Kap. 8.1.1). Schließlich kann Recycling die Verfügbarkeit von Rohstoffen verlängern.

Ein wichtiger Aspekt ist die **Ergiebigkeit einer Lagerstätte**, da ein Vorkommen nicht abgebaut werden kann, wenn eine wirtschaftliche Gewinnung nicht möglich ist. So ist Kupfer in den obersten 1000 m der Erdkruste ein häufiges Element, dessen Vorrat eine halbe Millionen Jahre den heutigen Jahresverbrauch decken könnte. Wegen der erforderlichen Energie zum Abbau und der Folgeprobleme wie Abraumhalden und Umweltbelastungen, lohnt sich ein Abbau erst ab einer bestimmten Konzentration. Kupferminen in den USA beuteten zu Beginn des 20. Jahrhunderts Erze mit einem Gehalt ab 2,5 % Kupfer aus, heute liegt er bei fallender Tendenz bei 0,5 % und gute Vorkommen sind weltweit selten, d. h. billig abbaubares Kupfer ist bereits knapp. Der Urangehalt der umfangreichen schwedischen Vorkommen ist so gering, dass sich ein Abbau kaum lohnt (Kap. 4.4.4). Die größten Erdölvorkommen der Welt sind in Ölsanden und Ölschiefern gebunden, deren Abbau teuer ist und gewaltige Umweltbelastungen verursacht. Ähnlich verhält es sich mit den deutschen Kohlevorkommen, die noch lange nicht erschöpft sind, deren Abbau sich aber aus finanziellen Gründen immer weniger lohnt (Box 5.1).

Zu unseren wichtigsten Rohstoffen gehören **fossile Energieträger**, die zur Energiegewinnung und als Chemierohstoff unersetzlich sind, sowie viele **Metalle**, also begrenzte und nicht erneuerbare Ressourcen. Demgegenüber stehen regenerierbare Energiequellen (Kap. 4.5) und eine große Zahl **nachwachsender Rohstoffe**

▶ *Box 5.1*
Unwirtschaftliche Kohlebergwerke im Ruhrgebiet

1958 arbeiteten in den Steinkohlebergwerken des Ruhrgebietes fast 600.000 Bergleute in 118 Zechen. Sie förderten 150 Mio. t Steinkohle. Für die Region war der Bergbau mit Abstand der wichtigste Arbeitgeber, für das Land war die Produktion eines Energieträgers und die Entwicklung der Bergbautechnologie entscheidend. In den folgenden Jahrzehnten verschob sich die Bedeutung der einzelnen Parameter gravierend. In dem Umfang, in dem einerseits im Ausland Kohle günstig gefördert (oft im Tagebau) und billig nach Deutschland verschifft werden konnte und andererseits in Deutschland die technischen Erfordernisse (Kohleförderung aus bis zu 1500 m Tiefe) und das Lohnniveau stiegen, tat sich die Schere zwischen der immer teurer werdenden deutschen Kohle und der ausländischen Konkurrenz auf. Die Kohleabnehmer griffen zur ausländischen Kohle, die inklusive Transportkosten zuletzt nur ein Viertel der einheimischen Kohle kostete. Was lag näher als von Staats wegen die einheimische Industrie zu subventionieren, damit die Preisdifferenz aufgefangen und einheimische Kohle zum gleichen Preis angeboten werden konnte? Der Staat tat dies, um die einheimischen Arbeitsplätze und die weitere Entwicklung der Bergbautechnologie abzusichern. Gleichzeitig wurde versucht, durch immer effektivere Bergwerkstechnik die Fördermenge pro Bergmann zu steigern. 1997 wurde nur noch ein Drittel der früheren Menge gefördert, hierzu benötigte man aber nur noch ein Siebtel der früheren Belegschaft, obwohl die Arbeitsbedingungen immer schwieriger wurden. Trotzdem waren Bundeszuschüsse von (umgerechnet) 5 Mrd. Euro erforderlich. Mit dem kontinuierlichen Abbau der Subventionen (2003 auf 3,3 Mrd. Euro) sank die Fördermenge auf 26 Mio. t, hierfür waren noch 56.000 Bergleute in 10 Bergwerken erforderlich. Diese Subvention bewirkt, auf die erzeugte Energiemenge umgerechnet, dass sich der Strompreis pro kWh verdoppelt. Hierdurch wird Kohlestrom vergleichsweise teuer. Bis 2012 ist vorgesehen, die Subventionen auf 1,8 Mrd. Euro zu senken, dann werden mit 20.000 Bergleuten noch 16 Mio. t Steinkohle gefördert werden.

Tabelle 5.1. Rohstoffbedarf (t) eines Menschen in einem Industrieland während eines durchschnittlichen Lebens von 70 Jahren (Warnecke et al. 1992).

Sand und Kies	427	Dolomitstein	3,5
Erdöl	166	Rohphosphate	3,4
Hartsteine	146	Schwefel	1,9
Kalkstein	99	Naturwerkstein	1,8
Steinkohle	83	Torf	1,8
Braunkohle	45	Kalisalz	1,6
Stahl	39	Aluminium	1,4
Tone	29	Kaolin	1,2
Industriesande	23	Kupfer	1,0
Steinsalz	13	Stahlveredler	1,0
Gipssteine	6		

wie Holz oder Pflanzenfasern. Auch Wasser ist ein Rohstoff, dessen Begrenztheit deutlich ist. Darüber hinaus gibt es weitere Stoffe, die nicht regenerierbar sind (z. B. Phosphat zur Düngerherstellung). Selbst triviale Rohstoffe wie Sand, Kies und Steine werden in den industrialisierten Staaten in solchen Mengen verbraucht (Tabelle 5.1), dass sie in manchen Regionen knapp werden.

Nicht erneuerbare Rohstoffe sind irgendwann verbraucht. Dieser Zeitpunkt kann durch eine verringerte Verbrauchsrate oder Recycling hinausgeschoben werden, er kann jedoch nicht verhindert werden. Für eine langfristige und nachhaltige wirtschaftliche Nutzung kommen daher solche Rohstoffe nicht in Frage, vielmehr muss auf erneuerbare Rohstoffe umgestellt werden.

5.1.2
Nicht erneuerbare Energieträger

Die wichtigen, nicht erneuerbaren, fossilen Energieträger sind **Kohle** (Stein- und Braunkohle), **Erdöl** und **Erdgas**. Gelegentlich wird Uran, welches im Prinzip einem nicht erneuerbaren Energieträger entspricht, ebenfalls hierzu gezählt (Kap. 4.4.4). Wie in Tabelle 5.2 dargestellt, ist ein beachtlicher Teil der heute als sicher gewinnbaren **Reserven** eingestuften Vorräte bereits gefördert worden. Die noch vorhandenen Reserven reichen bei derzeitiger Förderung etwa bis zur Mitte des

Tabelle 5.2. Sicher gewinnbare Reserven sowie die geschätzten Vorräte an fossilen Energieträgern. SKE = Steinkohleneinheit (Tabelle 4.1). Daten für 2004, Bundesanstalt für Geowissenschaften und Rohstoffe (www.bgr.de)..

	Bis Ende 2003 bereits gefördert (Mrd. t SKE)	Sicher gewinnbare Reserven (Mrd. t SKE)	Reichweite bei derzeitiger Förderung (Jahre)	Geschätzte zusätzliche Vorräte (Mrd. t SKE)
Kohle	100	100	169	6274
Erdöl	135	218	43	334
Erdgas	57	123	66	1327

21. Jahrhunderts (Gas, Öl) bzw. weit in das nächste Jahrhundert hinein (Kohle). Neben diesen Reserven gibt es jedoch Vorräte, die sich dadurch auszeichnen, dass ihr Umfang nur ungefähr bekannt ist, die Förderung aber derzeit als nicht wirtschaftlich eingestuft wird. Wenn die Preise steigen oder neue Techniken verfügbar sind, können bisher unwirtschaftliche Vorräte zu wirtschaftlichen Reserven werden. Wie Tabelle 5.2 zeigt, sind die Vorräte in allen Fällen deutlich größer als die Reserven, d. h. für den größten Teil der Vorkommen ist nicht klar, ob sie je wirtschaftlich abgebaut werden können, also zu Reserven werden.

Schwierig ist die Einschätzung der gewaltigen Ölschiefer- und Ölsandvorkommen, die nur einen Ölgehalt von 10–14 % aufweisen. Diese Ölvorkommen stellen zwar ein dreimal so großes Vorkommen wie die klassischen Erdölvorkommen dar, wegen des geringen Ölgehaltes gelten jedoch nur wenige Prozent als wirtschaftlich nutzbar. Ein Drittel der Weltvorräte an Ölsand liegt in Alberta/Kanada Auf einer Fläche von 50.000 km² werden sie seit 1967 abgebaut. Da im Durchschnitt 14 t Ölsand zur Gewinnung von 1 t Öl bewegt werden müssen, ist dieses Öl relativ teuer. Wegen der geringen Ergiebigkeit, der gewaltigen Landschaftseingriffe und der hohen Kosten erfolgt die Nutzung dieser Vorkommen bisher nur in kleinem Umfang.

5.1.3
Metalle

Mit der Industrialisierung eines Staates steigt sein **Verbrauch** an Metallen. Wie in Abb. 5.2 am Beispiel der USA gezeigt, stieg in den letzten 100 Jahren der Pro-Kopf-Verbrauch an Stahl und Aluminium, sank aber wieder während der Energiekrisen der 1970er Jahre. Seitdem werden diese Metalle sparsamer verwendet. Ähnlich wie beim Energieverbrauch (Abb. 4.16) zeigt sich, dass der Grad der Industrialisierung nicht am Verbrauch von Energie oder Rohstoffen gemessen werden kann, denn das Bruttosozialprodukt ist trotz verringertem Stahlverbrauch seitdem weiter gestiegen. Ab einer gewissen Höhe des Metallverbrauches signalisiert ein sinkender Metallverbrauch bei steigendem Bruttosozialprodukt also eine

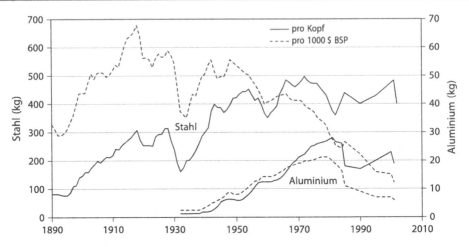

Abb. 5.2. Verbrauch von Stahl und Aluminium in kg pro Kopf und pro 1000 $ Bruttosozialprodukt (BSP) in den USA. Ergänzt nach Larson et al. 1986).

innovationsfähige Wirtschaft eines modernen Industriestaates, ein steigender Verbrauch jedoch eher eine veraltete Technologie mit Materialverschwendung.

Weltweit ist der Metallverbrauch auf Grund des unterschiedlichen Industrialisierungsgrades verschieden. Die Industriestaaten weisen einen hohen **Pro-Kopf-Verbrauch** auf, der für Rohstahl dreimal über dem Weltdurchschnitt, für die meisten anderen Metalle sogar vier- bis fünfmal darüber liegt. Bezogen auf einzelne Entwicklungsländer ergeben sich noch krassere Unterschiede, d. h. die meisten Entwicklungsländer Afrikas verbrauchen gerade ein Zwanzigstel des Metalls eines durchschnittlichen Industriestaates. Durch die Industrialisierung ergab sich in der Vergangenheit ein kontinuierlicher Mehrverbrauch, der in Abb. 5.3 am Beispiel von Eisen und Aluminium dargestellt wird. Pro Kopf der Weltbevölkerung stagniert jedoch der Mehrverbrauch. Dies geht einerseits auf eine Abnahme des Verbrauchs in den Industriestaaten (etwa durch Substitution oder sparsamere Verwendung) zurück, andererseits auf einen steigenden Verbrauch in den Schwellenländern. Letztlich trägt auch das Bevölkerungswachstum zu einer Zunahme des Verbrauchs bei. Da aber das größte Wachstum in wenig entwickelten Ländern mit stagnierendem Verbrauch stattfindet, zeigen die Pro-Kopf-Kurven bisher keine deutliche Verbrauchszunahme auf.

Wie groß aber sind die weltweiten Vorräte der Metalle? Ähnlich wie schon für die fossilen Energieträgern beschrieben, ist diese Frage nicht einfach und vor allem nicht statisch zu beantworten. Wir unterscheiden nach der Definition des United States Geological Survey (USGS 2004) 3 Arten von Vorräten: **Reserven** sind genau bekannt und werden heute nach ökonomischen Gesichtspunkten abgebaut. **Basis-Reserven** sind im Prinzip förderbar, wegen einschränkender Kriterien bei physikalisch-chemischen Mindestanforderungen werden sie jedoch mit der gegenwärtigen Förder- und Verarbeitungstechnologie noch nicht gefördert. **Ressourcen** schließlich umfassen alle bekannten und vermuteten Vorkommen, deren ökonomische Gewinnung heute oder in Zukunft möglich ist. Mit der Erschöpfung der Reserven wird es beispielsweise mit steigendem

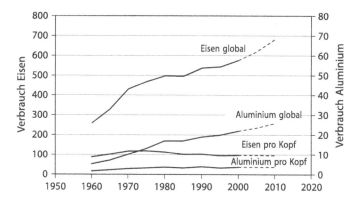

Abb. 5.3. Der Verbrauch an Eisen und Aluminium global und pro Kopf der Weltbevölkerung. Die Daten nach 2000 sind geschätzt. Nach Angaben des Deutschen Instituts für Wirtschaftsforschung (www.diw.de).

Preis lohnend, Basis-Reserven abzubauen, deren Abbaukosten höher sind, weil die Konzentration geringer ist oder die Lager in größerer Tiefe liegen. Bei anhaltender Nachfrage schließlich können mit besserer Technologie oder zu höheren Preisen auch Ressourcen abgebaut werden. In einem gewissen Rahmen wachsen also die als Reserven verfügbaren Vorräte mit dem Abbau, der Nachfrage und dem Preis mit.

Die in Tabelle 5.3 aufgelisteten **Vorräte** wichtiger Metalle sind, gemessen an ihrer aktuellen Weltjahresproduktion recht unterschiedlich. Die Reserven und Basis-Reserven von Silber und Gold sind deutlich begrenzt. Für Blei, Zink und Zinn reichen die Basis-Reserven 45–55 Jahre, für Kupfer 70 Jahre. In allen anderen Fällen lassen sich Zeiträume von über 100 Jahren errechnen, um die heutige Produktion zu gewährleisten. Diese Zahlenrelationen können aus zwei Blickwinkeln kritisiert werden. Zum einen sind die Ressourcen, also die Gesamtheit der bekannten und vermuteten Vorkommen, mindestens zwei- bis viermal so groß, wie die hier angegebenen Basis-Reserven. Auch muss mit noch nicht entdeckten Vorkommen gerechnet werden. Zum anderen sind die heutigen Verbrauchswerte eine sehr ungenaue Grundlage für Zukunftsprognosen, da der Verbrauch mit Sicherheit steigen wird. Wenn sich dann Rohstoffengpässe abzeichnen oder die Preise zu sehr ansteigen, werden viele Metalle durch andere Materialien ersetzt werden, d. h. der Verbrauch wird sinken. Daher kann aus den Daten der Tabelle 5.3 keine unmittelbar drohende Rohstoffknappheit abgeleitet werden. Trotzdem zeigen diese Daten eindrücklich, dass auch Metalle begrenzte Ressourcen sind und ihr Verbrauch nicht unbegrenzt mit der heutigen Intensität fortgeführt werden kann.

Wenn ein Rohstoff knapp wird, steigt sein **Preis** nach der ökonomischen Verknappungsthese. Für viele Rohstoffe ist dies aber nicht feststellbar. Dies hängt z. T. damit zusammen, dass heutige Marktpreise keine echten Preise sind. Ökologische Kosten sind nicht enthalten, sondern werden auf die Allgemeinheit umgelegt (Kap. 7). Am Beispiel des Erdölpreises (Abb. 4.19) sieht man, dass politische Tagesereignisse stärker für den Preis bestimmend waren als die verfügbaren Mengen. Wenn die Preise der kommenden Jahrzehnte aber stärker vom sinken-

Tabelle 5.3. Produktion wichtiger Metalle weltweit sowie die Größe der Reserven und der Basis-Reserven. Daten für 2003 nach USGS (2004).

	Weltproduktion 2003 (1000 t)	Reserve in Jahren (als Vielfaches der Produktion 2003)	Basis-Reserve (als Vielfaches der Produktion 2003)
Eisen	1.120.000	65	135
Chrom	14.000	60	130
Kupfer	14.000	35	70
Zink	8.500	25	55
Mangan	8.000	40	625
Blei	2.800	25	50
Nickel	1.400	45	100
Zinn	265	25	45
Molybdän	127	70	150
Wolfram	60	50	100
Vanadium	60	220	630
Kobalt	47	150	280
Silber	19	15	30
Gold	2,6	17	34
Platin-Gruppe	0,360	200	220

den Vorrat und den ökologischen Folgekosten bestimmt werden, müsste für einzelne Metalle mit Preissteigerungen zu rechnen sein.

Für metallische und mineralische Rohstoffe ist seit 1870 eine weltweite Preissenkung festzustellen, nach 1970 ein regelrechter Preisverfall (Abb. 5.4). Dies hängt mit dem Ausbau und der Etablierung der Märkte zusammen, bei der bisher für alle Rohstoffe immer neue Lagerstätten gefunden wurden. Viele Staaten erhöhten ihre Abbauquoten, um die Preissenkungen zu kompensieren, was einen verstärkten Preisverfall zur Folge hatte. Im Rahmen der verstärkten Globalisierung wird hierdurch ein starker Druck auf leicht zu fördernde Vorkommen ausgeübt.

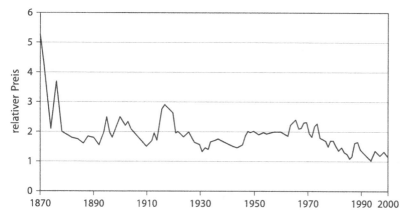

Abb. 5.4. Entwicklung der Preise von metallischen und mineralischen Rohstoffen. Ergänzt nach Siebert (1983).

▶ *Box 5.2*
Mangan aus der Tiefsee?

Am Beispiel des Mangans wird seit den 1970er Jahren die Nutzung der Manganknollen der Tiefsee diskutiert. Dies sind Eisen-Mangan-Konkretionen, die neben 67 % Eisen und 30 % Mangan auch geringe Anteile von Nickel, Kupfer und Kobalt enthalten und vor allem im Pazifik in durchschnittlichen Wassertiefen von 5000 m vorkommen. Der Vorrat wird auf über 10 Milliarden t geschätzt. Manganknollen werden vermutlich durch Mikroorganismen gebildet, die Zuwachsrate wird als sehr gering eingestuft und soll wenige mm pro Million Jahre betragen, es handelt sich also um eine nicht regenerierbare Ressource. Wenn man mit einer Saugpumpe die Manganknollen erntet, wird das feine Sediment großräumig aufgewirbelt. Dies erschwert den weiteren Abbau, tötet das biologische Leben in weitem Umkreis und beeinträchtigt die Fischereierträge. In einer Studie der amerikanischen Umweltbehörde ist für die 1990er Jahre errechnet worden, dass ein Abbau dann wirtschaftlich ist, wenn 9 Abbauschiffe jährlich je 3 Mio. t Knollen fördern. Hierdurch werden 5000 km^2 Tiefseeboden zerstört und 100 Mio. t Feinschlamm aufgewirbelt. Die Reinigung der Knollen ergibt 5 Mio. t Schlamm, der wegen des geringen Austausches mit der Tiefenschicht Jahrzehnte zum Sedimentieren braucht. In den küstennahen Verhüttungsanlagen wird ein Teil der Metalle extrahiert, der Rest würde als schwermetallhaltiger Abfall wieder ins Meer gebracht. Den 9 Mio. t geförderten Metalls stehen somit fast 130 Mio. t Abfall gegenüber (Schneider 1981). Die Manganknollen der Tiefsee können also unter Berücksichtigung der ökologischen Folgeprobleme so nicht abgebaut werden.

Es ist jedoch absehbar, dass mit zunehmender Erschöpfung dieser Vorkommen die Preise ansteigen werden und sich dann auch ein ökonomischer Abbau schwerer nutzbarer Vorräte lohnt (Box 5.2).

5.1.4
Wasser

Wasser ist eine sich ständig **erneuernde Ressource**, die wir als Nahrungsmittel, in der Pflanzen- und Tierproduktion (Kap. 3.4.3), sowie bei der industriellen Produktion benötigen. Gewässer sind für uns Nahrungsquellen (Kap. 3.2.2), aber auch Verkehrswege, sie dienen der Energieerzeugung, der Erholung und sind Kanalisation bzw. Abfalldeponie. Diese gegenseitig sich ausschließenden Nutzungen geraten häufig in Konflikt, so dass Nutzungseinschränkungen erfolgen. Wasser, besonders Trinkwasser, kann also, obwohl es weltweit unerschöpflich erscheint, knapp werden.

Der **Vorrat** der Erde an Wasser wird auf ca. 1455 Mio. km^3 geschätzt. Zu 94 % handelt es sich hierbei um Meerwasser, das für uns nicht direkt nutzbar ist. Das Grundwasser umfasst 4 %, Eis 1,7 %, Süßwasserseen und Flüsse 0,01 % und die Bodenfeuchtigkeit und der Wasserdampf der Atmosphäre 0,007 % dieses Vorrates. Jährlich verdunsten 0,5 Mio. km^3 Wasser und gelangen als Niederschläge wieder auf die Erde zurück. Im Durchschnitt dauert dieser Kreislauf nur 10 Tage, in austauscharmen Regionen (manches Grund- und Tiefenwasser) kann Wasser auch tausende Jahre verweilen. Global gesehen umfassen die Niederschläge nur 0,03 % des Wassers, sie sind jedoch ein wichtiger Teil unseres Klimas und der Motor unserer Fließgewässer. Im Weltdurchschnitt entsprechen die mittleren Jahresniederschläge etwa 760 mm (= 110.000 km^3). Hiervon verdunstet zwei Drittel, so dass nur noch 270 mm (= 40.000 km^3 oder 270 L/m^2) zur Verfügung stehen. Ein Teil des Niederschlagswassers fließt jedoch fern vom Verbraucher, daher können nur 9000 km^3 jährlich genutzt werden (World Resources Institute 1992). Es gibt somit sowohl Gebiete mit Wasserüberschuss als auch solche mit Wassermangel.

Der **Wasserbedarf** eines normal arbeitenden Erwachsenen unter mitteleuropäischen Bedingungen beträgt 2,4 L täglich, hiervon soll die Hälfte flüssig aufgenommen werden. Die Wasserabgabe erfolgt über Harn (1,4 L), Lunge und Haut (0,9 L) sowie Kot (0,1 L). Unter Wüstenbedingungen kann der tägliche Wasserbedarf für Mitteleuropäer 10 L überschreiten. Neben der Ernährung wird Wasser jedoch auch für hygienische und andere Bedürfnisse benötigt, so dass als Grenze zur Mindestversorgung 20 L pro Tag gelten, unter 50 L bestehen aber noch erhebliche Hygieneprobleme. In Deutschland werden pro Kopf etwa 150 L täglich verbraucht (davon 60 L für Waschen und Duschen, 45 L für das WC, 30 L für Geschirr- und Wäschewaschen). Nimmt man den hohen Bedarf von Industrie- und Energieversorgungsunternehmen (500 bzw. 1100 L) hinzu, erhöht sich der Pro-Kopf-Verbrauch auf 1800 L täglich, dies entspricht 657 m^3 jährlich.

Weltweit wurden von den 9000 km^3 **nutzbaren Wassers** im Jahr 2000 bereits 5000 km^3 genutzt (pro Kopf knapp 800 m^3 jährlich bzw. 2200 l täglich). Dies entspricht einer Verbrauchszunahme von 4–8 % jährlich und es bedeutet, dass bei gleich hoher Zunahme alle Wasserreserven in 10 bzw. 20 Jahren komplett genutzt sein werden. Der Pro-Kopf-Verbrauch hat sich zwischen 1940 und 1980 verdoppelt und stagniert seitdem bei leicht rückläufiger Tendenz. Die Bevölkerungszunahme und die Industrialisierung von Schwellenländern führt also zu einem Mehrverbrauch, der in den letzten Jahren aber nicht mehr abgedeckt werden kann, so dass der Pro-Kopf-Verbrauch tendenziell sinkt (Abb. 5.5). Weltweit entfallen 8 % des

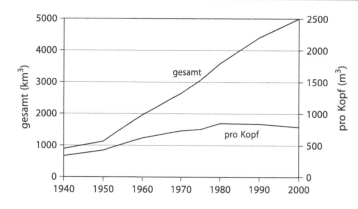

Abb. 5.5. Der Wasserverbrauch global und pro Kopf der Weltbevölkerung. Ergänzt nach Postel (1984).

Wasserverbrauchs auf Haushalte, 23 % auf die Industrie und 69 % auf die Landwirtschaft. Das im Haushalt und in der Industrie verwendete Wasser fließt fast vollständig in Gewässer zurück, das in der Landwirtschaft verwendete Wasser wegen hoher Verdunstungsverluste jedoch nur zu 25 %. Insgesamt fließen nur 40 % des entnommenen Wassers, meist stark mit Schadstoffen befrachtet, zurück. Regional ist der Verbrauch aber unterschiedlich. So werden in Ägypten 98 % und in Indien 93 % des Wassers für die Bewässerung verwendet, so dass besonders in ariden Gebieten mit Problemen bei der Trinkwasserversorgung zu rechnen sein wird. Aber auch in tropischen Gebieten ist eine Versorgung mit hygienisch einwandfreiem Wasser schwierig.

Trinkwasser wird aus Seen, Fließgewässern und aus dem Grundwasser gewonnen. Wenn das Wasser keine Trinkwasserqualität aufweist, muss es gereinigt und aufbereitet werden. Dies kann in Brunnen erfolgen, bei denen es dicke Sandfilter passiert (Uferfiltrat) oder durch Kohlefilter, die chemische Verunreinigungen binden. Feinverteilte Verunreinigungen werden durch Ammoniumsulfat als Flockungshilfsmittel beseitigt, Ionenaustauscher entfernen gezielt bestimmte Verunreinigungen, zudem kann eine Entsäuerung (saurer Regen!) bzw. eine Desinfektion (mit Chlor oder Ozon) erfolgen. In Deutschland stammen 77 % des Trinkwassers aus Grund- und Quellwasser, in Österreich 99 %, in der Schweiz 82 %, das restliche Trinkwasser wird aus Fluss- und Seewasser gewonnen. In Deutschland war bei einem Drittel des Trinkwassers keine Aufbereitung nötig, bei einem Drittel war eine einfache und bei einem Drittel eine mehrstufige Aufbereitung erforderlich. Etwa 15 % geht als Sickerverlust im Leitungssystem verloren.

Eine **Entsalzung von Meerwasser** ist aufwendig und teuer. Dennoch hat sich die Zahl der Meerwasserentsalzungsanlagen und ihre Kapazität stetig erhöht. Derzeit gibt es in 120 Ländern fast 10.000 Anlagen mit einer Kapazität von 20 Mio. m³ täglich. In den Golfstaaten stehen fast zwei Drittel der Anlagen, 10 % in den USA. Die durchschnittlichen Wasseraufbereitungskosten betragen 1–2 $/m³ Meerwasser und sind somit etwa drei- bis viermal höher als für konventionelles Süßwasser.

In den Industriestaaten sind Trinkwasserreservoire vielfältiger **Belastung** ausgesetzt. Neben den natürlichen Beeinträchtigungen gehören hierzu v. a. Düngemittel (Nitrat) und Biozide aus der Landwirtschaft sowie eine große Zahl chemischer Substanzen v. a. aus industriellen Abwässern (Schwermetalle, Salze, organische Substanzen etc., Kap. 8). Zunehmend werden aber auch Industrieabwässer gereinigt, um die Gewässerbelastung zu reduzieren.

In den Entwicklungsländern fehlen die einfachsten Reinigungsvorrichtungen, jegliche Art von **Abfällen** (z. B. aus Schlachthäusern, Brauereien, zuckerverarbeitender Industrie, Gerbereien, Petrochemie, Bergwerken und metallverarbeitender Industrie) wird meist rücksichtslos in die Gewässer geleitet, zusätzlich kommen menschliche Fäkalien hinzu. Die Gewässer in den Entwicklungsländern sind daher sehr stark belastet und über weite Strecken biologisch tot. Verschmutztes Wasser ist aber eine wesentliche Infektionsquelle (z. B. Bakterien- und Amöbenruhr, Cholera, Typhus und Paratyphus) und somit auch eine wichtige Mortalitätsursache (Kap. 2.2.2).

Nach der **Grenzwertverordnung der EU** darf die Nitrat-Belastung des Trinkwassers 50 mg/L nicht übersteigen. Der Grenzwert für ein Biozid liegt bei 0,1 µg/L, der für alle Biozide zusammen bei 0,5 µg/L, Chlorkohlenwasserstoffe dürfen den Grenzwert von 25 µg/L nicht überschreiten. Das Einhalten dieser Werte macht vielen Versorgungsunternehmen Mühe, so dass Brunnen geschlossen oder Wasser verschiedener Herkunft vermischt (verschnitten) werden muss, um überhöhte Konzentrationen eines Stoffes zu vermeiden. Einzelne Großstädte sind auch zur Fernversorgung übergegangen. Bremen bezieht sein Wasser aus den 200 km entfernten Talsperren des Harz, Hamburg aus der nördlichen Lüneburger Heide, Hannover aus ihrem Süden, Stuttgart über eine 130 km lange Leitung aus dem Bodensee und Frankfurt aus dem Hessischen Ried. Letzteres verursachte Grundwasserabsenkungen um bis zu 6 m und eine großflächige Versteppung der Landschaft.

Auch im Interessenstreit verschiedener Nutzungen kann Wasser knapp werden. An Flüssen kann eine Entnahme stromaufwärts die Versorgung stromabwärts beeinträchtigen („Wasser als Waffe", Kap. 3.4.3). Unsachgemäße Landwirtschaft beeinträchtigt die allgemeine Wasserversorgung, Bergbau führt häufig zu einem Sinken des **Grundwasserspiegels** und somit zu Landsenkungen. In Tamil Nadu, Indien, ist der Grundwasserspiegel in 10 Jahren um 30 m gefallen, in Nordchina, v. a. in der Region um Peking, sank er bis zu 80 m, was in einzelnen Stadtteilen seit 1950 zu Oberflächensenkungen von 20–30 cm jährlich führte. In Mexiko-City sank ein Gebiet von 225 km² zwischen 1930 und 1975 um 9 m mit Schäden an Gebäuden, Verkehrswegen und Versorgungssystemen. Ähnliche Katastrophen sind aus Tokio (1918 bis 1978 sanken 3420 km² um 4,6 m) oder dem kalifornischen Tal des San Joaquin (6200 km² sanken von 1930 bis 1975 um 9 m) bekannt (Hauser 1991). Unter Küstenstädten wie Dakar, Jakarta, Lima und Manila dringt zudem Salzwasser in die abgepumpten grundwasserführenden Schichten.

Durch die zunehmende regionale bzw. zeitliche Wasserknappheit wird es mehr Anreiz zum **Wasser sparen** geben, zumal diese Maßnahmen einfach und effektiv sind. Im Haushalt besteht durch ökonomischen Umgang bei der Toilettenspülung, bei der Waschmaschine sowie beim Baden und Duschen ein Sparpotential von 50 %. Moderne Maschinen haben heute einen deutlich niedrigeren Wasserverbrauch als vor 20 Jahren (Abb. 5.6). In der Industrie wird Wasser mehrfach verwendet und geschlossene Wasserkreisläufe sind heute üb-

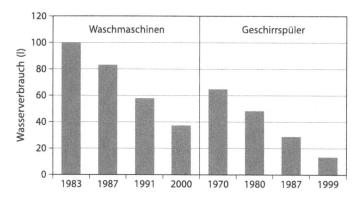

Abb. 5.6. Abnahme des Wasserverbrauchs von Waschmaschinen (*links*) und Geschirrspülern (*rechts*). Angegeben ist der Verbrauch jeweils für das modernste Gerät in einem durchschnittlichen Arbeitsgang.

lich. Während Wasser vor 1950 nur ein- bis zweimal verwendet wurde, wird es heute in der Papier-, Chemie- oder Metallindustrie zehn- bis zwanzigmal verwendet. Recyclingprozesse von Materialien sparen ebenfalls Wasser, bei Aluminium bis 97 %. Da in Haushalt und Industrie das qualitativ hochwertige Trinkwasser überwiegend nicht zur Ernährung eingesetzt wird, ergäbe sich eine beachtliche Einsparung durch getrennte Wasserversorgungssysteme für Trink- und Brauchwasser. Auch könnte man das nur geringfügig belastete Abwasser des Trinkwassersystems noch als Brauchwasser verwenden. In der Landwirtschaft ist das größte Sparpotential gegeben. So kann durch verbesserte Bewässerungskanäle und eine optimale Feldgestaltung, Rückführung des abfließenden Wassers, Intervallbewässerung oder Tropf- bzw. Mikrobewässerung der Verbrauch oft um über 50 % gesenkt werden, gleichzeitig ergeben sich ein besserer Versalzungsschutz und meist auch höhere Erträge (Postel 1985). Vor allem in den Entwicklungsländern ist eine umfassende Schulung der Bauern in Bewässerungstechnik nötig (Kap. 3.4.3).

5.2 Recycling

Wenn gebrauchte Produkte nicht weggeworfen, sondern die hierin enthaltenen Rohstoffe wiedergewonnen und einer erneuten Verwendung zugeführt werden, sprechen wir von Recycling. Hierfür gibt es mehrere Gründe. Bei Glas und Papier werden Abfallberge und die damit verbundene Umweltbelastung reduziert (Kap. 6.3), bei metallhaltigen Produkten werden Rohstoffvorräte geschont, bei elektrolytisch gewonnenen Metallen wie Aluminium, Magnesium oder Kupfer können 90 % der Energie gespart werden.

Dem echten Recycling steht das scheinbare Recycling gegenüber. Hierbei handelt es sich um die Wiederverwendung von Produktionsabfällen, also Stoffen, die sortenrein sind und noch nicht genutzt wurden, oder um die Weiterverwendung von Stoffen, die nach ihrer Nutzung nicht mehr verwendet werden können. Wegen mangelnder Sortenreinheit werden gebrauchte Kunststoffabfälle oft zu anderen, minderwertigen Produkten umgewandelt, die danach stofflich nicht weiter verwendet werden können. Diesen Vorgang bezeichnet man auch als **Downcycling**, da es sich eher um eine Zwischenlagerung von Abfällen als um eine echte Wiederverwendung handelt (Kap. 6.3).

Damit Stoffe wiederverwendet werden können, muss die Recycling-Idee bereits in das **Wirtschafts- und Abfallkonzept** eingebettet sein (Kap. 6.4). Der Umgang mit Rohstoffen soll sparsam sein und langlebige, leicht reparierbare und leicht wieder zu gewinnende Wirtschaftsgüter sind zu bevorzugen. Bei einer 50 %igen Recyclingquote und doppelter Lebensdauer eines Gerätes reduziert sich z. B. sein Rohstoffbedarf auf ein Viertel, wenn zudem noch die Dienstleistung oder Effektivität des Gerätes verdoppelt wird, auf ein Achtel. Stoffe aus Misch- und Verbundmaterialien sind nicht leicht wieder zu gewinnen, sollten also vermieden werden. Eine Kennzeichnung der Materialien hilft überdies bei der Sortierung der Abfälle, so dass sie qualitativ reiner werden.

Recycling ist keine Strategie zur unbegrenzten Nutzung eines nicht regenerierbaren Rohstoffes, es hilft jedoch, begrenzte Ressourcen zu verlängern. Ein vollständiges Recycling ist in der Regel nicht möglich. So können nach 25jährigem Gebrauch von Eisen u. a. wegen der Korrosion nur noch ca. 30 % des Materials wiedergewonnen werden, bei Blei und Aluminium sind es 40–60 %. Grosse Mengen gehen wegen der Verdünnung verloren, etwa wenn Cadmium als Farbzusatz, Zink oder Silber als hauchdünner Überzug (als Korrosionsschutz oder bei Spiegeln) eingesetzt werden. Für die meisten Metalle ergeben sich somit **maximale Recyclingraten** von 40–60 %, in Ausnahmefällen von 80 %. Während des Recyclingprozesses von Papier nimmt die Faserlänge ab, so dass nur wenige Zyklen möglich sind. Die Erschöpfung eines Vorrates kann also nur begrenzt

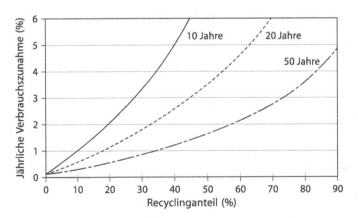

Abb. 5.7. In Abhängigkeit von der jährlichen Verbrauchszunahme (%) und dem Recyclinganteil (%) kann die Erschöpfung eines begrenzten Vorrates um einige Jahrzehnte (Linien für 10, 20 und 50 Jahre sind eingezeichnet) verzögert werden.

hinausgeschoben werden. In der Praxis sind die tatsächlichen Recyclingquoten jedoch geringer, so dass noch bedeutende Steigerungen möglich sind.

Für die meisten Metalle liegen die weltweiten **Recyclingquoten** unter 30 %. Wenn kein Mehrverbrauch stattfindet, genügt dies immerhin, um den Vorrat um 50 Jahre zu strecken. Wenn neben einer 30 %igen Recyclingquote 2 %mehr verbraucht wird, reduziert sich der Zeitgewinn durch Recycling von 50 auf 20 Jahre, liegt der Mehrverbrauch über 3 %, ergibt sich keine nennenswerte Rohstoffstreckung mehr (Abb. 5.7). Recycling ist also nur sinnvoll, wenn hohe Quoten mit geringem Verbrauchszuwachs einhergehen. Zudem muss durch ökonomischen Druck und gesetzliche Verpflichtungen der Verbrauch reduziert und Erforschung und Verwendung von regenerierbaren Ersatzmaterialien gefördert werden.

Ein oft vernachlässigter Aspekt des Recyclings von wertvollen und daher langlebigen Produkten ist in Abb. 5.8 wiedergegeben. Am Beispiel des Kupfers wird gezeigt, dass die verschiedenen Verwendungen (z. B. Draht, Kabel, Messing, weitere Legierungen) dazu führen, dass nach durchschnittlich 10–15 Jahren ein großer Teil des Rohstoffes durch Recycling wieder verfügbar wird. Da wegen der steigenden Nachfrage gleichzeitig durch den Kupferbergbau immer mehr Kupfer gefördert wird, erhöht sich im Laufe der Zeit und unter Berücksichtigung der nutzungsbedingten Verzögerungszeit die Menge des durch Recycling verfügbaren

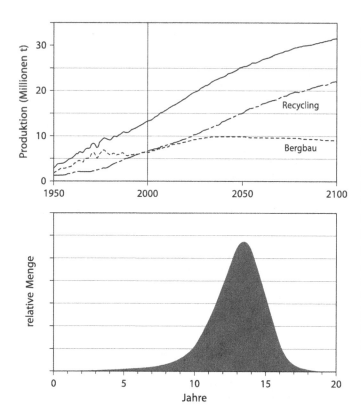

Abb. 5.8. Wie am Beispiel des Kupfers gezeigt, ergeben sich wegen der Langlebigkeit der Produkte große Recyclingmengen mit einer Verzögerung von 10–15 Jahren (*unten*). Dies führt trotz steigenden Verbrauchs zu einer so starken Zunahme der Recyclingmengen, dass der Bergbauanteil der Jahresproduktion deutlich zurückgehen kann (*oben*). Reale Daten bis 2000, berechnete Daten ab 2000.

Metalls so sehr, dass die durch Bergbau neu gewonnene Menge reduziert werden kann. Dieses Beispiel zeigt, dass die Bedeutung des Bergbaus (**Primärproduktion**) zugunsten des Recyclingprozesses (**Sekundärproduktion**) abnehmen kann, sofern das Recycling weitgehend verlustfrei erfolgen kann.

Eisen wird durch Schmelzen aus Eisenerz gewonnen, durch metallische Zusätze in geringen Mengen entsteht Stahl. Da viel Eisen in Gebrauch ist, fällt viel Alteisen an, das schon immer in Schmelzöfen neben Eisenerz zur Rohstahlgewinnung verwendet wurde. Eisen kann auf Grund seiner magnetischen Eigenschaft einfach aus dem Abfall oder aus Verbrennungsschlacke abgetrennt werden, so dass das Sammeln von Eisenschrott leicht ist.

Je nach **Technik der Eisengewinnung** kann nur ein begrenzter Anteil Schrott eingesetzt werden. Die alten Siemens-Martin-Öfen verwendeten 45 % Eisenschrott, waren jedoch energieaufwendig. Das neuere LD-Verfahren, bei dem reiner Sauerstoff eingeblasen wird, ist wirtschaftlicher, verarbeitet aber nur noch 28 % Schrott. Da sich diese Technik seit den 1960er Jahren weltweit durchsetzte, wuchsen die Eisenschrottberge. Erst moderne Lichtbogenöfen in Ministahlwerken können bis zu 100 % Schrott verarbeiten. Sie benötigen gleichzeitig weniger Energie und Kapital, haben aber die älteren Werke noch nicht verdrängt. Im Jahr 2000 wurden auf die weltweite Stahlproduktion bezogen rund 40 % Schrott eingesetzt.

Recycling von Eisen bzw. Stahl erspart je nach Technik 50–75 % Energie und 40 % Wasser. Ferner werden 75 % der Wasserverschmutzung, 85 % der Luftverschmutzung und 97 % der Bergbauabfälle vermieden. Die Abfalldeponien werden um 5–10 % entlastet. Gewisse Probleme bereiten die verwendeten Zusätze in der Stahlproduktion. Rostfreier Stahl enthält 12–26 % Chrom sowie Nickel. Spezialstähle enthalten Kobalt, Titan, Molybdän und Vanadium. Autowracks enthalten ferner viel Kupfer und Zink. Die Eisen-Recyclingtechnik ist jedoch stark entwickelt und es ist möglich, Zink zu 100 % aus Autoschrott wiederzugewinnen. Ein hoher Kupfergehalt kann jedoch stören, da Stahl hierdurch spröde wird. Zunehmend wird daher versucht, Alteisen nach qualitativen Gesichtspunkten separat zu sammeln (Gießereiabfälle, Autoschrott, Weißblechdosen usw.).

Aluminium wird wegen seines geringen Gewichts, seiner Zähigkeit und Beständigkeit vielseitig eingesetzt. Da es elektrolytisch aus Bauxit gewonnen wird, ist seine Produktion energieaufwendig. Zwei leere Aluminiumdosen benötigen zu ihrer Herstellung den Energiegehalt einer vollen Dose Öl und die Aluminiumproduktion Deutschlands hatte 1991 den Strombedarf der Produktion des Atomkraftwerkes Biblis. Aluminium ist daher relativ teuer, obwohl es eines der häufigsten Elemente der Erdkruste ist. Recycling erspart 90–97 % der Energie und 95–97 % der Luft- und Wasserverschmutzung, ist also ökonomisch und ökologisch sinnvoll.

Weltweit werden 40 % des Aluminiums wieder verwendet, die Recyclingrate nimmt zu und könnte theoretisch auf 80 % gesteigert werden. Der Einsatz von Alt-Aluminium hat global den Energiebedarf für die Aluminiumherstellung pro Gewichtseinheit um fast 30 % sinken lassen. Aluminium kann bei fast jeder Anwendung wiedergewonnen werden, neuerdings sogar aus Verbundmaterialien (bedampfte Folien oder Papiere von Verpackungsmaterialien).

Im Verkehr, Bauwesen, Elektrotechnik und Maschinenbau wird Aluminium in großen Mengen eingesetzt und kann daher leicht dem Recycling zugeführt werden. Die Recyclingraten liegen zwischen 50 und 75 % (etwa Stanz-, Fräs- und Bohrabfälle, Alu-Felgen, Offsetplatten usw.). Aluminium ist auch ein beliebtes Verpackungsmaterial und wird außer als Getränkedose auch in Form von Tuben und Dosen sowie Folien eingesetzt, so dass Haushaltungen eine wichtige Sammelstelle für Aluminiumabfälle sind. Diese Abfälle sind im Vergleich zu Eisen deutlich schwieriger zu sammeln, die Recyclingquoten erreichen bei Dosen zwar bis zu 90 %, bei Tuben, Folien und Beuteln liegen sie aber unter 30 %.

Aluminiumrecycling ist nicht unumstritten, denn bei der Verarbeitung von verschmutzten Abfällen (Gießereischlacken, bedruckten Folien und Blechen, Teile mit anhaftenden Kunststoffen) entstanden in den alten Drehtrommel-Schmelzöfen salzhaltige Schlacken in großem Umfang (ca. 400 kg pro t produzierten Aluminiums). Früher wurden diese meist deponiert, später aufgearbeitet, es blieben jedoch toxische Reste sowie Schlacken und Filterstäube als Sondermüll. Die neue Pyrolysetechnik nutzt die Lacke und Verschmutzungen des Aluminiums, um mit dem Pyrolysegas die erforderliche Betriebsenergie zu gewinnen, und liefert durch Einschmelzen der so gereinigten Metallanteile erneut hochwertiges Aluminium. Dennoch wurde wegen dieser Abfallprobleme 1992 das schweizerische Recyclingwerk geschlossen und die Separatsammlung von Aluminium aus Haushalten eingestellt. Seitdem sieht die offizielle Abfallpolitik vor, kleine Aluminiumteile mit dem Hausmüll zu verbrennen, große Teile separat zu sammeln, vor allem aber Aluminium als Verpackungsmaterial möglichst zu meiden. In der Tat kann auf den Einsatz von Aluminium in vielen Bereichen verzichtet werden. So ist die Energie- und Materialeinsparung unabhängig vom Aluminiumrecycling größer, wenn Getränke in Pfandflaschen abgefüllt werden und Fisch- und Wurstwaren in Weißblechdosen (Kap. 7).

Quecksilber ist ein seltenes und teueres Metall, das außerdem noch hochtoxisch ist. Es gibt daher gleich mehrere Gründe für sein Recycling. Durch die klaren Verwendungsgebiete von Quecksilber wird dies erleichtert. In den letzten Jahren sind wegen der hohen Toxizität einige Einsatzgebiete durch freiwilligen Verzicht und gesetzliche Auflagen eingeschränkt worden. So ist die Quecksilberverwendung in Batterien rückläufig, in der Zahnmedizin wird es zunehmend durch andere Materialien ersetzt, und als Saatbeizmittel (Fungizid) ist es in vielen Ländern verboten. Weltweit ist daher der Quecksilberverbrauch in den letzten 20 Jahren deutlich gesunken. Gleichzeitig wurden in vielen Staaten Strategien zur gezielten Sammlung und Wiederverwertung der Abfälle ausgebaut. So gibt es vielenorts flächendeckende Sammelnetze für Batterien, Leuchtstoffröhren und Thermometer. Bei Zahnärzten werden Quecksilberreste aus dem Abwasser zentrifugiert.

Als **Platinmetalle** werden neben Platin auch Palladium, Iridium, Osmium, Rhodium und Ruthenium zusammen gefasst. Bei einem mittleren Platingehalt von 7 ppm in abbauwürdigen Erzen müssen 140.000 t Gestein zur Gewinnung von einer t Platin aufgearbeitet werden. Dies führt zu einem hohen Preis, der Recycling attraktiv macht. Entsprechend betrug die Recyclingquote in den 1970er Jahren über 85 %, sie sank jedoch in den 1980er Jahren mit dem verstärkten Einsatz von Platinmetallen in Autokatalysatoren, da dieses anfangs kaum recyclingfähig war.

Fast die Hälfte Platins wird für Abgaskatalysatoren verwendet, der übrige Teil wird für Schmuck, zur Kapitalanlage, für die Elektronik und für Katalysatoren in der chemischen und petrochemischen Industrie eingesetzt. Nach anfänglichen Problemen haben sich inzwischen Rückholsysteme für Autokatalysatoren etabliert, so dass auch in diesem Bereich heute sehr hohe Recyclingraten vorliegen.

Kupfer konnte in der Telekommunikation in dem Ausmaß abgelöst werden, in dem die optische Kommunikation die elektronische ablöst. Nachdem Ende der 1970er Jahre die ersten Glasfaserkabel in den USA verlegt wurden, sind inzwischen alle neuen Fernverbindungen optischer Art. Bei Hochspannungskabeln wurde Kupfer immer mehr durch Aluminium ersetzt, im Maschinenbau und in der Bauwirtschaft durch Eisen oder andere Materialien. Dennoch ist Kupfer nach wie vor unverzichtbar in der Elektrotechnik und Elektronik und sein Verbrauch stieg in den letzten Jahrzehnten kontinuierlich.

Der Verbrauch an **Blei** ist in den letzten Jahrzehnten nicht zurückgegangen, obwohl seine Einsatzgebiete stark abgenommen haben. Wegen seiner Toxizität, des hohen Gewichtes und durch Technologiewandel nahm der Einsatz von Blei als Benzinzusatz, in Rohrleitungen und Kabel oder für Drucklettern und Verpackungen stark ab. Dies wurde jedoch durch den wachsenden Einsatz von Batterien und Akkumulatoren überkompensiert, da die Bedeutung des Verkehrssektors und der Energietechnik stark zunahm. Weltweit werden rund 80 % des Bleis für Batterien und Akkumulatoren verwendet. Da diese gut recyclingfähig sind, ergeben sich somit hohe Recyclingraten für Blei.

Silber wird u. a. in galvanischen Betrieben und in der Fototechnik eingesetzt. Durch Reinigung der Abwässer, ist es möglich, hohe Recyclingraten zu erzielen. Aus 100 t Fotomüll kann beispielsweise 1 t Silber gewonnen werden. Die Verdrängung der klassischen Fototechnik durch digitale Techniken reduzierte jedoch den Bedarf an Silber für Fotochemikalien. Ein zunehmender Einsatz in anderen Bereichen, vor allem in der Elektronik, führt aber zu einem nach wie vor steigendem Silberbedarf. Insgesamt stammt etwa 65 % des jährlich verarbeiteten Silbers aus Recyclingware. Für Zahngold gibt es einfache Recyclingwege, bei den geringen Mengen von **Gold**, Silber und anderen seltenen Metallen, die für Elektronik-Platinen verbraucht werden, ist dies jedoch schwierig. Meist versucht man, das Trägermaterial (ein Epoxyharz) von den Chips mit den metallischen Verbindungen zu trennen und pyrolytisch aufzuarbeiten. Dies ist jedoch mit einer großen Umweltbelastung verbunden und die Recyclingquoten sind daher für solche Metalle gering (Kap. 6.3).

5.3
Einsparung und Ersatz

Wenn ein Rohstoff teurer wird, weil die Reserven abnehmen und die Gewinnungskosten steigen, wird der Verbrauch sinken, da dieser Rohstoff sparsamer eingesetzt wird und auch **Ersatzstoffe** verwendet werden. Am Ende dieses Prozesses wird der ursprüngliche, nicht erneuerbare Rohstoff nur noch geringe Reserven aufweisen, die Verbrauchsrate wird auf eine kleine Zahl von

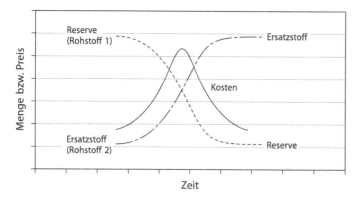

Abb. 5.9. Durch technische Innovation kann ein zu Ende gehender Rohstoff 1 (Reserve) durch einen zweiten Rohstoff (Ersatzstoff) abgelöst werden. Die Kosten des Rohstoffeinsatzes werden durch den zunehmenden Einbezug des Ersatzstoffes anfangs deutlich steigen, mit erfolgreich umgesetzter technischer Innovation und völligem Ersatz durch Rohstoff 2 das ursprüngliche, niedrige Preisniveau aber wieder erreicht haben.

Spezialanwendungen beschränkt sein und der Preis wird hoch sein. Der Ersatzstoff, der im Idealfall regenerierbar ist, wird in den meisten Anwendungsbereichen den ursprünglichen Rohstoff ersetzt haben (Abb. 5.9). Tabelle 5.4 listet einige Beispiele auf. Weit verbreitet ist der Ersatz durch Kunststoffe, ein Ersatz von nicht regenerierbaren Rohstoffen durch regenerierbare ist jedoch eher die Ausnahme.

Es gibt auf der anderen Seite auch einen großen Bereich von **Spezialanwendungen**, bei denen bisher keine Ersatzmöglichkeit gefunden wurde bzw. der Ersatzstoff selbst selten ist. So wird nach wie vor Wolfram benötigt bei Anforderungen an eine hohe Temperaturbeständigkeit von Werkzeugen, Gold und Palladium für elektrische Kontakte, Chrom oder Nickel für rostfreien Stahl, Mangan zur Entschwefelung von Stahl, Platin wegen seiner Katalysatoreigenschaften, Blei und Antimon für aufladbare Batterien.

Die Entwicklung vieler Maschinen und Gebrauchsgegenstände zeigt, wie im Lauf der Zeit, also durch die Verfügbarkeit **technischer Innovationen**, Material eingespart werden konnte. Da die ersten Lokomotiven um 1810 gusseiserne Dampfkessel hatten, wogen sie pro PS erbrachter Leistung 1000 kg. Mit der Verfügbarkeit von Stahlkesseln ab 1860 sank ihr Gewicht auf unter 300 kg/PS, die ersten Elektrolokomotiven wogen 1950 nur noch 25 kg/PS, um 1980 gar 14 kg/PS. Das amerikanische Flugzeugwerk Boeing hat den Nichtmetallanteil der Flugzeuge von 5 % vor 1960 auf 30 % 1990 gesteigert und durch diesen Materialersatz auch eine beachtliche Gewichtsersparnis erzielt.

Ein weitgehender **Ersatz von Metallen** erscheint zur Zeit kaum möglich. Eventuell bietet sich aber mit keramischen Werkstoffen eine allerdings verfahrenstechnisch anspruchsvolle Möglichkeit. Solche Hochleistungs-Keramikwerkstoffe bestehen aus Siliciumnitrid (Si_3N_4) oder Siliciumcarbid (SiC), Boriden, Oxiden oder Siliciden, also häufigen Elementen, bzw. Kombinationen mit Metallen. Eine wichtige Eigenschaft dieser Verbindungen ist ihre hohe Temperaturbeständigkeit.

Tabelle 5.4. Ersatzmöglichkeiten von metallischen Rohstoffen durch Nichtmetalle.

Metall	Einsatzbereich	Ersatz
Eisen, Stahl	viele Bereiche	Kunststoff
Quecksilber	Saatbeizmittel (Fungizid)	organische Substanzen
	Zahnfüllung (Amalgam)	Keramik, Kunststoff
	Thermometer	Alkohole
Kupfer	Kabel für Telekommunikation	Glasfasern
	Rohre	Kunststoff
	Filter	Kunststoff
Blei	Kabelummantelung	Kunststoff
	Druckereilettern	Fotosatzverfahren
	Abwasserrohre	Kunststoff
	Benzinzusatz	organische Substanzen
Silber	klassische Fototechnik	digitale Fototechnik
Aluminium	diverse Geräte	Kunststoff
	Türen, Fenster	Kunststoff
	Dosen	Glas
	Folien	Kunststoff
Zink	Dachrinnen	Kunststoff
Zinn	Verpackungen	Kunststoff
Cadmium	Kunststoffzusatz	diverse organische Stoffe
	Farbzusatz	diverse organische Stoffe

Wegen der hohen Belastbarkeit der Werkstoffe wird angenommen, Kobalt und Wolfram für Werkzeuge bzw. Chrom, Kobalt und Platinmetalle im Fahrzeugbau weitgehend ersetzen zu können. Konkret sollen Teile von Automotoren aus keramischen Stoffen bald verfügbar sein. Poly-ether-ether-keton-Kunststoffe (PEEK) ersetzen wegen ihrer hohen Abriebfestigkeit Titan auf den Rotorblättern von Hubschraubern. Es darf aber nicht übersehen werden, dass es sich um synthetische Stoffe handelt, die beträchtliche Entsorgungsprobleme verursachen werden, wenn sie keinem Recyclingprozess zugeführt werden können.

5.4
Nachwachsende Rohstoffe

Wegen der begrenzten Verfügbarkeit nicht regenerierbarer Rohstoffe sollte eine nachhaltige Rohstoffverwendung auf erneuerbaren Rohstoffen basieren. Bei vielen metallischen Rohstoffen scheint es derzeit kaum möglich, sie zu ersetzen, bei Kunststoffen gibt es jedoch Alternativen. Darüber hinaus werden nachwachsende Rohstoffe heute bereits in mehr Produkten und Anwendungsbereichen des täglichen Lebens eingesetzt, als es den Anschein hat.

Unter nachwachsenden Rohstoffen verstehen wir pflanzliche oder tierische Produkte, die überwiegend landwirtschaftlich angebaut, aber auch extensiv z. B. in tropischen Ökosystemen gesammelt werden und nicht direkt der menschlichen Ernährung dienen. Sie werden als Energiepflanzen verbrannt bzw. zur Herstellung von Biogas oder Treibstoff genutzt (Kap. 4.3.3), als Industriepflanzen sind ihre Inhaltsstoffe Chemierohstoffe, oder sie dienen als Faserpflanzen der Fasergewinnung. Nutzbare Inhaltsstoffe sind v. a. Öle und Fette, Stärke, Zucker, usw. aber auch Fasern, Zellstoff und Holzprodukte. In den letzten Jahrzehnten kamen verstärkt auch biotechnologisch gewonnene Rohstoffe aus Mikroorganismen (meist Bakterien und Pilzen) hinzu.

In der klassischen **Landwirtschaft** des 19. Jahrhunderts wurde ein Teil der Nutzfläche für solche Rohstoffe bereitgestellt. Mit der Erleichterung von Importen aus Übersee, der besseren Verfügbarkeit fossiler Rohstoffe und der Konkurrenz synthetischer Produkte sank aber das Interesse an der landwirtschaftlichen Produktion von Nichtnahrungsmitteln und viele Kenntnisse zu Anbau und Verarbeitung gingen verloren. Erst in den letzten Jahrzehnten ist das Interesse an nachwachsenden Rohstoffen wieder gestiegen (Abb. 5.10). Derzeit sind bei steigender Tendenz etwa 15 % der in der chemischen Industrie eingesetzten Rohstoffe nachwachsend. Die Chancen für die mitteleuropäische Landwirtschaft, diese Nische zu füllen, sind gut, zumal in der EU 20 % der landwirtschaftlichen Nutzfläche nicht mehr zur Nahrungsmittelgewinnung benötigt werden.

Die meisten der in Mitteleuropa verarbeiteten **Öle und Fette** werden importiert, überwiegend handelt es sich hierbei um Produkte von Öl- und Kokospalmen. In Mitteleuropa wird v. a. Raps angebaut, dessen Flächenanteil seit den 1980er Jahren wieder zunahm, in geringem Umfang auch Lein, Sonnenblumen, Soja

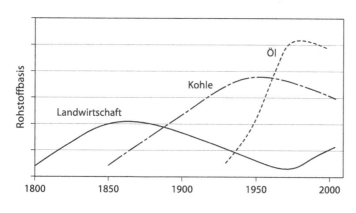

Abb. 5.10. Schema des Strukturwandels in der Rohstoffversorgung der chemischen Industrie.

Tabelle 5.5. Verwendungsmöglichkeiten natürlicher Öle und Fette.

In Mitteleuropa erzeugbar

Rapsöl	Schmiermittel, Tenside, Farben, Lacke, Polyethylenadditiv, Hilfsstoffe zur Erdölförderung, Treibstoff, Lebensmittelbereich
Leinöl	Lacke, Farben, Firnis, Linoleum, Druckfarben, Alkydharze, Weichmacher, PVC-Stabilisatoren, Lebensmittelbereich
Sonnenblumenöl	Farben, Lacke, Lebensmittelbereich
Sojaöl	Lacke, Farben, Firnis, Seifen, Schmiermittel, Alkydharze, Weichmacher, PVC-Stabilisatoren, Lebensmittelbereich
Safloröl	schnelltrocknende technische Öle, Alkydharze, Lacke, Farben, Firnis
Talg (Rinderfett)	Wasch- und Reinigungsmittel, Emulgatoren, Pharmazeutika, Kunststoffhilfsmittel, Kosmetika, Körperpflegemittel, Lacke, Farben, Lebensmittelbereich

In Mitteleuropa nicht erzeugbar

Kokosöl	Wasch- und Reinigungsmittel, Seifen, Tenside
Babassuöl	Emulgatoren, Kunststoffhilfsmittel, Kosmetika
Palmkernöl	Shampoos, Alkydharze
Palmöl	Seifen, Kerzen, Schmiermittel, Kosmetika, Pharmazeutika
Erdnussöl	Seifen, Waschmittel, Kosmetika, Pharmazeutika
Rizinusöl	Weichmacher, Parfüm, Lösemittel, Lacke, Farben, Pharmazeutika, Hydraulikflüssigkeiten, Schmiermittel, Seifen, Kosmetika, Linoleum, Alkydharze

und Saflor (Färberdistel). Aus den Samen dieser und anderer Pflanzen werden viele Produkte gewonnen, die in verschiedenen Bereichen Verwendung finden (Tabelle 5.5). Weltweit gibt es jedoch viele weitere Ölpflanzen, deren züchterische Bearbeitung lohnend ist (Box 5.3).

In der EU wird als wichtigster landwirtschaftlicher Chemierohstoff **Industriestärke** gewonnen. Ausgangspflanzen waren vor allem Mais (62 %), aber auch Kartoffeln (21 %) und Weizen (17 %). Der Haupteinsatzbereich von Stärke mit über der Hälfte der Produktion ergibt sich bei der Verleimung in der Papier- und Wellpappeherstellung, der vermehrte Einsatz von Altpapier hat daher den Stärkeabsatz erhöht. Daneben gibt es viele weitere Produkte und

▶ **Box 5.3**
Forschungsbedarf für Ölpflanzen

Lein ist eine für Mitteleuropa gut geeignete Pflanze, die züchterisch kaum bearbeitet ist, ihr Ertrag ist daher eher niedrig, ihr Potential jedoch groß. Quasi neu entdeckt wurde Linoleum, ein abriebfester und antistatischer Fußbodenbelag, welcher zu einem Drittel aus Leinöl (*Linum oleum*) besteht und das problematische PVC ersetzen kann. Der Pressrückstand aus der Ölgewinnung liefert ein eiweißhaltiges Viehfutter. Crambe (*Crambe abyssinica*) ist eine Meerkohlart aus dem Mittelmeergebiet, deren Öl wegen des hohen Gehaltes an Erucasäuren (langkettige Fettsäuren) besonders als Schmiermittel und als Weichmacher für Kunststoffe geeignet ist. Jojoba (*Simmondsia chinensis*) ist ein Strauch aus der Sonorawüste (Mexiko und Südwesten der USA), der gut in Trockengebieten gedeiht. Jojobaöl ist ein hervorragender Ersatz für das Öl des Pottwals; es findet Anwendung als hochwertiges Schmiermittel sowie im Kosmetikbereich. Obwohl die Anbautechnik noch nicht optimiert ist, gibt es derzeit bereits einige tausend ha Kulturfläche in den USA, ein Anbau in Australien ist im Aufbau.

Neben diesen Ölpflanzen gibt es eine Reihe weiterer Arten, die potentiell wichtige Ölproduzenten sind: Leindotter (*Camelina sativa*), Ölrettich (*Raphanus sativus cleiformis*), Ölrauke (*Eruca sativa*), Ölmadie (*Madia sativa*), Mohn (*Papaver somniferum*) und Ölkürbis (*Cucurbita pepo*) sowie verschiedene Senfarten. Sie weisen meist über 30 % Ölgehalt auf, verfügen über eine unterschiedliche, jedoch artspezifische Zusammensetzung bestimmter Fettsäuren und haben häufig einen hohen Eiweißgehalt. In Anbetracht des großen Potentials dieser Pflanzen werden vergleichsweise geringe Forschungsanstrengungen unternommen, um die Erträge bei geeigneten Pflanzen zu steigern und sie an bestimmte klimatische Bedingungen anzupassen.

Anwendungsgebiete, für die Stärke und ihre Derivate wichtig sind (Tabellen 5.6, 5.7). **Zucker** und die Abfallprodukte der Zuckerherstellung (Melasse) werden v. a. als Fermentationsrohstoff eingesetzt, d. h. als Energiesubstrat für Mikroorganismen, die andere Stoffe synthetisieren, welche anschließend gewonnen werden. Zucker stammt vor allem aus Zuckerrüben und Zuckerrohr.

Stärke kann Polyolefinen, v. a. **Polyethylen**, bis zu 70 % problemlos beigemischt werden. Hierdurch können nachwachsende Rohstoffe in großen Mengen eingesetzt werden, um fossile Rohstoffe (Erdöl) einzusparen. Die veränderte biologische Abbaubarkeit des Endproduktes ist ein sekundärer Aspekt. Stärke beeinträchtigt die Recyclingeigenschaften des Kunststoffes nicht, so dass sich diese Streckung der Erdölreserven gut mit einem eventuellen Recycling von vermischten Kunststoffabfällen verträgt (Kap. 6.3).

Ein wichtiger Anwendungsbereich ergibt sich für Stärke oder Glukose als Ausgangssubstrat für die Herstellung von **Biokunststoffen**. Diese Kohlenhydrate aus Getreide oder Zuckerrüben sind Substrat für das Bakterium *Ralstonia eutropha* (= *Alcaligenes eutrophus*), welches in einer gentechnisch modifizierten Variante große Mengen an Poly-hydroxy-Buttersäure (PHB) herstellt. Dieses Polymer hat

Tabelle 5.6. Verarbeitungsprodukte und Anwendungsgebiete von Chemiezucker und Industriestärke.

Verarbeitungsprodukte	Agrarprodukte, Anstrichmittel, Antibiotika, Bauchemikalien, Desinfektionsmittel, Emulgatoren, Erdölbohrungshilfsmittel, Farbstoffe, Gießereihilfsmittel, Gummiwaren, Keramik, Klebstoffe / Leime, Kosmetika, Kunststoffe, Leder, Lösungsmittel, Papier, Pappe, Pharmazeutika, Seifen, Textilhilfsmittel, Waschmittel, Weichmacher, Zahncreme
Anwendungsbereiche	Agrarwirtschaft, Bauchemie, Bergbau, Erdölbohrung, Farbstoffherstellung, Fermentation, Gießereien, Gummiverarbeitung, Keramikproduktion, Kosmetikproduktion, Kunststoffindustrie, Lederindustrie, Papierproduktion, pharmazeutische Industrie, Seifenherstellung, Textilverarbeitung

Tabelle 5.7. Stärkegehalt (%) einiger industriell hergestellter Produkte.

Tabletten	0,1–0,5
Verpackungspapier	1,4
Gipskartonplatten	0,5–3
Polyurethane (als Füllstoff)	10
Kunstharze	15
Wäschesteife	20
Zahnpasta	25

ähnliche Eigenschaften wie manche Kunststoffe. Neben PHB kann mit einem anderen Nahrungssubstrat auch Poly-hydroxy-Valeriat (PHV) produziert werden. Da PHV ebenfalls ein kunststoffähnliches Polymer ist, kann durch Veränderung des Verhältnisses von PHB : PHV die Materialeigenschaft bezüglich Flexibilität, Zähigkeit und Schmelzpunkt modifiziert werden. Diese Biokunststoffe können vielfältig eingesetzt werden, zersetzen sich jedoch unter den Bedingungen einer Mülldeponie oder eines Komposthaufens in 3–24 Monaten vollständig. Unter Nutzungsbedingungen (z. B. im Lebensmittelregal) findet kein Abbau statt, weil die Mikroorganismen fehlen. 1988 wurde unter dem Handelsnamen Biopol ein Biokunststoff von ICI Biological Products für „Plastik"flaschen hergestellt, verschwand jedoch wieder, da die Herstellungskosten viel zu hoch waren.

Das Hauptproblem biologisch erzeugter Kunststoffe ist die unwirtschaftliche Produktionsweise, da zuerst Kohlenhydrate unter Energieaufwand erzeugt werden müssen, die dann in Bakterienkulturen in Biokunststoffe umgewandelt werden. Diese müssen unter erneutem Energieaufwand isoliert und gereinigt werden. Inzwischen gelang es aber, die zur Synthese notwendigen Bakteriengene in Raps, Zuckerrüben und andere Pflanzen zu transferieren, so dass die Produktion und Gewinnung deutlich energie- und kostengünstiger wird. Nach wie vor ist die geringe Konzentration der Biokunststoffe in den Pflanzen produktionshemmend, so dass bis auf weiteres nicht mit einer nennenswerten Produktion von Biokunststoffen zu rechnen ist.

Es ist zur Zeit schwer zu beurteilen, ob **biologisch abbaubare Kunststoffe** ein Vorteil sind oder nicht. Das häufigste Gegenargument ist, dass die Bedingungen auf einer normalen Deponien (hohe Materialverdichtung, hohe Temperatur, geringe Substratfeuchte) nicht gewährleisten, dass diese Produkte innerhalb einiger Jahre abgebaut werden können. Selbst gut abbaubare Substanzen wie Zeitungspapier sind nach 50 Jahren Deponie oft noch unversehrt. Da Abfälle zunehmend verbrannt werden, ist es überdies kein Vorteil, wenn Kunststoffe biologisch abbaubar sind. Bei biologisch erzeugten Kunststoffen wäre der geschlossene CO_2-Kreislauf ein zentraler Vorteil, der hohe Energiebedarf der technisch aufwendigen Prozesse sorgt jedoch derzeit immer noch für eine deutlich negative Energiebilanz, so dass ein umfassender Anbau nicht sinnvoll ist.

Einige Pflanzenarten werden zur Gewinnung von **Pflanzenfasern** für die Textilproduktion angebaut. Mit 79 % der weltweiten Produktion ist Baumwolle die wichtigste Faserpflanze. Daneben sind Jute und juteähnliche Arten wichtig (13 % der Produktion von 2003), Flachs und Hanf tragen je 3 % zur Produktion bei, Ramie, Sisal und Agave zusammen 2 % sowie eine große Zahl weiterer Faserpflanzen zusammen ebenfalls 2 %. Heute werden Faserpflanzen überwiegend im tropisch-subtropischen Bereich der Erde angebaut, der in Mitteleuropa früher verbreitete Anbau kam in den letzten Jahrzehnten wegen fehlender Wirtschaftlichkeit zum

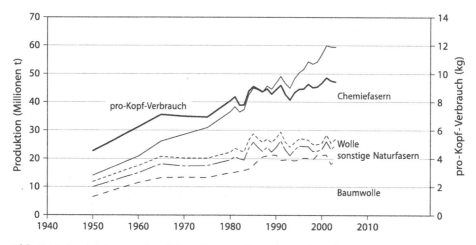

Abb. 5.11. Produktion an pflanzlichen (Baumwolle und sonstige pflanzliche Naturfasern), tierischen (Wolle und Seide) und synthetischen Fasern weltweit und pro Kopf der Weltbevölkerung. Ergänzt nach www.fao.org.

Erliegen. 1959 wurde die letzte deutsche Verarbeitungsanlage für Flachs geschlossen und in den 1970er Jahren wurde der Hanfanbau wegen einer möglichen Nebennutzung (Marihuana) eingestellt und verboten. Ende der 1980er Jahre zeichnete sich jedoch eine Belebung des einheimischen Faserpflanzenmarktes ab. So betrug die Flachsanbaufläche der EU 2002 rund 100.000 ha, auf 15.000 ha wurde Hanf angebaut. Die Weltproduktion an tierischen Fasern (Wolle und Seide) beträgt 2 Mio. t, so dass insgesamt 27 Mio. t erneuerbare Fasern hergestellt werden.

Dem steht eine Produktion von 34 Mio. t **Chemiefasern** gegenüber, die sich in den letzten Jahrzehnten kontinuierlich erhöhte (Abb. 5.11). Obwohl der Baumwollertrag pro Fläche in den letzten Jahrzehnten auf das Zwei- bis Dreifache gesteigert werden konnte, nahm die durch den Baumwollanbau genutzte Fläche ab. Insgesamt stagniert die Produktion von Baumwolle seit Mitte der 1980er Jahre. Dies dürfte mit der Konkurrenz zur Nahrungsmittelproduktion zusammenhängen, aber auch mit der in vielen Regionen immer kritischeren Wasserversorgung, die lokal zur Aufgabe der landwirtschaftlichen Nutzung führte (Box 3.9). Die Produktion von sonstigen Pflanzenfasern und tierischen Fasern ist in den letzten 50 Jahren im Wesentlichen stabil geblieben. Die Pro-Kopf-Produktion an Fasern wächst seit 1980 mit durchschnittlich 0,8 % jährlich vergleichsweise langsam.

Einer der ältesten nachwachsenden Rohstoffe, den die Menschheit genutzt hat, ist **Holz**. Es ist vielseitig einsetzbar als Energierohstoff (Feuerholz, Kap. 4.5.5), als Bauholz in der Bau- und Möbelindustrie und es liefert Holzschliff und Zellulose für die Papier- und Pappeindustrie. Weltweit wurden 2002 neben 3,4 Mrd. m^3 Rundholz etwa 2 Mrd. m^3 Feuerholz geschlagen. Insgesamt werden 6,6 Mrd. m^3 Holzprodukte genutzt.

Zwischen 1980 und heute produzierte Europa etwa 5 % mehr Holz als es verbrauchte, d. h. die Entnahme aus den Wäldern kann hier weiter gesteigert werden. Nord- und Zentralamerika wiesen einen Produktionsüberschuss von 20 % auf, Südamerika von 40 %, Afrika und Ozeanien von 50 %. Letzteres hängt auch mit der schwachen wirtschaftlichen Entwicklung dieser Regionen und dem Raubbau am tropischen Regenwald zusammen (Box 5.4). Demgegenüber benötigt Asien 60 % mehr Holz als es produzieren kann. Dies ist auf die boomende Industrie, das starke Bevölkerungswachstum und die in der Vergangenheit rücksichtslose Abholzung der Wälder zurückzuführen. Asien weist heute allerdings auch die größten Aufforstungsraten der Welt auf. Vor allem durch die großen Aufforstungsbemühungen Chinas (Box 4.5) haben sich die Plantagenflächen in Asien seit 1980 vervierfacht.

Bei herkömmlicher Bewirtschaftung als **Monokultur (Plantagenwirtschaft)** sind Wälder störanfällig und stellen artenarme, oft nicht standortgerechte Ökosysteme dar. Sie haben bei Kahlschlagwirtschaft je nach Baumart Umtriebzeiten von 100–200 Jahren. Waldplantagen müssen aber nicht zwangsläufig großflächig sein und können sehr wohl nachhaltig angelegt werden. Bei Plenterwirtschaft herrscht ein Mischwald vor, der meist aus Naturverjüngung hervorgeht und in dem sukzessive hiebreife Bäume gefällt werden, d. h. großflächige Kahlschläge werden vermieden. Bei Femelwirtschaft werden Gruppen von Bäumen oder kleine Flächen gerodet, also Vorteile von Plenterwirtschaft (Kleinräumigkeit) und Kahlschlagwirtschaft (Ökonomie) kombiniert.

▶ **Box 5.4**
Pro und Contra Tropenholz

Im Unterschied zur geordneten Waldwirtschaft vieler Gebiete der gemäßigten Zone wird in den Tropen fast immer Raubbau betrieben, d. h. Aufforstungen mit standortgerechten Baumarten unterbleiben. Durch die Nutzung der Ressource Tropenholz wird der Tropenwald also gleichzeitig vernichtet. Da die internationalen Konzerne, die das Holz exportieren, anschließend weiterziehen, bleibt vor Ort keinerlei nachhaltig nutzbare Struktur zurück, d. h. eine regionale Entwicklung gibt es nicht.

Sieht man von wenigen Spezialverwendungen ab, so ist Tropenholz durch Holzarten, die in Europa angebaut werden, problemlos zu ersetzen. Für wasserfeste Bauten kann statt Bongossi Robinie und Douglasie genutzt werden, für Fenster ist Lärche statt Meranti geeignet, Profilleisten und Türblätter können aus Birke, Linde, Kiefer und Pappel statt aus Ramin und Limba hergestellt werden (weitere Beispiele bei Behrend u. Paczian 1990).

In vielen Staaten ist es bereits zu irreversiblen Zerstörungen gekommen (Kap. 3.4.2). Staaten wie die Elfenbeinküste haben fast ihren gesamten Wald verloren. In Brasilien sind die im Süden ehemals weit verbreiteten Araukarienwälder durch rücksichtslose Nutzung völlig zerstört worden, so dass heute keine nennenswerte Nutzung mehr möglich ist (s. Abb.). Einzelne Baumarten, die Brasilien ehemals berühmt machten, sind fast verschwunden (der Brasil-Baum, Bahia-Rosenholz, Palisander, Brasil Mahagoni usw.).

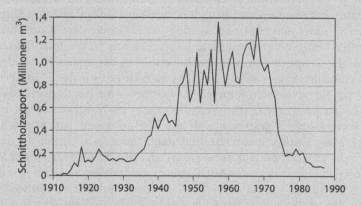

Der seit den 1980er Jahren von vielen Gruppen propagierte Tropenholzboykott ist daher eine sinnvolle Möglichkeit, den tropischen Regenwald zu schonen. Zudem wird die Entwicklung des betreffenden Landes eher gefördert als durch den Raubbau am Wald, da die Ressource Wald erhalten bleibt. Eine andere Möglichkeit besteht in Labelproduktion, etwa durch das FSC- (Forest-Stewardship-Council-)Zertifikat. Dieses existiert seit Anfang der 1990er Jahre und garantiert eine nachhaltige Waldbewirtschaftung. Es deckt derzeit Wälder in 56 Staaten ab, allerdings stammt nur 15 % der zertifizierten Produkte aus Tropenwäldern. Hier besteht also noch großer Nachholbedarf.

In den letzten Jahrzehnten wurden Forschungsanstrengungen intensiviert, um züchterisch **schnell wachsende Baumarten** zur Papierversorgung zu optimieren. Solche Holzplantagen sollen in einem Kurzumtrieb von nur 2–20 Jahren geerntet werden, z. T. werden nur die Stockausschläge genutzt. Pappeln, Weiden und Erlen werden bevorzugt angepflanzt, in Südeuropa auch Eukalyptus und Nadelhölzer (Kap. 3.4.2 und 10.1).

Papier wird aus einem erneuerbaren Rohstoff gewonnen, dessen Konfliktpotential hauptsächlich im Herstellungsverfahren liegt. Der chemische Holzaufschluss (Säurebehandlung) und die Zellstoffbleichung mit Chlor führen zu einer gewaltigen Umweltbelastung, die schließlich aus Umweltschutzgründen zum weitgehenden Rückzug der Zellstoffindustrie aus Mitteleuropa führte. Der größte Teil des inländisch verarbeiteten Zellstoffs stammt daher aus Skandinavien und Kanada. Die Umweltbelastung führte in Verbindung mit den Altpapierbergen (Abfallprobleme) zu einem verstärkten Papierrecycling, das heute in beträchtlichem Umfang Rohstoff, Wasser und Energie einspart (Kap. 6.3).

In den letzten Jahren hat sich die Situation der Papierindustrie stark verbessert. Die umweltverträgliche **Sauerstoffbleiche** ersetzt die Sulfid- bzw. Chlorbleiche, und neue Holzaufschlussverfahren auf der Basis organischer Lösungsmittel mit geschlossenem Lösungsmittelkreislauf reduzieren die Gewässerbelastung. Zunehmend werden auch nicht perfekt weiße Papiere akzeptiert, so dass unterschiedliche Recyclingqualitäten von Papier neue Absatzmärkte finden. Hierdurch wird es möglich, die einzelne Papierfaser mehrfach wieder zu verwenden, d. h. sie z. B. zuerst für Qualitätspapiere zu nutzen, dann als Zeitungspapier oder als Schreibpapier und am Schluss als Toilettenpapier oder Pappe.

Nachdem es 1839 dem Amerikaner Goodyear gelungen war, aus **Kautschuk** und Schwefel Gummi herzustellen und nachdem 1889 der Ire Dunlop luftgefüllte Gummireifen für Fahrräder eingeführt hatte, stieg die Nachfrage nach Kautschuk bis heute mehr oder weniger kontinuierlich. Kautschuk aus *Hevea brasiliensis*, einem brasilianischen Tropenbaum, verursachte daher in der ersten Hälfte des 20. Jahrhunderts einen gewaltigen Wirtschaftsboom. Weltweit wurden Plantagen zur Gewinnung von Naturkautschuk angelegt, daneben wird heute noch etwa 1 % in Wildbeständen gesammelt. Die Weltproduktion an Naturkautschuk ist bis heute zwar kontinuierlich gestiegen, mit der Verfügbarkeit von synthetischem Kautschuk sank jedoch sein Preis und damit auch sein Anteil an der Weltproduktion von 98 % (1939) auf 56 % (1955) und auf 33 % (1975) (Fischer Weltalmanach 2004). Seitdem stieg der Anteil wieder geringfügig an (2001 38 %), da bei bestimmten Produkten wie Winterreifen Naturkautschuk Vorteile aufweist. Außerdem stieg in den letzten Jahren der Bedarf an Latex für medizinische Handschuhe und Kondome. Die bedeutendsten Kautschukproduzenten sind Thailand (2001 2,4 Mio. t Trockengewicht), Indonesien (1,4 Mio. t) und Malaysia (0,7 Mio. t). Die Weltproduktion liegt bei 6,7 Mio. t.

Abfall

In Industrieanlagen werden aus Rohstoffen Waren produziert, die eine Zeitlang benötigt und genutzt werden, dann aber verbraucht oder defekt sind. Bei der Produktion, beim Transport und bei der Nutzung entstehen ebenfalls Abfälle. Aus Rohstoffen werden also nach einer nutzungsbedingten Zeitverzögerung stets Abfälle. Die Menge der in einer Volkswirtschaft verarbeiteten Rohstoffe entspricht daher der Menge der entstehenden Abfälle. Da die Nutzungsdauer jedoch lang sein kann, ist der direkte Zusammenhang oft verschleiert und es wird von einem Zwischenlager gesprochen, das die Rohstoffe auf dem Weg zum Abfall durchlaufen. Nur Recycling kann diese Einbahnstraße verändern.

Neben dem Rohstoffverbrauch gibt auch das **Bruttosozialprodukt** einen gewissen Anhaltswert für die Menge der entstehenden Abfälle. Abb. 6.1 zeigt, dass in der Schweiz die Abfallmengen stärker anstiegen als das Bevölkerungswachstum oder sogar das Bruttosozialprodukt. Mit zunehmendem Wohlstand nahm der Verbrauch zu und die Lebensdauer der Produkte ab, so dass der Stofffluss beschleunigt wurde. Im Vergleich mehrerer Volkswirtschaften fällt allerdings auf, dass es Staaten gibt, die pro Einheit des Bruttosozialproduktes unterschiedlich viel Abfall herstellen (Abb. 6.2). Dies hängt u. a. mit der Wirtschaftsstruktur zu-

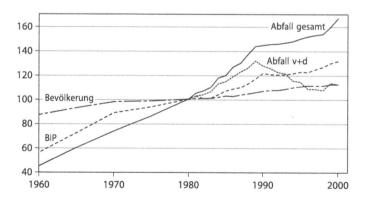

Abb. 6.1. Die Abfallmenge wächst stärker als das Bruttosozialprodukt (BIP) und die Bevölkerung. Angegeben sind Relativwerte, für die 1980 = 100 gesetzt wurde. Neben der gesamten Abfallmenge ist für den Zeitraum nach 1980 angegeben, wie viel hiervon verbrannt und deponiert (v+d) wurden, so dass die wieder gewonnene Differenzmenge erkennbar wird. Daten für die Schweiz nach BUWAL (2002)..

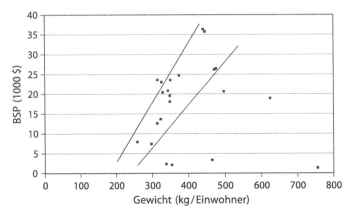

Abb. 6.2. Die jährlich pro Kopf der Bevölkerung anfallende Menge des Siedlungsabfalls erhöht sich mit dem Bruttosozialprodukt (in 1000 $). Allerdings ist dieser Zusammenhang recht lose (die beiden Linien geben lediglich einen Bereich an) und viele Staaten produzieren sehr viele mehr Abfall. Daten für europäische Staaten aus den 1990er Jahren.

sammen (Schwerindustrie oder chemische Industrie verursachen mehr Abfälle als Dienstleistungsunternehmen), mit den behördlichen Auflagen (bestimmte Produktionsverfahren können aus Umweltschutzgründen verboten sein), aber auch mit der Mentalität der Bevölkerung.

Abfall besteht aus einzelnen Komponenten, die in Verursachergruppen anfallen (Baugewerbe, Industrie, Haushalte usw., Tabelle 6.1). Er wird auf öffentlichen oder betriebseigenen Entsorgungswegen weitergeleitet und in verschiedenen Entsorgungsverfahren beseitigt (Deponie, Verbrennung, Wiederverarbeitung usw.). Diese unterschiedlichen Aspekte der Abfallwirtschaft lassen sich in nationalen Abfallbilanzen darstellen.

6.1
Aufkommen und Zusammensetzung

Über die Hälfte aller Abfälle wird in Deutschland durch das Baugewerbe angeliefert. Das verarbeitende Gewerbe (Industrie) produziert mit dem Bergbau 28 % der Abfälle, die Haushalte tragen mit 11 % (Siedlungsabfall) zum Abfallberg bei (Tabelle 6.1).

Als **Hausabfall** oder **Siedlungsabfall** bezeichnen wir die Abfälle im privaten Haushalt, einschließlich Sperrmüll und Kleingewerbeabfälle, jedoch ohne Sondermüll. Menge und Zusammensetzung des Hausabfalls haben sich in den letzten hundert Jahren deutlich verändert (Tabelle 6.2). Früher waren Rohstoffe und verarbeitete Produkte wertvoll, sie wurden in Handarbeit hergestellt, waren langlebig und konnten repariert bzw. wieder verwendet werden. Heute handelt es sich um Massenware, oft zum einmaligen Gebrauch hergestellt, denn Arbeitszeit ist wertvoll, so dass Handarbeit und Reparaturen ökonomisch wenig sinnvoll

Tabelle 6.1. Abfallaufkommen (Mio. t) in Deutschland für das Jahr 2000. Nach Umweltdaten Deutschland.

	Millionen t	%
Siedlungsabfälle	46	11
wiederverwertet	20	
verbrannt	11	
deponiert	15	
Bergematerial aus dem Bergbau	52	13
Abfälle aus dem produzierenden Gewerbe	46	11
Abfälle aus dem Baugewerbe	249	61
Sonderabfälle	17	4
total	410	

Tabelle 6.2. Die Veränderung wichtiger Eigenschaften des Hausmülls im Vergleich zwischen dem 19. und dem Ende des 20. Jahrhunderts.

	19. Jahrhundert	Ende 20. Jahrhundert
Produkt	Naturprodukte	viele synthetische Produkte
Produktion	Handarbeit	Serien-/Massenproduktion
Gebrauchszeiten	lang (Reparatur)	kurz (Einweg)
Recycling	intensiv	gering
Zusammensetzung		
Asche	viel	wenig
Altpapier	wenig	viel
Altglas	wenig	viel
Metall	wenig	viel
Kunststoffe	keine	viel
Abbaubarkeit	groß	gering / fehlend

sind. Der früheren intensiven Nutzung und geringen Abfallmenge steht heute eine geringe Recyclingquote und eine große Abfallmenge gegenüber.

Durch andere Heizsysteme (Erdöl und Erdgas statt Kohle oder Holz) ist der Ascheanfall im Hausmüll zurückgegangen. Früher wurde wenig Papier gebraucht und es wurde weiter verwendet oder verbrannt. Das Gleiche galt für Glas und Metall, die weniger gebraucht und

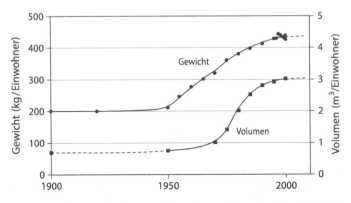

Abb. 6.3. Veränderung des Gewichtes (kg pro Einwohner) und des Volumens (m³ pro Einwohner) des pro Jahr anfallenden Siedlungsabfalls in Deutschland. Ergänzt nach verschiedenen Quellen, mit einer Prognose für die nächsten Jahre.

seltener weggeworfen wurden. Heutiger Hausmüll enthält einen großen Kunststoffanteil, der früher vollständig fehlte. Unser Abfall ist also biologisch schlechter abbaubar und einzelne Fraktionen aus synthetischen bzw. inerten Stoffen verändern sich auch unter günstigen Abbaubedingungen in Jahrzehnten und vermutlich Jahrhunderten nicht.

Um 1800 produzierte jeder Einwohner pro Jahr ca. 125 kg Hausmüll und um 1900 ca. 200 kg. Der Höchststand der Abfallproduktion wurde in Deutschland mit fast 450 kg (1997) erreicht (Abb. 6.3) und erst unter dem Druck der Entsorgungsprobleme wandelte sich die Einstellung zum Abfall. Er wird jetzt als Wertstoff gesehen, der wieder verwendet werden muss, da die Rohstoffe knapper werden (Kap. 5). **Separatsammlungen** von Glas, Papier usw. haben in der Folge eine bemerkenswerte Abnahme der Abfallmenge bewirkt. Vor allem wegen des zunehmenden Anteils von Kunststoff, der immer noch nicht genügend wieder verwendet wird, kam es trotz des abnehmenden Abfallgewichts zu einer Zunahme des Abfallvolumens.

Hausmüll besteht zu rund einem Viertel aus Pflanzenresten, zu einem weiteren Viertel aus feinen und mittelgroben Fraktionen (aus technischen Gründen so erfasst, hierbei handelt es sich überwiegend um organischen Abfall), ferner um Papier, Pappe, Glas und Kunststoffe sowie um Metalle, Textilien, Mineralien und Verbundmaterialien (Tabelle 6.3). Wegen der separaten Einsammlung von Glas, Metall und Papier ist der Umfang dieser Fraktionen rückläufig, während vor allem Verbundmaterialien und Kunststoffe zunehmen.

Als Gewerbeabfall wird häufig auch sogenannter **Luxusabfall** deklariert, das sind Produkte, die nicht verkauft werden konnten und aus unterschiedlichen Gründen als Abfall entsorgt werden, d. h. nie genutzt oder konsumiert wurden. Hierunter fallen Früchte und Gemüse, die im Lebensmittelladen anfaulten oder überreif wurden oder zur Preisstabilität vernichtet werden. Im Umfeld einer Stadt von 200.000 Einwohnern können so jährlich über 1000 t Lebensmittel vernichtet werden. Bei Produkten, die häufigen Modeschwankungen un-

Tabelle 6.3. Zusammensetzung des Hausmülls (Gewichtsprozent) in Deutschland 1985 (Umweltbundesamt 1989) und in der Schweiz 1993 (BUWAL 1995). Fehlende Angaben beruhen auf unterschiedlichen Definitionen der Abfallbestandteile in den beiden Ländern.

	Deutschland	Schweiz
Vegetabile Reste	30	23
Mittelmüll 8–40 mm	16	
Feinmüll 0–8 mm	10	5
Papier	12	21
Pappe	4	7
Glas	9	3
Verpackungsverbund	2	3
Materialverbund	1	8
Eisen-Metalle	3	2
Nichteisen-Metalle	1	1
Kunststoffe	5	14
Textilien	2	3
Mineralien	2	6
Wegwerfwindeln	3	
Problemabfälle	1	
Holz, Leder		5

terworfen sind, ist es üblich, Restbestände wegzuwerfen. Dies betrifft Kosmetika, Kleider und Schuhe, Sportartikel, aber auch Möbel und Geschirr und vieles andere mehr.

Industrieabfälle des produzierenden Gewerbes (Bauwirtschaft, Industrie, Energiewirtschaft usw.) sind heterogen zusammengesetzt. Es handelt sich hierbei zu fast zwei Dritteln um Bodenaushub und Bauschutt, aber auch um Schlacken, Asche, Verbrennungsrückstände und Schlämme sowie um ein weites Spektrum chemischer Abfälle. Die meisten dieser produktionsspezifischen

Abfälle sind ungefährlich bei der Ablagerung, das Hauptproblem ist ihre Menge. Solche Abfälle werden auch als quasi-inerte Abfälle bezeichnet. So fällt bei der Herstellung von Rohstahl Schlacke an und bei der Elektrizitätsgewinnung aus Kohle entsteht Asche. Die normale Bautätigkeit in einer Großstadt ergibt jährlich 60–80 kg Bauschutt pro Einwohner. Schädliche Abfälle, die in großen Mengen anfallen, sind z. B. Rotschlamm aus der Aluminiumproduktion, Salzabfälle und Abfallgipse. Gefährliche Stoffe sind z. B. giftige, wassergefährdende oder radioaktive Abfälle. Ihre Beseitigung erfolgt in Spezialanlagen mit Bewilligungs- und Kontrollinstanzen.

Sonderabfälle (auch Sondermüll oder „nachweispflichtige Abfälle") stammen in Deutschland zu knapp 60 % aus der chemischen Industrie, zu 15 % aus der Metallindustrie und zu 25 % aus allen übrigen Industriezweigen. Sonderabfälle bestehen v. a. aus Säuren, organischen Lösungsmitteln, halogenierten Verbindungen, Bohr- und Schleifemulsionen sowie Altöl, Rückständen aus Reinigungs- und Verbrennungsprozessen sowie verunreinigten Erden oder Schlämmen. Ein großer Teil des Sondermülls geht auf das Konto des motorisierten Verkehrs, v. a. des Autos. Altöl, Ölabscheiderschlämme, Rückstände vom Entwachsen und Waschen sowie durch Öl bzw. durch Schwermetall verschmutzte Straßensammlerschlämme fallen durch den Betrieb der Fahrzeuge an, nicht verwertbare Schredderabfälle bei ihrer Entsorgung. Dies alles verursacht ein Drittel des Sonderabfalls in der Schweiz.

Für Deutschland wurden 2000 17 Mio. t Sonderabfall angegeben, das sind rund 200 kg pro Kopf der Bevölkerung. Im Vergleich mit anderen Industriestaaten ist dies ein hoher Wert; solche Zahlen sind aber nur bedingt vergleichbar, denn jeder Staat definiert Sondermüll anders. So werden in der Schweiz Bleischrott oder zinkhaltige Stäube, die zu Aufbereitungsanlagen ins Ausland exportiert werden, als Sondermüll erfasst, während sie dort als Wirtschaftsgut oder Rohstoff gelten. Bekannt wurden einzelne Aktionen, in denen aus Sondermüll scheinbar hochwertige Produkte gemacht wurden. Beispielsweise wurden Altöl oder mit Sägemehl eingedickte brennbare Abfälle (Lackschlämme und Schmierfette) als Brennstoff verkauft. Elektrofilterasche wurde mit Schlacke vermischt als Baumaterial im Straßenbau verwendet. Solche oft schwer durchschaubaren Umdeklarationen sind jedoch bereits dem kriminellen Umfeld zuzurechnen.

Landwirtschaftliche Abfälle werden in Abfallstatistiken nicht erfasst, obwohl sie mengenmäßig gleichviel ausmachen wie alle übrigen Abfälle. Vielmehr werden Dung, Gülle, Stroh und Grünpflanzen betriebsintern „entsorgt" und gelten als Wirtschaftsdünger. Sie werden untergepflügt und dienen der Bodenverbesserung bzw. Düngung. Problematisch sind landwirtschaftliche Abfälle da, wo es regionale Überkapazitäten gibt, d. h. wenn die Relation zwischen dem Land, das gedüngt werden kann, und dem Düngeranfall nicht mehr stimmt. Dies ist meist in Betrieben mit Massentierhaltung („Tierfabriken") der Fall (Kap. 8.2).

6.2
Abfallbeseitigung

6.2.1
Deponie

Noch vor wenigen Jahrzehnten wurde jede Grube, die durch Kiesentnahme oder als Steinbruch entstand, aber auch Sümpfe, Bodensenken und kleine Täler mit Abfall aufgefüllt. Nach oberflächlicher Rekultivierung und Begrünung gerieten die Deponien in Vergessenheit. Heute gibt es vermehrt Proteste gegen diese unkontrollierte Ablagerung von Abfällen (ungeordnete Deponie) und man ist dazu übergegangen, große Deponien mittel- bis langfristig zu betreiben (geordnete Deponie). So ist auch eine vermehrte Kontrolle der Deponie möglich und die Nutzung von Deponiegasen erleichtert (Kap. 4.5.6). Bei ungeordneter Deponie ist die Gefahr groß, dass gefährliche Stoffe in das Grundwasser gelangen. Eine fehlende Absaugvorrichtung für Deponiegase verhindert über Jahrzehnte ein Begrünen der Deponie. Solche Deponien werden daher als **Altlasten** betrachtet und sind potentiell gefährlich. Die Zahl dieser umweltgefährdenden und sanierungsbedürftigen Deponiestandorte wird für Deutschland auf mindestens 20.000 geschätzt, in der Schweiz dürften es 500 Standorte sein, jeweils mit Sanierungskosten von vielen Mio. Euro (Kap. 7.3.2).

Durchschnittliche Hausmülldeponien geben wegen der biologischen Abbauprozesse 30 bis 100 Jahre Deponiegas ab, das v. a. aus Methan besteht. Weltweit werden jährlich geschätzt ca. 30–50 Mio. t Methan freigesetzt, die eine Klima beeinflussende Wirkung haben (Kap. 9.5). Daneben werden weitere Gase in geringer Konzentration abgegeben, meist Schwefelwasserstoff (im Mittelwert mehrerer Deponien 50 mg/m^3 jährlich) und Vinylchlorid (10 mg/m^3) sowie Benzol, Toluol, Xylol und Hexan in geringer Konzentration. Sickerwasser aus Hausmülldeponien enthält ferner Schwermetalle (v. a. Zink, Blei und Chrom), Fluor- und Chlorverbindungen.

In Deutschland wurde lange Zeit dem Deponieren der Abfälle Vorrang gegeben. Mit der **Verknappung von Deponieraum** werden jedoch immer höhere Anteile des Siedlungsabfalls verbrannt. Während Anfang der 1980er Jahre erst 10 % der Siedlungsabfälle verbrannt wurden, stieg dieser Anteil mit dem Ausbau der Verbrennungskapazität auf 42 % (2000) und geschätzt 70 % (2005) der nicht stofflich wieder verwendeten Abfallmengen. In der Schweiz wird die Strategie einer Volumen- und Gewichtsreduktion durch Verbrennen und Deponieren der Asche verfolgt. Fast 90 % der Siedlungsabfälle wurden in 2000 verbrannt, so dass mit der anfallenden Asche nur etwa 35 % deponiert wurden.

Die Veränderung der Zusammensetzung des Abfalls in den letzten Jahrzehnten führte dazu, dass immer geringere Anteile verrotten können. Durch den zunehmenden Einsatz von Verbrennungsanlagen werden nur noch **inerte Verbrennungsrückstände** deponiert. Durchschnittliche Deponiegut war in den 1970er Jahren zu über 50 % biologisch abbaubar, seitdem hat sich dieser Prozentsatz kontinuierlich verringert und wird möglicherweise in einigen Jahrzehnten gegen Null tendieren. In der Tiefe hoch verdichteter Deponien laufen zudem Abbauprozesse extrem langsam ab und können beispielsweise bei Papier viele Jahrzehnte dauern (Menges et al. 1992), so dass die biologische Abbaubarkeit in Deponien kein Kriterium in der Diskussion um verschiedene Entsorgungsarten darstellt.

Inertdeponien, die nicht mehr verrotten, werden somit in den nächsten Jahrzehnten Stand der Technik sein. Sie sind als Gegensatz zu den **Reaktordeponien** zu sehen, in denen wegen der Vielzahl noch reaktionsfreudiger Stoffe eine große und unbekannte Zahl chemischer Reaktionen abläuft und die Umwelt belastet. An Verbrennungsrückständen von Sondermüll ist inzwischen eine weitergehende Technik entwickelt worden, bei der die Rückstände unter hohem Druck zu Platten gepresst werden. Aus diesem hoch verdichteten Deponiegut findet kaum noch Auswaschung statt und der Deponieraum wird maximal genutzt.

> Mit zunehmenden Anforderungen an die **Umweltneutralität** von Deponien hat sich die Deponietechnik verbessert, gleichzeitig haben sich Spezialdeponien entwickelt. So unterscheiden wir Bauschutt- und Hausmülldeponien, Alteisen-, Klärschlamm-, Schlacke-, Sondermüll-, Atommüll- usw. Es ist sicherlich sinnvoll, im Interesse einer langfristigen Überwachung dieser Anlagen über ein geordnetes Deponierverhalten zu verfügen und Kenntnisse von den Deponiegütern zu haben. Häufig wird auch argumentiert, separates Deponieren sei im Sinne von zukünftigen Rohstofflagern eine Option auf mögliche Wiederaufbereitungstechniken. Dies mag stimmen, kann aber auch als Grund vorgeschoben werden, heute benötigte Strategien zur Abfallvermeidung nicht zu entwickeln.

Allein durch den Ruhrkohlebergbau wurden in den 1980er Jahren jährlich 60 Mio. m³ Hohlraum produziert, die für **Untertagedeponien** genutzt werden können, da es prinzipiell sinnvoll ist, die unterirdischen Hohlräume wieder zu füllen. Wenn dort die Abfälle aus der Kohleverbrennung (vor allem Flugasche der Elektrizitätswerke und Gips aus ihren Rauchgasentschwefelungsanlagen) deponiert werden, können Kriterien der Kreislaufwirtschaft erfüllt werden, d. h. die durch die Verbrennung der Kohle entstandenen Abfälle werden da abgelagert, wo die Kohle entnommen wurde.

Abfälle, die in das Meer fließen (**Verklappung**), werden in der offiziellen Wortwahl der Entsorgungswirtschaft „deponiert", obwohl solche Deponien nicht mehr lokalisiert und kontrolliert werden können. Im Bereich des Nordostatlantik inkl. der Nordsee wurden in den 1970er und 1980er Jahren jährlich über 100 Mio. t Industrieabfälle, Klärschlamm und Baggergut verklappt (Abb. 6.4). Dieses Verfahren zeichnet sich vor allem dadurch aus, dass es bei kurzfristiger Betrachtung billig ist. Da viele Abfälle aber im Kreislauf der Natur erhalten bleiben, ergibt sich nur eine Verlagerung der Entsorgungskosten auf die Allgemeinheit, auf Nichtbetroffene und/oder auf spätere Jahre und Generationen. Die immensen ökologischen Folgeschäden betragen später ein Vielfaches der eingesparten Entsorgungskosten. Im Rahmen der Nordseeschutz-Konferenz hat man daher die Verklappung von Industrieabfällen ab 1989 verboten. Großbritannien stellte sie als letzter Staat 1992 ein. Klärschlammausbringung wurde ab 1999 untersagt. Ein Verbot der Verklappung von Baggergut war bisher jedoch noch nicht durchsetzbar. Hierbei handelt es sich überwiegend um Baggergut aus Wasserstrassen und Häfen, die wegen der Dynamik des Fluss- und Meeresbodens bzw. wegen der Nutzeranforderungen ständig ausgebaggert werden müssen. Einerseits wird

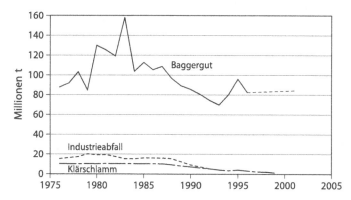

Abb. 6.4. Mengenmäßiger Umfang der im Nordatlantik und in der Nordsee deponierten Abfälle. Ergänzt nach Lozan et al. (1990) und Umweltdaten Deutschland. Die Entwicklung der Zahlen für das Baggergut beruhen auf einer Schätzung.

also Sediment nur innerhalb des gleichen Wasserkörpers umgelagert, andererseits sind diese küstennahen Schlamme und Sande stark mit Schwermetallen und anderen Umweltchemikalien belastet.

Radioaktive Abfälle wurden bisher in großem Umfang in flüssiger und verfestigter Form ins Meer gekippt. Bedenklich ist hierbei die schnelle Freisetzung von Radioaktivität, da wegen des Wasserdrucks ein Drittel der Fässer und zwei Drittel der Betonblöcke, in die radioaktive Abfälle meist eingegossen werden, bereits in Tiefen von einigen 100 m bersten. Dies führt zu einer unkontrollierten radioaktiven Belastung der Umwelt, die weit reichende Folgen haben kann (Kap. 8.5). Klassische Beispiele für die verantwortungslose Entsorgungspraxis von Atommüll finden sich bei Strohm (1981), Entsorgungsprobleme bei der Nutzung der Kernenergie sind in Kap. 4.4.4 behandelt.

6.2.2
Verbrennung

Das Hauptziel der Abfallverbrennung, in der Sprache der Abfallwirtschaft auch **thermische Behandlung** genannt, besteht darin, das Volumen des Abfallberges zu reduzieren. Zudem werden organische Schadstoffe zerstört, so dass die Belastung der Umgebung deutlich reduziert ist, Geruchsbelästigung und Luftbelastung (z. B. durch Methan) entfallen. Ein erwünschter Nebeneffekt ist die Gewinnung von Wärmeenergie und Elektrizität. Die Verbrennungsrückstände (Asche, Schlacke, Rückstände der Abgasreinigung) konzentrieren alle nicht brennbaren Komponenten des Abfallberges und werden auf Schlackedeponien gelagert. Als typische Inertdeponien sind sie weniger bedenklich als normale Hausmülldeponien. Bei einer Aufarbeitung der Schlacke könnten zudem ca. 80 % als Sekundärbaustoff im Straßenbau eingesetzt werden.

Hausmüll hat heute einen Brennwert von 11–16 MJ/kg (Tabelle 4.1). Der Kunststoffanteil hat einen höheren Brennwert (ca. 27 MJ/kg), die pflanzlichen Reste einen geringeren (ca. 4,5 MJ/kg). Wenn der Aschegehalt unter 60 % bleibt und im Hausmüll mindestens 25 % Brennbares und höchstens 50 % Wasser enthalten sind, verbrennt er ohne zusätzliche Energiezufuhr. Als in den 1980er Jahren separate Altpapiersammlungen eingeführt wurden, gab es anfangs Probleme mit der verringerten Verbrennungstemperatur, so dass einzelne Verbrennungsanlagen dem Hausmüll Altpapier oder Heizöl zufügten, um die Verbrennungstemperatur zu erhöhen. Als später mehr Grünabfälle gesammelt wurden und der Wassergehalt des Hausmülls sank, stieg die Ofentemperatur wieder. Durch den wachsenden Kunststoffanteil steigt seitdem der Brennwert und neue Anlagen werden schon auf einen höheren Heizwert ausgelegt (Abb. 6.5).

Bei Verbrennungstemperaturen zwischen 800 und 1000 °C entstehen pro t Abfall 250–300 kg feste **Verbrennungsrückstände** (Schlacke), 15 kg Flugasche sowie 3 kg Filterkuchen aus der Abgasreinigung. Schlacke enthält durchschnittlich ca. 10 % metallische Rückstände, die einer Wiederverwendung zugeführt werden. Neben Eisen finden sich auch andere schwerflüchtige Metallverbindungen (besonders Aluminium und Chrom) in der Schlacke wieder, mittelflüchtige (Blei, Cadmium, Zink) im Elektrofilter, leichtflüchtige (Quecksilber) können durch die Rauchgasreinigung zurückgehalten werden. Durch moderne Anlagen gelang es, die Schadstoffemission der Müllverbrennungsanlagen deutlich zu senken. Vor allem bei HCl, SO_2 und Kohlenwasserstoffen enthalten die Abgase moderner Anlagen deutlich weniger als 1 % der ursprünglichen Schadstofffracht, bei Quecksilber und Cadmium sind heute ebenfalls sehr hohe Rückgewinnungsraten möglich. Werden Abgase unselektiv gefiltert, enthält der Filterkuchen hohe Salz- und Schwermetallkonzentrationen und muss deponiert werden. Werden mehrstufige Techniken verwendet, können schwermetallreiche Fraktionen gezielt erfasst und weiterverarbeitet werden.

An **gasförmigen Emissionen**, die nicht leicht weggefiltert werden können, sind vor allem Stickoxide und Kohlendioxid zu erwähnen. Stickoxide können in Entstickungsanlagen zu einem geringen Teil vermieden werden, der Aufwand ist jedoch beträchtlich. Problematisch war früher die Emission von Dioxinen (Kap. 8.4.3), die bei der für Müllverbrennungsanlagen typischen Temperatur und den verfügbaren Halogenen (v. a. Chlor aus PVC) entstehen. Durch die höheren Temperaturen moderner Anlagen werden sie jedoch weitgehend zerstört.

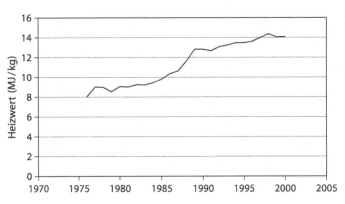

Abb. 6.5. Veränderung des Heizwertes von Siedlungsabfällen durch die Veränderung ihrer Zusammensetzung. Angaben für Schweizer Verbrennungsanlagen. Ergänzt nach BUWAL (2002).

In Deutschland stehen 75 **Verbrennungsanlagen** für Hausmüll zur Verfügung (Daten für 2005), die jährlich 18 Mio. t Abfall verbrennen. Somit können 40 % der Siedlungsabfälle bzw. 70 % der nicht stofflich verwerteten Siedlungsabfälle verbrannt werden. In Österreich werden lediglich 17 % der Siedlungsabfälle verbrannt. In der Schweiz waren 2001 57 Verbrennungsöfen in Betrieb, die mit einer Kapazität von 3 Mio. t über 90 % der Abfälle verbrannten.

Bei Verbrennungsanlagen gibt es einen Trend zu **Spezialanlagen.** Neben Hausmüll- und Klärschlammverbrennungsanlagen werden vor allem in Zementwerken Abfallarten verbrannt, die eine besonders hohe Temperatur benötigen bzw. erzeugen (z. B. Altreifen). Neuerdings wird der hohe Energiegehalt von manchem Sondermüll auch gezielt eingesetzt, um den großen Energiebedarf der Zementwerke zu decken. Die Verbrennung von chlorhaltigem Sondermüll auf der Nordsee wurde nach schweren Protesten Ende 1991 eingestellt (Box 6.1).

Es gibt keine Regeln, welche **Sonderabfälle** verbrannt werden sollten. Es werden v. a. gut brennbare Abfälle verbrannt, manchmal nach einer Vorbehandlung, bei der z. B. eine wässrige Fraktion abgetrennt wird. Ölschlämme, Motorenöl und sonstige ölhaltige Abfälle werden durch Verbrennen entsorgt. Daneben werden organische Filterrückstände, unterschiedlichste Nebenprodukte organischer Synthesen der chemischen Industrie, halogenierte organische Abfälle, Lösungsmittel und Destillationsrückstände verbrannt. Für Farbreste, Altmedikamente und PCB-haltige Abfälle ist Verbrennen ebenfalls die dem Stand der Technik entsprechende Entsorgungsart. Das Verbrennen von Sondermüll ist zu begrüßen, wenn dadurch nur noch die weniger toxischen Verbrennungsrückstände abgelagert werden müssen, so dass von diesen Deponien keine Umweltgefahr mehr ausgeht. Prinzipiell sollte jedoch angestrebt werden, Sonderabfall zu vermeiden.

6.2.3
Kompostierung

Unter Kompostierung verstehen wir den natürlichen Abbau von **Biomasse** durch Mikroorganismen, Pilze, Einzeller und Tiere. Die Kompostierung von Abfällen ist die älteste Form der Abfallbeseitigung. Unter günstigen Bedingungen entsteht in diesem Prozess, der Temperaturen von 50–70 °C erzeugen kann und einige Monate dauert, aus einer t Grünabfall etwa 0,3 t Kompost mit einem Wassergehalt von 50 %. In der Regel ist die Schadstoffbelastung von Kompost gering und Schwermetalle reichern sich nicht an.

Kompost führt zu einer Erhöhung des **Humusgehaltes** im Boden, vermindert den Erosionsverlust an der Bodenoberfläche und verbessert die Bodenstruktur. Absatzmöglichkeiten ergeben sich auch als Ersatz für Torf (Torf enthält kaum Nährstoffe, führt zu Bodenversauerung und seine Gewinnung zerstört ganze Lebensräume). Kompost wird im Kleingartenbereich und im gärtnerischen Gemüsebau, in der Landwirtschaft, im Obst- und Weinbau, in Baumschulen, zur Rekultivierung von Halden, Deponien usw. und im Straßenbau eingesetzt. In der Schweiz wurden im Jahr 2000 über 400.000 t Kompost in größeren Anlagen und durch Feldrandkompostierung produziert.

▶ *Box 6.1*
Sondermüllverbrennung auf der Nordsee

Das Verbrennen auf See wurde 1969 begonnen, um vor allem chlorierte Kohlenwasser-stoffe und ähnliche Problemabfälle entsorgen zu können. Nachdem der erste Standort eines Verbrennungsschiffes 30 km vor der holländischen Küste zu Beschwerden we-gen Geruchsbelästigung führte, wurde der Standort in die mittlere Nordsee verlegt. Als dann Mitte der 1980er Jahren ein neuer Rekord bei der Menge verbrannter Abfälle er-reicht worden war, deutete sich auch ein Ende dieses „Entsorgungsweges" an (s. Abb.).

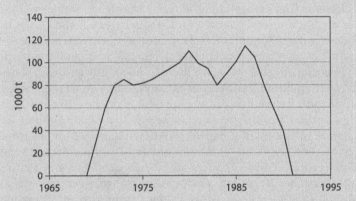

Umfang der zur Verbrennung auf der Nordsee angelieferten Mengen von Sonderabfall (in 1000 t). Ergänzt nach Umweltdaten Deutschland (2002).

Ende 1989 stellte Deutschland das letzte Verbrennungsschiff außer Dienst und bis 1991, folgten die anderen Staaten. Die Verbrennung auf See war seinerzeit begon-nen worden, weil man annahm, dass das große Volumen des Meeres mit seiner ho-hen Pufferkapazität alle anfallenden Abgase binden und neutralisieren würde. Zudem wurde angegeben, dass wegen der hohen Verbrennungstemperaturen von 1500 °C die Bildung unerwünschter Substanzen wie Dioxine und Furane unterbleiben würde. Da sich zudem keine Nachbarn über die Emissionen beschwerten, konnten sich die Verbrennungsschiffe die teuren Filteranlagen ersparen. Dies reduzierte zwar die Kosten der Verbrennung auf ein Drittel der an Land anfallenden Kosten und machte die See-verbrennung somit lukrativ, führte aber letztlich dann doch zu einem massiven Schad-stoffeintrag in das Meer. Die Hälfte der Abfälle, die in der zweiten Hälfte der 1980er Jahre auf der Nordsee verbrannt wurden, stammten aus Deutschland, je 10–15 % aus Belgien, Frankreich und der Schweiz. Es gilt heute als gesichert, dass die Verbrennung von Sondermüll auf der Nordsee einen nicht unerheblichen Beitrag zur Belastung die-ses Ökosystems darstellte.

6.2.4
Export

Der Export von Abfall ist keine Möglichkeit, diesen zu beseitigen. In der Praxis werden die meisten Abfälle daher exportiert, um im Ausland wieder verwendet, verbrannt oder deponiert zu werden, wenn dies im eigenen Land nicht möglich oder zu kostspielig ist. Ein Teil der Exporte erfolgt auch, weil es nur so legal möglich ist, Sondermüll zu beseitigen, der im Inland z. B. wegen strenger gesetzlicher Auflagen nicht beseitigt werden kann. Somit ist der Export (der gerne als „Verbringung" bezeichnet wird) dann eben doch eine Art Abfallbeseitigung.

Sondermüllexporte dürfen nicht erfolgen, um strengere Bestimmungen im eigenen Land zu umgehen, sondern nur, wenn es eine bestimmte Wiederverwertungstechnik im eigenen Land nicht gibt. So hat die Schweiz metallhaltige Abfälle, Filterstäube und Schlämme exportiert, damit sie in den Nachbarstaaten wieder verwendet werden konnten. Das Gleiche gilt für bestimmte Lösungsmittel, die dort wieder verwendet wurden. Daneben wurden aber auch Abfälle zum Verbrennen und zum Deponieren exportiert, weil im eigenen Land die hierzu benötigten Kapazitäten fehlten. Wenn solche Exporte leicht möglich sind, wird also auch der Aufbau einer eigenen Entsorgungsindustrie verhindert.

Regelmäßig werden Beispiele **illegaler Sondermüllexporte** bekannt, etwa die „Irrfahrt" der Khian Sea, die in den 1980er Jahren unter liberianischer Flagge 13.500 t Verbrennungsrückstände aus den USA exportierte. Die Lagerung auf Haiti scheiterte, so dass der Frachter zu den Bahamas, in die Dominikanische Republik und dann zu den Bermudas fuhr, wo die Lagerung jeweils abgelehnt wurde. In Chile schlugen die Organisatoren vor, die Fracht in einer stillgelegten Mine zu deponieren, in Honduras wollte man einen Sumpf trockenlegen, in Costa Rica versuchte man die Schlacke als Baumaterial und (erneut) auf Haiti als Düngemittel zu deklarieren. Hier gelang es der Besatzung 3.000 t in einem Mangrovensumpf zu deponieren. Als die Fahrt des Schiffes vor Jugoslawien beendet wurde, befanden sich nur noch 3.500 t an Bord, den Rest hatte es „verloren".

Beliebte Exportländer sind Länder der **Dritten Welt.** Japan exportiert Sondermüll bevorzugt in den Pazifikraum und nach Südasien, Singapur nach Thailand, die BRD (bis 1989) in die DDR, danach nach Polen, andere westeuropäische Staaten nach Afrika sowie Osteuropa, die USA nach Lateinamerika und in die Karibik. Besonders bedenklich sind Entwicklungen, in denen staatliche Hilfen an Exportgarantien gekoppelt werden. So sagte Frankreich Benin Entwicklungshilfe zu, wenn dieser Staat Sondermüll annehmen würde. Ein Wirtschaftsabkommen zwischen Deutschland und China platzte 1988, weil bekannt wurde, dass China als Gegenleistung die Lagerung radioaktiver Abfälle in einem Wüstengebiet zusagen sollte. Als Reaktion auf solche Vorhaben haben einzelne Staaten und Organisationen entsprechende Importe verboten. Die Organisation für Afrikanische Einheit OAU hat 1989 jegliche Abfalltransporte in ihre Mitgliederländer untersagt. Im gleichen Jahr wurde eine Bestimmung in das vierte Abkommen von Lomé integriert, die Müllexport aus einem EU-Land in einen AKP-Staat (afrikanische, karibische und pazifische Staaten, v. a. die ehemaligen Kolonien Europas) untersagt. 1994 wurden Sondermüllexporte zur Endlagerung aus OECD-Ländern in die Dritte Welt verboten.

Abgelöst wurden diese Bemühungen schließlich durch das globale Vertragwerk der **Basler Konvention** über die Kontrolle der grenzüberschreitenden Verbringung gefährlicher Abfälle und ihrer Entsorgung von 1989. Es trat 1992 in Kraft und wurde inzwischen von 152 Ländern als Vertragsparteien unterschrieben, leider noch nicht von den USA. Die Basler Konvention beabsichtigt, grenzüberschreitende Transporte von gefährlichen Abfällen auf ein Minimum zu reduzieren. Gefährliche Abfälle sollen möglichst nahe beim Entstehungsort umweltgerecht behandelt, verwertet und entsorgt werden. Zudem soll die Entstehung von Sonderabfällen z. B. durch den Einsatz von sauberen Produktionstechnologien an der Quelle verringert werden.

Seit Mitte der 1990er Jahren sind vereinzelt **Sondermüll-Altlasten** (vor allem Biozide) aus der Dritten Welt zur Entsorgung in Spezialöfen nach Europa zurück gebracht worden. Einzelne Industriestaaten und die FAO bezahlen diese Programme, die jedoch um ein vielfaches intensiver durchgeführt werden müssten, um die in der Dritten Welt inzwischen stark gewachsenen Lager abzubauen.

6.3
Recycling zur Abfallreduktion

6.3.1
Altglas

Seit mehreren Jahrzehnten wird in vielen Ländern Altglas separat gesammelt. Das Aufstellen von Containern, in denen Altglas vom Konsumenten nach Farbe getrennt wird, ermöglicht ein ökonomisches Sammeln großer Mengen Altglas, so dass sich für den Verarbeiter ein reiner **Sekundärrohstoff** zu günstigen Preisen ergibt. In Deutschland werden mit über 300.000 Altglascontainern derzeit fast 85 % des Flaschenglas (auch Hohlglas, Behälterglas) erfasst und einer Wiederverwendung zugeführt, in der Schweiz sind es 91 % (Abb. 6.6).

Neben einer Müllvermeidung ergibt sich durch getrenntes Einsammeln von Altglas auch ein wichtiger **Energiespareffekt**. Denn Altglas lässt sich durch einfaches Einschmelzen wieder zu Neuglas verarbeitet, und es werden keine zusätzlichen Rohstoffe benötigt. Diese haben zudem einen höheren Schmelzpunkt als Glas, so dass pro 10 % Altglasanteil 2,5 % weniger Energie benötigt wird. Wird Neuglas aus 100 % Altglas hergestellt, können 25 % Energie eingespart werden, d. h. es ergeben sich deutlich weniger Emissionen, u. a. auch eine geringere Belastung der Atmosphäre durch CO_2. Für die Grünglas- und Braunglasproduktion können 95 % Altglas eingesetzt werden, für die Weißglasproduktion 70 %.

Flachglasprodukte wie Fensterglas oder Autoscheiben haben besonders hohe Qualitätsanforderungen, so dass für die Wiederverwendung nur sortenreines Altglas verwendet werden kann. Im Flachglas verarbeitenden Gewerbe wurden aber in den letzten Jahren die Sammelsysteme auch ausgebaut, so dass inzwi-

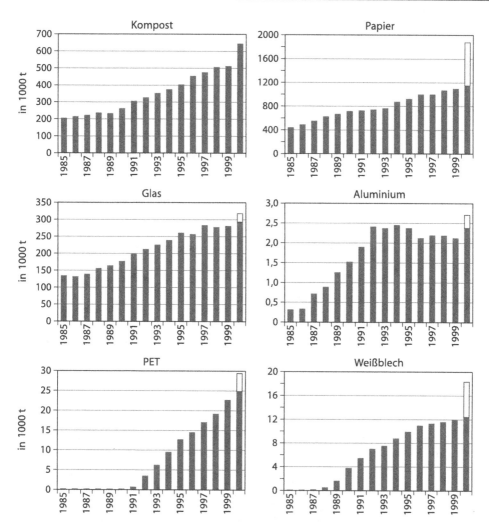

Abb. 6.6. Umfang der Separatsammlung von Grünabfall, Papier, Glas, Aluminium, PET und Weißblech aus Siedlungsabfällen von 1985 bis 2000 (in 1000 t). Für das letzte Jahr ist zusätzlich der gesamte Verbrauch angegeben, so dass der relative Anteil der Separatsammlung erkennbar wird. Als Kompost sind die Mengen von Grünabfall angegeben, die in zentralen Kompostieranlagen produziert wurden. Daten für die Schweiz aus BUWAL (2002).

schen 60 % des Flachglases aus dem Bau- und Fahrzeugsektor wieder verwendet wird. Stark verschmutztes Flachglas oder überzähliges Behälterglas kann zudem in anderen Bereichen eingesetzt werden, etwa zur Herstellung von hochwertigen Isolationsmaterialien (Dämmwolle, Schaumglas) oder Glasbausteinen, Schmirgelpapier usw. Ein Einsatz als Kies- und Sandersatz ist abzulehnen, da diese Materialen nicht selten sind und es sich somit um Downcycling handeln würde.

6.3.2
Altpapier

Die Papierproduktion steigt weltweit seit Jahrzehnten an. Der Pro-Kopf-Verbrauch liegt in den meisten Industriestaaten bei 200 - 350 kg jährlich, in den Entwicklungsländern beträchtlich tiefer, z. T. unter 10 kg. Der Weltdurchschnitt liegt bei 60 kg. Weit über 90 % des Papiers werden innerhalb eines Jahres zu Altpapier und nur geringe Anteile müssen längerfristig archiviert werden. Es kommen also gewaltige Müllprobleme auf uns zu. Obwohl Papier einer der klassischen **nachwachsenden Rohstoffe** ist, gibt es neben dem reinen Mengenproblem bei der Beseitigung des Abfallpapiers auch ein Rohstoffproblem, Probleme bei der Umweltbelastung und energetische Aspekte. Sie können allesamt gemindert werden, wenn Altpapier Neupapier ersetzt (Box 6.2).

Aus mitteleuropäischer Sicht scheint es bei der Papierproduktion keinen Rohstoffmangel zu geben. In der Schweiz fällt mehr Holz an, als jährlich verbraucht wird, obwohl dort bereits 25 % der Holzproduktion von der Papierindustrie abgenommen werden. Die Situation in Deutschland ist ähnlich. Bei einer globalen Betrachtung zeigt sich jedoch, dass in Amazonien riesige **Holzplantagen** für Papierrohstoff angelegt wurden. In weiten Bereichen Südostasiens werden die Tropenwälder für den Papierverbrauch von Japan abgeholzt. Die borealen Wälder Eurasiens und Kanadas werden schneller abgeholzt als sie nachwachsen. Im Mittelmeerraum wird die natürliche Vegetation immer mehr durch Eukalyptusplantagen verdrängt, um die einheimische Papierindustrie mit Zellulose zu versorgen (Kap. 5.4). Vermehrtes Altpapierrecycling führt also direkt zu einer wirksamen Schonung dieser Lebensräume.

Das **Altpapieraufkommen** steigt seit den 1950er Jahren genauso konstant wie der Papierverbrauch (Abb. 6.7). 2001 wurden in Deutschland 75 % des verbrauchten Papiers wieder eingesammelt (Schweiz 65 %) (Abb. 6.6). Allerdings wurden lediglich 65 % des Altpapiers erneut zur Papierproduktion eingesetzt, denn dem Einsatz von Altpapier sind Grenzen gesetzt. Je häufiger Papier wieder verwendet wird, desto mehr nimmt die Faserlänge ab, Verschmutzungen und Farbstoffreste

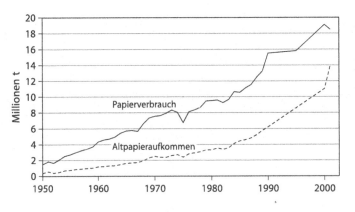

Abb. 6.7.
Papierverbrauch und Altpapieraufkommen (in Mio. t) in Deutschland. Ergänzt nach Umweltdaten Deutschland.

► **Box 6.2**
Holz, Papier, Altpapier

Zur Herstellung von Zellulose werden Holzfasern mit schwefel- und chlorhaltigen Waschmitteln unter Druck gekocht, bis das bräunliche Lignin gelöst ist. Je nach eingesetzten Mitteln spricht man von Sulfit- oder Sulfatzellstoff. Anschließend erfolgt eine Bleichung der Fasern. Klassischerweise wurde hierfür elementares Chlor eingesetzt. Dies führt zu einer starken Belastung des Abwassers mit chlororganischen Verbindungen und Spuren von chlorierten Dioxinen. Diese werden als AOX *(absorbed organic halogene)* gemessen. In Europa verzichtet man heute weitgehend auf diese Bleichung und setzt eine chlorarme Bleichung mit Chlordioxid ein. So gewonnener Zellstoff wird ECF *(elemental chlorine free)* Zellstoff genannt und reduziert die Belastung mit elementarem Chlor und Dioxinen auf ein Zehntel. Um ohne Chlor auszukommen, haben führende europäische Zellstoffhersteller eine Bleichung mit Wasserstoffperoxid eingeführt. Dieser Zellstoff nennt sich TCF-Zellstoff, *total chlorine free.*

Wegen der stark belasteten Abwässer und Abgase zählen Zellulose-Fabriken weltweit zu den größten Umweltverschmutzern. In Mitteleuropa sind sie nur mit aufwendigen (d. h. teuren) Abwasserreinigungs- und Rauchgasentschwefelungsanlagen zugelassen, so dass die meisten Papierfabriken ihre Zelluloseproduktion eingestellt haben und direkt Zellulose aus Kanada, Skandinavien und Russland importieren. Hierdurch werden unsere Umweltbelastungen dorthin exportiert. Beim Altpapierrecycling bzw. einer teilweisen Substitution von Zellulose durch Altpapier kann ein Grossteil dieser Umweltbelastung vermieden werden, denn Papierrecycling reduziert den Wasserverbrauch und die Abwasserbelastung. Darüber hinaus ist je nach Art der Rohstofferzeugung, der Papierherstellung und der Qualitätsanforderung eine beträchtliche Energieeinsparung erzielbar.

Eine sehr umfassende Studie des deutschen Umweltbundesamtes (Tiedemann et al. 2000) bestätigt, dass es wesentlich umweltverträglicher ist, Papiere aus Altpapier herzustellen, als dafür frische Zellstofffasern zu benutzen. Vorteile ergaben sich in den Kategorien Knappheit fossiler Energieträger, Treibhauspotenzial, Sommersmog, Versauerungspotenzial und Überdüngung von Böden und Gewässern. Hervorzuheben ist der Vorteil beim Treibhauspotenzial, das große ökologische Priorität hat. Für Altpapierrecycling spricht auch, dass mehr Holz auf den Waldflächen verbleibt und der Anteil Waldflächen, die sich vom Menschen unbeeinflusst entwickeln können, ansteigt. Papier, das vollständig aus Altpapier hergestellt ist, spart bis zu 85 % des Wasserverbrauchs, 95 % der Abwasserbelastung und 35–70 % der Energie.

nehmen zu. Je nach Qualitätsanforderungen kann daher nur eine bestimmte Menge Altpapier für ein neues Papier verwendet werden. Zeitungspapier besteht je nach technischem Verfahren aus 40 - 70 % Altpapier, Karton und Wellpappe zu 80 bis 100 %, Hygienepapiere bis zu 100 %. In anspruchsvolle Druck- und

Schreibpapiere können häufig nur 5 % Altpapieranteil beigemischt werden. In der Praxis werden hochwertige Papiere aus Zellulose hergestellt, nach ihrer Verwendung werden sie als Altpapier minderen Qualitäten in unterschiedlichen Anteilen beigemischt. In einem weiteren Zyklus könnte reines Recyclingpapier hergestellt werden, anschließend wegen der abnehmenden Faserlänge Pappe oder Hygienepapiere. Ein drei- bis viermaliger Durchlauf jeder Zellulosefaser ist also theoretisch möglich.

Fachleute unterscheiden bis zu 30 verschiedene **Altpapierqualitäten.** Die beste Qualität besteht aus reinen Zelluloseabfällen, wie sie bei der Papierproduktion und beim Beschneiden von Rändern anfallen. Die schlechtesten Altpapierqualitäten ergeben sich aus der vermischten Papierfraktion des Hausmülls, aus der dann nur noch graue Altpapiere oder Pappen hergestellt werden können. Neuerdings wird dem durch Deinken, also dem Entfernen der Druckfarben unter Zusatz von Chemikalien (vor allem Fettsäuren), entgegengewirkt. Es ist somit möglich, mehr Altpapier zu verwenden und relativ helle Papierqualitäten zu erzielen. Nachteilig ist die große Abfallmenge, die aus Druckerfarben und den chemischen Zusätzen besteht. Durch Deinken erhöht sich die Abfallmenge von 10 kg auf fast 100 kg pro t verarbeitetes Altpapier. Solche energiereichen Abfälle werden getrocknet und verbrannt.

Das größte Problem beim Papierrecycling besteht in der Diskrepanz zwischen dem leichten Sammeln des Altpapiers und der geringen **Einsatzquote des Altpapiers** für Papierprodukte des Alltags. Der Absatz muss also gesteigert werden, damit es auch weiterhin möglich ist, größere Anteile Altpapier zu sammeln und zu verarbeiten. Dies kann erreicht werden, wenn die überzogenen Anforderungen des Verbrauchers an die Papierqualität zurückgeschraubt werden. Neben Tageszeitungen (derzeitige Altpapiereinsatzquote 70 %) müssen auch sonstige Druckerzeugnisse (Altpapiereinsatzquote oft nur wenige Prozent) vermehrt Altpapier enthalten. Alle heutigen Fotokopierer und Druckmaschinen können Recyclingpapier verarbeiten. Daneben ist es aber auch wichtig, völlig neue Absatzgebiete für Altpapier zu erschließen, durch welche die nicht in die Papierproduktion einfließenden Altpapieranteile sinnvoll genutzt werden können. In der Bauwirtschaft werden beispielsweise die hervorragenden Dämm- und Isolationseigenschaften von Altpapier bereits genutzt.

6.3.3
Kunststoff

Die Weltproduktion an Kunststoffen betrug 2002 rund 200 Mio. t und wies in den letzten Jahrzehnten Steigerungsraten von durchschnittlich 6 % jährlich auf. Ein Viertel der Weltproduktion erfolgt in Westeuropa. Obwohl mehrere tausend Kunststoffarten bzw. -mischungen im Handel sind, machen wenige Arten den größten Teil der Produktion aus (Tabelle 6.4).

Entstehen bei der Produktion von einem Kunststoffartikel Abfälle, so können diese problemlos wieder in der Produktion des gleichen Produktes verwendet werden, da es sich um **sortenreinen Abfall,** also um eine chemisch einheitliche Zusammensetzung handelt. Wenn solche Kunststoffe in größeren Mengen an-

Tabelle 6.4. Die häufigsten Kunststoffe, ihre Kennzeichnung auf Verpackungen und ihr Anteil an der Weltproduktion (2002).

Kunststoff	Abkürzung	Kennzeichnung zum Recycling	Anteil (%)
Polyethylen	PE-HD	02	} 33
	PE-LD	04	
Polypropylen	PP	05	20
Polyvinylchlorid	PVC	03	17
Polystyrol	PS	06	9
Polyurethan	PU		6
Polyethylenterephthalat	PET	01	5
Sonstige		07	10

fallen, können sie leicht gesammelt und zu Regranulat verarbeitet werden. Als Beispiel seien Paletten-Schrumpffolien, Kunststofffässer, Flaschenkisten, Fotodosen, Düngemittelsäcke usw. genannt. Es gibt inzwischen einzelne Unternehmen, welche vorsortierte Abfallarten sammeln, zerkleinern, sortieren, waschen und in Extrudern schmelzen. Nach Zusatz von Farbstoffen und Additiven wird ein Regranulat hergestellt, welches definierte physikalisch-chemische Eigenschaften hat und wieder zu hochwertigen Produkten verarbeitet werden kann. Dies führt zu Einsparkosten von 60 % im Energieverbrauch und fast 100 % beim Rohstoff. Darüber hinaus wird natürlich die Abfallmenge beträchtlich reduziert.

Im Hausmüll ist die umfangreiche Kunststofffraktion hingegen stark **vermischt und verunreinigt**. Da die verschiedenen Kunststoffarten unterschiedliche Zusätze enthalten, können sich im Hausmüll viele hundert chemische Verbindungen in der Kunststofffraktion verbergen, obwohl es sich nur um wenige Kunststoffarten handelt (vor allem Polyethylen, Polypropylen und Polystyrol). Ein solch heterogener, in den wesentlichen Komponenten nicht mischungsverträglicher Kunststoffberg ist bisher kaum wieder verwendbar gewesen. Es gibt jedoch eine Reihe technischer Verfahren, mit deren Hilfe heute schon oder in absehbarer Zeit vermischte Kunststoffabfälle oder einzelne Fraktionen ganz oder teilweise wieder verwendet werden können.

Mit einer älteren **pyrolytischen Technik** wurden die Kunststoffe zerkleinert und erhitzt, so dass eine Plastifizierung des Abfalls stattfand. Das Endprodukt bestand dann aus einem grauschwarzen, schweren Kunststoff, welcher zu Zaunpfählen, Pflastersteinen, Blumenkübeln, Kompostsilos, Schallschutzwänden oder ähnlichem verarbeitet wurde. Auf dem Markt sind diese Produkte häufig schwer absetzbar und es handelt sich auch nicht um ein echtes Recycling des Kunststoffes, sondern um Downcycling.

Bei modernen pyrolytischen Verfahren wird im Temperaturbereich zwischen 450 und 850 °C unter Luftabschluss Temperatur, Druck und Verfahrensdauer variabel gesteuert. Es wird angestrebt, ca. 50 % der Kunststoffe in die gasförmige Phase umzusetzen (Wasserstoff, Methan, Ethylen, Propylen usw.), 30 % fallen als flüssige Phase an (Benzol, Toluol usw.), 20 % als feste Phase (Teer, Russ, Koks). Ein Drittel der Pyrolysegase befeuert die Anlage, zwei Drittel können für den Betrieb eines Fernwärmesystems genutzt werden. Die übrigen Stoffe können als Rohstoffe für die chemische Industrie genutzt werden. Die Kunststoffe werden also nicht direkt wieder verwendet, sondern in einzelne chemische Substanzen zerlegt, so dass diese als Chemierohstoffe erneut in Synthesen (u. a. für Kunststoffe) eingesetzt werden können. Der größte Teil der Kunststoffe geht jedoch bei diesem Verfahren durch die thermische Nutzung (d. h. durch Verbrennen) verloren. Die moderne Pyrolyse ist sinnvoller als das Verbrennen der gesamten Kunststofffraktion, eine stoffliche Verwertung wäre jedoch eine bessere Alternative.

Gute Recyclingverfahren erfordern möglichst sortenreinen Abfall, so dass ein **Sortieren** der Kunststoffe nötig ist. Während es vor wenigen Jahren noch als ausgeschlossen galt, vermischte und verschmutzte Kunststoffabfälle, wie sie typischerweise im Hausmüll vorliegen, wieder zu verwenden, gibt es heute verschiedene Ansätze, welche die unterschiedlichen physikalischen Eigenschaften der Kunststoffe nutzen. Eine Möglichkeit besteht darin, das unterschiedliche spezifische Gewicht der Kunststoffe in einem **Hydrozyklon** auszunutzen. Hierzu wird der Abfall auf eine Teilchengröße von 5–10 mm zerkleinert und gewaschen. Die Hausmüllkunststoffe bestehen zu 65 % aus einer leichteren (Polypropylen, Hochdruckpolyethylen und Niederdruckpolyethylen) und zu 35 % aus einer schwereren Fraktion (Polystyrol, Polyvinylchlorid, sonstige Kunststoffe und Fremdkörper wie Papier, Aluminium usw.). Die zerkleinerten Kunststoffflocken durchlaufen mehrere Hydrozyklonstufen. Der Reinheitsgrad der leichten Fraktion ist genügend hoch, dass sie gut weiter verarbeitet werden kann. Ein **Infrarot-Verfahren** nutzt die unterschiedlichen spektralen Eigenschaften der Kunststoffe. Innerhalb von Bruchteilen einer Sekunde kann ein Kunststoffgegenstand als PET, Polypropylen oder Polyethylen erkannt werden. In einem zweiten Schritt ist auch eine farbliche Trennung möglich.

PVC (Polyvinylchlorid) als dritthäufigster Kunststoff gilt als Problemkunststoff. Er besteht zu 57 % aus Chlor (aus Steinsalz gewonnen) und zu 43 % aus Ethylen (aus Erdöl gewonnen). Zur Stabilisierung des PVC mit Schwermetallen wurden 1987 in Westeuropa 87.000 t Metall verbraucht (50.000 t Bleiverbindungen, 21.000 t Zinkverbindungen, 9500 t Zinn, 7500 t Barium-Cadmium-Verbindungen), so dass eine Entsorgung schwer ist (Friege u. Claus 1988). Beim Verbrennen von PVC entstehen salzsäurehaltige Abgase, welche die Hälfte des Chlors ausmachen, das in einer Müllverbrennungsanlage anfällt. In einer Abgasreinigungsanlage entsteht pro t PVC 1 t Calciumchlorid, welches wegen öliger Verunreinigung deponiert werden muss. 1 t Abfall produziert also im Verlauf der aufwendigen Abfallbeseitigung wieder 1 t Abfall, so dass es billiger und ökologisch sinnvoller ist, PVC direkt zu deponieren. Früher wurde von umweltbewussten Gruppen versucht, ein Verbot der PVC-Herstellung und Anwendung zu erwirken, dies wurde jedoch 1990 vom Deutschen Bundestag abgelehnt. 1991 verbot die Schweiz das Abfüllen von Mineralwasser in PVC-Flaschen. Im Rahmen der europäischen Gesetzgebung wurde dieses Verbot hinfällig, aber solche Getränke werden heute in PET abgefüllt.

PVC ist als thermoplastischer Kunststoff leicht wieder zu verwenden, da er nur eingeschmolzen werden muss, um zu neuen Produkten geformt zu werden. Die Weltproduktion an PVC betrugt 2002 33 Mio. t. Die Hälfte des Einsatzes erfolgt im Bauwesen, überwiegend als Fenster, Dachrinnen, Fußbodenbeläge, Hartfolien, Rohre, Kabelisolationen usw. Da diese Produkte nur von wenigen Produzenten hergestellt werden und von Fachhandwerkern eingebaut werden, wäre es leicht möglich, sie über das Händlernetz an die Produzenten zum Recycling zurückzugeben. Bodenverleger könnten alte PVC-Beläge wieder zum Hersteller leiten, der ein Recycling des Kunststoffes durchführt. Bei Kunststofffenstern, Dachfolien usw. könnten wieder die Handwerker ein Recycling über den Hersteller vermitteln. In der Regel sind die hierbei anfallenden Probleme weniger technischer als organisatorisch-finanzieller Art.

PET (Polyethylen-terephthalat) ist ein weiteres Beispiel dafür, wie einzelne Kunststoffe den Müllberg in den letzten Jahrzehnten vergrößern. PET-Getränkeflaschen sind leicht und relativ CO_2-dicht, im Vergleich zu Glasflaschen zudem in Herstellung und Transport billiger. PET-Flaschen sind jedoch nicht beständig gegenüber den heißen Reinigungslaugen, mit denen Getränkeflaschen gereinigt werden müssen. Die Getränke-Industrie unternimmt seit den 1980er Jahren Anstrengungen, Einwegglasflaschen und Mehrwegpfandflaschen durch PET-Einwegflaschen zu ersetzen. So konnte der weltweite Verbrauch, der 1977 bei 16.000 t lag, 1990 auf 1 Mio. t und 2002 auf 8 Mio. t gesteigert werden. PET-Recycling ist einfach, in der Praxis sind die Rücklaufquoten jedoch gering (Europa ca. 20 %, Schweiz 70–80 %; Abb. 6.6). Da außerdem viele Staaten verbieten, Lebensmittelverpackungen aus Altkunststoff herzustellen, werden PET-Flaschen zuerst in Ballen gepresst und zu einem Granulat zerkleinert. Dieses wird zu Verpackungsfolien oder einem faserartigen Isolationsmaterial für Winterbekleidung oder Polstermöbel verarbeitet (Downcycling). Ein echtes Recycling war zuerst mit einem Sandwich-Verfahren möglich, in dem PET-Flaschen in drei Schichten hergestellt wurden. Die dicke Mittelschicht bestand aus Alt-PET, die Innen- und Außenschicht aus Neu-PET, so dass bis zu 80 % des Materials aus Alt-PET bestanden. Seit kurzem ist es mit dem URRC-Verfahren, bei dem die Oberfläche von PET-Granulat mit Natronlage behandelt wird, sogar möglich, Flaschen zu 100 % aus Rezyklat herzustellen, die den Bestimmungen des Lebensmittelgesetzes genügen. Mit dieser Technik und unter der Voraussetzung genügend hoher Rücknahmequoten ist dann erstmalig ein echtes PET-Recycling möglich.

Styropor ist ein mit Pentan aufgeschäumter Kunststoff (expandiertes Polystyrol, EPS), der vor allem zu Verpackungszwecken eingesetzt wird. Da er zu 98 % aus Luft besteht, trägt er gewichtsmäßig nur wenig zum Abfallberg bei, volumenmäßig ist Styropor aber problematisch. Seit den frühen 1990er Jahren gibt es Wiederverwertungsmöglichkeiten für Verpackungsstyropor und inzwischen beträgt die Rücknahmequote fast 80 %. Das Material wird zermahlen und zu neuen Blöcken gepresst, so dass ein echtes Recycling möglich ist. Aufbereitetes

Verpackungs-Styropor kann auch zu Dämmplatten oder in Leichtbeton verarbeitet werden, zudem ist es wegen seiner guten Wärme- und Schallisolation als Zuschlagstoff für Ziegel, Mörtel und Putze geeignet. Von einer Verwendung als Kompost- und Blumenerdebeimischung ist jedoch abzuraten, da Styropor schwer verrottet und im Boden eine Fremdsubstanz bleibt.

6.3.4
Bauschutt und Klärschlamm

Bauschutt macht auch heute noch einen sehr großen Anteil des Abfallberges aus, er wird in der Regel deponiert und eine Wiederverwendung der Materialien findet nur in geringem Umfang statt. Bauschutt enthält jedoch kaum Problemabfälle, eine stoffliche Trennung ist einfach, eine Wiederverwertung möglich und das benötigte Deponievolumen kann beträchtlich reduziert werden. Zudem können Rohstoffvorräte wie Sand oder Kies geschont werden.

Bauschutt besteht aus Anteilen, die verbrannt (v. a. Bauholz), und Anteilen, die wiederverwertet werden können (Kunststoffe, Metalle, mineralische Anteile). Das Kunststoff-Recycling ist möglicherweise der schwierigste Teil der Aufarbeitung, bei PVC-Folien oder Rohren ist Recycling jedoch gut möglich. Beim Hausabbruch machen die mineralischen Inertstoffe 85 - 95 % aus, beim Straßenaufbruch fast 100 %. Es ist sinnvoll, Grobfraktionen wie Beton, Ziegelmauerwerk, Kies oder Asphalt schon beim Abriss zu trennen. In Zerkleinerungs- und Sortieranlagen können diese dann weitgehend direkt wieder verwendet werden. Sauberer Straßenaufbruch ohne bituminöse Beläge kann nach Aufarbeitung wieder zum Straßenbau verwendet werden. Die Betonfraktion des Bauschutts ist ein erstklassiger Ersatz für Kies. Straßenasphalt kann nach einem Aufbereitungsverfahren wieder als Asphalt eingesetzt werden. Erdaushub muss nicht deponiert werden, lediglich die Feinfraktion des Hausabbruchs (< 8 mm) ist problematisch, da sich in ihr z. B. Farbreste konzentrieren. Daher wird empfohlen, sie zu deponieren. Der Deponiebedarf ist bei einer strikten Bauschuttaufarbeitung also gering, so dass Verwertungsziele von 90 % des Bauschutts und des Straßenaufbruchs möglich sind.

Klärschlamm fällt in großer Menge bei der Abwasserreinigung an und seine Entsorgung ist immer problematisch gewesen. Die einfachste Möglichkeit besteht im Deponieren des Materials in Klärschlammdeponien. Der Klärschlamm von London wurde in den vergangenen 100 Jahren im Mündungsbereich der Themse verklappt, der von New York bis in die 1980er Jahre in einer nahen Meeresbucht, Hamburg verklappte ihn bis 1980 in der Nordsee (Clark 1992). In der ehemaligen DDR wurde Klärschlamm in die Gruben des Braunkohletagebaus gefüllt. Die ökologisch beste Lösung besteht darin, Klärschlamm auf Landwirtschaftsflächen auszubringen. Er fördert die Humusbildung, ist ein wertvoller Dünger und ermöglicht einen geschlossenen Nährstoffkreislauf, so dass von echtem Recycling gesprochen werden kann. Klärschlamm kann thermisch behandelt werden, so dass keine hygienischen Bedenken bestehen, zudem kann die Klärschlammausbringung mit Bodenanalysen und einer intensiven Beratung gekoppelt sein. Klärschlamm ist allerdings in der Vergangenheit durch seine

▶ *Box 6.4*
Klärschlamm verbrennen?

Es mutet seltsam an, Klärschlamm in einem Zementwerk zu verbrennen. Dennoch kann es sich hierbei um eine durchaus sinnvolle Entsorgungsstrategie handeln, die auch energetisch gerechtfertigt ist. Eine wichtige Voraussetzung besteht in der homogenen Konsistenz und einem Trockensubstanzanteil von mindestens 90 %. Hierzu wird der ausgefaulte Klärschlamm gesiebt, granuliert, getrocknet und auf eine einheitliche Korngröße kontrolliert. Die Energie für diesen Prozess kann überwiegend mit dem in der Kläranlage anfallenden Faulgas gedeckt werden. Im Zementwerk ersetzt Klärschlamm fossilen Brennstoff, so dass CO_2-neutral Energie erzeugt werden kann. Das Klärschlamm-Granulat wird mit Druckluft in den Brenner geblasen und verbrennt bei Temperaturen zwischen 1500 und 2000 °C. Die entstehende Asche weist eine hohe Ähnlichkeit mit den natürlichen Ausgangssubstanzen für Zement auf und kann als Rohmaterialersatz in den Produktionsprozess eingebracht werden. Durch die Klärschlammverbrennung werden also keine Rückstände erzeugt, die deponiert werden müssten.

Belastung mit Schwermetallen und organischen Schadstoffen (Biozide, organische Lösungsmittel, Weichmacher, Medikamentenrückstände, Hormone usw.) in Verruf geraten. Der Einsatz auf Landwirtschaftsflächen ist deshalb seit langem rückläufig und wird in absehbarer Zeit vermutlich eingestellt. Klärschlamm wird nun zunehmend in Müllverbrennungsanlagen oder Zementwerken verbrannt (Box 6.3). In der Schweiz wurden 2000 bereits 60 % verbrannt, in Deutschland erst 10 %. Eine sinnvolle Alternative für den ländlichen Raum stellt möglicherweise die Vererdung in Schilfbeeten dar, wenn eine Belastung beispielsweise mit Schwermetallen ausgeschlossen werden kann.

6.3.5
Komplexe technische Produkte

Elektronikschrott aus der Entsorgung gebrauchter Computer, Fernseher, Uhren, Hausgeräte, Radios, Videogeräte usw. fällt in großen Mengen an. Für Deutschland werden jährliche Mengen von 1–2 Mio. t angegeben. Er besteht aus einer Mischung von Kunststoffen, Metallen und Glas. Mangels geeigneter Verwertungsverfahren kam früher nur eine Entsorgung als Sondermüll in Frage, in der Praxis wurde er jedoch häufig auf Hausmülldeponien oder in normalen Müllverbrennungsanlagen entsorgt. In den letzten Jahren sind zunehmend Hersteller bestimmter Gerätegruppen verpflichtet worden, Altgeräte zur Entsorgung zurückzunehmen. Durch neue Richtlinien der EU von 2003 wird nun eine europaweite Regelung eingeführt, welche die Hersteller von Elektro- und Elektronik-Geräten zur Rücknahme und Wiederverwertung verpflichtet.

Das materielle Recycling von Elektronikschrott ist allerdings ausgesprochen schwierig. Die Kunststoffe sind komplexe Mischungen unbekannter Zu-

Tabelle 6.5. Metallgehalt (ppm) von Leiterplatten und Kunststoffanteilen aus Computern (Monteil 1992).

	Leiterplatten Metallfraktion	Basismaterial	Kunststoffe Kabel	Gehäuse
Kupfer	125.300	<100		
Zinn	62.300	50–1000		>20.000
Eisen	39.000	<100	1000–20.000	
Blei	29.400		1000–20.000	>20.000
Nickel	13.100	50–1000		>20.000
Zink	9600	50–100		>20.000
Aluminium	5900			
Mangan	490	<100		
Chrom	460	<100		
Gold	230			
Silber	210			
Antimon	200	50–1000	>20.000	
Titan			>20.000	>20.000
Platin	80			
Cadmium	55			1000 - 20.000
Strontium		<100		
Brom	<50	>1000	>20.000	>20.000
Barium	<50	50–1000	1000 - 20.000	<100

sammensetzung, oftmals mit toxischen Flammschutzmittel wie Brom versehen (Tabelle 6.5). Ferner sind PCB-haltige Kondensatoren und FCKW bis vor kurzem noch übliche Bestandteile von Geräten gewesen. Ein Verzicht auf toxische Substanzen, die Reduktion der Zahl der Stoffkomponenten und ihre deutliche Kennzeichnung kann das Kunststoffrecycling erleichtern. Die Leiterplatten bestehen in ihrer Kunststofffraktion aus Silikaten, Keramik und Epoxydharzen, meist mit 3–5 % Brom als Flammschutzmittel. Aus dem durchschnittlich 28 % Metallanteil ist es möglich, das Kupfer wieder zu gewinnen. Die Edelmetalle kommen aber in ausgesprochen geringer Konzentration vor: Silber 0,3 %, Gold 0,04 %, Palladium 0,02 %, Platin 0,004 %. Zudem nimmt der Metallgehalt von Leiterplatten in neueren Produkten immer weiter ab. Hoch spezialisierte Unternehmen sind dennoch in der Lage, den Metallanteil aus Elektronikschrott zurückzugewinnen.

Bildröhren stellen nach wie vor ein Entsorgungsproblem dar. Jährlich werden in der EU rund 500.000 t Bildröhrenglas hergestellt, die Wiederverwendungsquote ist jedoch marginal. Bildröhren bestehen aus 4 verschiedenen Glassorten, u. a. Barium-Strontium-Silikatglas und Bleiglas. Der Bleigehalt beträgt in einzelnen Teilen bis 80 %, zudem ist das sehr giftige Antimon enthalten. Ein Einsatz von Altglas für neues Bildröhrenglas scheint nach wie vor sehr schwierig zu sein und eine Verwendung für andere Glasprodukte ist wegen des hohen Schwermetallgehaltes nicht möglich.

Leuchtstoffröhren sind auf Grund ihrer Zusammensetzung Sondermüll. Sie bestehen zu 93 % aus Glas, enthalten 3 % Metalle (Wolfram, Aluminium, Molybdän, Eisen, Nickel, Kupfer, Messing, Blei und Zinn), 3 % chemische Füllung (Quecksilber, Natrium, Brom, Neon, Argon, Radon, Krypton, diverse Metallsalze und weitere Elemente) sowie 1 % Kunst- und Klebstoff. Diese Substanzen werden freigesetzt, wenn Leuchtstoffröhren deponiert oder verbrannt werden, also mit dem Hausmüll entsorgt werden. Seit einigen Jahren gibt es jedoch ein Rückgabesystem, ähnlich dem von Batterien. Beim Recycling werden die Metalle, v. a. Quecksilber, quantitativ erfasst und ebenso wie das Glas einer Wiederverwendung zugeführt. Die Rückstände der Aufarbeitung betragen ca. 3 % des gesammelten Materials und werden als Sondermüll deponiert.

Batterien enthalten unterschiedliche Metalle, darunter auch Schwermetalle wie Quecksilber. Es ist daher wichtig, verbrauchte Batterien wieder einzusammeln und die Metalle wieder zu verwenden. Hierzu wurden in den letzten Jahren an den Verkaufsstellen Rücknahmemöglichkeiten eingerichtet, über die beispielsweise von den in Deutschland verkauften 32.000 t Batterien 36 % zurückgegeben wurden. In der Schweiz beträgt die Rückflussquote 62 % (Daten für 2003). In den verschiedenen Recycling-Verfahren werden die Batterien auf 700 °C aufgeheizt, so dass die Lack- und Kunststoffanteile verbrennen. Quecksilber verdampft und wird durch Abkühlen zurückgewonnen. Anschließend gelangt das Material in einen Schmelzofen, in dem sich bei 1300 bis 1500 °C Eisen und Mangan zu weiter verwertbarem Ferromangan verbinden. Bei diesem Prozess verdampft Zink und kann über einen Kondensator gesammelt werden. Alternativ werden nach der Quecksilberabtrennung anorganische Salze und Mangandioxid herausgewaschen, so dass dann nach einer Säurebehandlung, die Graphit und Metall trennt, eine elektrolytische Metallaufarbeitung möglich ist. Die Kosten des Recyclingverfahrens zahlt der Konsument über eine vorgezogene Entsorgungsgebühr.

Im Durchschnitt der letzten Jahre fielen in Deutschland 2 Mio. **Autowracks** zur Entsorgung an, in Europa 12 Mio.. Autowracks werden in Schredderanlagen beseitigt, wobei 75 % Metallabfälle wieder verwertbar sind (Kap. 5.2). 25 % des Ausgangsgewichtes sind nichtmetallischer Abfall (Kunststoffe, Textilien,

Leder, Gummi, Glas, Lackreste) mit hohen Metallbeimengungen. Die gezielte Wiederverwendung dieser Fraktion war schon immer schwierig, so dass sie als Sonderabfall deponiert wurde. Als Alternative wurde in den letzten Jahren das Verbrennen in Spezialöfen eingeführt. Ein neues Entsorgungskonzept setzt nicht bei Schredderabfällen an, sondern beruht auf Autos, die schon mit Blick auf die spätere Entsorgung gebaut werden, so dass eine vollständige Verwertung möglich wird (Kap. 6.4), ein auch für andere Produkte anzustrebender Weg. Hierzu gehört z. B., die Zahl der Kunststoffsorten zu reduzieren und sie so zu kennzeichnen, dass sie bei der Demontage sortenrein gesammelt werden können. Altautoverwerter könnten dann in Zukunft Altfahrzeuge in ihre Einzelteile zerlegen und die Materialien an die Autozulieferer weitergeben. Diese verarbeiten die Materialien wieder zu Autoteilen, so dass sich ein Recycling hochwertiger Konsumgüter ergibt. Trotz umfassender Tests ist es aber derzeit noch nicht möglich, diese Entsorgung kostendeckend durchzuführen.

6.4
Systemansatz zur Abfallvermeidung

6.4.1
Prinzip

Abfall entsteht auf allen Ebenen der Rohstoffgewinnung, der Produktverarbeitung, der Produktbenutzung und schließlich der Entsorgung. Abfallvermeidung muss daher ebenfalls auf allen Ebenen einsetzen. Im Sinne eines Systemansatzes ist eine umfassende Neuorientierung nötig, die nicht erst angesichts riesiger Abfallberge beginnt. Die bisherige *end-of-the-pipe-strategy* muss also durch Abfall mindernde Technologien (*clean production*) ersetzt werden. Entsorgung und Recycling müssen schon bei der Konstruktion bedacht werden. Gegebenenfalls sind auch gesetzliche Regelungen bis hin zu Verboten etwa von hochtoxischen oder nicht entsorgbaren Komponenten sinnvoll.

Es gibt zahlreiche Beispiele dafür, dass durch **gesetzliche Auflagen** und Verbote die Produktion bestimmter Substanzen, deren Anwendung bzw. Entsorgung beträchtliche Umweltprobleme verursachte, eingeschränkt wurde. Häufig genügte auch nur die Ankündigung eines Verbotes, um im Rahmen einer freiwilligen Selbstbeschränkung der entsprechenden Industrie eine teilweise oder völlige Verminderung der Produktion zu erreichen. So ist heute der Einsatz von chlorierten Kohlenwasserstoffen (DDT, HCH, PCB, FCKW u.ä.) verboten oder eingeschränkt. Ähnliches gilt für Schwermetalle, etwa den Einsatz von Quecksilber in Batterien, von Cadmium als Pigment in Kunststoffen oder von Blei in Benzin. Vor allem in den letzten Jahren hat die Arbeit vieler alternativer Gruppen eine Sensibilisierung der Öffentlichkeit erreicht. Das Verständnis für die Produktion von Sondermüll hat abgenommen, zumal die Nebenwirkungen der Entsorgung häufig die Allgemeinheit betreffen.

Ein gutes Beispiel stellt die **Titandioxidproduktion** Deutschlands dar, bei der bis Ende der 1980er große Mengen an Dünnsäure anfielen. Sie wurden in die Nordsee verklappt, umfassten bis zu einem Drittel aller in der Nordsee deponierten Abfälle und sind ursächlich für die Belastung dieses Meeres verantwortlich (vor 1988 über 1 Mio. t jährlich). Wieder waren es spektakuläre Aktionen einzelner Umweltschutzgruppen, die eine Sensibilisierung der Öffentlichkeit bewirkten, so dass gesetzliche Maßnahmen ergriffen werden mussten. 1986 wurde bei den Herstellern in Deutschland das Sulfatverfahren durch das Chloridverfahren abgelöst, 1988 kam eine Recyclinganlage für Dünnsäure hinzu, ab 1991 konnte so produziert werden, dass keine Dünnsäure mehr als Abfall entstand.

6.4.2
Vermeidung

Die wichtigste Strategie zur **Abfallverminderung** besteht in einer konsequenten Politik der Abfallvermeidung, die durch gesetzgeberische Maßnahmen zusätzlich gefördert werden kann. Häufig bewirken auch die zunehmenden Kosten der Abfallbeseitigung die erwünschte Reduktion. Gerade bei Problemabfällen ist es wirtschaftlich, in ihre Vermeidung zu investieren. Ende der 1980er Jahre waren jedoch die Abfallentsorgungskosten noch so niedrig, dass die Abfallbeseitigung immer preisgünstiger war als jede andere Strategie, zumindest wenn nur kurzfristig gedacht wurde und Allgemeinkosten nicht einbezogen wurden (Kap. 7.3).

Viel kann durch die Umstellung von technischen Verfahren innerhalb einer Produktionslinie erreicht werden. Es gibt beachtliche Möglichkeiten, Abfälle und Abwässer zu reinigen, Substanzen anzureichern, so dass ihre Weiterverwendung möglich wird oder **geschlossene Kreisläufe** z. B. von Kühlwasser aufzubauen. Wenn Abfälle unvermeidbar sind, sollten möglichst stofflich einheitliche oder definierte Abfälle produziert werden. Wichtige Einzelmaßnahmen sind der Verzicht auf organische Lösungsmittel bzw. ihr Ersatz durch wässrige Lösungsmittel, der Ersatz des Lackierens von Metallteilen durch das Einbrennen von Lackpulver oder der Verzicht auf galvanische Techniken.

Die meisten Autohersteller haben in den 1990er Jahren von Autolacken mit organischen Lösungsmitteln auf Wasserlacke umgestellt, so dass der Lösungsmittelanteil des Lacks von 80 % auf 10 % sank. Zunehmende Entsorgungsprobleme bewirkten bei dem schweizerische Pharmakonzern Ciba-Geigy eine deutliche Abfallreduktion. 1979 waren 70 % der Produktion des Unternehmens Abfall, lediglich 30 % waren die gehandelten Enderzeugnisse. Bis 1988 verringerte sich der Abfall auf 38 %. 1960 produzierte Dow Chemical pro kg Endprodukt auch 1 kg Sondermüll. Bis 1990 verringerte sich diese Relation auf 1 kg pro 1000 kg Endprodukt (Schmidheiny 1992).

Hochdruck-Polyethylen (HDPE) wurde nach dem Ziegler-Verfahren (1964) mit metallorganischen Mischkatalysatoren hergestellt, mit dem Ergebnis, dass 17 % der eingesetzten Mengen zu Abfall wurden. Große Teile hiervon gingen in die Atmosphäre und das Abwasser, 1,3 % mussten deponiert werden. Ziegler-Katalysatoren der 2. Generation arbeiten mit hochaktiven komplexen Katalysatoren, so dass mit der Technik ab 1986 kein Abwasser mehr anfällt, die

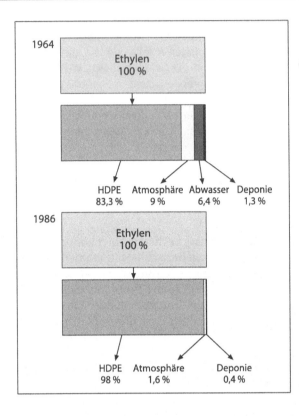

Abb. 6.8. Mengenflussdiagramm der Herstellung von Polyethylen nach dem konventionellen Verfahren von 1964 und einem fortschrittlichen Abfall sparenden Verfahren von 1986. Verändert nach Bilitewski et al. (1990).

Abfälle nur noch 2 % betragen und auch die zu deponierenden Mengen kleiner werden (Abb. 6.8).

Bei den **galvanotechnischen Verfahren** hat sich in den letzten 40 Jahren eine technische Weiterentwicklung vollzogen, die beträchtliche Abfallvermeidung ermöglicht (Abb. 6.9). Ursprünglich wurden neben dem Werkstück Chemikalien und Wasser zur Oberflächenbehandlung eingesetzt und mit dem Abwasser wurden alle Verschmutzungen und Chemikalienreste entfernt. Die Abwässer waren hoch belastet und in Kläranlagen problematisch. Mit einer Abwasserbehandlung war in einer ersten Reinigungsstufe die getrennte Erfassung und Beseitigung des Schlamms, in dem Chemikalienreste und Metallreste waren, möglich. Hierauf aufbauend konnte dann ab den 1970er Jahren ein großer Teil des Wassers in einem Rückführungssystem erneut genutzt werden, so dass sich ein fast geschlossener Wasserkreislauf ergab. Maßnahmen der 1980er Jahren zielten auf eine weitere Abwasserreinigung, so dass mit der Technik der 1990er Jahre separate Abfallfraktionen von Altöl und Salzen anfallen, jedoch fast kein Abwasser und Schlamm.

Durch **Abfallbörsen**, in denen Produktionsrückstände gehandelt werden, ist es möglich, Abfallmengen zu reduzieren. Beispielsweise kann eine Abfallsäure zur Neutralisation einer Lauge verwendet werden, so dass sowohl die neue Säure als auch der Abfall eingespart werden. Es zeigt sich gerade bei Abfallbörsen, dass viele Abfälle Rohstoffe am falschen Ort sind. Pilotstudien, die von Bilitewski et al.

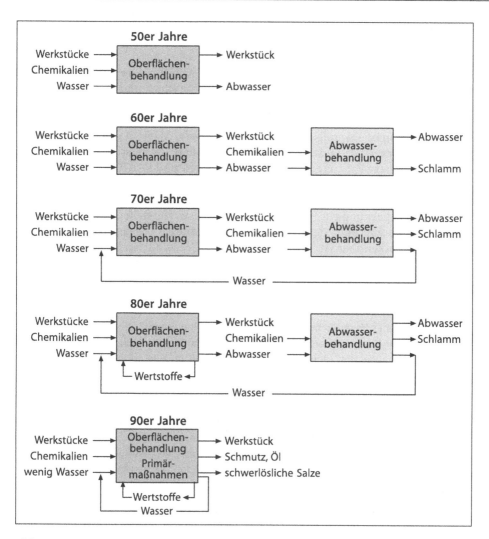

Abb. 6.9. Entwicklung der galvanotechnischen Verfahren und der hierdurch bedingten Möglichkeiten der Abfallvermeidung. Verändert nach Bilitewski et al. (1990).

(1990) vorgestellt werden und sich mit der Hüttenindustrie, der chemischen Industrie und der Metallverarbeitung befassen, zeigen, dass zwischen 1987 bis 1993 eine Abfallreduktion um 40 % möglich war. Eine Analyse für 6 Abfallgruppen kommt gar zu einer möglichen Abfallreduktion von 50 - 60 %. Der treibende Motor hierfür ist die Anhebung der Entsorgungskosten, so dass der Anreiz, in abfallarme Verfahren zu investieren, wächst. Gerade in neuester Zeit ist es zudem für viele Unternehmen wichtig, im Ansehen der Gesellschaft als umweltbewusst dazustehen.

6.4.3
Haushalt und Alltag

Im Haushalt gibt es viele Möglichkeiten, **Abfall zu vermeiden.** So sind beim Einkauf stets Pfandflaschen den Wegwerfflaschen und Glasflaschen den Kunststoffflaschen vorzuziehen. Metall, v. a. Aluminium bei Getränkedosen, soll vermieden werden. Nachfüllbeutel sind besser als Originalflaschen. Eine Abfallreduktion ist ebenfalls möglich, wenn Senf oder Mayonnaise nicht in Tuben, sondern in Gläsern gekauft wird oder Joghurt statt im Plastikbecher, im Glas. Auch sind größere Packungen den Kleinpackungen und lose Produkte den abgepackten Teilmengen vorzuziehen. Umverpackungen sind grundsätzlich unsinnig. Die Abfallersparnis mag nur gering sein, der Konsument sollte aber bestimmen, in welcher Verpackung ein Produkt angeboten wird. Hersteller schwenken schon um, wenn sich auch nur geringfügige Absatzeinbußen ergeben, bzw. ein neuer Absatzmarkt erkennbar ist. Insgesamt muss der Verbraucher seine Position, die stärker ist, als die meisten annehmen, ausbauen und vermehrt nutzen. Selbstverständlich ist vom Kauf von Einwegprodukten generell abzuraten. Restaurants mit Wegwerfgeschirr sollten konsequent gemieden werden.

Die Wirkung des **Verbraucherverhaltens** ist nicht zu unterschätzen, wie beispielhaft mit der Kritik an Aluminiumverpackungen gezeigt werden kann. Führende Hersteller von Backwaren haben statt aluminiumlaminierter Folien und Beutel nur noch aluminiumbedampfte Verpackungen verwendet. Der Metallverbrauch sank von durchschnittlich 1,2 g auf 0,004 g pro Packung Gebäck, und der Abfallberg wurde reduziert. Gleichzeitig wurden Verpackungsfolien aus PVC durch Polyethylen ersetzt, so dass PVC bald ganz aus dem Nahrungsmittelbereich verdrängt sein könnte. Dies führt zu einer Verringerung der Abgasemission bei der Abfallverbrennung. Kritisch muss natürlich bemerkt werden, dass aluminiumbedampfte Kunststofffolien zwar eine gewisse Verbesserung gegenüber einem Aluminiumverbundstoff darstellen, ein echtes Recycling in beiden Fällen aber kaum möglich ist.

Seit 1992 ist in Deutschland eine neue Verpackungsordnung in Kraft, die den Handel zur Rücknahme von Verpackungen verpflichtet. Diese müssen erneut verwendbar sein oder stofflich wieder verwendet werden. Die direkte Folge des Gesetzes war eine Reduktion der Verpackungen, die Entwicklung von Recyclingtechniken sowie der Aufbau verschiedener Rücknahmesysteme zum Zweck des Recyclings. Das interessanteste Rücknahmesystem für Verpackungen ist das **Duale System**, welches in Deutschland durch den **grünen Punkt** bekannt wurde. Verkaufsverpackungen aus Aluminium, anderen Metallen, Kunststoff und Verbundmaterial sollen getrennt vom Hausmüll gesammelt und in einem eigenen System, eben dem Dualen System, entsorgt werden. Glas und Papier soll weiterhin wie bisher getrennt gesammelt werden. Im Zentrum der Entsorgung dieses Systems steht die stoffliche Wiederverwertung des Verpackungsmaterials, so dass von einem echten Recycling gesprochen werden kann.

Das System kostet mehrere Milliarden Euro, die von den Verpackungsherstellern über den Preis auf die Verbraucher umgelegt werden. Die Mehrkosten pro Verpackung machen durchschnittlich etwa 1 Cent aus, richten sich aber nach der Schwierigkeit der Recyclings des betreffenden Materials. Wenn man diese Möglichkeit tatsächlich gezielt nutzt, könnte sich hieraus ein interessanter Lenkungseffekt ergeben, da es eine deutliche Verteuerung bestimmter Verpackungstypen geben müsste. Parallel zu den Strukturen der separaten Erfassung des Abfalls wurden zahlreiche Anlagen gebaut, die ein stoffliches Recycling von Verpackungsmaterial ermöglichen. Die Verwertungsquoten 2002 lagen für Glas bei 82 %, Weißblech bei 81 %, Aluminium bei 75 %, Papier bei 75 %, Kunststoffe bei 59 % (jeweils bezogen auf die verbrauchte Menge) (www.gruener-punkt.de).

Ökobilanz

7.1
Allgemeines

In Ökobilanzen wird angestrebt, eine umfassende Darstellung der benötigten Rohstoffmengen, des Energieaufwandes und der jeweiligen Abfallmengen bei Produktion, Nutzung und Entsorgung eines Konsumguts durchzuführen, um die **Umweltbelastung** eines Produktes zu erfassen. In der Regel handelt es sich um vergleichende Analysen, bei denen ermittelt wird, welches von 2 Produkten oder Verfahrensweisen umweltbelastender ist. Schließlich sind Ökobilanzen ein Werkzeug, um die gesamten Kosten eines Prozesses zu erfassen, etwa die Kosten des Straßenverkehrs oder eines Ölunfalls. Solche Analysen sind komplex und gelten immer nur für den jeweiligen Stand der Technik.

Aber wie kann man eine Belastung durch NO_x mit der durch SO_2 vergleichen? Oder wie will man eine Belastung der Luft durch ein Schadgas mit einer Gewässerbelastung durch ein Schwermetall vergleichen? In der Praxis hat es sich bewährt, **Immissionsgrenzwerte** für die Belastung von Luft oder Wasser zugrunde zu legen. Für die gesamte Schadstofffracht werden dann die jeweils maximal belasteten Volumina addiert. Nun kann man für jedes zu vergleichende Produkt die benötigten Mengen an Rohstoffen, bei der Produktion entstehende Abfallmengen sowie verbrauchte Volumina an Abwasser und Abluft, die jeweils maximal belastet sind, einander gegenüberstellen. Somit können dann zwei Motorarten oder Energiequellen, von denen die eine mehr NO_x, die andere mehr SO_2 freisetzt, miteinander verglichen werden.

Bei Verrechnung von Energiedaten fallen Ökobilanzen je nach **Art der Energieerzeugung** unterschiedlich aus, da deren Umweltbelastung verschieden ist. Der Energiebedarf wird daher mit definiertem Wirkungsgrad auf thermische Energie umgerechnet, deren Bedarf nach einer Norm für die Energieerzeugung berechnet wird. Die US-Norm geht davon aus, dass Energie zu 89 % durch fossile Brennstoffe erzeugt wird (48 % Kohle, 24 % Erdgas, 17 % Erdöl) und zu 11 % nuklear bzw. hydroelektrisch. Dieses Verfahren ist standardisiert und erlaubt internationale Vergleiche, wird aber einer konkreten Region mit davon abweichender Energieerzeugung nicht gerecht.

Aluminium wird in der Schweiz zu 100 % mit Strom aus Wasserkraft hergestellt, in Norddeutschland aus Atomstrom. In beiden Fällen sind die energietypischen Folgeprobleme anders und in keinem Fall wird eine Berechnung nach dieser US-Norm der Situation gerecht.

Im Einzelfall ist es daher unumgänglich, Angaben aufgrund der konkreten Bedingungen zu machen.

Ökobilanzen werden auch durch die **Art der Entsorgung** beeinflusst. Werden Abfälle deponiert, entstehen keine Verbrennungsabgase, wohl aber Deponiegase und es wird Deponievolumen benötigt. Beim Verbrennen wird die Luft durch Abgase belastet und die Verbrennungsrückstände müssen in Spezialdeponien gelagert werden. Die Anlagen zur Reinigung der Abgase sind aufwendig, so dass die Bilanzierung um einen komplexen Bereich erweitert werden muss. Werden Abfälle wieder verwendet, können positive Akzente in einer Ökobilanz gesetzt werden. Der Recyclinganteil beeinflusst die Rohstoff- und Energiebilanz, sowie die Belastung von Wasser und Luft. Fortlaufende Änderungen bei produktionstechnischen Abläufen verlangen also, dass Ökobilanzen periodisch überarbeitet werden müssen.

Umfassende Ökobilanzen sind zwangsläufig komplex und umfassen divergierende Parameter, die sie schwer vergleichbar machen. Es bleibt daher einer wertenden Beurteilung vorbehalten, z. B. zwischen vielen kleinen Unfällen und selten auftretenden, allerdings katastrophenartigen Unfällen zu entscheiden. Desgleichen ist es problematisch, Emissionswerte, Rohstoffbedarf, Abfallanfall, Bodenverbrauch und Störfallhäufigkeit miteinander zu vergleichen. Es besteht daher nach wie vor ein großer Bedarf an genormten Methoden (Box 7.1).

7.2
Fallstudien zu Verpackungsmaterialien

Verpackungsmaterialien sind in der Regel Aluminium, Weißblech, Glas, Kunststoffe und Papier. Der Energieaufwand zur Herstellung von einem kg dieser Materialien ist unterschiedlich (Tabelle 7.1) und reicht von der ungünstigsten Variante Aluminium bis zum günstigsten Material Glas. Die Luft- und Wasserbelastung ist besonders hoch bei Aluminium, gebleichtem Papier, Weißblech und einzelnen Kunststoffen. Ein großer Deponiebedarf ergibt sich bei allen Materialien, die nicht wieder verwendet werden. In der Praxis benötigt man zur Verpackung jedoch unterschiedliche Anteile dieser Materialien, so dass in einem zweiten Schritt berechnet werden muss, wie viele spezifische Verpackung etwa für 1 kg Produkt benötigt wird.

Wenn solche Daten für Ökobilanzen verwendet werden, muss man sich vergegenwärtigen, dass jede Ökobilanz **definierte Grenzen** hat. So gehen in die Aluminiumbilanz die Umweltbelastung durch den Bauxitabbau und bei der Verwendung von Neuglas die durch die Feldspatgewinnung nicht ein. Für die Kunststoffherstellung wird angenommen, dass die Erdölgewinnung keinen Einfluss auf die Umwelt hat, bei der Weißblechverwendung bleiben Auswirkungen von Zinnminen oder Eisenerzbergwerken unberücksichtigt. Im Gegenzug bleiben die positiven Auswirkungen einer nachhaltigen Waldnutzung zur Papierherstellung auch unberücksichtigt.

▶ **Box 7.1**
Umweltbelastungspunkte

Eine interessante Methode zur Quantifizierung der Umweltbelastung wurde seit 1990 vom Schweizer Bundesamt für Umwelt vorgestellt und ausgebaut (Brand et al. 1998). Hierbei wird nach der Methode der ökologischen Knappheit eine vergleichende Gewichtung verschiedener Umwelteinwirkungen mit „Ökofaktoren" durchgeführt. Diese Faktoren werden aus der gegenwärtigen Umweltbelastung (aktueller Fluss) und der als kritisch erachteten Belastung (kritischer Fluss) berechnet. Während der aktuelle Fluss durch genaue Analysen ermittelt werden kann, wird der kritische Fluss aus wissenschaftlich begründeten Zielen der Umweltpolitik abgeleitet.

Durch diese Berechnung werden pro analysierter Substanz Umweltbelastungspunkte (UBP) ermittelt. Diese liegen bei Emission in die Luft beispielsweise für CO_2 bei 0,2 UBP/g, für diverse Stickstoff- und Schwefelverbindungen bei 30–60 UBP/g, die meisten Fluorkohlenwasserstoffe erhalten 2000/g UBP, Halone, Cadmium und Quecksilber weisen noch höhere Werte auf. Im Rahmen eines bestimmten Vergleichsszenarios werden die UBP addiert: je niedriger der erzielte Wert, desto umweltfreundlich ist das Ergebnis.

Aktuelle Beispiele: Die Produktion von Papier aus Zellulose verursacht 2000–2500 UBP/kg, aus Altpapier nur 500 UBP. Eine 1,5-L-Einwegflasche aus PET verursacht 132 UBP. Bei 15 Umläufen reduziert sich dieser Wert auf 39 UBP, für eine Glasflasche beträgt er 37 UBP. Benzin weist 100 UBP auf, Diesel 150–170, Erdgas und Flüssiggas 50–75 UBP.

Der Vorteil dieses Systems liegt darin, dass das Ergebnis komplexer Analysen eine einzige Zahl ist, die einen raschen Vergleich erlaubt. Der Nachteil besteht gerade in dieser Reduktion, denn bedeutende inhaltliche Veränderungen etwa von CO_2-Emission in die Luft zu Humantoxizität oder Gewässerbelastung sind aus dieser Summenzahl nicht mehr erkennbar.

Die energetischen und materiellen Aufwendungen für die **Transportwege** werden berücksichtigt, nicht aber Transportunfälle. So stammt das in der Schweiz verarbeitete Aluminium aus Australien. Für die dortige Verarbeitung des Bauxits zu Tonerde ist Kalkstein aus Japan erforderlich sowie Natronlauge aus den USA. In der Schweiz wird Aluminiumfluorid aus Schweden für die Elektrolyse der Tonerde zu Aluminium benötigt und Rohstoffe für die Anodenherstellung aus Deutschland und aus der ehemaligen Tschechoslowakei (Habersatter 1991).

Tabelle 7.1. Vereinfachte Ökoprofile für 1 kg Verpackungsstoff unter Berücksichtigung der zur Herstellung und Entsorgung benötigten Energie, der kritischen Belastung von Luft und Wasser und des erforderlichen Deponievolumens (Habersatter 1991). Prozentangaben von 0 bis 100 beziehen sich auf unterschiedliche Recyclingstufen.

		Energie-bedarf (MJ/kg)	kritische Luftbelastung (1000 m^3/kg)	kritische Wasser-belastung (dm^3/kg)	Deponie-volumen (cm^3/kg)
Aluminium	0 %	171	4049	640	1903
	100 %	16	354	2	281
Glas	50 %	8	293	1	238
	75 %	7	243	1	147
	100 %	6	165	1	24
LD-Polyethylen		47	231	107	293
PET		70	692	120	295
Polypropylen		50	332	122	301
Polystyrol		56	656	60	338
PVC		43	669	307	402
Papier	0 % (gebleicht)	47	719	1488	355
	0 % (ungebleicht)	42	657	916	329
	100 % (ungebleicht)	19	322	1	238
Karton	0 %	31	377	1498	288
	100 %	19	321	83	248
Wellpappe	100 %	16	186	137	247
Weißblech	0 %	33	773	108	769
	50 %	26	513	101	445
	100 %	20	277	94	136

7.2.1
Fallstudie Milch

Wie verpackt man einen Liter Milch am umweltfreundlichsten? Milch wird in Plastikschlauch, Plastikflaschen, Plastik-Karton-Verbundpackung (Brik) oder Glasflaschen abgefüllt. Letztere werden in der Regel im Rahmen eines

Tabelle 7.2. Benötigtes Material (g) um einen Liter Milch zu verpacken. Nach Basler u. Hofmann 1986).

	Schlauch-packung	Plastik-flasche	Plastik-Karton-Verbund (Brik)	Glasflasche Umläufe 20	40
Polyethylen	7	22	4	0,4	0,4
Aluminium		1		0,7	0,7
Papier		1	20	1	1
Glas				20	10

Pfandsystems wieder verwendet. In Tabelle 7.2 sind die unterschiedlichen Anteile an Rohmaterialien aufgeführt, die hierfür benötigt werden. Der Materialbedarf ist für die Schlauchpackung am niedrigsten, für die Brik-Packung und die Plastikflasche am höchsten. Im Unterschied zur Glasflasche wird in den anderen Fällen überwiegend Polyethylen, also eine nicht erneuerbare Ressource, eingesetzt. Dessen Entsorgung setzt zusätzlich CO_2 als Klimagas in die Atmosphäre frei. Allerdings benötigt auch die Glasflasche Aluminium und Polyethylen für Deckel und Dichtung sowie Papier für das Etikett.

Berechnet man die zur Herstellung dieser Verpackungen benötigte **Energie**, so sind Schlauchpackung und Glasflasche als gut einzustufen, Die Brik-Verpackung benötigt mehr und die Kunststoffflasche viel mehr Energie. Die Wasserbelastung ist beim Schlauchpack am geringsten und steigt in der Reihe Glasflasche : Kunststoffflasche : Brik an. Wenn die Plastik-Karton-Verbundpackung wieder verwendet würde oder aus Altpapier hergestellt würde, sähe dieser Teil der Bilanz besser aus. Wenn man nun die CO_2-Belastung der Atmosphäre besonders gewichtet, erweist sich ein hoher Gehalt an nicht erneuerbaren Rohstoffen als negativ: Plastikflasche und Schlauchpackung sind am ungünstigsten und die Glasflasche ist am besten. Generell gilt: je mehr Durchläufe die Glasflasche macht, desto günstiger schneidet sie ab.

7.2.2
Kunststoff oder Papier?

Bei manchen Verpackungsmaterialien, Tragetaschen oder auch Briefumschlägen stellt sich die Frage, ob Polyethylen oder Papier die günstigere Variante ist. Wie in Tabelle 7.1 ersichtlich, belastet die Herstellung von einem kg Polyethylen die Umwelt mehr als die Herstellung von Papier (bezogen auf Energie, Abfälle und Luft). Selbst wenn man für die Polyethylenverbrennung einen Energiebonus einbezieht, ergibt sich immer noch eine ungünstigere Energiebilanz. Papier verursacht als Neupapier eine beträchtliche Wasserbelastung, nicht jedoch als Altpapier.

Zur Herstellung einer Tragetasche wird aber sechsmal mehr Papier als Polyethylen benötigt, so dass sich vor allem für die Bereiche Energiebedarf und Luftbelastung drei- bis viermal ungünstigere Verhältnisse, für die Belastung von Wasser gar eine vierzehnmal stärkere Umweltbelastungen bei Papier als bei Polyethylen ergeben. Nur unter Berücksichtigung dieser Parameter müsste also Papier, das in dieser Annahme bereits zu 80 % aus Altpapier bestand, als weniger umweltverträglich als Polyethylen eingestuft werden. Bei Briefumschlägen beträgt die Gewichtsdifferenz zwischen Polyethylen und Papier nur das Zwei- bis Dreifache, so dass der Energiebedarf eines Polyethylenumschlages nur geringfügig unter dem eines Papierumschlages liegt, gleichzeitig ist die Abfallbelastung des Papierumschlages geringer, die Luftbelastung geringfügig höher, die Wasserbelastung beträgt jedoch ein Mehrfaches.

Bei den Verbrennungsvorgängen, die mit Abfallentsorgung gekoppelt sind, wird aber neben den klassischen Schadstoffen NO_x, SO_2 etc. auch **CO_2** freigesetzt. CO_2 wird als Treibhausgas ursächlich für eine Klimaänderung diskutiert (Kap. 9.4). Es muss besonders stark gewertet werden. CO_2, welches bei der Verbrennung von Papier freigesetzt wird, stammt aus einem erneuerbaren Rohstoff (kohlenstoffneutrale Bilanz), CO_2, welches aus der Verbrennung von Kunststoffen auf Erdölbasis stammt, bewirkt jedoch eine zusätzliche CO_2-Freisetzung. Da die zukünftige Klimaveränderung ein gravierenderes Problem darstellt als die Deponie- oder Abwasserbelastung, ist also Papier bei den erwähnten Beispielen zu bevorzugen.

7.3
Ökobilanzen auf volkswirtschaftlicher Ebene

7.3.1
Methoden

Es ist schwierig, die **Kosten von Umweltschäden** zu ermitteln, da viele Folgen nur indirekt feststellbar sind, viele Werte nicht materieller, sondern häufig ethischer/moralischer Art sind und überdies das Gut Umwelt nicht frei gehandelt wird. Trotz dieses prinzipiellen Problems gibt es mehrere Ansätze, die Kosten von Umweltschäden zu erfassen.

Am leichtesten können Umweltkosten als **Schadenskosten** erfasst werden, also wenn ein Schaden repariert werden muss. Die Reparaturkosten werden somit als Kosten des Umweltschadens betrachtet. Bei einer durch den sauren Regen zerfressenen Fassade einer gotischen Kirche wird die Fassade durch neue Steine ersetzt und die stilgerechte Bearbeitung durch Steinmetze gewährleistet anschließend, dass die Fassade wie zuvor aussah. Die Schadenskosten decken jedoch nicht den ideellen Wert einer original gotischen Fassade ab, denn das Original kann nicht wiederhergestellt werden. Wenn die Ursache des sauren Regens nicht beseitigt wird, fallen solche Reparaturarbeiten regelmäßig an. Problematisch beim

Schadenskostenprinzip ist, dass Schadenskosten nur berechnet werden können, wenn ein Schaden eingetreten ist. Es erfolgt keine Prophylaxe und zukünftige Schäden werden auch nicht erfasst, so dass mit Schadenskosten die Folgen eines Umweltschadens unterschätzt werden.

Unter **Ersatz-** oder **Vermeidekosten** werden die Kosten der Vermeidung einer Umweltbelastung verstanden. In der Regel handelt es sich um technische Maßnahmen, die z. B. einen Immissionswert unter die Grenze der maximal zulässigen Belastung senken. Die Beeinträchtigung wird nicht beseitigt, sondern auf Werte gemindert, von denen angenommen wird, dass sie unbedenklich oder akzeptabel sind. Bereits entstandene Schäden werden nicht beseitigt. Beispiele hierfür sind die Katalysatoren am Auto oder Anlagen zur Abgas- oder Abwasserreinigung, welche die Kosten zur Erzielung eines bestimmten Reinigungsgrad beschreiben. Die Berechnung von Vermeidekosten bietet sich an, um die Schadenskosten zu ergänzen, so dass eine Kombination von beiden recht gut für eine Abschätzung der Umweltkosten herangezogen werden kann.

Der **potentielle** oder **kompensatorische Preis** bezeichnet den Preis, den man bezahlen würde, um ein Umweltgut zu erhalten (potentieller Preis) bzw. die Preisminderung, ab der man eine Beeinträchtigung in Kauf nimmt (kompensatorischer Preis). Diese Berechnung eignet sich für komplexe Umweltbeeinträchtigungen, deren Beseitigung nicht ohne weiteres möglich ist (Straßenlärm, Luftverschmutzung o.ä.). Wenn man den Wert eines Grundstückes neben einem Flughafen mit einem ähnlichen ohne Flughafen vergleicht, beschreibt die Preisdifferenz die Wertminderung durch die Flughafennähe, vermutlich hauptsächlich durch den Fluglärm. Eine weitere Methode besteht darin, Befragungen vorzunehmen (Wie viel würden sie für reine Alpenluft in ihrer Stadt monatlich zahlen? Wie viel ist ihnen ein Spaziergang in einem unbelasteten Wald wert?), um so auf den Wert der unbelasteten Umwelt zu schließen. Da je nach psychosozialem Umfeld die Antworten verschieden ausfallen, kommen stark divergierende Ergebnisse zustande, d. h. es handelt sich um eine sehr subjektive Methode.

Der Wert eines Lebensraumes kann durch die Zahlungsbereitschaft erfasst werden, um ihn zu besuchen (**Reisekostenmethode**). Die Reisekosten für Touristen in ein kleines Tropenreservat in Costa Rica ergeben sicherlich eine gute Annäherung an den Minimalwert des tropischen Regenwaldes. Im konkreten Fall lag dieser Wert, umgerechnet auf einen ha Wald, ein bis zwei Zehnerpotenzen über dem Kaufpreis des Waldes, so dass es ökonomisch sinnvoll ist, die Tropenwaldfläche durch Zukauf zu vergrößern. Ob solche Preise aber auch noch gelten, wenn es sich um große Flächen oder viele Reservate handelt, kann bezweifelt werden.

Nicht durch diese Monetarisierung erfassbar sind unwiederbringliche Verluste und irreparable Schäden. Eine ausgestorbene Pflanzen- oder Tierart kann nicht neu gekauft werden, so dass kein Preis, der genannt wird, überzeugt (Box 7.2). Die Rettung einer symbolträchtigen Nashornart wird Befragten eine gewisse Geldsumme wert sein. Bei einer tropischen Kleinzikade, die nur wenigen Spezialisten bekannt ist, wird dieser potentielle Preis aber niedriger liegen und weiter sinken, je mehr unspektakuläre Tiere einbezogen werden. Immerhin ergaben Befragungen in Deutschland, dass eine Zahlungsbereitschaft von (umgerechnet)

▶ *Box 7.2*
Wie viel kostet eine Art?

Traditionell wird der Wert einer Art moralisch-ethisch begründet. Daneben haben Arten aber auch einen Geldwert, der zumindest über den Nutzen, der aus ihnen gezogen werden kann, definiert ist. Es ist also auch ökonomisch nicht zu rechtfertigen, Arten auszurotten. Pflanzen dienen unserer Ernährung und ihre genetische Vielfalt ist unabdingbar zur langfristigen Sicherung der menschlichen Ernährung (Kap. 3.1.3). In den industrialisierten Staaten sind 25 % aller Arzneimittel pflanzlichen Ursprungs (Marktwert über 50 Mrd. Euro), weltweit sind es 75 %. Beim Aussterben einer Pflanzenart ist also mit einem finanziellen Verlust zu rechnen, der pro „wertvoller" Arzneipflanze mit 250 Mio. Euro beziffert wurde. Gerade bei Krankheiten wie Krebs oder Malaria wird immer wieder auf dieses Potenzial verwiesen. Da über die Inhaltsstoffe der meisten Pflanzen wenig bekannt ist, stellt jede Art ein großes potenzielles Kapital dar. Dies gilt in besonderem Maße für den tropischen Regenwald, der auch als Weltressourcenbank bezeichnet wird.

Der ökonomische Wert von Tieren kann sich z. B. durch die medizinische Forschung ergeben. Eine Gürteltierart ist das einzige Tier, das vom Lepra-Erreger befallen wird, so dass es für die Lepraforschung unersetzlich ist. Tintenfische sind wichtig für die neurobiologische Forschung. Sturmvögel sind ideale Versuchstiere für bestimmte Muskelerkrankungen und einige bedrohte Affenarten sind unverzichtbar zur Erforschung menschlicher Krankheiten u. a. AIDS. Bestimmte Tierarten liefern Vorlagen für technische Konstruktionen. Solche Beispiele der Bionik beziehen sich u. a. auf die Flügel von Wespen (Hubschrauberrotoren), die Schädelkonstruktion von Spechten (Sturzhelme) oder die Ultrastruktur der Haut von Delphinen (Oberflächenstruktur von Schiffen, Flugzeugen, Schwimmanzügen).

Mit biologischer Schädlingskontrolle in der Landwirtschaft wird durchschnittlich pro investiertem Dollar ein Gewinn von 30 $ erwirtschaftet. Im Fall der Kontrolle eines Schädlings von Citrus-Plantagen in Florida retteten Schlupfwespen für 35.000 $ eine Produktion von 30 Mio. $ (Myers 1980). Tiere und Pflanzen haben eine wichtige Monitor- und Indikatorfunktion (Arndt et al. 1987). Durch ihre selektive Empfindlichkeit zeigen sie momentanes und vergangenes Fehlen oder Vorhandensein eines bestimmten Schadstoffes an. So ist es durch die Speicherung von Schwermetallen in der Flussperlmuschel möglich, die Schwermetallbelastung der letzten Jahrzehnte zu rekonstruieren. Indikatorarten in einem Bach zeigen einen Belastungsgrad an und häufig kann auch auf die Zeitdauer dieses Zustandes geschlossen werden (Saprobiensystem). Mit dem Fischwarntest steht ein automatisierbares System zur Verfügung, in dem Fische (neuerdings auch Kleinkrebse) in Trinkwasseranlagen oder Kläranlagen die Wassergüte anzeigen (Kap. 10.3.2). Flechten und Moose stellen ein bewährtes System zur Beurteilung von Luftschadstoffen dar. Höhere Pflanzen können Schwermetalle anzeigen, Photooxidantien, Herbizide, Detergentien, polyzyklische Aromate usw. Da viele Arten auf ein breites Spektrum möglicher Schadstoffe reagieren können, sind sie leistungsfähiger als chemische Analysen, und ihnen kommt als integrative Indikatoren ein hoher Wert zu.

1,5–3,5 Mrd. Euro besteht, um das Artensterben in Deutschland zu verhindern. Da gleichzeitig ein anspruchsvolles Naturschutzkonzept, das diese Bedingung erfüllt, nur 0,5 Mrd. Euro kostet, ist diese Zahlungsbereitschaft bemerkenswert (Hampicke 1991).

7.3.2
Kosten von Umweltschäden

Asbest ist ein früher vielseitig eingesetztes mineralischer Baumaterial gewesen, von dem zu Isolationszwecken 1976 in Deutschland noch 190.000 t verbraucht wurden, bevor es 1979 zu einem Verbot des Asbestspritzverfahrens kam. 1982 erklärte die Asbestindustrie, den Verbrauch stufenweise zu mindern und auf Ersatzprodukte umzusteigen, „weil die Rohstoffvorräte zu Ende gehen". 1995 wurde Asbest in Deutschland vollständig verboten.

Asbest gibt ultrafeine Asbestfasern in die Luft ab, die sich in der menschlichen Lunge sammeln. 1987/88 wies jeder Bewohner Deutschlands 50.000 Fasern pro g Trockengewicht Lunge auf, Asbestarbeiter jedoch 10 Mio. Fasern. Dies führt zu Asbestose, einer in Deutschland seit 1936 anerkannten Berufskrankheit, die 1976 offiziell als **Lungenkrebs** eingestuft wurde. Bis 1988 waren 1000 Todesfälle bekannt, genauso viele ereigneten sich allein in 2002. Die Zahl der Anträge auf Anerkennung als Berufskrankheit steigt ständig an; der Höhepunkt der asbestbedingten Todesfälle wird etwa 2015 erwartet (Abb. 7.1).

Die **Kosten** dieses Asbesteinsatzes errechnen sich aus den Kosten, die im Gesundheitssektor entstehen inkl. Witwen- und Waisenrenten, sowie den Kosten im Bausektor für die Sanierung der Gebäude. Die volkswirtschaftlichen Kosten eines Toten können mit (umgerechnet) 2,5 Mio. Euro angegeben werden (Teufel et al. 1991), 100 Asbest-Tote jährlich kosten also 250 Mio. Euro. Die Gebäudesanierung ist der zweite große Kostenfaktor. Die Sanierungskosten für die öffentlichen Gebäude Westberlins wurden 1988 auf 300 Mio. Euro geschätzt, in Deutschland werden sich für die nächsten Jahrzehnte jährliche Kosten von einigen Milliarden Euro ergeben. Die durch Spritzasbest verursachten externen Kosten belaufen sich nach Teufel et al. (1991) pro Euro ehemaliger Materialkosten auf 235 Euro Folgekosten.

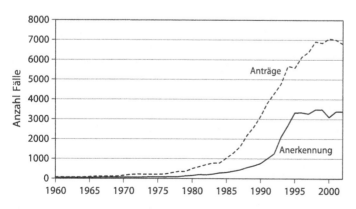

Abb. 7.1. Zahl der Anträge auf Anerkennung von Asbestose als Berufskrankheit und anerkannte Fälle in Deutschland. Nach www.hvbg.de.

Von 1978–85 wurden auf der schweizerischen **Sondermülldeponie** Kölliken 300.000 t Sonderabfälle abgelagert, damals die Hälfte der schweizerischen Sondermüllproduktion. Pro Tonne wurden (umgerechnet) 30–70 Euro Deponiegebühr erhoben, so dass sich mindestens 10 Mio. Euro Einnahmen ergaben, denen lediglich 1 Mio. Euro Kosten für die Errichtung der Deponie gegenüberstanden. Nach Schließung der Deponie zeigte sich jedoch, dass umfangreiche Sanierungsmassnahmen nötig waren, um eine Kontamination der Umwelt, v. a. des Grundwassers, mit verschiedenen Substanzen zu verhindern. 1990 wurde mit 15 Mio. Euro Sanierungskosten gerechnet, 1993 stieg dieser Betrag auf 133 Mio. Euro, 2003 waren es schließlich 297 Mio. Euro. Jede Tonne Sondermüll hat also neben der Deponiegebühr 1000 Euro Folgekosten verursacht. Diese Kosten werden nicht vom Entsorger, sondern von der Allgemeinheit gezahlt (Verjährungsfrist, unklare Entsorgungssituation bzw. Beweisführung). Bei anderen schweizerischen Problemdeponien werden Sanierungskosten von (umgerechnet) 7 Mio. (Gummersloch/Köniz), 14 Mio. (Dielsdorfer Deponie von Lindan-Produktionsresten) oder 30–50 Mio. Euro (Bärengraben/Würenlingen) genannt. In einer Hochrechnung ging das schweizerische Bundesamt für Umwelt davon aus, dass die Überwachung und Sanierung ehemaliger Deponiestandorte im Verlauf der nächsten Jahrzehnte dem Steuerzahler insgesamt Kosten von mindestens 2 Mrd. Euro verursachen wird.

Der Brand einer Lagerhalle von Sandoz in Schweizerhalle bei Basel am 1.11.1986 hat deutlich gemacht, wie teuer eine **Entseuchung von belastetem Erdreich** kommen kann. Damals waren 30.000 t Erdreich durch 350 t Quecksilber und über 1000 t Biozide belastet worden. In einem neu entwickelten Flotationsverfahren wurde der Boden in einer Waschanlage durch Sieben in verschiedene Fraktionen getrennt. Die kiesigen Bestandteile konnten nach der Reinigung wieder als Erdreich verwendet werden, Sand und Schluff mussten mit organischen Schaumbildnern behandelt werden, so dass neben sauberem Sand eine Schluff-Fraktion anfiel, die den organischen Schaum und die Schadstoffe enthielt. In einem geschlossenen Wasserkreislauf wurde dieser Teil durch Abschöpfen eingedickt und entwässert, so dass zum Schluss mit 2000 t Rest nur 7 % des Ausgangsvolumens übrig blieben, die 95 % der Schadstoffe enthielten. Die Kosten dieser Reinigungsprozedur beliefen sich auf (umgerechnet) 40 Mio. Euro, d. h. 1300 Euro pro t Erdreich. Die verbliebenen 2000 t wurden in einer Sondermülldeponie (1000 Euro pro t) deponiert.

Die Emission von NO_x, SO_2 und weiteren Abgasen aus Verbrennungsprozessen führt zur Säurebildung in der Atmosphäre und zu **saurem Regen** (Kap. 9.2). Dieser schädigt Bäume und Böden und beeinträchtigt die vielfältigen Funktionen des Waldes (u. a. Holzproduktion, Wasserkreislauf, Luftreinigung, Schutz vor Bodenerosion, Erholungsraum). Konkret bedeutet dies, dass sich eine geringere Nutzholzproduktion ergibt, in Hanglagen kommt es zu vermehrter Erosion, in Gewässern zu vermehrtem Sedimenteintrag. Die Folgen sind Erdrutsche und Hochwasser, erhöhte Kosten für Trinkwasseraufbereitung, Uferbefestigungen und Hangsicherungen. Wicke (1986) bezifferte diese Kosten für Deutschland auf (umgerechnet) 3–4 Mrd. Euro jährlich, neuere Angaben liegen deutlich höher. Mit der Zunahme schwerer Winterstürme, die seit 1990 beobachtet wird, entstehen immer größere Schäden, die zum Teil auf die Schwächung des Waldes zurückgeführt werden. Der Verlust für die Holzwirtschaft Europas durch 4 Orkane in 1990 betrug 25 Mrd. Euro durch Nutzungsausfall.

Die **Belastung der Atmosphäre** wirkt sich auch direkt auf die Gesundheit der Menschen aus. Diese Kosten können berechnet oder geschätzt werden und bestehen aus Kosten für die Arbeitsunfähigkeit, Frührente oder Tod, sowie Kosten im Gesundheitssystem durch Behandlung und Rehabilitation. Materialschäden durch Luftverschmutzung an Gebäuden, Brücken, Hochspannungsmasten usw. bewirken einen erhöhten Instandhaltungsaufwand. Hinzu kommen Schäden an landwirtschaftlichen Kulturen durch Minderertrag. Insgesamt nennt Wicke (1993) für 1992 rund 18 Mrd. Euro als Kosten der Luftverschmutzung. Ein großer Teil der Luftverschmutzung wird durch den Verkehr verursacht. Diese Kosten können daher auch als externe Kosten des Verkehrs aufgefasst werden (Box 7.3)

Die Kosten der Umweltbelastung durch **Lärm** können ermittelt werden, indem man innerhalb einer Stadt Qualität und Mietpreis verschieden lärmexponierter Wohnungen vergleicht. In einer Untersuchung in Basel betrug der Rückgang der

---

▶ *Box 7.3*
Externe Kosten des Verkehrs

Der Verkehr belastet die Umwelt stark. Im Normalbetrieb verursacht ein Fahrzeug Schäden an der Fahrbahn, es belastet mit den Abgasen die Luft, produziert Lärm und verursacht Unfälle. Letztere können mit längerer Krankheit, d. h. mit entsprechenden Kosten und Produktionsausfällen verbunden sein, bei Unfällen mit Todesfolge entsteht gar ein bleibender Verlust für die Volkswirtschaft. Staus behindern die Verkehrsteilnehmer, kosten also Arbeitszeit. Hinzu kommen nach Teufel et al. (1991) durchschnittliche Kosten eines Leichtverletzten von (umgerechnet) 7000 Euro, eines Schwerverletzten von 105.000 Euro und eines Toten von 2,5 Mio. Euro. Allein über die Verkehrsunfallstatistik eines Landes ergeben sich somit Kosten, die in der Größenordnung von einigen Milliarden Euro liegen.

In den 1990er Jahren betrugen die direkten Kosten der Verkehrsunfälle in der Schweiz jährlich (umgerechnet) 4 Mrd. Euro. 30 % der Kosten wurden nicht vom Verursacher gezahlt, sondern vom Opfer bzw. der Allgemeinheit. Dies waren meist Kosten im Bereich des Gesundheitswesens, die über Haftpflichtversicherungen und Krankenkassen auf die Allgemeinheit umgelegt wurden. Würde man diese Kosten auf den Benzinpreis umlegen, so ergäbe sich eine Erhöhung um 0,15 Euro/L.

Die durch einen PKW im Laufe des Autolebens verursachten externen Kosten werden nach Teufel et al. (1991) mit (umgerechnet) 30.000 Euro (bei einem Kaufpreis von 12.500 Euro) angegeben, die externen Kosten eines LKW betragen 210.000 Euro (Kaufpreis 75.000 Euro). Pro Tonnenkilometer ergeben sich so externe Kosten von 2 Euro bei einem LKW, von 0,5 Euro bei der Bahn und von 0,1 Euro bei einem Binnenschiff. Die externen Kosten von einem 1 Liter Treibstoff werden für Autos mit 2,25 Euro (Kaufpreis 0,60 – 1,20 Euro) angegeben.

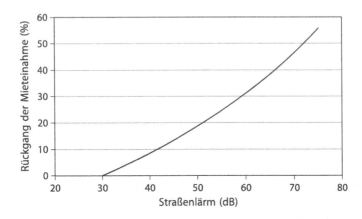

Abb. 7.2. Prozentualer Rückgang der Mieteinnahmen in Abhängigkeit vom Straßenlärm in Basel. Nach Wicke (1986).

Mieteinnahmen pro Dezibel zusätzlicher Lärmbelastung rund ein Prozent (Abb. 7.2). Rechnet man dies auf Deutschland für die Bevölkerung, die unter einem bestimmten Lärmpegel leidet, um, ergibt sich eine lärmbedingte Mietminderung von (umgerechnet) 15 Mrd. Euro (Wicke 1993). Nach einer Analyse von 1989 wären die Befragten bereit, 5 Mrd. Euro für „weniger Lärm" zu zahlen und 11 Mrd. Euro für „nahezu kein Lärm" (Hampicke 1991). In diesen Zahlen sind Folgekosten gesundheitlicher Beeinträchtigung sowie die Kosten baulicher Maßnahmen zum Lärmschutz von 3 Mrd. Euro noch nicht enthalten.

Unter den **Tankerunfällen** führte der Unfall der Amoco Cadiz 1978 vor der bretonischen Küste zum Auslaufen von 228.000 t Öl, die sich in das Meer ergossen und an 400 km Strand angespült wurden. Als Schadenskosten wurden anschließend (umgerechnet) 250 Mio. Euro angegeben. Diese Zahl war vermutlich viel zu tief angesetzt, da die direkten Schäden am Meer ausgeklammert wurden und allein der durch den Unfall verursachte Tourismusrückgang, der in Frankreich zu 12 Mio. weniger Übernachtungen führte, einige 100 Mio. Euro Verluste verursachte. Mit Prozessende 1992 wurden 135 Mio. Euro als Schaden gerichtlich anerkannt.

Am 22. April 1989 kam es im Prinz-William-Sund vor Alaska zum größten Tankerunfall in amerikanischen Gewässern, als aus dem Tanker Exxon-Valdez 35.000 t Öl ausflossen. 2500 km Strand wurden verschmutzt, über 250.000 tote Vögel gezählt, darunter 100 Weißkopfseeadler, und einige tausend Meeressäuger. Die Reinigungskosten beliefen sich 1989 auf 2 Mrd. $ und 1990 auf weitere 200 Mio. $. Im März 1991 stimmte die Ölgesellschaft zu, Alaska 1 Mrd. $ zu zahlen, im Oktober 1991 wurden weitere 900 Mio. $ vereinbart, die Schadensersatzklagen von 15 Eskimostämmen und 300 Einzelpersonen sind hierbei noch nicht berücksichtigt. Bis Ende 1991 waren also Kosten von 4,1 Mrd. $ plus die Schäden am Schiff erfasst. Diese Kosten sind nur die offensichtlichen Schadenskosten und kompensieren noch nicht die Umweltschäden. Ihnen gegenüber steht der Wert des ausgelaufenen Öls von 5 Mio. $, also einem Tausendstel der entstandenen Kosten (Kap. 4.3.1).

Für Deutschland werden (umgerechnet) 8 Mio. Euro als durchschnittliche Kosten der **Ölbelastung** der Gewässer genannt (Wicke 1986). Solche Angaben sind ungenau, da es sich bei Ölunfällen nicht um regelmäßige Ereignisse handelt.

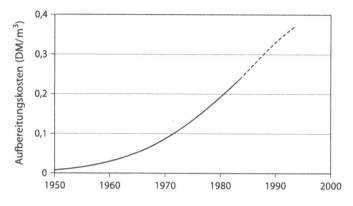

Abb. 7.3. Durchschnittliche Aufbereitungskosten des Trinkwassers in 8 Trinkwasserwerken an Rhein und Ruhr mit einer Prognose für die 1990er Jahre. Nach Wicke (1986).

So kostete der Unfall der Ondina im Hamburger Hafen 1984 10 Mio. Euro. Für die Ölbekämpfung im See- und Küstengebiet Deutschlands wurden 1980–1989 durchschnittlich 10 Mio. Euro jährlich investiert, allein die Unterhaltskosten der Bekämpfungsgeräte und -schiffe betragen jährlich 2,5 Mio. Euro.

Die Kosten der **Gewässerbelastung** sind als Nutzungsausfall (Ertragsminderung der Fischerei), als Nutzungserschwernis (Kosten der Trinkwasseraufbereitung), als Verringerung des Freizeit- und Erholungswertes, als Folgekosten von Tankerunfällen, als erhöhte Reinigungskosten (z. B. von Stränden) usw. messbar. Die Aufbereitungskosten von Trinkwasser haben sich an Rhein und Ruhr in den letzten Jahrzehnten alle 10 Jahre verdoppelt, die Tendenz ist steigend (Abb. 7.3). Die Aufwendungen, um einige 100 km Nord- und Ostseestrand von dem durch das Meer angespülten Abfall zu reinigen, betragen (umgerechnet) über 5 Mio. Euro jährlich. Mietminderungen an belasteten Gewässern und Wertverluste von Grundstücken sind gut untersucht und ergeben einen Verlust von 2,5 Mrd. Euro jährlich. Insgesamt ist daher in Deutschland mit jährlichen Kosten von mindestens 9 Mrd. Euro zu rechnen (Wicke 1986), die durch die Gewässerbelastung verursacht werden.

So wie oben ausgeführt, ergeben sich **Gesamtkosten der Umweltschäden** in Deutschland von mindestens 50 Mrd. Euro, die jährlich aufgebracht werden müssen bzw. entstehen und nicht vom Verursacher beglichen werden (Wicke 1986). Es handelt sich hierbei um eine recht konservative Kalkulation. Die Hälfte dieser Schäden entstehen durch Luftbelastung, ein Drittel durch Lärm und ein Sechstel durch Gewässerverschmutzung. Die Höhe dieser Schäden beläuft sich auf 6 % des Bruttosozialproduktes Deutschlands von 1984. Schäden, die sich durch die Klimaveränderung ergeben, sowie langfristige und exportierte Schäden sind in dieser Rechnung nicht enthalten. Wicke (1993) nennt daher für Deutschland 1992 als wahrscheinliche Größenordnung der Schäden einen Betrag von 100 Mrd. Euro (= 7 % des Bruttosozialproduktes). Hiervon sind lediglich 10 Mrd. durch Sonderabgaben nach dem Verursacherprinzip gedeckt, die Differenz von 90 Mrd. Euro jährlich oder 90 % der Schäden bleibt als volkswirtschaftlicher Verlust bestehen.

Eine **Analyse für die Schweiz** wurde 1989 von der Wirtschaftszeitung Cash veröffentlicht. Demnach wurden jährliche Schäden von (umgerechnet) 2,7 Mrd. Euro durch die Luftverschmutzung verursacht (u. a. 0,7 Mrd. Euro durch Korrosion an

Straßen und Bauten, 0,7 Mrd. Euro durch Kosten im Gesundheitswesen, 0,2 Mrd. Euro für Nachrüstung an Filteranlagen der Müllverbrennungsanlagen), Schäden von 2,1 Mrd. durch das Waldsterben, 2 Mrd. Euro durch Gewässerverschmutzung (überwiegend für Bau und Betrieb von Kläranlagen und Kanalisation), 2 Mrd. Euro durch Bodenbelastung und fast 2 Mrd. Euro durch Lärm. Insgesamt ergeben sich jährliche Umweltschäden von 10,7 Mrd. Euro (= 7 % des Bruttosozialproduktes), denen 3,3 Mrd. Euro gegenüberstehen, die zur Schadensbeseitigung aufgewendet werden. Es verbleibt ein jährlicher volkswirtschaftlicher Verlust von mindestens 7,3 Mrd. Euro.

7.3.3
Ökologische Preise

Bei der Ökobilanz eines Produktes kann es sich ergeben, dass der aktuelle Preis einer Ware kleiner ist als die durch das Produkt verursachten Schäden. Es entstehen also **Folgekosten**, die unbeglichen bleiben oder auf Dritte, meist die Allgemeinheit, abgewälzt werden. Bei einer ökologischen Preisgestaltung wird daher der Preis eines Produktes über zusätzliche Abgaben soweit angehoben, dass alle durch das Produkt verursachte Schäden abgegolten werden. Der Konsument zahlt einen höheren Preis und steuert über diesen die Nachfrage, also die Produktion. Waren, die große Umweltschäden verursachen, wären also besonders teuer und würden weniger produziert, so dass die Umweltschäden abnehmen. Voraussetzung ist eine durchsichtige Preisgestaltung, ein konsequentes Erfassen und Monetarisieren der Folgeschäden und die Möglichkeit, auf Alternativprodukte auszuweichen.

Ein besonders einleuchtendes Beispiel stellen **Energiekosten** dar. Energie aus fossilen Energieträgern ist billig, aus erneuerbaren Energieträgern jedoch teuer. Erstere ist mittel- bis langfristig begrenzt, belastet die Umwelt bei der Gewinnung und beim Transport des Energieträgers. Große Folgeschäden entstehen beim Einsatz, d. h. beim Verbrennen (Abgase, feste Abfälle, saure Niederschläge, Klimaveränderung etc.). Die anderen Energieträger sind hingegen umweltverträglicher. Die Kosten der Umweltbeeinträchtigung sind jedoch nicht im Energiepreis enthalten. Da sie gleichwohl anfallen, zahlt sie jeder Verbraucher oder Steuerzahler auf indirekte Weise. Eine ökologische Preisgestaltung sieht vor, den Preis von Kohle oder Erdöl soweit anzuheben, dass diese Kosten eingeschlossen sind. Größenordnungsmäßig wäre dies bei einer Verdoppelung bis Verdreifachung der derzeitigen Preise gegeben. Wie in Kap. 4.5 ausgeführt, würde eine solche Preisanhebung regenerative Energien so konkurrenzfähig machen, dass sich die Nachfrage umkehrt und fossile Energieträger weniger genutzt würden. Dies hätte positive Auswirkungen, denn die Umweltschäden durch Verbrennen fossiler Energieträger gingen drastisch zurück, ihre Vorräte würden gestreckt und stünden als Chemierohstoff weiterhin zur Verfügung (Kap. 5.1.2). Letztlich ergäbe sich hierdurch für die regenerierbaren Energieformen auch das Nachfragepotential, das zur Serienproduktion und Preissenkung benötigt würde, so dass Energie langfristig wieder billiger würde.

In diesem Zusammenhang nimmt die **CO$_2$-Abgabe** eine zentrale Position ein. Dies ist eine Steuer, die auf fossile Energieträger in dem Umfang erhoben werden soll, in dem sie CO$_2$ freisetzen. Das Ziel dieser Steuer ist nicht, CO$_2$-spezifische Schäden zu kompensieren, sondern den Verbrauch fossiler Energieträger einzuschränken, so dass die CO$_2$-Emission zurückgeht. Die Einnahmen sollen daher dem Konsumenten direkt zurückerstattet werden (z. B. via Steuererklärung), so dass keine finanzielle Mehrbelastung entsteht und der Staatshaushalt nicht aufgebläht wird, aber dennoch ein Anreiz zur Vermeidung besteht. Dieser beruht z. B. auf einer einheitlichen Rückerstattung der CO$_2$-Steuer pro Kopf bzw. in der Wirtschaft pro Arbeitsplatz, so dass jeder, der seinen Verbrauch unter den Durchschnitt senken kann, gewinnt, und jeder, der überproportional viel verbraucht, verliert. Wer in regenerierbare Energien und Energiesparen investiert, kann beträchtliche Gewinne verbuchen. Die CO$_2$-Abgabe kann stufenweise eingeführt werden und sie kann den Gegebenheiten angepasst werden, ist also ein flexibler Regulierungsmechanismus.

Realistische Einschätzungen gehen davon aus, dass es innerhalb einiger Jahre nach Einführung der CO$_2$-Abgabe zu einer Reduktion der CO$_2$-Emission um 25–30 % kommt. Dies setzt jedoch eine signifikante Größenordnung der CO$_2$-Abgabe voraus, denn mit halbherzigen Verteuerungen kann wenig erreicht werden. Um das gesetzte Ziel zu erreichen, sind Erhöhungen um den Faktor 2–3 für fossile Energieträger nötig. Dies ist jedoch bis auf weiteres politisch kaum durchsetzbar. In geringerem Umfang haben einzelne europäische Staaten (Schweden, Finnland, Dänemark, Großbritannien, Niederlande) in den 1990er Jahren stufenweise begonnen, fossile Energieträger bezielt zu beteuern, um ihren Verbrauch zu senken. Dies wurde oftmals mit einer partiellen Steuerreform gekoppelt, insgesamt waren die Steuersätze jedoch bisher noch recht gering.

In Verbindung mit ökologischen Preisen wird gerne vom **Verursacherprinzip** gesprochen, dabei aber übersehen, dass der Verursacher oft nicht eindeutig feststeht oder prinzipiell nicht ermittelt werden kann. Hampicke (1991) erklärt am Beispiel der Grundwasserbelastung durch Stickstoffdünger aus der Landwirtschaft, dass beide Seiten die Verursacher eines Problems sein können. Überschüssiger Dünger belastet die Umwelt (Kap. 8.2). Um gesundheitlich einwandfreies Trinkwasser zu gewährleisten, muss das Grundwasser aufwendig gereinigt werden oder eine Einschränkung der Düngung mit nachfolgendem Produktionsverlustes erfolgen. Wer aber ist Verursacher des Problems? Zuerst natürlich der Landwirt, der den Stickstoff ausbringt. Dieser aber belastet seinen eigenen Boden bzw. das Grundwasser darunter. Also muss die Frage geklärt werden, ob Eigentumsrechte am Boden eine Belastung des zugehörigen Grundwassers erlauben. Schließlich wird der Bauer argumentieren, dass ihn der Verbraucher innerhalb des agrarpolitischen Systems zu einer hohen Produktion zwingt, zudem hohe Ansprüche an makellose Ware stellt, d. h. die Eutrophierung als Nebeneffekt selbst verursacht oder billigend in Kauf nimmt. Der Verbraucher muss also auch die Kosten der Trinkwasserreinigung bzw. der Minderproduktion zahlen. Es kann sogar argumentiert werden, dass die Wasserwerke die Denitrifizierungskosten verursachen, weil sie sauberes Wasser wollen.

Letztlich rührt also der **Konflikt** daher, dass verschiedenen Gruppen die Ressource Grundwasser auf unterschiedliche und sich gegenseitig ausschließende Weise nutzen wollen, zur Trinkwassergewinnung und als Deponie für überschüssigen Dünger. Die Frage nach den Eigentumsrechten ist also zentral, denn gehört das Grundwasser dem Wasserwerk, darf es dem Bauer seine Benutzung verbieten oder gegen eine Gebühr erlauben. Diese scheinbare Umkehr des logisch erscheinenden Verursacherprinzips wird mit dem Wasserpfennig praktiziert, eine Abgabe zur Wasseraufbereitung bzw. Entschädigung der Landwirte, die alle Verbraucher als Nutzer des Grundwassers zahlen. Das so einleuchtende Verursacherprinzip scheint es also in dieser Form nicht zu geben. Hampicke (1991) umschreibt es so: „Wer Arten gefährdet, verursacht ein Problem für die Naturliebhaber, wer Arten erhalten wissen will, verursacht das Problem mit umgekehrten Vorzeichen für den Rest der Welt."

Eine weitere Möglichkeit, die Finanzierung von Folgekosten zu regeln, ergibt sich durch **Fonds**. Der Fonds-Gedanke stammt aus Nordamerika, wo er in den 1970er Jahren angesichts zunehmender Gewässerverschmutzung ausgebaut wurde. Ursprünglich sollte er plötzlich aufkommende, hohe finanzielle Belastungen auffangen oder finanzielle Forderungen, die von vielen gestellt werden können, auf viele umverteilen. Hersteller und Konsumenten eines Produktes zahlen in einen Fonds ein, aus dem Folgekosten des Produktes beglichen werden. Durch die Umlagerung der Einzahlungskosten auf den Preis kann über die Nachfrage die Produktion gesteuert werden, wenn der Fonds-Anteil einen signifikanten Preisanteil ausmacht. Bei den meist geringen Preisanteilen, die in den Fonds fließen, ist jedoch der Vermeideanreiz oft zu klein. Vielfach werden einfach Schäden abgegolten, weil sie nicht preisgünstiger vermieden werden können, so dass der Fondsgedanke u. U. auch zur Akzeptanz von Umweltbelastungen beitragen kann.

Die Möglichkeiten, eine ganze **Volkswirtschaft** auf umweltverträgliche Verfahren umzustellen und somit eine nachhaltige Bewirtschaftung zu ermöglichen, sind besser, als gemeinhin angenommen wird. Unter der Vorgabe klarer Richtlinien und einer strikten Umsetzung von entstandenen Kosten auf den Preis können Industrieunternehmen sehr wohl profitabel und umweltverträglich sein. Eine ausführliche Diskussion aus Sicht der Industrie mit vielen Einzelbeispielen und einem Kriterienkatalog für das weitere Vorgehen findet sich bei Schmidheiny (1992).

Umweltbelastung durch Chemikalien

Weltweit werden heute über 100.000 Substanzen in einer Million Zubereitungen in mehreren hundert Millionen Jahrestonnen hergestellt und verbraucht. Die American Chemical Society registrierte über 9 Millionen Chemikalien mit einer unübersehbaren Zahl von Zwischen- und Abbauprodukten. Je nach Reaktivität und Langlebigkeit können diese Substanzen lange aktiv bleiben. Lagern sie sich im Sediment eines Gewässers ab, sind sie oft inaktiv, können aber bei veränderten Umweltbedingungen wieder in Umlauf geraten. Solche in der Umwelt befindlichen Chemikalien, auf die der Mensch in irgend einer Weise einwirkt, werden als **Umweltchemikalien** bezeichnet. Zu den wichtigsten Gruppen zählen ca. 1500 Wirkstoffe von Bioziden, 4000 Wirkstoffe von Pharmazeutika, 6000 Zusätze für Lebensmittel und 100.000 Industrie- und Haushaltschemikalien. Nur für wenige Substanzen sind die Reaktionsmöglichkeiten und Risiken unter komplexen natürlichen Bedingungen bekannt. Da solche Untersuchungen, etwa Füttertests mit Tieren (Box 8.1), teuer und zeitaufwendig sind, beschränken sie sich auf problematische Stoffe, selten auf Kombinationen von Stoffen.

Bezogen auf die Giftigkeit spielt es prinzipiell keine Rolle, ob eine Substanz das Ergebnis chemischer Synthesen ist, oder ob es sich um ein **Naturprodukt** handelt. Viele synthetische Produkte können im Gegensatz zu einigen natürlichen leicht abbaubar sein. Schwermetalle oder Bakterientoxine bzw. Pflanzengifte (Strychnin, Curare, Nikotin und andere Alkaloide etc.) sind Beispiele dafür. Die so genannten natürlichen Insektizide, meist Pflanzeninhaltsstoffe wie Pyrethrum, Quassia oder Rotenon, zeichnen sich durch eine breite, nicht selektive Wirkung aus und können in keiner Weise als besonders umweltverträglich oder nachhaltig bezeichnet werden. Das stärkste Nervengift ist das Toxin eines Bakteriums (*Clostridium botulinum*), von dem weniger als 1 g ausreicht, um die Bevölkerung Deutschlands, Österreichs und der Schweiz zu vergiften.

8.1
Schwermetalle

Die wichtigsten Schwermetalle sind Quecksilber, Cadmium, Blei, Chrom, Kobalt, Kupfer, Nickel, Zinn und Zink. Sie kommen natürlicherweise in der Erde vor und sind in Spuren auch in lebenden Systemen anzutreffen. Kupfer, Zink und Kobalt sind sogar als biologische Spurenelemente in geringen Mengen für den

▶ **Box 8.1**
Wie viel Gift darf's denn sein?

Um die Gefährlichkeit eines Schadstoffes zu ermitteln, werden Fütterversuche mit Tieren durchgeführt, auf deren Basis die für Tiere unschädliche Dosis auf den Menschen umgerechnet wird. Hierzu ein Rechenbeispiel: Im Tierversuch lassen 10 g einer Substanz pro kg Futter bei langfristiger Verabreichung erste Schädigungen erkennen. Es wird nun angenommen, dass der zehnte Teil dieser Dosis (1 g/kg Futter) harmlos sei (no *effect level*). Die Umrechnung auf die tägliche Futtermenge ergibt die zulässige tägliche Höchstdosis (*acceptable daily intake*, ADI), also 100 mg Substanz/Tier oder 50 mg Substanz/kg Körpergewicht, wenn ein 2 kg schweres Kaninchen täglich 100 g frisst. Nun wird angenommen, dass der Mensch 10-mal so empfindlich ist wie ein Versuchstier, ferner wird ein Sicherheitsfaktor 10 berücksichtigt, so dass 0,5 mg/kg Mensch als unbedenklich angesehen werden. Wenn ein 60 kg schwerer Mensch täglich 400 g Nahrung isst, darf er 30 mg der Substanz zu sich nehmen, dies entspricht 75 mg/kg Nahrung. Diese Menge wird als höchste duldbare Rückstandsmenge bezeichnet (*permissible level*), die ein Mensch ohne Gesundheitsstörung lebenslang täglich zu sich nehmen kann.

Solche Berechnungen sind kritisch zu betrachten. Zum einen basieren sie auf Versuchstieren, von denen meist nicht bekannt ist, wie empfindlich sie im Vergleich zum Menschen sind. Erfahrungswerte von einer Substanz sind nicht übertragbar, wie seit dem Fall Contergan mit dem Wirkstoff Thalidobromid bekannt ist. Tierversuche mit Hamstern hatten erst ab 350 mg/kg teratogene Nebenwirkungen ergeben, also Missbildungen. Später ergab sich für den Menschen eine wirksame Dosis von 1 mg/kg, d.h. er war 350-mal empfindlicher als Hamster. Ähnlich ist die Erfahrung mit Isotretinoin, das zur Aknebehandlung eingesetzt wird. Bei Schwangeren wurden teratogene Effekte am Embryo bereits nach Tagesdosen von 0,4 mg/kg festgestellt, während die Empfindlichkeit nach Tierversuchen mit Mäusen 250mal geringer war. In beiden Fällen waren Affen „nur" 10-mal weniger empfindlich als Menschen. Dies ist (leider) ein Argument dafür, dass Tests mit nah verwandten Arten wie Affen aussagekräftiger sind als mit entfernt verwandten Arten wie Nagetieren.

Menschen essentiell. Schwermetalle sind ein Umweltproblem, da ihr anthropogener Stoffumsatz den natürlichen oftmals weit übersteigt (Tabelle 8.1) und sie in der Regel stark toxisch sind. Sie können nicht abgebaut werden und oft ist ihre Ausscheidungsrate so gering, dass sie sich im Körper ansammeln, meist in Leber, Nieren und Nervensystem. Geringe Konzentrationen in der Nahrung können, wenn sie lange einwirken, weit reichende Folgen haben. Die meisten Schwermetalle wirken als Komplexbildner mit Proteinen, v.a. mit Enzymen. Schäden sind erst nach langer Zeit erkennbar, dann sind sie oft bereits chronisch.

Tabelle 8.1. Natürliche (Staubfracht und vulkanische Aktivität) und anthropogene Quellen (Industrieproduktion und Verbrennen fossiler Brennstoffe) der Emission (in 10^8 g/a) von Schwermetallen in die Atmosphäre. Der Faktor gibt an, um wie viel die anthropogene Emission die natürliche übersteigt. Nach Merian (1991).

	Natürliche Emission	Anthropogene Emission	Faktor
Kobalt	70	44	0,6
Chrom	584	940	1,6
Nickel	283	980	3,5
Zinn	52	430	8,3
Kupfer	193	2630	13,6
Cadmium	3	55	18,3
Zink	358	8400	23,5
Silber	0,6	50	83,3
Quecksilber	0,4	110	275
Blei	58,7	20.300	345,8

8.1.1
Quecksilber

Quecksilber wird v.a. bei der Produktion von Chlor und Natronlauge emittiert und ist verbreitet bei elektrolytischen Prozessen. Den häufigsten Einsatz findet es in elektrischen und elektronischen Bauteilen sowie Leuchtstoffröhren, Batterien, Farben, als Fungizid, für Desinfektionsmittel und Zahnfüllungen. Quecksilber wird aus Zinnobererzen gewonnen. Die Weltproduktion lag zu Beginn des 19. Jahrhunderts jährlich bei 4000 t, stieg in den 1970er Jahren auf über 10.000 t und sank in den letzten Jahren auf etwa 5000 t.

Bei **Müllverbrennung** ohne Rauchgasreinigung wird der Quecksilbergehalt des Abfalls in die Atmosphäre abgegeben. In der Schweiz stammten immerhin 50 % des emittierten Quecksilbers aus der Müllverbrennung. Zahnfüllungen aus Amalgam, einer Legierung aus Quecksilber, Silber, Kupfer, Zinn und Zink, enthalten pro Plombe durchschnittlich 0,6 g Quecksilber. Dieses Quecksilber wird zu Lebzeiten des Trägers langsam ausgewaschen, wobei die Schwermetalle direkt in den Körper aufgenommen werden oder es gelangt beim Zahnarzt mit dem Spülwasser in die Kanalisation. Nach dem Tod wird das Quecksilber im Boden der Friedhöfe freigesetzt oder durch Krematorien in die Atmosphäre abgegeben. Regenwasser enthält 0,2–2,0 µg/L Quecksilber, also bei 1000 mm Jahresniederschlag 10 g Quecksilber/ha.

In Farben oder als Saatgutbeizmittel wurde Quecksilber (in Form des toxischen Methyl-mercuro-dicyandiamid oder als das weniger toxische Phenylquecksilber bzw. Alkoxyl-alkyl-quecksilber) als Fungizid eingesetzt und direkt in der Umwelt verteilt. Ähnlich kann auch Klärschlamm wirken, der Quecksilber aus unserer **Nahrungskette** auf landwirtschaftliche Nutzflächen bringt, so dass es in der Nahrungskette bleibt. Diese Zufuhr kann 10 g/ha jährlich betragen, also den niederschlagsbedingten Eintrag verdoppeln.

In Brasilien wird Quecksilber von **Goldsuchern** benutzt, um geringste Goldmengen aus Sedimenten herauszulösen. Diese werden mit Quecksilber versetzt, um das Gold zu binden. Anschließend wird es auf offenem Feuer verdampft, so dass nur Gold übrig bleibt. Beim Verdampfen wird Quecksilber eingeatmet und auch über die Nahrung, die v.a. aus Fisch besteht, werden große Mengen aufgenommen, denn die Quecksilberdämpfe sammeln sich über die Niederschläge in den Flüssen, in denen sich Quecksilber dann in der Nahrungskette anreichert. Schätzungen gehen von einer Größenordnung von 100 t aus, die seit 1980 jährlich freigesetzt werden.

Anorganisches Quecksilber wird über den Verdauungstrakt nur zu 0,01 % (Lungen 80 %) aufgenommen und kann die **Blut-Hirn-Schranke** nicht überwinden. Mikroorganismen bauen anorganisches Quecksilber jedoch zu Methyl-Quecksilber und Dimethyl-Quecksilber um (Abb. 8.1). Methyl-Quecksilber kann

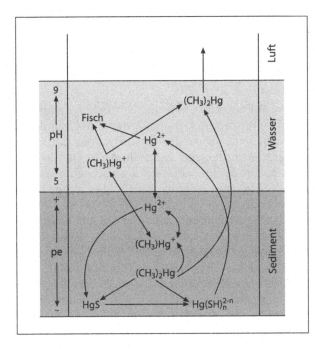

Abb. 8.1. Geochemischer Zyklus von Quecksilber im Sediment und im Wasser. Verändert nach Kersten (1988).

wegen seiner Fettlöslichkeit durch Zellmembranen in Wasserorganismen aufgenommen werden. Dimethyl-Quecksilber entweicht in die Atmosphäre, seine Aufnahme durch den Menschen beträgt 90 % und es überwindet die Blut-Hirn-Schranke sowie die Plazenta-Schranke. Quecksilber wird vom Menschen langsam ausgeschieden, die mittlere Verweildauer von anorganischem Quecksilber beträgt 40 Tage, die von Methyl-Quecksilber 70–190 Tage. Bei Muscheln, Krebsen oder Fischen beträgt die Halbwertzeit jedoch 2–3 Jahre (Moriarty 1988).

Quecksilberverbindungen reagieren mit Enzymen und zerstören Zellmembranen. Quecksilbersalze schädigen die Nieren und führen zu Albuminurie, Methyl-Quecksilber greift v.a. im Gehirn an. Erste Anzeichen einer **Quecksilbervergiftung** sind Sensibilitätsverlust an den Extremitäten, Zittern und Einengung des Gesichtsfeldes. Bei Konzentrationen ab 3–7 µg Methyl-Quecksilber pro kg Körpergewicht erblindet man und Hirnzellen werden irreversibel zerstört (Box 8.2). Organische Quecksilberverbindungen gelten als mutagen und teratogen. Quecksilber reichert sich in Federn und Haaren an. Beim Menschen gelten 10 mg/kg im Haar als normal, bei 50 mg/kg zeigen sich erste Krankheitserscheinungen und bei 300 mg/kg besteht unmittelbare Lebensgefahr.

Der Quecksilberverlust aus einer **Amalgam-Zahnfüllung** kann 100 mg jährlich betragen, dies entspricht einer täglichen Aufnahme von 4 µg/kg Körpergewicht, ist

---

▶ **Box 8.2**
Minamata und Itai-Itai

Quecksilber hat die Minamata-Krankheit verursacht. In der japanischen Minamata-Bucht wurden 1950–1960 quecksilberhaltige Industrieabwässer ins Meer geleitet, so dass die Fische, die von den ansässigen Fischer gegessen wurden, mit 5–20 mg/kg hochgradig belastet waren. In den folgenden Jahren kam es zu Massenvergiftungen mit 143 Toten, über 700 zum Teil schwer Erkrankten und 3500 Beobachtungsfällen (Stand 1975). Die damals geborenen Kinder wiesen Beeinträchtigungen des Gehirns auf, die sich u.a. in unterdurchschnittlicher Intelligenz äußerten. Erst 1993 kamen Gerichtsverfahren zum Abschluss, die 105 Opfern umgerechnet 5 Mio. Euro Entschädigung zusprachen.

Der erste große Fall einer Cadmiumvergiftung ist ebenfalls aus Japan bekannt. Nach den Schmerzenslauten, welche die Opfer wegen der unerträglichen Schmerzen einer Cadmiumvergiftung von sich gaben, ist sie Itai-Itai-Krankheit genannt worden. Abwässer aus einem jahrhundertealten Bergbaugebiet mit Zinkvorkommen gelangten in das Trinkwasser und das Bewässerungssystem von Reiskulturen, somit in die Nahrungskette. Mit Intensivierung des Bergbaus im Zweiten Weltkrieg und verbesserten Extraktionsverfahren erkrankten immer mehr Bewohner an Symptomen, die 1946 einer eigenen Krankheit zugeschrieben wurden. 1955 wurde Cadmium als Ursache erkannt, später wurde das Bergwerk stillgelegt. Die Cadmiumbelastung blieb jedoch hoch und im Verlauf von 15–30 Jahren starben über 150 Personen. Das Flusswasser enthielt 0,18 mg/L Cadmium, der Reis 4,15 mg/kg, in Niere und Leber der Betroffenen waren 4000–6000 mg/kg nachweisbar.

also über der tolerierbaren Dosis von 0,7 µg/kg, welche die WHO empfiehlt. Amalgam kann bei einigen Patienten zu Beeinträchtigungen des Geschmackssinns, Entzündungen von Zunge und Mundschleimhäuten, Hautallergien, Kopfschmerzen, Migräne und Schwindelgefühl führen. Es ist jedoch umstritten, im welchem Umfang Amalgam für diese Beschwerden verantwortlich ist.

Die Konzentration von Quecksilber in unserer **Nahrung** ist meist unbedenklich und führt zu einer jährlichen Aufnahme von 2,75 mg Quecksilber pro Person, dies entspricht 0,1 µg/kg Körpergewicht täglich, einem Siebtel des Grenzwertes der FAO/WHO. Pflanzliche Produkte und Milchprodukte weisen Werte unter 10 µg/kg auf, der von Weizen liegt artspezifisch bei 40–50 µg/kg, Fleisch liegt ebenfalls unter 10 µg/kg, Leber und Niere enthalten bis 80 µg/kg. Der WHO-Grenzwert für Lebensmittel liegt bei 50 µg/kg, der für Fische bei 500 µg/kg. Einige Fische reichern auf Grund ihrer Position in der Nahrungskette Quecksilber an. Der Quecksilbergehalt vieler Fische liegt unter 10 µg/kg, bei Heringen jedoch um 40, bei Thunfisch um 370 und bei Heilbutt bis 1070 µg/kg. Diese sollten nur gelegentlich gegessen werden. In Nationen, in denen traditionell viel Fisch gegessen wird, wird empfohlen, den Konsum einzuschränken, und Schwangere sollten ganz verzichten. Japanische Walleber kann mit Konzentrationen bis 2 g/kg bereits im akut toxischen Bereich liegen (Endo 2002). Einige Wildpilze reichern Quecksilber bis zum 500fachen der Bodenkonzentration an, so dass sie an unbelasteten Standorten bis 30 mg Quecksilber pro kg Trockengewicht enthalten und von ihrem Verzehr abzuraten ist (Odzuck 1982, Umweltbundesamt 1984, 1989).

Quecksilber reichert sich in der **Nahrungskette** stark an. Der natürliche Quecksilbergehalt des Wassers beträgt etwa 0,02 µg/L. Schon die fünffache Konzentration verursacht bei Wasserflöhen (*Daphnia magna*) Fortpflanzungsstörungen, bei 1–10 µg/L erleiden Wasserwirbellose Schädigungen (Mazzone 1988). Über die Nahrungskette Wasser-Wasserinsekten-Fisch-Greifvogel ist ein Anreicherungsfaktor von 100.000 möglich, so dass Seeadler gefährdet sind. Unter ähnlichen Beeinträchtigungen litten Vogelarten, die gebeiztes Saatgut fraßen (Rebhuhn, Fasan, Ringeltaube) sowie deren Fressfeinden (Greifvögel, Eulen), die durch Vergiftung oder Fortpflanzungsstörungen dezimiert wurden (Schubert 1991, Abb. 8.2). Die absolute Menge an Quecksilber im Beizmittel war mit 5 g/ha jährlich gering, durch die zeitliche und räumliche Konzentration ergab sich jedoch für die Endglieder der Nahrungskette eine tödliche Dosis.

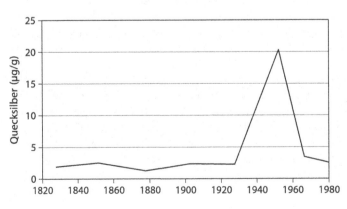

Abb. 8.2. Zunahme des Quecksilbergehaltes in den Federn des Habichts in Schweden. Verändert nach Odzuck (1982).

Der Quecksilbereintrag in die **Nordsee** betrug in den 1980er Jahren bis zu 40 t jährlich, sank dann aber auf Werte von weniger als 1 t (Umweltbundesamt 2002). Der Eintrag erfolgte hauptsächlich über die Atmosphäre, durch Verklappung und mit den Flüssen. Der Quecksilbergehalt eines datierten Bohrkernes von Helgoland betrug in den 1960er und 1970er Jahren 1–2 mg/kg, im 19. Jahrhundert jedoch nur 0,2 mg/kg. In der Aare (Schweiz) ist der Quecksilbergehalt im Sediment von 1,25 mg/kg (1973) auf unter 0,2 mg/kg (1988) gesunken, betrug jedoch zu Beginn des Jahrhunderts nur ein Viertel dieses Wertes. Quecksilber ist im **Boden** wenig mobil. Es ist an Humuspartikel gebunden und wird von Pflanzen kaum absorbiert. Für normale Böden gelten 0,1 mg/kg Boden (Trockensubstanz) als Hintergrundwert, in Ballungszentren werden 0,5 mg/kg erreicht.

Quecksilber kann heute weitgehend vermieden werden: Batterien können ohne Quecksilber hergestellt werden. Ein direkter **Ersatz** ist in Farben oder Saatbeizmittel möglich, entsprechende Anwendungen sind daher heute verboten. In der Zahnmedizin ist heute Kunststoff statt Amalgam Stand der Technik. Thermometer können mit Alkohol statt Quecksilber gefüllt werden. Die Belastung durch Verbrennungsanlagen und Krematorien wird durch moderne Rauchgasreinigungsanlagen stark reduziert. Wenn der Quecksilbereinsatz unvermeidbar ist (Leuchtstoffröhren, Elektronikteile), muss das Produkt für ein Recycling separat gesammelt werden.

8.1.2
Cadmium

Cadmium ist das **giftigste aller Schwermetalle.** Es wird in galvanischen Betrieben und in Metalllegierungen als Korrosionsschutz verwendet, ist in Batterien und elektronischen Bauteilen enthalten, dient bei der Kunststoffherstellung als Stabilisator und als Zusatz für lichtechte und leuchtende Farben sowie als Pigment in der Keramikindustrie. Die Weltproduktion ist von 100 t im Jahre 1910 stetig angestiegen und beträgt derzeit knapp 20.000 t. Cadmium kommt in Zinkerzen vor und fällt als Nebenprodukt bei dessen Gewinnung und Verarbeitung an.

Die **Freisetzung** von Cadmium erfolgt zur Hälfte durch die Metall verarbeitende Industrie bzw. durch Abrieb zinkhaltiger Teile, zu einem Viertel durch Müllverbrennungsanlagen v.a. aus PVC sowie Verbrennen von fossilen Energieträgern, die Cadmium enthalten (2 g Cadmium pro t Steinkohle). Ein weiteres Viertel wird durch Abwasser, Klärschlamm, Kompost und Mineraldünger freigesetzt. Bei einem durchschnittlichen Gehalt von 50–150 g Cadmium/t Phosphat trägt Mineraldünger mit 0,2 mg/m² zur Kontamination landwirtschaftlicher Flächen bei, weitere 0,2 mg werden jährlich durch Klärschlamm oder Hofdünger eingetragen, 0,1 mg durch Niederschläge. Die jährliche Cadmiumzufuhr kann 1 mg/m² Ackerboden betragen, für Deutschland entspricht dies 180 t Cadmium (Koch et al. 1991). Da durch Pflanzenwachstum und Ernte sowie Erosionsprozesse jährlich nur 0,2–0,3 mg Cadmium dem Boden entzogen werden und Pflanzen Cadmium kaum anreichern, kommt es zu einer Cadmiumzunahme im Boden.

Die Hintergrundkonzentration von Cadmium beträgt im Boden 0,1 mg/kg Trockensubstanz, im Wasser 0,02 µg/L und in der Luft 1 ng/m³. Die in Deutschland geltenden Grenzwerte der Cadmiumbelastung betragen im Boden 3 mg/kg Trockengewicht, im Klärschlamm 20 mg, im Wasser 6 µg/L und in der Luft 50 µg/m³. Die Belastung durchschnittlicher Böden erreicht bis 0,5 mg, gelegentlich auch 1 mg, an Emissionsstandorten wie Müllverbrennungsanlagen bis zu 4 mg/kg (Asami 1988). Der Cadmiumgehalt des Rheins betrug Mitte der 1970er Jahre über 4 µg/L, in den 1990 Jahren unter 0,2 µg/L. Langzeituntersuchungen zeigten, dass sich die Cadmiumrückstände seit dem 19. Jahrhundert verdreifacht haben, für die Sedimentoberfläche der Nordsee wurde eine Verzehnfachung nachgewiesen.

Diese Zunahme ist bedenklich, denn schon die dreifache Cadmiumkonzentration führt im Boden zu einer Störung der Bodenmikroorganismen. Im Wasser bewirken 0,17 µg/L Fertilitätsstörungen bei Kleinkrebsen (*Daphnia magna*), 5 µg töten sie nach 3 Wochen, 65 µg schon nach 2 Tagen ab. Bei neutralem pH ist Cadmium an Bodenpartikel gebunden. Unter sauren Bodenverhältnissen erhöht sich jedoch die Cadmiumaufnahme durch Pflanze. Mit den sauren Niederschlägen könnte dies in den letzten 100 Jahren die zehnfach gestiegene Cadmiumbelastung von Getreide verursacht haben.

Durchschnittliche **Nahrungsmittel** enthalten 1–50 µg Cadmium/kg. Höhere Konzentrationen finden sich in Spinat und Sellerie (um 200 µg/kg), Innereien (Rinderniere 600 µg/kg), Pilzen (bis 900 µg/kg) und Meeresmuscheln (Anreicherung bis zweimillionenfach). Bei durchschnittlicher Ernährung ergibt sich eine tägliche Zufuhr von ca. 20–25 µg Cadmium pro Person. Bei Rauchern von 20–25 Zigaretten täglich verdoppelt sich die Zufuhr auf 40–50 µg. Dieser letzte Wert entspricht dem Grenzwert der WHO. Aus der Nahrung werden 5 % des Cadmiums über den Verdauungstrakt aufgenommen, aus lungengängigen Stäuben ca. 25 %, aus Tabakrauch 50 %. Bei Calcium- oder Eisenmangel (Fehlernährung, Wachstumsphase, Menstruation, Schwangerschaft) wird mehr aufgenommen. Im Körper wird Cadmium zu 80–90 % an schwefelhaltige Proteine (Metallothioneine) gebunden. Bei täglichen Exkretionsraten von 0,006 % der Körperbelastung ergibt sich eine biologische Halbwertzeit von 30 Jahren (BUS 1984 b), d.h. in den ersten Lebensjahrzehnten erhöht sich der Cadmiumgehalt, ab dem 50. Lebensjahr nimmt er wieder ab. Die Symptome einer Vergiftung durch Cadmium zeigen sich also erst nach Jahrzehnten, wenn sie chronisch geworden ist.

Cadmium wird vor allem in der Leber und der Niere gespeichert, die zuerst geschädigt wird. Cadmium wird anstelle des essentiellen Zinks in einige Enzyme eingebaut, so dass deren Aktivität beeinträchtigt ist, und es zerstört bei hoher Konzentration das Knochenmark, so dass die Erythrozytenzahl sinkt. Schließlich führt der Austausch von Cadmium und Calcium zu einer Störung des Calcium-Phosphat-Stoffwechsels (Osteomalazie). Calcium wird aus den Knochen gelöst und das Skelett schrumpft bis zu 30 cm. Dies ist mit unerträglichen Schmerzen verbunden (Box 8.2). Aufgrund der aktuellen Cadmiumbelastung wird angenommen, dass 1 % der Nierenfunktionsstörungen der älteren Menschen auf Cadmium zurückzuführen sind, das sind für Deutschland bis 100.000 Menschen (Böhlmann 1991).

In vielen Einsatzbereichen ist Cadmium vermeidbar. Durch andere Zusätze in der Farbherstellung und der Kunststoffverarbeitung ist bereits eine **Reduktion**

des Einsatzes erfolgt. Dies erfolgte durch Selbstbeschränkung der Industrie, durch Verzicht auf bestimmte Farbtöne, z.T. auch durch Verbot. Bei der PVC-Herstellung kann heute auf andere Stabilisatoren zurückgegriffen werden. Nickel-Cadmium Akkumulatoren können wieder verwendet bzw. durch andere Batterien ersetzt werden. Bei Legierungen bzw. Korrosionsschutz ist eine Substitution möglich und durch verfahrenstechnische Verbesserungen kann der Cadmiumgehalt von Verzinkungen reduziert werden. Desgleichen ist eine Reduktion der Cadmiumverunreinigung von Mineraldünger möglich. Der Cadmiumeintrag wird also in den nächsten Jahren weiter zurück gehen, die Cadmiumbelastung nur zeitverzögert.

8.1.3
Blei

Blei ist eines der sehr giftigen und sehr häufigen Schwermetalle. Es wird seit historischer Zeit eingesetzt, z.b. von den Römern zur Auskleidung von Trink- und Kochgefäßen oder Wasserleitungen. Hierdurch tauschten sie den unangenehmen Geschmack des Kupfers (Bronzegefäße) gegen den angenehmen von Blei. Es wird auch vermutet, dass sich reiche Römer so eine chronische **Bleivergiftung** zuzogen und es ist sogar spekuliert worden, dass dies den Niedergang der römischen Zivilisation verursacht haben könnte (Nriagu 1983).

Blei wird für Batterien, Rohrleitungen und Kabelhülsen, in der chemischen Industrie als Stabilisator in PVC, im Galvanikbereich sowie als Farbzusatz verwendet. Blei ist in Tuben und Flaschenkapseln enthalten, in Lötzinn und Bleikristallgläsern. Ein wichtiges Einsatzgebiet von Blei war seine Verwendung als **Benzinzusatz**. Seit 1923 wurde Bleitetraethyl (die giftigste Bleiverbindung) oder Bleitetramethyl dem Benzin zugesetzt, um das Klopfen des Motors zu verhindern. Blei entweicht mit den Verbrennungsabgasen zu 50–70 % als Bleibromid oder Bleichlorid in die Atmosphäre, bzw. akkumuliert in straßennahen Böden und der Vegetation zehnfach. Wegen dieser Belastung wurde 1975 in Japan und den USA bleifreies Benzin eingeführt. In Deutschland wurde der Bleigehalt des Benzins ab 1976 schrittweise herabgesetzt, bis 1988 zuerst der Bleizusatz in Benzin, später in Superbenzin verboten wurde. Bleifreies Normalbenzin macht seit den 1980er Jahren in Japan fast 100 % des Benzinabsatzes aus, in Nordamerika seit 1990, in den meisten Staaten Europas wurde dieses Ziel erst Ende der 1990er Jahre erreicht (Abb. 8.3). Parallel hierzu hat sich die Bleibelastung der Bevölkerung kontinuierlich reduziert (Abb. 8.4).

Der **Weltbleiverbrauch** betrug 2001 fast 6 Mio. t und erfolgte vor allem in den USA, Japan, Deutschland und China. Hiervon wurde rund die Hälfte durch Recycling bereitgestellt, die andere Hälfte wurde neu produziert (Hauptproduzenten Australien, China, USA). Rund 60 % des Weltbleibedarfs entfallen auf die Batterieherstellung v.a. in der Automobilbranche (Recyclingrate 90 %), 20 % werden in der chemischen Industrie verbraucht, wobei der Anteil für Benzinzusätze bei unter 5 % liegt und weiter abnimmt, der Einsatz als Kunststoffstabilisatoren aber zunimmt (Fischer Weltalmanach 2004).

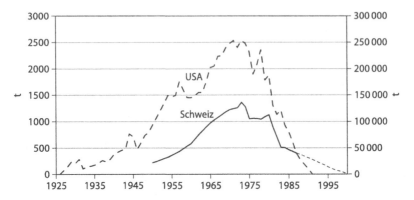

Abb. 8.3. Verbrauch an Blei als Benzinzusatz in den USA (*rechte Ordinate*) und Bleiemission aus verbleitem Benzin (*linke Ordinate*) in der Schweiz. Kombiniert nach Hamilton u. Harrison (1991) und BUWAL (1986).

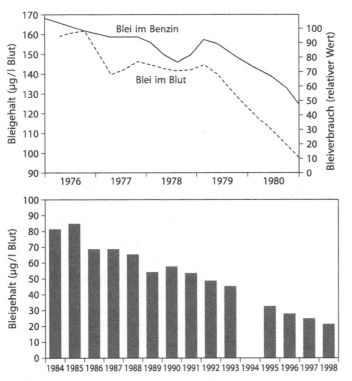

Abb. 8.4. *Oben:* Mit der sinkenden Menge des als Benzinzusatz verbrauchten Blei (relativer Wert) sank auch der Bleigehalt im Blut. Nach Daten für die USA aus Wassermann et al. (1990). *Unten:* Sinken des Bleigehaltes im Blut in Deutschland. Nach Umweltdaten Deutschland (2002).

Die meisten pflanzlichen Lebensmittel enthalten wenig Blei, meist unter 0,1 mg/kg Frischgewicht. Höhere Konzentrationen finden sich bei Blattgemüse wegen der erhöhten Oberflächenablagerung von Blei aus der Atmosphäre und bei Seefisch (0,2 mg), bedenkliche Anreicherungen gibt es in Leber und Niere von Schlachttieren (0,5 mg/kg), manchmal auch in Wildpilzen. Innereien und Pilze sollten daher nur selten gegessen werden (Umweltbundesamt 1984). Muscheln können 0,1–1 g Blei/kg enthalten (Moriarty 1988). Unter Berücksichtigung normaler Ernährungsgewohnheiten erfolgt jedoch die stärkste Bleizufuhr durch Gemüse und möglicherweise auch durch Frischobst.

Blei in der **Nahrung** wird nur zu 5–10 % im Darm resorbiert, lungengängiger Bleistaub wird jedoch zu 50–80 % aufgenommen. Aus bleihaltigem Benzin ist eine Aufnahme über die Haut möglich. Blei wird im Blut zu über 90 % an die Erythrozyten gebunden und lagert sich dann in Leber, Milz und Nieren ab. Ein großer Teil wird bereits nach Stunden oder Tagen wieder ausgeschieden, zum Teil wird aber auch Blei statt Calcium aufgenommen und als Bleiphosphat mit einer Halbwertzeit von 30 Jahren in Knochen eingelagert. Die durchschnittliche Bleiaufnahme eines Erwachsenen wird auf 0,85 mg/Woche berechnet. Diese Menge gilt als ungefährlich und beträgt ein Viertel des WHO-Grenzwertes von 3 mg/Woche.

Blei ist ein schweres **Zell- und Enzymgift**. Ein zu hoher Bleigehalt führt beim Menschen zur Leberschädigung und zur Blockade verschiedener Enzyme bzw. Stoffwechselvorgänge. Blei beeinträchtigt die Biosynthese von Hämoglobin, so dass einzelne Organe weniger mit Sauerstoff versorgt werden. Vor allem das Zentralnervensystem reagiert empfindlich auf Sauerstoffmangel; dies ist besonders kritisch bei Föten und Säuglingen. Ein erhöhter Bleigehalt im Blut führt oft zu geistiger Entwicklungsstörung und verringerter Intelligenz. Blei beeinträchtigt auch das Immunsystem. Ein Zusammenhang zwischen Blei und Bluthochdruck, Veränderungen im Herz-Kreislaufsystem und Arteriosklerose gilt als sicher (Maschewsky 1991).

Bei Bleiwerten von 0,7–1 mg/L Blut liegt eine chronische Bleivergiftung vor, die sich mit Müdigkeit, Kopfschmerzen, Nervosität, Appetitlosigkeit und Verstopfung äußert. Kinder und Schwangere sind doppelt so empfindlich. 4–10 mg Blei /L Blut führen zu Schädigungen des peripheren und zentralen Nervensystems, der Niere und verschiedener Stoffwechselwege sowie zu einer schweren Anämie. In **Ballungsgebieten**, in denen die Luft zu Zeiten des verbleiten Benzins zehnmal mehr Blei enthielt als im ländlichen Raum, erfolgte die Bleizufuhr über die Atemluft; dabei war der Bleigehalt der Atmosphäre direkt mit dem Bleigehalt des Benzins korreliert. Schon ein dreistündiger Aufenthalt an einer viel befahrenen Verkehrskreuzung führte zu einer Verdopplung des Bleigehaltes im Blut. Konzentrationen von 0,2–0,3 mg/L waren in Ballungsgebieten fast unvermeidbar und wurden in Zusammenhang mit einer geistigen Entwicklungsstörung bei Kleinkindern diskutiert (Wassermann et al. 1990). Kinder mit erhöhtem Körperbleiwert können sich weniger konzentrieren und begehen mehr Aufmerksamkeitsfehler als normal belastete Kinder (Wicke 1986). Im Tierversuch konnten eine verminderte Lernfähigkeit, erhöhte Aggressivität und neurophysiologische Schädigungen nachgewiesen werden. (Odzuck 1982). Die Einführung von bleifreiem Benzin hat in wenigen Jahren zu einer deutlichen Entlastung der Menschen geführt (Abb. 8.4).

Mit den **Niederschlägen** erfolgt heute ein Eintrag von 5–30 g Blei/ha (Umweltbundesamt 2002), so dass Blei auch an emissionsfernen Standorten nachgewiesen werden kann. Die Umweltbelastung durch Blei ist besonders eindrücklich bei Langzeitanalysen zu erken-

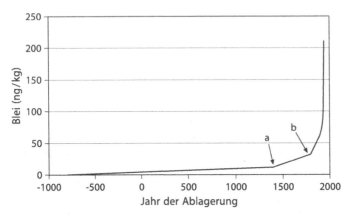

Abb. 8.5. Bleigehalt im grönländischen Eis in Abhängigkeit vom Jahr seiner Ablagerung. **a** Beginn der industriellen Bleiverwertung, **b** Beginn der allgemeinen Verwendung von verbleitem Benzin. Verändert nach Plachter (1991).

nen, etwa durch datierte Bohrkerne aus grönländischem Eis. Von 800 v. Chr. an nahm der Bleigehalt des Eises langsam zu, schnellte dann in zwei Jahrzehnten auf das Dreifache hoch (Abb. 8.5). Die Belastung der Nordsee erfolgt zu drei Vierteln über die Atmosphäre, der Rest durch Direkteinleitung. Die Wasserbelastung liegt bei 100–400 ng/L, die des Sedimentes bei 200 mg/kg. Rund 90 % sind anthropogenen Ursprungs, die Anreicherung beträgt im Vergleich mit Werten aus den 1920er Jahren also das Zehnfache (Lozan et al. 1990).

In Deutschland hat die gleichmäßige Verteilung des Bleies zu einer allgegenwärtigen Bleibelastung geführt, die sich homogen in den oberen 20 cm des Bodens verteilt. Meist liegt der Bleigehalt bei 10–50 mg/kg, in Ballungsgebieten auch bis zu 200 mg. Hochbelastete Industriestandorte weisen Werte von 1–10 g/kg auf (Asami 1988). Ein nicht unerheblicher Beitrag zur Bleibelastung eines Lebensraumes erfolgt durch **Bleischrot**, das von Jägern immer noch verwendet werden darf. In Deutschland werden derzeit jährlich nach verschiedenen Schätzungen 2000–9000 t Blei verschossen (1000 t entsprechen 4 mg/m²), weltweit werden ca. 100.000 t Bleimunition verschossen. Bleischrot könnte problemlos durch Stahlschrot ersetzt werden, und einzelne Staaten planen ein entsprechendes Verbot.

8.1.4
Sonstige Schwermetalle

Während die bisher behandelten Schwermetalle Quecksilber, Cadmium und Blei mit Sicherheit nicht **essentiell** sind, werden einige der übrigen Schwermetalle in geringen Mengen vom Menschen benötigt. Ihre Konzentration in der Umwelt ist jedoch durch die menschliche Aktivität so sehr erhöht worden, dass sie meist knapp unter den als Höchstwert angenommenen Grenzen liegt.

Zink ist in geringen Konzentrationen als Bestandteil des Enzyms Carboanhydrase essentiell, größere Mengen sind jedoch schädlich. Es wird in der Metall verarbeitenden und chemischen Industrie verwendet. Ihm kommt in Legierungen, als Oberflächenschutz (Verzinken), in Batterien, Farben und Lacken eine große Bedeutung zu. Wichtige Emittenten sind Müllverbrennungsanlagen und der Straßenverkehr, hohe Zinkrückstände finden sich zudem im Kompost

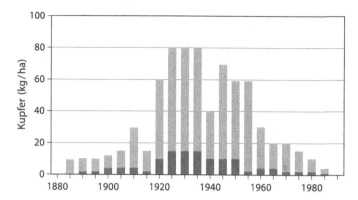

Abb. 8.6. Jährlicher Kupfereintrag (kg/ha) in den Boden von Weinbergen in der Ostschweiz. Die *schwarzen* Säulenteile geben den Durchschnittswert wieder, die *grauen* Säulenteile die Streuung der Werte. Nach Räz et al. (1987).

(500–750 mg/kg) und im Klärschlamm (bis 3000 mg/kg), wo Zink das häufigste Schwermetall ist. Der Boden im ländlichen Bereich weist um 100 mg/kg Zink auf, in Ballungsgebieten das Vierfache (König 1989). Der Richtwert für landwirtschaftliche Böden liegt bei 200 mg/kg. Sedimente von Fließgewässern enthalten bis zu 250 mg/kg, die Nordsee bis zu 400 mg/kg. Über die Nahrungskette erfolgt in Muscheln eine 100.000fache Anreicherung (Goudie 1982).

Kupfer gehört zu den essentiellen Schwermetallen (Bestandteil einiger Oxidasen), wirkt bei höheren Konzentrationen jedoch als Zellgift. Es ist hochgradig toxisch für Algen, Pilze und viele Bodenorganismen, ziemlich giftig für Wiederkäuer, aber nur von geringer Toxizität für andere Säuger und den Menschen, möglicherweise aber karzinogen. Kupfer steigert in geringer Konzentration das Wachstum von Schweinen und wird daher dem Schweinefutter zugesetzt. Zudem ist Kupfer häufiger Bestandteil von Spezialdüngern, so dass hierdurch die jährlich Belastung landwirtschaftlicher Nutzflächen in Spezialkulturen bis 1000 g/ha betragen kann.

Kupfer wird in der Metall verarbeitenden, elektronischen und chemischen Industrie, für Strom- und Wasserleitungen, Dachabdeckungen, Farbzusätze usw. verwendet. Kupfersulfat ist ein seit langem bekanntes Fungizid, das noch vor kurzem mit 20–30 kg/ha und mehr pro Jahr im Wein- und Obstbau eingesetzt wurde. Weinbergböden sind daher überdurchschnittlich kupferbelastet (Abb. 8.6). Ein EU-weites Kupferverbot ist seit langem im Gespräch. Bisher kam es aber nur zu Beschränkungen bei den Aufwandmengen, die nach und nach gesenkt werden sollen und derzeit je nach Kultur noch 1,5 bis 8 kg/ha betragen dürfen. Normale Böden und Gewässersedimente enthalten meist unter 50 mg/kg, Weinberge weisen oft über 500 mg/kg auf. Der Richtwert für Ackerböden liegt bei 100 mg/kg, für Klärschlamm bei 600 mg/kg. Dennoch ist die durchschnittliche Belastung für den Menschen mit 1–7 mg/kg Körpergewicht als gering einzustufen (Saltzman et al. 1990).

Chrom wird als Rostschutz, für Katalysatoren, in der Farbherstellung, in Gerbereien und zur Holzimprägnierung verwendet. Chrom ist im Phosphat von

Handelsdünger (v.a. in Thomasphosphat und in Thomasschlacke) in Mengen von 5 kg/t Phosphat enthalten, so dass bis 100 g/ha jährlichen Chromeintrages auf landwirtschaftliche Nutzflächen denkbar sind. Siedlungsabfälle können ebenfalls erhebliche Mengen an Chrom aufweisen. Chrom ist für manche Organismen essentiell, beim Menschen wird ein Einfluss auf den Glukosestoffwechsel diskutiert. Sechswertiges Chrom ist bis 1000mal stärker toxisch, allergen und karzinogen als dreiwertiges. Gewässersedimente enthalten unter 100 mg/kg Chrom, für landwirtschaftliche Böden gilt ein Richtwert von 100 mg/kg, für Trinkwasser von 50 µg/L. Über die Nahrungskette ist eine starke Anreicherung von Chrom möglich, z.B. durch Muscheln um das 300.000fache der Konzentration des Wassers (Goudie 1982).

Das Halbmetall **Arsen** ist überall in Spuren vorhanden. In höheren Konzentrationen führt es zu starkem Durchfall und zum Tod durch Elektrolyt- und Wasserverlust. Bei chronischer Arsenvergiftung kommt es u.a. zur Verfärbung und übermäßigen Verhornung der Haut, Hauttumoren, Lähmungserscheinungen und Muskelatrophien. Arsen wurde als globales Problem wahrgenommen, als in Bangladesh in den 1980er Jahren, um verseuchtes Oberflächenwasser zu vermeiden, durch 3 Mio. Grundwasserfassungen Trinkwasser aus größerer Tiefe gefördert wurde. Hierdurch wurden stark arsenhaltige Schichten angebohrt. In großen Teilen Bangladeshs und im Gebiet um Hanoi beträgt der Arsengehalt lokal bis zu 3000 µg/L (der WHO-Richtwert für Trinkwasser ist 10 µg/L), so dass unter den mindestens 60 Mio. Betroffenen einige Millionen bereits unter einer chronischen Arsenvergiftung leiden. Da es je nach Situation 10–20 Jahre dauert, bis die Symptome erkennbar werden, ist das Ausmaß der Vergiftung noch nicht absehbar.

8.2
Pflanzennährstoffe

Vor allem Stickstoff und Phosphor werden als Pflanzennährstoffe zur Düngung in so großen Mengen eingesetzt, dass sich durch den Überschuss Umweltbelastungen ergeben. Nach der Herkunft des Düngers unterscheiden wir Wirtschaftsdünger und Mineraldünger. Neben der Landwirtschaft gibt es weitere Quellen von Pflanzennährstoffen wie Haushaltungen, Kläranlagen und diffuse Quellen (z.B. Niederschläge). Mehr als die Hälfte des Stickstoff- und Phosphoreintrages in die Umwelt werden durch die Landwirtschaft verursacht, der übrige Teil durch Kläranlagen, urbane Gebiete und die Industrie (Umweltbundesamt 2002).

Wirtschaftsdünger fällt bei der Viehhaltung an und umfasst Mist und Jauche bzw. Gülle, d.h. ein Gemisch aus Kot und Harn mit Resten von Einstreu. Gülle muss pumpfähig sein und hat daher einen Trockensubstanzanteil von höchstens 10 %. Bei einem Schwein entstehen täglich 6 %, bei einem Rind 8–9 % des Körpergewichtes an Gülle, dies entspricht mehr als 10 m³ Gülle pro Jahr. Hieraus ergibt sich, dass eine zweijährige Kuh jährlich den Gegenwert von 80 kg Stickstoff produziert, also fast die Menge für eine gute Durchschnittsdüngung eines Hektars.

Mineraldünger wird im Pflanzenbau eingesetzt und steht in nennenswertem Umfang erst seit dem 20. Jahrhundert zur Verfügung (Kap. 3.1.2). Da die mineralischen Nährstoffe direkt pflanzenverfügbar sind und exakt dosiert werden können, stellen sie das wirksamste Mittel zur Ertragssteigerung im Pflanzenbau dar. Zugleich ist es möglich, durch gezielte Düngung mit einzelnen Nährstoffen Versorgungslücken auf speziellen Böden zu schließen bzw. die Anforderungen der einzelnen Kulturpflanzen genau zu erfüllen.

Beide Düngerarten haben Vor- und Nachteile, so dass eine **Kombination** optimal erscheint. Wirtschaftsdünger fördert das Bodenleben und die Verbesserung der Bodenstruktur, wirkt der Erosion entgegen und wird kaum ausgewaschen. Er ist jedoch erst nach Monaten pflanzenverfügbar und bestimmte Nutzpflanzen sind nur schwer mit Wirtschaftsdünger zu düngen, zumal vor allem Mist schlecht dosierbar ist. 50 bis 70 % des Stickstoffs im Wirtschaftsdünger entweichen als Ammoniumstickstoff gasförmig, gehen also verloren. Dies ist die größte Ursache der Ammoniakbelastung der Atmosphäre, zusätzlich ergibt sich eine Geruchsbelästigung. Mineralischer Dünger ist demgegenüber unproblematisch in der Anwendung und bewirkt eine direkte Ertragssteigerung, reduziert jedoch die Bodenfruchtbarkeit. Er wird leicht ausgewaschen, schädigt das Bodenleben und fördert die Erosion. Mineraldünger hat daher negative Auswirkungen auf das landwirtschaftliche Ökosystem, aber auch durch den Export von Nährstoffen in Gewässer und durch die Produktion von Klimagasen auf die Atmosphäre.

Probleme durch Dünger entstehen weniger dadurch, dass gedüngt wird, sondern dadurch, dass zuviel bzw. falsch gedüngt wird. Es ist schwierig, Gülle in Hanglagen auszubringen, wassergesättigte Böden sind nicht aufnahmefähig und an Fluss- und Seeufern droht die Gefahr einer Gewässerverschmutzung. Die Verteilung von Gülle auf gefrorenen Boden ist sinnlos, weil die Pflanzen die Nährstoffe nicht aufnehmen können, ein Einsickern in den Boden nicht möglich ist und die Nährstoffe in das nächste Gewässer fließen. Bei zu hohen Düngermengen ist selbst in der Wachstumsphase der Pflanzen häufig die Ausspülrate höher als die Aufnahmefähigkeit, so dass mehrere Teildosen günstiger sind als eine Einzeldosis. Schließlich ist die Aufnahmefähigkeit der einzelnen Pflanzensorten auch genetisch fixiert. Es ist sinnlos, eine Weizensorte, die max. 10 t Ertrag/ha bringen kann, für 15 t zu düngen. Feldstudien haben gezeigt, dass im Getreidebau mehr als 200 kg Stickstoffdünger/ha in der Regel keine Ertragssteigerungen mehr erzielen, Düngungen von 250–300 kg/ha finden dennoch statt.

Düngen sollte also immer mit **Bodenanalysen** gekoppelt sein, um auf Grund des im Boden vorhandenen Nährstoffvorrates den tatsächlichen Bedarf zu erfassen. Hierbei ist wichtig, den pH des Bodens und den Gehalt an Hauptnährstoffen (Stickstoff, Phosphor, Kalium), aber auch an wichtigen Spurenelementen zu erfassen. Dies sind in der Regel Magnesium, Mangan, Kupfer, Bor, z.T. auch Zink. Gerade die Verfügbarkeit der Spurenelemente ist abhängig vom pH, daher kann eine Bodenkalkung, die den pH um eine halbe Einheit verschiebt, zu Verbesserungen in der Verfügbarkeit einzelner Elemente führen und eine Düngung ersparen.

Pflanzen auf guten Böden können bei einem hohen **Ertragspotential** jährlich bis 180 kg Stickstoff/ha nutzen, in Intensivgebieten wird jedoch mehr gedüngt.

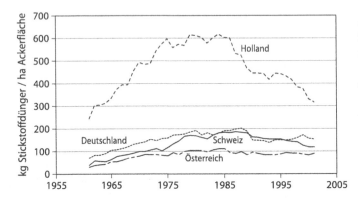

Abb. 8.7. Eintrag von Stickstoffdünger (kg) pro ha Ackerfläche für Deutschland, Holland, Österreich und die Schweiz. Nach www.fao.org.

Dies trifft v.a. für Ostholstein zu, die Braunschweiger/Hildesheimer Lössbörde, die Hellweg-Börde, die Köln-Aachener Bucht, die Wetterau und die Gegend um Regensburg und Straubing. Etwa die doppelte Menge wird als Kali, Phosphat und Kalk ausgebracht. Zum mineralischen Stickstoff kommen durchschnittlich etwa zwei Drittel der Menge zusätzlich als Wirtschaftsdünger hinzu.

Regenwasser enthält seit einigen Jahrzehnten so viel Nährstoffe, dass sich ein Stickstoffeintrag von 20–80 kg/ha und ein Phosphoreintrag von über 1 kg/ha ergeben kann. Dies ist für flache oder natürlicherweise nährstoffarme Seen bereits eine Nährstoffbelastung, die zu einer bedenklichen Eutrophierung führt. Hochmoore, deren Nährstoffversorgung über die Niederschläge erfolgt und die nur in nährstoffarmer Umgebung existieren können, erhalten heute so viel Stickstoff und Phosphor, dass ihr Charakter verloren geht. Pflanzen nährstoffarmer Standorte sind durch die Eutrophierung gefährdet und stellen ein überproportionales Kontingent auf der Roten Liste. Immerhin sind zwei Drittel der gefährdeten, aber nur zwei Fünftel der nicht gefährdeten Arten ausschließlich auf nährstoffarmen Standorten konkurrenzfähig (Plachter 1991).

Der Eintrag von mineralischem Dünger hat im 20. Jahrhundert stark zugenommen, allein von 1945 bis 1970 weltweit um das Fünffache (Abb. 3.10). Seit Mitte der 1980er Jahre sanken die Aufwandmengen durch Änderungen der ökonomischen Rahmenbedingungen und des Umweltbewusstseins in einigen Industriestaaten (Abb. 8.7). Viele **Entwicklungsländer** hatten bisher einen eher geringen Düngereinsatz aufzuweisen. Sie können also noch einen beträchtlichen Produktionszuwachs erzielen.

Stickstoff liegt in verschiedenen chemischen Verbindungen vor und unterliegt im Boden einem intensiven Umbau, v.a. durch **Mikroorganismen** (Abb. 8.8). Erwünscht ist die direkte Aufnahme durch die Pflanze als Ammoniumstickstoff oder Nitrat. Unerwünscht ist ein Verlust an die Atmosphäre als Ammoniak oder Stickoxide bzw. an das Grundwasser als Nitrat. Hieraus resultieren auch die meisten Umweltbelastungen der Stickstoffdüngung. Ammoniak und Stickoxide unterliegen in der Atmosphäre einem komplexen Stoffwechsel und bewirken letztlich eine Versauerung der Niederschläge, des Bodens und der Oberflächengewässer, somit auch eine Belastung der Vegetation (Kap. 9.3). NO_2 gilt zudem als Klimagas, das zum beschleunigten Abbau der Ozonschicht beiträgt (Kap. 9.4).

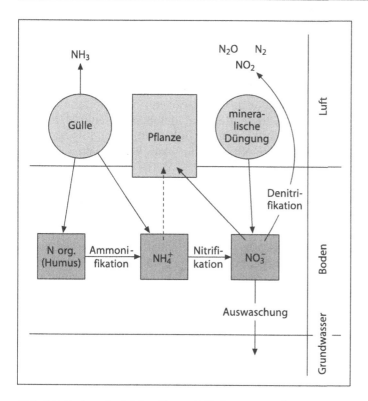

Abb. 8.8. Umbau des Stickstoffs aus Gülledüngung und mineralischer Düngung im Boden und hierdurch verursachte Belastung von Luft und Grundwasser.

Die Stickstoffzufuhr erfolgt durch Handels- und Wirtschaftsdünger sowie durch den Regen. Rechnerisch entspricht 1 kg **Stickstoffüberschuss** pro 100 mm Sickerwasser 1 mg Stickstoff/L oder 4,43 mg Nitrat/L. Der Entzug von Stickstoff geschieht durch die Abfuhr von Erntesubstanz, durch Denitrifikation an die Atmosphäre und durch Auswaschung in das Grundwasser. Bei einem rechnerischen Bilanzüberschuss von jährlich 100 kg Stickstoff pro ha ergibt sich eine Stickstoffbelastung von 21 mg Stickstoff/L bzw. 90 mg Nitrat/L. Gemessen werden im Grundwasser bei intensiver Landwirtschaft 30–60 mg/L und mehr, d.h. es gibt wesentliche Exportwege, z.B. in die Flüsse. Vom Grundwasser findet das Nitrat, zeitlich verzögert, auch den Weg in unser Trinkwasser, für das in der EU ein Grenzwert von 50 mg Nitrat/L (Schweiz 40 mg) gilt.

In Deutschland lagen 1995 25 % der Grundwasserflächen über dem Richtwert der EU von 25 mg Nitrat/L, bei insgesamt 10 % der Flächen war die Belastung sogar größer als 50 mg Nitrat/L. Somit war in diesen Bereichen die **Grundwasserbelastung** so stark, dass eine gesundheitlich unbedenkliche Trinkwassergewinnung nicht mehr erfolgen kann (Umweltbundesamt 2002).

Der gesundheitlich schädigende Effekt von **Nitrat** beruht darauf, dass im Darm durch die bakterielle Nitratreduktion der Enterobacteriaceen (Darmbakterien) toxisches **Nitrit** entsteht, das die Sauerstoffbindung von Hämoglobin hemmt

(Methämoglobinämie). Säuglinge sind wegen der erhöhten reduzierenden Kapazität ihrer Darmflora besonders gefährdet. Neben belastetem Wasser kam es vereinzelt durch überdüngte Gemüse zu gesundheitlichen Schäden. Zu den nitratreichen Gemüsearten gehören Kopfsalat, Spinat, Feldsalat, Endivien, Rote Beete, Radieschen, Rettich, Stielmangold und Chinakohl (3000–5000 mg Nitrat/kg, Spitzenwerte bis 6000 mg). Nitratarme Gemüsearten (im Durchschnitt unter 500 mg Nitrat/kg) sind Tomaten, Gurken, Paprika, Melonen, Rosenkohl, Erbsen, Bohnen und Zwiebeln sowie Obst und Getreide (Böhlmann 1991). Insgesamt erfolgt die Hälfte der durchschnittlichen Nitratzufuhr eines Erwachsenen mit dem Gemüse, 45 % mit dem Trinkwasser, lediglich 5 % durch die übrige Nahrung (Heintz u. Reinhardt 1991).

Aus Nitrit werden **Nitrosamine** gebildet, neben Dioxinen und PCB die karzinogensten Substanzen. Von den über 100 verschiedenen Nitrosaminen haben 80 % im Tierversuch ihre karzinogene Wirkung bewiesen. Sie entstehen nach Zugabe von Pökelsalz bzw. in Lebensmitteln, die Nitrit und Amine enthalten und bakteriell verarbeitet, erhitzt, gebraten, gegrillt oder geräuchert werden. Hohe Nitrosaminwerte finden sich in Fisch, Wurst- und Fleischwaren, Käse und Malzkaffee. Der Nitrosamingehalt von Bier konnte durch eine Änderung der Mälz-Technologie erheblich gesenkt werden. Raucher belasten sich mit dem Zigarettenrauch 4- bis 10-mal so stark wie mit der Nahrung, d.h. das hohe Lungenkrebsrisiko der Raucher dürfte zu einem erheblichen Teil auf Nitrosamine zurückzuführen sein (Böhlmann 1991).

Aus dem Grundwasser gelangt Stickstoff in die Gewässer und ins **Meer**. 1985 wurden 1,5 Mio. t Stickstoff jährlich der Nordsee zugeführt. 28 % gelangten über den Rhein in die Nordsee, 16 % über Elbe und Weser, 23 % über sonstige Flüsse, 7 % wurden direkt eingeleitet, 26 % kamen über die Atmosphäre ins Meer. Die Stickstoffbelastung der Nordsee nimmt immer noch zu und der Nitratgehalt des Meerwassers hat sich hierdurch erhöht. Die 100.000 t Phosphat, die 1985 in die Nordsee gelangten, kamen ebenfalls zu einem Viertel über die Atmosphäre und zu drei Vierteln über Flüsse dorthin, der Stoffeintrag nahm in den letzten Jahren aber deutlich ab (Umweltbundesamt 2002).

In Gewässern bewirken Stickstoff und Phosphor eine **Eutrophierung**. Die Produktivität Stickstoff liebender Arten wird erhöht, gleichzeitig verschwinden die Arten, die an niedrige Nährstoffkonzentrationen angepasst sind. Neben dieser Artenverarmung bedingt die verstärkte Produktion eine Erhöhung des Bestandsabfalls. Die abbauenden Prozesse verbrauchen mehr Sauerstoff als produziert wird, der Sauerstoffgehalt des Gewässers sinkt. Hierdurch sterben vermehrt Organismen ab, die organische Belastung erhöht sich und der Sauerstoffgehalt sinkt weiter. Wenn dann der Sauerstoffnachschub in tiefere Wasserschichten unterbleibt, kommt es zeitweilig zu Sauerstoffmangel. Hiervon sind zuerst die Lebewesen der Tiefe betroffen, später die des freien Wassers. Wenn sich dann wegen des Sauerstoffmangels am Boden anaerobe Abbauprozesse durchsetzen, wird Schwefelwasserstoff frei. Dieser wirkt auf aerobe Organismen toxisch, so dass immer mehr Arten eines Gewässers betroffen sind und letztlich der See stirbt („umkippt").

▶ **Box 8.3**
Landwirtschaft düngt das Meer

Die verstärkte landwirtschaftliche Nutzung der Ostküste Australiens führt zu einem Überangebot von Stickstoff und Phosphor, das in die Flüsse und in das Meer gewaschen wird, wo es ein gewaltiges Wachstum von blaugrünen Algen (Cyanobakterien) bewirkt. Vor allem die Schleimfäden und Gallerthüllen bildenden Gattungen *Anabaena*, *Nodularia* und *Microcystis* vermehren sich explosionsartig, so dass von Algenblüte gesprochen wird. Diese Algen bilden Toxine, die giftig für viele Wassertiere, aber auch für Kühe, Schafe und Menschen sind. Daher kommt es regelmäßig zu Vergiftungen von ganzen Herden, wenn im Sommer die Flüsse Darling und Murray bis auf 1400 km Länge giftiges Wasser führen. Die ins Meer gespülten Nährstoffe eutrophieren anschließend das 2000 km lange Barriere-Riff, das größte Korallenriff der Welt. Bei einem jährlichen Eintrag von 77.000 t Stickstoff und 11.000 t Phosphor wird das Algenwachstum so stark gefördert, dass die Korallen überwuchert werden und absterben.

Aus Europa sind ähnliche Phänomene bekannt. Die italienische Adria ist aus der Po-Ebene durch die Landwirtschaft und durch städtische Abwässer mit eutrophierenden Stoffen so belastet, dass das Algenwachstum stark gefördert wird. Ende der 1980er Jahre waren viele Strände so verschmutzt, dass Baden nicht mehr möglich war. Die Nordsee ist in ihrer Gesamtheit noch nicht eutrophiert, einzelne Meeresteile weisen aber bedenklich hohe Konzentrationen an Stickstoff und Phosphat auf. Der Phosphoreintrag hat von 1950–1980 um das Siebenfache zugenommen, der Stickstoffeintrag um das Fünffache. Die Nährstoffkonzentration hat bei Helgoland von 1962 bis 1984 um das Doppelte (Phosphat) bis Dreifache (Stickstoff) zugenommen. Hierdurch wurde beispielsweise ein massenhaftes Auftreten der Goldalge *Chrysochromulina polylepis* ermöglicht, das durch Sauerstoffzehrung zu Fischsterben führte. Während der Phosphatgehalt der Gewässer in den letzten Jahren deutlich sank (Abb. 8.11), verharrt der Nitratgehalt auf hohem Niveau oder steigt weiter (Abb. 8.9).

Biologisch tote Gewässer sind in Mitteleuropa glücklicherweise die Ausnahme, eutrophierte Gewässer kommen aber häufig vor (Box 8.3). In Deutschland waren die Gewässer Anfang der 1970er Jahre am stärksten verschmutzt, seitdem hat sich eine deutliche Verbesserung der **biologischen Gewässergüte** ergeben. Inzwischen gelten nur noch 9,2 % der Gewässer als stark bis übermäßig verschmutzt (Gewässergütestufen III, III-IV und IV). 43,6 % sind kritisch belastet, dies entspricht der Gewässergütestufe II-III. 42,7 % sind mäßig belastet (Stufe II). Gering belastete oder unbelastete Flussteile machen 4,5 % der Flusslängen aus (Stufe I und I-II, Angaben für 1995 nach Umweltbundesamt 2002). Weltweit sind alle Flüsse mit Nitrat belastet und diese nimmt kontinuierlich zu bzw. stagniert auf hohem Niveau (Abb. 8.9). Der Grad der Belastung ist unterschiedlich, hängt aber mit der Intensität der landwirtschaftlichen Nutzung und der Bevölkerungsdichte im Einzugsgebiet des Flusses zusammen (Abb. 8.10).

Zu Anfang des 20. Jahrhunderts war im Bodensee oder vergleichbaren Gewässern keine Anreicherung von gelöstem **Phosphat** nachweisbar. Seit den

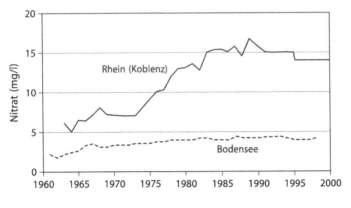

Abb. 8.9. Nitratkonzentration im Bodensee und im Rhein bei Koblenz. Nach Nicklis (1991) und www.umweltbundesamt.de.

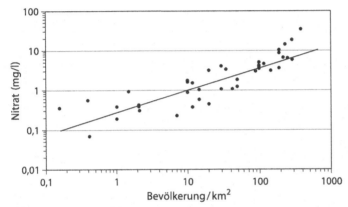

Abb. 8.10. Zusammenhang zwischen der Nitratkonzentration in 40 großen Flüssen der Erde und der Anzahl Menschen, die im jeweiligen Einzugsgebiet leben. Verändert nach World Resources Institute (1992).

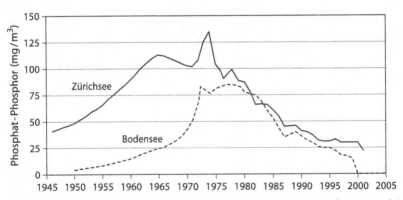

Abb. 8.11. Veränderung des Phosphat-Phosphorgehaltes im Bodensee und im Zürichsee. Kombiniert nach verschiedenen Quellen.

1950er Jahren wurde eine exponentielle Zunahme des Phosphatgehaltes festgestellt. Blaualgenblüten wurden ab 1959 regelmäßig festgestellt. Im Zürichsee wurde 1974 und im Bodensee 1977 die höchste Konzentration an Gesamtphosphor gemessen, seitdem sinkt die Belastung. Ende des 20. Jahrhunderts waren wieder die ursprünglich niedrigen Werte erreicht (Abb. 8.11).

Tabelle 8.2. Zusammensetzung (%) eines üblichen Vollwaschmittels. Die vor dem Phosphatverbot eingesetzten Polyphosphate sind heute durch Zeolithe ersetzt. Nach verschiedenen Quellen.

Tenside	10-15	waschaktive Substanzen (Seife, anionisches Alkylbenzolsulfonat und nichtionische Fettalkoholethoxylate), lösen Schmutz aus Fasern
Zeolithe	30-40	Natrium-Aluminium-Silikat, zur Wasserenthärtung, verhindert Kalkablagerung in der Waschmaschine
Bleichmittel	20-30	Natriumperborat, bleicht Flecken, tötet Bakterien, erfordert unter 60–90 °C Tetraacetyl-ethylendiamin (TAED) als zusätzlichen Aktivator
Stabilisatoren	0,2-2	Ethylendiamin-tetraacetat (EDTA), Magnesiumsilikat, verhindern vorzeitige Zersetzung der Perborate
Optische Aufheller	0,1-0,3	organische Fluoreszenzfarbstoffe wie Stilben- und Pyrazolinderivate, wandeln UV-Reflexion in blaues Licht um, das mit dem Gelbstich der Wäsche einen weißen Gesamteindruck macht
Vergrauungsschutz	0,5-2	Carboxymethyl-cellulose, Polacarboxylate, nehmen Schmutz auf, verhindern Vergrauen
Korrosionsschutz	3-5	Silikate
Stellmittel	3-5	Soda, verstärkt Waschkraft und Rieselfähigkeit, verhindert Verklumpen
Schaumregulatoren	2-3	Seifen und Silikone, verhindert Überschäumen in der Waschmaschine
Enzyme	1-2	Proteasen, beseitigen eiweißhaltige Flecken
Parfümöle	0,1-0,3	geben angenehm frischen Duft, überdecken unangenehme Laugengerüche beim Waschen

Eine wichtige Ursache für den Rückgang des Phosphateintrages in die Gewässer ist in den Haushaltsabwässern zu suchen, die mit **Phosphatrückständen aus Waschpulver** und Reinigungsmitteln durch die Kläranlagen in die Flüsse flossen. Der durchschnittliche Waschmittelverbrauch in Deutschland betrug 1996 8 kg/Kopf, etwas unter dem europäischen Durchschnitt von 10 kg. Waschpulver enthielt in den 1970er Jahren 30–40 % Phosphat, um die Calcium- und Magnesiumsalze des Wassers, welche die Wasserhärte bestimmen, zu binden und die Reinigungsleistung der waschaktiven Substanzen zu unterstützen (Tabelle 8.2).

Um die weitere Eutrophierung der Lebensräume zu stoppen, wurde in mehreren Schritten Phosphat in Textilwaschmitteln verboten, so dass in Deutschland der Phosphatverbrauch für Waschmittel von 275.000 t (1978) auf null (1991) sank. Ermöglicht wurden dies durch **Ersatzstoffe**, die sich ebenfalls gut zur Bindung der Calcium- und Magnesiumsalze eignen. Dies sind Zeolithe (Natrium-Aluminium-Silikate), die wie ein Ionenaustauscher die Salze abfangen, und Nitrilo-Triacetat (NTA) oder Ethylendiamin-Tetraacetat (EDTA), welche als Komplexbildner die Salze binden. Während die biologische Abbaubarkeit der Komplexbildner nicht befriedigend ist, sind die wasserunlöslichen Zeolithe als unbedenklich einzustufen.

8.3
Biozide

8.3.1
Allgemeines

Unter Bioziden verstehen wir chemische Mittel, die eingesetzt werden, um bestimmte Organismen bzw. Organismengruppen zu töten. In Anlehnung an das englische Wort *pest* = Schädling werden sie auch als Pestizide bezeichnet. Je nachdem welche Zielorganismen betroffen sind, sprechen wir von Insektiziden (gegen Insekten), Herbiziden (gegen Pflanzen), Fungiziden (gegen Pilze), Akariziden (gegen Milben), Molluskiziden (gegen Schnecken) usw. In den Wirtschaftszweigen, die Biozide herstellen, vertreiben und anwenden, herrscht wegen der ausgesprochenen Brisanz dieser Substanzen, die ja immerhin starke Gifte sind, eine subtile Sprachregelung. Es wird nicht von Bioziden gesprochen, sondern von Pflanzenschutz- oder Pflanzenbehandlungsmitteln.

Die **Weltproduktion** an Bioziden ist seit Jahrzehnten hoch. Neben mengenmäßigen Angaben muss aber auch berücksichtigt werden, dass moderne Biozide 10- bis 100-mal wirksamer als die klassischen Verbindungen sind, so dass bei gleich bleibender Menge eine viel größere Fläche behandelt werden kann. Das biozide Potential hat also in den letzten Jahrzehnten deutlich zugenommen (Abb. 8.12).

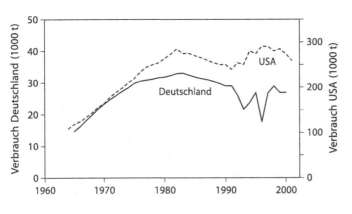

Abb. 8.12. Verbrauch an Bioziden (aktive Substanz in t) in Deutschland und in den USA. Kombiniert nach verschiedenen Quellen.

Weltweit werden jährlich etwa 3 Mio. t Biozidwirkstoff hergestellt. In den 1980er Jahren wurde lediglich 20 % in Entwicklungsländern eingesetzt, der Rest wurde zu einem größeren Teil in Europa und zu einem kleineren Teil in Nordamerika eingesetzt. Heute hat sich der Anteil der Entwicklungsländer auf 40 % verdoppelt, je 30 % werden in Nordamerika und Europa eingesetzt. Zu den weltweit größten Biozidherstellern gehören die USA und Deutschland, die zusammen mit Großbritannien, Frankreich, Holland und der Schweiz über 90 % der Weltexporte an Bioziden tätigen.

8.3.2
Einsatz und Wirkung auf die Umwelt

Weltweit werden derzeit jährlich fast 0,5 kg **Biozidwirkstoff** pro Kopf der Bevölkerung oder 1–2 kg pro ha landwirtschaftlicher Nutzfläche eingesetzt. In Deutschland waren 46 % der in 2000 eingesetzten Biozide Herbizide, 27 % Fungizide, 16 % Insektizide und 11 % sonstige Mittel. Herbizide werden hauptsächlich im Ackerbau eingesetzt (inzwischen in über 90 % aller Getreide-, Rüben- und Maisfelder, in mehr als der Hälfte aller Weinberge und Obstanlagen, weniger bei Raps- und Kartoffelanbau, Abb. 8.13). Fungizide werden überwiegend im Obst-, Wein- und Hopfenbau (in fast 100 % der Flächen), im Ackerbau auch bei Weizen und Kartoffeln (in einem Drittel der Flächen) verwendet. Global betrachtet, wird ein Viertel aller Insektizide in Baumwollkulturen eingesetzt. In Mitteleuropa kommen sie flächendeckend im Obst-, Wein- und Hopfenbau zur Anwendung, aber auch bei mehr als der Hälfte aller Flächen mit Zuckerrüben, Raps und Kartoffeln, neuerdings vermehrt in Getreide. Lediglich Wiesen und Weiden sowie Futtermittel wie Klee und Luzerne werden nur in seltenen Ausnahmen behandelt.

Die durchschnittliche **Biozidanwendung** liegt in der EU derzeit bei 3,5 kg Wirkstoff/ha landwirtschaftlicher Nutzfläche (Ackerfläche und Sonderkulturen), in Deutschland wird mit 5–10 kg/ha mehr eingesetzt. Wenn man diese Aufwandmengen auf den Getreideanbau bezieht, ergibt sich ein Biozideinsatz von etwa 1 g Wirkstoff für jedes geerntete kg Getreide. Sonderkulturen sind oft besonders biozidintensiv, wie der holländische Blumenanbau zeigt. Hier wurden 1992 durchschnittlich 130 kg Biozide/ha eingesetzt.

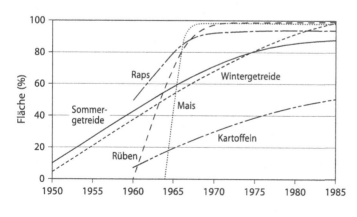

Abb. 8.13. Zunahme des Herbizideinsatzes in Deutschland in Prozent der Anbaufläche der jeweiligen Kultur. Nach Friege u. Claus (1988).

Herbizide werden eingesetzt, um eine Verunkrautung des Feldes zu vermeiden, da Konkurrenz zu Kulturpflanzen zu Ertragseinbußen führt, oder um Arbeitserleichterungen zu erzielen. Kartoffeln und Baumwolle werden zudem regelmäßig vor der Ernte mit einem Herbizid entlaubt. Es gibt eine Fülle von herbiziden Wirkstoffen, von denen hier nur einige Gruppen erwähnt werden: Aliphatische Säuren (TCA und Dalapon wirken selektiv gegen Gräser, Glyphosate haben ein breiteres Wirkungsspektrum), Amide (gegen Alachlor sind Unkräuter nur in der Keimlingsphase empfindlich, so dass es vor dem Keimen der Kultur als Vorauflauf-Herbizid eingesetzt wird), Aryl-Carbonsäuren (Flurenol, Dicamba, häufig in Mischpräparaten, werden schnell abgebaut), Harnstoffderivate (Diuron, Monuron, Linuron, Isoproturon, häufig eingesetzt, einige nur langsam im Boden abbaubar) und Dinitrophenole (DNOC, Dinoseb, z.T. auch mit insektizider und fungizider Wirkung, werden schnell abgebaut). Bipyridiliumderivate (Diquat gegen dikotyle Pflanzen, Paraquat mit breiter Wirkung, so dass es als Totalherbizid eingesetzt wird) lagern sich an Bodenpartikel an, so dass sie nicht oder nur langsam abgebaut werden. Aryloxyfettsäuren (MCPA; MCPP; 2,4-D; 2,4-DP: 2,3,4-T; 2,4,5-T) werden gelegentlich als „Wuchsstoffe" bezeichnet, weil sie in den Phytohormonhaushalt und den DNA-Stoffwechsel der Pflanzen eingreifen. Die Substanzen werden auch in die Wurzel transportiert, können also gegen Wurzelunkräuter wie Disteln eingesetzt werden und sind durch Mikroorganismen leicht im Boden abbaubar. MCPA und 2,4-D sind als älteste Aryloxyfettsäuren seit 1941 bzw. 1942 im Einsatz. Produktionstechnisch kommt es bei 2,4,5-T, dem „agent orange" des Vietnamkrieges, zu Verunreinigungen mit Dioxinen, so dass sich gravierende Nebenwirkungen ergeben, die zum Verbot dieser Substanz in vielen Ländern führte. Triazinderivate (Simazin, Atrazin) werden seit Mitte der 1950er Jahre v.a. im Maisanbau eingesetzt. Sie binden sich fest an Bodenpartikel, sind dann nur langsam abbaubar, können bei Auswaschung in das Grundwasser verfrachtet werden und sind daher inzwischen weitgehend verboten.

Zu den ältesten **Fungiziden** zählen anorganische Kupfer-, Quecksilber- und Schwefelverbindungen. Die inzwischen in der EU teilweise verbotenen Kupferpräparate schädigen in Überdosierung die Kulturpflanze und akkumulieren im Boden als Schwermetall (Kap. 8.1.4). Quecksilberpräparate wurden zum Schutz von Saatgut eingesetzt, sind aber wegen der Bodenbelastung und der hohen Toxizität mit vielen tödlichen Vergiftungsfällen bei Mensch und Tier heute verboten (Kap. 8.1.1). Schwefelpräparate wirken auch akarizid und können die Bodenversäuerung fördern. Rund die Hälfte der verwendeten organischen Fungizide sind Dithiocarbamate (Ziram, Ferbam, Nabam, Zineb, Maneb, Thiram), Stoffe, die seit den frühen 1950er Jahren im Einsatz sind und auch insektizide und herbizide Wirkung haben, sowie Phthalimid-Verbindungen (Captan, Captafol, Folpet), deren Anwendung wegen ihrer karzinogenen Wirkung zunehmend eingeschränkt wird. Benzimidazol-Derivate werden seit den frühen 1970er Jahren angewendet (Benomyl), erzeugen schnell Resistenzen und werden inzwischen ebenfalls eingeschränkt. Seit den 1980er Jahren stehen als moderne Fungizide Pyrimidin-, Pyridin-, Piperazin-, Triazol- und Imidazol-Verbindungen zur Verfügung, die zwar chemisch unterschiedlich sind, jedoch einheitlich wirken. Sie hemmen spezifisch die Synthese der Ergosterole, die es nur bei Pilzen gibt und die dort eine zentrale Stoffwechselfunktion ausüben. Sie sind hochwirksam und können

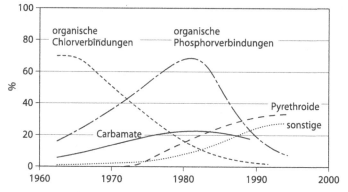

Abb. 8.14. Anteil unterschiedlicher Insektizidgruppen, die in den wichtigsten landwirtschaftlichen Kulturen eingesetzt werden. Ergänzt nach Pimentel (1991).

in niedrigen Mengen ausgebracht werden. Einige Verbindungen werden jedoch im Boden nur langsam abgebaut.

Im Obstbau sind Pilzerkrankungen das größte Problem. Da die Verbraucher bereits kleine Schäden am Erntegut nicht mehr akzeptieren, wird alles getan, um makellose Ware zu erzeugen. Im Fall des Apfelschorfs bedeutet dies, dass die Äpfel während ihrer Wachstumszeit 10- bis 18-mal mit einem Fungizid behandelt werden. Die hierbei überwiegend eingesetzten Dithiocarbamate haben eine Halbwertzeit von 5–10 Tagen.

Bei den als **Insektiziden** eingesetzten Substanzen handelte es sich bis in die 1960er Jahre meist um organische Chlorverbindungen (z.B. Aldrin, Dieldrin, Endrin, DDT, Methoxychlor, Chlordan und Toxaphen, Abb. 8.14). Lindan (= Hexachlorcyclohexan, HCH) wurde bereits 1825 synthetisiert, seine insektizide Wirkung jedoch erst 1933 erkannt. Viele dieser Substanzen sind nicht selektiv, schwer abbaubar und erzeugen häufig Resistenz. Daher wurden die meisten organischen Chlorverbindungen verboten (Box 8.4) und ab den 1970er Jahren durch organische Phosphorverbindungen ersetzt (z.B. Fonophos, Malathion, Parathion = E 605, Dichlorphos, Diazinon und Dimethoat). Da diese gut in die Pflanze eindringen, wirken sie auch gegen saugende Insekten. Viele organische Phosphorverbindungen sind bienengefährlich, bauen sich aber schnell ab. Gleichzeitig wurden auch Carbamate (z.B. Aldicarb, Carbaryl, Carbofuran, Pirimicarb, Methiocarb und Propoxur) eingesetzt, die häufig auch fungizid wirken und ebenfalls bienengefährlich sind. Als eine neue Wirkstoffgruppe kamen ab 1977 synthetische Pyrethroide (Fenvalerat, Cypermethrin, Permethrin, Decamethrin) auf den Markt, die sich durch höhere Stabilität und Toxizität gegenüber dem Natur-Pyrethrum auszeichnen. Sie wirken breit, schonen also keine Nützlinge, sind bienen- und fisch-, jedoch kaum säugetiergiftig. In den 1980er Jahren haben sie ihren Marktanteil auf 20 % ausgeweitet, derzeit liegt er bei über 30 %.

Der größte Nachteile der Biozide besteht in ihrer **mangelnden Selektivität**. Idealerweise sollen sie nur bestimmte Schädlinge töten und alle anderen Tiere verschonen, vor allem die Nützlinge. Dies konnte bis heute nicht realisiert werden und es gibt trotz intensiver Forschung keine hochspezifischen bzw. selektiven Biozide. Ein Fungizid greift neben den wenigen Pathogenen, die bekämpft werden

▶ *Box 8.4*
Kampf dem dreckigen Dutzend

2001 wurde in Stockholm die Konvention von Stockholm (www.chem.unep.ch) über persistente organische Schadstoffe unterzeichnet, welche nach Ratifizierung durch 50 Staaten im Mai 2004 in Kraft trat. Diese Konvention sieht ein Verbot der Herstellung, Anwendung und des Verkaufs von 12 besonders gefährlichen und schwer abbaubaren organischen Schadstoffen vor. Sie werden als *persistant organic pollutants* (POP) oder dreckiges Dutzend bezeichnet. In den meisten Staaten Europas sind diese Substanzen seit längerem verboten, einige werden aber in manchen Entwicklungsländern noch hergestellt und eingesetzt. Zudem lagern weltweit vermutlich einige 100.000 t Altbestände.

Zum dreckigen Dutzend gehören die chlorierten Kohlenwasserstoffe Aldrin, Dieldrin, Chlordan, Heptachlor, Hexachlorbenzol, Mirex, Toxaphen und Endrin sowie DDT. Weitere Substanzen sind polychlorierte Biphenyle (PCB), Dioxine und Furane. PCB ist noch in vielen funktionierenden Transformatoren enthalten und darf genutzt werden, solange die Anlagen noch in Betrieb sind. Während das Verbot dieser Substanzen in den meisten Staaten unstrittig ist, schieden sich die Geister an DDT. Um die gesamte Konvention akzeptabel zu machen, wurde als Ausnahmeregelung zugelassen, dass DDT bis 2025 im öffentlichen Gesundheitssystem eingesetzt werden darf. In erster Linie geht es um die Malariabekämpfung.

Hierbei wird wie folgt argumentiert: Mit DDT konnten in der Vergangenheit große Erfolge bei der Bekämpfung der Malaria und vergleichbaren Krankheiten erzielt werden. In den 1960er Jahren wurde Malaria in Südeuropa, der Karibik und Teilen von Ost- und Südasien völlig ausgerottet. In Indien ging die Zahl der Todesfälle von 800.000 pro Jahr auf null zurück, andere Staaten machten ähnliche Erfahrungen (Abb. 2.17). Zwar gab es zunehmende Resistenz von Insekten gegen DDT, dies lag aber primär am Einsatz von DDT im landwirtschaftlichen Bereich, in dem in kurzen Abständen regelmäßig große Mengen DDT ausgebracht wurden. Bei der Bekämpfung von Malaria geht es um den Einsatz in Gebäuden und Siedlungen, der in viel geringerer Dosis erfolgt als in der Agrarlandschaft. Moderne Alternativen etwa durch Pyrethroide sind durch schnelle Resistenzbildung unwirksam geworden.

DDT ist in der Tat nach derzeitigem Wissensstand für den Menschen nicht gesundheitsgefährdend. Das Verbot von DDT fördert in der Meinung vieler Entwicklungsländer Malaria, zumal es immer noch keine brauchbare Bekämpfungsalternative gibt und die finanziellen Mittel für teurere Maßnahmen nicht bereitgestellt werden. Einige Staaten wie Indien blieben daher schon immer beim Einsatz von DDT, andere wie Südafrika kehrten zu DDT zurück, nachdem die teureren Pyrethroide unwirksam wurden und die Zahl der Malariafälle wieder anstieg. In der Konvention von Stockholm wurde DDT während einer Übergangszeit für wenige Einsatzgebiete noch erlaubt, gleichzeitig wurden die Industriestaaten verpflichtet, vermehrt Anstrengen zu unternehmen, um Alternativen in der Malariabekämpfung zu finden.

sollen, auch alle anderen Pilze an. Ein Herbizid tötet nicht nur die wenigen echten Problemunkräuter, sondern alle Kräuter oder Gräser. Insektizide wirken nicht nur auf Schädlinge, sondern ebenfalls auf Nützlinge. Hierdurch ergibt sich eine Verarmung des Lebensraumes und ein Verlust an Regulationsfähigkeit. Da Nützlinge meist komplexere Lebensraumansprüche und längere Generationszeiten haben als Schädlinge, führt diese Entwicklung letztlich zu einer Zunahme der Schädlinge . und einer Abnahme ihres natürlichen Gegenspielerpotentials. Ein erster Biozideinsatz bedingt daher weitere Biozideinsätze.

Am Beispiel eines Schädlings in Baumwollkulturen zeigte Pimentel (1991), wie selektiv die unterschiedlichen Insektizide gegen ihn bzw. seine natürlichen Gegenspieler wirken (Tabelle 8.3). Die meisten Insektizide sind für die **natürlichen Gegenspieler** giftiger als für den Schädling selbst, d.h. nach einer Behandlung gibt es kein natürliches Regulationspotential mehr. In Einzelfällen sind Parasitoide über 1000-mal empfindlicher als der Schädling, bei Toxaphen und DDT ist so-

Tabelle 8.3. Toxizität (LD$_{50}$) und Selektivität (d.h. im Vergleich zum Schädling erhöhte Empfindlichkeit) von Insektiziden gegenüber dem Baumwollschädling *Heliothis virescens* (Schmetterlingsraupe) und natürlichen Gegenspielern, einem Räuber (die Florfliege *Chrysoperla carnea*) und einem Parasitoiden (*Campoletis sonorensis*). Nach Pimentel (1991).

| Insektizid | LD$_{50}$ (µg/Versuchsansatz) | | | Selektivität gegenüber | |
	Schädling	Räuber	Parasitoid	Räuber	Parasitoid
Organische Chlorverbindungen					
DDT	860	>1000	1,2	<0,9	717
Dieldrin	52	5,6	0,02	9,3	2600
Toxaphen	>1000	>1000	1,3	1	>769
Organische Phosphorverbindungen					
Parathion	78	0,5	0,1	156	780
Methylparathion	28,2	0,3	0,04	94	705
Profenofos	5,6	0,8	0,5	7	11
Acephat	35,7	5,6	3,5	6,4	10
Carbamate					
Carbaryl	889	–	1,5	–	593
Methomyl	2,3	2,7	1,0	0,9	2.3
Pyrethroide					
Natur-Pyrethrum	1006	257	2,5	3,9	402
Permethrin	5,7	9,9	0,3	0,6	19
Decamethrin	0,3	17,4	0,3	0,02	1
Fenvalerat	2,7	72,8	1,8	0,04	1,5

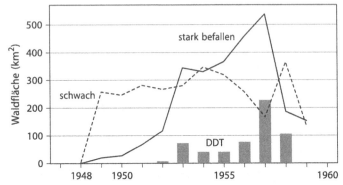

Abb. 8.15. Zunahme der durch Raupen stark geschädigten Waldflächen in Neu-Braunschweig mit steigendem DDT-Einsatz, der erfolgte, um eben diesen Schädling zu bekämpfen. Nach Moriarty (1988).

gar fast nur der Parasitoid betroffen. Lediglich bei Pyrethroiden sind die Räuber weniger empfindlich als die Schädlinge, dies gilt jedoch nicht für die Parasitoide. Keines der hier getesteten Insektizide ist daher nützlingsschonend.

Dieser Sachverhalt ist schon länger aus der Praxis bekannt. Seit 1951 wurden Forstschädlinge in Neu-Braunschweig, Kanada, mit DDT bekämpft. Je größer aber das Behandlungsgebiet wurde, desto mehr Flächen wiesen einen schweren Schädlingsbefall auf. Ende der 1950er Jahre erkannte man schließlich, dass DDT das Schädlingsproblem nicht löst, sondern verschlimmert. Nach dem Absetzen von DDT verringerte sich der Befall, da die natürlichen Antagonisten wieder zunahmen (Abb. 8.15). Mit dem europäischen Lärchenwickler in Graubünden oder Reisschädlingen in Südostasien (Hadfield 1993) wurden ähnliche Erfahrungen gemacht. Wir wissen seitdem, dass viele **Ökosysteme** an einen bestimmten Schädigungsgrad angepasst sind und sich flexibel der Schädlinge erwehren können. Ein chemisches Eingreifen beraubt diese Systeme ihres natürlichen Regulierungspotentials. Es ist also entweder ein permanenter Biozideinsatz erforderlich oder man akzeptiert die permanente, geringe Schädigung.

Von Fungiziden sind Nebenwirkungen auf Tiere bekannt: Benomyl und Thiophantat schädigen Regenwürmer, Carbendazim zusätzlich Raubmilben, Pyrazophos auch Laufkäfer, Schwebfliegen und Schlupfwespen. Viele Akarizide wirken auf Spinnen, die wie Milben ebenfalls Spinnentiere sind (Isselstein et al. 1991). Viele Herbizide wirken auf Tiere, z.B. Simazin und Atrazin auf Collembolen und Regenwürmer, DNOC-Verbindungen wirken auf Regenwürmer, Bienen und Fische. Einige Herbizide wie Bipyridilium-Derivate zeigen fungizide Wirkung. Insektizide wie Parathion, Carbofuran oder Aldicarb wirken sich negativ auf Regenwürmer aus (Börner et al. 1979). Kaltblütige Wirbeltiere sind empfindlicher als warmblütige, daher sind Fische und Amphibien durch Insektizide besonders gefährdet. Forellen sind gegenüber Malathion 700-mal empfindlicher als Ratten, gegenüber DDT gar 2500-mal. Da die Wasserlöslichkeit der meisten Insektizide größer ist als die letale Dosis für Fische, sind diese bei der Kontamination eines Gewässers immer betroffen. Unter Säugetieren gelten Fledermäuse als besonders DDT-empfindlich. Wenn sie im Winterhalbjahr von ihren

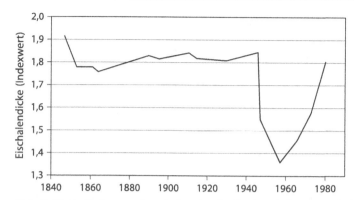

Abb. 8.16. Veränderung eines Index der durchschnittlichen Eierschalendicke beim britischen Wanderfalken als Reaktion auf eine 1947 einsetzende Belastung durch DDT. Nach Moriarty (1988).

Fettreserven zehren, wird das gespeicherte DDT frei und viele Tiere sterben (Böhlmann 1991).

DDT (Abb. 8.19) war eines der ersten Masseninsektizide und ihm kommt eine Schlüsselposition für das Verständnis der Nebenwirkungen von Bioziden zu. Seine Synthese wurde 1872 von Ottmar Zeidler durchgeführt, seine insektizide Eigenschaft aber erst 1939 vom Basler Chemiker Paul Müller entdeckt. DDT wurde weltweit eingesetzt und erzielte in der Bekämpfung von Insekten, die gefährliche Krankheiten übertragen (Malaria, Gelbfieber usw.), große Erfolge (Box 8.4). Hierfür erhielt Paul Müller 1948 den Nobelpreis für Medizin.

Ab den 1950er Jahren wurde festgestellt, dass intensiver DDT-Einsatz zu einem **Rückgang von Greifvögeln** führt, die am Ende der Nahrungskette DDT akkumulieren. Toxisch ist v.a. DDE, ein Metabolit des DDT, das Östrogenhaushalt, Brutverhalten, Befruchtung und Eibildung, v.a. aber den Calciumstoffwechsel der Vögel stört, so dass Eier mit einer zu dünnen Schale gelegt werden. Unter dem Gewicht des brütenden Altvogels zerbrechen die Eier und es gibt keine Nachkommen, die Population nimmt ab. Am Wanderfalken ist dieser Befund gut dokumentiert worden (Abb. 8.16). Während 100 Jahre war die Eierschalendicke relativ konstant, nahm seit 1947 aber drastisch ab. Gleichzeitig sank der Bruterfolg und die Populationen gingen zurück. Nach dem DDT-Verbot (in Deutschland 1971) normalisierte sich die Eierschalendicke und die Populationen nahmen wieder zu.

Ähnliche Anreicherungen von Bioziden finden sich in vielen **Nahrungsketten**. So reichert die Alge *Scenedesmus* Dieldrin aus dem Wasser fast 1300fach an und Kleinkrebse, die diese Algen fressen, noch einmal um den Faktor 10. Fische, welche die Krebse fressen, weisen dann eine gegenüber dem Umgebungswasser 50.000fache Insektizidkonzentration auf (Moriarty 1988). DDT reichert sich über Wasser und Zooplankton 1000fach an, von dort über Kleinkrebse und Fische 50fach, in Fisch fressenden Vögeln erneut 40fach, insgesamt also zweimillionenfach (Goudie 1982).

Als persistierendes Insektizid der 1. Generation ist DDT inzwischen in vielen Ländern verboten und durch andere Insektizide ersetzt worden. Weltweit wurden 1960 400.000 t produziert, 1980 100.000 t und 1990 immer noch 15.000 t. Obwohl in den meisten Staaten der Welt verboten, wird es in einigen Staaten immer noch eingesetzt. Indien und Pakistan haben in den 1990er Jahren ihre nationale DDT-Produktion ausgebaut und einzelne Staaten kehrten in den letzten Jahren nach einer Abkehr von DDT wieder zu diesem sehr billigen und in einigen Bereichen immer noch sehr wirkungsvollen Insektizid zurück. Die benannten Nebenwirkungen von DDT werden also offensichtlich als weniger bedeutend eingestuft, vor allem im Bereich der Malariakontrolle (Box 8.4)

Als **Persistenz** bezeichnen wir die sehr langen Abbauzeiten vor allem älterer Biozide. Während Naturpyrethrum innerhalb weniger Tage und moderne Pyrethroide in Wochen bis Monaten abgebaut werden, gibt es andere Biozide, die innerhalb eines Jahres nicht oder nicht wesentlich abgebaut werden und deswegen als persistent bezeichnet werden. Sie sind gefährlich, da sie noch lange nach der Anwendung unkontrolliert verfrachtet werden und an unerwünschten Orten ihre Wirkung entfalten können. Persistente Biozide wurden daher durch weniger persistente ersetzt.

Viele Biozide verhalten sich im Boden anders als auf der Vegetation. DDT wird sonnenexponiert mit einer **Halbwertzeit** von 18 Tagen abgebaut, im Boden ist aber je nach Beschaffenheit nach 10–20 Jahren noch die Hälfte nachweisbar. Sandböden haben kaum Bindevermögen, während humusreiche Böden viele Biozide binden und akkumulieren können. Auch unter anaeroben Bedingungen (z.B. bei Staunässe) laufen Abbauvorgänge langsamer ab.

Wenn Substanzen nach 2–12 Wochen abgebaut sind, d.h. mindestens 75 % des Wirkstoffes nicht mehr nachweisbar ist, werden sie als nicht persistent bezeichnet. Hierunter fallen die herbiziden Carbamate und Dinitrophenole, die insektiziden organischen Phosphorsäureester und Thiocarbamate sowie die fungiziden Thiocarbamate, Benzimidazole und Phthalimid-Derivate. Bis 6 Monate sind herbizide Phenoxyfettsäuren, Nitrile, mehrfach chlorierte und nitrierte Phenylkörper, Acylanilide und Dinitroaniline nachweisbar, sie werden daher als gering persistent bezeichnet. Mäßig persistent (bis 12 Monate nachweisbar) sind die herbiziden Phenylharnstoffe, Triazine, Benzoesäuren und Bipyridyle. Über ein Jahr, oft bis 15 Jahre, sind die sehr persistenten Biozide nachweisbar. Sie gelten als schwer bzw. kaum abbaubar und umfassen hauptsächlich chlorierte Kohlenwasserstoffe einschließlich mehrfach chlorierter Benzole und Phenole mit insektizider Wirkung (Ottow 1985). Besonders Aldrin, Chlordan, Endrin, Toxaphen und DDT zählen zu den sehr persistenten Substanzen, die 14 bis 17 Jahre nach einer Behandlung noch zu 40 % im Boden nachweisbar sind (Ehrlich u. Ehrlich 1972).

Wenn Biozide nicht mehr auf ihre Zielorganismen wirken, bezeichnen wir dies als **Resistenz**. Hierfür gibt es verschiedene Mechanismen. Bei Tieren kann die cuticuläre Aufnahme reduziert sein, der Abbau kann durch Cytochrom P 450-abhängige Monooxygenasen, Hydrolasen oder Gluthathion-S-Transferasen verstärkt sein, oder die Empfindlichkeit von Acetylcholinesterasen bzw. Ionenkanälen im Nervensystem ist reduziert. Viele dieser Mechanismen sind unspezifisch, so dass sie eine Resistenz nicht nur gegen ein bestimmtes Insektizid ermöglichen, sondern eine multiple Resistenz erleichtern. In vielen Fällen sind die molekularen Mechanismen der Resistenz ungenügend bekannt, dies gilt allerdings auch für die Wirkungsweise vieler Biozide (Roush u. Tabashnik 1990).

Da bei wiederholter Anwendung eines Biozids nur Individuen mit Resistenzeigenschaften überleben, wirkt die Biozidbehandlung als hochwirksame Selektion von resistenten Individuen. In kurzer Zeit wird die Population nur noch aus resistenten Organismen bestehen, so dass das Biozid wirkungslos wird. Heute wissen wir, dass resistente Individuen in geringer Zahl in jeder Population vorkommen und durch die Anwendung eines selektiven Biozids gefördert werden.

Aus Sicht des Anwenders ist das Auftreten von Resistenzen katastrophal, da Schädlings-, Krankheits- oder Unkrautprobleme nicht mehr kontrollierbar sind und andere Wirkstoffe eingesetzt werden müssen. Unter **Resistenzmanagement** versteht man, die Dosis der Biozidaufwendung zu erhöhen, unterschiedliche Wirkstoffe zu alternieren oder zu mischen. Alternativ hierzu kann man die Aufwandmenge reduzieren und man kann Randstrukturen aussparen, damit heterozygoten Individuen mit Resistenzgenen überleben können und die homozygote Ausprägung der Resistenz verhindern. Wenn sich resistente Populationen erst einmal ausgebreitet haben, ist Resistenzmanagement meist jedoch nicht zufrieden stellend (Roush u. Tabashnik 1990).

Die erste Resistenz gegen ein Insektizid wurde 1908 entdeckt, als San-José-Schildläuse in Citrusplantagen nicht mehr mit Schwefelpräparaten abgetötet werden konnten. 1948 waren bereits 14 resistente Arten bekannt. Die weltweite Anwendung synthetischer Insektizide förderte dann die Resistenzbildung so stark, dass inzwischen über 600 Populationen von Insekten und Milben bekannt sind, die eine oder mehrere Resistenzen aufwiesen (Abb. 8.17). Es handelt sich hierbei zu zwei Dritteln um landwirtschaftliche Schädlinge und zu einem Drittel um Arten mit humanhygienischer Bedeutung (Krankheitsüberträger, Parasiten usw.).

Die Situation ist komplex, da einzelne Insektenarten auch nach 25 Jahren Insektizidanwendung (Beispiel Tsetse-Fliege *Glossina* in Afrika) keine Resistenz entwickelten, jedoch bei anderen in kürzerer Zeit Resistenzen auftraten. So ist die Stubenfliege *Musca domestica* gegen die meisten Insektizide resistent und auch die Malariamücke *Anopheles* ist vielerorts kaum noch zu bekämpfen. Die Insektiziddrift aus intensiv behandelten landwirtschaftlichen

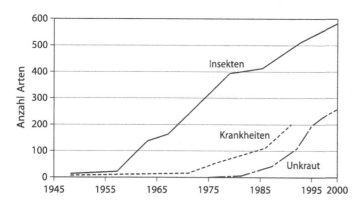

Abb. 8.17. Artenzahl von Insektenschädlingen, Krankheitserregern (meist Pilzen) und Unkrautarten, die gegen Biozide, mit denen sie behandelt wurden, resistent sind. Ergänzt nach Weber (1992).

Gebieten, in denen *Anopheles* kein Zielorganismus ist, hat zu Resistenzbildung an Be- und Entwässerungsgräben, in denen *Anopheles* vorkommt, geführt. Muss man sich zwischen der DDT-Behandlung ganzer Landstriche mit ökologischen Nebenwirkungen und einem DDT-Verzicht mit einer Zunahme von Malariaerkrankungen (Kap. 2.2.2) entscheiden (Box 8.4)? Auch die Geschwindigkeit, mit der Resistenz auftritt, ist unterschiedlich. Rinderzecken wurden in Australien seit 1895 mit Arsen behandelt, ab 1936 (d.h. nach 41 Jahren Anwendung) tauchten erste resistente Populationen auf. Ab 1946 wurde DDT verwendet, gegen das die Zecken ab 1955, d.h. nach 9 Jahren, resistent wurden. In der Folge wurden innerhalb von 17 Jahren 9 verschiedene Akarizide angewendet, bei denen durchschnittlich nach weniger als 4 Jahren resistente Populationen auftraten (Cherrett u. Sager 1977).

Resistenz gegen **Herbizide** ist häufiger geworden und schon 1991 erwähnte Warwick über 100 resistente Unkrautarten. Über 55 Arten verfügen über triazinresistente Populationen, daneben gibt es Resistenz gegenüber mindestens 15 Herbizidgruppen, vor allem Bipyridylium (z.B. Paraquat) und Sulfonyl-Harnstoffe. Resistenz gegen zwei oder drei Herbizide ist ebenfalls bekannt. In vielen Fällen wird Resistenz gegenüber einem Herbizid schnell erworben. So beruht die Triazinresistenz nur auf einer Punktmutation im Chloroplastengenom, die eine Blockade der Photosynthese durch das Herbizid verhindert. Im Durchschnitt dauerte es bei Dinitroalanin etwa 10 Jahre, bis resistente Pflanzen auftreten, bei Triazin 7 Jahre, bei Paraquat 5 Jahre und bei Sulfonyl-Harnstoffen 3–5 Jahre. Zu den herbizidresistenten Problemunkräutern zählen Amaranth und Wildgräser, v.a. Hirsearten, die im Maisanbau kaum kontrolliert werden können. Weißer Gänsefuß, Vogelmiere, Ackerkratzdistel und Vogelknöterich weisen besonders häufig resistente Populationen auf (Schroeder et al. 1993).

Bei der **Entwicklung der Biozide** wurden in den letzten Jahren für Wirbeltiere toxische Substanzen vermieden. Desgleichen verschwanden persistente Stoffe und es wird Wert auf gute biologische Abbaubarkeit gelegt. Die Biozide sollen also hochwirksam sein, so dass mit kleinsten Aufwandmengen gearbeitet werden kann, anschließend sollen sie vollständig abbaubar sein. Sehr spezifisch wirkende Substanzen wurden aber bis heute nicht gefunden. Auch Sexualpheromone und Juvenil- oder Häutungshormone können nur in kleinen Bereichen eingesetzt werden oder erwiesen sich als nicht genügend spezifisch.

Diese Entwicklung spiegelt sich auch in der stetig sinkenden Zahl der **zugelassenen Mittel** wieder. 1986 waren in Deutschland über 300 Wirkstoffe in 1700 Präparaten im Handel, 2002 nur noch 285 Wirkstoffe in 1041 Präparaten. Insgesamt werden Biozide heute kritischer denn je gesehen. Mit Blick auf die Nebenwirkungen wird aus ökologischen Gründen auf Alternativen hingewiesen. Aber auch aus dem ökonomischen Umfeld gibt es Berechnungen, die andeuten, dass Biozide weniger Pflanzenschutz bieten als gemeinhin angenommen und sich ihr Einsatz volkswirtschaftlich eher nicht lohnt (Box 8.5).

Auf Fungizide kann weitgehend verzichtet werden, wenn pilzresistente Sorten oder bei Getreide Sortenmischungen oder Vielliniensorten eingesetzt werden. Schon eine ökologisch sinnvolle Fruchtfolge reduziert die Notwendigkeit eines Herbizideinsatzes, zudem stehen mechanische Verfahren zur Verfügung. Auf Straßen, Plätzen oder Flachdächern kann durch Mähen oder Jäten völlig auf Herbizide verzichtet werden, oft muss nur die To-

▶ **Box 8.5**
Ökonomische Nachteile durch Biozide?

Die weltweiten Verluste in der Landwirtschaft werden auf 35 % vor der Ernte (14 % durch Schädlinge, 9 % durch Unkraut und 12 % durch Krankheiten) und auf 20 % nach der Ernte (Lagerung, Transport und Verarbeitung) geschätzt, insgesamt 48 %. Durch Biozide sollen diese Verluste minimiert werden. Für den Landwirt rentiert sich solch eine Investition in Biozide mit doppelter Rendite. Bei langfristigem Einsatz machen sich jedoch Nebenwirkungen bemerkbar, so dass der erste Biozideinsatz stets der wirkungs-vollste ist. Pimentel hat 1991 für die USA gezeigt, dass sich 1942–1986 trotz massivem Biozideinsatz der landwirtschaftliche Produktionsverlust von 31 % auf 37 % erhöhte.

Oerke u. Dehne (1997) machten eine ähnliche Rechnung für die 8 wichtigsten Kulturen der Welt. Ihr Ergebnis: Ohne Biozideinsatz wäre der potentielle Ertragsverlust je nach Kultur 50–80 %. Mit chemischem Pflanzenschutz werden 42 % dieses potentiellen Verlusts vermieden, d.h. es ergibt sich eine Wirksamkeit des Biozideinsatzes von 35–40 % (Weizen, Mais, Gerste, Reis), 43–46 % (Kartoffeln, Soja, Kaffee) bzw. 56 % (Baumwolle). Leider wird keine Alternativrechnung aufgestellt, wie wirksam nicht-chemischer Pflanzenschutz wäre. Auch wird für die Kosten des chemischen Pflanzenschutzes keine umfassende Kosten-Nutzen-Rechnung aufgestellt.

Dies hat Pimentel (1991) für die USA mit folgender Rechnung versucht: Jährlich werden 300.000 t Biozide für 4 Milliarden $ verbraucht. Gleichzeitig verursacht die-ser Einsatz Schäden von 2–4 Milliarden $ (Vergiftung von Mensch und Haustier, Beeinträchtigung des natürlichen Regulationspotentials durch Vergiftung von Nützlingen, Resistenzbildung, Bestäuberverluste, Verluste an Kulturpflanzen, Fisch, Wild und Honig sowie Kosten in der Verwaltung). Pimentel zeigt zudem, dass auf die Hälfte des Biozidaufwands ohne Ertragsverlust verzichtet werden kann. Dies würde über 2 Mrd. $ für Biozide und 1–2 Mrd. $ an Biozidschäden ersparen. Gleichzeitig werden al-ternative Bekämpfungs- und Kontrollmaßnahmen nötig, die etwa eine Mrd. $ kostet. Somit ergibt sich bei bisheriger Bewirtschaftung eine Biozidrechnung von 6–8 Mrd. $, bei der alternativen eine von 4–5 Mrd. $. Der breite Biozideinsatz ist also ökologisch und ökonomisch nachteilig.

Eine vergleichbare Studie für Deutschland (alte Bundesländer) wurde von Waibel ü. Fleischer (1998) vorgelegt. Die (umgerechnet) 126 Mio. Euro Allgemeinkosten des Biozideinsatzes belaufen sich jährlich auf 64 Mio. Euro für Trinkwasserüberwachung und -aufbereitung, 6 Mio. Euro Produktionsschäden an Kulturpflanzen und Honigbienen, 11 Mio. Euro Überwachungskosten auf Rückstände in Lebensmitteln, 12 Mio. Euro im Gesundheitssystem (Behandlungskosten, Arbeitsausfall, Todesfälle, jedoch ohne Langzeitkosten chronischer Fälle) sowie 16 Mio. Euro für Zulassungsprüfungen usw. bei Landes- und Bundesbehörden.

Die Kosten, die Biozide verursachen, aber die Allgemeinheit zahlt, müssten auf den Preis der Biozide umgelegt werden. Diese Preiserhöhung kann gleichzeitig ein wichti-ges Steuerinstrument sein, um den Biozideinsatz auf günstigere Werte zu senken. Dies haben einige europäische Staaten bereits gemacht. Darauf sank der Biozidverbrauch im Vergleich zum langjährigen Mittel in Dänemark um 21 %, in Holland um 43 %, in Finnland um 46 % und in Schweden, das zudem umfassende Begleitmaßnahmen durchführte, gar um 70 %.

leranzschwelle gegenüber Unkraut etwas erhöht werden. Ähnliches gilt für Sportanlagen und Golfplätze, die bei sachkundiger Rasenwahl und geschicktem Düngeregime ohne Herbizide gepflegt werden können (Masé 1991). In vielen Fällen braucht man anfangs einfach etwas Mut, traditionelle gärtnerische Vorstellungen oder Wunschbilder zu korrigieren. Die Zukunft des Pflanzenschutzes liegt also sicherlich nicht in der Chemie.

8.3.3
Wirkung auf den Menschen

Nebenwirkungen von Bioziden treten bereits bei ihrer Handhabung auf. Die WHO schätzt, dass 2–3 Millionen Menschen in den Entwicklungsländern jährlich akute **Vergiftungen** erleiden, 20.000–40.000 Menschen sterben jährlich. Zu diesen Unfällen sind zahlreiche Suizidversuche mit Bioziden zu rechnen, von denen 200.000 tödlich enden (Bödeker u. Dümmler 1990). In Deutschland starben nach der Todesursachenstatistik des Statistischen Bundesamtes im Durchschnitt der letzten Jahrzehnte jährlich etwa 400 Menschen an Bioziden und in 97 % aller Fälle lautet die amtliche Ursache auf Suizid. In den USA nahm die Zahl der Vergiftungs- und Todesfälle durch Biozide in den letzten Jahrzehnten stetig ab, dennoch wird derzeit immer noch mit 200–1000 Todesfällen jährlich gerechnet. China meldete für 1995 48.000 Vergiftungen und 3000 Todesfälle. Für Mittelamerika ergaben sich mit zunehmendem Biozidverbrauch (Abb. 8.18) immer mehr Vergiftungsfälle

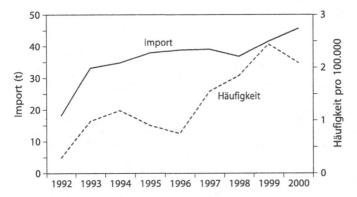

Abb. 8.18. Nach Mittelamerika importierte Biozide (t) und Häufigkeit (pro 100.000 der Bevölkerung) der hierdurch verursachten tödlichen Vergiftungsfälle. Nach Henao u. Arbelaez 2002).

(im Jahr 2000 rund 14.000) und auch immer mehr Todesfälle (800 im Jahr 2000, Henao u. Arbelaez 2002).

Viele Biozide stehen im Verdacht, **karzinogen** zu sein. Bauern, die in den USA das Herbizid 2,4-D einsetzten, erkrankten 6- bis 8-mal häufiger an Lymphdrüsenkrebs als andere (Friege u. Claus 1988). Amerikanische Baumwoll- und Gemüsefarmer (beides biozidintensive Kulturen) haben ein höheres Krebsrisiko als vergleichbare Bevölkerungsgruppen. Diese Befunde dürften auch auf europäische Verhältnisse übertragbar sein.

Die **Trinkwasserverordnung** der EU schreibt für jeden Inhaltsstoff eines Biozids einen Grenzwert von 0,1 µg/L und einen Summengrenzwert von 0,5 µg/L vor. In Deutschland ist dieser Grenzwert an 10 % aller Messstellen überschritten (Umweltbundesamt 2002). Dies erforderte in der Vergangenheit die Installation aufwendiger Reinigungsanlagen, da viele Biozide lange im Boden und im Grundwasser verweilen. Oft wurde auch das Wasser mit noch unbelastetem Wasser verschnitten, um unter den Grenzwert zu kommen, oder es muss auf eine Nutzung als Trinkwasser verzichtet werden.

Eines der bekanntesten Biozide im Grundwasser wurde **Atrazin**, das als Herbizid im Maisanbau mit bis zu 7 kg Wirkstoff/ha ausgebracht wurde. Ende der 1970er Jahre tauchten erste atrazinresistente Pflanzen auf, Anfang der 1980er Jahre wurde Atrazin überall im Grund- und Trinkwasser nachgewiesen, dann auch in Seen, Flüssen und im Regen. Obwohl es im Oberboden mit einer Halbwertzeit von 2 Monaten als mäßig persistent eingestuft wird, ist seine Beständigkeit unter den Bedingungen tieferer Bodenschichten offenbar groß und seine Abbaugeschwindigkeit im Grundwasser gering. Da Atrazin auch gegen andere Kulturpflanzen wirkt, musste wegen der Rückstände nach Mais oft wieder Mais angebaut werden, obwohl solch eintönigen Fruchtfolgen nicht sinnvoll sind. Die Ausweitung des Maisanbaus der letzten Jahrzehnte und die Persistenz von Atrazin im Grundwasser haben sich also gegenseitig bedingt. In den 1980er Jahren wurde im Grundwasser aller Maisanbaugebiete Mitteleuropas 1-2 µg Atrazin/L gefunden. In vielen Regionen Deutschlands und der Schweiz war damals jeder fünfte Trinkwasserbrunnen mit > 0,1 µg Atrazin/L belastet und nicht mehr nutzbar. Im Rhein betrug der Atrazingehalt stellenweise 0,15 µg/L und im Regen über Bayern oder Holland bis 0,5 µg/L. Durch seine intensive Anwendung gelangte Atrazin über die Verdunstung und den Regen somit überall hin. Atrazin steht im Verdacht karzinogen zu sein, und sein Einsatz wurde in den 1990er Jahren in der EU stark eingeschränkt, seit 2004 ist es verboten. Noch 1999 konnten in 8 % aller Grundwasseranalysen Atrazin oder seine Derivate nachgewiesen werden (Umweltbundesamt 2002).

Insektizide wirken auf Tiere unterschiedlich. Wirkungstests mit Ratten (Tabelle 8.4) zeigen, dass von der letalen Dosis für ein Insekt nicht auf die Giftigkeit gegenüber einem Säugetier geschlossen werden kann. Organochloride und Organophosphorverbindungen sind für Ratte meist 10- bis 100-mal ungiftiger als für Stubenfliegen, die meisten Pyrethroide sogar 1000-mal ungiftiger. Carbamate hingegen sind für Säugetiere gleich giftig oder sogar giftiger. In jeder dieser Stoffklassen gibt es jedoch Ausnahmen, so sind Endosulfan, Parathion, Aldicarb und Decamethrin in ihrer Klasse für Säuger besonders giftig. Rückschlüsse auf die Toxizität für den

Tabelle 8.4. Toxizität von Insektiziden (in mg Substanz pro kg Körpergewicht) für die Ratte und die Stubenfliege, gemessen als letale Dosis, bei der 50% der Versuchstiere sterben (LD_{50}). Das Insektizid wurde der Ratte oral verabreicht und auf die Stubenfliege gesprüht Nach Pimentel (1991).

Insektizid	Ratte	Stubenfliege	Verhältnis Ratte/Stubenfliege
Organische Chlorverbindungen			
DDT	118	2	59
Methoxychlor	6000	3,4	1765
Heptachlor	162	2,3	70
Endosulfan	50	6,7	7
Organische Phosphorverbindungen			
Parathion	3,6	0,9	4
Methylparathion	285	1,2	238
Diazinon	285	3	95
Dimethoat	244	0,6	407
Malathion	1000	26,5	38
Demeton	2,5	0,8	3,1
Carbamate			
Carbaryl	500	900	0,6
Carbofuran	4	4,6	0,9
Aldicarb	0,6	5,5	0,1
Propoxur	86	25,5	3,4
Pyrethroide			
Natur-Pyrethrum	900	21	43
Allethrin	920	15	61
Permethrin	2000	0,7	2857
Cypermethrin	500	0,2	1000
Decamethrin	70	0,03	2333
Fenvalerat	450	1	450

Menschen sind auf der Basis der Rattentests prinzipiell möglich, aber mit großer Unsicherheit behaftet.

Organische Chlorverbindungen wirken auf Zellmembranen, indem sie den Kalium- und Natrium-Ionentransport behindern und die ATPase-Aktivität vermindern. Hierdurch wird die Erregungsleitung beeinträchtigt und es kommt zu Übererregbarkeit, später zu Lähmungen. Beim Menschen wirken sich organische Chlorverbindungen auf den Blutdruck und den Fettstoffwechsel aus (Maschewsky

1991). Starke Schädigungen sind beim Menschen selten, da diese Insektizide lipophil sind und im Körperfett gespeichert werden. Gleichzeitig findet aber wegen der hohen Persistenz fast kein Abbau statt, so dass diese Stoffe akkumulieren. In den vorgefundenen Konzentrationen sind bei Warmblütern jedoch teratogene, karzinogene und mutagene Wirkungen nachgewiesen worden, Befunde, welche möglicherweise auch auf den Menschen übertragen werden können (Böhlmann 1991). Es ist also möglich, dass die Zunahme des Brustkrebses bei Frauen, die in den letzten Jahrzehnten in den USA und in Europa festgestellt wurde, als Langzeitfolge der Belastung durch organische Chlorverbindungen anzusehen ist.

DDT ist seit seinem weltweiten Einsatz im Körperfett aller Menschen nachweisbar. 1955 betrug die Hintergrundkonzentration in der amerikanischen Bevölkerung 20 ppm, in den 1960er Jahren sank sie dann auf 10 ppm, verschwand jedoch nie völlig. Aktuelle Werte in der Muttermilch sind < 4 ppm/kg Fettbasis (Deutschland, Umweltbundesamt 1992). Unter Einbezug anderer organischer Chlorverbindungen (wie HCB, HCH, PCB, Dioxine, Abb. 8.19) ergibt sich jedoch eine höhere Belastung, so dass, wenn es sich um Trinkmilch handeln würde, Höchstmengenüberschreitungen vorliegen würden. Das Stillen von Säuglingen kann also nur deswegen noch empfohlen werden, weil seine positive Wirkung auf die Entwicklung des Kindes höher einzuschätzen ist. DDT ist nach derzeitigem Wissensstand nicht karzinogen oder mutagen. Es verursacht jedoch Frühgeburten.

Auf der Basis von Pyrethrum, einem Inhaltsstoff von Chrysanthemen, dessen Struktur bereits um 1916 vom späteren Chemie-Nobelpreisträger Leopold Ruzicka entschlüsselt wurde, ist inzwischen eine große Zahl synthetischer **Pyrethroide** der zweiten Generation hergestellt worden, die billiger, lichtbeständiger, haltbarer und meist auch toxischer sind. Diese Pyrethroide wirken auch allergen, sind aber in erster Linie Nervengifte, die Kopfschmerzen, Lähmung oder Krämpfe verursachen. Cypermethrin hat z.B. eine Affinität zu Nervenzellen, die 100-mal größer ist als die von Kokain. Gesundheitsschäden durch Pyrethroide gelten daher als irreversibel und beim Menschen sind sogar einzelne Todesfälle bekannt. Für einige Substanzen wurde im Tierversuch ein mutagenes oder karzinogenes Potential festgestellt, es ist jedoch unsicher, inwieweit dieser Befund auf den Menschen übertragbar ist.

Die humantoxische Wirkung vieler Insektizide wird vor allem durch Unfälle mit diesen Substanzen verdeutlicht. Der schrecklichste Unfall war vermutlich 1984 die Explosion einer Fabrik von Union Carbide (jetzt Dow Chemicals) in **Bhopal**, Indien, bei der 40 t des tödlichen Gases Methyl-Isocyanat, das zur Insektizidherstellung verwendet wird, über der Millionenstadt frei wurden. 3828 Menschen starben und 355.000 wurden medizinisch versorgt und die Hälfte von ihnen erlitt vorübergehende oder bleibende Schäden (Ellis 1989). Zu den Spätfolgen gehören schwere Augen- und Atemwegerkrankungen, Muskulatur. Gehirn und Immunsystem sind angegriffen und Chromosomenschäden wurden nachgewiesen. Bis 1994 zahlte Union Carbide Entschädigungen von 490 Mio. $.

Nachdem bis in die 1970er Jahre regelmäßig hohe **Biozidrückstände** in Nahrungsmitteln gefunden wurden, hat sich diese Situation deutlich verbessert. Kritische Substanzen wurden verboten, Vorschriften bezüglich Höchstdosis und

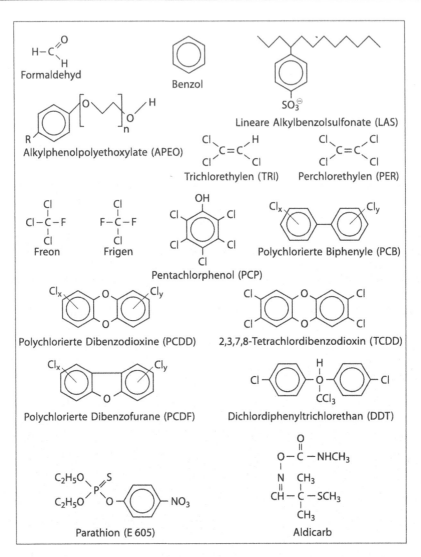

Abb. 8.19. Strukturformeln ausgewählter Umweltchemikalien. Freon ist Trifluormethan = R 11, Frigen ist Dichlordifluormethan = R 12. Neben der allgemeinen Formel für PCDD ist die giftigste Einzelverbindung TCDD aufgeführt.

Anwendungstermin bzw. frühestem Erntetermin nach Applikation wurden erlassen und Kontrollen wurden verschärft. Die meisten Nahrungsmittel sind daher heute weitgehend frei von direkt gesundheitsgefährdenden Rückständen. Lediglich bei nicht saisongerechtem Angebot und bei Importprodukten sind die Biozidrückstände oft höher. Importprodukte weisen auch regelmäßig Substanzen auf, die in der EU nicht mehr zugelassen sind. Obst und Gemüse enthalten jedoch häufig Rückstände diverser Insektizide unterhalb der zulässigen Höchstmenge, die daher nicht beanstandet werden können. Hierbei handelt es sich zunehmend um Cocktails aus vielen Wirkstoffen. In dieser permanenten Belastung durch Niedrigdosen liegt eine gewisse Gefahr. Viele Substanzen werden im Körperfett über Jahrzehnte abgelagert und können akkumulieren. In Stresssituationen werden sie freigesetzt bzw. über die Muttermilch weitergegeben. Insgesamt wurden 1999 in 23 % der untersuchten pflanzlichen Nahrungsmittel Rückstände von Bioziden nachgewiesen (Umweltbundesamt 2002).

8.4
Weitere organische Verbindungen

8.4.1
Erdöl und seine Derivate

Durch Förderung, Transportes, Verarbeitung und unvollständige Verbrennung von Erdöl gelangen ständig große Mengen von **Erdölprodukten** in die Umwelt. Hierbei handelt es sich zum Teil um Tankerunfälle bzw. Pannen bei der Erdölförderung (Kap. 4.3.1), zu einem größeren Teil aber um eine flächendeckende, permanente Belastung mit geringen Mengen. Weltweit gelangt 1 ‰ der geförderten Menge an Erdöl unbeabsichtigt bzw. illegal in die Umwelt, dies entspricht jährlich 3,5 Mio. t (Moriarty 1988), von denen etwa 10 % aus Unfällen von Öltankern stammen.

Für die **Weltmeere** bedeuten Tankerunfälle neben den Reinigungsvorgängen auf Schiffen und der Ölförderung im Meer eine starke Belastung, denn Öl im Meerwasser oder am Strand tötet alles Leben. 80 % der Mortalität der an der deutschen Nordseeküste angespülten Seevögel wurde auf Öl zurückgeführt und in einem gut dokumentierten Fall führte 1 t Öl zum Tod von 10.000 Seevögeln (Clark 1992). Als Naturprodukt kann Öl aber durch Hefen und Bakterien abgebaut werden. Die Abbaugeschwindigkeit ist jedoch in den kalten Ökosystemen Alaskas geringer als unter wärmeren Bedingungen. Bisherige Erfahrungen haben gezeigt, dass die schlimmsten Auswirkungen meist nach 3–5 Jahren beseitigt sind. In der Regel genügt eine Grobreinigung, bei der Ölpfützen und Teerklumpen entfernt werden. Der Unfall der Exxon Valdez in Alaska hat zudem gezeigt, dass die Heißwasser-Hochdruckreinigung der Felsen den natürlichen Ölabbau verlangsamt und eine Wiederbesiedlung des Substrates erschwert.

In einer Erdölraffinerie werden pro t Erdöl etwa 2 kg flüchtige Kohlenwasserstoffe in die Luft abgegeben. Bei der Nutzung, d.h. beim Verbrennen der Erdölderivate entstehen neben Stickoxiden und Schwefeldioxid pro Tonne Steinkohleeinheit etwa 100 g flüchtige organische Verbindungen (*volatile organic compounds*, VOC, Tabelle 8.5). Im Verlauf der letzten Jahrzehnte hat die Emission aus Industrie und Haushaltungen abgenommen, wegen der Zunahme des motorisierten Verkehrs nahm sie jedoch fast um den gleichen Betrag zu. Pro Einwohner werden in den meisten Industriestaaten jährlich 20–40 kg VOC freigesetzt. Einige dieser Substanzen bewirken beim Menschen Erkrankungen der Atemwege, andere wie Benzol oder 3,4-Benzpyren sind karzinogen.

Tabelle 8.5. Flüchtige organische Verbindungen (volatile organic compounds, VOC) als typische Komponenten der Umweltbelastung. Auflistung nach Immissionsmessungen in der Schweiz 1991–2001, Bereich der Konzentration (µg/m³ Luft) pro Substanz im Jahresmittel und Emissionsquelle. Nach BUWAL (2003).

Stoffgruppe	Substanz	Konzentration	Quelle
Aromaten	Benzol	1–10	Verkehr
	Toluol, Ethylbenzol, Xylole	1–30	Verkehr, Industrie, Gewerbe, Haushalte (lösemittelhaltige Produkte wie Farben, Lacke, Kleber, Reiniger etc.)
	Styrol	< 1	Industrie, Gewerbe (in technischen Produkten), Verkehr (Abgase)
	Isopropylbenzol, Propylbenzol	< 1	Verkehr
	Ethyltoluole, Mesitylen, Pseudocumol, Hemellitol	1–6	Verkehr, Industrie, Gewerbe, Haushalte (lösemittelhaltige Produkte wie Farben, Lacke, Kleber, Reiniger etc.)
Alkane	Isooctan, Heptan, Octan, Nonan, Decan	0,1–4	Verkehr
	Undecan	< 1	Verkehr (Dieselfahrzeuge), Industrie, Gewerbe (Lösungsmittel)
Chlorierte VOC	Trichlorethan, Trichlorethen, Chlorbenzol, Tetrachlorethan, Tetrachlorethen, Dichlorbenzole	< 1	Industrie, Gewerbe (Lösungsmittel, chemisch Reinigung, Entfettung)
Monoterpene	Limonen		Haushalte, Gewerbe (Duftstoff in Produkten, Bestandteil von Citrusschalen)
	Pinene, Camphen, 3-Caren		Natur (Stoffwechsel von Pflanzen), Haushalt, Gewerbe (pflanzliche Harze und Öle)

8.4.2
Nichthalogenierte Kohlenwasserstoffe

Hierunter verstehen wir im Gegensatz zu den halogenierten Kohlenwasserstoffen Verbindungen, die kein Chlor, Fluor oder Brom enthalten. **Formaldehyd** ist ein gasförmiger Aldehyd, der in 35%iger wässriger Lösung mit 10 % Methanol als Formalin bezeichnet wird (Abb. 8.19). Es wird als Desinfektions- und Konservierungsmittel in Reinigungsmitteln und Kosmetika, bei der Textilverarbeitung und zur Herstellung von Polymeren (Lacke, Klebstoffe, Dämmstoffe) verwendet. Die Produktion in Deutschland beträgt ca. 600.000 t, weltweit das Zehnfache. Formalindämpfe sind mutagen, karzinogen und allergen. Im Haushaltsbereich wird Formaldehyd vor allem aus Kunststoffen und Lacken, aus Spanplatten und Dämmplatten, aber auch aus Textilien freigesetzt. Dieser Prozess dauert Jahre, so dass sich eine Langzeitexposition ergibt. Schließlich werden auch beim Rauchen erhebliche Formaldehydmengen frei.

Messungen in deutschen Haushaltungen ergaben in Wohnungen ohne Möbel aus Spanplatten durchschnittlich 37 $\mu g/m^3$ mit Formaldehyd belastete Raumluft und in Wohnungen mit vielen Möbeln aus Spanplatten durchschnittlich 61 $\mu g/m^3$ (Umweltbundesamt 1992). Die höchsten Belastungen waren in der Küche messbar. In Wohnungen von Rauchern werden ebenfalls höhere Werte gemessen. Ab 60 $\mu g/m^3$ kann man den Geruch von Formaldehyd bereits wahrnehmen und empfindliche Personen reagieren hierauf mit Reizungen der Augen und Atemwege.

Organische **Lösungsmittel** wie Benzine, Toluol und Xylole sind beliebt, weil sie beim Trocknen verdunsten, also einfach zu handhaben sind. Hierdurch entziehen sie sich aber auch einer ordnungsgemäßen Entsorgung oder einem Recycling und die Atmosphäre wird belastet. Durch Einatmen gelangen viele organische Lösungsmittel in unseren Körper, wo sie gesundheitliche Beeinträchtigungen bewirken. Je nach Konzentration kommt es zu Affektstörung, Antriebsminderung, Zittern und Schwindel, Gedächtnisverlust, Alkoholunverträglichkeit, Augenbeschwerden, Atem- und Kreislaufproblemen bis hin zu ausgeprägten kardiotoxischen Effekten. Bei längerer Exposition sind schwere Schädigungen des Nervensystems und Schrumpfungsprozesse des Gehirns feststellbar. Einige Substanzen wirken karzinogen, mutagen oder teratogen.

In vielen Anwendungsbereichen sind organische Lösungsmittel inzwischen ersetzt worden. So ist Wasser für viele Farben, die zuvor zu über 30 % aus Lösungsmitteln bestanden, ein geeignetes Lösungsmittel. Bei industriellen Techniken gibt es Tauchverfahren mit elektrochemischem Lackauftrag (z.B. bei der Grundierung von Fahrzeugkarosserien) oder Pulverlacke werden trocken aufgesprüht, durch elektrische Aufladung gleichmäßig auf der Metalloberfläche verteilt und anschließend im Brennofen eingebrannt (z.B. Oberflächenlack von Autos).

Benzol (Abb. 8.19) stammt überwiegend aus dem Verkehrssektor, wo es beim Umfüllen durch Verdunsten und beim Verbrennen mit den Autoabgasen emittiert wird, in geringem Umfang wird es auch durch Hausfeuerungsanlagen und als Lösungsmittel freigesetzt. Hierdurch befindet sich heute in der Luft mitteleuropäischer Städte durchschnittlich 1–5 μg Benzol/m3, vor einigen Jahren konnten noch deutlich höhere Werte gemessen werden. Die EU-Richtlinie verlangt ab 2010 einen Grenzwert von 5 µg/m^3 einzuhalten. Benzol wird über die Lunge aufgenommen, aus Lösungsmittel oder Benzin auch über die Haut. Die tägliche Benzolaufnahme kann also so aussehen: 0,25 mg durch die Nahrung, 0,24 mg beim Einatmen von Stadtluft (bei Landluft entsprechend weniger), 0,03 mg durch eine Stunde Autofahrt, 0,04 mg beim Tanken, 0,5 mg durch das Rauchen einer Packung Zigaretten, bis 20 mg bei Arbeit an stark belasteten Arbeitsplätzen. Ein Nichtraucher nimmt also täglich ohne Autofahrt 0,5 mg Benzol auf, ein Raucher doppelt so viel. Benzol wirkt karzinogen und bei Arbeitern mit hoher Belastung am Arbeitsplatz wurde eine erhöhte Leukämiehäufigkeit festgestellt (Straehl 1991).

Toluol wird im Verkehrssektor gleichviel wie Benzol freigesetzt, hinzu kommt jedoch eine größere Freisetzung durch die Industrie, wo es als Lösungsmittel eingesetzt wird. Im Vergleich zu Benzol ist der Toluolgehalt der Luft zwei- bis viermal höher. Nahrungsmittel enthalten normalerweise kein Toluol. Die menschliche Belastung erfolgt durch Aufnahme aus der Luft und beträgt durchschnittlich 0,3 mg täglich, Raucher inhalieren zusätzlich 2 mg Toluol pro Schachtel Zigaretten. Toluol ist aller Wahrscheinlichkeit nach nicht karzinogen (Straehl 1991).

Detergentien bzw. Tenside werden in Wasch- und Reinigungsmitteln eingesetzt und sind wegen ihrer Fett lösenden Eigenschaften zur Schmutzentfernung gut geeignet (waschaktive Substanzen, Tabelle 8.2). Hierbei handelt es sich meist um lineare Alkylbenzol-Sulfonate (LAS) oder um Alkylphenol-Polyethoxylate (APEO, Abb. 8.19), von denen in Deutschland mehrere 100.000 t Aktivsubstanz hergestellt wurden. Viele Detergentien sind unter anaeroben Bedingungen schwer abbaubar und 20 % der einer Kläranlage zugeführten LAS-Tenside gelangen unverändert in den Klärschlamm, wo sie einige g/kg ausmachen können. 1–2 % der Tenside gelangen mit dem geklärten Abwasser in die Gewässer und deuten manchmal mit einem Schaumteppiche auf eine Überlastung der Kläranlage hin. Da Detergentien Zellmembranen zerstören, werden in den Gewässern Wasserpflanzen und Tiere schon bei Konzentrationen von 0,1–1 mg/L chronisch geschädigt, die akute Toxizität ist 10-mal höher.

8.4.3
Halogenierte Kohlenwasserstoffe

Diese organischen Verbindungen enthalten Halogene, also ein oder mehrere Chlor-, Brom- oder Fluoratome (Abb. 8.19), worauf ihre besondere toxische, lipophile oder bioakkumulierende Wirkung beruht. Halogenierte Kohlenwasserstoffe kommen unter natürlichen Verhältnissen nicht bzw. nur in vernachlässigbar kleinen Mengen vor, werden also nur durch den Menschen hergestellt und in Umlauf gebracht. Für diese Substanzen gibt es daher kaum natürliche Abbauprozesse, so dass sie ausgesprochen persistent sind.

Die einfachsten chlorierten Kohlenwasserstoffe (CKW) sind **Trichlorethylen** (TRI) und **Perchlorethylen** (PER = Tetrachlorethylen, Abb. 8.19), die zum Entfetten und Reinigen, als Lösungsmittel in der Metallindustrie und bei der chemischen Reinigung eingesetzt werden (Jahresproduktion Deutschlands rund 100.000 t). Beide Stoffe sind für den Menschen giftig und verursachen eine Reizung der

Atemwege, Leber- und Nierenschäden. TRI führt zu Herzschäden, die von Herz-rhythmusstörungen bis zum Herzversagen reichen. PER wird im Körperfett ge-speichert, bewirkt Störungen des Fettstoffwechsels und ist im Tierversuch karzino-gen (Maschewsky 1991). Beide Stoffe sind persistent. TRI gelangt zudem bis in die Stratosphäre, wo es zum Abbau der Ozonschicht beiträgt. Nach Schätzungen gelangen bis 90 % dieser Substanzen nach ihrer Anwendung in die Umwelt, wo sie sich dann über das Grund- und Trinkwasser in unserer Nahrungskette und im Körperfett anreichern. In einigen Bereichen ist PER inzwischen verboten (Lebens-mittelextraktion), in chemischen Reinigungen darf es nur noch in geschlossenem Kreislauf verwendet werden.

Fluorierte Kohlenwasserstoffe (FCKW) sind chemisch inert, d.h. sie reagie-ren nicht mit anderen Substanzen, können nicht abgebaut werden, sind meist unbrennbar und ungiftig. Wegen dieser Eigenschaften wurden sie als Treibmittel in Sprays, Aufschäummittel in Kunststoffen wie Polyurethan und Polystyrol oder als Kühlmittel in Kühlschränke und Klimaanlagen eingesetzt, von wo sie in die Atmosphäre entwichen. Diese Substanzen verhalten sich zwar in den un-teren Luftschichten noch inert, in der Stratosphäre wird jedoch photolytisch ein Chloratom abgespalten, welches mit Ozon reagiert und diesen zu Sauerstoff ab-baut, somit also zum Abbau der Ozonschicht beiträgt (Kap. 9.4). Die bekanntesten Substanzen sind Trichlorfluormethan (Freon = R11) und Dichlordifluormethan (Frigen = R12, Abb. 8.19). In den letzten Jahren wurden FCKWs durch andere Produkte ersetzt und ihre Herstellung und Verwendung wurde weltweit verbo-ten.

Pentachlorphenol (PCP) ist eine Verbindung aus einem Phenolring und 5 Chloratomen (Abb. 8.19), die wegen ihrer fungiziden Eigenschaften als Holzschutzmittel eingesetzt wurde. PCP ist schwer abbaubar, lipophil und ak-kumuliert in biologischen Nahrungsketten. Es ist fischgiftig und wirkt auch ge-sundheitsschädigend beim Menschen. Bei Langzeitexposition, wie es in holzgetä-felten Innenräumen, die mit PCP behandelt wurden, unvermeidbar ist, führt PCP zu einer Schwächung des Immunsystems, mindert die Durchblutung des Gehirns und löst chronische Schäden des Nervensystems und an Leber, Niere oder Milz aus. Seit 1989 ist PCP in Deutschland verboten und die PCP-Belastung der Bevölkerung nahm bis 1998 auf etwa ein Zehntel wieder ab (Umweltbundesamt 2002). In anderen Staaten wird PCP jedoch nach wie vor produziert und taucht regelmäßig bei Rückstandanalysen auf.

Polychlorierte Biphenyle (PCB) bestehen aus zwei Phenylringen und einem bis zehn Chloratomen (Abb. 8.19), so dass es 209 verschiedene Verbindungen gibt, die 20–60 % Chlor enthalten. PCB sind schwerflüchtige und schwerentflammbare Öle, die als Isolierflüssigkeiten in Kondensatoren und Transformatoren sowie als Hydraulikflüssigkeit eingesetzt wurden. Weitere Einsatzbereiche umfassten Anwendungen als Weichmacher in Kunststoffen sowie als Imprägnier- und Flammschutzmittel. PCB sind temperatur- und säurebeständig, persistent und lipophil. In der Umwelt beträgt ihre durchschnittliche Halbwertzeit 10 bis 20 Jahre, allerdings werden einzelne PCB leicht, andere schwer oder gar nicht ab-gebaut. Sie gelangen meist unbeabsichtigt über Müllverbrennungsanlagen, Indu-strie-Emissionen oder Deponie-Sickerwasser in die Umwelt. Während die niedrig chlorierten PCB in der Nahrungskette abnehmen, reichern sich die höher chlorierten im Fettgewebe, in Nervenzellen und in Keimzellen an.

PCB sind weltweit verbreitet und in allen Populationen von Fischen, Vögeln oder Säugern nachweisbar. Seehunde stehen am Ende einer marinen Nahrungskette und akkumulierten PCB bis 600 mg/kg Fett. Dies führte zu einem **Rückgang ihrer Reproduktionsrate** und dürfte auch für Seehundsterben in der Nordsee mit verantwortlich gewesen sein (Lozan et al. 1990). Beim Mink führen 5 mg PCB/kg Nahrung zum Verlust der Fortpflanzungsfähigkeit (Eichler 1991). Die PCB-Verschmutzung der Flüsse wird als Hauptgrund für das Aussterben des Fischotters in Mitteleuropa genannt und spielt neben der Belastung mit Schwermetallen und Bioziden eine wesentliche Rolle beim Rückgang vieler Vogelarten (Conrad 1977).

PCB verursachen beim Menschen Chlorakne sowie Leberschäden und sind krebserregend. Sie schwächen das Immunsystem und reduzieren die Abwehrkraft gegenüber Infektionen (Amdur et al. 1991). Daher wurden sie 1978 in Deutschland weitgehend verboten, dieses Verbot gilt inzwischen weltweit (Box 8.4). In Deutschland wurden 55.000 t PCB produziert, weltweit von 1930 bis 1990 1 Mio. t (Heintz u. Reinhardt 1991). Diese Mengen sind größtenteils in stark verdünnter Form noch in unserer Umwelt. Zudem existieren noch technische Anlagen, in denen PCB-haltige Bauteile sind, so dass noch auf Jahrzehnte mit einer weiteren Freisetzung von PCB zu rechnen ist.

In den 1980er Jahren wurde die tägliche PCB-Aufnahme pro Person auf 0,7 µg geschätzt, 50 bis 80 µg wurden als tolerierbar eingestuft. Der größte Teil der Zufuhr erfolgt mit der Nahrung, vor allem Lebensmitteln tierischer Herkunft, besonders Fisch. Bei einem PCB-Gehalt bis 5 mg/kg Fett waren Muscheln oder Fische aus der Nordsee so stark belastet, dass von ihrem Verzehr abzuraten war. Die zulässige Höchstmenge beträgt 0,1 mg/kg (bezogen auf das Frischgewicht des essbaren Teils) für einzelne stark **bioakkumulierende** Verbindungen. Flussfische weisen oft noch höhere Werte auf, Fische aus den stark belasteten Grossen Seen Nordamerikas bis 20 mg/kg. Personen mit hohem Fischverzehr wie Fischerfamilien sind einer hohen PCB-Belastung ausgesetzt. Sie sind anfälliger gegenüber Infektionskrankheiten und leiden häufiger unter Anämie. Körperlänge und Kopfumfang von Neugeborenen waren in solchen Familien überdurchschnittlich klein (Lozan et al. 1990). Hieraus ergibt sich u.a., dass vom Verzehr von Lebertran dringend abzuraten ist.

Dioxine und **Furane**, also polychlorierte Dibenzodioxine (PCDD) und polychlorierte Dibenzofurane (PCDF, Abb. 8.19), werden bei Synthesen im Rahmen der Chlorchemie und bei Verbrennungsvorgängen (z.B. bei der Abfallverbrennung von PVC, PCB oder PCP) als unerwünschte Nebenprodukte gebildet (Box 8.6). Bei Messungen an Müllverbrennungsanlagen wurden im Elektrofilterstaub 1–70 µg/kg PCDD und 4–107 µg/kg PCDF festgestellt, im Abgas 20–227 ng/m³ PCDD und 31–361 ng/m³ PCDF, in der Schlacke waren die Konzentrationen geringer. Dioxine und Furane kommen also hauptsächlich in Abgasen vor (Koch et al. 1991). Weitere Quellen finden sich bei metallurgischen Prozessen (Einschmelzen von kunststoffhaltigem Metallschrott, Aluminiumrecycling) und bei der Papierherstellung (Chlorbleiche). PCDD und PCDF sind wasserunlöslich und biologisch nur langsam abbaubar. Auf der Bodenoberfläche beträgt die Halbwertzeit 6 Monate, bereits in 5 cm Bodentiefe aber mehr als 10 Jahre.

▶ **Box 8.6**
Dioxine in Vietnam und Seveso

Bei der Synthese des Herbizids 2,4,5-T entsteht in geringen Mengen auch TCDD, das dann im Wirkstoff als Verschmutzung enthalten ist. Als zwischen 1965 bis 1971 etwa 12 % der Landesfläche von Südvietnam mit 2,4,5-T („agent orange") behandelt wurde, um durch diesen Chemiewaffeneinsatz der feindlichen Armee die Versteckmöglichkeit in den Wäldern zu nehmen, wurden etwa 170 kg dieses Dioxins freigesetzt. Bekanntlich hatte diese Aktion keinen militärischen Nutzen, die Auswirkungen auf Umwelt und Bevölkerung waren jedoch dramatisch. Bei der betroffenen Bevölkerung kam es zu schweren Hautschäden, zu Schädigungen des Nervensystems, des Verdauungstraktes und der Leber, schließlich auch in einem großen, aber nicht genau bekannten Ausmaß zu Todesfällen. Je nach Quelle ist von 1 bis 7 Mio. geschädigten Menschen die Rede. Die Missbildungsrate stieg in den besprühten Gebieten von 0,1 auf 2,4/1000 Kinder. Bisher wurden ca. 100.000 Kinder mit schweren Missbildungen geboren. 1500 Frauen von US-Soldaten, die der Sprühaktion ausgesetzt waren, brachten ebenfalls missgebildete Kinder zur Welt. Für diese zahlten 7 amerikanische Chemiefirmen 180 Mio. $ Schadensersatz (Degler u. Uentzelmann 1984), die vietnamesische Bevölkerung erhielt bis heute keine Entschädigung. Wenn man die im Tierversuch an Meerschweinchen ermittelte LD_{50} von 1 µg/kg als grobe Annäherung auf den Menschen hochrechnet, entspricht die über Vietnam freigesetzte Dioxinmenge einer tödlichen Dosis für über 1 Mrd. Menschen.

In Seveso (bei Mailand) wurden nach der Explosion einer Chemieanlage 1976 auf einer Fläche von 2000 ha 200 g bis 2 kg TCDD (die Schätzungen schwanken erheblich) freigesetzt, die innerhalb von 5 Tagen zum Tod von Hunden, Kaninchen und Hühnern führten. Sieben Tage später wurde die erste Chlorakne bei Kindern bemerkt, 18 Tage später wurden 800 Personen evakuiert. 77.000 Stück Vieh wurden notgeschlachtet. Bei einer Zwischenbilanz nach 9 Monaten waren 550 Kinder mit Hautkrankheiten registriert, knapp die Hälfte davon mit Chlorakne, die erst nach 5 Jahren bei jedem zweiten Kind geheilt war. An weiteren Gesundheitsschäden wurden Nervenstörungen, Leberschäden, Zahnausfall und Sehstörungen sowie Fehlgeburten und missgebildete Kinder festgestellt. Als 4 Jahre nach dem Unfall die verseuchten Flächen durch Schafe beweidet wurden, starben 200 Tiere. In der am stärksten belasteten Zone A wurde inzwischen auf 100 ha das Erdreich bis zu 100 cm Tiefe abgegraben und verbrannt, die Fabrik und weitere Häuser wurden abgerissen. 15 Jahre nach dem Unfall wurde bei den Betroffenen eine sechsfach höhere Krebsrate festgestellt.

Dioxine sind ausgesprochen giftige Substanzen, die zudem extrem karzinogen und teratogen sind, vermutlich aber nicht mutagen. Die unterschiedliche Giftigkeit der Isomere wird auf das giftigste Dioxin 2,3,7,8-Tetrachlor-dibenzo-p-dioxin (= TCDD) umgerechnet und als TEQ (= **TCDD-Toxizitätsäquivalenten**) angegeben. Beim Menschen kommt es schon durch die Belastungen mit geringsten

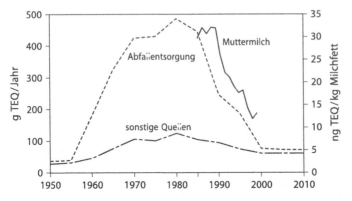

Abb. 8.20. Dioxin- und Furanemission (gemessen als g TEQ). Durch Abfallverbrennung freige-
setzte Mengen in der Schweiz zeigen die Wirksamkeit von Filteranlagen bei der Verbrennung.
Die durch sonstige Quellen (u.a. Verkehr, Industrie, Haushalte) freigesetzten Mengen in der
Schweiz deuten an, dass diese Ursachen schwieriger zu reduzieren sind. Die Belastung der
Muttermilch in Deutschland spiegelt die globale Belastung mit diesen Substanzen wieder.
Ergänzt nach Dauwalder (1991) und Umweltbundesamt (2003).

Mengen zu einer Beeinträchtigung des Immunsystems. Die auffälligste Wirkung
ist eine Chlorakne, die eitrige Geschwüre auf der Haut bildet und monatelang,
manchmal jahrelang nicht heilt. Bei Ratten bewirkt eine tägliche Zufuhr von 0,5
ng TEQ/kg keine erkennbare Schädigung der Tiere, bei 10 ng ist die Fruchtbarkeit
reduziert, 100 ng wirken teratogen und 20 µg/kg sind tödlich (LD50). Damit ist
TCDD die giftigste synthetische Substanz und 500-mal giftiger als Strychnin. Die
Übertragung auf andere Arten ist jedoch problematisch, da Affen 3-mal weniger empfindlich, Meerschweinchen jedoch 20-mal empfindlicher als Ratten sind.
Während Ratten TCDD mit einer Halbwertzeit von 25 Tagen ausscheiden, ist
Dioxin im Mensch mit einer Halbwertzeit von 6–10 Jahren deutlich persistenter.
Eine Expertengruppe der WHO hat 1990 eine tägliche Belastung mit 10 pg TEQ/kg
Körpergewicht (0,6–0,7 ng pro Person) als zulässig erachtet, also einer Menge, die
ein Hunderttausendstel der LD_{50} des Meerschweinchens beträgt.

Messungen des **Dioxingehaltes der Milch** ergaben Werte von 1 ng/kg Milchfett
in unbelasteten Gebieten und bis 5 ng/kg Milchfett in belasteten Gebieten um
Industriestandorte oder Müllverbrennungsanlagen. Pro kg Körpergewicht ergibt sich also bei Milchtrinkern eine tägliche Dioxinzufuhr von ca. 1 pg durch
die Milch und vermutlich von 1–2 pg durch andere Nahrungsmittel, so dass bei
120–210 pg täglicher Zufuhr ca. ein Drittel der Toleranz des WHO Wertes (4 pg/
kg Körpergewicht) ausgeschöpft wird (Schmid u. Schlatter 1992). Die Belastung
der Muttermilch ist mit durchschnittlich 15–30 ng TEQ/kg Milchfett höher als die
der Kuhmilch (Abb. 8.20). Die weltweit höchsten Werte waren jedoch mehr als
zehnmal höher und stammten aus Vietnam. Für Säuglinge ergibt sich während
der vergleichsweise kurzen Stillperiode eine im Vergleich zu einem Erwachsenen
doppelt so hohe Belastung. Dennoch wird wegen der sonstigen Vorteile weiterhin
Stillen empfohlen.

Fische weisen eine hohe Belastung von 10–80 ng TEQ/kg auf, Ähnliches gilt für fettes Fleisch, so dass bei entsprechender Ernährung die Dioxinbelastung höher ist. Die durchschnittliche Belastung der Bevölkerung liegt bei 30–40 ng TEQ/kg Körperfett. Bei Dioxinmengen von 5–10 µg/kg ist mit ersten Symptomen zu rechnen, stark belastete Menschen, die auch ausgeprägte Hautschädigungen aufwiesen, hatten bis 28 µg TEQ pro kg Fett. Die normale Dioxinbelastung der Bevölkerung ist daher als unbedenklich einzustufen (Schlatter u. Poiger 1989).

Für Deutschland wurde 1988 eine Dioxinbelastung aus der **Müllverbrennung** von 400 g TEQ angenommen. Durch technische Verbesserungen wurde dieser Wert bis 1996 auf 4 g TEQ reduziert (Umweltbundesamt 1993b). In der Schweiz erreichte die jährliche Dioxinzufuhr Ende der 1970er Jahre mit fast 500 g TEQ ihr Maximum. 90 % stammten aus Metallurgie und Müllverbrennung, so dass durch den Einbau moderner Verbrennungs- und Reinigungstechniken dieser Wert auf 90 g TEQ reduziert werden konnte (Abb. 8.20).

8.5
Radioaktivität

Unsere **natürliche Strahlenbelastung** hat zwei Quellen: ionisierende Strahlung, die aus dem Weltraum kommt, und radioaktive Anteile der Erdkruste. Die kosmische Strahlung entsteht im Weltraum bzw. in der Sonne und trifft als so genannte Primärstrahlung auf die Lufthülle der Erde. Dabei entstehen Sekundärteilchen, die weitere Umwandlungen auslösen, so dass ein Gemisch verschiedener Strahlarten auf die Erde auftrifft. Diese werden auf ihrem Weg durch die Lufthülle teilweise absorbiert, daher hängt die Dosisleistung der kosmischen Strahlung von der Höhenlage ab (physikalische Einheiten, Tabelle 4.8). In Mitteleuropa liegt die Jahresdosis auf Meereshöhe bei 0,3 mSv, in 1500 m Höhe ist sie doppelt und in 3000 m Höhe viermal so hoch (Abb. 8.21). Durch die kosmische Strahlung entstehen in der Atmosphäre u.a. Kohlenstoff-14 und Tritium, welche auch auf die Erdoberfläche gelangen.

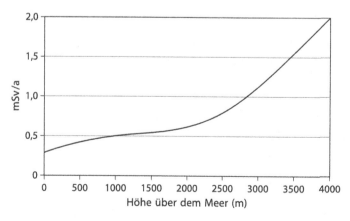

Abb. 8.21. Abhängigkeit der Dosis der kosmischen Strahlung von der Höhe über dem Meeresspiegel. Nach Borsch et al. (1991).

Da **Verkehrsflugzeuge** meist in Höhen um 10.000 m fliegen, ist die Strahlenexposition erhöht. Schnelle Neutronen und die Gammastrahlen durchdringen fast vollständig die Flugzeughaut, lediglich Protonen werden zu 90 % abgehalten. Hierdurch ergibt sich eine zusätzliche Strahlenbelastung von 5 µSv/Stunde, d.h. bei 100 Stunden Flugzeit entspricht dies der jährlichen terrestrischen Strahlenbelastung (Borsch et al. 1991).

Die **terrestrische Strahlung** stammt von den radioaktiven Isotopen der Erdkruste. Dies sind zum einen extrem langlebige Isotope, die aus geologischen Zeiträumen stammen und langsam zerfallen wie Kalium-40, Rubidium-87, Thorium-232 und Uran-238 sowie Uran-235. Zum anderen entstehen durch den radioaktiven Zerfall neue Isotope in der Uran-Radiumreihe, der Uran-Aktinium-reihe oder der Thoriumreihe. Je nach geologisch-mineralogischem Untergrund ist der Einfluss der terrestrischen Strahlung unterschiedlich. Aus Uran-238 entsteht Radium-226, aus diesem schließlich das Gas Radon-222, das an einigen Stellen in Mitteleuropa aus dem Boden austritt (Box 8.7).

In Deutschland ist die terrestrische Strahlung im Norden und Süden gering und im Bereich der Mittelgebirge höher. Eine 3- bis 4-mal erhöhte Strahlenexposition ergibt sich im Raum Koblenz, im Hunsrück, im Raum Heidelberg, im nördlichen Schwarzwald und im bayrischen Wald sowie im Raum um Passau. Bis achtfach erhöhte Werte finden sich im bayrischen Wald um Cham. Im Durchschnitt ergibt sich durch die terrestrische Strahlung eine Belastung von 0,5 mSv jährlich. In der Schweiz beträgt die terrestrische Strahlung je nach Gebiet 0,5 (Mittelland) bis 2 mSv (Tessin) jährlich. In Österreich variiert sie je nach Höhe und Ort bis zum Zehnfachen und schwankt zwischen 0,3 und 1,7 mSv.

An anderen Stellen der Erde kann die **geologisch bedingte Strahlenbelastung** noch höher sein. So beträgt die mittlere Ganzkörperdosis der Bevölkerung Frankreichs, die in den Granitbereichen lebt, etwa 3 mSv jährlich. Die höchste Belastung ergibt sich mit bis zu 20 mSv auf Monazitsanden, die einen hohen Thoriumgehalt aufweisen, in Kerala (Indien), Espirito Santo (Brasilien) und Ramsar (Iran).

Innerhalb der **zivilisatorischen Belastung** leistet die **Röntgendiagnostik** mit 40 % den größten Beitrag zur Strahlenbelastung der Bevölkerung (Tabelle 8.6). Während früher die Zahl der Röntgenaufnahmen und damit auch die Strahlenbelastung ständig zunahm, haben sich diese inzwischen durch technische Verbesserungen, welche die Exposition pro Aufnahme verringern, und wegen eines veränderten Problembewusstseins verringert. Zu den besonders bedenklichen Röntgenaufnahmen zählen bei Frauen Aufnahmen von Gebärmutter und Eileitern sowie Kontrasteinläufe, bei Männern Aufnahmen der Hüfte, Oberschenkel, Blase und Harnleiter. Es sollte daher bei solchen Untersuchungen unbedingt darauf geachtet werden, dass die jeweils modernste Technologie eingesetzt wird.

Kernkraftwerke geben im Normalbetrieb Radioaktivität ab. Hierfür gibt es genehmigte Vorgaben und es wird streng überprüft, ob der Bewilligungsrahmen eingehalten wird. In der Regel setzen Kernkraftwerke nur einen Bruchteil der genehmigten Emissionen frei. Dennoch ist die von den deutschen Kernkraftwerken genehmigte Abgabe radioaktiver Stoffe keine vernachlässigbare Größe. Mit dem Abwasser wird vor allem Tritium freigesetzt, weitere Spalt- und Aktivierungsprodukte kommen seltener vor. Mit der Abluft werden Edelgase,

▶ **Box 8.7**
Radon im Keller

Das radioaktive Edelgas Radon-222 entsteht beim Zerfall von Radium-226, einem Folgeprodukt von Uran-238, und tritt in der Natur in geringen Mengen überall aus dem Boden aus. Bei entsprechendem geologischem Untergrund sammelt es sich in den meist schlecht gelüfteten Kellern von Gebäuden. Natursteine oder Beton aus diesem Gestein führen ebenfalls zu einer Radonabgabe. Radon-222 gelangt über die Lunge in den Körper. Beim Zerfall von Radon entstehen radioaktive Isotope von Polonium, Wismut und Blei, die im Unterschied zum Edelgas Radon chemisch reaktiv sind und in der Lunge abgelagert werden.

Radon und seine Folgeprodukte bewirken eine Strahlenbelastung, die in Deutschland zu einem mittleren Dosiswert von 1,3 mSv/Jahr führt und in der Schweiz bei einer Radonkonzentration von 70 Bq/m^3 Luft einer Jahresstrahlendosis von 2,2 mSv entspricht, also mehr als doppelt so hoch ist wie die natürliche terrestrische und kosmische Strahlung zusammen. In der Schweiz gibt es auf Grund der geologischen Verhältnisse eine erhöhte Radonkonzentration von über 1000 Bq im westlichen Jura, im Berner Oberland, in einigen Südtälern Graubündens sowie in einigen Tessiner Gemeinden. Dies kann zu einer Strahlendosis von über 20 mSv führen, so dass die Gebäude saniert werden müssen. Vergleichbar belastete Gebiete in England finden sich z. B. in Cornwall und Devon.

Die Grenzwerte für die Radonbelastung liegen zwischen 200 (England), 400 (EU) und 500 Bq (Schweden). Die Radonbelastung ist besonders hoch, wenn in Gebäuden wenig gelüftet wird, so dass sich über lange Zeit Radon ansammeln kann. In bestimmten Gegenden empfiehlt es sich daher, das Haus gegenüber dem Untergrund abzudichten und eine Zwangsbelüftung einzubauen. Die erhöhte Radonbelastung, die sich durch entsprechenden geologischen Untergrund ergibt, ist möglicherweise für 15 % der Todesfälle bei Lungenkrebs dieser Region verantwortlich (Köhnlein et al. 1989, Borsch et al. 1991).

Ausgeprägter ist die Radonbelastung in Uranbergwerken der ehemaligen DDR (Wismut AG, Erzgebirge). Hohe Radonkonzentrationen mit Lungendosen von 10 – 100 Sv führten bei den Bergarbeitern zu Lungen- und Bronchialkrebs („Schneeberger Krankheit"). Oft dauerte es Jahrzehnte, bis die Krankheit ausbrach, 2001 schätzte man die Zahl der Betroffenen auf über 20.000.

Tritium, radioaktives CO_2 sowie Jod-131 freigesetzt. Dies sind für alle deutschen Kernkraftwerke rund 200.000 GBq oder 10 GBq pro MW installierter Leistung (Umweltbundesamt 2002).

Die britische **Wiederaufarbeitungsanlage** in Sellafield gab 1975 5200 TBq in die Irische See ab, seitdem sank der Umfang der eingeleiteten radioaktiven Substanzen und betrug in den letzten Jahren 10–20 TBq pro Jahr. Die französi-

Tabelle 8.6. Durchschnittliche Strahlenbelastung der Bevölkerung Deutschlands 2000 (mittlere effektive Dosis in mSv pro Jahr). Raucher erhöhen ihre Belastung um durchschnittlich 8 mSv. Nach Umweltbundesamt (2002).

Quelle	Belastung (mSv)	
Natürliche Strahlenexposition	2,1	
Kosmische Strahlung		0,3
terrestrische Strahlung von aussen		0,4
Radon in der Wohnung		1,1
inkorporierte radioaktive Partikel		0,3
Zivilisatorische Strahlenexposition	2–10	
Rauchen		8
Röntgendiagnostik		2,0
Forschung, Technik, Haushalt		<0,01
berufliche Exposition		<0,01
Energetische Nutzung der Kernenergie	<0,1	
kerntechnische Anlagen im Normalbetrieb		<0,01
Unfall in Tschernobyl		0,015
Militärische Nutzung der Kernenergie	<0,01	
Fallout von Kernwaffenversuchen		<0,01
gesamt	ca. 4–12	

sche Anlage in La Hague gab im Durchschnitt immer weniger ab als Sellafield. Es handelt sich überwiegend um Tritium von geringer Radiotoxizität. Entsprechend den vorherrschenden Strömungen werden die Nuklide aus Sellafield um die Nordspitze Schottlands in die Nordsee und von dort nach Süden an der englischen Küste entlang getrieben, wo sie in der südlichen Nordsee auf die Nuklide aus La Hague treffen. Von hier geht die Hauptströmung an der deutschen und der dänischen Küste nach Norden und an der norwegischen Küste entlang um das Nordkap in das arktische Meer. In den zentralen Bereichen der Nordsee sammeln sich die Nuklide und dort ist die Belastung am größten. 1980 wurden dort für Cs-137 und Sr-90 bis 300 Bq/m³ gemessen, inzwischen liegen die Werte bei 5–10 Bq/m³.

Durch das Verbrennen von **Kohle** werden vor allem Isotope von Uran, Thorium, Radium, Polonium und Blei freigesetzt. Mit Dosiswerten von 0,001 bis 0,01 mSv/Jahr ist die Freisetzung über Flugasche bzw. Filterstäube jedoch gering. Die radioaktiven Bestandteile (Uran und Radium) von Phosphat- und Kalidünger können bei Personen, die mit ihrer Herstellung und Lagerung befasst sind und sie in großen Mengen umsetzen, zu einer zusätzlichen Belastung von 0,4 mSv/Jahr führen. Einzelne Mineralwässer sind reich an Radium, so dass 0,2 L täglich zu Knochendosen von 3 mSv/Jahr führen können. Im Tabak reichert sich Blei-

210 und Polonium-210 an. Raucher verdreifachen also mit dieser zusätzlichen Belastung von 8 mSv jährlich ihre Gesamtbelastung (Tabelle 8.6, Borsch et al. 1991).

Wenn energiereiche Strahlung im Körpergewebe absorbiert wird, kommt es zu einer physikalischen Reaktion, der Ionisation von Atomen. Diese bewirkt Veränderungen an Molekülen und Strukturen, deren Funktion beeinträchtigt wird. Sekundäre Prozesse umfassen dann die Bildung neuer Verbindungen, etwa aggressiver Radikale wie Wasserstoffperoxid. Enzyme können blockiert und Stoffwechselwege behindert werden. Den größten Schaden verursachen ionisierende Strahlen aber an der DNA, da Veränderungen im genetischen Code eine Veränderung der Erbinformation bewirken. Wenn die körpereigenen Reparatursysteme solche Veränderungen nicht mehr beheben, entstehen **Mutationen.** Mutationen in Körperzellen (somatische Mutationen) führen zu nicht vererbbaren Krebserkrankungen des betreffenden Individuums, Mutationen in Keimzellen (genetische Mutationen) werden an die Nachkommen weitergegeben und bewirken genetische Defekte in den Folgegenerationen bzw. Fehlgeburten. Wegen der langen Zeiträume, die benötigt werden, um die Weitergabe genetischer Mutationen in menschlichen Populationen nachzuweisen, ist die Häufigkeit ihres Vorkommens umstritten. Somatische Strahlenschäden treten bei hohen Strahlendosen spätestens nach einigen Wochen akut als Frühschäden in Erscheinung, hierzu gehören auch Missbildungen am Embryo. Spätschäden sind Krebserkrankungen, die erst nach Jahren oder Jahrzehnten auftreten.

Die Strahlendosis, welche **Frühschäden** bewirkt, ist relativ gut bekannt. Ab 0,25 Sv Ganzkörperbestrahlung sind Veränderungen im Blutbild feststellbar, die v.a. die kurzlebigeren Lymphozyten betreffen, also das Immunsystem. Ab 0,5 Sv sterben Föten ab, Strahlen um 1 Sv gelten für Erwachsene noch als subletal und bewirken nach 2–3 Wochen Haarausfall, Durchfall, Hautveränderungen usw. Ab 3 Sv werden die Lymphozyten geschädigt und verschwinden ab 5 Sv völlig, was schwere Sekundärinfektionen zur Folge hat. Es kommt zu Entzündungen der Schleimhäute, inneren Blutungen, Fieber usw. 5 Sv führen in 50 % zum Tod, 6–10 Sv gelten als tödlich innerhalb 10 Tagen, ab 10 Sv tritt der Tod sofort ein (Katalyse 1986, Borsch et al. 1991).

Bei somatischen **Spätschäden** ist es schwer, einen Schwellenwert anzugeben. Da sich mit zunehmender Strahlendosis vor allem die Wahrscheinlichkeit erhöht, später an Krebs zu erkranken, die Intensität der Krankheit aber im Prinzip gleich bleibt, gilt keine einfache Dosis-Wirkungs-Beziehung. Zudem wirken neben der ionisierenden Strahlung weitere krebsauslösende Faktoren auf die Bevölkerung ein, so dass es möglicherweise im Bereich kleiner Wahrscheinlichkeiten nie möglich sein wird, eine kausale Beziehung herzustellen bzw. ein Krebsrisiko auszuschließen. Petkau (1980) und Kiefer (1989) haben auf die unterschätzte Gefährlichkeit geringer Strahlendosen hingewiesen und es mehren sich Hinweise auf eine Schädigung des Immunsystems auch bei kleinen Strahlendosen.

In vielen Fällen akkumulieren Isotope und können langfristig zu Schäden führen. So wird Strontium-90 im Körper mit Calcium verwechselt und bei den üblichen physiologischen Prozessen in den Knochen eingebaut. Vor allem junge Menschen mit einem intensiven Knochenstoffwechsel lagern daher viel Strontium-90 in den Knochen ein, welches dann das rote Knochenmark bestrahlt, so dass ein höheres Risiko für Knochenkrebs und Leukämie besteht. In vergleichbarer Weise werden Jod-129 und Jod-131 zusammen mit dem nicht radioaktiven Jod in die Schilddrüse eingebaut und können dort Schilddrüsenkrebs verursachen. Cäsium-137 ähnelt Kalium und wird daher vor allem in der Körpermuskulatur eingelagert.

Als **Risikogruppen** sind einzelne Bevölkerungsteile einer erhöhten Strahlung ausgesetzt und wurden besonders intensiv auf ein erhöhtes Krebsrisiko untersucht. So ist in Gebieten mit natürlich erhöhter Strahlenexposition in mehreren Ländern kein erhöhtes Gesundheitsrisiko der Bevölkerung nachgewiesen worden. In Deutschland decken sich die Gebiete mit erhöhter Strahlenexposition nicht mit Häufigkeiten im Krebsatlas. Andererseits belegt eine umfassende britische Studie an Kindern ein solch erhöhtes Risiko. Im speziellen Fall von Radon in Wohnungen gibt es ein erhöhtes Lungenkrebsrisiko (Borsch et al. 1991, Box 8.7).

Im Gebiet um **Tschernobyl**, das nach der Explosion des Atomkraftwerkes stark radioaktiv belastet ist (Kap. 4.4.4), wird mit einer Zunahme von Krebserkrankungen gerechnet. Die exakte Berechnung des erhöhten Risikos ist jedoch schwierig, weil die erforderlichen Daten nicht verfügbar sind und es meist auch keine präzisen Angaben über die Krebshäufigkeit in der Vergangenheit gibt. Jod-131 hat vermutlich in über 10.000 Fällen zu Schilddrüsendosen von 1–25 Sv geführt, eine Zunahme von Schilddrüsenkrebs um ein Vielfaches ist nach Kazakov et al. (1992) belegbar. Ähnlich ist die Situation bei Leukämie und verwandten krebsartigen Erkrankungen des Blutes, die bis 1989 um mindestens das Doppelte zugenommen haben (Chernousenko 1992, Abb. 8.22). 1993 wurde eine Zunahme des Kehlkopfkrebses bei Kindern bekannt und das ukrainische Gesundheitsministerium teilte mit, dass die Zahl der Krebserkrankungen jährlich um 3 % steigt. Andere Quellen verneinen dies und behaupten, es gäbe keine generelle Zunahme der Krebserkrankungen, die auf die Explosion des Atomkraftwerkes zurückgeführt werden könne. Insgesamt ist auch heute die Dokumentation zu dieser Thematik bemerkenswert schlecht und vorhandene Daten werden konträr interpretiert.

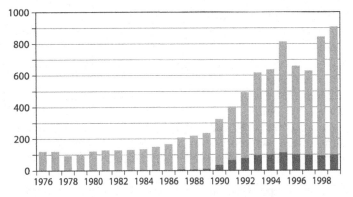

Abb. 8.22. Zunahme der Erkrankungen an Schilddrüsenkrebs in Weißrussland nach der Katastrophe von Tschernobyl bei Erwachsenen (oberer Säulenteil) und Jugendlichen (unterer Säulenteil). Ergänzt nach Chernousenko (1992) und Kazakov et al. (1992).

Ein vermutlich großes aber nicht gut quantifiziertes Risiko entsteht durch den sorglosen Umgang mit **radioaktivem Abfall**. Die westlichen Industriestaaten haben seit dem zweiten Weltkrieg Atommüll in verschiedenen Meeresgebieten, v.a. aber im Nordatlantik bei den Azoren versenkt. Da dies jedoch unkontrolliert geschah und die USA auch hochradioaktives Plutonium versenkten, beschloss die OECD 1967 eine Regelung dieser Entsorgungspraxis. Im Nordatlantik wurde 700 km nordwestlich von Spanien in einer Wassertiefe von 4000 m ein 700 km² großes Gebiet als **Atommülldeponie** bezeichnet. Ab 1974 beteiligten sich Deutschland, Frankreich, Italien und Schweden mit Hinweis auf die hohe Gefährdung, die von solch einer Untermeeresdeponie ausgeht, nicht mehr an der Versenkungspraxis. Großbritannien, Holland, Belgien, die Schweiz und die USA versenkten jedoch bis 1982 weiterhin große Mengen Atommüll. Nach einer Zusammenstellung der Internationalen Atomenergie-Agentur stammen die meisten Abfälle aus Großbritannien (über 100.000 Behälter, 35 Mio. GBq Radioaktivität), der Schweiz (7.400 Behälter, 4,4 Mio. GBq Radioaktivität), aus den USA (34.000 Behälter 2,9 Mio. GBq Radioaktivität) und Belgien (55.000 Behälter, 2,1 Mio. GBq Radioaktivität).

Ein Wasserdruck von einigen tausend Metern, die radioaktive Strahlung von innen und das aggressive Salzwasser von außen stellen hohe Anforderungen an die Materialqualität der versenkten Fässer. Viele Fässer genügen diesen Anforderungen nicht und bersten bereits beim Absinken oder beim Auftreffen auf den Meeresboden. Die versenkte Radioaktivität ist also in diesen Untermeeresdeponien nicht räumlich konzentriert, sondern verteilt sich im Meer und in der Nahrungskette. Über den Meeresfischfang kommen wir daher weltweit mit dem Atommüll wieder in Berührung. Seit 1982 werden (Ausnahme Sowjetunion/Russland) keine radioaktiven Abfälle mehr ins Meer verklappt, radioaktive Abwässer werden aber nach wie vor eingeleitet.

Im **arktischen Meer** der ehemaligen Sowjetunion sammeln sich nach der Belastung durch die Atombombentests der 1950er und 1960er Jahre die durch die Meeresströmung verfrachteten Emissionen der Wiederaufarbeitungsanlagen Sellafield und La Hague sowie die weit verteilten Tschernobyl-Nuklide. Vor allem im Bereich von Nowaja Semlja wurden zahlreiche militärische Tests durchgeführt. Die sibirischen Flüsse Ob, Jenissei und Lena enthalten Belastungen, die auf militärische und zivile Aktivitäten in ihrem Einzugsgebiet zurückgehen. Alle radioaktiven Abfälle der Atomwaffenfabriken Krasnojarsk und Tomsk wurden in den Jenissei und den Tom eingeleitet. In der Barents- und Karasee werden seit 1959 radioaktive Abfälle versenkt, die Angaben über den Umfang dieser Entsorgung sind jedoch sehr unterschiedlich. Insgesamt wurden viele tausend Container mit radioaktivem Abfall, 9000 t ausgebrannter Kernbrennstäbe, mehrere Dutzend, vielleicht über 100 Atom-U-Boote (viele noch mit Kernmaterial), mehrere Kriegsschiffe und Eisbrecher (z.B. der Eisbrecher „Lenin", auf dem es Mitte der 1960er Jahre zur Kernschmelze kam) in geringer Meerestiefe versenkt.

Neben diesem absichtlichen Versenken von beschädigten Atomreaktoren sind eine Reihe von **atomgetriebenen U-Booten** gesunken und liegen noch auf dem Meeresgrund. Zu den bekannt gewordenen Fällen gehört die K8, ein sowjetisches U-Boot, das 1970 800 km vor der bretonischen Küste mit Atomsprengköpfen in eine Tiefe von 4600 m sank. 1989 sank die Komsomolz mit 20 kg Plutonium in den Torpedos vor der norwegischen Küste. 1979 und 1985 ereigneten sich Kernschmelzen in sowjetischen U-Booten der Pazifikflotte, 1985 zusätzlich eine Reaktorexplosion. Nach unterschiedlichen Angaben zu urteilen, liegen mindestens 6 gesunkene sowjetische und 2 amerikanische U-Boote auf dem Meeresgrund.

Ein besonderes Problem entsteht bei der **Abrüstung von Atomsprengköpfen.** Mit dem INF-Vertrag von 1987 wurde erstmals ein bescheidener Abbau der vorhandenen Waffen erreicht. Der Start-I Vertrag von 1991 und der 2000 ratifizierte Start-II Vertrag verstärkten die Abrüstungsbemühungen. Es ist daher absehbar, dass die Zahl der Atomwaffen Zug um Zug reduziert wird. Von den über 25.000 strategischen Atomsprengköpfen, welche die Sowjetunion und USA maximal besaßen, sollen 2007 nur noch ca. 6500 bleiben (Abb. 8.23). In den USA wurde die Produktion von Plutonium daher 1988 eingestellt (Russland 1994), es werden kein atomaren Sprengköpfe mehr gebaut. Dennoch wird durch die Zerstörung der Atomwaffen weiteres radioaktives Material anfallen, Schätzungen gehen für Russland von einem Bestand von 700 t hoch angereichertem (waffenfähigen) Uran (USA 550 t) und 125 t Plutonium (USA 112 t) aus, für die es weder Lagermöglichkeit noch Verwendung gibt. Die Weltvorräte an hoch angereichertem Uran wurden mit 1300 t, die von Plutonium mit 1000 t angenommen. Durch die Atomkraftwerke kommen jährlich 60 t Plutonium hinzu. Seit dem Zusammenbruch der Sowjetunion gibt es einen Schwarzmarkt für diese Substanzen, der vor allem aus dem Gebiet der ehemaligen Sowjetunion beträchtliche Mengen in interessierte Staaten und zu terroristischen Organisationen verschiebt.

Über **Unfälle** im militärischen Anwendungsbereich der Kernenergie ist wenig bekannt, der bekannteste im zivilen Bereich ist die Kernschmelze im Kernkraftwerk Tschernobyl 1986 (Kap. 4.4.4). Eine ausführliche Darstellung von älteren Unfällen findet sich in Strohm (1981). All diesen Ereignissen ist gemeinsam, dass unkontrolliert Radioaktivität freigesetzt und über ein großes Gebiet verteilt

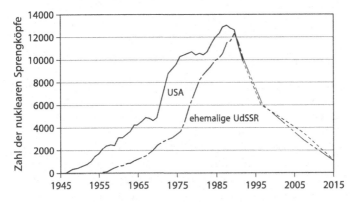

Abb. 8.23. Anzahl der strategischen Atomsprengköpfe der USA und der ehemaligen Sowjetunion, ihr bisheriger Abbau durch Verträge wie Start-I und der weiter vorgesehene Abbau im Rahmen von Start-II und den vorgesehenen Start-III-Vertrag. Kombiniert nach verschiedenen Quellen.

wird. Den gleichen Effekt hatten die oberirdischen Atombombentests, die zu einer starken Kontamination der Atmosphäre führten.

Am 16.7.1945 begannen die USA in New Mexico mit oberirdischen **Tests von Atombomben,** 1949 zündete die Sowjetunion ihre erste Bombe, 1952 Großbritannien, 1960 Frankreich, 1964 China, 1974 Indien, 1998 Pakistan. Weitere Staaten arbeiten an der Entwicklung der Atombombe und vor allem Israel, Nordkorea und Iran gelten als Schwellenländer. Von den bisher rund 1800 getesteten Bomben wurden 49 % durch die USA getestet, 38 % durch die Sowjetunion, 9 % durch Frankreich, 4 % durch die übrigen Staaten. 1963 wurde in einem Teststoppabkommen zwischen den USA, der Sowjetunion und Großbritannien erreicht, dass oberirdische Tests, Unterwassertests und Versuche im Weltraum verboten werden, ab 1976 wurde die Größe der Atombomben auf eine Sprengkraft von 150 kt TNT beschränkt. Zum Vergleich: Die Bombe von Hiroshima hatte eine Sprengkraft von 12 kt, die größte unterirdisch gezündete eine von 4400 kt (USA 1971), die größte oberirdische Bombe 58.000 kt (Sowjetunion 1961); dies war gleichzeitig die größte von Menschen je ausgelöste Detonation und sie besaß 30-mal mehr Sprengkraft als alle Bomben, die im 2. Weltkrieg auf Deutschland geworfen wurden.

Diese Vereinbarungen wurden von den drei Staaten eingehalten, Frankreich führte bis 1974 und China bis 1980 weiterhin oberirdische Tests durch (Abb. 8.24). Mit dem Zusammenbruch der Sowjetunion nahmen die Zahl der Tests ab. In der Folge wurden unterschiedlich lange Teststopp-Phasen beschlossen und seit 1992 haben die USA, Russland und Großbritannien auf Tests verzichtet. Frankreich stellte seine Tests 1995 ein, einige der anderen Staaten jedoch noch nicht.

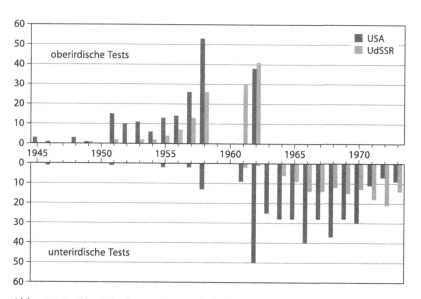

Abb. 8.24. Oberirdische und unterirdische Atomtests der USA und der ehemaligen Sowjetunion. 1992 wurden Atomtests durch diese beiden Staaten endgültig eingestellt. Aus Die Zeit (19.10.1990).

Die oberirdischen Bombentests erhöhten bis in die 1960er Jahre die **Belastung der Atmosphäre** mit radioaktivem Material. Danach nahm die Radioaktivität ab, mit dem Unfall in Tschernobyl wurde 1986 jedoch wieder ein hoher Wert erreicht (Abb. 8.25). Anfang der 1960er Jahre nahm jeder in Europa 3200 Bq Cäsium-137 und 400 Bq Strontium-90 jährlich zu sich, Anfang der 80er Jahre waren es 84 und 110 Bq. Die oberirdischen Kernwaffentests haben von 1945–1980 3 t Plutonium freigesetzt. Die Wiederaufarbeitungsanlage Sellafield gab in einigen Jahrzehnten 100 kg ins Wasser ab, beim Unfall in Tschernobyl wurden bis 80 kg frei, aber alle anderen Atomkraftwerke der Welt gaben in 40 Jahren weniger als 100 g an die Luft ab (Frisch 1993). Global gesehen haben die oberirdischen Atombombenversuche nach Schätzungen des wissenschaftlichen Komitees der Vereinten Nationen (UNSCEAR) zu einer Kollektivdosis von 5 Mio. Personen-Sv bis zum Jahr 2000 geführt. Je nach Annahme bedeutet dies 890.000 zusätzliche Krebserkrankungen oder 54.000 zusätzliche Krebstote.

Die **Atombombentestgebiete** liegen meist auf kleinen Pazifikinseln, in Wüstengebieten oder im arktischen Bereich (Abb. 8.26). Wenn diese Gebiete besiedelt waren, wurde die Bevölkerung evakuiert, heute sind es militärische Sperrgebiete. Die Bevölkerung des Bikini-Atolls wurde 1954 für Tests evakuiert, konnte 1970 zurückkehren, musste aber ein Jahrzehnt später stark verseucht erneut evakuiert werden. Die polynesischen Atolle Mururoa und Fangataufa wurden durch französische Tests weitgehend zerstört. Die radioaktive Verseuchung belastet angrenzende, bewohnte Gebiete. Die Bevölkerung der Tschuktschenhalbinsel nahe Nowaja Semlja weist die höchste Mortalität durch Speiseröhrenkrebs der Welt auf und Leberkrebs tritt zehnmal häufiger als im Landesdurchschnitt auf. Im Umkreis von Semipalatinsk (Kasachstan) sind um das Testgelände, auf dem 467 Atombomben gezündet wurden, etwa 500.000 Menschen betroffen, bei jeder dritten Geburt treten Missbildungen auf und die Leukämierate ist erhöht.

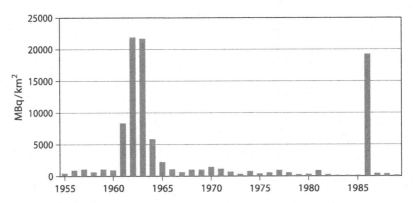

Abb. 8.25. Jahresmittelwert der Gesamt-Beta-Aktivität der Niederschläge in Deutschland. Die Beta-Aktivität umfasst zwar nur 30 % der Gesamtaktivität, die sich aus Alpha-, Beta- und Gammastrahlen zusammensetzt, ist jedoch messtechnisch einfach zu erfassen. Die hohen Aktivitäten in den 1960er Jahren sind auf oberirdische Kernwaffentests zurückzuführen, 1986 ist der Unfall von Tschernobyl zu erkennen. Kombiniert nach Söffge (1986) und Umweltbundesamt (1992).

Abb. 8.26. Die Atomwaffentestgebiete der Welt.

Kurz vor der Auflösung der Sowjetunion musste das Testgelände auf Druck von Bürgerinitiativen geschlossen werden, und 1992 wurde es durch Kasachstan zum ökologischen Katastrophengebiet erklärt, in dem jede landwirtschaftliche Nutzung verboten ist. 2003 versuchte Kasachstan, dort eine internationale Atommülldeponie einzurichten.

Trotz der vielen zehntausend atomaren Waffen wurden nur zu Beginn des Atomprogramms zweimal Atombomben zu militärischem Zweck durch die USA gegen Japan eingesetzt. Am 6.8.1945 explodierte eine Uranbombe über dem Stadtzentrum von **Hiroshima,** drei Tage später eine Plutoniumbombe über **Nagasaki.** Die Zahl der Opfer ist bis heute nicht genau bekannt, es werden 300.000 Tote angenommen. Die Zahl der Überlebenden beträgt ebenfalls 300.000. Bei vielen von ihnen zeigten sich die Auswirkungen der Bestrahlung Jahrzehnte später, und noch heute gibt es Neuerkrankungen. Viele Menschen siechen seit Jahren dahin, so dass die Zahl der Atombombenopfer sich immer noch Jahr für Jahr erhöht.

Das Schicksal der Überlebenden wird seit 1950 genau überwacht. Mehrmals mussten die Daten jedoch überarbeitet und korrigiert werden, v.a. die Einschätzung der Strahlenexposition während der Explosion wurde verändert. Es gibt zur Zeit mehrere, in wichtigen Punkten voneinander abweichende Analysen der Spätfolgen des Atombombeneinsatzes. Eine umfassende Darstellung der historischen Aspekte gibt Lindee (1992), mit den Datenmanipulationen setzt sich Köhnlein (1989) auseinander. Er kommt zu dem Schluss, dass das strahlenbedingte Krebsrisiko als Folge der epidemiologischen Untersuchungen zehnmal höher ist, als bisher vermutet wurde.

8.6
Elektromagnetische Felder

Wo Strom fließt, entstehen elektrische und magnetische Felder, die vom Leiter abstrahlen und sich wellenförmig im Raum ausbreiten. Die Intensität dieser elektromagnetischen Felder (magnetische Induktion, gemessen in Tesla) nimmt mit zunehmendem Abstand vom Leiter ab (Tabelle 8.7). Elektromagnetische Felder umfassen ein breites Spektrum von kurzwelligen Röntgenstrahlen über das sichtbare Licht bis zu langwelligen Mikrowellen und Radiowellen, welche über hochfrequente Felder verfügen. Sehr lange Wellen mit niederfrequenten Feldern entstehen im elektrischen Netz und bei Hochspannungsleitungen. Da wir auf vielfältige Weise elektromagnetischen Wellen ausgesetzt sind (Tabelle 8.8), hat sich der Begriff **Elektrosmog** eingebürgert, mit dem eine elektromagnetische Umweltverschmutzung bezeichnet wird.

Die Strahlung hochfrequenter Felder bewirkt eine **Erwärmung** in biologischem Gewebe, was z.B. im Mikrowellenherd beabsichtigt ist. Bei Sendeanlagen von Funktelefonen (Handys) oder auch bei Mobilfunkgeräten werden besonders Auge und Gehirn betroffen, da diese Geräte in geringer Nähe zum Kopf gehalten werden. Es ist nicht bekannt, ob dieser vergleichsweise geringen Erwärmung eine biologische Bedeutung zukommt.

Im allgemeinen ist die **Leistung** bei der Nachrichtenübertragung gering, so dass die entstehenden elektromagnetischen Felder schwach sind. Bei

Tabelle 8.7. Die Stärke elektromagnetischer Felder (magnetische Induktion, gemessen in Mikrotesla, µT).

	Abstand (cm)	µT
im Zugabteil, beim Anfahren		30–300
Rasierapparat	3	15–1500
Haarfön	3	6–2000
Mikrowellengerät	30	4–8
Leuchtstofflampe	30	0,5–2
Elektrokabel (max. 12 A)	10	0,5
Nachtspeicherheizung	30	0,2–5
Küchenherd	30	0,15–0,5
Fernsehgerät	100	0,01–0,15
Computer	30	< 0,01

Tabelle 8.8. Frequenzbereiche im elektromagnetischen Spektrum (niederfrequente und hochfrequente Felder) zwischen 1 und 10^{11} Hz. Hieran schließt sich im Bereich der nichtionisierenden Strahlung (10^{12}–10^{15} Hz) die infrarote Strahlung, das sichtbare Licht und die ultraviolette Strahlung an. Die folgende ionisierende Strahlung (10^{16}–10^{21} Hz) umfasst Röntgenstrahlung und Gammastrahlung.

Frequenzbereich		Anwendungsbeispiel
Hertz	16 $^2/_3$	Eisenbahnen
	50	Elektrizitätsnetz
	400	Stromversorgung in Flugzeugen
Kilohertz	150–500	Langwellen
	500–1500	Mittelwellen
Megahertz	1,5–30	Kurzwellen
	30–300	Ultrakurzwellen
	54–87, 174–216	Fernsehen
	88–108	UKW-Rundfunk
	150–935	Mobilfunk
Gigahertz	2,45	Mikrowellenherde
	1–10	Radar
	12	Satellitenfernsehen

Richtfunkstrecken (Sendeleistung ca. 20 W) beträgt die Leistung in 100 m Abstand nur noch 30 μW/cm², in 100 m Entfernung von Parabolantennen des Satelliten-Fernmeldeverkehrs (1000 kW) 0,8 mW/cm². Signale von solarbetriebenen Satelliten haben an der Erdoberfläche eine Leistung von 10-12 W/cm². Von Radaranlagen gehen Sendeimpulse mit z.T. hohen Spitzenintensitäten aus, räumlich zeitlich gemittelte Werte liegen jedoch recht niedrig im Bereich um 10 μW/cm² (Leitgeb 1990).

Bei niederfrequenten Feldern sind die Gefahren unklar, mögliche Auswirkungen auf den Menschen umstritten. Diskutiert werden Kopfschmerzen, Schlafstörung, Depression, ja ein erhöhtes Krebsrisiko. Laborstudien belegen, dass Nervenzellen auf solche elektromagnetischen Felder reagieren, insgesamt zeigen sie aber ein eher uneinheitliches, z.T. auch widersprüchliches Bild. Zudem müssen elektromagnetische Wellen nicht prinzipiell negativ bewertet werden, da beispielsweise ihre stimulierende Wirkung gezielt zur Heilung von Knochenbrüchen eingesetzt wird. Alle bisherigen Effekte weisen darauf hin, dass Magnetfelder mit einer Induktion über 5 mT eine biologische Wirkung ausüben. Irreversible Änderungen konnten jedoch auch bei einer hohen Induktion von über 1 T nicht festgestellt werden (Leitgeb 1990).

Dennoch kamen umfassende **epidemiologische Studien** immer wieder zum Ergebnis, dass Menschen, die in der Nähe von Starkstromleitungen aufwachsen, ein erhöhtes Krebsrisiko (v.a. Leukämie und Hirntumore) haben. Parallel hierzu gibt es aber genauso umfassende Studien, die solche Zusammenhänge nicht nachweisen konnten, so dass die Situation nach wie vor unbefriedigend ist. Arbeiter, die viel mit Elektrizität zu tun haben, weisen ein signifikant erhöhtes Krebsrisiko (v.a. für Hirn- und Nerventumore sowie Leukämie) auf. Unklar ist jedoch, ob dies auf elektromagnetische Felder oder auf intensiveren Kontakt zu karzinogenen Lösungsmitteln wie Benzol bzw. auf ein intensiveres Einatmen von Lötdämpfen zurückzuführen ist.

Bezüglich der immer wieder zitierten **Erdstrahlen**, Wasseradern und Störzonen (Störgitter, Krebspunkte usw.), die sich negativ auf die Gesundheit der Menschen auswirken sollen, ist die Sachlage jedoch eindeutig. In einer Reihe von Versuchsansätzen gelang es nicht, diese Strahlen zu entdecken bzw. zu messen. Negative Auswirkungen konnten ebenso wenig festgestellt werden.

Beeinflussung von Atmosphäre und Klima

9.1
Entstehung der heutigen Atmosphäre

Die heutige Erdatmosphäre ist das vorläufige Endprodukt einer langen Entwicklung. Vor 4 bis 5 Mrd. Jahren ging die Erde von einem flüssigen Aggregatzustand in einen festen über. Dabei entstand durch Ausgasen des flüssigen Gesteines eine **Uratmosphäre** aus Methan, Ammoniak, Wasserstoff und Wasserdampf. Die hohen Temperaturen bewirkten eine Reduktion der Eisen- und Nickeloxide zu Metallen, die den Erdkern bilden. Durch diesen Vorgang wurde die Oxidationsstufe außerhalb des Erdkerns erhöht und die Uratmosphäre wurde allmählich durch eine Atmosphäre aus Wasserdampf (wahrscheinlich um 80 %) und Kohlendioxid (ca. 10 %), sowie Schwefelwasserstoff (um 5 %) mit Spuren von Stickstoff, Wasserstoff und Kohlenmonoxid ersetzt. Diese reduzierende Atmosphäre war aber immer noch ohne Sauerstoff.

Da die Erdatmosphäre wegen des **Sauerstoffmangels** auch keine **Ozonschicht** enthielt, besaß sie keinen UV-Filter, der organische Moleküle DNA und Proteine vor der Zerstörung durch das eintreffende Sonnenlicht bewahrt hätte. Das erste biologische Leben in Form von chemotrophen Bakterien konnte also nur in tiefem Wasser entstehen, da erst eine 10 m dicke Wasserschicht so gut vor der eintreffenden Strahlung schützt, wie die heutige Atmosphäre. Diese ersten Organismen werden als Anaerobier bezeichnet, weil sie in Lebensräumen ohne Sauerstoff lebten. Im Flachwasser wurde später unter einer dicken Schutzschicht aus organischem Material ebenfalls ein ausreichender UV-Schutz möglich, so dass dort **photoautotrophe Organismen** entstanden. Diese Vorläufer der heutigen Cyanobakterien (Blaualgen) nutzen die Energie der einfallenden Sonnenstrahlung, um aus CO_2 und Wasser organische Moleküle (Kohlenwasserstoffe) aufzubauen. Hierbei wird elementarer Sauerstoff, der aus der chemischen Umsetzung des Wassers stammt, als Abfallprodukt frei. Der Kohlenstoff wurde von diesen Mikroorganismen u. a. als Karbonat abgelagert und bildete mächtige Sedimentschichten, die durch spätere tektonische Bewegungen zu gewaltigen Gebirgen (Jura, Kalkalpen) aufgetürmt wurden. Die durch die Photosynthese entstehende dritte Atmosphäre der Erde ist durch einen zunehmenden Sauerstoffgehalt gekennzeichnet (Abb. 9.1). Die Reduktion des CO_2-Gehaltes von 0,25 % vor 90 Mio. Jahren auf 0,025 % in vorindustrieller Zeit dürfte global eine Verringerung des Treibhauseffektes, also eine Abkühlung, bewirkt haben.

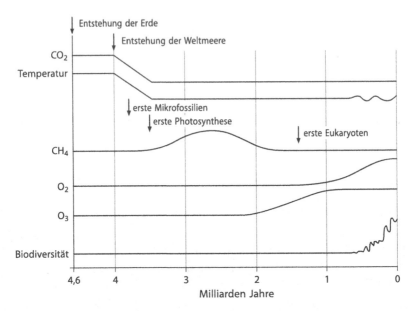

Abb. 9.1. Relative Veränderung wichtiger Komponenten der Erdatmosphäre und Schlüsselereignisse der biologischen Evolution während der Entwicklung der Erde. Nach Nentwig et al. (2004).

Die ältesten Blaualgenriffe sind 3,5 Mrd. Jahre alt. Vor 1,5 Mrd. Jahren dürfte der Sauerstoffgehalt 0,1 % überschritten haben. Anfänglich wurde der freie **Sauerstoff** zur Oxidation von zweiwertigem zu dreiwertigem Eisen und durch Bildung von Sulfat abgefangen, als Nebenprodukt entstanden Eisenerzsedimente. Mit zunehmendem Sauerstoffgehalt wandelte sich das Milieu der Erde von einem anaeroben in ein aerobes um. Dies war seinerzeit eine gewaltige Umweltkatastrophe, da alle anaeroben Organismen in Restlebensräume wie Tiefsee, Sediment usw. zurückgedrängt wurden. Gleichzeitig wurde aber auch die Bildung anderer Lebensformen ermöglicht, was sich vor 1,5 bis 0,6 Mrd. Jahren in einer explosionsartigen Beschleunigung der **Evolution** zeigte. Ab einer Sauerstoffkonzentration von etwa 2 % war die Ozonschicht und damit der UV-Schutz groß genug, um die Besiedlung des Festlandes zu möglichen. Seit 350 Mio. Jahren hat sich der Sauerstoffgehalt der Atmosphäre nicht weiter erhöht, da sich ein Gleichgewicht mit den Weltmeeren einpendelte. Heute sind lediglich 5 % des Sauerstoffvorrates der Erde frei in der Atmosphäre, 38 % sind als Sulfat und 57 % als Eisenoxid gespeichert.

Unsere Atmosphäre enthält neben 21 % Sauerstoff vor allem Stickstoff (78 %). Wichtige Spurengase sind CO_2 (0,03 %) und 0,97 % Edelgase (zum überwiegenden Teil Argon, in geringem Umfang auch Neon, Helium, Krypton und Xenon). In Spuren kommen verschiedene Stickoxide (meist als NO_x zusammengefasst) und ein breites Spektrum an flüchtigen organischen Verbindungen (*volatile organic compounds*, VOC) vor.

Die **Atmosphäre** ist gegliedert in eine erdnahe Troposphäre, die Strato- und Mesosphäre sowie die erdferne Ionosphäre, die mit der Exosphäre in den Weltraum übergeht. Die Troposphäre reicht bis in eine Höhe von 10 bis 15 km, in ihr befinden sich die Wolken, so dass sie die wetterbestimmende Schicht ist und an ihrer oberen Grenze fliegen die Verkehrsflugzeuge. Die Stratosphäre erstreckt sich von 15 bis 50 km Höhe und enthält den wesentlichen Teil des stratosphärischen Ozons. In dieser Höhe, in der Jagdflugzeuge fliegen, steigt die Temperatur von –60 °C auf fast 0 °C (diese höchste Schicht der Stratosphäre wird Stratopause genannt), fällt dann aber in der Mesosphäre (50 bis 80 km Höhe) wieder auf –60 °C ab. Diese merkwürdige Temperaturerhöhung ist auf die Ozonschicht zurückzuführen, da bei der Umwandlung von Sauerstoff (O_2) in Ozon (O_3) viel Wärme frei wird. Die Mesopause begrenzt die Mesosphäre als eine Schicht, oberhalb der es unter dem Einfluss der Sonnenstrahlen sehr heiß werden kann, im Erdschatten jedoch über –100 °C kalt ist. Diese Ionosphäre erstreckt sich von 80 bis 400 km Höhe, in ihr fliegen Satelliten und Raumschiffe. In 400 km Höhe ist die Anziehungskraft der Erde zu gering, um Luftteilchen zu halten, der Weltraum beginnt.

Die heutige Erdatmosphäre ist also durch die **Lebewesen** der Erde entstanden. Gäbe es plötzlich kein Leben mehr auf der Welt, würde die Konzentration der meisten Luftgase abnehmen, dies beträfe auch O_2 und N_2. CH_4, H_2 und NH_3 kämen gar ohne Leben in der Atmosphäre kaum frei vor. CO_2 und CO würden hingegen zunehmen. Auch die derzeitige anthropogene Veränderung der Erdatmosphäre ist ein Ausdruck der biogenen Beeinflussung unserer Umwelt, allerdings verläuft dieser Prozess bedeutend schneller als je zuvor in der Klimageschichte.

Durch die **industriellen und landwirtschaftlichen Praktiken** der Menschen veränderte sich die Atmosphäre seit etwa 200 Jahren. Brandrodung und das Verbrennen fossiler Energieträger wie Kohle und Erdöl zur Elektrizitätsgewinnung, zum Heizen oder zur Fortbewegung führen zu einer massiven Freisetzung von Gasen. CO_2 aus fossilen Quellen wirkt als Treibhausgas, SO_2 und NO_x bilden in Verbindung mit Wasser Säuren, so dass über saure Niederschläge die gesamte Biosphäre beeinträchtigt wird. Komplexe chemische Prozesse innerhalb der Atmosphäre führen in Verbindung mit Stickoxiden zu Smog, in Verbindung mit den synthetischen FCKW zur Zerstörung der Ozonschicht (Tabelle 9.1). Diese Belastung betrifft alle Ökosysteme der Erde und hat durch den globalen Temperaturanstieg, der als Folge des Treibhauseffektes zu erwarten ist, umfassende Auswirkungen. Die Zerstörung der Ozonschicht verändert möglicherweise das Leben auf der Erde grundlegend.

9.2
Smog und troposphärisches Ozon

Smog ist ein Kunstwort aus dem Englischen, das durch Zusammenziehung der beiden Wörter smoke (Rauch) und fog (Nebel) entstand. Es war ursprünglich auf den London-Nebel geprägt worden, der sich wegen der großen Menge verbrannter Kohle durch einen hohen Ruß- und SO_2-Gehalt auszeichnete, wird heute aber generell für eine emissionsbelastete Atmosphäre gebraucht. Unter

Tabelle 9.1. Anthropogene Beeinflussung wichtiger Spurengase in der Atmosphäre und die Auswirkungen auf das Klima. Ergänzt nach Graedel u Crutzen (1989).

	saurer Regen	Smog	Ozon-zerstörung	Treibhaus-effekt	anthropogene Emission im Jahr 2000 (Mio. t/Jahr)	mittlere Verweildauer in der Atmosphäre (Jahre)
CO		+			1000	Monate
CO_2			+	+	30.000	5–100
CH_4			+	+	400–600	12
NO/NO_2	+	+	+		20–30	Tage
N_2O			+	+	8	120
SO_2	+				100–130	Wochen
FCKW			+	+	<<	10–? 1000
trop. O_3		+		+		Monate

Sonneneinstrahlung laufen in der unteren Troposphäre chemische Prozesse ab (daher auch **photochemischer Smog**), die zum Entstehen weiterer reaktiver und gesundheitsschädlicher Substanzen führen.

Photochemischer Smog entsteht bei hohen Emissionen von NO_x, CO und Kohlenwasserstoffen, die durch Verbrennungsprozesse (Automotoren, Heizungen usw.) entstehen. Heute wissen wir, dass **CO eine Schlüsselsubstanz** für die ablaufenden chemischen Reaktionen ist. Kohlenmonoxid ist ein Produkt unvollständiger Verbrennung, das global betrachtet zu 17 % aus der Nutzung fossiler Energieträger stammt und zu einem Drittel aus der Brandrodung von Tropenwäldern bzw. aus natürlichen Feuern. Etwa die Hälfte des weltweit anfallenden CO stammt aus der Oxidation von Methan und anderer Kohlenwasserstoffe, die natürlichen oder anthropogenen Ursprungs sein können (Georgii 1992). CO verweilt durchschnittlich einige Monate in der Atmosphäre und wird größtenteils mit OH-Radikalen zu CO_2 umgesetzt. Wegen des vermehrten Verbrauchs von OH-Radikalen stehen diese für den Abbau von Methan nicht mehr zur Verfügung, so dass sich CO über einen Anstieg der Methankonzentration indirekt auch auf den Treibhauseffekt auswirkt.

Bei intensiver Sonneneinstrahlung bilden sich oxidierende Substanzen, v.a. bodennahes oder **troposphärisches Ozon**, das nicht mit dem stratosphärischen Ozon verwechselt werden darf, sowie Schwebeteilchen, so dass die Luft trübe wird. Ferner entstehen Aldehyde wie Peroxyacetylnitrat (PAN) und Propandioldinitrat (PGDN), instabile und reaktionsfreudige Stoffe, die Enzyme hemmen und be-

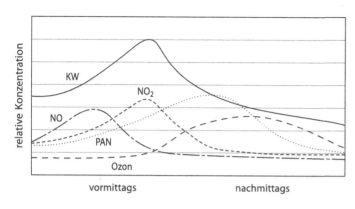

Abb. 9.2. Typische Bestandteile einer Smoglage mit Bildung von troposphärischem Ozon. KW Kohlenwasserstoffe, PAN Peroxyacylnitrat. Verändert nach Fabian (1989).

reits ab 10 ppb pflanzenschädigend sind (Abb. 9.2). Die Entstehung dieser Substanzen wird durch hohe Lufttemperaturen, starke Einstrahlung, lange Sonnenscheindauer, niedrige Luftfeuchtigkeit und geringe Windgeschwindigkeit begünstigt. Diese Bedingungen herrschen während ausgeprägter Hochdrucklagen im Sommer vor, daher sind die höchsten Ozonkonzentrationen nachmittags von Mai bis September messbar.

Ozon ist eines der stärksten Oxidationsmittel; nur Fluor, atomarer Sauerstoff und Sauerstoffdifluorid haben höhere Redoxpotentiale. Es reagiert mit allen oxidierbaren Stoffen, auch mit organischen Materialien. Ozon wird in der unteren Troposphäre durch eine Kette von Reaktionen gebildet, die mit der Oxidation von CO durch OH-Radikale eingeleitet wird. Daher wird es als **sekundärer Luftschadstoff** bezeichnet. Bei hoher NO-Konzentration überwiegen Reaktionen, welche NO_2 bilden, das dann photolytisch gespalten wird. Dies führt über die Freisetzung von atomarem Sauerstoff zur Bildung von Ozon. Die Ozonbildung ist nur bei starker Sonneneinstrahlung möglich. Zwischen Emission und Ozonbildung kann also Zeit vergehen, in der die Schadgase weit verdriftet werden können. Die Ozonbildung erfolgt daher oft weit entfernt von den Gebieten, in denen die Schadstoffe produziert wurden.

Beim **Menschen** wirkt Ozon in einer linearen Dosis-Wirkungskurve ohne Schwellenwert. Ozon aktiviert Entzündungsprozesse und unterdrückt das Immunsystem, es beeinträchtigt die Lungenfunktion und reduziert die Leistungsfähigkeit. Auf höhere Dosen reagieren Menschen mit Husten, sie leiden unter Atemnot und haben Schmerzen in der Brust, schließlich verursacht die Reizung der Schleimhäute eine Beeinträchtigung der Augen, die zu Sehstörungen führt. Daneben hat Ozon mutagene Eigenschaften, möglicherweise auch karzinogene (VDI 1987). Hochleistungssportler, Lungenkranke und Asthmatiker reagieren auf Ozon ab 100 µg/m³, die meisten Menschen spüren Beeinträchtigungen ab 200 µg/m³, ab 600 µg/m³ treten starke Effekte auf. Frauen sind empfindlicher als Männer, Kinder reagieren eher als Erwachsene (Ackermann-Liebrich u. Rapp 1988, Rapp u. Conzelmann 1990). 120 µg/m³ gilt als Risikoschwelle für gesundheitliche Schäden. Bei Pflanzen führt Ozon zu Blattnekrosen und bewirkt in der Landwirtschaft Ertragseinbußen (Kap. 3.5.3).

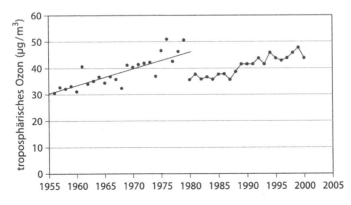

Abb. 9.3. Zunahme von troposphärischem Ozon. Bis 1979 Daten von Arkona (Rügen), ab 1980 Mittelwert aller deutschen Messstationen. Nach Fabian (1989) und Umweltbundesamt (2003).

In den letzten Jahrzehnten hat durch die Zunahme der Luftverschmutzung die Konzentration an bodennahem Ozon zugenommen. In Deutschland stieg das Ozon-Jahresmittel in knapp 50 Jahren um rund 50 % auf durchschnittlich 45 µg/m³. Dies entspricht einer durchschnittlichen Zunahme um 1 % jährlich, in schadstoffbelasteten Gebieten sogar um 2 % (Abb. 9.3). In fast allen europäischen Städten werden regelmäßig Halbstundenmittel von 100 µg/m³ überschritten und Spitzenwerte von 200–300 µg/m³ immer häufiger gemessen.

9.3
Saurer Regen

Durch **Verbrennungsprozesse** entstehen Stickoxide (NO_x) und Schwefeldioxid (SO_2), die sich bei Anwesenheit von OH Radikalen in der Luft leicht in Salpetersäure und Schwefelsäure umwandeln, aus Chlorverbindungen entsteht Salzsäure. Diese Säuren lagern sich an Regentropfen an, verschieben den pH in den sauren Bereich und gelangen als saurer Regen auf die Erdoberfläche. Hierdurch erfolgt zwar eine Reinigung der Troposphäre von diesen Schadstoffen, gleichzeitig führt dies jedoch zu einer **sauren Deposition** auf die Erde, die dort negative Konsequenzen hat. Auf die Emission dieser Gase, auf Möglichkeiten diese zu reduzieren und auf die gesundheitlichen Auswirkungen beim Menschen wurde in Kap. 4.3.3 eingegangen.

Regenwasser hat wegen des in ihm gelösten CO_2 einen pH von 5,6. Andere natürliche Substanzen können den pH ebenfalls zum Sauren verschieben, so dass pH-Werte von 5,0–5,6 normal sind. Aus Untersuchungen an säureempfindlichen Kieselalgen in Seesedimenten wissen wir zudem, dass in Mitteleuropa von 1300 bis 1850 weitgehend stabile pH-Werte um 5,7 angetroffen wurden. Im 20. Jahrhundert hat jedoch weltweit der Säuregehalt des Regens infolge der intensiven Verbrennung fossiler Energieträger und der großflächigen Brandrodungen in den Entwicklungsländern durch die damit verbundene Schwefelfreisetzung zugenommen (Abb. 9.4). Die am stärksten betroffenen Gebiete mit sauren Niederschlägen sind neben Europa Teile der USA, Japan, Korea und einzelne Bereiche

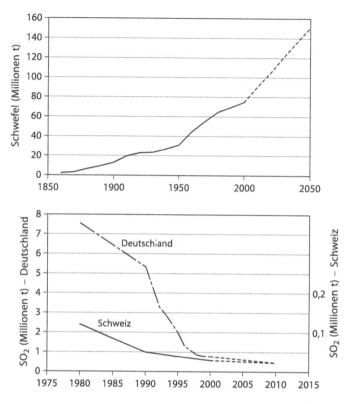

Abb. 9.4. Veränderung der Schwefelemission (Mio. t). Oben: Die globale Emission von Schwefel nimmt zu, weil die Reduktion in Europa und Nordamerika durch eine starke Zunahme in Asien kompensiert wird (gestrichelte Linie als Prognose). Unten: Abnahme der Emission von Schwefeldioxid.

in China (Ellis 1989). In vielen Teilen Europas sank der pH des Regens auf 4,0 bis 4,5, Extremwerte von 3,0 kamen vor. In Brasilien bewirkt die Brandrodung eine Verschiebung des pH von 5,2 auf 4,6 mit Extremen von 3,8 (Crutzen u. Andreae 1990). Die konsequente Reduktion der Emission von SO_2 (Abb. 9.4, Box 9.1) führte zu einem deutlichen Anstieg des durchschnittlichen pH des Regens von 4,5 (1980) auf 5,0 (2000) in Deutschland.

Die **Verweildauer** von SO_2 in der Atmosphäre beträgt wenige Wochen, die von NO_x sogar nur 4 Tage, dann werden diese Stoffe mit den Niederschlägen aus der Troposphäre gewaschen. In dieser Zeit können die Schadstoffe aber einige hundert oder tausend Kilometer weit verfrachtet werden und fern ihres Emissionsortes deponiert werden. Freisetzungsort und Schadgebiet sind also nicht identisch, daher müssen Emissionsprobleme grenzüberschreitend gelöst werden.

Rund 50 % des in Deutschland emittierten SO_2 regnen über dem eigenen Gebiet ab, die andere Hälfte wird exportiert. Dies betrifft gemäß den vorherrschenden Winden vor allem Osteuropa (23 %), aber auch alle anderen Staaten Europas sowie die Meeresgebiete. Von dem über Deutschland abregnenden SO_2 stammen 34 % aus Osteuropa, 18 % aus Westeuropa, 3 % aus Nord- und Südeuropa. Insgesamt wird 12 % mehr importiert als exportiert (Umweltbundesamt 1989). In der Schweiz stammt nur 13 % des deponierten SO_2 aus dem Land selbst, der größte Teil kommt aus Frankreich und Italien. England oder Belgien hingegen exportieren mehr als doppelt soviel SO_2 wie im eigenen Land deponiert wird.

▶ *Box 9.1*
Abkommen gegen grenzüberschreitende Luftverschmutzung

In der 1975 verabschiedeten Schlussakte der Kommission für Sicherheit und Zusammenarbeit in Europa (KSZE) wurde der Umweltschutz als ein gemeinsames Aktivitätsfeld benannt. Hierauf aufbauend wurde 1979 in Genf von damals 34 (heute 48) Mitgliedstaaten der UN-Wirtschaftskommission für Europa und von der Europäischen Gemeinschaft (EU) das „Übereinkommen über weiträumige, grenzüberschreitende Luftverunreinigung" unterzeichnet, das erste völkerrechtlich verbindliche Instrument, um die Probleme der Luftverunreinigungen auf einer weiträumigen Basis anzugehen.

In der Folge kam es zu einer Reihe spezieller Abkommen, meist Protokolle genannt. 1984 wurde in Genf das Protokoll zur Begründung des europäischen Mess- und Bewertungsprogramms für Luftschadstoffe unterzeichnet. 1985 folgte das Erste Schwefelprotokoll von Helsinki, in dem sich die Vertragsstaaten zu einer Reduzierung der nationalen Schwefeldioxid-Emissionen um 30 % zwischen 1980 und 1993 verpflichteten. Im Zweiten Schwefelprotokoll von 1994 haben sich die Staaten verpflichtet, die Schwefeldioxid-Emissionen bis zum Jahre 2005 noch weiter zu vermindern. Das Protokoll zur Kontrolle der Stickoxidemissionen oder deren grenzüberschreitender Stoffströme, 1988 in Sofia unterzeichnet, verpflichtet zu einer Rückführung der Stickstoffoxidemissionen bis 1994 auf den Stand von 1987.

Weitere Protokolle betreffen die Emissionsbegrenzungen für flüchtige organische Verbindungen (VOC) bzw. deren grenzüberschreitender Stoffströme (1991), persistente organische Verbindungen (1998 in Aarhus unterzeichnet), sowie ein Abkommen zu Schwermetallen (ebenfalls 1998 in Aarhus beschlossen). Ein als „Multi-Effekt" Protokoll bezeichnete Abkommen zur Vermeidung von Versauerung und Eutrophierung sowie des Entstehens von bodennahem Ozon wurde 1999 in Göteborg verabschiedet. Es umfasst neben Stickstoffoxiden auch Ammoniumverbindungen und Ammoniak. Für diese Abkommen und Protokolle müssen jeweils mindestens 16 Staaten eine Ratifikationsurkunde hinterlegen, nach ihrer Unterzeichnung müssen die Protokolle dann von den Signatarstaaten ratifiziert werden (Zustimmung des Parlaments), ehe sie in Kraft treten. Dieser Prozess dauert meist 2–5 Jahre und erst dann stellen die Protokolle völkerrechtliche Verträge dar, an welche die Unterzeichnerstaaten gebunden sind.

Auf kalkreichem Untergrund kann die Säurefracht des Regens leicht gepuffert werden, auf kalkfreien Standorten ist dies jedoch nicht möglich. Innerhalb von Europa ist die **Säureempfindlichkeit der Lebensräume** daher unterschiedlich (Abb. 9.5). Vor allem Skandinavien und viele Mittelgebirgs- und Gebirgslagen müssen wegen fehlender Puffermöglichkeit als äußerst säureempfindlich eingestuft werden.

Soweit die sauren Niederschläge nicht gepuffert werden können, gelangt die Säurefracht in die **Fließgewässer und Seen.** Vor allem in skandinavischen Seen gibt es seit der Eiszeit keine Kalksedimente mehr. Daher ist dort seit 1950 eine

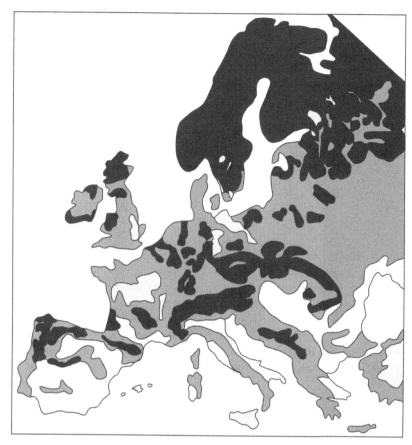

Abb. 9.5. Relative Empfindlichkeit der Ökosysteme in Europa für Schwefeldioxid. *Weiß* = unempfindlich, *grau* = mittelempfindlich, *schwarz* = sehr empfindlich. Verändert nach Chadwick u. Kuylenstierna (1991).

Versauerung feststellbar, durch die sich der Säuregehalt vieler Seen um 2 pH-Einheiten veränderte (Wright u. Gjessing 1976). Unterhalb eines pH von 5,0 sterben die ersten Fischarten und unterhalb eines pH von 4,5 kommen Fische nur noch sporadisch vor. Laich und Jungfische sind zudem empfindlicher als die erwachsenen Tiere. Neben dem direkten Einfluss der Säure wirken sich auch Stoffe aus, die durch die Versauerung aus dem Sediment freigesetzt werden. So erhöht sich die Aluminiumkonzentration zwischen pH 6,0 und 4,0 auf das 15fache und erreicht toxische Konzentrationen (Abb. 9.6). In einem südnorwegischen Gebiet mit 5000 Seen erwiesen sich 1750 als fischleer, weitere 900 Seen waren schwer geschädigt. Ähnlich ist die Situation z.B. in Tessiner Bergseen auf kalkfreiem Untergrund, im Schwarzwald und im Bayerischen Wald.

Meerwasser neutralisiert die Säuren aus dem Niederschlag, und aus stickstoffhaltigen Säuren werden Nitrit oder Nitrat gebildet, die auf Algen eine düngende Wirkung ausü-

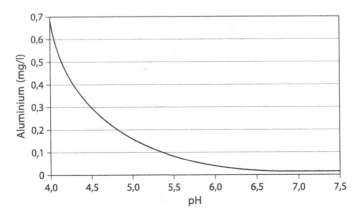

Abb. 9.6. pH-abhängige Freisetzung von Aluminium in schwedischen Seen. Verändert nach Moriarty (1988).

ben. Der Düngeeffekt des sauren Regens hat ähnliche Ausmaße wie die direkte Einleitung von Nährstoffen aus der Landwirtschaft. Diese Eutrophierung des Meeres verursacht eine **Algenblüte** mit negativen Auswirkungen auf das ganze Ökosystem (Box 8.3). Der Algenregen auf den Meeresboden verlagert jedoch gleichzeitig mit der Biomasse der Algen den Kohlenstoff aus oberflächennahen Wasserschichten in größere Tiefen. Etwa die Hälfte des CO_2, das zur Zeit anthropogen in die Atmosphäre abgegeben wird, wird möglicherweise auf diese Weise entfernt. Es ist daher schon vorgeschlagen worden, dem Treibhauseffekt mit dieser biologischen Pumpe gezielt entgegenzusteuern und Algenblüten zu fördern.

Die **Bodenversauerung** der Landökosysteme hat weit reichende Konsequenzen. Saure Böden binden Calcium, Kalium und Magnesium schlecht, so dass sie ihre Funktion als Nährstoffspeicher verlieren. Gleichzeitig werden bei pH-Werten unterhalb von 4,2 toxische Aluminium-Ionen und Schwermetalle wie Kupfer, Zink, Cadmium und Blei gelöst, so dass diese Stoffe pflanzenverfügbar werden. Sie lagern sich in den Wurzelzellen an, führen zum Absterben der Feinwurzeln oder zur Störung des Wasserhaushaltes der Bäume. Auch werden hierdurch die Bodenfauna und Mikroorganismen geschädigt. Gleichzeitig erfolgt ein hoher Eintrag von Stickstoffverbindungen aus der Landwirtschaft und durch Verbrennungsprozesse. Dies kann aber den Nährstoffmangel nicht kompensieren, sondern verschärft ihn noch, da diese zusätzliche Düngung den Bäumen einerseits einen Wachstumsschub gibt, andererseits die Relation zwischen den Nährstoffen immer unausgewogener wird, d.h. die Bäume stehen unter großem physiologischem Stress.

Seit 1970 sind in fast allen Gebieten Mitteleuropas, Nordamerikas und weiterer Bereiche „neuartige" **Waldschäden** festgestellt worden. Sie werden nicht durch einen Einzelfaktor verursacht, sondern die erwähnten Faktoren wirken komplex zusammen. Dennoch kommt den sauren Niederschlägen eine Schlüsselrolle für die Erklärung dieser Waldschäden zu, weitere Ursachen sind troposphärisches Ozon, eine allgemeine Zunahme der Luftverschmutzung sowie klimatische Extremsituationen. Viele dieser Faktoren addieren sich in ihrer Wirkung zudem nicht linear, sondern wirken synergistisch. Krankheiten und Parasiten scheiden nach heutigem Kenntnisstand als Primärursache aus.

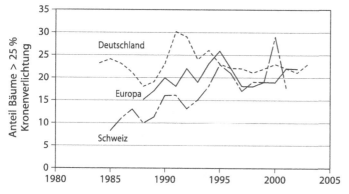

Abb. 9.7. Anteil der Bäume, die mehr als 25 % Kronenverlichtung aufweisen, als Maß für die Schädigung der Bäume durch saure Deposition.

Unter dem Einfluss dieser Schadfaktoren werden zum einen Bäume über eine Schädigung von Enzymsystemen in den Chloroplasten direkt geschädigt oder geschwächt (Vergilben). Zum andern führt der saure Regen zum Auswaschen von Nährstoffen, so dass ein **Nährstoffmangel** auftritt. Freigesetzte Schwermetalle verstärken die Schwächung der Bäume, die auf viele dieser Stressfaktoren mit einer erhöhten Respiration und einem somit erhöhtem Wasserbedarf reagieren. Gleichzeitig werden Mykorrhiza-Pilze und andere Organismen im Boden beeinträchtigt. Schon bei normalen Schwankungen des Klimas (Trockenheit, Temperaturextreme) treten für die Bäume Mangelsituationen auf, die zu Schäden im Wurzelbereich, Abwurf von Nadeln oder Blättern, Kronenverlichtung und schließlich zum Absterben führen. Bei geschädigten Wurzeln haben Bäume auf sauren Böden den zunehmenden Winterstürmen wenig entgegen zu setzen und fallen häufiger um.

Erst seit 1986 gibt es **europaweite Statistiken**, die aufgrund einheitlicher Kriterien für die Schadensstufen einen direkten Vergleich der Waldschäden erlauben (Abb. 9.7). Sie zeigen, dass in fast allen europäischen Staaten rund die Hälfte der Wälder einer von 4 Schadstufen zugeordnet werden kann, ein Fünftel bis ein Drittel der Wälder wird sogar als besonders geschädigt angesehen. Im Vergleich der letzten 20 Jahre hat sich der Zustand der Wälder in den meisten Staaten verschlechtert. Wenngleich das in den 1980er Jahren befürchtete Waldsterben ausblieb, ist nach wie vor kein Grund zur Beruhigung vorhanden, denn die Schädigungsgrade der Wälder stagnieren auf hohem Niveau.

Saure Niederschläge schädigen vor allem ältere Baumbestände sowie die Wälder höherer Lagen. Dies trifft auf **Gebirgswälder** zu, die sich bereits beträchtlich verändert haben. Wenn der Gebirgswald mit seiner wichtigen Funktion als Schutzwald lichter wird oder gar großflächig abstirbt, ist der Boden ungeschützt und die Erosion nimmt zu. Es gibt also vermehrt Lawinen und Bergstürze (wie 1987 im italienischen Veltlin oder 2000 im Aosta-Tal und in Gondo), die Fließgewässer transportieren mehr Sedimente, und Hochwasser werden häufiger. Aufwendige Kunstbauten wie ganze Hangverbauungen als Lawinenschutz und Talverbauungen als Hochwasserschutz sind die kostspielige Folge. Daneben wird durch die Veränderung des Waldes natürlich seine Rolle im Wasserhaushalt und seine Funktion als Lebens- und Erholungsraum gefährdet.

In den Höhenlagen der Mittelgebirge wie Riesengebirge und Erzgebiete ist der Wald inzwischen in vielen Gebieten verschwunden. Ursprüngliche Befürchtungen über ein großflächiges Absterben der Wälder haben sich jedoch nicht bewahrheitet. An einzelnen Standorten zeigten sich Besserungen, an anderen nahm die Zahl der Schäden zu. Die Tanne, eine der zuerst betroffenen Baumarten, hat sich nach einer Phase rapider Verschlechterung in der zweiten Hälfte der 1980er Jahre im Schwarzwald wieder leicht erholt, während Schäden an Fichten, Kiefern und Buchen zunahmen. Diese erholten sich in den 1990er Jahren, allerdings verschlechterte sich nun der Zustand der Eichen.

Einige Forscher haben darauf hingewiesen, dass es in vergangenen Jahrhunderten regelmäßig Baum- und Waldsterben gegeben habe, die Wälder sich jedoch stets wieder erholt hätten. Möglicherweise soll aus einer solchen Argumentation abgeleitet werden, dass keine konkreten Maßnahmen nötig sind. Eine sorgfältige Analyse von Waldschäden von 1850 bis 1960 hat für die Schweiz ergeben, dass Schäden geringer Intensität beinahe jedes Jahr gemeldet wurden. Bei regionalem Auftreten waren sie auf extreme Witterungsereignisse (Dürre, Sturm, Schnee, Frost) zurückzuführen. Die dadurch bewirkte Schwächung der Waldbäume förderte häufig die Vermehrung von Schädlingen oder Krankheiten. Von 1525 bis 1987 kamen sommerliche Dürren durchschnittlich alle 7 Jahre vor, gehörten also zum normalen Bestandteil des Klimas (Pfister et al. 1988). Diese klassischen Waldschäden können auf eine gut erkennbare Ursache zurück geführt werden. Bei neuartigen Waldschäden ist jedoch keine Einzelursache gefunden worden, vielmehr handelt es sich um ein ursächliches Syndrom. Parallelen der klassischen Schäden zu den heutigen sind daher nicht gegeben.

Gegenmaßnahmen können nur darin bestehen, die saure Deposition zu reduzieren, also den Stickstoffeinsatz in der Landwirtschaft und die Abgasemissionen, die zum sauren Regen führen, zu mindern. Hierzu wurden bereits umfassende Maßnahmen eingeleitet (Box 9.1), jedoch konnte die NO_x-Emissionen durch Automobile kaum verringert werden (Kap. 4.3.3). Verbesserungen bei der SO_2- und Cl-Emission wurden also durch die Zunahme der NO_x-Emissionen mehr als kompensiert. Höhere Schornsteine, die aus lokalen Problemen regionale machten, sowie die Zucht und Anpflanzung von säureresistenten Bäumen oder das Kalken großer Waldgebiete (1987 noch mit 200.000 t in Niedersachsen) beheben letztlich die Ursachen nicht.

9.4
Zerstörung der stratosphärischen Ozonschicht

Im Bereich der Stratosphäre und unteren Mesosphäre absorbieren O_2-Moleküle die energiereiche UV-Strahlung unter 242 nm und werden dadurch dissoziert, d.h. es entstehen zwei Sauerstoff-Radikale. Diese verbinden sich mit je einem O_2-Molekül zu O_3, dem Ozon. Dieses absorbiert **UV-Strahlung** zwischen 220–290 nm fast vollständig und zwischen 290 und 320 nm (UV-B-Strahlung) zu einem großen Teil. Dieser Prozess führt zu einem Aufheizen der Stratosphäre bis zu einem Temperaturmaximum von 0 °C. Ungefiltert würden die UV-Strahlen wegen ihrer hohen Energieladung karzinogen und mutagen wirken, so dass alles Leben auf der Erde beeinträchtigt bzw. in der heutigen Form nicht möglich wäre. Neben dem Ozonaufbau gibt es einen regelmäßigen Abbau von Ozon zu Sauerstoff und zwischen beiden Reaktionen herrscht normalerweise ein Gleichgewicht.

Ozon hat eine durchschnittliche Lebenszeit von einigen Monaten, seine Konzentration unterliegt jahreszeitlichen Schwankungen und ist im allgemeinen so gering, dass es als Spurengas bezeichnet werden kann. Ozon wird vorwiegend in niedrigen geographischen Breiten in 25–35 km Höhe produziert, oberhalb 70° geographischer Breite findet kaum noch eine Produktion statt. Die üblichen Luftmassebewegungen transportieren das Ozon dann polwärts und in tiefere Atmosphäreschichten.

Für den Abbau des Ozons sind Katalysatoren nötig, also Substanzen, die diesen Prozess ermöglichen und beschleunigen, sich dabei aber nicht verbrauchen. Bereits geringe Mengen solcher Substanzen können in großem Umfang Ozon abbauen. Viele am **Ozonabbau** beteiligte Substanzen sind natürlichen Ursprungs (H^+, OH^-), häufig ist ihre Konzentration jedoch anthropogen erhöht (CH_4, Cl^-, NO, NO_2, N_2O). Daneben gibt es auch Substanzen, die ausschließlich anthropogenen Ursprungs sind wie die meisten chlorierten Kohlenwasserstoffe (Tabelle 9.1). Andere Substanzen können interagieren; so wirkt das Treibhausgas Methan als Wasserstofflieferant bei der Bildung von OH-Radikalen, die Ozon abbauen.

Stickstoffmonoxid (NO) und **Stickstoffdioxid** (NO_2) entstehen durch Verbrennungsprozesse. Die im Autoverkehr gebildeten Stickoxide bilden troposphärisches Ozon bzw. werden durch den Regen ausgewaschen und gelangen somit nicht in die Stratosphäre. Düsenflugzeuge tragen die Stickoxide jedoch mit ihren Abgasen direkt in den unteren Bereich der Ozonschicht ein. Eine ähnliche Wirkung hatten die oberirdischen Kernwaffenversuche. Mit Zunahme des Flugverkehrs, der aus Energiespargründen bevorzugt in großer Höhe erfolgt, werden vermehrt Stickoxide in bedenklicher Nähe zur Ozonschicht freigesetzt, wo sie Ozon abbauen. Zivile Überschallflugzeuge, die in den 1970er Jahren für die 1990er Jahre geplant wurden, gingen u.a. deswegen nicht in Serie, weil ihre Abgase mindestens die Hälfte der Ozonschicht zerstört hätten. **Lachgas** (Distickstoffmonoxid, N_2O) wird in der Atmosphäre zu Stickoxid oxidiert. Es wird hauptsächlich durch Bakterien aus stickstoffhaltigen Bestandteilen im Boden gebildet, entsteht aber auch durch Verbrennungsprozesse bzw. Brandrodung. Die zunehmende Verwendung von Stickstoffdünger in der Landwirtschaft hat die Freisetzung von Lachgas gefördert.

Fluorierte Chlorkohlenwasserstoffe (FCKW) wurden als Treibgas in Spraydosen, als Treibmittel bei der Schaumstoffherstellung, als Lösungs- und Reinigungsmittel sowie als Kältemittel in Kühlschränken, Wärmepumpen und Klimaanlagen verwendet. FCKW wurden seit 1928 entwickelt, weil sie mit ihren Mischungspartnern keine chemische Reaktion eingehen. Sie sind für den Menschen ungiftig, weder brennbar noch korrosiv. Mit bis zu 150 Jahren Lebensdauer sind sie extrem stabil und werden erst in der Ozonschicht unter dem Einfluss energiereicher UV-Strahlen zerstört. Dabei geben sie Chloratome ab, die anschließend die Ozonschicht zerstören. Jedes Chloratom kann hunderttausende

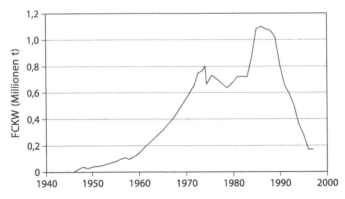

Abb. 9.8. Weltweite Produktion von FCKW (Mio. t). Auf Grund des Montrealer Protokolls und nachfolgender Regelungen wurde die Produktion von FCKW immer stärker eingeschränkt und in Industriestaaten verboten. Die Produktion war Ende der 1990er Jahre nur noch in Entwicklungsländern zulässig und läuft dort derzeit aus. Kombiniert nach verschiedenen Angaben.

Ozonmoleküle zerstören. FCKW haben ein gutes Wärmeabsorptionsvermögen, tragen 7000 mal mehr zum Treibhauseffekt bei als eine gleiche Menge CO_2 und verursachen 15 % des Treibhauseffektes. Die Weltjahresproduktion an FCKW erreichte 1985 über 1 Mio. t (Abb. 9.8).

Neben den FCKW gibt es weitere **halogenierte Kohlenwasserstoffe**. Trichlorethan (= Methylchloroform) wurde wegen seiner relativen Ungiftigkeit als Lösungsmittel z.B. bei der Trockenreinigung verwendet (Jahresproduktion weltweit fast 1 Mio. t). Methylbromid hat biozide Eigenschaften und wurde eingesetzt, um in Gewächshauskulturen den Boden zu entseuchen bzw. Obst und Gemüse vor dem Export zu begasen. Es hat ein 60-mal höheres Ozonschädigungspotential als die beiden häufigsten FCKW R11 (= Trichlorfluormethan, Freon) oder R12 (= Dichlordifluormethan, Frigen) (MacKenzie 1992). Vollständig halogenierte bromhaltige Fluorkohlenwasserstoffe (Halone), die zum Brandschutz eingesetzt wurden (z.B. in Feuerlöschern), haben in der Stratosphäre ein 10-mal größeres Ozonzerstörungspotential als FCKW. Chlormethan ist die einzige natürlich vorkommende Substanz, die Chlor in nennenswertem Umfang in die Ozonschicht verfrachtet und dort deren Abbau bewirkt. Chlormethan wird im Ozean gebildet und verursacht knapp 20 % des heutigen Chlorgehaltes der Stratosphäre.

1984 wurde festgestellt, dass die Ozonkonzentration in der Stratosphäre über der Antarktis abnimmt. Dieser Effekt wurde **Ozonloch** genannt, obwohl es sich nicht um ein Loch, sondern um einen Bereich geringerer Ozonkonzentration handelt. Die Antarktis weist Besonderheiten auf, die zu diesem starken Ozonabbau führen. Da es im Winterhalbjahr dort dunkel ist, entsteht kein Ozon. Der Lichtmangel führt zu eisiger Kälte, die einen stabilen Luftwirbel um den Pol erzeugt. Dieser Polarnacht-Jet isoliert die Antarktis während der folgenden Monate von der restlichen Atmosphäre, so dass kein frisches Ozon von außen zugeführt wird. Bei −80 °C kondensieren Wasserstoff-, Stick- und Chloroxide zu Eiskristal-

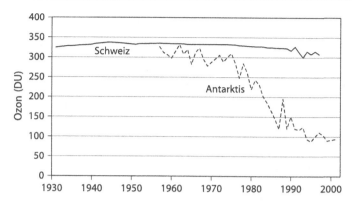

Abb. 9.9. Konzentration des troposphärischen Ozons (gemessen in Dobson Units DU)nach der längsten Ozonmessreihe (Arosa, Schweiz) und jeweilige Tiefstwerte des Ozonlochs über der Antarktis. Verändert nach BUWAL (1991) und ergänzt durch verschiedene Quellen.

len, die besonders tiefreichende stratosphärische Wolken bilden. Die ersten Sonnenstrahlen, die dann Ende August die lange Polarnacht beenden, sind zu energiearm, um Ozon aufzubauen, vermögen aber Chlor aufzuheizen, das nun einen schnellen Ozonabbau bewirkt. Substanzen, die Chlor binden bzw. katalytisch den Ozonaufbau fördern, sind in den Eiskristallen gefroren, so dass der Abbau ungebremst verläuft. Erst Ende Dezember ändert sich mit fortgeschrittener Erwärmung der Stratosphäre die bis dahin weitgehend stabile Wetterlage und das Ozonloch kann durch Ozonnachschub aus der übrigen Atmosphäre aufgefüllt werden.

Die Ozonkonzentration wird in Dobson Einheiten (Dobson Units = DU) gemessen. In den 1960er Jahren schwankte der Ozongehalt über der **Antarktis** im Oktober um 300–320 DU. Seit 1980 erreichte der Ozongehalt im antarktischen Winter Minima unter 220 DU. Die Fläche, über der solch niedrige Werte herrschen, bezeichnen wir als Ozonloch. Seit den 1990er Jahren liegen die Ozonwerte knapp unter 100 DU, dies entspricht einem Verlust von 70 % (Abb. 9.9). Die Antarktis ist somit eine Art riesiger Reaktor, in dem jährlich einige Prozent des weltweit vorhandenen Ozons vernichtet werden. Über den Nachstrom ozonreicher Luft in die Antarktis betrifft dieser Verlust dann die übrige Welt. Ein solches Phänomen ist auf der Nordhalbkugel nicht möglich, dort findet vielmehr eine allgemeine Abnahme der Ozonschicht statt. Bei der längsten verfügbaren Ozonmessreihe (Arosa, Schweiz) war der Ozongehalt bis 1975 annähernd konstant, danach sank er durchschnittlich um eine Dobson Einheit jährlich, bisher um etwa 8 % (Abb. 9.9).

Der Ozonabbau wird auch durch Schwefelverbindungen und Salzsäure, die bei Vulkanausbrüchen in die Stratosphäre gelangen, gefördert. So ist vermutet worden, dass der besonders starke Ozonabbau Ende 1991 über der Antarktis auch durch den Ausbruch des chilenischen Vulkan Hudson im August 1991 mit verursacht wurde. Eine ähnliche Wirkung könnte der Ausbruch des El Chichon (Mexiko) 1982/83 und des Pinatubo (Philippinen) 1991/93 gehabt haben.

Weltweit ist die Konzentration an FCKW zwischen den Messstellen auffallend ähnlich. Da diese Substanzen aber größtenteils von den Industrienationen emittiert werden, deutet dies auf einen raschen stratosphärischen Transport zwischen den Hemisphären hin. Im Unterschied dazu dauert der Weg von der Erdoberfläche in die Stratosphäre möglicherweise lange. Es wird vermutet, dass FCKW hierzu bis 10 Jahre benötigen. Wenn dies stimmt, wird ein großer Teil der in den letzten Jahren freigesetzten Stoffe sein Zerstörungswerk erst in den kommenden Jahren beginnen. Da zudem viele dieser Substanzen extrem langlebig sind, steigt auch nach dem Stopp der Produktion von FCKW der Chlorgehalt in der Stratosphäre noch an. Der Ozonabbau dauert noch 50–100 Jahre an (Tabelle 9.1).

Die Schädigung der Ozonschicht wirkt sich über die **erhöhte UV-B-Einstrahlung** auf der Erde aus. Die Photosynthese der Pflanzen wird beeinträchtigt, so dass die Ernteerträge zurückgehen werden (Caldwell et al. 1989). In den oberflächennahen Wasserschichten der Weltmeere werden die Algen geschädigt und die Produktivität der Weltmeere und damit die Fischereierträge werden auch wegen der gleichzeitigen Überfischung (Kap. 3.2.2) zurückgehen. Beim Menschen muss mit einer erhöhten Rate von Hautkrebs, vor allem dem malignen Melanom, und mit Augenkrankheiten, besonders dem grauen Star, gerechnet werden. Durch eine Schwächung des Immunsystems sind vermehrt Infektionskrankheiten zu erwarten. Annahmen gehen von 5 % mehr Hautkrebs pro 1 % weniger Ozon aus. Physikalische Berechnungen zeigen, dass 1 % weniger Ozon etwa 2 % mehr UV-Strahlungsfluss entspricht. Ein Ansteigen der Hautkrebserkrankungen wird vor allem aus Australien, den Südstaaten der USA und Nordeuropa beobachtet. Betroffen ist besonders die weiße Bevölkerung (Abb. 9.10).

Um eine weitere Zerstörung der Ozonschicht zu vermeiden, muss die Emission aller Ozon schädigenden Substanzen möglichst stark reduziert werden. Für die halogenierten Kohlenwasserstoffe bedeutet dies einen völligen Verzicht auf Produktion und Anwendung, wie er inzwischen durch das Abkommen von Montreal und seine nachfolgenden Verträge beschlossen und eingeleitet ist (Box 9.2).

Als **Ersatz für FCKW** werden Spraydosen schon seit den 1980er Jahren mit Treibgas aus Propan, Butan, Isobutan o.ä. gefüllt. Ein Gemisch von diesen

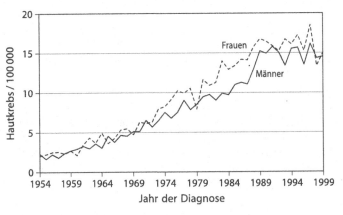

Abb. 9.10. Zunahme der Hautkrebsdiagnose in Norwegen (pro 100.000 der Bevölkerung).

▶ **Box 9.2**
Abkommen gegen FCKW

Im Abkommen von Montreal wurde 1987 von 24 Staaten beschlossen, den FCKW-Ausstoß zu reduzieren. Wegen starker Interessenvertretung konnte man sich jedoch nicht zu einem baldigen und völligen Produktionsstopp entschließen und für das Jahr 2000 wurde lediglich eine Reduktion um 50 % vorgesehen. Dies würde bis Ende des 21. Jahrhunderts steigende Chlor-Konzentrationen in der Atmosphäre bedeuten, also einen weiteren Abbau der Ozonschicht.

Nicht zuletzt unter dem Eindruck des wachsenden antarktischen Ozonlochs und der öffentlichen Meinung wurde das Montrealer Protokoll 1990 in London wesentlich verschärft. Es wurden Ausstiegsvorhaben mit Zeitangaben festgelegt und ein Fonds von 240 Mio. $ eingerichtet, der den Entwicklungsländern den Ausstieg erleichtern soll. Nach der Londoner Vereinbarung sollten bis 2000 alle betroffenen Substanzen verboten werden. Ungeregelt blieben allerdings Methylbromid und teilhalogenierte FCKW.

1992 einigten sich 115 Vertragsstaaten in Kopenhagen auf eine weitere Verschärfung. Halone durften ab Anfang 1994, FCKW, Methylchloroform und Tetrachlorkohlenstoff ab Januar 1996 nicht mehr produziert oder verwendet werden. Einzelne Länder wollten von sich aus diese Zeitspanne verkürzen und setzten national diese Verbote bereits 1995 durch. Hierunter befanden sich auch Deutschland, die Schweiz und die USA. Für Entwicklungsländer wurden Übergangsregelungen vereinbart.

1995 erfolgte in Wien eine Einigung über Methylbromid, auf das gemüse- und obstexportierende Staaten trotz seines besonders hohen Ozonschädigungspotentials bisher nicht verzichten wollen. Bis 2005 soll die Produktion halbiert und bis 2010 gestoppt werden. Teilhalogenierte FCKW (H-FCKW), auf deren Regelung man sich bisher nicht einigen konnte und die daher vermehrt als fragwürdige Ersatzstoffe für FCKW eingesetzt wurden, sollen nur noch bis 2020 hergestellt werden dürfen. Entwicklungsländern wurden gar Übergangsfristen bis 2040 zugebilligt. Solch lange Ausstiegfristen waren der politische Preis, den die EU zahlen musste, damit die USA und einzelne Entwicklungsländer dieses Abkommen akzeptierten.

Stoffen hat sich auch als geeignetes Kältemittel erwiesen, das in Kühlschränken, Klimaanlagen und auch Großkühlgeräten eingesetzt werden kann. Die Serienproduktion von solchen Kühlschränken erfolgt seit den frühen 1990 Jahren. Schaumstoffe wie Polyurethane werden mit CO_2 oder Pentan aufgeschäumt. Weitere Ersatzprodukte sind z.B. das mit Petrolether aufgeschäumte Polystyrol (Styropor) oder Schaumglas, Glas- und Steinwolle sowie Kork. Halone in Feuerlöschern sind durch Kohlendioxid ersetzbar.

Die **Emission von NO und NO$_2$** kann durch Einschränkungen des Flugverkehrs reduziert werden. Vor allem bei Kurzstreckenreisen sollte vermehrt die Bahn eingesetzt werden, im Langstreckenverkehr könnten durch verändertes Urlaubsverhalten viele Flüge eingespart werden. Schließlich müssen auch Flugzeugmotoren auf weniger Energieverbrauch und weniger Abgase optimiert werden. Kerosin muss wie jeder Treibstoff bzw. fossiler Energieträger höher besteuert werden, d.h. die Flugpreise müssen angehoben werden, um die tatsächlichen Kosten der Folgeschäden abzudecken (Kap. 7.3.3). Die Emission von N_2O kann durch eine verringerte Stickstoffdüngung reduziert werden. Dies wäre gleichzeitig auch ein guter Beitrag für eine ökologische, nachhaltige Landwirtschaft (Kap. 8.2).

9.5
CO_2 und andere Treibhausgase

Einige Gase lassen in der Atmosphäre die Sonneneinstrahlung ungehindert durch, absorbieren aber die von der Erdoberfläche zurückgestrahlte Infrarotstrahlung und reflektieren sie an die Erdoberfläche. Sie verhindern also die Abgabe von Wärmestrahlung in den Weltraum, so dass es auf der Erdoberfläche und in der Troposphäre zu einer Erwärmung kommt. In Analogie zu einem Treibhaus wird von einem **Treibhauseffekt** gesprochen, und die verantwortlichen Gase werden als Treibhausgase bezeichnet. Der Treibhauseffekt ist im Prinzip nicht nachteilig, sondern sogar notwendig, und es gab ihn schon in vorindustrieller Zeit. Ihm ist zu verdanken, dass die Erde eine mittlere Temperatur von 15 °C aufweist. Ohne diesen Treibhauseffekt wäre die Erdtemperatur ca. 33 °C tiefer, also bei –18 °C. Von diesen 33 °C „natürlichen Treibhauseffektes" werden 21 °C durch Wasserdampf verursacht, 7 °C durch CO_2, 2 °C durch troposphärisches Ozon, 3 °C durch N_2O, CH_4 und sonstige Gase (Heintz u. Reinhardt 1991).

Wenn wir über den Treibhauseffekt sprechen, meinen wir also eine über diese natürlichen Vorgänge hinausgehende Erwärmung, die auf einer zusätzlichen Emission anthropogener Schadstoffe beruht. Es gibt viele **Treibhausgase**, die für diesen zusätzlichen Treibhauseffekt verantwortlich sind. Kohlendioxid verursacht als wichtigstes Treibhausgas die Hälfte des globalen Treibhauseffektes, die zweite Hälfte wird durch FCKW, Methan, Ozon, Stickoxide und Wasserdampf verursacht (Tabelle 9.2). Es wird angenommen, dass dieser anthropogene Treibhauseffekt zu einer verstärkten Erwärmung der Erde mit allen damit verbundenen nachteiligen Aspekten führt (Kap. 9.6).

Kohlendioxid ist das wichtigste Treibhausgas, photochemisch ist es hingegen weitgehend bedeutungslos. Es stammt zu 80 % aus der Verbrennung fossiler Energieträger und zu 20 % aus Brandrodungen und anderen Biomasseverbrennungen. Diese finden heute v.a. im Bereich der tropischen Regenwälder statt, waren zuvor aber auch in den gemäßigten Breiten weit verbreitet. Bei der Verbrennung fossiler Energieträger wird CO_2 freigesetzt, das vor langer Zeit aus dem aktuellen Kohlenstoffkreislauf entfernt wurde. Großflächige Entwaldungen wirken ähnlich, da sie lebende Kohlenstoffspeicher, die sich kontinuierlich regeneriert hätten, vernichten und den gespeicherten Kohlenstoff abgeben. Die Photosynthese der Pflanzen, die CO_2 bindet, und der mikrobielle Abbau von

Tabelle 9.2. Die wichtigsten Treibhausgase. Bei O_3 handelt es sich um troposphärisches Ozon.

		CO_2	CH_4	FCKW	N_2O	O_3
Anteil am globalen Treibhauseffekt (%)		50	15 – 18	18 – 20	5 – 6	7 – 8
Treibhauswirkung (CO_2 =1)		1	21	einige 100 bis mehrere 1000	310	2000
Konzentration (ppm)	1850	280	0,8	0	290[b]	20[c,d]
	1990	350	1,7	3,0[a]	325[b]	40[d]
derzeitige jährliche Zunahme (%)		0,5	0,9	<<	0,3	1 – 2

[a] gemessen als ppb Chlor, [b] (ppb), [c] ca. 1960, [d] µg/m³

Biomasse, der CO_2 freisetzt, muss in diesem Zusammenhang nicht berücksichtigt werden, da es sich um weitgehend geschlossene Kreisläufe handelt.

Wir sind über die **Entwicklung des CO_2-Gehaltes** der Atmosphäre auf Grund umfassender Messreihen gut informiert. Datierte Eisbohrkerne enthalten in ihren Luftblasen die CO_2-Konzentration der damaligen Zeit und seit der Mitte des 20. Jahrhunderts gibt es direkte atmosphärische Messungen. Die älteste Messreihe stammt von Mauna Loa (Hawaii) und begann 1958. Die CO_2-Konzentration der Atmosphäre betrug seit dem Ende der letzten Eiszeit etwa 250 ppm, mit der Industrialisierung stieg sie an, betrug um 1950 310 ppm und 2000 bereits 366 ppm. Derzeit erhöht sich der CO_2-Gehalt der Atmosphäre pro Jahr um 1,5 ppm, verursacht durch 6 Mrd. t Kohlenstoff, der als CO_2 emittiert wird. Wenn keine wirkungsvollen Gegenmaßnahmen ergriffen werden, wird der CO_2-Gehalt bis zum Ende des 21. Jahrhunderts auf 500–1000 ppm ansteigen (Abb. 9.11).

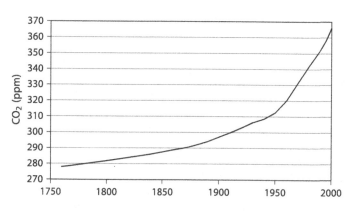

Abb. 9.11. Zunahme der CO_2-Konzentration in der Atmosphäre im Verlauf der letzten 250 Jahre. Ergänzt nach Boden et al. (1990).

Etwa 40 % des in die Atmosphäre abgegebenen CO_2 verbleiben dort, die übrigen 60 % werden in **Kohlenstoffsenken** abgelagert. Ein Teil des CO_2 wird auf dem Land in Biomasse fixiert. Aufforstungen auf der Nordhalbkugel kompensieren einen Teil der Waldrodungen der Tropen und die borealen Nadelwälder Eurosibiriens und Kanadas weisen eine höhere Produktion auf, so dass mit den dicken Torfschichten ein gewaltiger C-Speicher entsteht. Die landwirtschaftliche Produktivität wird kaum ansteigen, da sie von anderen Faktoren wie Wasser und Nährstoffe begrenzt wird. Als größte Kohlenstoffsenke gelten die Weltmeere. Zwar nehmen die Meeresalgen CO_2 aus der Atmosphäre auf und geben es wieder an diese ab, ein Teil sedimentiert jedoch auf den Ozeanboden, von wo aus kein direkter bzw. schneller Austausch mit der Atmosphäre erfolgt. Daneben gibt es chemische Kreisläufe, die CO_2 über Hydrogencarbonat (Kohlensäure) und Carbonat dem Meeressediment zuführen. Die Austauschzeiten von Oberflächen- mit Tiefenwasser liegen jedoch in der Größenordnung von einigen 100 Jahren. Das Ausmaß dieser biologischen bzw. chemischen Fixierung ist noch nicht gut quantifiziert.

Die **Emission von Kohlenstoff** ist ungleich über die Welt verteilt. Die drei größten Emittenten (USA, ehemalige UdSSR bzw. Russland, China) verursachen über 50 % der Weltemission, könnten also besonders viel einsparen. Zudem ist in den USA und Kanada mit mehr als 5 t Kohlenstoff der Pro-Kopf-Verbrauch so hoch, dass das Reduktionspotential beträchtlich ist. Die ehemalige DDR war durch die Verwendung von Braunkohle Spitzenreiter in der CO_2-Produktion. Durch das Abschalten veralteter Industrieanlagen hat sich die Emission Deutschlands beträchtlich reduziert (Abb. 9.12) und liegt wie die der meisten europäischen Staaten zwischen 2 und 3 t Kohlenstoff pro Kopf der Bevölkerung. In den beiden bevölkerungsreichsten Ländern, Indien und China, nimmt die Emission stark zu. In Indien ist sie mit 0,3 t pro Kopf immer noch sehr niedrig, hat aber in China schon Werte über 0,7 erreicht. Mit zunehmendem Bevölkerungswachstum und Energieverbrauch wird die CO_2-Produktion der Entwicklungsländer weiter steigen. Der Treibhauseffekt ist also nicht nur ein Industrialisierungs- und Wohlstandsproblem, sondern auch ein Entwicklungs- und Bevölkerungsproblem.

Die weitere Emissionssteigerung in den Entwicklungsländern ist in erster Linie rein wirtschaftlich motiviert und nimmt, wie der Ausbau der Kohlekraftwerke in China zeigt, wenig Rücksicht auf Klimaschutz. Im Grunde genommen wiederho-

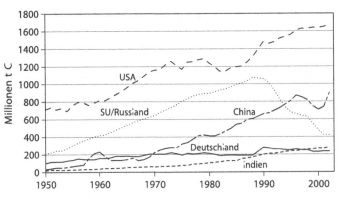

Abb. 9.12. Emission von CO_2 durch einzelne Staaten. Nach Boden et al. (1990) und ergänzt durch verschiedene Quellen.

len sie also die Entwicklung der heutigen Industriestaaten. Diese sind daher in erster Linie gefordert, mit entsprechender Technologie den Entwicklungsländern bei der Reduktion der CO$_2$-Emission zu helfen. Die Industriestaaten sind aber mindestens genauso gefordert, auch ihren eigenen CO$_2$-Austoß zu reduzieren. Hierzu gibt es eine Reihe technischer Ansätze (Box 9.3). Das **Kyoto-Protokoll** ist ein Versuch der Staaten, ihre Emissionen gemeinsam zu reduzieren (Box 9.4).

▶ *Box 9.3*
Wie reduziert man den Anstieg von atmosphärischem CO$_2$?

Es gibt eine Reihe von Möglichkeiten, den Anstieg von CO$_2$ in der Atmosphäre zu verhindern. Technische Möglichkeiten umfassen Molekularsiebe, eine Gaswäsche mit Monoethanolamin oder die Adsorption an Kalk, welche bis zu 90 % des CO$_2$ entfernen. Ein Verbrennen des Primärenergieträgers mit reinem Sauerstoff führt zu Abgasen, die fast nur aus CO$_2$ und Wasserdampf bestehen, so dass bei einem Entfernungsgrad von 100 % das CO$_2$ leicht abgetrennt werden kann. Das abgetrennte Gas könnte dann verdichtet und in der Tiefsee bzw. in leeren Erdgaslagerstätten deponiert werden. Die Auswirkungen solcher CO$_2$-Deponien sind jedoch unbekannt, so dass eine solche Idee vorerst als utopisch abgetan werden muss.

Eine realistischere Lösung des CO$_2$-Problems könnte darin bestehen, den in der Vegetation gebundenen CO$_2$-Anteil zu erhöhen. Ein globales Aufforstungsprogramm könnte bereits innerhalb weniger Jahre Auswirkungen zeigen und gleichzeitig weitere Probleme lösen (z.B. Erosion, Desertifikation, Bau- und Brennholzmangel). Solch eine Aufforstung hätte eine 100 %ige Effizienz bei der CO$_2$-Absorption, würde den Wirkungsgrad der Kraftwerke nicht beeinträchtigen und wäre billiger als alle Alternativen. Allerdings sind die benötigten Flächen groß: Allein zur Kompensation des von den USA produzierten CO$_2$ müsste ein Viertel der Landfläche der USA neu bewaldet werden. Dies ist zwar ein gewaltiges Unterfangen, es käme aber billiger als die Folgen einer weltweiten Erwärmung. Weltweit gibt es mehrere Millionen km^2 ehemaliger Waldflächen, von denen mindestens 1–2 Mio. km^2 aufgeforstet werden könnten.

Da CO$_2$ überwiegend durch energetische Nutzung freigesetzt wird, ist das Sparen bzw. die bessere Nutzung von Energie sehr wirkungsvoll. Zu fossilen Energieträgern gibt es eine Fülle von regenerierbaren Alternativen (Kap. 4.5) und das Energiesparpotential beträgt über die verschiedenen Einsatzbereiche gemittelt mindestens 50 %, zum Teil gar 70–80 % (Kap. 4.6). Durch eine CO$_2$-Abgabe, welche die Preise fossiler Energieträger entsprechend ihrer CO$_2$-Freisetzung erhöht, kann ein zusätzlicher Anreiz geschaffen werden, diese Stoffe sparsamer einzusetzen. Der Handel mit CO$_2$-Emissionszertifikaten würde ebenfalls einen starken Anreiz schaffen, weniger zu emittieren. Wichtige Reduktionsmöglichkeiten ergeben sich auch durch einen Stopp der Brandrodung und mit einem Ersatz des Wanderfeldbaus durch permanente Bewirtschaftung. Würden diese allesamt bestehenden und überwiegend billigen Techniken eingesetzt, könnte der CO$_2$-Austoß deutlich reduziert werden und der CO$_2$-Anstieg könnte in diesem Jahrhundert in der Atmosphäre stabilisiert werden. Es fehlt jedoch noch an ausreichendem Druck aus der Bevölkerung und daher am politischen Willen.

> **Box 9.4**
> **Das Kyoto-Protokoll**

Die Klimarahmenkonvention von 1992 führte 1997 zur Verhandlung des Kyoto-Protokolls, welches für den Zeitraum bis 2012 eine Senkung der Emissionen der 6 wichtigsten Treibhausgase (CO_2, CH_4, N_2O und einige FCKW) von 5 % unter das Niveau von 1990 verlangt. Für einzelne Staaten sind individuelle Quoten festgelegt, die meisten Entwicklungsländer gehen keine Verpflichtungen ein. Deutschland verpflichtete sich zu einer Reduktion um 21 %, die EU und die Schweiz um 8 %, Japan und Kanada um 6 %. Nach dem Kyoto-Protokoll können Emissionssenkungen durch verschiedene technische Maßnahmen, durch Aufforstung oder durch Handel mit Emissionszertifikaten erzielt werden.

Das Kyoto-Protokoll hat drei gravierende Nachteile. Wälder sind nicht genügend definiert, so dass sich die Interessen von waldreichen und waldarmen Ländern gegenüberstehen. Naturbelassene Primärwälder werden nicht als Kohlenstoffsenken angerechnet, ihre Rodung wird nicht als Emission betrachtet, die anschließende Aufforstung als Plantage ist jedoch eine anrechenbare Aufforstung. Rodungen von tropischem Regenwald und Aufforstung mit standortfremden Baumarten werden also gefördert. Zweitens ist nachteilig, dass die meisten Entwicklungsländer keine Verpflichtungen eingingen. Brasilien mit den größten Waldreserven und das bevölkerungsreichste China mit der höchsten Emission aller Entwicklungsländer bleiben somit unbeteiligt. Ein dritter großer Nachteil besteht darin, dass bis Ende 2004 zwar 132 Staaten das Kyoto-Protokoll ratifizierten, die USA verweigern jedoch ihre Unterschrift. Mit der Unterschrift Russlands trat das Abkommen im Februar 2005 in Kraft.

Trotz dieser Unzulänglichkeiten ist das Kyoto-Protokoll der erste Versuch, klimarelevante Emissionen global zu reduzieren. Hierzu gibt es keine Alternative. Im Vergleich der Emissionen von 2000 mit 1990 zeigte sich, dass Russland und einige osteuropäische Staaten vor allem wegen ihrer wirtschaftlichen Probleme ihre Emissionen stärker als erforderlich senken konnten, die EU hatte etwa die Hälfte des Ziels erreicht, Japan, Kanada und die USA hatten jedoch mehr Emissionen verursacht, anstatt diese zu senken. Insgesamt ergab sich eine beachtliche Reduktion, so dass diese Ergebnisse als ermutigend eingestuft werden müssen.

Methan (CH_4) ist ein natürlicher Bestandteil des Erdgases, es entsteht bei Verbrennungsvorgängen und durch Bakterientätigkeit in Abfalldeponien, Kläranlagen, Sumpfgebieten und Reiskulturen. Methan wird im Verdauungstrakt von Wiederkäuern und Insekten (z.B. Termiten) gebildet. Zur Zeit werden bei Zuwachsraten von 1–2 % jährlich 600–900 Mio. t Methan an die Atmosphäre abgegeben. Dies führte innerhalb der letzten 200 Jahre zu mehr als einer Verdoppelung des Methangehaltes der Atmosphäre (Abb. 9.13). Bei einer durchschnittlichen troposphärischen Lebensdauer von 10 Jahren wird Methan nach Reaktion mit OH-Radikalen zu CO, CO_2 und Wasserstoff abgebaut.

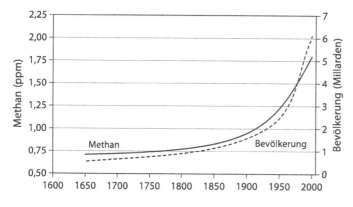

Abb. 9.13. Zunahme der CH$_4$-Konzentration in der Atmosphäre (ppm) im Vergleich zur Bevölkerungszunahme (Mrd.) im Verlauf der letzten 400 Jahre. Ergänzt nach Schönwiese u. Diekmann (1989).

Die beobachtete weltweite Zunahme des Methans ist vermutlich zur Hälfte auf eine Zunahme der Reiskulturen, vor allem im Bewässerungsanbau, und der Rinderzucht (es gibt über 1,5 Mrd. Rinder weltweit) zurückzuführen. Die zweite Hälfte dürfte zu annähernd gleichen Teilen aus Deponien, Kohlebergwerken, Erdgasindustrie und Verbrennungsprozessen stammen.

In **Reisfeldern** wird Methan unter Luftabschluss aus verrottender organischer Substanz gebildet. Anbautechnische Maßnahmen erlauben, die Methanproduktion zu reduzieren. Einzelne Reissorten sind zudem in der Lage, Methan in der Wurzelzone zu CO$_2$ zu oxidieren, so dass vermehrte Agrarforschung die Methanemission minimieren könnte. Ähnlich ist es mit der **Rinderzucht**. Ein Rind kann täglich 300 g Methan freisetzen, aber die relative Methanproduktion nimmt mit zunehmender Milchproduktion ab bzw. kann über die Ernährung beeinflusst werden (Kirchgessner et al. 1991). Zeitweilig sind Termiten als wesentliche Methanquelle diskutiert worden, sie tragen aber mit weniger als 5 % vergleichsweise wenig zur globalen Methanemission bei (Fraser et al. 1986). Bei der Förderung, beim Transport und bei der Verarbeitung von Erdgas entweichen jedoch beträchtliche Mengen. Allein die langen sibirischen **Pipelines** tragen in großem Umfang zu den 15 % Methan bei, die aus Gaslecks stammen.

Gaslecks könnten mit vergleichsweise geringem technischen Aufwand behoben werden. Zudem kann Deponie- und Klärgas abgefangen werden, was sogar noch einen zusätzlichen Beitrag zur Gewinnung nichtfossiler Energien leistet. Ähnliches gilt für das in der Kohle enthaltene Methan, das beim Kohlenabbau als Grubengas frei wird und entweicht. Wenn Verbrennungsprozesse besser kontrolliert werden, könnte die Methanemission vermutlich um mindestens ein Drittel reduziert werden. Durch eine Gewinnung des Methans von Rindern in Stallhaltung und nachfolgend energetischer Nutzung könnte eine weitere Reduktion erfolgen. Da hierdurch gleichzeitig fossile Energie eingespart wird und die CO$_2$-Emission sinkt, könnte dies eine Verminderung des methanbedingten Treibhauseffektes um 50 % ermöglichen.

FCKW haben neben ihrer Ozon zerstörenden Eigenschaft einen starken Treibhauseffekt. Daher tragen sie, obwohl sie als Spurengase nur in geringer Konzentration in der Atmosphäre vorkommen, viel zum Treibhauseffekt bei.

Nachdem die Produktion dieser Substanzen inzwischen fast ganz eingestellt wurde (Box 9.2, Abb. 9.8), ist auch ihre Emission stark zurückgegangen. Da es sich jedoch um langlebige Substanzen handelt (Tabelle 9.1), wird sich ein Erfolg kaum vor Mitte dieses Jahrhunderts einstellen (Kap. 9.4).

Troposphärisches Ozon entsteht in der unteren Atmosphärenschicht durch photochemischen Smog (Kap. 9.2) und trägt 7 % zum Treibhauseffekt bei. Ähnliches gilt für die **Stickoxide**. Mit ihrer komplexen Atmosphärenchemie sind sie in troposphärischen Smog, stratosphärischen Ozonabbau, sauren Regen und Treibhauseffekt verwickelt. Speziell als Klimagas ist Lachgas (N_2O) zu erwähnen, das überwiegend aus der mineralischen Düngung in der Landwirtschaft stammt, zum geringen Teil aus Verbrennungsprozessen. Die erwähnten Maßnahmen der verringerten mineralischen Düngung, der Energieeinsparung und der Abgasreinigung können daher auch einen Beitrag zur Reduktion des Treibhauseffektes leisten.

Wasserdampf ist das wichtigste Treibhausgas, weil es zwei Drittel des vorindustriellen Treibhauseffektes ausmacht. Da sich der Wasserdampfgehalt der Atmosphäre aber kaum verändert hat, kommt Wasserdampf als Treibhausgas keine besondere Bedeutung zu. Lediglich in 8–13 km Höhe hat die Wasserdampfkonzentration leicht zugenommen, da Flugzeuge in dieser Höhe Wasserdampf (Kondensstreifen) ausstoßen. Dieser gefriert zu Eiswolken (Cirruswolken), welche die Wärmestrahlen der Erde reflektieren und 2–3 % zum anthropogenen Treibhauseffekt beitragen.

9.6
Globale Klimaveränderung

Wenn die Konzentration der oben besprochenen Treibhausgase weiterhin ansteigen, wird die Temperatur auf der Erde weiter zunehmen. Unklar ist jedoch, in welchem Ausmaß einzelne Gase zu diesem Anstieg beitragen werden und wie hoch der **Temperaturanstieg** insgesamt sein wird. Ein häufiges Szenario beinhaltet die Annahme einer Verdoppelung des atmosphärischen CO_2 auf 600 ppm. Hieraus resultiert ein Beitrag zum Treibhauseffekt von 3,0 °C. Der jeweilige Anstieg von troposphärischem Ozon wird etwa 0,9 °C beitragen, FCKW 0,6 °C, Methan, N_2O und sonstige Gase je 0,4 °C. Dem steht ein Kühleffekt von etwa 1 °C durch die Abnahme des stratosphärischen Ozons und von Schwefelverbindungen gegenüber. Die Effekte durch vermehrten Staubeintrag durch Verbrennungsprozesse (fossile Energieträger, Biomasse) sind schwer zu quantifizieren und der wissenschaftliche Kenntnisstand zu den Auswirkungen von Luftverkehr und Landnutzungsänderungen ist derzeit noch sehr gering. Insgesamt kann man diese Temperaturbeiträge wegen Überlappungseffekten nicht einfach addieren, auch ist die Prognosesicherheit noch recht gering. Für die nächsten 100 Jahre wird daher von einer Temperaturerhöhung um etwa 3 °C ausgegangen, die Streuung reicht von 1,5 bis 4,5 °C.

Wer sagt aber, dass es bei einer Verdopplung des CO_2-Gehaltes der Atmosphäre bleibt? Die Kohlenstoffvorräte der fossilen Energieträger lassen auch eine Verzehnfachung des CO_2-Gehaltes zu, wenn die Energienutzung sich nicht ändert. Weitere Unsicherheiten können in den Computersimulationen für Klimaänderungen nur bedingt berücksichtigt werden. Wärmere Luft bindet mehr Feuchtigkeit, so dass dieser Wasserdampf einen zusätzlichen Treibhauseffekt ausüben kann. Das vermehrte Abschmelzen von Eisflächen (Hochgebirge, Gletscher, Meereseis) verringert die Reflektionskraft dieser hellen Flächen (die Albedo), so dass es kaskadenartig zu weiterer Aufheizung kommt. Anderseits ist die Albedo von abgeholzten, wüstenartigen oder bebauten Gebieten größer als die von Wald- und Agrarflächen, so dass sich eine abkühlende Tendenz ergibt. Ähnlich wirkt die bei höherer Temperatur und Luftfeuchte zunehmende Bewölkung albedoerhöhend, also temperatursenkend. Verändern sich Bewölkung oder Eisbedeckung nur um 1 %, ergibt sich eine Temperaturänderung um 0,3 °C, eine Schwankung der Sonneneinstrahlung um 1 % macht 0,6 °C aus.

9.6.1
Bisherige Klimaveränderung

Die Temperaturverhältnisse auf der Erde werden in sehr langen Zyklen durch geologische Vorgänge beeinflusst. Hierbei handelt es sich um **plattentektonische Vorgänge,** die beim Auseinanderbrechen oder Zusammenstoßen der Kontinente mit verstärktem Vulkanismus einhergehen, also mit vermehrter CO_2-Freisetzung. Heute glaubt man zwei solcher Superzyklen von je 300 Mio. Jahren Dauer erkannt zu haben (Abb. 9.14). Auch die Lage der Kontinente auf der Erde spielt ein wichtige Rolle. Nur wenn große Landmassen, wie derzeit die Antarktis am Südpol und (nicht ganz ideal) Nordamerika und Eurasien um den Nordpol herum, an den Polen liegen, kann Schnee auf diesen Landgebieten liegen bleiben und im Laufe der Zeit zu großen Eismassen akkumulieren. Zusammen mit anderen Rückkopplungsmechanismen kommt es dann zu einer globalen Abkühlung (Schönwiese u. Diekmann 1989).

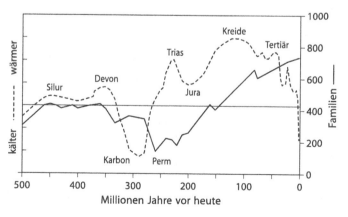

Abb. 9.14.
Veränderung des Weltklimas in kälteren und wärmeren Perioden der letzten 500 Millionen Jahren und Anzahl vorhandener Familien von Meerestieren. Nach Spicer u. Chapman (1990), Wilson (1989).

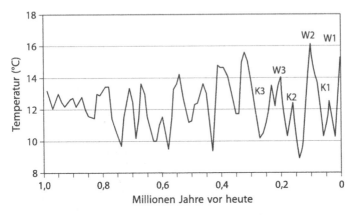

Abb. 9.15. Klimaveränderungen im Verlauf der letzten Millionen Jahre vor heute auf der Nordhalbkugel. K1 Würm-Kaltzeit, K2 Riss-Kaltzeit, K3 Mindel-Kaltzeit, W1 Postglaziale Neo-Warmzeit, W2 Eem-Warmzeit, W3 Holsten-Warmzeit. Verändert nach Schönwiese u. Diekmann (1989).

Astrophysikalische Gründe sind für die Eiszeiten verantwortlich, globale Kälteperioden, die durch Warmzeiten getrennt sind und Klimaschwankungen in kürzeren Intervallen verursachen. Die Position der Erdachse verändert sich in einem Zyklus von 41.000 Jahren geringfügig, unabhängig hiervon durchläuft die Erde einmal in 100.000 Jahren einen Zyklus ihrer einjährigen elliptische Umlaufbahn um die Sonne. Aus beiden Effekten resultiert die Präzession der Erdachse in einem 23.000jährigen Zyklus („Platonisches Jahr"), so dass sich die Intensität der auf der Erdoberfläche eingestrahlten Sonnenenergie in verschiedenen langfristigen Zyklen, den **Milankovic-Zyklen**, verändert. Diese Veränderung der Solarkonstante erklärt annähernd die ungefähr 100.000jährige Abfolge von Kalt- und Warmzeiten mit ihren Nebenmaxima (Abb. 9.15).

Neben diesen geologischen und astronomischen Ursachen werden weitere Gründe des Klimawechsels diskutiert. Vor allem die Weltmeere, deren oberste Wasserschicht (2 m) die gleiche Wärmekapazität wie die Atmosphäre hat, spielen eine zentrale Rolle. In Warmzeiten gibt es starke **Meeresströmungen** vom Nordatlantik über die Antarktis in den Nordpazifik, die im Nordatlantik große Wärmemengen freisetzen (Abb. 9.16). In den Erwärmungsphasen wird zudem über Schmelzwasserströme der Salzgehalt der Weltmeere, das spezifische Gewicht und der Verlauf der Meeresströmungen beeinflusst. In den Kälteperioden enthält die Atmosphäre weniger CO_2, möglicherweise weil mehr im Ozean gebunden ist, und weniger Methan, vermutlich weil es weniger Sumpfgebiete gibt, so dass der natürliche Treibhauseffekt geringer ausfällt. Zudem scheint die Atmosphäre mehr Staubpartikel zu enthalten, welche die eingestrahlte Sonnenenergie absorbieren. Aus diesen Befunden resultiert die etwas mechanistische Vorstellung, dass Weltmeere, Atmosphäre und Eisschild in enger Wechselwirkung stehen und dass es nur 2 Zustände, die Kalt- und die Warmzeit, gibt, zwischen denen das Klima hin- und herspringt. Den Meeresströmungen kommt dann möglicherweise

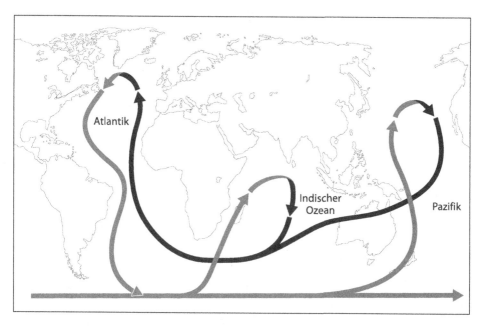

Abb. 9.16. Schematische Darstellung der globalen Meeresströmungen. Warme, salzarme Oberflächenströmungen (*schwarz*) vom Pazifik in den Atlantik sind mit kalten, salzreichen Tiefenströmungen (*grau*) vom Atlantik in den Pazifik und zirkumantarktisch verbunden. Nach Ramstorf (1999).

die Bedeutung eines Schalters zu, der einen Klimawechsel veranlasst (Broecker u. Denton 1990, Ramstorf 1999).

In Europa ist es gemessen an der geographischen Breite etwa 4 °C wärmer als in vergleichbaren Gebieten. Dies ist auf den Golfstrom zurückzuführen, der große Mengen Warmwasser aus der Karibik nach Norden transportiert. Er ist wiederholt mit Europas Zentralheizung verglichen worden. Der Motor dieser globalen Meeresströmungen liegt im Nordatlantik zwischen Grönland und Spitzbergen. Das fast reine Süßwasser der Meeresoberfläche gefriert zu Eis und Wasser mit höherer Salzkonzentration sinkt nach unten. Es wird durch anhaltende Gefriervorgänge schließlich so schwer, dass es in die Tiefe sinkt. Im kalten Wasser löst sich besonders viel CO_2, das auf diese Weise der Atmosphäre entzogen wird. Diese kalte Tiefenströmung reicht um die Antarktis bis in den Nordpazifik, von wo aus sich über eine warme Oberflächenströmung der Kreislauf schließt (Abb. 9.16). In den letzten 100.000 Jahren stand der Golfstrom während der sich dann ausbildenden Kaltzeiten mehrere Male still. Jetzt fließt er seit rund 10.000 Jahren wieder. Auch die derzeitige Klimaerwärmung kann den Golfstrom stoppen, denn hierdurch nehmen die Niederschläge im Norden zu und Polareis schmilzt vermehrt ab. Der Salzgehalt des marinen Oberflächenwassers nimmt ab, das Wasser wird leichter und sinkt nicht mehr in die Tiefe. Die Umwälzbewegung stoppt und der Golfstrom steht still. Prognosen zur aktuellen Geschwindigkeit der Temperaturerhöhung nehmen an, dass der Golfstrom in 100 Jahren stillstehen könnte (Stocker u. Schmittner

1997). Für Europa ergäbe sich dann eine Abkühlung, die aber teilweise durch den anthropogenen Temperaturanstieg wieder kompensiert würde.

Im Laufe der letzten 500 Mio. Jahre war es während rund 80 % der Zeit wärmer als heute, so dass während vieler Millionen Jahre feucht-tropische oder trocken-wüstenhafte Verhältnisse herrschten. Neben einer Reihe kurzer Kaltzeiten gab es zwei bemerkenswerte Kaltzeiten, die für lange Zeit einem globalen Temperatursturz gleichkamen: eine am Übergang Karbon/Perm und eine zweite im Tertiär (Abb. 9.14). Viele dieser Kaltzeiten sind paläontologisch als Perioden stärkeren **Aussterbens** von Arten bekannt. Dies trifft vor allem für den Übergang Ordovizium / Silur, das Devon, die Obertrias und einzelne Abschnitte der Trias zu. Die größte Katastrophe ereignete sich jedoch während der Abkühlung im Perm, der 75–90 % aller damals lebenden Arten in mehreren Wellen hintereinander zum Opfer fielen (Stanley 1988).

In der Kreidezeit herrschten die **wärmsten Temperaturbedingungen** überhaupt. Die Pole waren nicht vereist, es kamen nur selten Minusgrade vor, und eine tropische Vegetation erstreckte sich bis zum Polarkreis. Diese Warmzeit wies im Vergleich zu heute einen bis 10-mal höheren CO_2-Gehalt der Atmosphäre auf, der mit intensiver plattentektonischer Dynamik und erhöhtem Vulkanismus erklärt wird. Das Tertiär ist durch eine kurzfristige Folge von Warm- und Kaltzeiten gekennzeichnet, insgesamt hatte es jedoch einen Trend zur Abkühlung. In den letzten 800.000 Jahren gab es ausgeprägte Kalt- und Warmzeiten, die jedoch gleichmäßig um eine Mitteltemperatur streuten (Abb. 9.15). Es fällt auf, dass die Extreme immer größer werden und große Temperatursprünge in immer kürzeren Zeiträumen erfolgten. So dauerte es vom Minimum der Riss-Kaltzeit bis zum Maximum der Eem-Warmzeit weniger als 30.000 Jahre. Die Erwärmung betrug im Mittel der Nordhalbkugel 7 °C, kleinräumig aber auch 5 °C innerhalb weniger Jahrzehnte und erfolgte ohne menschlichen Einfluss.

Derzeit leben wir in der **postglazialen Warmzeit**, die auf die Würm-Kaltzeit folgte, welche vor 12.000 Jahren endete. Die Erwärmung selbst verlief schubweise und wurde immer wieder von kühleren Perioden gestört. Ausgeprägte Warmzeiten der historischen Zeit herrschten 6000–4100 v. Chr., 3000–1700 v. Chr., 1200–700 v. Chr., 300 v. Chr. –300 n. Chr. und 500–1400. Dazwischen gab es Kaltzeiten. Die letzte dieser kühleren Perioden war die sogenannte Kleine Eiszeit, die von 1400 bis 1850 herrschte (Abb. 9.17). Die anschließende neuzeitliche Erwärmung hält mit einer kurzen Unterbrechung von 1940–1970 heute noch an.

9.6.2
Zukünftige Klimaveränderung

In den letzten Jahren wird fast jährlich erneut festgestellt, dass das gerade verflossene Jahr das wärmste der letzten Jahrzehnte war. Dieser Befund steht in einem engen Zusammenhang mit der beschriebenen, **allgemeinen Erwärmungstendenz**, die sich seit dem 18./19. Jahrhundert durchsetzte. Dieser Vorgang verläuft langsam und hat vom Ende des 19. Jahrhunderts bis heute eine Erwärmung von 0,5 °C verursacht. Dies ist bereits eine bemerkenswerte Erhöhung, die ernst genommen

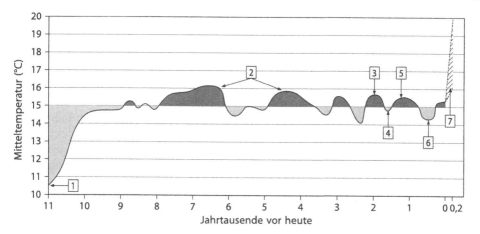

Abb. 9.17. Klimaveränderungen der letzten 11.000 Jahre auf der Nordhalbkugel und der Bereich der für die nächsten Jahre prognostizierten anthropogenen Erwärmung. 1 Würm-Kaltzeit, 2 Optimum des Holozän, 3 Warmzeit während der Römerzeit, 4 Kaltzeit während der Völkerwanderungszeit, 5 Mittelalterliche Warmzeit, 6 nachmittelalterliche Kaltzeit („Kleine Eiszeit"), 7 Warmzeit im Bereich der Prognose für die nächsten Jahre. Nach Schönwiese (1995).

werden muss, denn schließlich war auch die Kleine Eiszeit nur durchschnittlich 1 °C kühler als die 80er Jahre des 20. Jahrhunderts. Es muss bei Prognosen auch berücksichtigt werden, dass das Weltklima von Jahr zu Jahr beträchtlich schwankt, d.h., es gibt neben warmen Jahren immer auch kühlere Jahre. Insgesamt haben wir bis heute knapp die Durchschnittstemperaturen erreicht, die im 11. oder 14. Jahrhundert herrschten. Das Temperaturmaximum der letzten Warmzeit, der Eem-Warmzeit vor 100.000 Jahren, ist noch nicht erreicht (Abb. 9.17). Wenn jedoch die prognostizierte Erhöhung von 3 °C im 21. Jahrhundert tatsächlich eintritt, werden diese beiden Grenzwerte überschritten und es werden Temperaturen erreicht, die es seit 40 Mio. Jahren auf der Erde nicht mehr gegeben hat.

Es soll an dieser Stelle erwähnt werden, dass es ausgesprochen schwierig ist, solche aktuellen Temperaturänderungen zu messen. Die Erdoberfläche ist in sich inhomogen und die Messfehler bei den unterschiedlichen Methoden sind z.T. beträchtlich. Städtische Ballungszentren entwickeln ein eigenes Klima, so dass mit dem Anwachsen einer Stadt eine Erwärmung der Lufttemperatur vorgetäuscht wird. Temperaturen unterhalb von −39 °C sind mit Quecksilberthermometern nicht messbar und in vielen Großregionen der Erde wurden im 19. Jahrhundert noch keine Temperaturmessungen durchgeführt. Auch die vorhandenen langfristigen Messreihen sind oftmals mit großen methodischen Fehlern behaftet. Die **moderne Klimaforschung** existiert erst seit etwa 1960. Eine umfassende Verwertung der großen Datenmengen für detaillierte Prognosen ist zudem nur mit modernen Computeranlagen möglich.

Wenn wir die aktuelle Temperaturentwicklung mit Sorge betrachten, so hängt dies vor allem damit zusammen, dass die zu erwartende Erwärmung auch anthropogen verursacht ist, also mit der Erwärmung in der bisherigen Erdgeschichte nicht vergleichbar ist. Die zukünftige Klimaänderung wird vermutlich 50-mal schneller ablaufen als die bisherigen Änderungen. Das Ende der Erwärmung ist nicht absehbar, d.h. wenn alles so weiter läuft wie bisher, wird sie vermutlich auch über das Ende des 21. Jahrhunderts hinaus anhalten, dann jedoch Dimensionen erreichen, die aus heutiger Sicht nicht vorstellbar sind.

Im Rahmen dieser Erwärmungstendenz gab es von 1910 bis 1940 eine Temperaturerhöhung, die stärker als der damalige Treibhauseffekt war. Zwischen 1940 und 1970 kühlte sich die Erde ab, obwohl der Treibhauseffekt besonders stark hätte wirken müssen. In den letzten 30 Jahren schließlich stimmen Temperaturzunahme und Treibhauseffekt ungefähr überein. Diese Befunde deuten auf weitere Klima modulierende Mechanismen hin, z. B. den weltweiten **Vulkanismus.** Durch Vulkanausbrüche können große Mengen Staub und Schwefelsäure in die Atmosphäre befördert werden, wie etwa beim Ausbruch des Krakatau (Java 1883), der in den beiden Folgejahren zu kühleren Durchschnittstemperaturen auf der Nordhemisphäre führte. Eine geringe Erwärmung wird durch **El Niño** verursacht, eine pazifische Tiefenwasserströmung, die sich in unregelmäßigen Abständen ereignet. In Verbindung mit der Southern Oszillation, charakteristische Anomalien des Luftdrucksunterschieds zwischen West- und Ostpazifik, führt El Niño alle 3–4 Jahre zu wärmeren oder kälteren Wasserströmungen vor der südamerikanischen Pazifikküste. Diese beeinträchtigen das Weltklima für einige Monate in der Größenordnung von 0,1–0,2 °C und führen auch zu veränderten Niederschlagverhältnissen. Die Vulkanaktivitäten und El Niño mit Southern Oszillation erklären fast die Hälfte der Streuung der Globaltemperatur zwischen aufeinander folgenden Jahren (Jones u. Kelly 1988).

Warme Luft nimmt mehr Wasserdampf auf, wird also feuchter. Bei veränderten Temperaturverhältnissen werden sich also immer Luftfeuchte und Niederschläge, somit auch die Windintensität, kurz **das gesamte Klima** ändern. Allgemein geht man pro Grad Temperaturzunahme von 3 % mehr Niederschlag aus (Grassl 1993), d.h. der Wasserkreislauf wird beschleunigt. Es gibt jedoch keine global einheitliche Reaktion auf ein verändertes Klima, vielmehr differenzierte Veränderungen bei den einzelnen Klimazonen.

Wenn in 100 Jahren eine Erwärmung um 3 °C stattfindet, müssen die **Vegetationszonen** der mittleren Breiten 300 km nach Norden wandern, um Bedingungen wie zuvor anzutreffen. Im Gebirge entspricht dies einer Höhenverlagerung um 550 m. Die Geschwindigkeit der erforderlichen Nordwanderung ist 10- bis 30-mal größer, als sie bei Baumarten nach der letzten Eiszeit war; man kann also davon ausgehen, dass es für viele Pflanzen zu schnell ist. Viele Vegetationszonen werden kleiner und artenärmer werden, da sie nicht schnell genug wandern können. Die nördlichsten Ökosysteme wie die borealen Wälder oder die höchsten Ökosysteme im Hochgebirge werden kaum ausweichen können und sind besonders bedroht. Auf Artniveau bedeutet dies, dass die Zahl der Tier- und Pflanzenarten aus klimatischen Gründen abnehmen wird.

Im Allgemeinen werden vermutlich die Sommer kühler und trockener werden, Frühling und Herbst feuchter und wärmer, die durchschnittliche Sonnenscheindauer wird abnehmen (Wiin-Nielsen 1991). Das kontinentale Inlandklima der gemäßigten Breiten wird daher heißer und trockener, die

Küstengebiete werden jedoch wärmer und feuchter. Dies dürfte für **Mitteleuropa** zutreffen. In den USA wird der mittlere Westen und Kalifornien von Dürre und Wassermangel betroffen sein, Ähnliches gilt für die Staaten im eurasischen Steppenbereich von Turkmenistan bis zur Mongolei.

Das **Polargebiet** wird wärmer, so dass die Polarwüste kleiner wird, Tundren und borealen Wälder werden ebenfalls reduziert. In Kanada und Sibirien wird durch Auftauen des Permafrostbodens neuer landwirtschaftlich nutzbarer Boden hinzukommen. Der hieran gekoppelte mikrobielle Torfabbau wird jedoch vermehrt CO_2 freisetzen, also den Treibhauseffekt verstärken. Die landwirtschaftlichen Nutzflächen werden insgesamt nicht größer, sondern nur nach Norden verschoben. Hierdurch entstehen zusätzliche Probleme in kritischen Versorgungsgebieten wie Südamerika und Afrika.

Die **Tropen** werden von einem direkten Temperatureffekt weniger betroffen sein, vermutlich nehmen sie sogar an Fläche zu. Dies wird jedoch auf Kosten der subtropischen Wälder erfolgen, so dass sich eine Verlagerung zu feucht-wärmeren Waldökosystemen ergibt. Da gleichzeitig in den meisten Bereichen mit einem Rückgang der Niederschläge zu rechnen sein wird und dieser durch Abholzungen noch verstärkt wird, dürften die besonders nassen Ausprägungen des tropischen Regenwaldes seltener werden. Diese Veränderungen im Wasserhaushalt werden auch die Bergnebelwälder existentiell betreffen.

In der **Sahelzone** ist nach einer Phase eher zu nasser Jahre zwischen 1969 und 1990 eine Abnahme der Regenfälle festzustellen. Hierdurch hat sich die Wüste 100 km nach Süden ausgedehnt (Tucker et al. 1991). Menschliche Eingriffe wie Überweidung, intensive Landwirtschaft und Feuerholzschlagen verstärken diesen Effekt. Bei einer anhaltenden Klimaänderung ist mit einer weiteren Verschiebung der Sahelzone nach Süden zu rechnen, so dass die Sahara wachsen wird. Gleichzeitig ist mit einer Abnahme der subtropischen Wälder und einer Zunahme der Savannenbereiche zu rechnen (Shugart 1990). In vergleichbarer Weise wird das Mittelmeergebiet arider werden und teilweise Wüstencharakter annehmen.

Die veränderten Niederschlagsverhältnisse werden sich auf die **Wasserführung** der großen Flüsse auswirken. Mekong und Brahmaputra werden erheblich mehr Wasser führen, so dass es in Thailand, Laos, Kambodscha, Vietnam und Bangladesch zu mehr Überschwemmungen kommt. Niger, Chari, Senegal, Volta und blauer Nil werden etwas mehr Wasser führen und in ihrem Einzugsgebiet landwirtschaftliche Flächen sichern. Hingegen werden Hwang Ho (China), Euphrat und Tigris (Naher Osten) und der Sambesi (Sambia, Zimbabwe) weniger Wasser führen, so dass die Landwirtschaftsgebiete, die von diesen Flüssen leben, wahrscheinlich kleiner werden.

Erhöhte Temperaturen führen zu einer Zunahme von Stürmen und anderen **extremen Wetterlagen** wie Hagel oder Spätfrösten. In Europa führten orkanartige Winterstürme (Vivian und Wiebke 1990, Lothar 1999) zu Waldschäden, die ein Mehrfaches einer normalen Jahresnutzung als Sturmholz anfallen ließen. In den Tropen kann die Erwärmung der tropischen Ozeane um nur ein Grad schon zu einer Verdoppelung der Zahl entstehender Wirbelstürme führen. Die durch solche Naturkatastrophen verursachten Schäden nehmen seit Jahren sehr stark zu (Abb. 9.18).

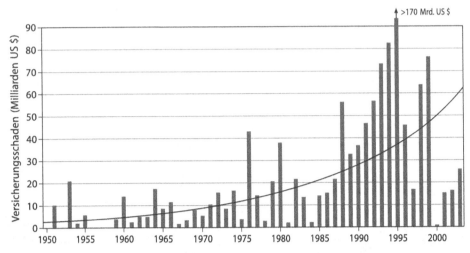

Abb. 9.18. Zunahme von Versicherungsschäden (Mrd. $) durch Naturkatastrophen weltweit während der letzten 50 Jahre. Nach www.munichre.com.

Es ist umstritten, wie sich eine allgemeine Temperaturerhöhung auf das **Festlandeis** und den Meeresspiegel auswirken wird. Da sich 90 % des Welteises in der **Antarktis** befinden und sein völliges Abschmelzen, was mehrere tausend Jahre benötigen würde, den Meeresspiegel um 70–80 m ansteigen ließe, kommt der Antarktis eine besondere Bedeutung zu. Eine globale Temperaturerhöhung um 3 oder 5 °C wird in der zentralen Antarktis (mittlere Jahrestemperatur –40 °C) jedoch kein Eis zum Schmelzen bringen. Die Luft könnte hingegen mehr Feuchtigkeit aufnehmen, so dass es vermehrt schneien würde. Die Eisvorräte würden wachsen, der Meeresspiegel könnte sogar geringfügig sinken. Anders ist die Situation aber möglicherweise in der Westantarktis, wo das Eis Kontakt zum Meerwasser hat. Mit der Erwärmung des Oberflächenwassers um 0,2 °C innerhalb der letzten Jahrzehnte schmelzen die Gletscher von unten an, dann brechen riesige Stücke ab und driften weg (Rignot u. Jacobs 2002).

Unbestritten ist die Reaktion des Festlandeises auf das Klimageschehen. Die **alpinen Gletscher** hatten während der Kleinen Eiszeit ihre maximale Ausdehnung in der Neuzeit erreicht. Seit 1860 erfolgt eine noch anhaltende Phase des Gletscherrückgangs. Heute liegt das Gletscherende des Großen Aletschgletschers 3 km weiter talaufwärts, beim Rhonegletscher sind es 2 km. Gletscher werden als sensible Indikatoren der Klimaänderung betrachtet, die jedoch je nach Größe mit einer Verzögerungszeit von einigen Jahren reagieren. In den vergangenen 140 Jahren haben die alpinen Gletscher ca. 35 % ihrer Fläche und 50 % ihres Volumens verloren.

Die Winter der letzten Jahre sind in den Alpen nicht unbedingt schneeärmer geworden. Seit einigen Jahren zeichnet sich jedoch ein Trend zu verspäteten **Schneefällen** im Februar ab, so dass der erste Teil des Winters relativ schneearm und warm ist. Hiervon ist nicht die absolute Schneemenge betroffen, jedoch die Zahl der Tage mit Schneebedeckung. Dies hat negative Auswirkungen auf den Wintersport. Bei der prognostizierten Klimaveränderung wird sich die Schneefallgrenze um 300–500 m anheben, so dass unterhalb von 1200 nur noch selten eine geschlossene Schneedecke zu erwarten ist.

In den vergangenen 10.000 Jahren stieg der **Meeresspiegel** der Weltmeere um 50 m an. Zu Zeiten der stärksten Erwärmung erfolgte der Anstieg mit etwa 1 m/Jahrhundert ausgesprochen schnell, in den letzten 2000 Jahren haben sich die Pegelverhältnisse aber weitgehend stabilisiert. Im Verlauf der letzten 100 Jahre dürfte der Meeresspiegelanstieg weltweit 15 cm betragen haben, an der deutschen Nordseeküste 25–30 cm (Kunz 1993). Dieser Anstieg hängt mit der nacheiszeitlichen Erwärmung zusammen, die eine Zunahme des Ozeanvolumens bewirkt (thermische Expansion). Gleichzeitig erhöht sich durch abschmelzende Gletschermassen der Wassereintrag; dies macht etwa die Hälfte des Gesamtanstieges aus. Das Ausmaß des zukünftigen Anstiegs ist weiterhin umstritten. Unter der Annahme, dass der Treibhauseffekt nicht begrenzt werden kann, wird von 3–7 mm/Jahr ausgegangen, dies entspräche einem Anstieg von 30–70 cm in den kommenden 100 Jahren.

Dieser Anstieg wird jedoch aus tektonischen Gründen nicht gleichmäßig über alle Weltmeere verteilt sein, sondern Bereiche wie den Nordatlantik samt Nordsee sowie einige Küsten Asiens, vor allem Indien, besonders betreffen. Gezeiten werden ausgeprägter verlaufen, d.h. **Sturmfluten** werden höher ausfallen. Sie gefährden v.a. Gebiete mit flacher Küste wie Holland, Florida und Bangladesch. Flache Inseln oder Inselgruppen wie die Malediven, Kiribati, Tuvalu und die Marshall-Inseln, die oft nur 1–2 m über den Meeresspiegel ragen, könnten im Meer versinken. 1992 wurden bereits 2 Inseln der Malediven evakuiert. Auch Küstenstädte, die fast auf dem Niveau des Meeresspiegels liegen, sind von solch einem geringfügigen Anstieg bedroht. Dies könnte zutreffen auf Städte wie Venedig, Alexandria, Bangkok, Shanghai und Dhakka.

Möglicherweise deuten die regelmäßigen **Überschwemmungen**, wie sie in Bangladesch vorkommen, bereits auf einen solchen Zusammenhang hin. Durch die Flüsse Ganges und Brahmaputra, die das größte Mündungsdelta der Welt bilden, und durch die lange Meeresküste sind drei Viertel der Fläche von Bangladesch überschwemmungsgefährdet. Im Einzugsgebiet dieser Flüsse ist die Wasserrückhaltekraft nach großflächigen Abholzungen im Himalaja zurückgegangen, an den Küsten nehmen die Wirbelstürme zu. Ein Zehntel des Landes liegt nach umfangreichen Eindeichungen unterhalb des Meeresspiegels, ein Drittel liegt nur 2 bis 4 m darüber. Da in diesen fruchtbaren Überschwemmungsgebieten die Siedlungsdichte mit 2000 Menschen/km^2 extrem hoch ist, führt jedes Hochwasser zwangsläufig zur Katastrophe. Bei einer Bevölkerung von 143 Mio. Menschen und einem Bevölkerungswachstum, das erst zwischen 350–400 Mio. zum Stillstand kommen wird, gibt es in Bangladesch keine Möglichkeit, auf die Besiedlung dieser Flächen zu verzichten. Bei den bisher schlimmsten Stürmen 1970 starben 500.000 Menschen. 1988 standen drei Viertel des Landes unter Wasser und bei den Stürmen 1991, die über 150.000 Todesopfer forderten, wurde ein Viertel des Landes unter Wasser gesetzt.

Viele **kriegerische Ereignisse** der Vergangenheit hatten in Verbindung mit einer Überbevölkerung der damaligen Lebensräume letztlich **klimatische Auslöser**. Dies dürfte insbesondere auf die indogermanische Völkerwanderung (1200–1000

v. Chr.) und die germanische Völkerwanderung (375–568 n. Chr.) zutreffen, die beide während einer Kaltphase nach Süden gerichtet waren. Eine Warmphase erlaubte es Hannibal, 218 v. Chr. die damals ganzjährig schneefreien Alpenpässe mit Elefanten zu überqueren, erleichterte den Römern aber auch den Aufbau ihres Weltreiches. Im mittelalterlichen Klimaoptimum gelang es den Wikingern, über einen Seeweg, der heute voll Treibeis ist, Nordamerika zu erreichen. Gleichzeitig wurde Grönland besiedelt („Grünland"), während in einer kälteren Phase wenige Jahrzehnte zuvor die Besiedlung Islands („Eisland") noch scheiterte. In der anschließenden Kleinen Eiszeit mussten dann die nordamerikanischen Wikingersiedlungen wieder aufgegeben werden. In Europa häuften sich Missernten und Hungersnöte, und es wurde schon die Ansicht vertreten, die sozioökonomischen Folgen des Klimawandels seien schlimmer als die der Pest gewesen. Vermutlich waren klimatische Gründe mit dem Bevölkerungswachstum eine wichtige Ursache der Bauernkriege, des Dreißigjährigen Krieges und der neuzeitlichen Auswanderungswelle in die Neue Welt (Gribbin u. Gribbin 1992).

Aus Bangladesch, das in diesem Jahrhundert möglicherweise ein Viertel seiner Fläche verlieren wird, und aus ähnlich betroffenen Gebieten wird sich dann wegen der immer schlechter werdenden Lebensbedingungen ein **Flüchtlingsstrom** in benachbarte Länder bzw. in die Industriestaaten ergießen, dessen Ausmaß nicht abschätzbar ist. Vermutlich sind bereits heute ein Teil der Wirtschaftsflüchtlinge in Wirklichkeit Klimaflüchtlinge. Da die Staaten, in die diese Flüchtlinge gelangen wollen, meist nur geringe Aufnahmekapazitäten haben, ist international vermehrt mit Spannungen und Krisen zu rechnen.

Veränderung der Umwelt

Schon immer hat der Mensch versucht, die ihn umgebenden Lebensräume zu seinem Vorteil zu verändern und schon zu Zeiten des Jäger- und Sammlertums kam es zur Beeinträchtigung von Ökosystemen. Unsere Vorfahren haben einzelne Tierarten ausgerottet und andere gefördert. Mit der Sesshaftigkeit entstanden vom Menschen stark beeinflusste Lebensräume (Beispiele: Agrarlandschaft, Wirtschaftswälder), andere Ökosysteme wurden vernichtet (Beispiele: Hochmoor, Auenwald), wieder andere neu geschaffen (Beispiele: Weidelandschaften, Stadtökosysteme).

Unsere Welt ist durch ein **Nebeneinander von Ökosystemen** gekennzeichnet, die unterschiedlichen Beeinträchtigungsgraden ausgesetzt sind. Der größte Teil der terrestrischen Lebensräume ist als Kulturlandschaft einschließlich Wäldern, Stadtökosystemen und Fliessgewässern unter weitgehender Kontrolle des Menschen. Naturlandschaften ohne menschlichen Einfluss finden sich in Mitteleuropa nur noch in kleinflächigen Resten: Im Flachland wenige Moore und Seen, kurze Küstenabschnitte, im Mittelgebirge einige hochgelegene Waldstandorte und Felsgebiete, im Hochgebirge Teile der alpinen Stufe. Alle Lebensräume unterliegen indirekten Beeinträchtigungen wie Immissionen durch Schadstoffe, so dass es heute kaum mehr möglich ist, Ökosysteme außerhalb der menschlichen Einflusssphäre zu finden.

Wegen unseres weitgehend fehlenden historischen Gedächtnisses fällt es uns schwer, das Ausmaß der **anthropogenen Veränderung** der Welt zu sehen. Aus vegetationskundlicher Sicht wissen wir jedoch, dass die potentiell natürliche Vegetation Mitteleuropas meist aus Wäldern besteht, während heute offene Landschaften vorherrschen. Viele waldfreie Gebiete sind daher anthropogen. Dies trifft v. a. auf die Lüneburger Heide zu, deren Eichen-Birken-Wälder teilweise schon in vorgeschichtlicher Zeit abgeholzt wurden, zum einen zur Holz- und Brennholzgewinnung, zum anderen aber auch, um die Heideflächen zur Honiggewinnung zu vergrößern. Selbst eine Vermoorung kann anthropogen sein, wenn auf eine Entwaldung der Grundwasserspiegel steigt. Viele Karstlandschaften sind durch den Einfluss des Menschen entstanden, weil nach Abholzung des Waldes Regenfälle die obersten Erdschichten wegspülten. Bereits in vorchristlicher Zeit wurden große Teile des Libanon, Palästinas, Dalmatiens und des Atlas zerstört. Waldzerstörung wegen Brennholzmangel (Kap. 4.5.5) und Bodenerosion durch unsachgemäße landwirtschaftliche Nutzung sind heute weltweite Probleme (Kap. 3.4.4). Großräumig bewässerte Gebiete gibt es seit mindestens 3000 v. Chr. (Mesopotamien), großräumig entwässerte Gebiete seit mindestens 2000 v. Chr., (Nildelta), gleich alt sind Versalzungsprobleme der künstlich bewässerten Landwirtschaftsgebiete (Kap. 3.4.3).

Viele destruktive Veränderungen können **nicht rückgängig** gemacht werden, weil die Entwicklung eines Ökosystems mit seinen komplexen Wechselwirkungen viel Zeit benötigt. Die Entwicklung einer artenarmen Hecke dauert 50–150 Jahre, die einer artenreichen Hecke 150–250 Jahre. Genauso lange benötigen viele Wälder und Auwälder zur Entstehung. Niedermoore und Übergangsmoore wachsen in 250–1000 Jahren heran, Hochmoore und Wälder mit alten Bodenprofilen benötigen bis 10.000 Jahre zu ihrer kompletten Ausprägung (Kaule 1991).

10.1
Ökosysteme

10.1.1
Mitteleuropas Umgestaltung zur Kulturlandschaft

Mit wachsender Bevölkerung nahm der Umfang landwirtschaftlich genutzter Flächen und die Intensität der Nutzung zu (Kap. 3.1.2), bis sich die heutige **industrielle Landwirtschaft** entwickelt hatte. Die ersten landwirtschaftlichen Nutzflächen konnten vermutlich durch Waldrodungen gewonnen werden. Als mehr Arbeitskräfte bzw. Maschinen zur Verfügung standen, konnten auch Feuchtgebiete entwässert und Flüsse begradigt werden. In einer letzten Phase wurden dann historisch entstandene Flurgrenzen und durch Erbrecht bedingte Flächenzersplitterung bereinigt und großräumige Agrarlandschaften angelegt.

Eine **Agrarlandschaft** besteht aus offenem Ackerland, welches für einjährige Kulturen jährlich umgebrochen wird, und aus Grünland. Letzteres können intensiv gedüngte Fettwiesen sein, einmal gemähte Magerwiesen oder auch Bergweiden und Almen. Daneben gibt es wenig genutzte Elemente wie Wegränder, Böschungen, Hecken, Flurbäume, Alleen usw. Schließlich umfasst der **Siedlungsbereich** des Menschen mit Gärten, Friedhöfen und Parks, Straßenrändern und Flachdächern, sowie Innenstadtzonen und Brachflächen eine Fülle von Lebensräumen für Tiere und Pflanzen, die als Stadtökosystem bezeichnet werden. Siedlungsbereich und Landwirtschaftszone bilden die **Kulturlandschaft**, in welcher der moderne Mensch entstanden ist und die ihn auch geprägt hat.

In Deutschland umfasst die Kulturlandschaft fast zwei Drittel aller Flächen, knapp ein Drittel ist Wald, kleine Anteile sind Gewässer bzw. naturnahe Reste (Tabelle 10.1). In den letzten 50 Jahren nahm der Anteil naturnaher Flächen ab, Waldbereiche und Seen nahmen geringfügig zu und die Kulturlandschaft wuchs unaufhörlich. Innerhalb der Kulturlandschaft gibt es eine Verschiebung von landwirtschaftlich genutzten Flächen zu Siedlungs- und Verkehrsflächen. In Österreich und der Schweiz ist der Anteil von Wald und Hochgebirge deutlich höher.

Tabelle 10.1. Flächenaufteilung (%) in Deutschland, Österreich und der Schweiz. Nach Angaben der jeweiligen statistischen Behörden (Österreich, Schweiz) bzw. des Umweltbundesamtes Deutschlands.

	Deutschland 1935	Deutschland 2001	Österreich 2003	Schweiz 1997
Wald	28,3	29,5	43,2	64,1
Alpen / Hochgebirge			10,3	
Landwirtschaftsfläche	59,5	53,5	31,4	24,9
Gewässer	1,5	2,3	1,7	4,2
Siedlungs- und Verkehrsflächen	5,7	12,3	13,4	6,8
Sonstige Flächen	5,0	2,4		

Die reich strukturierte Kulturlandschaft hat einen hohen **Erholungswert** für die Menschen. Dies führt zu einer immer stärkeren Erschließung der Landschaft, auch in Wald- und Berggebiete hinein. Feriensiedlungen, Seilbahnen, Sportanlagen sowie Verkehrszubringer zerstören aber das traditionelle Landschaftsbild in demselben Umfang, in dem sie es erschließen. In Verbindung mit der Monotonisierung der Agrarflächen („Agrarsteppen") findet daher eine Entwertung der Kulturlandschaft statt. Je naturnaher ein Landschaftsbild und je traditioneller seine Nutzung, desto „schöner" wird es empfunden und desto höher ist sein Erholungswert. Übernutzte Gebiete werden zunehmend gemieden (Hunziker 1991).

Die **Veränderung der Agrarlandschaft** ist charakterisiert durch eine intensivere Bearbeitung der Felder (Kap. 3.1.2), eine enge Fruchtfolge, also immer weniger Nutzpflanzenarten in immer schnellerer Rotation, und Flächenzusammenlegung. Hierdurch ergibt sich eine geometrisch aufgeteilte, ausgeräumte und monotone Agrarsteppe, die als Lebensraum für Tier- und Pflanzenarten, aber auch als Erholungsraum für den Menschen wertlos wird (Abb. 10.1). Hohe Anteile landwirtschaftlich genutzter Flächen mit über 60–70 % der Gesamtfläche finden sich heute in Deutschland vor allem in Nord- und Ostdeutschland sowie in Bayern.

Kleinstrukturen oder Saumelemente der Landschaft vergrößern die Ränder der Landschaftselemente, vermehren die Kontaktzonen und verbessern die Verzahnung innerhalb eines Systems. Im ökologischen Sinn fördern Kleinstrukturen die Selbstregulierung eines Systems und seine Stabilität. Landwirtschaftlich bedeutet dies weniger Schädlinge und Krankheiten, mehr natürliche Gegenspieler, weniger wirtschaftliche Verluste und auch weniger Biozideinsatz. Bei Kleinstrukturen ist ihre Einbindung in die Umgebung ganz wichtig. Eine Hecke benötigt einen Krautsaum, um für Arten des umliegenden Ackerlandes attraktiv zu sein und um Artenaustausch mit dem Umland zu ermöglichen. Kleingewässer benötigen eine Pufferzone zur Landwirtschaftszone, damit der Eintrag von Dünger und

Bioziden verhindert werden kann, aber auch um die Erosion zu mindern. Eine einzelne Hecke ist zwar wertvoll, ein **Verbundsystem** von Hecken bietet jedoch Lebensraum für mehr Arten, hat also eine höhere Qualität.

Die **Flurbereinigung** hat einen verhängnisvollen Einfluss auf die Struktur der Kulturlandschaft genommen (Abb. 10.1), denn sie ermöglichte letztlich die heutige Intensivierung der Landwirtschaft. Hecken, Wegraine und Böschungen wurden beseitigt, Gräben oder Bäche verrohrt oder zugeschüttet. Feld- oder Wegraine verschwanden mit Ausdehnung der Ackerflächen bis an den asphaltierten Feldweg, die Erosion nahm zu. Mit der Zerstörung dieser Lebensräume verschwanden zahlreiche Tier- und Pflanzenarten. Hierfür wurden in Deutschland gewaltige finanzielle Mittel eingesetzt, allein zwischen 1968 und 1988 (umgerechnet) 500 Mio. Euro jährlich (Plachter 1991). Erst seit einigen Jahren zeigt sich ein gewisses Umdenken, und es werden auch ökologische Gesichtspunkte berücksichtigt. Von den ehemaligen kleinräumigen, ökologisch intakten Kulturlandschaften sind wir heute aber weit entfernt. Seit etwa 20 Jahren gibt es in vielen Staaten Programme, in denen Entschädigungen für die Neuanlage und Pflegen von Kleinstrukturen (Heckenprogramm, Ackerrandstreifenprogramm, Unterstützungen für Gewässerränder, Streuobstwiesen, Trockenstandorte, Buntbrache usw.) oder für biologische Bewirtschaftungsformen gezahlt werden.

Feuchtgebiete wie Hochmoore, Flachmoore und Übergangsmoore, manchmal zu Moorlandschaften verschmolzen, waren die eindeutigen Verlierer beim Entstehen der Kulturlandschaft. Sie stellen empfindliche Ökosysteme dar, die durch Torfabbau, Entwässerung, Aufforstung bzw. Umwandlung in Ackerland oder Grünland vollständig vernichtet werden können. In Deutschland und Holland sind beispielsweise über 50 % der 1950 noch vorhandenen Feuchtgebiete bis 1980 verschwunden (World Resources Institute 1992). Holland ist auch ein gutes Beispiel, um aufzuzeigen, wie Großräume verändert werden können, wenn über Jahrhunderte Flüsse reguliert, Sümpfe trockengelegt und die Küstenlinie ins

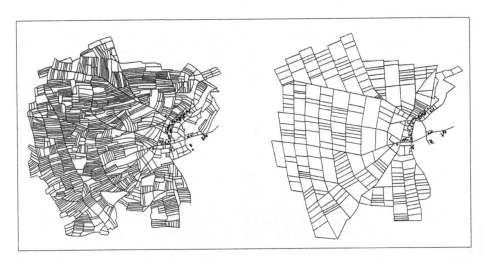

Abb. 10.1. Parzellierung der Agrarlandschaft vor und nach einer Flurbereinigung. Verändert nach Diercks (1983).

Meer vorgeschoben werden. Würden alle Küstenschutzmaßnahmen eingestellt und die ununterbrochen arbeitenden Pumpen abgestellt, würde die halbe Fläche Hollands wieder vom Meer eingenommen (Abb. 10.2).

In der Schweiz wurde 1991 ein **Inventar der Moorlandschaften** erstellt, das von 329 potentiellen Moorlandschaften 91 als „besonders schön und von nationaler Bedeutung" auflistet. Diese durchschnittlich 10 km² großen Lebensräume nehmen eine Fläche von knapp 1000 km² ein, gut 2 % der Landesfläche der Schweiz. Vor 200 Jahren lag der Anteil dieser Lebensräume bei einem Viertel bis einem Drittel der Landesfläche, er hat also auf ein Fünfzehntel seiner ehemaligen Bedeutung abgenommen. Alle Feuchtgebiete zusammen sind in der Schweiz von 1850 bis 1980 um 90 % zurückgegangen.

Mit der Sesshaftigkeit des modernen Menschen entstanden vor 5000 Jahren erste Städte. Mit zunehmender Bevölkerungsdichte nimmt der Anteil der Menschen, der in Städten oder **Ballungsgebieten** lebt, zu, so dass die Verstädterung als ein charakteristischer Aspekt des Bevölkerungswachstums anzusehen ist (Kap. 2.5.1). Seit der Jahrtausendwende leben bereits drei Viertel aller Menschen in urbanen Ballungsgebieten. Speziell in den Industriestaaten gibt es noch eine Wohlstandskomponente des Städtewachstums, da die pro Person benötigte Wohnfläche stetig zunimmt. 1960 nutzte jeder Stadtbewohner in Deutschland weniger als 20 m² Wohnfläche, 1990 jedoch über 35 m². Städte können also flächenmäßig noch wachsen, auch wenn ihre Bevölkerung abnimmt. Der höchste Anteil von Siedlungs- und Verkehrsflächen findet sich in Deutschland in den Ballungsräumen von Rhein und Ruhr, Main und Neckar sowie um Großstädte wie Berlin, Hamburg, Bremen, Hannover, Nürnberg, Stuttgart und München.

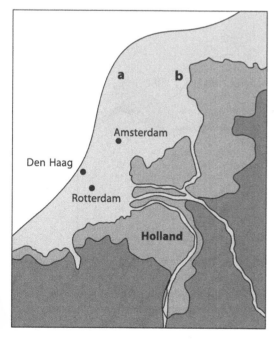

Abb. 10.2. Heutiger Verlauf der Küstenlinie Hollands (a) und ungefährer Küstenverlauf (b), wenn es keine Deiche und andere Schutzmaßnahmen gäbe. Verändert nach Goudie (1982).

Ein wesentlicher Bestandteil von Siedlungen sind **Verkehrsflächen**. In Deutschland machen sie 40 % des Siedlungsbereiches aus. Hierbei kann es sich um Straßen (von nicht asphaltierten Wegen bis zu Autobahnen), Eisenbahntrassen, Schifffahrtskanäle oder Flughäfen handeln. Sie sind meist für Tiere und Pflanzen nicht besiedelbar, trennen aber ihre Lebensräume. Beim Versuch der Überquerung kommt es in der Regel zum Tod des Organismus, d. h. der destruktive Effekt von Verkehrswegen ist groß. Der Autoverkehr kann jährlich 25 % einer Amphibienpopulation töten, so dass es in wenigen Jahren zum Erlöschen einer Population kommen kann (Plachter 1991). Selbst wenig befahrene Straßen sind für laufende Insekten ein kaum überwindbares Hindernis. Gemessen am Zuwachs der Siedlungsflächen nehmen Verkehrswege und die dazugehörigen Infrastrukturen überproportional zu. Vor allem in Großstädten und Ballungszentren ist ihr Flächenanteil oft erschreckend hoch (Abb. 10.3).

Straßen fördern die Zersiedlung der Landschaft und die Zersplitterung von Populationen, d. h. ehemals zusammenhängende Lebensräume werden in isolierte Bereiche geteilt. Dies kann sich auf die genetische Struktur von Populationen, die nun voneinander isoliert sind, negativ auswirken und zu **Inzuchteffekten** und dem Aussterben lokaler Populationen führen, wenn eine Minimalgröße unter-

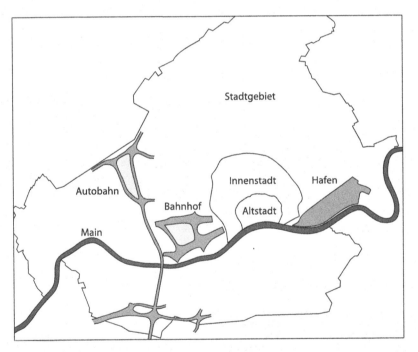

Abb. 10.3. Stadtgebiet von Frankfurt/Main mit den Bereichen der historischen Altstadt und der später gewachsenen Innenstadt, dem heutigen Stadtgebiet sowie den Flächen, die für den Mainhafen, den Hauptbahnhof und die wichtigsten Autobahnen benötigt werden. Diese Hauptverkehrsflächen sind mit fast 10 % des Stadtgebiets größer als Altstadt und Innenstadt zusammen.

schritten ist. Dieser Effekt ist für große Wirbeltiere seit längerem bekannt, konnte inzwischen aber auch für Insekten nachgewiesen werden (Keller u. Largiadèr 2003). Da in den verkleinerten Lebensräumen Störeffekte am Rand häufiger werden und bestimmte Lebensraumstrukturen mit abnehmender Größe auch seltener werden, ist die für empfindliche oder spezialisierte Arten effektiv nutzbare Größe dieser Gebiete kleiner als ihre reine Flächengröße. Mit zunehmender Straßendichte nimmt also die Arealgröße und die Zahl der darin lebenden Arten ab.

Im Siedlungsbereich ist etwa die Hälfte der Oberfläche der Siedlungs- und Verkehrsfläche **versiegelt**, dies entspricht etwa 7 % der Fläche Deutschlands. Niederschläge können nicht mehr im Boden versickern, sondern werden direkt durch die Kanalisation und die Kläranlage in die Flüsse geleitet. Dies beansprucht die Kapazität der meisten Kläranlagen, führt zur Beschleunigung des Wasserkreislaufs, zu einem Rückgang der Bodenfeuchtigkeit und des Grundwasserspiegels, zu häufigeren Hochwasserkatastrophen und letztlich zu einer Gefährdung der Wasserversorgung.

Mittelfristig kann eine Verminderung des Landschaftsverbrauchs durch Siedlungs- und Verkehrsflächen nur durch veränderte Planungskonzepte erreicht werden. Statt eines Städtewachstums in die Breite muss eine **innere Verdichtung** angestrebt werden, so dass die Idylle freistehender Einfamilienhäuser möglicherweise bald Vergangenheit ist. Ein vermehrter Einbezug von Nahverkehrssystemen reduziert die Notwendigkeit des Straßenausbau. Innenstädte ohne Parkhäuser, dafür mit attraktiven Bus- und Bahnverbindungen, Sportstätten nicht an der Peripherie mit Parkplätzen und Zubringern, sondern in den Ballungsgebieten auf kurzen Wegen erreichbar, gezielte Aus- und Umbauten für Fußgänger, Radfahrer und Bahn sind nur einige der Möglichkeiten, die zu fordern sind.

10.1.2
Wälder

Wälder bedecken heute 30 % der Landfläche der Erde, vor der Sesshaftigkeit des Menschen nahmen sie mindestens doppelt so viel Fläche ein. Heute liegen 52 % der Wälder in den Tropen, 9 % in den Subtropen, 13 % befinden sich in der gemäßigten Zone, 25 % im borealen Bereich. Wälder sind ein wichtiger Lebensraum für Tiere und Pflanzen, sie speichern CO_2 in Form von Biomasse, absorbieren Luftschadstoffe, dienen der Wasserrückhaltung, vermindern Bodenerosion und produzieren neben Holz ein breites Spektrum an Produkten wie Früchten, Harzen, Ölen, Latex und Pharmazeutika. Eine wichtige Funktion üben sie auch als Erholungsraum für den Menschen aus.

Waldrodungen fallen derzeit jährlich vor allem in den Tropen und Subtropen 15 Mio. ha zum Opfer (allein 16 % davon in Brasilien, 9 % in Indonesien), dies entspricht einem Verlust von 0,38 % der Waldfläche. Gleichzeitig werden vor allem in den gemäßigten Zonen jährlich 6 Mio. ha aufgeforstet (die Hälfte davon in China, Box 4.5), so dass die Waldfläche der Erde insgesamt jährlich um 0,22 % abnimmt (Tabelle 10.2). Die größten Waldverluste ergaben sich in Afrika und Südamerika

Tabelle 10.2. Veränderung des Waldanteils der Großregionen der Welt und der jeweils waldreichsten Länder (2000). Die Definition von Wald bezieht sich auf die der FAO, die jährliche Veränderung basiert auf Veränderungen zwischen 1990 und 2000, als waldreich wird eine Fläche von > 300.000 km² definiert. Nach www.fao.org.

Großregion	Waldanteil (%)	Jährliche Veränderung (%)	Land	Jährliche Veränderung (%)
Afrika	16,9	– 0,8	Angola	– 0,2
			Kongo	– 0,4
			Mosambik	– 0,2
			Sudan	– 1,4
			Tansania	– 1,2
			Sambia	– 2,4
Asien	14,3	– 0,1	China	+ 1,2
			Indien	+ 0,1
			Indonesien	– 1,2
			Myanmar / Burma	– 1,4
Europa	27,1	+ 0,1	Russland	0
Nord- und Mittelamerika	14,3	– 0,1	Kanada	0
			Mexiko	– 1,1
			USA	+ 0,2
Südamerika	22,2	– 0,4	Argentinien	– 0,8
			Bolivien	– 0,3
			Brasilien	– 0,4
			Kolumbien	– 0,4
			Peru	– 0,4
			Venezuela	– 0,4
Ozeanien	5,2	– 0,2	Australien	– 0,2
			Papua Neuguinea	– 0,4
Welt	100	– 0,2		

mit 0,8 % Flächenverlust jährlich. Neben den in Tabelle 10.2 aufgelisteten Staaten fanden große Flächenverluste (über 100.000 ha jährlich während eines Jahrzehnts) oder hohe Rodungsraten (> 3 % jährlich während eines Jahrzehnts) vor allem in Afrika und Lateinamerika statt (Kamerun, Elfenbeinküste, Ghana, Madagaskar, Mali, Nigeria, Ruanda, Togo, Simbabwe, Malaysia, Thailand, El Salvador, Haiti, Nicaragua, Ecuador, Paraguay). Rodungen werden zu etwa 90 % mit dem Ziel einer landwirtschaftlichen Nutzung durchgeführt, häufig ist auch die Nachfrage nach Holz (überwiegend als Brennholz) groß. Da Wälder ein Drittel des Kohlenstoffs der Biosphäre binden, wirkt sich der Waldrückgang auf den CO_2-Haushalt (Kap. 9.5) und den Wasserhaushalt, also das weltweite Klima aus. Zusätzlich ergibt sich durch den Flächenverlust ein negativer Einfluss auf die Biodiversität der Erde (Kap. 10.2.3).

Über viele Jahrhunderte wurden die **mitteleuropäischen Wälder** nicht nachhaltig bewirtschaftet. Bei Bedarf wurde abgeholzt und die Naturverjüngung sorgte für ein Nachwachsen. Mit zunehmender Bevölkerungsentwicklung und Industrialisierung nahm der Holzbedarf vor allem zur Energiegewinnung so stark zu, dass mehr Holz entnommen wurde als nachwuchs. Gleichzeitig wurde die Streuschicht der Wälder als Stallstreu und als Dünger für die Landwirtschaft verwendet, so dass es zum Raubbau am Wald kam, der durch intensive Beweidung noch verstärkt wurde. Über Jahrhunderte nahmen die Waldflächen ab und die Böden verarmten, bis vor 200–250 Jahren die Waldgebiete in Deutschland auf ein Zehntel ihrer ursprünglichen Fläche geschrumpft waren. Nach der Erfindung von Dampfmaschine und Eisenbahn, die den Kohlentransport über weite Strecken ermöglichte, minderte sich der Nutzungsdruck auf den Wald. Großflächige Aufforstungen wurden nun nach ökonomischen Gesichtspunkten durchgeführt und führten in vielen europäischen Ländern erstmals wieder zu einer Zunahme der Waldflächen (Abb. 10.4). Es handelte sich hierbei um Altersklassenwälder aus einer Baumart, also Wirtschaftswälder. Häufig wurden nicht die standortgerechten Baumarten angepflanzt, da diese auf den ausgelaugten Böden nur schlecht gediehen, sondern Kiefern und Fichten als schnell wachsende und anspruchslose Bäume.

Solche **Monokulturen** sind auch heute noch der vorherrschende Waldtyp in Mitteleuropa. Sie kommen unter natürlichen Bedingungen nicht vor und sind anfällig gegenüber Schädlingen und Windbruch. Heute ist höchstens ein Viertel der mitteleuropäischen Wälder als naturnah einzustufen, ein Teil der Wälder ist nur mäßig verändert, aber ein bis zwei Drittel sind künstlich angelegte Wirtschaftswälder (Forste). In Deutschland und der Schweiz machen Nadelwälder 65 % der Waldfläche aus, in Österreich 80 %, obwohl die meisten Nadelbaumarten nur in den Hochlagen der Mittelgebirge bzw. im Hochgebirge natürlicherweise vorkom-

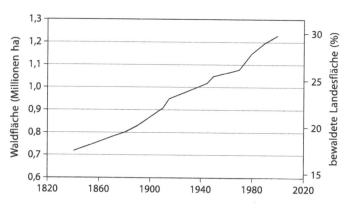

Abb. 10.4. In 150 Jahren hat sich die Waldfläche der Schweiz mehr als verdoppelt. Zunahme der Waldfläche in Mio. ha und als Anteil der Landesfläche (%). Nach Brändli (2000).

men würden. Mit Mischwäldern und gestuftem Altersaufbau (Plenterwirtschaft) kann ein viel natürlicherer Waldaufbau erreicht werden. Gerade die heutige wirtschaftliche Situation, bei der sich ein intensives Waldmanagement nicht mehr lohnt, erlaubt, ökonomische und ökologische Anforderungen zusammenzuführen.

Während die Wälder der Entwicklungsländer stark abgeholzt werden, hält in Europa seit einigen Jahrzehnten ein Trend zur **Aufforstung** an. In den 1990er Jahren nahmen die Waldfläche fast aller europäischer Staaten zu. Die stärksten jährlichen Wachstumsraten fanden in Weißrussland (3,2 %) und Irland (3,0 %) statt. Überdurchschnittliche Aufforstungen wurden zudem in Portugal (1,7 %), Slowakei und Griechenland (je 0,9 %), Bulgarien, Spanien und England (je 0,6 %) durchgeführt. In den letzten 30 Jahren hat sich vor allem in einigen waldarmen bzw. zuvor stark entwaldeten Staaten die Waldfläche um 15 (Italien, Spanien) bis fast 30 % (England, Portugal) vergrößert. Solche Zahlen sagen aber nichts über die Qualität der Aufforstungen. Gerade im Mittelmeerraum dürfte es sich überwiegend um ökologisch problematische Aufforstungen mit Eukalyptus handeln.

Bergwälder sind Schutzwälder. Sie stoppen Lawinen und Steinschlag, verhindern Bodenerosion und stabilisieren den Wasserhaushalt. In der Vergangenheit wurden diese Wälder stark genutzt und wegen Rodung und Beweidung liegt die Waldgrenze heute meist 100–200 m unter der potentiellen Höhe. Auch Anlagen zur Elektrizitätsgewinnung oder für den Tourismus haben die Wälder direkt belastet, eine indirekte Bedrohung erfolgt durch Luftschadstoffe, vor allem durch den sauren Regen (Kap. 9.3). Solch intensive Nutzung wirkt sich nachteilig auf tiefer liegende Gebiete aus. In den Alpen hat sich dies wiederholt gezeigt, denn 2/3 aller Katastrophen, die durch Hangrutsche, Hochwasser und ähnliches verursacht werden, sind auf vorherige menschliche Fehlnutzung zurückzuführen (Plachter 1991).

Die Nutzungsaufgabe durch Einstellung der Bewirtschaftung von kleinen Parzellen und steilen Lagen, bzw. die Aufgabe ganzer Bauernhöfe führt zu einer Veränderung der Landschaft, die mit Blick auf die vergangene Entwicklung positiv zu werten ist. Brach fallende Flächen verbuschen und gehen wieder in Wald über. Dies erschwert zwar eine wintersportliche Nutzung, kompensiert aber einen Teil der historischen Waldverluste. Im Alpenraum sind in den letzten drei Jahrzehnten über eine halbe Mio. ha Almfläche brach gefallen. Allein in der Schweiz wurden in 30 Jahren 20.000 Bauernhöfe aufgegeben.

Im 240.000 km² großen Alpenraum leben rund 10 Mio. Menschen. Hinzu kamen 1985 40 Mio. Urlauber mit 250 Mio. Übernachtungen und 60 Mio. Tagesausflügler, zusammen 100 Mio. Touristen. Dies entspricht einem Viertel des Welttourismus. Ihnen standen über 12.000 Seilbahnen und mehr als 40.000 Pisten zur Verfügung (Plachter 1991). Den Montblanc-Tunnel passierten 1991 4 Mio. Personenwagen und 800.000 Lastwagen. Jährlich werden über 70 Mio. t Güter durch die Alpen transportiert. In den nächsten 15 Jahren wird eine Verdoppelung des Verkehrs erwartet.

Die **touristischen Aktivitäten** haben sich in den letzten 3 Jahrzehnten verfünffacht. Dies führte überall im Alpenraum zu Veränderungen der Landschaft. Der Erschließungsgrad der Gebiete nahm zu, so dass auch ungestörte und abgelegene Bereiche durch Straßen, Wege, Seilbahnen und Skilifte gut zugänglich sind. Der intensive Erholungsbetrieb und sportliche Aktivitäten (Ski, Hängegleiter und Gleitfallschirme, Sportkletterei, Motocross usw.) führen zu einer permanenten Beunruhigung der Landschaft. Daneben ergeben sich zusätzliche Probleme aus der ungezügelten Bautätigkeit (Hotels, Restaurants, Parkplätze, Zweitwohnungen, Sportanlagen) und den Veränderungen der sozialen Strukturen. Der „sanfte" Tourismus, den es erst ansatzweise gibt, hat bisher zu keiner Entlastung des Berggebietes geführt.

Als besonders bedrohlich für Berggebiete hat sich die Ausweitung des **Skisports** erwiesen, allein in der Schweiz ist er in den letzten 30 Jahren um mehr als das Zehnfache angestiegen. Hierfür werden Pisten speziell hergerichtet und durch Pistenfahrzeuge regelmäßig präpariert. Der flächig vereiste und verdichtete Boden von Skipisten erwärmt sich im Frühjahr schlechter und ist länger von Eis bedeckt, so dass die Vegetationsentwicklung verzögert ist. Viele Pflanzen können daher auf Skipisten nicht wachsen, die Vegetation bleibt lückig und besonders oberhalb der Waldgrenze ist eine Wiederbegrünung kaum möglich (Volz 1986). Die zwangsläufigen Erosionsschäden und Störungen des Wasserhaushaltes destabilisieren ganze Hänge. Eine Zunahme dieser Schäden ist in schneearmen Wintern bzw. in tiefen Lagen durch die seit einigen Jahren installierten Beschneiungsanlagen zu erwarten.

Auf Versuche, die **tropischen Regenwälder,** die immerhin ein Viertel der Waldfläche der Erde ausmachen, zur landwirtschaftlichen Produktion zu nutzen, ist in Kap. 3.4.2 bereits eingegangen worden. Wegen der hohen Niederschläge, der Unfruchtbarkeit der meisten Böden und der spezifischen Düngeproblematik ist meist keine nachhaltige und erst recht keine intensive Nutzung tropischer Böden möglich. Somit bleibt nur noch eine extensive Beweidung, die in der Regel bei geringem Ertrag große Schäden anrichtet. Da zur Zeit höchstens auf 20 % der Flächen Aufforstungen erfolgen, handelt es sich um Raubbau (Kap. 5.4), der mit der Zerstörung des tropischen Regenwaldes endet (Tabelle 10.2).

Grosse ehemals dicht bewaldete Gebiete müssen heute als weitgehend waldfrei bezeichnet werden (Abb. 10.5). Haiti und Äthiopien haben heute weniger als 4 % Waldanteil, obwohl sie früher großflächig bewaldet waren. Thailand und die Philippinen, die in den 1960er Jahren durch japanische Firmen stark entwaldet wurden, haben heute nur noch 29 bzw. 19 % Waldanteil. In den 1970er Jahren importierte Japan, das fast die Hälfte des weltweit gehandelten Tropenholzes einführt, v. a. indonesisches Holz, bis Indonesien einen Exportstopp für unverarbeitetes Holz verhängte, um eine eigene Holzindustrie aufzubauen. In den 1980er Jahren lieferten Sarawak und Malaysia (Sabah) 96 % des nach Japan importierten Holzes, in den 1990er Jahren wurde Papua Neu-Guinea ausgeplündert. Die größten Tropenholzproduzenten der letzten 20 Jahre waren Indonesien und Brasilien mit zusammen über 50 % des produzierten Tropenholzes. Dennoch darf nicht verkannt werden, dass der Tropenholzexport global nicht die Hauptursache des Raubbaus am Tropenwald ist. Weltweit erfolgt zwar etwa die Hälfte der Holzproduktion in den Tropen, hiervon wird der größte Teil aber als Feuerholz genutzt. Lediglich ein Fünftel des Tropenholzes wird als Nutzholz verwendet, zu drei Vierteln im eigenen Land, zu einem Viertel wird es exportiert. Insgesamt werden also lediglich 5 % der gesamten Tropenholzproduktion exportiert.

Abb. 10.5. Bewaldete Anteile (*dunkel*) im brasilianischen Bundesstaat Sao Paulo zu Beginn des 19. Jahrhunderts (*oben*) und 1973 (*unten*). Verändert nach Andrae (1990).

Eine angemessene Nutzung des Regenwaldes ist möglich (Kap. 3.4.5) und erbringt höhere Erträge als die Versuche einer klassischen Landwirtschaft. Regenwälder sind für waldartige Nutzungen besonders geeignet. Leider werden nur auf etwa 10 % der abgeholzten Flächen neue **Plantagenwälder** angelegt, v. a. zur Gewinnung von Kautschuk, Ölprodukten (Box 5.3) oder Holz (Box 5.4). In den meisten Fällen werden allerdings schnellwüchsige, standortfremde Arten wie Eukalyptus und Kiefer angepflanzt, die nach 10–15 Jahren zur Papier- oder

Holzherstellung geschlagen werden können. In Brasilien wurden, forciert durch steuerliche Anreize, ab 1966 Kiefern und Eukalyptus großflächig angepflanzt. Hierfür wurden besonders geeignete Eukalyptussorten gezüchtet, die bereits nach 7 Jahren hiebreif sind und eine bestimmte Holzqualität liefern, so dass Brasilien in den 1980er Jahren zum führenden Exporteur von kurzfasrigem Zellstoff wurde (Andrae 1990). Vielleicht ist es möglich, durch solche Plantagenwälder den Nutzungsdruck auf die verbleibenden naturnahen Wälder zu mindern, zumal wegen der Zusammensetzung aus vielen verschiedenen Baumarten Regenwaldholz nie die Papierqualität von Plantagenholz ergibt (Schmidheiny 1992). Diese standortfremden und weitgehend sterilen Industriewälder sind aber selbstverständlich kein Ersatz für den zuvor vernichteten Regenwald.

> Bemerkenswert sind **Teak-Plantagen**, die seit 1887 auf Java angelegt werden und inzwischen über 2 Mio. ha umfassen. Nach 60 bis 80 Jahren werden die dann 40 m hohen Bäume gefällt. Die Plantagen sind in 60–80 Parzellen unterteilt, von denen jeweils eine jährlich geschlagen bzw. aufgeforstet wird. Ähnlich positiv kann sich auch der Aufbau der Rattan-Industrie in Indonesien auswirken. Rattan ist eine rankende Palme, die zur Herstellung von Korbwaren verwendet wird. Da Rattan nicht als Monokultur angebaut werden kann, hat man begonnen, Rattan in intakten Wäldern anzupflanzen. Anbau und Ernte hinterlassen keine nennenswerten Schäden und können somit Teile des Waldes vor der Zerstörung bewahren (Behrend u. Paczian 1990).

Tropenwälder haben eine wichtige Funktion für den **Wasser- und Klimahaushalt** der Erde und nehmen die Hälfte der weltweiten Niederschläge auf. Die Umwandlung von Regenwald in Weideland führt daher zu verringerten Niederschlägen (- 20 %) und weniger Verdunstung (- 27 %), geringerem Oberflächenabfluss (- 12 %), reduzierter Bodenfeuchte (- 60 %) und einer um bis zu 2,4 °C erhöhten Jahresmitteltemperatur (Plachter 1991). Bei anhaltender Rodungsgeschwindigkeit ist also mit einer spürbaren Beeinträchtigung des Weltklimas zu rechnen (Kap. 9). Zudem kommt den Tropenwäldern eine zentrale Rolle für die Biodiversität der Erde zu. Man schätzt, dass sie 70–90 % der Tier- und Pflanzenarten der Erde beherbergen. Mit dem Rückgang der Wälder ist daher auch ein Rückgang der Artenzahlen verbunden.

10.1.3
Flüsse und Meere

Flüsse stellen einen eigenen Lebensraum dar, sie verbinden Landschaften miteinander und haben für den Wasserhaushalt und Stofftransport einer großen Region eine zentrale Bedeutung. Für uns hat die natürliche Dynamik der Flüsse auch einen landschaftsprägenden Charakter. Neben einer direkten Bedrohung etwa durch Begradigung und Wasserentnahme sind Flüsse auch durch Übernutzung und Schadstoffeinleitung bedroht.

Überall in Europa werden Flüsse seit Jahrhunderten unter anderem für die Schifffahrt, zur Energie- und Landgewinnung und für den Hochwasserschutz in großem Rahmen umgebaut. Dies geschieht durch Entwässerung von angrenzenden Sumpfgebieten, Abtrennung von Seitenarmen, Uferbefestigungen, Ausbaggern von Schifffahrtsrinnen usw. Hierdurch werden die dynamischen, naturnahen Flusslandschaften in Kanäle umgewandelt (Abb. 10.6). Andere Flüsse werden durch eine Serie von Staustufen in eine Seenkette verwandelt wie zum Beispiel Mosel, Lech oder Isar. Hierdurch wird nicht nur die Landschaftsausprägung vollständig verändert (Kap. 4.5.1), sondern es geht auch das wichtige Gleichgewicht zwischen Erosion und Sedimentnachlieferung verloren.

Die **Rheinbegradigung** wurde durch den badischen Wasserbauingenieur Johann Gottfried Tulla 1817 begonnen und 1876 beendet. Zwischen Basel und Mannheim wurde die Flussstrecke um ein Viertel verkürzt, so dass sich Gefälle und Tiefenerosion vergrößerte. Der Rhein wurde in ein eingedeichtes Flussbett von 200–300 m Breite gezwungen und grub sich teilweise 6–8 m tief ein. Hierdurch kam es zu Grundwasserabsenkungen und zum Vertrocknen großer, ehemals feuchter Lebensräume. Fast alle Seitenarme wurden abgetrennt und trockengelegt, so dass der zuvor mäandrierende Fluss nun kanalartig verläuft (Abb. 10.6). Dies führte zur langsamen Vernichtung der Rheinfischerei und der auf Hochwässer angewiesenen Ökosysteme (Feuchtwiesen, Sümpfe, Auwälder), erlaubte aber auch eine Ausweitung der landwirtschaftlich genutzten Flächen und der Siedlungsbereiche bis an das neue Flussufer. 1925 wurde der Rhein-Seitenkanal begonnen, der dem Rhein bis zu 99 % des Wassers entzog und den Wassermangel noch verschärfte. Wegen des abgesunkenen Grundwasserspiegels müssen heute viele landwirtschaftliche Kulturen bewässert werden, und in den ehemaligen Auwäldern sind Trockenformationen mit Weißdorn, Schlehe und Sanddorn anzutreffen. Auch im Flussbereich selbst zeigten sich unerwünschte Nebenwirkungen der Tulla'schen Rheinbegradigung, so dass zusätzliche Maßnahmen wie weitere Uferverbauungen nötig waren. Um die anhaltende Tiefenerosion zu stoppen, werden seit 1978 dem Rhein bei Iffezheim jährlich 170.000 m³ Sediment zugeführt. Trotzdem sind im nördlichen Oberrhein noch jährliche Erosionsraten von rund 1 cm festzustellen. In den 1970er Jahren schließlich wurde die Fahrrinne auf 2,10 m vertieft und der Rheinausbau 1978 offiziell für beendet erklärt (Gallusser u. Schenker 1992).

Dieser Ausbau in der Oberrheinebene hat die **Hochwassergefahr** nicht gebannt, sondern nur verlagert, denn seitdem verschärft sich die Hochwassergefahr flussabwärts, und Städte wie Köln, Bonn oder Koblenz erleben regelmäßig schwere Hochwasser. Langsam setzt sich nun die Erkenntnis durch, dass einem Fluss bei Hochwasser wieder mehr Raum zum Überfluten zur Verfügung stehen muss. Vereinzelt wurden bereits Hochwasserdämme zurückgesetzt und flächige Polder zur Überflutung geplant. Da die derzeitigen Wälder aber Überflutungen nicht vertragen und echte Auwälder sich bei nur gelegentlichem Hochwasser nicht etablieren, wird sogar die Revitalisierung der alten Rheinauen diskutiert (Gallusser u. Schenker 1992). Die hierbei auftretenden Probleme im Bereich des Grundbesitzes und der Landnutzung zeigen auf, wie schwierig, wenn nicht gar unmöglich es ist, eine Maßnahme wie die Tulla'sche Rheinbegradigung auch nur teilweise wieder rückgängig zu machen.

Der größte Teil der mitteleuropäischen Flüsse ist heute reguliert, für die Schifffahrt ausgebaut und meist kanalisiert. In den 1960er Jahren wurden in Deutschland 25.000 km Bäche ausgebaut (Plachter 1991). In den Alpen ist heute die Mehrzahl der Wildbäche verbaut. Wasserwirtschaftsämter und vergleichbare

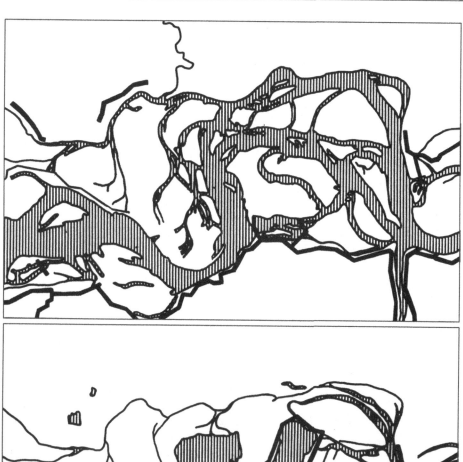

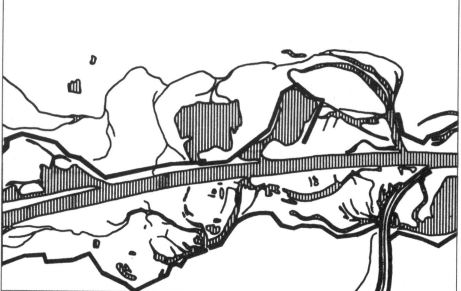

Abb. 10.6. Der Rhein und seine Altwasser bei Plittersdorf (Baden Württemberg) 1827 (*oben*) und 1980 (*unten*). Gewässer sind *schraffiert*, Dämme als kräftige *Linien* dargestellt. Verändert nach Gallusser u. Schenker (1992).

Institutionen haben hierbei einen ähnlich unheilvollen Einfluss auf die Landschaft gehabt wie die Flurbereinigungsbehörden in der Landwirtschaftszone. Frei fließende Gewässer, die große Gebiete regelmäßig überfluten dürfen, ihr Flussbett verändern können und Kies-, Sand- und Schlammbänke oder Steilküsten gestalten, kommen in Mitteleuropa kaum noch vor.

Ein nennenswerter **Fischfang** findet bei den meisten mitteleuropäischen Flüssen bereits seit Jahrzehnten nicht mehr statt, da die Belastung der Flüsse durch direkten (Kläranlagen und Industrieeinleitungen) oder indirekten Eintrag von Schadstoffen (durch das Grundwasser oder über die Atmosphäre) die Fischfauna dezimiert hat. Trinkwasser wird jedoch in großem Umfang aus Uferfiltrat gewonnen und erfordert vermehrt Anstrengungen zur Wasserreinigung (Kap. 5.1.4).

Die **Weltmeere** sind im Unterschied zu den meisten anderen Großlebensräumen nicht flächenmäßig, sondern qualitativ bedroht. Sie werden zur Nahrungsgewinnung, als Verkehrsweg, als Deponie und als Erholungsraum genutzt. Jede dieser Nutzungen verursacht Beeinträchtigungen oder hat Nebenwirkungen, so dass sich eine vielfältige Belastung ergibt. Hinzu kommt eine große Zahl von Schadstoffen, die über Flüsse bzw. über die Luft indirekt eingeleitet werden (Kap. 3.2.2, 6.2 und 8). Das antarktische Meer und die Antarktis selbst sind wegen ihrer Unwirtlichkeit deutlich schwieriger zu nutzen, aber wegen ihrer Ressourcen gleichwohl hoch attraktiv. Für diesen Teil der Welt gelang es jedoch in einzigartiger Weise, über internationale Abkommen einen funktionierenden Schutzstatus zu erreichen (Box 10.1).

Die Belastung der Weltmeere hat sich in den letzten 10 Jahren verstärkt. Während viele Küstenregionen als bedroht gelten, sind viele Bereiche der offenen See noch relativ sauber. Als wichtigste **Verschmutzungsquellen** gelten kommunale und industrielle Abwässer, Düngemittel und Biozide aus der Landwirtschaft (Box 8.3), Schadstoffe von Schiffen und die Erdölförderung im Meer. Von Schadstoffen wie Blei, Cadmium, Kupfer, Zink, Arsen, Nickel oder PCB gelangen über 90 % durch die Atmosphäre in die Meere. Die über 6 Mio. t fester Abfälle bestehen zu drei Vierteln aus Kunststoffen, die erst nach Jahren zu Bruchstücken zerfallen.

10.2
Ausrottung von Arten

Das Aussterben von Arten ist im Laufe der Evolution ein genauso natürlicher Vorgang wie die Entstehung neuer Arten. Paläontologen schätzen, dass zum heutigen Zeitpunkt nur ein Bruchteil der Arten lebt, die je auf der Erde entstanden sind. Bei einer durchschnittlichen Lebensdauer einer Art von ca. 1 Mio. Jahren muss während der rund 3 Mrd. Jahren, in denen es Leben auf der Erde gibt, jede derzeit lebende Art hunderte oder tausende ausgestorbene Vorgänger gehabt haben. Gleichzeitig dürfte aufgrund der Artenaufsplitterung und Spezialisierung die Zahl der heute existierenden Arten mit 5 bis 30 Mio. größer sein als je zuvor. Im Verlauf der Erdgeschichte gab es zudem immer Zeiten, in denen explosionsartig neue Arten entstanden bzw. viele existierende Arten ausstarben (Abb. 9.14). Die

▶ *Box 10.1*
Schutz statt Nutzung der Antarktis

Wegen ihrer abgelegenen Lage und den extremen Bedingungen ist die Antarktis bisher vom Menschen relativ wenig berührt worden und entspricht noch ihrem natürlichen Zustand. Die Antarktis ist dennoch gefährdet, da sie gewaltige Bodenschätze aufweist, u. a. Steinkohle und Erdöl. Falls es je gelingen sollte, diese zu fördern, ist mit starker Beeinträchtigung zu rechnen. Das antarktische Meer ist ein fruchtbares Gebiet, dessen hohe Produktivität die marinen und terrestrischen Nahrungsketten über Fische und Wale bzw. Robben und Pinguine eng verzahnt. Eine Überfischung dieser Bestände hat daher Auswirkungen auf marine und terrestrische Ökosysteme. (Kap. 3.2.2).

1959 wurde der Antarktis-Vertrag geschlossen, dem zur Zeit 43 Staaten angehören. Der Vertrag gilt für alle Gebiete südlich des 60. Breitengrades und ist zeitlich unbegrenzt. Er schiebt die territorialen Ansprüche von 7 Staaten auf, verbietet jegliche Ausbeutung und militärische Nutzung der Antarktis, erlaubt und begrüßt aber wissenschaftliche Forschung. Rohstoffsuche ist erlaubt, ihre Ausbeutung aber nicht. Die wichtigsten Vertragsstaaten unterhalten eigene Forschungsstationen, um ihr Interesse an der Antarktis zu bekräftigen und um an einer zukünftigen Nutzung des siebten Kontinentes teilhaben zu können. 1991 wurde der Antarktis-Vertrag in Madrid um ein Umweltschutzprotokoll erweitert.

Die Antarktis gilt als ein äußerst empfindliches Ökosystem, da unter ihren extremen Temperaturbedingungen kaum ein biologischer Abbau erfolgt. Derzeit geht die größte Beeinträchtigung der Antarktis von der Forschung selbst aus, denn Abfälle, Fäkalien der Forscher und die umfangreichen Überbleibsel der Forschungsstationen bilden inzwischen gewaltige Deponien.

moderne durch den Menschen verursachte Vernichtung von Arten zeichnet sich aber von allen bisherigen natürlichen Prozessen durch drei Besonderheiten aus:

- Einzelne Tiergruppen (v. a. Krokodile, gefleckte Großkatzen, bestimmte Großsäuger, jagdbares Wild) sind besonders betroffen.
- Durch den menschlichen Zugriff auf ganze Ökosysteme sind komplette Lebensgemeinschaften bedroht.
- Die Geschwindigkeit dieser Vorgänge übertrifft die natürliche Aussterberate um ein Vielfaches.

10.2.1
Vernichtung des Großwildes durch Steinzeitjäger

Unsere Vorfahren haben während ihrer Ausbreitung über die Erde bereits vor 10.000 oder 100.000 Jahren in großem Umfang Tiere gejagt, ohne Rücksicht auf die Zahl der noch vorhandenen Individuen zu nehmen. Da die Menschen zahlreich waren und über hervorragende **Jagdtechniken** verfügten, konnten sie einen starken Einfluss auf das Großwild ausüben. Viele große Säugetiere, die von den Steinzeitjägern gejagt wurden, starben daher in kurzer Zeit aus.

Vor allem die nacheiszeitliche Expansionsphase des Menschen, die zur Besiedlung von Amerika, Eurasien und Australien führte, ist mit einem zeitgleichen **Aussterben vieler Großsäuger** verbunden, das Martin (1984) auch als Blitzkrieg beschreibt (Abb. 10.7). Ein wichtiger Aspekt ist hierbei die Geschwindigkeit, mit der die Besiedlung neuer Gebiete erfolgte und der viele Tiere nichts entgegenzusetzen hatten. Während Eurasien zum klassischen Einzugsgebiet verschiedener afrikanischer Menschenarten gehörte, waren Amerika und Australien sowie viele Inseln lange unerreichbar. Nur während bestimmter kurzer Perioden wurden diese Gebiete besiedelt. Fagan (1990) nimmt an, dass die erste Besiedlungswelle Amerikas nur 500 Jahre für Nord- und Mittelamerika und nur 400 Jahre für Südamerika umfasste. Die Besiedlung von Madagaskar oder Neuseeland dürfte gar innerhalb viel kürzerer Zeiträume erfolgt sein und sich dann jeweils katastrophenartig auf die dortige Tierwelt ausgewirkt haben.

> Natürlich wurden nicht alle damals aussterbenden Tierarten durch den Menschen ausgerottet. Möglicherweise schwächte auch eine klimatisch bedingte schnelle Veränderung vieler Lebensräume, die für Pflanzenfresser ja auch eine Veränderung der Vegetation bedeutete, einzelne Populationen beim Wechsel von Kalt- und Warmzeiten. Es bleibt aber der auffällige Befund, dass mit dem Eintreffen des Menschen in einem neuen Gebiet vor allem die großen, als Jagdbeute begehrten Säugetiere schlagartig auszusterben begannen, so dass ein ursächlicher Zusammenhang nahe liegt (***Overkill*-Hypothese** von Martin, 1984).

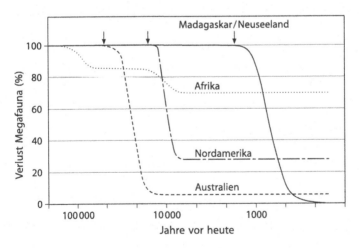

Abb. 10.7. Prozentuale Artenabnahme bei Großwild (Megafauna) während der jeweiligen Besiedlungsphase (*Pfeil*) durch den Menschen. In Madagaskar, Neuseeland, Nordamerika und Australien kam es durch die rasche Besiedlung zu einem gewaltigen Artenschwund, während die Verluste in Afrika gering blieben. Verändert nach Martin (1984).

Der **Eroberung Eurasiens** fielen in der Eem-Warmzeit und nach der anschließenden Kaltzeit eine Reihe von größeren Säugetieren zum Opfer: Wollnashorn und Riesennashorn, Flusspferd, Riesenhirsch und Riesenelch, mindestens 20 Antilopen- und Rinderarten, 4 Arten von Mammut oder Waldelefant. Direkt oder durch die Dezimierung der Beutetiere wurden mindestens 7 Arten von größeren katzenartigen Raubtieren wie Säbelzahntiger, Höhlenlöwe und Höhlenhyäne sowie Höhlenbär ausgerottet (Mindestangaben nach E. Anderson 1984).

In **Nordamerika** starben 31 Gattungen von Pflanzenfressern aus, zumeist Großwild über 50 kg. Hierzu zählten u. a. mindestens 8 Gürteltierarten (darunter Riesenformen bis 6 m lang und 3 t schwer), mindestens 10 bodenlebende Faultierarten, ein Riesenwasserschwein, das nashornähnliche *Toxodon* und das *Mesotherium*, mehrere Pferde-Arten, mindestens 8 Kamel- und Lama-Arten (darunter ein Riesenkamel mit 3,5 m Höhe), 5 Hirscharten, 3 Gabelbockarten, 3 Antilopen- und Rinderartige, 2 Bisonarten, 4 Mastodon- und Mammutarten. Mindestens 6 Raubtierarten wurden entweder direkt oder durch Töten der Beute ausgerottet (Mindestangaben, meist auf Gattungsbasis, nach E. Anderson 1984). Der Verlust dieser Megafauna bedeutete für aasfressende Greifvögel das Verschwinden ihrer Nahrungsgrundlage. Das nachfolgende Aussterben von einem Dutzend Adler- und Geierarten, einer davon mit einer Flügelspannweite von 3,6 m einer der größten Vögel, die je auf der Erde existierten, kann also indirekt ebenfalls auf den menschlichen Einfluss zurückgeführt werden.

In **Australien** verschwanden kurz nach der Besiedlung vor 30.000 Jahren etwa 30 Känguruarten (darunter Riesenkängurus von 3 m Höhe und 300 kg Gewicht), 2 *Diprotodon*-Arten (Beuteltiere, die mit 2 t Gewicht die ökologische Nische von Nashörnern ausfüllten), mehrere Riesenwombatarten und der große flugunfähige, straußartige *Genyornis*. Zu den ausgerotteten Arten gehören ferner der Riesenwaran *Megalania*, der größer als der heutige Komodowaran war, eine Riesenschildkröte und eine Riesenschlange (Martin 1984). In Neuseeland haben die 13 Arten flugunfähiger Moas, straußenartige Riesenvögel bis 3 m Größe, die Besiedlung durch den Menschen vor rund 1000 Jahren nicht überlebt. Ihre Bejagung setzte sofort ein und war mit der Vernichtung der meisten Tiere um 1600 abgeschlossen. Nur an unzugänglichen Stellen haben Moas bis in das 18. Jahrhundert überlebt (A. Anderson 1984).

In **Afrika** wurden in den letzten 100.000 Jahren vergleichsweise wenig Tierarten ausgerottet. Dies betraf unter anderem eine Elefantenart, eine Kamelart, einen Riesenhirsch und einige Rinderartige. Der späten Besiedlung von Madagaskar vor rund 2000 Jahren fiel hingegen ein großer Teil der Großfauna zum Opfer, u. a. 7 Arten flugunfähiger Riesenvögel und viele Lemurenarten, ausschließlich tagaktive, große Arten, während die nachtaktiven, kleinen Arten überlebten (Walker 1967).

Das Aussterben der großen Pflanzen fressenden Säugetiere (**Megaherbivore**) hatte möglicherweise Auswirkungen auf die Vegetation. Da viele dieser Tiere nicht im Wald, sondern in offenen oder parkartigen Landschaften lebten, ließ der Beweidungsdruck mit dem Aussterben der Megaherbivoren nach, so dass geschlossene Wälder entstanden sein könnten. Desgleichen könnten durch eine Übervermehrung der Bisons Nordamerikas, die fast als einziger häufiger Großsäuger die Einwanderung des Menschen überlebten, aus mosaikartigen Wald-Graslandschaften die riesigen Prärien entstanden sein. Erst in jüngster Zeit wurden die Bisons auf wenige Reliktareale zurückgedrängt (Abb. 10.8). Für Mitteleuropa wurde diskutiert, ob die in den letzten Zwischeneiszeiten häufigen Elefanten, Wildrinder und Hirschartige das Fehlen der Rotbuche bewirkten, die weitgehende Vernichtung dieser Großsäuger also den Rotbuchenwald förderte. Desgleichen ist bekannt, dass Ur, Rothirsch und Elch in Zusammenspiel mit den Bibern einen starken Einfluss auf Auwälder und Moorbildung haben (Kaule 1991).

Es ist auffällig, dass in Afrika, dem Herkunftskontinent des Menschen, viele Großsäuger die Entstehung des modernen Menschen überlebten. In Europa und Asien, den benachbarten und schon früh besiedelten Kontinenten, kam es nur zu einigen Ausrottungen. Im zuletzt besiedelten amerikanischen Kontinent hingegen wurde der größte Teil der Megafauna vernichtet. Ähnlich erging es Australien und größeren Inseln (Abb. 10.7). Möglicherweise spielt die Zeit, die Mensch und Tier zusammenlebten, eine entscheidende Rolle im Verständnis dieser Vorgänge. In Afrika hatten beide während langer Zeiträume Gelegenheit, sich aufeinander einzustellen, so dass von **coevolutiven Zusammenhängen** gesprochen wurde (Remmert 1985). Für die Riesentiere in lange isolierten Kontinenten waren

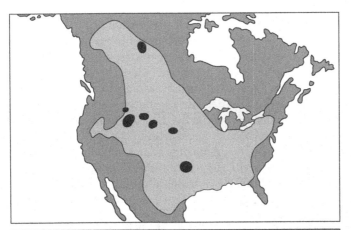

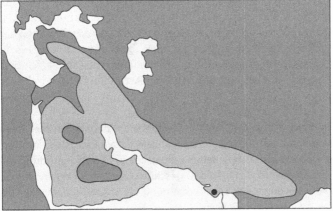

Abb. 10.8. *Oben*: Verbreitungsgebiet des nordamerikanischen Bisons zu Beginn der europäischen Kolonisation (*grau*) und um 1960 (*schwarz*). *Unten*: Verbreitungsgebiet des Asiatischen Löwen um 1800 (*grau*) und um 1960 (*schwarz*). Verändert nach Dorst (1966).

Menschen hingegen unbekannt. Möglicherweise hatten Riesenfaultier, Mammut oder Mastodon als ausgewachsene Tiere unter den damaligen Raubtieren keine ernstzunehmenden Feinde. Sie zeigten daher kein Fluchtverhalten, sondern bauten auf ihre Größe und Stärke, die jedoch vor Menschen nicht schützten.

Mit ihren **entfernungsüberbrückenden Waffen** waren die Steinzeitjäger leicht in der Lage, Mammuts und Mastodons zu erlegen und es blieb den Tieren keine Zeit, sich an den neuen Feind zu gewöhnen. Zudem ist bekannt, dass Steinzeitjäger Fallgruben und andere raffinierte Fangtechniken einsetzten. Fanganlagen, die meist steile Felsabbrüche einbezogen, erlaubten den herdenweisen Fang auch von schnellen Tieren. Heute kennen wir Jagdstätten, an denen tausende Wisente, Wildpferde, Wildesel usw. getötet wurden, d.h. zeitweise wurde verschwenderisch mit dem Großwild umgegangen. Da bei vielen der großen Tierarten die Vermehrungsrate gering war, konnten diese Verluste nicht kompensiert werden.

10.2.2
Gezielte Bejagung und Ausrottung

Mit der Vernichtung eines bedeutenden Teiles des Großwildes war der Ausrottungsprozess nicht beendet, sondern er hielt auch nach dem Übergang zur bäuerlichen Lebensweise an und läuft derzeit sogar mit höherer Geschwindigkeit weiter. Inzwischen hat sich die Motivation zum Töten von Tieren aber geändert. Jagd zum Nahrungserwerb spielt keine zentrale Rolle mehr. Häufig sind die Felle oder Häute der Tiere in Verbindung mit Modeströmungen begehrt (Großkatzen, Schlangen, Krokodile). Einige Tiere werden aus mystischen Gründen gejagt, meist um angebliche Wundermittel gegen Krebs oder als Aphrodisiakum herzustellen. Die Trophäenjagd, der Tierhandel und das Sammeln tragen zur Auslöschung von lokalen Populationen und von Arten bei.

Viele der Tieren, die in den letzten Jahrhunderten ausgerottet wurden, lebten in kleinen Populationen auf Inseln, wurden von der Besatzung vorbeifahrender Schiffe als lebende Vorräte angesehen und entsprechend zur Nahrungsgewinnung bejagt. Dies betraf v. a. die nur an der Küste Kamtschatkas lebende 10 m lange Stellersche Seekuh (*Hydrodamalis gigas*), die schon 1768, gerade 27 Jahre nach ihrer Entdeckung, ausgerottet war. Die Dronte (= Dodo, *Raphus cucullatus*) war ein schwanengroßer, flugunfähiger Vogel auf Mauritius, der Solitär lebte auf Rodriguez. Bereits im 17. und 18. Jahrhundert, 200 Jahre nach ihrer Entdeckung, waren sie ausgerottet. Der Riesenalk (*Alca impennis*) der nordatlantischen Inseln wurde stets bejagt und starb 1844 aus. Die Wandertaube Nordamerikas (*Ectopistes migratorius*), von der Anfang des 19. Jahrhunderts noch Schwärme von über 1 Mrd. Tieren belegt sind, ist möglicherweise schon durch die Waldrodungen der frühen Siedler in ihrem Lebensraum eingeschränkt worden. Später fanden Massenschlachtungen statt, die Tiere wurden als Schweinefutter verwendet und nach Fertigstellung der Eisenbahn zu Millionen in die großen Städte des Ostens transportiert. 1900 wurde die letzte frei lebende Wandertaube getötet, 1914 starb das letzte Tier im Zoo von Cincinnati.

Die Urformen vieler **Haustiere** konnten sich in Freiheit nicht halten, da sie als Jagdwild bejagt wurden, gleichzeitig sollten die domestizierten Bestände auch vor Vermischung mit der Wildform bewahrt werden. Von den vielen Wildpferdarten hat nur das Przewalski-Pferd (*Equus ferus przewalskii*), die Stammform des Pferdes, in zoologischen Gärten überlebt. Der Auerochse (*Bos primigenius*), die Ahnform des Hausrindes, starb in Mitteleuropa im 12. Jahrhundert aus. Letzte Bestände überlebten in einem Reservat bei Warschau, wo sie vermutlich an einer Seuche 1627 starben. Die Bestände mehrerer Wildrinder sind stark gefährdet, etwa das Kouprey (*Bos sauveli*), das in Laos, Kambodscha und Vietnam nur noch in wenigen Populationen vorkommt.

Raubtiere und Greifvögel sind seit langem bejagt worden, um sie als **Feinde** oder unliebsame Konkurrenten auszuschalten. Der letzte Luchs (*Lynx lynx*) Deutschlands wurde 1830 getötet, der letzte Braunbär (*Ursus arctos*) 1835. Wölfe (*Canis lupus*) starben um 1900 aus (Box 10.2). Erst in den letzten Jahren hat sich diese Entwicklung für einzelne Arten etwas gebessert. Luchse wurden seit den 1970er Jahren mit dem klaren Ziel der Wiedereinbürgerung in Deutschland und der Schweiz ausgesetzt, zum Teil kam es auch zu natürlicher Zuwanderung. Inzwischen leben wieder einige hundert Tiere in Mitteleuropa. Die Wildkatze (*Felis silvestris*) besiedelt wieder vermehrt die deutschen Mittelgebirge und Braunbären breiten sich von Osteuropa in die Alpen aus. Bartgeier (*Gypaetus barbatus*), auch Lämmergeier genannt, konnten seit den 1980er Jahren an mehreren Stellen des Alpenraumes erfolgreich ausgesetzt werden und kommen inzwischen wieder in einem Teil ihres ursprünglichen Verbreitungsgebietes vor (Abb. 10.9). Hierdurch konnte eine wichtige ökologische Nische wieder besetzt werden, denn die Geier schlagen keine Lämmer, sondern beseitigen die Kadaver abgestürzter Tiere und können auch Knochen verdauen. Sie haben also eine besondere seuchenhygienische Bedeutung, so dass die Tiere heute von Schäfern geschätzt werden.

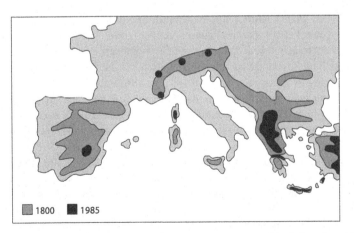

Abb. 10.9. Verbreitungsgebiet des Bartgeiers um 1800 (*dunkelgrau*) und 1985 (*schwarz*) in Europa. Während es sich bei den südlichen Populationen um Reste ehemaliger Vorkommen handelt, wurden die Tiere in den Alpen wieder angesiedelt (*Punkte*). Verändert nach Pachlatko (1992).

▶ **Box 10.2**
Die Rückkehr von Wolf und Bär

Wolf und Braunbär wurden seit Jahrhunderten überall in Europa stark bekämpft und in Deutschland, Österreich und der Schweiz ausgerottet. In Frankreich, Italien und Polen überlebten jedoch Restbestände, die sich in den letzten Jahrzehnten gut erholen konnten und nun Mitteleuropa erneut zu besiedeln beginnen. Bären sind bereits bis nach Österreich vorgedrungen, Wölfe aus Polen leben in grenznahen deutschen Regionen und italienische und französische Wölfe besuchen regelmäßig die Schweiz. Mit einem Aufbau kleiner Populationen ist daher zu rechnen.

Wolf und Bär haben bisher den Menschen und seinen Kulturraum gemieden. Erfahrungen beispielsweise in Skandinavien, Frankreich oder Italien, wo Wölfe und Bären immer vorkamen, zeigten, dass der durch sie angerichtete Schaden vergleichsweise gering ist, da diese Tiere scheu sind und zurückgezogen leben. Aus unbeaufsichtigten Herden von Schafen werden gelegentlich Tiere gerissen, Bären überfallen Bienenstöcke. In diesen Ländern kommt der Staat für den Schaden auf, so dass die Viehzüchter den Schutz respektieren können. Es wird jedoch mittelfristig nicht mehr möglich sein, unbeaufsichtigte Herden monatelang in den Bergen sich selbst zu überlassen. Die alten Hütesysteme mit Hirten, Hunden oder Hüteeseln waren sehr effektiv und sollten daher wieder eingeführt werden.

Die Ängste und Befürchtungen der Bevölkerung, verankert in alten Märchen und Geschichten, bestehen nach heutiger Kenntnis zu Unrecht, denn es hat in Mitteleuropa in historischer Zeit vermutlich nie Todesfälle durch Wölfe gegeben. Wolf und Bär dürften in Mitteleuropa wieder ihren Platz finden.

Der **Walfang** spielt bei der wirtschaftlichen Nutzung der Weltmeere eine traditionell große Rolle (Kap. 3.2.2). Mit dem Einsatz großindustrieller Bejagungsmethoden zu Beginn des 20. Jahrhunderts kam es zur Übernutzung der Bestände, die in den 1960er und 1970er Jahren weltweit zusammenbrachen. Einzelne Arten erreichten alarmierend niedrige Populationszahlen und drohten auszusterben (Tabelle 10.3). 1979 wurde ein Schutzgebiet im Indischen Ozean ausgewiesen, das später um den Bereich südlich des 40. Breitengrades (mit einer Ausnahme um Südamerika) ergänzt wurde. 1985 wurde schließlich der kommerzielle Walfang eingestellt. Daraufhin haben sich erste Populationen etwas erholt. Die Wiederaufnahme eines kontrollierten Walfangs ist bis heute nicht abschließend geklärt, bei Wachstumsraten vieler Großwale um 3 % wäre eine sorgfältige Bewirtschaftung jedoch möglich.

Hauptsächlich in Frankreich, Belgien und Holland, aber auch in den USA werden Froschschenkel als **Delikatesse** geschätzt. Die Exporte aus den wichtigsten asiatischen Exportländern Bangladesh und Indonesien belaufen sich auf ca. 10.000 t jährlich. Da für 1 kg Froschschenkel etwa 20 Frösche benötigt werden, entspricht dieser Wegfang etwa 200

Tabelle 10.3. Geschätzte Bestände von stark gejagten Walen vor Beginn des 20. Jahrhunderts (kommerzieller Walfangs), kurz vor Inkrafttreten des Walfangverbotes (1984) und danach 1990/93. Alle Zahlen sind Schätzungen, die zudem häufig nicht gleichmäßig über den Lebensraum der Art vorgenommen werden konnten. Diese Zahlen geben ferner nicht an, wenn eine Art in einem Teil ihres Lebensraumes völlig oder fast ausgerottet wurde. Nach Braham (1984), aktualisiert.

	1920	1984	1990/1993
Grauwal	20.000	13.000–19.000	30.000
Blauwal	200.000	8.000–15.000	1.000–4.000
Finnwal	450.000	105.000–122.000	20.000
Seiwal	250.000	37.000–54.000	50.000
Buckelwal	100.000	9.000–11.000	12.000
Grönlandwal	50.000	4.000– 5.000	7.000
Glattwal	180.000	4.000	40.000
Pottwal	1.500.000	982.000	700.000
Zwergwal	420.000		75.000

Mio. Fröschen. Viele der betroffenen Gebiete wurden froschleer und als Folge breiteten sich Stechmücken wieder so stark aus, dass die Malaria zunahm und vermehrt Insektizide eingesetzt wurden. Indien hat daher 1987, als diese Zusammenhänge erkannt waren, den Export von Froschschenkeln verboten. Ähnliche Beobachtungen werden zur Zeit in Bangladesch gemacht. Lediglich amerikanische Ochsenfrösche werden zur Fleischproduktion in Gefangenschaft gezüchtet, für die anderen Froscharten ist Zucht offenbar wirtschaftlich nicht möglich.

Meeresschildkröten sind ebenfalls als Delikatesse beliebt und durch den kontinuierlichen Wegfang in ihrem Bestand gefährdet. Zwar ist der Handel mit diesen Tieren seit langem verboten, dennoch gibt es einzelne Staaten, die Importe tolerieren. Außer durch direkten Fang sind Meeresschildkröten durch die Verschmutzung der Meere bedroht (Verschlingen von Plastikmüll) oder sie verfangen sich in Fischnetzen und ertrinken. Schildkröteneier sind beliebte Leckerbissen, und an vielen Stränden kommt kein Gelege mehr zum Schlupf. Seit einigen Jahren wird versucht, diese Tiere in Zuchtfarmen aufzuziehen. Nicht zuletzt wegen der langen Generationszeit der Tiere (20 Jahre) ist man jedoch auf gefangene Elterntiere angewiesen, und bisheriger Nachwuchs diente ausschließlich dem Arterhalt.

Haie sind als gefährliche Meerestiere gefürchtet und ihnen wird seit jeher nachgestellt. Sie haben in den letzten Jahren einen spürbaren Rückgang erfahren, der sich nicht nur auf die wenigen Arten bezieht, von denen jährlich weltweit etwa 25 Menschen getötet werden, sondern auf alle 350 Arten, obwohl der größere Teil harmlos ist. Bedrohlich entwickelte sich die Situation für Haie aber erst in den letzten 20 Jahren, als die stetige Erhöhung der Haifänge die Populationen nachhaltig schwächten. Derzeit werden jährlich fast 1 Mio. t Haie und Rochen gefangen. Seit Jahren gehen die Bestände bedrohlich zurück und einzelne Arten wie der harmlose Weiße Hai (*Carcharodon carcharias*) sind vom Aussterben bedroht. 1991 fand die erste internationale Konferenz zum Schutz der Haie statt. Viele Haie haben geringe Vermehrungsraten und pflanzen sich erst mit 10–15 Jahren fort, die aktuelle Überfischung der Bestände hat also fatale Folgen.

Eine Fülle tierischer Produkte wird von der Bekleidungsindustrie verarbeitet, unterliegt jedoch modischen Schwankungen. Es ist daher leicht möglich, dass eine Modewelle Tiere in ihrem Bestand gefährdet. Die große Nachfrage nach **Straußenfedern** um die Jahrhundertwende führte beinahe zur Ausrottung der Strauße (*Strutio camellus*). In Nordafrika und Saudi Arabien wurden die letzten Tiere Anfang des 20. Jahrhunderts getötet. Gleichzeitig entstanden jedoch Straußenfarmen, v. a. in Südafrika (die erste bereits 1838), später auch in Algerien, in Sizilien, Frankreich und Florida. 1910 wurden 370 t Straußenfedern exportiert. Als die Federn zwischen den beiden Weltkriegen aus der Mode kamen, verfielen die Farmen. Einige wurden aber zur Leder- und Fleischgewinnung weiterbetrieben. Der **Quetzal** (*Paromachrus mocinno*), dessen Federn das Zeichen der allerhöchsten Würdenträger der Mayas und Azteken war und der im tropischen Bergwald Mittelamerikas lebt, ist vermutlich kaum züchtbar. Die Nachfrage nach seinen bis 1 m langen, grünen Federn hat auch wegen der anhaltenden Zerstörung des Bergwaldes diese Art selten werden lassen, das Aussterben dieses Wappenvogels von Guatemala scheint vorprogrammiert.

Reptilienleder ist bis vor kurzem ausschließlich durch den Fang wildlebender Tiere gewonnen worden. Inzwischen gibt es Krokodilfarmen, in denen diese Tiere herangezogen werden. Nach einer Phase rücksichtsloser Bejagung scheinen Zuchtkrokodile im Handel an Bedeutung zu gewinnen, so dass der Jagddruck auf frei lebende Tiere nachlässt bzw. kanalisiert werden kann. Dennoch sind in vielen Gebieten, die noch über natürliche Krokodilbestände verfügen, diese durch unkontrollierte Jagd nach wie vor gefährdet. Aus Südamerika wird jährlich 1 Mio. Kaimanhäute exportiert, von denen die Hälfte aus dem brasilianischen Pantanal stammt. Schlangenleder stammt vermutlich nur von Wildfängen, so dass mancherorts die Populationen bereits gefährdet sind.

Die modische Vorliebe der 1950er und 1960er Jahren für Mäntel aus dem Fell großer **Raubkatzen** hat die Bestände vieler Arten stark gefährdet. In Verbindung mit der Zerstörung von Lebensräumen und direkter Trophäenjagd sind daher viele Großkatzen von der Ausrottung bedroht. Dies gilt insbesondere für die verschiedenen Rassen des Tigers (*Panthera tigris*). Lokale Rassen wie die Bali-Tiger (ssp. *balica*) wurden 1937 ausgerottet, die Kaspi-Tiger (ssp. *virgata*) in den Auwäldern am Kaspischen Meer verschwanden in den 1950er Jahren, die Java-Tiger (ssp. *sondaica*) 1972. Unterarten in China (20–30 Individuen) und Sumatra (400–500 Tiere) sind dem Aussterben nahe. Der Bestand des sibirischen Tigers (ssp. *altaica*), der größten Wildkatze, sank 1940 auf 30 Tiere und beträgt heute etwa 400. Nach umfassenden Schutzbemühungen gibt es inzwischen wieder etwa 4000 indische Tiger, nachdem es 1972 nur noch 1800 waren. Neuerdings werden Tiger weniger wegen ihres Felles gewildert als wegen der Knochen, die in China zu teuren medizinischen Tinkturen verarbeitet werden. Obwohl der Handel mit Tigerteilen durch das Washingtoner Artenschutzabkommen seit 1975 verboten ist, haben China, Taiwan und Südkorea erst 1993/94 zugesagt, sich daran zu halten.

Ähnlich ist die Gefährdung der afrikanischen **Elefanten** durch Elfenbeinjäger. Die Nachfrage nach Elfenbein für Schnitzereien, Klaviertasten und japanische Siegel nahm im 20. Jahrhundert stetig zu, so dass wegen der hohen Elfenbeinpreise in den 1970er und 1980er Jahren 75 % der afrikanischen Elefanten gewildert wurden. Besonders schlimm war es in Kenia und anderen ostafrikanischen Staaten, in denen 90 % der Elefanten getötet wurden. Zusammen mit der intensiveren Landnutzung durch die Menschen schien das Aussterben des afrikanischen Elefanten absehbar (Abb. 10.10). Auch der Schutz durch das Washingtoner Artenschutzabkommen konnte (Box 10.3) die Situation in vielen afrikanischen Staaten nicht ändern, da diese nicht in der Lage waren, Wilderei und Korruption zu unterbinden. Diese Staaten sind aber bis heute dagegen, den Schutzstatus des Elefanten zu lockern.

Anders im südlichen Afrika (Südafrika, Namibia, Simbabwe und Botswana). Dort war der Wildererdruck ursprünglich gering, die Tiere vermehrten sich daher so stark, dass die Vegetation zerstört wurde und der Lebensraum nicht nur für Elefanten unbewohnbar wurde. Man hat daher frühzeitig begonnen, die Populationsdichte zu regulieren, d. h. es kommt in diesen Gebieten zu **kontrollierten Abschüssen** der Tiere. Zum Teil werden diese Bestände schon seit Jahren regelrecht bewirtschaftet, indem jährliche Zählungen durchgeführt werden und überzählige Tiere gejagt werden. Der Erlös kommt dem Unterhalt der Nationalparks zugute. Fleisch und Häute werden an die einheimische Bevölkerung verkauft, die somit den Elefanten als wertvoll und schützenswert erlebt. Das Elfenbein wird staatlich gehandelt, und man konnte mit diesem Konzept bisher der Wilderei und dem illegalen Handel den Boden entziehen. Diese Staaten treten daher auch nicht für einen weltweiten Boykott von Elfenbein ein, sondern plädieren angesichts ihrer bewirtschafteten

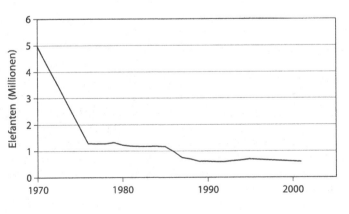

Abb. 10.10. Veränderung des Elefantenbestandes in Afrika. Kombiniert nach verschiedenen Quellen.

▶ **Box 10.3**
Washingtoner Artenschutzabkommen

Der Handel mit gefährdeten Arten ist weltweit durch das Washingtoner Artenschutzabkommen geregelt (*Convention on International Trade in Endangered Species of wild fauna and flora* CITES). Es trat 1975 in Kraft und enthält 3 Anhänge, welche die Arten auflisten, für die es gilt. Inzwischen umfassen sie über 4.000 Tierarten, v. a. Säugetiere, Vögel und Reptilien, einzelne Amphibien, Fische und Wirbellose sowie rund 30.000 Pflanzenarten. Inzwischen haben die meisten Staaten der Welt dieses Abkommen unterzeichnet, so dass von einem globalen Schutz gesprochen werden kann.

Das Abkommen verbietet jeglichen Handel mit den aufgelisteten Arten oder Teilen und Produkten von ihnen. An jedem Flughafen und jeder Grenze werden daher weltweit Felle und Häute von Säugern und Reptilien, Elfenbein, Schädel oder Panzer von Tieren, Kakteen, Orchideen usw. beschlagnahmt, der Besitzer wird bestraft. Ziel des Abkommen ist es, durch diese Beschränkungen den Handel mit bedrohten Arten zu unterbinden und diese zu schützen. CITES hat vermutlich bereits in vielen Fällen Arten vor dem Aussterben bewahrt. Ausdrücklich erlaubt wird durch das Abkommen jedoch der Handel mit Nachzuchten. Es gibt daher einen starken Anreiz zur erfolgreichen Produktion von Nachzuchten, wodurch ebenfalls der Druck auf die Freilandpopulationen gemildert wird. Jeder Staat unterhält eine Institution, welche in der Lage ist, zu bescheinigen, ob es sich um eine Nachzucht handelt.

Elefantenbestände für einen kontrollierten staatlichen Handel, der ihnen 1999 im Rahmen von CITES bewilligt wurde. Heute leben über 80 % der afrikanischen Elefanten in diesen südafrikanischen Staaten.

Seit den 1970er Jahren werden zum Fischfang v. a. von Japan, Taiwan und Südkorea vermehrt riesige **Treibnetze** eingesetzt, die jeweils 20 bis 60 km lang und 15 m und mehr tief sind. Täglich wurden weltweit über 40.000 km Netz neu ausgelegt. In ihnen verfangen sich nicht nur die Fische, die gefangen werden sollen, sondern auch Wale, Delphine, Haie, Meeresschildkröten, Seelöwen und Wasservögel. Vor allem der wirtschaftlich lukrative Fang der Gelbflossen-Thunfische geriet in Verruf, weil diese Fische mit Delphinen vergesellschaftet schwimmen. Die Fischer benutzten die Delphine als Anzeiger für die Thunfische und nahmen den Mitfang der Delphine in Kauf. Pro Thunfischschwarm kamen einige Dutzend Delphine um, in den 1980er Jahren 500.000 Delphine und über 10.000 Meeresschildkröten jährlich. Nach Clark (1992) verendeten im Nordatlantik zehnmal mehr Vögel in Treibnetzen als durch die Ölverschmutzung umkamen.

Als Gegenmaßnahmen hat die UN ab 1991 große Treibnetze auf hoher See verboten, einige Staaten haben angesichts der internationalen Reaktionen generell auf den Einsatz von Treibnetzen in bestimmten Meeresteilen verzichtet wie Taiwan Anfang 1993 für den Nordpazifik. Die EU hat ab 2002 alle Treibnetze

Abb. 10.11. Das Delphin-Logo auf Thunfischdosen soll signalisieren, dass beim Fang der Fische darauf geachtet wird, Beifänge von Delphinen zu vermeiden.

verboten, die Nicht-EU-Staaten um das Mittelmeer „empfohlen" ab 2003 einen Verzicht. Einzelne Handelsorganisationen vertreiben heute nur noch Thunfisch, der **delphinsicher** gefangen wurde (Abb. 10.11). Dies darf jedoch nicht darüber hinweg täuschen, dass eine bestimmte Beifangquote international legalisiert ist, immerhin noch einige 10.000 Delphine. Es gibt kaum Kontrollmöglichkeiten, und angesichts des internationalen Wettrennens beim Leerfischen der Weltmeere darf bezweifelt werden, ob es mittelfristig wirksame Maßnahmen zum Schutz der Delphine und Meeresschildkröten geben wird.

Eine wichtige Rolle bei der Bedrohung von Wildbeständen kommt dem internationalen **Tierhandel** zu. In den 1980er Jahren wurden jährlich mindestens 40.000 Primaten, Elfenbein von 90.000 Elefanten, 4 Mio. Wildvögel (darunter 600.000 Papageien), 10 Mio. Reptilienhäute, 15 Mio. Felle (darunter 180.000 von Raubkatzen), über 300 Mio. tropische Fische und eine Mio. wilde Orchideen gehandelt. Dies entsprach einem Wert von über 5 Mrd. $ (OECD 1991). Die besonderen Umstände von Fang und Handel waren mit einer hohen Mortalität der Tiere verbunden, so dass der Verlust an Tieren bedeutend höher war als die Zahl der verkauften Tiere. Mindestens 15 % der in die USA importierten Vögel überlebten den Transport nicht, jeder zweite Tropenfisch kam in Europa nicht lebend an, und beim Fang von Schimpansen wurden pro Jungtier bis zu 10 Erwachsene getötet. Heute sind die schlimmsten Auswüchse des Tierhandels korrigiert, da ihn das **Washingtoner Artenschutzabkommen** sehr stark einschränkt (Box 10.3).

10.2.3
Lebensraumzerstörung

Das Bedrohungsszenario einer gut bekannten Großtierart ist medienwirksam, der überwiegende Teil des Artensterbens wird jedoch durch die Vernichtung von Lebensräumen verursacht. Dies betrifft alle Arten gleichermaßen, besonders kleine und unscheinbare Arten, darunter viele für die Wissenschaft neue Arten. In gut untersuchten Regionen und für bekannte Tier- und Pflanzengruppen kommt es zur Aufstellung von **Roten Listen**, welche angeben, wie groß der Bedrohungsgrad einzelner Gruppen ist. Für die meisten Staaten, unter ihnen fast alle Entwicklungsländer, ist der Erfassungsgrad jedoch ungenügend; es liegen nur Hochrechnungen über den Artenschwund vor. Für Mitteleuropa kann angenommen werden, dass durchschnittlich 30–50 % der Tier- und Pflanzenarten im Bestand gefährdet sind.

Die Entwicklung der mitteleuropäischen **Kulturlandschaft** (Kap. 3.1.2) hat ursprünglich einen vielgestaltigen und artenreichen Lebensraum geschaffen. Die Intensivierung der Landwirtschaft nivellierte dann jedoch durch Düngung, Kalkung und Biozideinsätze sowie den Flurbereinigungsmaßnahmen alle Standorte. Trockenstandorte und Feuchtgebiete verschwanden und den meisten Arten der Kulturlandschaft wurde der Lebensraum entzogen. Von 1950 bis 1990 nahm die Zahl der Wildkräuter pro Acker durchschnittlich um drei Viertel ab (Hilbig u. Bachthaler 1992). Landwirtschaftliche Maßnahmen sind für zwei Drittel dieses Artenrückgangs verantwortlich (Umweltbundesamt 1989). Parallel hierzu werden einige Futtergräser und Problemunkräuter wie etwa Ampfer gefördert. Das Pflanzenspektrum wird also monotoner. Da Tiere auf vielfältige Weise auf Pflanzen angewiesen sind, führte dies zu einem beträchtlichen Artenschwund bei Insekten, Säugern und Vögeln. Feldhasen, Rebhühner und Wachteln sind vom Aussterben bedroht, Kiebitz, Feldlerche und Neuntöter finden immer weniger Lebensraum (Abb. 10.12).

In ähnlicher Weise verwandelt der zur Nationaltugend erhobene **Ordnungs- und Sauberkeitswahn** Hausgärten und Parks in Kunstlandschaften, in denen die einheimische Fauna und Flora bekämpft, gleichzeitig aber fremdländische Arten angesiedelt werden. Moose und Kräuter werden im Zierrasen mit Herbiziden bekämpft, jede Blütenentwicklung wird durch intensives Mähen verhindert, sogar der minimale Pflanzenwuchs auf Fußwegen wird weggespritzt. In Blumenrabatten muss zwischen den angepflanzten Blumen die nackte Erde sichtbar sein und selbst Ameisen im Garten werden mit Insektiziden abgetötet.

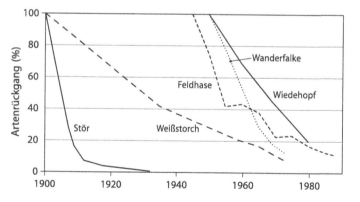

Abb. 10.12. Relativer Artenrückgang in der europäischen Kulturlandschaft. Abnahme der Fangerträge beim Stör in Rhein, Ems und Elbe, Rückgang der Weißstörche in Niedersachsen, Veränderung der Jagdstrecke bei Feldhasen im Kanton Bern und Rückgang der Brutpaare bei Wanderfalken (Nordeuropa) und Wiedehopf (Schweiz). Kombiniert nach verschiedenen Quellen.

Die **Gefährdung der Artenvielfalt** der Erde ist am augenfälligsten in den artenreichen Lebensräumen der Welt, von denen wir heute noch nicht wissen, wie viele Arten dort leben. Schätzungen für die Artenfülle in tropischen Ökosystemen weichen stark von den Zahlen ab, die wir aus der gemäßigten Zone kennen. Bis heute sind weltweit knapp 2 Mio. Arten beschrieben, also wissenschaftlich erfasst (Tabelle 10.4), hiervon sind aber nur wenige 10.000 Arten genauer untersucht. Auf Grund der bestehenden Forschungslücken und des Artenreichtums der Tropen wird weltweit mit einer viel höheren Artenzahl gerechnet, die gelegentlich auf bis zu 100 Mio. geschätzt wurde, vermutlich aber zwischen 5 und 15 Mio. liegen dürfte (Wilson 1992, Stork 1997).

Tabelle 10.4. Anzahl der bis heute beschriebenen Arten lebender Organismen. Gerundete Werte in Anlehnung an Westheide u. Rieger (1996) und Sitte et al. (2002).

Bakterien, Blaualgen	5.000
Pilze und Flechten	126.000
Algen	33.000
Moose	24.000
Farne	12.000
Samenpflanzen	251.000
Einzellige Tiere	1.000
Würmer (diverse Gruppen)	56.000
Mollusken (Weichtiere)	50.000
Arthropoden (Insekten, Spinnen, Milben usw.)	1.115.000
sonstige wirbellose Tiere	28.000
Fische	28.000
Amphibien	6.000
Reptilien	8.000
Vögel	9.000
Säugetiere	4.000
Gesamtzahl	1.756.000

Viele Tierarten sind an andere Arten, meist Pflanzen, gebunden. Mit dem Abholzen eines Waldes wird beispielsweise der verfügbare Lebensraum für viele 1000 Arten zerstört. Es gibt heute genaue Vorstellungen über den Zusammenhang zwischen Artenverlust und Flächenverlust. Nach Wilson (1992) führt eine jährliche Vernichtung von 0,7 % des tropischen Regenwaldes (unter der Annahme von 5 Mio. Arten weltweit, davon eine Hälfte im tropischen Regenwald) zu einem jährlichen Verlust von 17.500 Arten. Diese anthropogene Rate des Artensterbens entspricht dem Zehntausendfachen der natürlichen Rate und verläuft mit viel höherer Geschwindigkeit, als allgemein wahrgenommen wird. Desgleichen zeigen solche Berechnungen, dass heute bereits 10 bis 30 % der vor einigen 100 Jahren existierenden Arten ausgestorben sind. Einige hunderttausend, vielleicht gar Millionen Arten existieren bereits nicht mehr und die Wissenschaft kennt nicht einmal ihre Namen, geschweige denn ihren potentiellen Nutzen für den Menschen. In den nächsten Jahrzehnten kann ein weiteres Viertel der heute noch lebenden Arten betroffen sein (dies sind über 150 Arten täglich). Diese Halbierung der Biodiversität innerhalb weniger Jahrzehnte übertrifft die bisher schlimmsten erdgeschichtlichen Katastrophen deutlich (Kap. 9.6, Abb. 10.13).

Dieser **Verlust der Biodiversität** hat weit reichende Folgen. Wir verlieren potentielle Nutzpflanzen und Nutztiere, neue Heilmittel und Pflanzeninhaltsstoffe (Box 7.2). Wir reduzieren mit der gewaltigen Artenfülle, die den Planeten Erde kennzeichnet, auch die Ökosystemleistungen der Biodiversität. Hierunter werden Eigenschaften zusammengefasst wie die Regulation des Gas- und Wasserhaushaltes sowie der Nährstoffzyklen der Erde, die Steuerung des Klimas, Produktion von Biomasse und Boden sowie Erosionskontrolle und vieles mehr. Nach Costanza et al. (1997) haben diese Leistungen einen Gegenwert von 17.000 Mrd. $ jährlich. Gerade weil diese Summe so unvorstellbar groß ist, zeigt dies auf, wie sehr die Biodiversität der Erde als Lebensversicherung der Menschheit aufgefasst werden muss. Jede einzelne Art auf der Erde ist daher als ein wichtiger Teil der Biosphäre aufzufassen, zu der auch der Mensch gehört. Mit jeder ausgestorbenen Art verlieren wir einen Teil von uns selbst (Myers 1980).

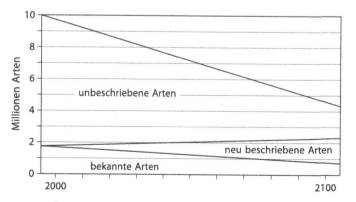

Abb. 10.13. Mögliche Veränderung der globalen Biodiversität bis zum Ende des 21. Jahrhunderts unter der Annahme von 10 Mio. existierenden Arten, einer Ausrottungsrate von 0,8 % pro Jahr sowie 15.000 neu beschriebenen Arten jährlich. Nach Nentwig et al. (2004).

Vielfältig sind die Versuche, dem Artensterben entgegenzuwirken. Der scheinbar einfachste Ansatz besteht darin, die Lebensraumvernichtung und -übernutzung zu stoppen. Da dies aber eine Verminderung des Bevölkerungswachstums verlangt, ist es kurzfristig nicht möglich. Es ist eine Fülle von Konzepten entwickelt worden, die vom Schutz einzelner Arten (Box 10.4) bis zum Schutz ausgewählter, meist aber zu kleiner Gebiete reichen. Daneben gibt es viele Konzepte einer integrierten Lebensraumnutzung bzw. nachhaltigen Bewirtschaftung, etwa biologische Landwirtschaft (Kap. 3.1.2), *game farming* (Kap. 3.2.1), Agrarforstwirtschaft (Box 3.8) oder Aqua- und Marikultur (Kap. 3.2.2).

Zoologische Gärten spielen eine wichtige Rolle beim Erhalt bedrohter Arten. Wisent, Davidhirsch, arabische Oryxantilope und Hawaiigans konnten nur dort überleben. Der indische Leierhirsch, sibirische Tiger und Löwenäffchen sind in Zoos inzwischen weitaus häufiger als in ihrer ursprünglichen Heimat. Bei einigen bedrohten Arten gibt es zwar noch Fortpflanzungsprobleme (Großer Panda, Nasenaffe, Wollaffe), auch darf die Gefahr der genetischen Verarmung bei kleinen Zuchtgruppen nicht unterschätzt werden. In anderen Fällen konnten bei ehemals schwierigen Arten aber Durchbrüche erzielt werden, so dass es heute fast zu viele Zootiere gibt (Fischotter, Geparden, Lisztäffchen). Es gibt daher auch immer mehr Arten, die wieder in ihre ehemaligen Lebensräume ausgesetzt werden können, wenn diese die Voraussetzungen hierzu erfüllen, etwa in Nordamerika der Kalifornische Kondor und der Fischadler, in Europa der Uhu, Seeadler in Großbritannien und Bartgeier in den Alpen (Abb. 10.9).

10.3
Förderung von Arten

10.3.1
Weltweite Verbreitung von Arten

Mit der Ausbreitung des Menschen wurden für viele Pflanzen- und Tierarten günstige neue Lebensräume geschaffen und eine spezifisch synanthrope Fauna und Flora breitete sich aus. Daneben wurden Arten gezielt verbreitet, unbeabsichtigt verschleppt oder entkamen aus Gärten und Zuchtanlagen, so dass viele Tiere und Pflanzen heute in Bereichen vorkommen, die sie ohne menschliche Hilfe nie erreicht hätten. Dies wird als **Floren- bzw. Faunenverfälschung** bezeichnet. Arten, die ihren Lebensraum über ihren ursprünglichen hinaus stark erweitern, sei es mit oder ohne Hilfe des Menschen, und ökologische Schäden verursachen, werden als **invasiv** bezeichnet. Tabelle 10.5 listet die weltweit problematischsten invasiven Arten auf.

Nichteinheimische Pflanzenarten, die in den letzten 500 Jahren eingeführt oder eingeschleppt wurden, werden als **Neophyten** bezeichnet, eingeschleppte Tiere als **Neozoen**. Vor allem im 19. Jahrhundert nahm die Einbürgerungsrate in Deutschland explosionsartig zu (Abb. 10.14). Zu den 2100 einheimischen Pflanzenarten sind 164 vor dem Mittelalter eingebürgerte Pflanzenarten und 253 Neophyten gekommen, so dass heute 16 % der Flora als nicht ursprünglich be-

▶ **Box 10.4**
Nashornschutz durch Jagdlizenzen

Die weltweit 5 Nashorn-Arten werden in Afrika und Asien seit langem gejagt, weil das Horn einerseits in Arabien und Jemen für den Griff des Krummdolchs als männliches Statussymbol verwendet wurde, andererseits weil Horn und viele Teile des Nashorns in der traditionellen asiatischen Medizin verwendet werden. Pulverisiertem Horn werden vielfältige Wirkungen gegen Gift und bei Erkrankungen zugeschrieben. Es scheint ein westliches Missverständnis zu sein, dass man dem Horn auch eine Wirkung als Aphrodisiakum nachsagte. Möglicherweise hängt dies mit einer historischen Verwechslung vieler europäischer Reiseberichterstatter von Nashorn und dem mythischen Einhorn zusammen.

Gut organisierte und modern bewaffnete Wildererbanden, die auch Panzerfäuste gegen die Tiere einsetzen und Wildhüter töten, führen daher in vielen Ländern einen regelrechten Ausrottungskrieg gegen die Nashörner. In Afrika hat sich die Situation wegen der chaotischen politischen Entwicklung und der Korruption in vielen Staaten in den letzten 20 Jahren eher verschlechtert, lediglich Namibia und Südafrika stellen eine erfreuliche Ausnahme dar. Auf ihrem Staatsgebiet leben heute über 90 % aller afrikanischen Nashörner.

Das Spitzmaulnashorn (*Diceros bicornis*), von dem 1960 noch über 100.000 Tiere in Ostafrika lebten, war bis 2002 auf 3000 Tiere dezimiert. Eine der 4 Unterarten steht mit 10 Individuen in Kamerun vor dem Aussterben. Das Breitmaulnashorn (*Ceratotherium simum*) Südafrikas ist Ende des 19. Jahrhunderts von den Buren fast ausgerottet worden, inzwischen leben in Südafrika und Namibia wieder 12.000 Tiere. Seine nördliche Unterart (30 Tiere im Kongo) steht jedoch vor dem Aussterben. Unter den 3 asiatischen Arten geht es dem indischen Panzernashorn (*Rhinoceros unicornis*) noch am besten. Heute leben ca. 2500 Tiere in mehreren Schutzgebieten in Indien und Nepal. Vom Sumatranashorn (*Dicerorhinus sumatrensis*) gibt es 400 Tiere, aber vom Javanashorn (*Rhinoceros sondaicus*) leben in 2 Populationen nur noch 60 Tiere. Es wird daher über kurz oder lang aussterben.

Moderne Schutzmassnahmen bestehen in einer intensiven Bewachung der Tiere, im Einzäunen ihres Lebensraumes oder dem Absägen ihrer Hörner. Letzteres ist hochriskant, da es das Verhalten der Tiere bei Paarung und Verteidigung beeinträchtig. In Ostafrika haben diese Methoden wenig gegen die Wilderei bewirkt. In Südafrika war es erfolgreicher, die Bevölkerung vom hohen Preis eines lebenden Nashorns zu überzeugen: Durch Tourismus, Jagdlizenzen und Verkauf an Tiergärten kommen deutlich höhere Einnahmen herein als durch den Schwarzmarktpreis des Horns. Die Bewirtschaftung von Nashornpopulationen ist daher das überzeugendste Schutzkonzept.

zeichnet werden müssen (Schubert 1991). In Kanada sind 28 % aller Pflanzenarten eingeschleppt, in Neuseeland sogar 47 % (Heywood 1989).

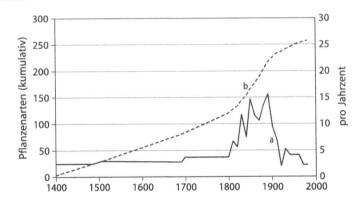

Abb. 10.14. Zahl der pro Jahrzehnt nach Deutschland eingeschleppten Pflanzenarten (**a**) und kumulative Darstellung (**b**). Verändert nach Schubert (1991).

Tabelle 10.5. Die weltweit problematischsten invasiven Arten von Pflanzen und Tieren. Auszug aus der Liste der 100 schlimmsten invasiven Arten (www.issg.org).

Wasserpflanzen	Caulerpa Schlauchalge	Caulerpa taxifolia
	Englisches Schlickgras	Spartina anglica
	Wasserhyazinthe	Eichhornia crassipes
Landpflanzen	Mittelmeerkiefer	Pinus pinaster
	Opuntie, Feigenkaktus	Opuntia stricta
	Spanisches Rohr	Arundo donax
	Stechginster	Ulex europaeus
	Japanknöterich	Reynoutria japonica
	Lantana, Wandelröschen	Lantana camara
	Eselswolfmilch	Euphorbia esula
	Mimose	Mimosa pigra
	Liguster	Ligustrum robustum
	Blutweiderich	Lythrum salicaria
	Tamariske	Tamarix ramosissima
Aquatische Wirbellose	Wollhandkrabbe	Eriocheir sinensis
	Rippenqualle	Mnemiopsis leidyi
	Strandkrabbe	Carcinus maenas
	Mittelmeer-Miesmuschel	Mytilus galloprovincialis
	Zebramuschel	Dreissena polymorpha
	Gelbe Apfelschnecke	Pomacea canaliculata
Landwirbellose	Asiatischer Tigermoskito	Aedes albopictus
	Malaria-Moskito	Anopheles quadrimaculatus
	Gewöhnliche Wespe	Vespula vulgaris
	Achatschnecke	Achatina fulica
	Schwammspinner	Lymantria dispar
	Koprakäfer	Trogoderma granarium
	Rote importierte Feuerameise	Solenopsis invicta
	Weiße Fliege	Bemisia tabaci

Tabelle 10.5. *Fortsetzung*

Fische	Bachforelle	*Salmo trutta*
	Karpfen	*Cyprinus carpio*
	Tilapia	*Oreochromis mossambicus*
	Nilbarsch	*Lates niloticus*
	Regenbogenforelle	*Oncorhynchus mykiss*
Amphibien	Aga-Kröte	*Bufo marinus*
Reptilien	Rotwangenschmuckschildkröte	*Trachemys scripta*
	Braune Nachtbaumnatter	*Boiga irregularis*
Vögel	Europäischer Star	*Sturnus vulgaris*
Säugetiere	Hauskatze	*Felis catus*
	Hausziege	*Capra hircus*
	Grauhörnchen	*Sciurus carolinensis*
	Hausmaus	*Mus musculus*
	Nutria, Sumpfbiber	*Myocastor coypus*
	Wildschwein, Hausschwein	*Sus scrofa*
	Kaninchen	*Oryctolagus cuniculus*
	Rothirsch	*Cervus elaphus*
	Rotfuchs	*Vulpes vulpes*
	Hausratte	*Rattus rattus*
	Wiesel, Hermelin	*Mustela erminea*

In mitteleuropäischen **Gärten und Parks** werden 3600 Arten winterharter Freilandgehölze kultiviert, während es nur 213 einheimische Gehölzarten gibt. Einige Arten haben sich inzwischen von selbst stark verbreitet. Beispiele nordamerikanischer Herkunft betreffen den Essigbaum (*Rhus typhina*), die Robinie (*Robinia pseudoacacia*) und die Platane (*Platanus orientalis*), sowie aus Ostasien den Schmetterlingsflieder *Buddleja davidii* und den Flieder *Syringa vulgaris*. Der aus China stammende Götterbaum (*Ailanthus altissima*) breitet sich in klimatisch begünstigten Innenstädten und im Rheintal aus. Zu diesen Gehölzpflanzen kommen 2000 Arten und Formen von Zierpflanzen und 2500 Pflanzenarten, die mit dem weltweiten Samenhandel (landwirtschaftliches Saatgut, Vogelfutter usw.), anhaftend an landwirtschaftlichen Produkten (Obst, Gemüse), im Verpackungsmaterial oder in Wollimporten nach Europa verschleppt wurden (Sukopp u. Trepl 1987). Den meisten dieser Arten gelingt es jedoch nicht, in Mitteleuropa einen lebensfähigen Bestand aufzubauen. Zudem verbreiten sich viele dieser Pflanzen nicht außerhalb des menschlichen Siedlungsgebietes.

Für Mitteleuropa besonders problematische Unkrautarten finden sich in vielen Lebensräumen. Vor allem im Brachland finden sich umfangreiche Bestände von Goldruten (*Solidago altissima* und *gigantea*), die z. B. in der Oberrheinischen Tiefebene stellenweise die vorhandene Vegetation verdrängt haben. Der japanische Knöterich *Reynoutria japonica* konnte sich in kleinen Flusstälern in Süddeutschland z. T. flächendeckend verbreiten und ersetzt die einheimische Flussufervegetation. Da er die Ufer schlecht befestigt, kommt es so zu Ufererosion. An feuchten Standorten finden sich zunehmend ausgedehnte Vorkommen des Riesenbärenklau (*Heracleum mantegazzianum*), der aus dem Kaukasus stammt. Im landwirtschaftlichen Bereich gelten die aus Amerika stammenden Amaranth-Arten (*Amaranthus* sp.) als Problemunkraut.

Das für Weidetiere giftige europäische Johanniskraut *Hypericum perforatum* überwucherte große Weideflächen Ostkanadas, so dass diese nicht mehr genutzt werden konnten. Mit einem aus Europa nachträglich eingeführten Blattkäfer gelang es schließlich, das Johanniskraut zu dezimieren. Ähnlich war die Situation mit Opuntien, die 1839 von Mittelamerika nach Australien gebracht wurden, dort 24 Mio. ha Weidegebiete überwucherten und unbrauchbar machten. Ein mexikanischer Kleinschmetterling, dessen Raupe in den Kakteen frisst, so dass bakterielle Fäulniserreger in die Pflanze gelangen und sie zum Absterben bringen, wurde 1925 nach Australien eingeführt und beseitigte das Opuntienproblem in wenigen Jahren. Beide Fälle gelten heute als Lehrbuchbeispiele für die nachteiligen Folgen der Florenverfälschung und für eine erfolgreiche **biologische Unkrautkontrolle**.

Die tropische **Wasserhyazinthe** *Eichhornia crassipes* aus Südamerika wurde zur Verschönerung von Wasserbecken in alle tropischen und subtropischen Gebiete der Welt verbreitet (Abb. 10.15). 1884 tauchte sie in den südlichen USA auf und verbreitete sich schnell. 1894 wurde sie in den botanischen Garten von Bogor auf Java gebracht, von wo aus sie Südostasien und die Pazifikregion eroberte. Seit 1910 kennt man sie im Kongo, seit 1958 ist sie im Niltal. Die Pflanzen sind schnellwüchsig und wuchern Flüsse, Bewässerungskanäle und Gräben in kurzer Zeit zu. Die Folge ist ein hoher Bedarf an Pflegemaßnahmen, um die Gewässer frei zu halten, und eine Beeinträchtigung der Schifffahrt oder der Bewässerungsanlagen. *Eichhornia* gilt als eines der zehn schlimmsten Unkräuter der Welt und konnte bisher nur mit hohem Aufwand und geringer Effizienz bekämpft werden (Ashton u. Mitchell 1989). Seit kurzem gibt es ein biologisches Kontrollprogramm, dass erfolgreich angelaufen ist.

Bei menschlichen Wanderungen gab es stets auch ein aktives oder passives **Mittransportieren von Tieren**. Neben den Nutztieren (Box 10.5) sind hiervon viele für den Menschen schädliche Arten betroffen. Zudem wird durch die Verstädterung ein Lebensraum geschaffen, in den Tiere einwandern und so über ihr ehemaliges Verbreitungsgebiet hinaus verbreitet sein können. Großstädte sind somit ein neuartiger Lebensraum. Hausstaubmilben, Kellerasseln, Spinnen, Silberfischchen, Schaben, Heimchen, Stauläuse, Mehlkäfer, Speckkäfer, Holzkäfer, Pochkäfer, Diebskäfer, Dörrobstmotten, Stechmücken, Schmeißfliegen und Flöhe stellen nur einen kleinen Teil ihrer Fauna dar (Klausnitzer 1988). Plachter (1991) belegt am Beispiel von Großbritannien, dass rund 35 % der Tierarten des Landes im Stadtgebiet von London vorkommen.

Ratten haben sich mit dem Menschen weltweit ausgebreitet und sind möglicherweise die einzige Säugetierart, von der es mehr Individuen als Menschen auf der Welt gibt. Die Hausratte (*Rattus rattus*) stammt ursprünglich aus Indochina und verbreitete sich schon früh

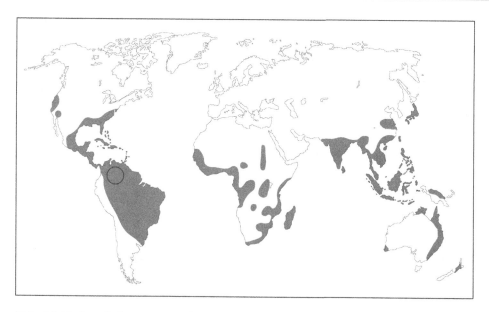

Abb. 10.15. Innerhalb von 100 Jahren wurde die aus Südamerika stammende tropische Wasserhyazinthe *Eichhornia crassipes* vom Menschen über die ganze Welt verbreitet und entwickelte sich zu einem der schlimmsten Wasserunkräuter. Heutiges Verbreitungsgebiet schraffiert, das Ursprungsgebiet in Südamerika ist durch einen Kreis gekennzeichnet. Verändert nach Ashton u. Mitchell (1989).

weltweit. In Europa haben ihre Bestände aber im 20. Jahrhundert stark abgenommen und heute sind Hausratten, die nur im Innern von Gebäuden bzw. in trockenen Bereichen vorkommen, selten. Erst seit einigen hundert Jahren breitet sich die aus Südchina stammende Wanderratte (*Rattus norvegicus*) weltweit aus. Durch Verbreitung mit Transportgütern entlang der alten Handelsrouten erreichte sie im 18. Jahrhundert Mitteleuropa. Im Unterschied zur Hausratte besiedeln Wanderratten verschiedene Lebensräume, einschließlich Ställe, Müllhalden und Kanalisation. Sie richten durch ihre Nage- und Grabaktivität weltweit gewaltigen Schaden an Leitungen, Holzverkleidungen, Verpackungen usw. an. Die Menge an Nahrungsmittel, die sie jährlich fressen oder verderben, entspricht einem Verlust von 10 kg pro Kopf der menschlichen Bevölkerung.

Durch Transporte wurden fast alle wichtigen Schädlinge in für sie geeignete Gebiete verbreitet. Der **Kartoffelkäfer** (*Leptinotarsa decemlineata*) lebte ursprünglich in den Rocky Mountains an einem dort wild wachsenden Nachtschattengewächs (*Solanum rostratum*). Durch den Anbau von Kartoffeln (*Solanum tuberosum*), die im 18. Jahrhundert von Europa in die USA gelangten, stand ihm, als der Kartoffelanbau 1859 Colorado erreichte, eine neue Futterpflanze zur Verfügung, die er sofort annahm. In der Folgezeit breitete sich der Käfer ostwärts aus und erreichte 1874 die Atlantikküste. Später wurde der Käfer mehrmals nach Europa verschleppt, aber erst 1920 verbreitete er sich von Bordeaux aus. 1935 kam er in ganz Frankreich vor, 1956 bereits überall auf der iberischen Halbinsel, in Italien,

> **Box 10.5**
> **„Bereicherung" minderwertiger Fauna**
>
> Europäische Siedler waren von der Säugetierfauna Australiens und Neuseelands enttäuscht. Die vielen Beuteltierarten mögen zwar Biologen begeistert haben, die Kolonialisten hatten jedoch das Bedürfnis, diesen Fehler der Natur zu korrigieren und die ihnen völlig fremde Fauna durch Einfuhr anderer Arten zu verbessern. Sie brachten alle europäischen Haustiere (Pferde, Esel, Rinder, Schafe, Schweine, Ziegen, Hauskatzen und Hunde usw.) nach Australien. Regelmäßig entkamen einzelne Tiere und verwilderten, so dass es heute an vielen Stellen Wildpopulationen dieser ehemaligen Haustiere gibt. Zusätzlich brachten sie in den Folgejahren all die Arten mit, von denen sie annahmen, dass sie Australien und auch Neuseeland „bereichern" könnten. Diese groß angelegte Faunenverfälschung war eine der schwersten Eingriffe in die ökologische Souveränität dieser Gebiete. Sie ist irreversibel und die Folgen halten bis heute an.
>
> Am augenfälligsten war der Import europäischer Kaninchen als Haustiere und Jagdwild. Unmittelbar nach ihrer Freisetzung in Australien vermehrten sie sich explosionsartig. Weiden wurden kahl gefressen, so dass sie stark erodierten und als Weidefläche nicht mehr nutzbar waren. Um die Kaninchen zu stoppen, wurden europäische Raubtiere (Wiesel, Marder, Fuchs) ausgesetzt, die zwar die Nager nicht dezimierten, jedoch die einheimische Vogel- und Kleinsäugerwelt. Viele tausend Kilometer kaninchensicherer Zaun und ausgesetzte Krankheitserreger hatten trotz erster Erfolge langfristig keine große Wirkung.
>
> Zu den in Australien und Neuseeland ausgesetzten Tieren gehören Dromedare, Wildschweine, Wasserbüffel, Damwild, Rothirsch, Axishirsch, Sambarhirsch, Wapiti, Sikahirsch und Virginiahirsch, ferner Elch und Gämse sowie einige kleinere Säugetierarten wie Igel. 1950 waren bereits 34 Säugetierarten und 31 Vogelarten eingebürgert.

Österreich, Deutschland und in den Benelux-Staaten. In den 1960er Jahren erreichte er Russland und breitet sich heute noch im gemäßigten Teil Asiens aus (ergänzt nach Elton 1958).

Europäische Kohlweißlinge (*Pieris* sp.), deren Raupen Kohlgewächse schädigen, gelangten Mitte des 19. Jahrhunderts nach Nordamerika und kommen inzwischen auch auf Hawaii, in China und in Australien vor. Die australische Schildlaus *Icerya purchasi* kommt seit fast 100 Jahren weltweit vor und schädigt u. a. Citrus-Kulturen. 1900 entkamen einige Schwammspinner (*Lymantria dispar*), die zu Studienzwecken von Europa nach Massachusetts gebracht worden waren, und entwickelten sich zu einem der gefährlichsten Forstschädlinge in den USA. Ähnliche Beispiele stellen die Getreidehalmwespen (*Cephus pygmaeus*), die Hessenmücken (*Mayetiola destructor*) oder Getreideblattkäfer (*Oulema* sp.) dar, die ebenfalls von Europa nach Nordamerika gelangten.

Weitere Beispiele betreffen die Feuerameise *Solenopsis invicta, die* um 1891 mit Kaffeetransporten von Brasilien nach New Orleans gelangte und inzwischen große Teile der Südstaaten, Kaliforniens und weitere Gebiete besiedelt. Eine afrikanische Stechmückenart gelangte um 1929 mit einem französischen Postschiff nach Brasilien, breitete sich innerhalb von 10 Jahren über mehrere hundert km aus und verursachte mindestens 20.000 Todesfälle durch Malaria, da die afrikanischen Stechmücken im Gegensatz zu den brasilianischen in die Häuser und somit zu den Menschen fliegen. Eine dreijährige Bekämpfungsaktion, die 2 Mio. $ kostete, rottete schließlich die Stechmücken wieder aus (Elton 1958). Jahrhunderte zuvor war mit Sklaventransporten das Gelbfieber von Westafrika nach Südamerika gebracht worden. Dort etablierte sich der Erreger auf einheimischen Stechmücken und ist seitdem in Amazonien verbreitet.

Die an der **Honigbiene** *Apis mellifera* schmarotzende Milbe *Varroa destructor*, ursprünglich in Java an einer Wildbiene lebend, wurde unbeabsichtigt durch Imker seit 1912 in Südostasien und seit 1949 in der ehemaligen Sowjetunion und Osteuropa verbreitet. Die Tiere gelangten 1961 nach Indien, 1971 nach Westeuropa und Südamerika, 1987 nach Nordamerika und sind inzwischen weltweit verbreitet. Die afrikanische wilde Honigbiene wurden 1956 nach Brasilien gebracht, wo sie aus der Zucht entkamen und sich mit der dortigen Honigbiene kreuzte. Es entstanden aggressive Wildbienen (*killer bees*), die sich heute bis in den Süden der USA ausgebreitet haben und über 1000 Menschen töteten. Für die weltweite Bienenzucht bedeuten beide Invasionen einen immensen wirtschaftlichen Schaden.

10.3.2
Nutzpflanzen und Nutztiere

Alle vom Menschen genutzten Pflanzen werden durch ihn verbreitet und gefördert (Kap. 3.1.1). Während die landwirtschaftlichen **Nutzpflanzen** jedoch häufig nur einjährig angebaut und meist chemisch kontrolliert werden, bilden Bäume, die zur Holzgewinnung angebaut werden, großflächige und langfristige Ökosysteme. Seit 1881 werden in Deutschland exotische Baumarten großflächig angepflanzt. Verbreitet sind inzwischen nordamerikanische Douglasien und japanische Lärche, es gibt aber auch Gebiete mit nordamerikanischen Küstentannen, Sitkafichten, Weymouthkiefer oder Roteichen.

Bei großen Aufforstungsprojekten werden zunehmend **Eukalyptus-Bäume** angepflanzt (Kap. 10.1.2). Eukalyptus ist zwar schnellwüchsig, braucht aber viel Wasser, das dem übrigen Ökosystem entzogen wird. Zudem sondern die Bäume über ihre Wurzeln Stoffe ab, die das Wachstum anderer Pflanzen hemmen. Eukalyptus-Wälder haben daher oftmals keinen Unterwuchs, obwohl sie licht sind, die Streu ist schwer abbaubar und das Bodenleben geht zurück. Der Wasserhaushalt ganzer Regionen wird nachteilig beeinflusst und die Versteppung der Landschaft nimmt zu. Die ersten Eukalyptus-Samen gelangten 1804 nach Paris, um 1857 entstanden die ersten Plantagen in Südeuropa und Nordafrika. 1823 wurden die Bäume in Chile eingeführt, 1828 in Südafrika, 1843 in Indien, 1853 in Kalifornien und 1857 in Argentinien (Dorst 1966). In Portugal wuchsen 1990 in 15 % aller Waldgebiete

Eukalyptus-Bäume (v. a. *Eucalyptus globulus*). Die ehemals arbeitsintensiven Kulturen wie Esskastanien, Mandeln, Kirschbäume, Korkeichen oder Olivenbäume wurden verdrängt (OECD 1991).

Praktisch alle wichtigen **Nutztiere** des Menschen kommen heute weltweit vor (Kap. 3.2.1) und sind fast überall auf der Welt verwildert bzw. ausgesetzt worden. Zu den am häufigsten gehaltenen **Haustieren** gehören Hunde, Katzen, Meerschweinchen, Goldhamster, Vögel (Tauben, Papageien, Wellensittiche, Kanarienvögel usw.), Zierfische und verschiedene Reptilienarten. Bei einer Umfrage in Saarbrücken (Müller 1981) wurden in jeder dritten Wohnung Haustiere gehalten (Tabelle 10.6). Hieraus ergaben sich im Stadtgebiet Dichten von 200 bis 250 Hunden/km^2 und 100 bis 200 Katzen/km^2. 2002 lebten in Deutschland 5 Mio. Hunde, 7,2 Mio. Katzen, 5,8 Mio. Kleinsäuger und 4,7 Mio. Ziervögel. In rund 2 Mio. Aquarien lebten 80 Mio. Fische, es gab 0,4 Mio. Terrarien und 1,7 Mio. Gartenteiche.

Jäger benötigen **jagdbares Wild** in hoher Dichte. Dies kann durch Aussetzen erfolgen, Anfütterung und geregelte Bejagung mit Jagd- und Schonzeiten sowie variablen Abschussquoten. Hierdurch steigt die Wilddichte an und die Jagd wird einfacher. In Mitteleuropa gelten Dichten von 1–2 Rehen oder einem Hirsch pro 100 ha Waldfläche als natürlich (Odzuck 1982). Die tatsächlichen Dichten sind jedoch ca. 5- bis 10fach überhöht, in weiten Teilen der Schweiz finden sich sogar Dichten von über 20 Rehen/100 ha. Die Folge sind Verbissschäden, so dass sich

Tabelle 10.6. Häufigkeit des Vorkommens von Haustieren (%) in Saarbrücken. Wegen möglicher Mehrfachnennung ist die Summe > 100 %. Befragung in 1800 Haushalten (Müller 1981).

Hunde	22,2
Katzen	14,2
Hamster	7,9
Meerschweinchen	4,9
Mäuse	4,3
Wellensittiche	34,9
Kanarienvögel	8,4
Papageien	3,0
sonstige Vögel	6,6
Schildkröten	5,7
Fische (Zahl der Besitzer)	6,0

artenreiche Wälder nicht mehr verjüngen können. Einzäunungen über mindestens 5 Jahre können dies zwar verhindern, sind jedoch arbeitsintensiv, teuer und erhöhen den Wilddruck auf die übrigen Gebiete.

Immer wieder sind fremde Tierarten in Deutschland eingebürgert worden, um mehr jagdbares Wild zur Verfügung zu haben. Jagdfasane (*Phasianus colchicus*) vom Schwarzen Meer werden seit römischer Zeit in Europa immer wieder neu ausgesetzt, da sie strenge Winter nicht überleben. Der Sikahirsch (*Cervus nippon*) wurde aus Ostasien eingeführt und behauptet sich an vielen Stellen recht gut. Das Mufflon *(Ovis ammon musimon)*, ein Wildschaf aus Korsika, ist zu Beginn des 20. Jahrhunderts in Deutschland eingeführt worden. Um seine Gehörn attraktiver zu machen, wurde es mit Hausschafen gekreuzt und nun gibt es vielerorts Mischpopulationen.

Industriestaaten benötigen zahlreiche **Versuchstiere**. Obwohl die meisten Tiere diese Versuche nicht überleben, sie also „verbraucht" werden, handelt es sich um eine Förderung dieser Tierarten, da sie in der Regel aus Zuchten stammen bzw. große Anstrengungen unternommen werden, Zuchten zu etablieren. Versuchstiere werden zudem Wildfängen vorgezogen, da möglichst einheitliche und genormte Tiere benötigt werden. Die in Deutschland bzw. in der Schweiz eingesetzten Versuchstiere sind in Tabelle 10.7 aufgeführt. Es handelt sich zu 90 % um Nagetiere, meist Mäuse und Ratten, ferner um Fische und Vögel. Der häufig unkritische Einsatz von Tieren zu Versuchszwecken und die Verwendung von Affen und Raubtieren haben die Tierversuche in der Vergangenheit in Verruf gebracht und einen starken Druck aufgebaut, Alternativen zu entwickeln.

Bemühungen, die Zahl der Tierversuche zu vermindern, führten in den letzten 20 Jahren zu einer **Reduktion** der eingesetzten Tiere (Abb. 10.16). Tierversuche sind heute verboten um neue Waschmittel, dekorative Kosmetika und Tabakerzeugnisse zu testen, ebenso sind Versuche für Waffen und Munition verboten. Die Zahl benötigter Tiere kann auch durch gegenseitige Anerkennung von Testergebnissen und sinnvolle Reduktion der methodischen Anforderungen stark verringert werden. Ein Verzicht auf die zweite Tierart, die bei vielen Tests vorgeschrieben ist, spart die Hälfte an Tieren ein, ist aber bedenklich, da viele Substanzen bei verschiedenen Tierarten unterschiedlich reagieren (Kap. 8.4.3). Letztlich wird vermehrt mit Zellkulturen, Algen oder Bakterien gearbeitet. Der Fischtest war ein vorge-

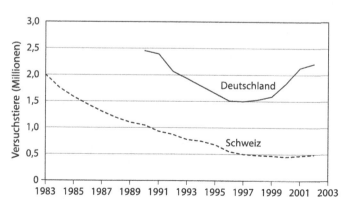

Abb. 10.16. Anzahl (in Mio. Tiere) der bei Tierversuchen in Deutschland und in der Schweiz verbrauchten Versuchstiere. Ergänzt nach Tierschutzbericht (2003) und BVet (2003).

Tabelle 10.7. Anteil (%) der in Deutschland und in der Schweiz (2002) für Tierversuche verwendeten Tiere (Tierschutzbericht 2003, BVet 2003). Versuche mit Menschenaffen sind in beiden Ländern seit mehreren Jahren nicht mehr zulässig.

	Deutschland	Schweiz
Mäuse	52,0	59,0
Ratten	23,5	30,5
Meerschweinchen	2,0	1,7
Kaninchen	6,0	1,1
andere Nagetiere	1,1	2,0
Affen (ohne Menschenaffen)	0,1	0,1
Hunde	0,2	0,5
Katzen	< 0,1	< 0,1
andere Raubtiere	< 0,1	
Pferde, Esel, Maultiere	< 0,1	< 0,1
Schweine	0,7	0,2
Ziegen und Schafe	0,1	0,2
Rinder	0,2	1,1
andere Säugetiere	< 0,1	< 0,1
Vögel	3,6	0,9
Reptilien	< 0,1	
Amphibien	1,2	0,4
Fische	9,1	2,0
Gesamtzahl	2.212.376	485.969

schriebener Test, in dem Abwässer auf Umweltgefährdung untersucht wurden. Neuerdings stehen Tests mit Daphnien, Algen oder Leuchtbakterien zur Verfügung, die empfindlicher als der Fischtest sind, so dass die Zahl der Tierversuche um über 90 % verringert werden kann. Mutagenitätstests und die Prüfung von Impfstoffen werden heute überwiegend an

Zellkulturen oder Bakterien durchgeführt. Pharmakokinetische Untersuchungen können durch Computersimulationen ergänzt werden. Die OECD hat 2001 den LD_{50} Test abgeschafft, welcher die Bestimmung von letalen Dosen für 50 % einer Tiergruppe vorsah und deshalb besonders viele Tiere erforderte.

Literatur

Viele Institutionen stellen ausgezeichnete Informationen, z. T. auch mit Datenbankbenutzung über das Internet zur Verfügung. Daher wird hier auf eine Sammlung besuchenswerter Adressen verweisen. Im Text wurde nicht mehr in jedem Fall auf diese Quellen hingewiesen.

Umweltbehörden
Umweltministerium Deutschland www.bmu.de
Umweltbundesamt Deutschland www.umweltbundesamt.de
Umweltministerium Österreich www.lebensministerium.at
Umweltbundesamt Schweiz www.umwelt-schweiz.ch

Statistische Ämter
Statistisches Bundesamt Deutschland www.destatis.de
Statistik Austria www.statistik.at
Bundesamt für Statistik Schweiz www.bfs.admin.ch
Europäisches Statistikamt Eurostat http://europa.eu.int/comm/eurostat

Vereinte Nationen
Welternährungsorganisation www.fao.org
Weltgesundheitsorganisation www.who.int
Programm der UN gegen HIV/AIDS www.unaids.org
Internationale Atomenergie-Agentur www.iaea.org
Entwicklungsprogramm der UN www.undp.org
United Nations Fund for Population Activities www.unfpa.org
Hohes Flüchtlingskommissariat der Vereinten Nationen www.unhcr.org

UN-nahe Institutionen
Organisation for Economic Co-operation and Development www.oecd.org
World organisation for animal health www.oie.int
Population reference bureau www.prb.org
Internationale Energie-Agentur www-iea.org

Ackermann-Liebrich U, Rapp R (1988) Luftverschmutzung und Gesundheit. Eine Literaturdokumentation der Abteilung für Sozial- und Präventivmedizin der Universität Basel. Bundesamt für Umweltschutz (Bern), Schriftenreihe Umweltschutz 87: 1–225

Amdur MO, Doull J, Klaassen CD (1991) Casarett and Doull's Toxicology. The basic science of poisons. Pergamon Press, New York

Anderson A (1984) The extinction of the moa in Southern New Zealand. In: Martin PS, Klein RG (eds) Quaternary extinctions. Univ of Arizona Press, Tucson, pp 728–740

Anderson E (1984) Who's who in the pleistocene: A mammalian bestiary. In: Martin PS, Klein RG (eds) Quaternary extinctions. Univ of Arizona Press, Tucson, pp 40–89

Andrae F (1990) Das Zurückdrängen der Waldvegetation in Brasilien. Ein Beispiel für Umweltzerstörung durch zunehmende Bevölkerung und Wirtschaftsexpansion. In: Franz H (Hrsg) Die Bevölkerungsentwicklung und ihre Auswirkungen auf die Umwelt. Österr Akad Wiss, Veröff Kommission für Humanökologie 2:53–78

Arking R (1991) Biology of aging. Observations and principles. Prentice Hall, Englewood Cliffs/ NJ

Arley N, Skov H (1988) Atomkraft. Springer, Berlin

Arndt U, Nobel W, Schweizer B (1987) Bioindikatoren. Möglichkeiten, Grenzen und neue Erkenntnisse. Ulmer, Stuttgart

Asami T (1988) Soil pollution by metals from mining and smelting activities. In: Salomons W, Förstner U (eds) Chemistry and biology of solid waste. Springer, Berlin, pp 143–169

Ashton PJ, Mitchell DS (1989) Aquatic plants: Patterns and modes of invasion, attributes of invading species and assessment of control programmes. In: Drake JA et al. (eds) Biological invasions: a global perspective. Scope, John Wiley & Sons, Chichester, 111–154

Auger A, Kunstmann JM, Czyglik F, Jounnet P (1995) Decline in semen quality among fertile men in Paris during the past 20 years. New Engl J Med 332:281–285

Bähr J (1983) Bevölkerungsgeographie. Ulmer, Stuttgart

Basler A, Kersten L (1988) Der Agrarexport der Entwicklungsländer – Ein Beitrag zur Diskussion „Hunger durch „Überfluss" mit Fallbeispielen aus Brasilien und Thailand. Landbauforschung Völkenrode 91:1–253

Basler K, Hofmann R (1986) Maßnahmen zur Eindämmung des Einsatzes von Getränkedosen. Bundesamt für Umweltschutz (Bern), Schriftenreihe Umweltschutz 53: 1–37

Bayer A, Kaul A, Reiners C (1996) Zehn Jahre nach Tschernobyl, eine Bilanz. Fischer, Stuttgart

Beddington JR, May RM (1983) Die Nutzung mariner Ökosysteme. Spektr d Wiss (1):104–112

Behrend R, Paczian W (1990) Raubmord am Regenwald. Rororo aktuell, Reinbek

BELF Bundesminister für Ernährung, Landwirtschaft und Forsten (1988) Fruchtfolge – Analyse und Ausblick. Schriftenreihe des Bundesministers für Ernährung, Landwirtschaft und Forsten, Reihe A: Ang Wiss 361, Landwirtschaftsverlag, Münster

Bilitewski B, Härdtle G, Marek K (1990) Abfallwirtschaft. Springer, Heidelberg

BMFT (1986) Nachwachsende Rohstoffe. Bundesministerium für Forschung und Technologie, Bonn

Bödeker W, Dümmler C (1990) Pestizide und Gesundheit. Vorkommen, Bedeutung und Prävention von Pestizidvergiftungen. Alternative Konzepte 74, CF Müller, Karlsruhe

Boden TA, Kanciruk P, Farrell MP (1990) Trends 90, a compendium of data on global change. Carbon dioxide information analysis center, Oak Ridge National Laboratory, Oak Ridge/TN

Böhlmann D (1991) Ökologie von Umweltbelastungen in Boden und Nahrung. Fischer, Stuttgart

Bommer DFR, Beese K (1990) Pflanzengenetische Ressourcen. Schr.r. Bundesminister Ernährung, Landwirtschaft, Forsten, Reihe A: Ang Wiss 388:1–190

Bongaarts J (1994) Population policy options in the developing world. Science 263:771–776

Börner H, Heitefuss R, Hurle K, Müller F, Wilbert H (Hrsg) (1979) Herbizide. Abschlussbericht zum Schwerpunktprogramm „Verhalten und Nebenwirkungen von Herbiziden im Boden und in Kulturpflanzen". Boldt, Boppard

Borsch P, Feinendeger LE, Feldmann A, Münch E, Paschke M (1991) Strahlenschutz. Radioaktivität und Gesundheit. 4. Aufl. Hrgg im Auftrag des Bayerischen Staatsministeriums für Landesentwicklung und Umweltfragen, München

Bossel H (1990) Umweltwissen. Daten, Fakten, Zusammenhänge. Springer, Berlin

Braham HW (1984) The status of endangered whales: An overview. Marine Fish Rev 4:62–64

Brand G, Scheidegger A, Schwank O (1998) Bewertung in Ökobilanzen mit der Methode der ökologischen Knappheit. Schriftenreihe Umwelt 297:1–108

Brändli UB (2000) Waldzunahme in der Schweiz – gestern und morgen. WSL Informationsblatt Forschungsbereich Landschaft 45:1–4

Broecker WS, Denton GH (1990) Ursachen der Vereisungszyklen. Spektr d Wiss (3):88–98

Brücher H (1977) Tropische Nutzpflanzen. Springer, Heidelberg Berlin

Brücher H (1979) Über Südamerikas ungenutzte Nutzpflanzen. Natur und Museum, 109:260–267

Burnet M, White DO (1978) Natural history of infectious disease. Cambridge Univ Press, Cambridge

BUS (1984) Cadmium in der Schweiz. Bundesamt für Umweltschutz (Bern), Schriftenreihe Umweltschutz 32:1–19

BUWAL (1986) Bundesamt für Umwelt, Wald und Landschaft (Bern), Schriftenreihe Umwelt 55:1–36

BUWAL (1990) Energie aus Heizöl oder Holz? Eine vergleichende Umweltbilanz. Bundesamt für Umwelt, Wald und Landschaft (Bern), Schriftenreihe Umwelt 131:1–118

BUWAL (1995) Zusammensetzung der Siedlungsabfälle in der Schweiz 1992/93. Schriftenreihe Umwelt 248:1–52

BUWAL (2002) Umweltbericht 2002. Bundesamt für Umwelt, Wald und Landschaft, Bern

BUWAL (2003) VOC Immissionsmessungen in der Schweiz 1991–2001. Umwelt Materialien Luft 163:1–112

BVet (2003) Bundesamt für Veterinärwesen, Statistik der Tierversuche in der Schweiz 2002. Bern

Caldwell MM, Teramura AH, Tevini M (1989) The changing solar ultraviolet climate and the ecological consequences for higher plants. Trends Evol Ecol 4:363–366

Carroll CR, Vandermeer JH, Rosset P (1990) Agroecology. McGraw-Hill Publishing Company

Chadwick MJ, Kuylenstierna JCI (1991) Critical loads and critical levels for the effects of sulphur and nitrogen compounds. In: Longhurst JWS (ed) Acid deposition. Springer, Berlin

Chernousenko VM (1992) Chernobyl – Insight from the inside. Springer, Berlin

Cherrett JM, Sagar GR (Hrsg) (1977) Origins of pest, parasite, disease and weed problems. 18th Symp Brit Ecol Soc. Blackwell, Oxford

Clark RB (1992) Kranke Meere? Spektrum, Heidelberg

Clarke JI (2000) The human dichotomy: The changing numbers of males and females. Pergamon, Amsterdam

Cloud P (Hrsg) (1973) Wovon können wir morgen leben? Fischer, Frankfurt

Conrad B (1977) Die Giftbelastung der Vogelwelt Deutschlands. Kilda, Greven

Costanza R (1991) Ecological economics: The science and management of sustainability. Columbia Univ Press, New York

Costanza R, d'Arge R, de Groot R, Farber S, Grasso M, Hannon B, Limburg K, Naeem S, O'Neill R, Paruelo J, Raskin R, Sutton P, van den Belt M (1997) The value of the world's ecosystem services and natural capital. Nature 387:253–260

Crosby AW (1991) Die Früchte des weißen Mannes. Ökologischer Imperialismus 900 – 1900. Campus, Frankfurt

Crutzen PJ, Andreae MO (1990) Biomass burning in the tropics: impact on atmospheric chemistry and biogeochemical cycles. Science 250:1669–1678

Dauwalder J (1991) Dioxin- und Furanemissionen in die Schweizer Luft. Vorkommen, Struktur, Giftigkeit, Analytik. BUWAL-Bulletin (2):34–37

Deevey ES (1960) The human population. Scientific American 203:194–204

Degler H-D, Uentzelmann A (Hrsg) (1984) Supergift Dioxin. Rowohlt, Reinbek

DeMause L (1974) Hört ihr die Kinder weinen. Eine psychogenetische Geschichte der Kindheit. Suhrkamp, Frankfurt

Diercks R (1983) Alternativen im Landbau. Ulmer, Stuttgart

Dorst J (1966) Natur in Gefahr. Orell Füssli, Zürich

Ehrlich PR, Ehrlich AH (1972) Population, resources, environment. Freeman, San Francisco

Eichler W (1991) Umweltgifte in unserer Nahrung und überall. Kilda, Greven

Ellenberg H (1985) Veränderungen der Flora Mitteleuropas unter dem Einfluss von Düngung und Immissionen. Schweiz Z Forstwesen 136:19–39

Ellis D (1989) Environments at risk. Case histories of impact assessment. Springer, Berlin

Elton C (1958) The ecology of invasions by animals and plants. Chapman & Hall, London

Endo T, Haraguchi K, Sakata M (2002) Extreme mercury levels revealed in whalemeat. New Scientist, 6. Juni

Fabian P (1989) Atmosphäre und Umwelt. Springer, Berlin

Fagan BM (1990) Die ersten Indianer. Das Abenteuer der Besiedlung Amerikas. Beck, München

Fearnside PM (1990) Estimation of human carrying capacity in rainforest areas. Trends Evol Ecol 55:192–195

Fickett AP, Gellings CW, Lovins AB (1990) Rationelle Nutzung elektrischer Energie. Spektr d Wiss (11):60–68

Finch CE (1990) Longevity, senescence, and the genome. Univ of Chicago press, Chicago

Fischer Weltalmanach (verschiedene Jahrgänge) Zahlen, Daten, Fakten. Fischer, Frankfurt

Flavin C (1987) Reassessing nuclear Power: The fallout from Chernobyl. Worldwatch Paper 75, Washington

Fraser PJ, Rasmussen RA, Crefield JW, French JP, Khalil MAK (1986) Termites and global methane – another assessment. J Atmos Chem 4:295–310

Frederiksen H (1969) Feedbacks in economic and demographic transition. Science 166: 837–847

Frey R (1998) Lehrbuch der Geobotanik. Fischer, Stuttgart

Freye H-A (1985) Humanökologie. Fischer, Jena

Friege H, Claus F (1988) Chemie für wen? Rororo, Reinbek

Fritsch B (1993) Mensch – Umwelt – Wissen. Evolutionsgeschichtliche Aspekte des Umweltproblems. Verlag der Fachvereine, Zürich

Fritsche R, Decker H, Lehmann W, Karl E, Geissler K (1987) Resistenz von Kulturpflanzen gegen tierische Schädlinge. Springer, Berlin

Gallusser WA, Schenker A (1992) Die Auen am Oberrhein. Birkhäuser, Basel

Gantner U, Gazzarin C, Meili E (1991) Wo liegt die wirtschaftlich optimale Nutzdauer der Milchkuh? Landwirtschaft Schweiz, 4:209–212

Gantzer CJ, Anderson SH, Thompson AL, Brown JR (1991) Evaluation of soil loss after 100 years of soil and crop management. Agron J 83:74–77

Georgii H-W (1992) Anthropogene atmosphärische Spurengase. In: Warnecke G, Huch M, Germann K (Hrsg) Tatort „Erde". Menschliche Eingriffe in Naturraum und Klima. Springer, Berlin, S 157–172

Goldemberg J, Johansson TB, Reddy AKN, Williams RH (1988) Energy for a sustainable world. J Wiley & Sons, New York

Goudie A (1982) The human impact. Man's role in environmental change. The MIT Press, Cambridge

Gradwohl J, Greenberg R (1988) Saving the tropical forests. Island, Washington

Graedel TE, Crutzen PJ (1989) Veränderungen der Atmosphäre. Spektr d Wiss (11):58–68

Grassl H (1993) Globaler Wandel. In: Schellnhuber H-J, Sterr H (Hrsg) Klimaänderung und Küste. Einblick ins Treibhaus. Springer Berlin, S 28–36

Gray RD, Atkinson QD (2003) Language-tree divergence times support the Anatolian theory of Indo-European origin. Nature 426: 35–439

Gray RH (1974) The decline of mortality in Ceylon and the demographic effects of malaria control. Popul Stud 28: 205–229

Gribbin J, Gribbin M (1992) Kinder der Eiszeit. Birkhäuser, Basel

Gundlach Ch v (1986) Agrarinnovation und Bevölkerungsdynamik, aufgezeigt am Wandel der Dreifelderwirtschaft zur Fruchtwechselwirtschaft unter dem Einfluss der Kartoffeleinführung im 18. Jh. Eine Fallstudie im süddeutschen Raum. Diss Univ Freiburg

Gysi Ch, Reist A (1990) Hors-sol Kulturen – eine ökologische Bilanz. Landwirtschaft Schweiz 3:447–459

Habersatter K (1991) Ökobilanz von Packstoffen Stand 1990. Bundesamt für Umwelt, Wald und Landschaft (Bern), Schriftenreihe Umwelt 132:1–167

Hadfield P (1993) Japanese aid may upset Cambodia's harvests. New Scientist (13.3.) 5

Hagemann H (1985) Hohe Schornsteine am Amazonas. Dreisam, Freiburg

Hahlbrock K (1991) Kann unsere Erde die Menschen noch ernähren? Bevölkerungsexplosion Umwelt Gentechnik. Piper, München

Hamilton RS, Harrison RM (1991) Highway pollution. Studies Environmental Sciences 44, Elsevier, Amsterdam

Hampicke U (1991) Naturschutz-Ökonomie. Ulmer, Stuttgart

Hartmann L (1992) Ökologie und Technik. Springer, Berlin

Hauser JA (1982) Bevölkerungslehre für Politik, Wirtschaft und Verwaltung. Haupt, Bern

Hauser JA (1991) Bevölkerungs- und Umweltprobleme der Dritten Welt. Haupt, Bern

Heberer G (1968) Homo - unsere Ab- und Zukunft. Deutsche Verlagsanstalt, Stuttgart

Heinloth K (2003) Die Energiefrage – Bedarf und Potentiale, Nutzung, Risiken und Kosten. Vieweg , Braunschweig

Heintz A, Reinhardt G (1991) Chemie und Umwelt. Vieweg, Braunschweig

Henao S, Arbelaez MP (2002) Epidemiological situation of acute pesticide poisoning in Central America, 1992–2000. Epidemiol Bull 23:5 – 9

Henning F-W (1978) Landwirtschaft und ländliche Gesellschaft in Deutschland. Band 2, 1750 bis 1976. Schöningh, Paderborn

Henning F-W (1985) Landwirtschaft und ländliche Gesellschaft in Deutschland. Band 1, 800 bis 1750. Schöningh, Paderborn

Herre W (1965) Ergebnisse zoologischer Domestikationsforschung. Züchtungskunde 37:361-374

Herre W, Röhrs M (1973) Haustiere - zoologisch gesehen. Fischer, Stuttgart

Heywood VH (1989) Patterns, extents and modes of invasions by terrestrial plants. In: Drake JA et al. (eds) Biological invasions: a global perspective. Scope, John Wiley & Sons, Chichester, 31–55

Hilbig W, Bachthaler G (1992) Wirtschaftsbedingte Veränderungen der Segetalvegetation in Deutschland im Zeitraum von 1950 – 1990. Angew Bot 66:192–209

Himes NE (1936) Medical history of contraception. Schocken, New York

Hunziker M (1991) Veränderungen im Landschaftsbild: Ein Risiko für den Tourismus? Hotel + Touristic Revue (38)

Isselstein J, Stippich G, Wahmhoff W (1991) Umweltwirkungen von Extensivierungsmaßnahmen im Ackerbau – Eine Übersicht. Ber Ldw 69:379–413

IUCN (1991) Caring for the earth. A strategy for sustainable living. IUCN The World Conservation Union, UNEP United Nations Environment Programme, WWF World Wide Fund for Nature, Gland, Schweiz

Jauch H (1978) Forschungen über Krill. Naturwiss Rundsch 31:244–247

Johanson D, Shreeve J (1989) Lucy's Kind. Piper, München

Jones PD, Kelly PM (1988) Causes of interannual global temperature variations over the period since 1861. In: Wanner H, Siegenthaler U (eds) Long and short term variability of climate. Lecture Notes in Earth Sciences, Springer, Berlin, pp 18–34

Kahn H, Wiener AJ (1971) Ihr werdet es erleben. Voraussagen der Wissenschaft bis zum Jahre 2000. Rowohlt, Hamburg

Katalyse (1986) Strahlung im Alltag. Zweitausendeins, Frankfurt

Kaule G (1991) Arten- und Biotopschutz. Ulmer, Stuttgart

Kazakov VS, Demidchik EP, Astakhova LN (1992) Thyroid cancer after Chernobyl. Nature 359:21

Keller I, Largiadèr CR (2003): Recent habitat fragmentation due to major roads leads to reduction of gene flow and loss of genetic variability in ground beetles. Proc R Soc B 270:417–423

Kersten M (1988) Geochemistry of priority pollutants in anoxic sludges: Cadmium, arsenic, methyl mercury and chlorinated organics. In: Salomons W, Förstner U (eds) Chemistry and biology of solid waste. Springer, Berlin, 170–213

Kiefer J (1989) Effekte niedriger Dosisleistung. In: Köhnlein W, Kuni H, Schmitz-Feuerhake I (Hrsg) Niedrigdosisstrahlung und Gesundheit. Springer, Berlin, pp 21–30

Kinne O (1982) Aquakultur und die Ernährung von morgen. Spektr d Wiss (12):46–57

Kirchgessner M, Windisch W, Müller HL, Kreutzer M (1991) Release of methane and carbon dioxide by dairy cattle. Agribiol Res 44:91–102

Klausnitzer B (1988) Verstädterung von Tieren. Ziemsen, Wittenberg

Kleemann M, Meliss M (1988) Regenerative Energiequellen. Springer, Berlin

Knolle H (1992) 500 Jahre Verirrung: Voraussetzungen und Folgen der Entdeckung Amerikas. Walter, Olten

Koch T, Seeberger J, Petrik H (1991) Ökologische Müllverwertung. CF Müller, Karlsruhe

Köck H (1992) Städte und Städtesysteme. Handbuch des Geographie-Unterrichts, Band 4, Aulis Deubner, Köln

Köhnlein W (1989) Die neueste Krebsstatistik der Hiroshima-Nagasaki-Überlebenden: Erhöhtes Strahlenrisiko bei Dosen unterhalb 50 cGy (rad); Konsequenzen für den Strahlenschutz. In: Köhnlein W, Kuni H, Schmitz-Feuerhake I (Hrsg) Niedrigdosisstrahlung und Gesundheit. Springer, Berlin, S 201–214

Köhnlein W, Kuni H, Schmitz-Feuerhake I (1989) Niedrigdosisstrahlung und Gesundheit. Medizinische, rechtliche und technische Aspekte mit dem Schwerpunkt Radon. Springer, Berlin

König W (1989) Schwermetallbelastung von Böden und Pflanzen in Haus- und Kleingärten des Ruhrgebietes. Verh Ges Ökologie 18:325–331

Körber-Grohne U (1988) Nutzpflanzen in Deutschland. Kulturgeschichte und Biologie. Theiss, Stuttgart

Krebs CJ (1972) Ecology. Harper & Row, New York

Krost B (2001) Saisonale Einflüsse bei der Entstehung von Lippen-Kiefer-Gaumenspalten. Diss Univ Halle

Kunz H (1993) Klimaänderungen und ihre Folgen für Wasserhaushalt, Gewässernutzung und Gewässerschutz. In: Schellnhuber H-J, Sterr H (Hrsg) Klimaänderung und Küste. Einblick ins Treibhaus. Springer, Berlin, S 97–136

Langer WL (1974) Infanticide: A historical survey. History of Childhood Quarterly 129–137,353–366

Larson ED, Ross MH, Williams RH (1986) Grundstoffindustrie ohne Wachstum: Beginn einer neuen Ära? Spektr d Wiss (8):36–47

Lefohn AS, Husar JD, Husar RB (1999) Estimating historical anthropogenic global sulfur emission patterns for the period 1850–1990. Atmospheric Environment 33:3435–3444

Leitgeb N (1990) Strahlen, Wellen, Felder. dtv München, Thieme Stuttgart

Lindee MS (1992) What is a mutation? Identifying heritable change in the offspring of survivors at Hiroshima and Nagasaki. J History Biol 25:231–255

Lozan JL, Lenz W, Rachor E, Watermann B, Westenhagen H v (1990) Warnsignale aus der Nordsee. Parey, Berlin

MacKenzie D (1992) Large hole in the ozone agreement. New Scientist (28. Nov):5

Mäder P, Fliessbach A, Dubois D, Gunst L, Fried P, Niggli U (2002) Soil fertility and biodiversity in organic farming. Science 296:1694–1697

Martin PS (1984) Prehistoric overkill: The global model. In: Martin PS, Klein RG (eds) Quaternary extinctions. Univ of Arizona Press, Tucson, pp 354–403

Maschewsky W (1991) Herzkreislaufschäden durch Arbeitsstoffe. Veröffentlichungsreihe der Forschungsgruppe Gesundheitsrisiken und Präventivpolitik, Wissenschaftszentrum Berlin für Sozialforschung, P91–204

Masé G (1991) Herbizidfreier Strassen- und Grünanlagenunterhalt in der Gemeinde. Bundesamt für Umwelt, Wald und Landschaft (Bern), Schriftenreihe Umwelt, 142:1–183

Mazzone S (1988) Quecksilber in der Schweiz. Bundesamt für Umweltschutz (Bern), Schriftenreihe Umweltschutz 79:1–15

McEvedy C, Jones R (1978) Atlas of world population history. Penguin Books, Harmondsworth

Medwedew G (1991) Verbrannte Seelen. Hanser, München

Meillassoux C (1989) Anthropologie der Sklaverei. Campus, Frankfurt

Menges G, Michaeli W, Bittner (Hrsg) (1992) Recycling von Kunststoffen. Hanser, München

Merian E (1991) Metals and their compounds in the environment. Occurrence, analysis and biological relevance. VCH, Weinheim

Michaux J, Cheylan G, Croset H (1990) Of mice and men. In: DiCastri F, Hansen AJ, Debussche M (eds) Biological invasions in Europe and the mediterranean basin. Kluwer, Dordrecht, pp 263–284

Moriarty F (1988) Ecotoxicology. The study of pollutants in ecosystems. Academic Press, London

Müller F (1990) Zur fortschreitenden Verarmung in der Dritten Welt. In: Franz H (Hrsg) Die Bevölkerungsentwicklung und ihre Auswirkungen auf die Umwelt. Österr Akad Wiss, Veröff Kommission für Humanökologie 2, 53–78

Müller P (1981) Arealsysteme und Biogeographie. Ulmer, Stuttgart

Myers N (1980) The sinking ark. Pergamon, Oxford

Myers N (1983) A wealth of wild species. Westview, Boulder

Natho G (1986) Rohstoffpflanzen der Erde. Harri Deutsch, Thun

Nellen W (1983) Fischzucht im Meer und in Teichen. Umschau 83:91–95

Nentwig W, Bacher S, Beierkuhnlein C, Grabherr G, Brandl R (2004) Ökologie. Spektrum, Heidelberg

Nicklis M (1991) Stickstoffeinsatz in der Landwirtschaft. Europäische Hochschulschriften, Reihe V Volks- und Betriebswirtschaft, Band 1189, Peter Lang, Frankfurt

Nriagu JO (1983) Saturnine gout among roman aristocrats: Did lead poisoning contribute to the fall of the empire? New Engl J Med 308:660–663

Odzuck W (1982) Umweltbelastungen. UTB Ulmer, Stuttgart

OECD (1991) The state of the environment. Organisation for economic and cooperative development, Paris

Oerke E-C, Dehne H-W (1997) Global crop production and the efficacy of crop protection – current situation and future trends. Eu J Plant Pathology 103:203–215

Osteroth D (1989) Von der Kohle zur Biomasse. Springer, Berlin

Ottow JCG (1985) Einfluss von Pflanzenschutzmitteln auf die Mikroflora von Böden. Naturwiss Rundschau 38:181–189

Pachlatko T (1992) Rückkehr in die Alpen. Bull Schweiz Ges Umweltschutz (3):10–18

Parkes AS (1963) The sex-ratio in human populations. In: Wolstenholme G (ed) Man and his future. Churchill., London

Petkau A (1980) Radiation carcinogenesis from a membrane perspective. Acta Physiol Scand Suppl. 492:81–90

Pfister C, Bütikofer N, Schuler A, Volz R (1988) Witterungsextreme und Waldschäden in der Schweiz. Bundesamt für Forstwesen und Landschaftsschutz, Bern, S 1–70

Pimentel D (1991) CRC Handbook of pest management in agriculture. CRC Press, Boca Raton

Plachter H (1991) Naturschutz. UTB Fischer, Stuttgart

Postel S (1984) Water – rethinking management in an age of scarcity. Worldwatch Paper 62, Washington

Postel S (1985) Conserving water: The untapped alternative. Worldwatch Paper 67, Washington

Ramstorf S (1999) Shifting seas in the greenhouse? Nature 399:523–524

Rapp R, Conzelmann C (1990) Luftverschmutzung und Gesundheit. Eine Literaturdokumentation der Abteilung für Sozial- und Präventivmedizin der Universität Basel. Bundesamt für Umwelt, Wald und Landschaft (Bern), Schriftenreihe Umwelt, 134:1–227

Räz B, Schuepp H, Siegfried W (1987) Hundert Jahre *Plasmopara*-Bekämpfung und Kupfereintrag in die Rebberge. Schweiz Z Obst- Weinbau 123 272–277

Reichstein H (1991) Die Fauna des germanischen Dorfes Feddersen Wierde. Steiner, Stuttgart

Remmert H (1985) Der vorindustrielle Mensch in den Ökosystemen der Erde. Naturwissenschaften 72:627–632

Renfrew C (1989) Der Ursprung der indoeuropäischen Sprachfamilie. Spektr d Wiss (12):114–122

Richerson PJ, McEvoy III J (Hrsg) (1976) Human ecology. An environmental approach. Duxbury, North Scituate/MA

Rignot E, Jacobs S (2002) Rapid bottom melting widespread near Antarctic ice sheet grounding lines, Science 296:2020–2023

Robbins A, Freeman P (1989) Warum mangelt es an Impfstoffen für die Dritte Welt? Spektr d Wiss (1):114–120

Roush RT, Tabashnik BE (Hrsg) (1990) Pesticide resistance in arthropods. Chapman & Hall, New York

Rummel R, Kappelmeyer O, Herde OA (1992) Erdwärme. Energieträger der Zukunft? Fakten – Forschung – Zukunft. Informationsbroschüre erstellt im Auftrag des BMFT, Bochum

Ruske B, Teufel D (1980) Das sanfte Energie-Handbuch. Rowohlt, Reinbek

Saltzman BE, Gross SB, Yeager DW, Meiners BG, Gartside PS (1990) Total body burdens and tissue concentrations of lead, cadmium,. copper, zinc, and ash in 55 human cadavers. Environm Res 52:126–145

Sambraus HH (1989) Atlas der Nutztierrassen. Ulmer, Stuttgart

Schichl A, Schuster G (1982) Die letzte Ernte hält der Wind. Natur (1):32–42

Schlatter C, Poiger H (1989) Chlorierte Dibenzodioxine und Dibenzofurane (PCDDs/PCDFs) – Belastung und gesundheitliche Beurteilung. Z Umweltchem Ökotox 2:11–18

Schlumpf M, Lichtensteiger W (1992) Kind und Umwelt: Ozon. Biologische und epidemiologische Daten zu Luftschadstoffen. Pharmak Inst, Univ Zürich

Schmid J (1976) Einführung in die Bevölkerungssoziologie. Rowohlt, Reinbek

Schmid P, Schlatter C (1992) Polychlorinated dibenzo-p-dioxins (PCDDs) and polychlorinated dibenzofurans (PCDFs) in cow's milk from Switzerland. Chemosphere 24:1013–1030

Schmidheiny S (1992) Kurswechsel. Globale unternehmerische Perspektiven für Entwicklung und Umwelt. Artemis Winkler, München

Schönwiese C-D (1995) Klimaänderungen. Daten, Analysen, Prognosen. Springer, Berlin

Schönwiese C-D, Diekmann B (1989) Der Treibhauseffekt. Der Mensch ändert das Klima. Rowohlt, Reinbek

Schroeder D, Müller-Schärer H, Stinson CSA (1993) A European weed survey in 10 major crop systems to identify targets for biological control. Weed Research 33:449–458

Schubert R (1991) Bioindikation in terrestrischen Ökosystemen. Fischer, Jena

Shalaby AM (1988) (Ägyptisches Bewässerungsministerium, Kairo), Referat an der International Conference on large dams, San Francisco, USA, Neue Zürcher Zeitung 21.12.1988

Shugart HH (1990) Using ecosystem models to assess potential consequences of global climatic change. Trends Evol Ecol 5:303–307

Siebert H (1983) Ökonomische Theorie natürlicher Ressourcen. Mohr, Tübingen

Simmons IG (1974) The ecology of natural resources. Arnold, London

Sitte P, Weiler EW, Kadereit JW, Bresinsky A, Körner C (2002) Strasburger: Lehrbuch der Botanik. Spektrum, Heidelberg

Smil V (1986) Chinas Ernährung. Spektr d Wiss (2):112–121

Söffge F (1986) Radioaktivität aus Waffentests und Reaktor-Katastrophen. Spektr d Wisss (8):18–19

Spicer RA, Chapman JL (1990) Climate change and the evolution of high-latitude terrestrial vegetation and floras. Trends Evol Ecol 5:279–284

Stanley SM (1988) Krisen der Evolution. Artensterben in der Erdgeschichte. Spektrum, Heidelberg

Steinlin H (1990) Andere Möglichkeiten als die Holzproduktion zur Nutzung tropischer Wald-Ökosysteme. Ber Naturf Ges Freiburg i Br 80:169–192

Stewig R (1983) Die Stadt in Industrie- und Entwicklungsländern. Schöningh, Paderborn

Stocker T F, Schmittner A (1997) Influence of carbon dioxide emission rates on the stability of the thermohaline circulation. Nature 388: 862–865

Stork NE (1997) Measuring global biodiversity and its decline. S 41–68 in: Reaka-Kudla ML, Wilson DE, Wilson EO (Hrsg) Biodiversity II: Understanding and protecting our biological resources. Josef Henry, Washington

Straehl P (1991) Luftbelastung durch mittelflüchtige Kohlenwasserstoffe in der Region Basel. BUWAL-Bulletin (2):26–34

Stringer CB (1991) Die Herkunft des anatomisch modernen Menschen. Spektr d Wiss (2):112–120

Strohm H (1981) Friedlich in die Katastrophe. Eine Dokumentation über Atomkraftwerke. Zweitausendeins, Frankfurt

Studer C (1999) Dioxin- und Furanemissionen in der Schweiz von 1950–2010. Umweltschutz (3):4–8

Studer R (1990) Inländischer Treibstoff aus nachwachsenden Rohstoffen. Landwirtschaft Schweiz 3:625–628

Sukopp H, Trepl L (1987) Extinction and naturalization of plant species as related to ecosystem structure and function. In: Schulze E-D, Zwölfer H (eds) Ecol Stud 61:245–265

Swaminathan MS (1984) Reis. Spektr d Wiss (3):24–34

Teufel D, Bauer P, Beker G, Gauch E, Jäkel S, Wagner T (1991) Ökologische und soziale Kosten der Umweltbelastung in der Bundesrepublik Deutschland im Jahr 1989. UPI-Bericht 20, Heidelberg

Thiel C (1993) Lebensmittelintoleranzen. In: Erbersdobler H, Wolfram G (Hrsg) Echte und vermeintliche Risiken der Ernährung. Wissenschaftliche Verlagsgesellschaft, Stuttgart, S 213–220

Tiedemann A et al. (2000) Ökobilanzen für graphische Papiere. Texte, 22/2000. Umweltbundesamt Deutschland, Berlin

Tierschutzbericht (2003) Bericht über die verwendeten Versuchstiere in der Bundesrepublik Deutschland. Bundesministerium für Verbraucherschutz, Ernährung und Landwirtschaft. Berlin

Tucker CJ, Dregne HE, Newcomb WW (1991) Expansion and contraction of the Sahara desert from 1980 to 1990. Science 253:299–301

Umweltbundesamt (1993) Ökologische Bilanz von Rapsöl bzw. Rapsölmethylester als Ersatz von Dieselkraftstoff (Ökobilanz Rapsöl). Texte 4/93:1–176

Umweltbundesamt (2002) Umweltdaten Deutschland 2002. http://www.umweltbundesamt.de/ udd/udd2002.pdf

Umweltbundesamt (2003) Dioxine – Daten aus Deutschland. 4. Bericht der Bund-Länder-Arbeitsgruppe

Umweltbundesamt (verschiedene Jahrgänge) Daten zur Umwelt. E Schmidt, Berlin

UNDP (verschiedene Jahrgänge) United Nations Development Programme. Oxford Univ Press, New York. Auch: www.undp.org

USGS (2004) United States Geological Servey: Mineral commodity summaries 2004. www.usgs.gov.

VDI - Verein Deutscher Ingenieure (1987) Maximale Immissions-Konzentrationen für Ozon (und photochemische Oxidantien) zum Schutze des Menschen. VDI 2310, Blatt 15

Volz R (1986) Ökologische Auswirkungen des Skitourismus. Fachbeiträge zur schweizerischen MAB-Information 24:1–36

Wackernagel M, Schulz NB, Deumling D, Linares AC, Jenkins M, Kapos V, Monfreda C, Loh J, Myers N, Norgaard R, Randers J (2002) Tracking the ecological overshoot of the human economy. Proc Nat Acad Sc 99:9266–9271

Waibel H, Fleischer G (1998) Kosten und Nutzen des chemischen Pflanzenschutzes in der deutschen Landwirtschaft aus gesamtwirtschaftlicher Sicht. Vauk, Kiel

Walker A (1967) Patterns of extinction among the subfossil Madagascan lemuroids. In: Martin PS, Wright, HE (ed) Pleistocene extinctions. Yale Univ Press, New Haven, pp 425–432

Warnecke G, Huch M, Germann K (1992) (Hrsg) Tatort „Erde". Menschliche Eingriffe in Naturrraum und Klima. Springer, Berlin

Warwick SI (1991) Herbicide resistance in weedy plants: Physiology and Population biology. Ann Rev Ecol Syst 22:95–114

Wassermann O, Alsen-Hinrichs C, Simonis UE (1990) Die schleichende Vergiftung. Fischer, Frankfurt

Weber P (1992) Aufstieg und Fall der Pestizide. World Watch 1 (5/6):18–27

Weinberg CJ, Williams RH (1990) Energie aus regenerativen Quellen. Spektr d Wiss (11), 158–166

Weischet W (1988) Neue Ergebnisse zum Problem Dauerfeldbau im Bereich der feuchten Tropen. Tagungsber u wiss Abh, Dt Geographentag 1987, 46:66–85

Weischet W (1990) Das Klima Amazoniens und seine geoökologischen Konsequenzen. Ber Naturf Ges Freiburg i Br 80:59–91

Welz R (1979) Selbstmordversuche in städtischen Lebensumwelten. Beltz, Weinheim

Westheide W, Rieger R (Hrsg) (1996) Spezielle Zoologie. Fischer, Stuttgart

WHO (1991) World health statistics annual. 1990. Genf

Wicke L (1986) Die ökologischen Milliarden. Kösel, München

Wicke L (1993) Umweltökonomie. Vahlen, München

Wiin-Nielsen A (1991) Observed climate variations and change: A study of the data. In: Corell RW, Anderson PA (eds) Global environmental change. Springer, Berlin, pp 121–136

Wilson EO (1989) Bedrohung des Artenreichtums. Spektr d Wiss (11):88–95

Wilson EO (1992) Ende der biologischen Vielfalt? Spektrum, Heidelberg

Winkler W, Hintermann K (1983) Kernenergie. Grundlagen, Technologie, Risiken. Piper, München

World Resources Institute (1992). World resources 1992–93. A guide to the global environment. Oxford Univ Press, New York Oxford

Wright RF, Gjessing ET (1976) Acid precipitation: Changes in the chemical composition of lakes. Ambio 5:219–223

Sachverzeichnis